**Stand by
Strategy
Satisfaction**

새로운 출제경향에 맞춘 수험서의 완벽서

|머리말|

　철도차량 운전면허(기관사)시험은 최근 철도관련학과 학생들뿐만 아니라 일반인들도 많은 관심을 가지는 분야이다.
철도차량 면허시험의 시행으로 누구나 국토교통부가 지정한 교육기관에서 교육만 이수하면 면허시험에 응시하여 철도차량 운전면허를 취득할 수 있고 면허를 취득하면 수많은 철도관련회사에 취업하기가 훨씬 유리하기 때문이다.
하지만 많은 사람들이 관심을 갖다보니 면허교육기관 입교시험부터 경쟁이 치열하고 교육 이수 후 시행하는 면허시험도 난이도가 높아져 고생하는 많은 수험생을 현장에서 봐왔다.
특히 면허기관 입교시험이나 면허시험에서 가장 힘들어 하는 과목인 철도관련법은 아직 충분한 자료와 제대로 정리된 수험서가 없어 많은 수험생들이 고전하는 과목이다.
본서는 지난 35년간 영주철도전문학원과 대학의 관련학과 강의를 통해 얻은 경험과 자료를 총망라하여 수험생들이 단기간에 가장 효율적인 학습이 되도록 구성하였고 충분한 예상문제를 수록하여 면허기관 입교시험 및 면허시험에 대비할 수 있도록 하였다.
주변의 격려 속에 집필을 시작했지만 참고 문헌의 부족과 시간의 쪼들림에 더러 부족함이 많아 여러 수험생들에게 내어놓기는 부끄럼이 앞선다.

본서는
　첫째 관련법의 내용을 법, 시행령, 시행규칙, 별표의 순으로 나열하여 수험생들이 이해하기 쉽게 체계적으로 정리하였다.
　둘째 각 면허교육기관 및 면허시험의 최근 기출문제를 철저히 분석하여 유사 문제화하여 시험의 적중률을 높였다.
　셋째 각 장별로 다양한 문제를 수록하여 타 교재와 차별화하였다.

마지막으로 본서를 통해 수험생 여러분의 앞날에 행운과 합격의 영광이 있기를 기원하며 미흡한 부분은 계속 수정, 보완해 나갈 것임을 약속드린다.
이 책이 나오기까지 도움을 주신 모든 분들과 자료 정리를 도와준 서혜나, 김은서 학생 그리고 정성스럽게 책을 만들어 주신 서울고시각 김용관 회장님과 김용성 사장님 이하 편집진 여러분에게도 깊은 감사를 드린다.

편저자 씀

철도차량 운전면허제도 안내

✪ 철도차량 운전면허제 배경
- 면허제 시행 이전에는 철도차량 운전업무종사자에 대한 선발기준이 철도운영기관별로 상이하였으나 철도안전에 대한 중요성이 높아짐에 따라 국가가 철도면허에 대한 통일적인 기준을 정하여 자격을 부여하고 체계적으로 관리하기 위함.
- 철도차량 운전자의 자격제도를 도입하여 기관사의 자질을 향상시키고, 기관사의 과실로 인한 철도사고를 최소화시키기 위함.

✪ 응시자격(접수일 기준)
- 신체검사, 적성검사에 합격한 자
- 교육훈련기관에서 교육훈련 이수자
- 철도안전법 제11조의 결격사유에 해당되지 않는 자
- 고속철도차량 운전면허 응시자는 철도안전법 시행규칙 제20조 제3항에서 규정한 디젤차량, 제1종 전기차량, 제2종 전기차량에 대한 운전업무수행 경력이 3년 이상인 자

✪ 철도차량 운전면허 종류

면허 종류	내용
고속철도차량 운전면허	고속철도차량 및 철도장비를 운전할 수 있는 면허
제1종 전기차량 운전면허	전기기관차 및 철도장비를 운전할 수 있는 면허
제2종 전기차량 운전면허	전기동차 및 철도장비를 운전할 수 있는 면허
디젤차량 운전면허	디젤기관차, 디젤동차, 증기기관차 및 철도장비를 운전할 수 있는 면허
철도장비 운전면허	철도건설 및 유지보수에 필요한 기계 또는 장비, 철도시설의 검측장비, 철도·도로를 모두 운행할 수 있는 철도 복구장비, 전용철도에서 시속 25킬로미터 이하로 운전하는 차량, 사고복구용 기중기를 운전할 수 있는 면허

✪ 시험과목 및 시간

구 분	시험교시	시험과목 (문항 수/배점)	시험시간
필기시험	1	철도관련법(1 ~ 20번 / 5점)	10:00 ~ 종료시까지 과목간 휴게시간 없음
	2	철도(도시철도)시스템 일반(1 ~ 20번/ 5점)	
	3	구조 및 기능 (1 ~ 40번/ 2.5점)	
	4	비상 시 조치 등 (1 ~ 20번 / 5점)	
	5	운전 이론 일반 (1 ~ 20번 / 5점)	
기능시험		준비점검, 제동 취급, 제동기 외 기기취급, 신호준수, 운전취급, 신호·선로 숙지, 비상시 조치 등	전체 50분(1명 기준)

※ 장비면허의 경우 3교시 "비상시 조치 등" 과목만 시험시행(운전이론 없음)

✪ 면허취득절차

1단계   **신체검사 및 적성검사**
　　　　국토교통부장관이 실시하는 신체검사 및 적성검사에서 합격 판정
　↓

2단계   **교육과정 이수**
　　　　국토교통부장관이 지정한 교육훈련기관에서 교육훈련 이수
　↓

3단계   **필기시험**
　　　　5개 과목에서 과목당 40점 이상 평균 60점 이상 득점
　　　　* 철도관련법의 경우 60점 이상
　↓

4단계   **기능시힘**
　　　　5개 과목에서 과목당 60점 이상 평균 80점 이상
　↓

5단계   **면허 발급**
　　　　면허종류별로 면허증 발급
　↓

6단계   **운전실무수습**
　　　　철도운영기관에서 교육계획에 따른 운전실무수습
　↓

7단계   **운전실무수습 등록**
　　　　철도운영기관 : 한국교통안전공단에 실무수습 결과 통보 및 시스템 등록
　　　　한국교통안전공단 : 정보 확인 및 실무수습 승인처리
　↓

8단계   **운전업무종사**
　　　　면허증 인증구간 기재사항 변경 등

✪ 운전면허시험의 합격기준

- **필기시험**
  - 시험과목당 100점을 만점으로 하여 매 과목 40점 이상(철도관련법의 경우 60점 이상) 총점 평균 60점 이상 득점한 사람
- **기능시험**
  - 시험과목당 60점 이상 총점 평균 80점 이상 득점한 사람

✪ 응시자별 운전면허 시험과목

1. 일반응시자 · 철도차량운전 관련 업무 경력자 · 철도 관련 업무 경력자

운전면허	필기시험	기능시험
디젤차량 운전면허	· 철도관련법 · 철도시스템 일반 · 디젤차량의 구조 및 기능 · 운전이론 일반 · 비상시 조치 등	· 준비점검 · 제동 취급 · 제동기 외의 기기 취급 · 신호준수, 운전취급, 신호·선로 숙지 · 비상시 조치 등
제1종 전기차량 운전면허	· 철도관련법 · 철도시스템 일반 · 전기기관차의 구조 및 기능 · 운전이론 일반 · 비상시 조치 등	· 준비점검 · 제동 취급 · 제동기 외의 기기 취급 · 신호준수, 운전취급, 신호·선로 숙지 · 비상시 조치 등
제2종 전기차량 운전면허	· 철도관련법 · 도시철도시스템 일반 · 전기동차의 구조 및 기능 · 운전이론 일반 · 비상시 조치 등	· 준비점검 · 제동 취급 · 제동기 외의 기기 취급 · 신호준수, 운전취급, 신호·선로 숙지 · 비상시 조치 등
철도장비 운전면허	· 철도관련법 · 도시철도시스템 일반 · 기계·장비차량의 구조 및 기능 · 비상시 조치 등	· 준비점검 · 제동 취급 · 제동기 외의 기기 취급 · 신호준수, 운전취급, 신호·선로 숙지 · 비상시 조치 등

※ 철도관련법은 「철도안전법」과 그 하위규정 및 철도차량 운전에 필요한 규정을 포함한다.
※ 철도차량 운전 관련 업무 경력자, 철도 관련 업무 경력자가 철도차량 운전면허시험에 응시하는 때에는 이에 대한 경력이 있음을 증명하는 서류를 첨부하여야 한다.

2. 운전면허 소지자

소지면허	응시면허	필기시험	기능시험
• 디젤차량 운전면허 • 제1종 전기차량 운전면허 • 제2종 전기차량 운전면허	고속철도 차량 운전면허	• 고속철도 시스템 일반 • 고속철도차량의 구조 및 기능 • 고속철도 운전이론 일반 • 고속철도 운전 관련 규정 • 비상시 조치 등	• 준비점검 • 제동 취급 • 제동기 외의 기기 취급 • 신호준수, 운전취급, 신호 • 선로 숙지 • 비상시 조치 등
		주) 고속철도차량 운전면허시험 응시자는 디젤차량, 제1종 전기차량 또는 제2종 전기차량에 대한 운전업무 수행 경력이 3년 이상 있어야 한다.	
디젤차량 운전면허	제1종 전기차량 운전면허	• 전기기관차의 구조 및 기능	• 준비점검 • 제동 취급 • 제동기 외의 기기 취급 • 비상시 조치 등
		주) 디젤차량 운전업무수행 경력이 2년 이상 있고 별표 7 제2호에 따른 교육훈련을 받은 사람은 필기 및 기능시험을 면제한다.	
	제2종 전기차량 운전면허	• 도시철도 시스템 일반 • 전기동차의 구조 및 기능	• 준비점검 • 제동 취급 • 제동기 외의 기기 취급 • 비상시 조치 등
		주) 디젤차량 운전업무수행 경력이 2년 이상 있고 별표 7 제2호에 따른 교육훈련을 받은 사람은 필기시험을 면제한다.	
제1종 전기차량 운전면허	디젤차량 운전면허	• 디젤차량의 구조 및 기능	• 준비점검 • 제동 취급 • 제동기 외의 기기 취급 • 비상시 조치 등
		주) 제1종 전기차량 운전업무수행 경력이 2년 이상 있고 별표 7 제2호에 따른 교육훈련을 받은 사람은 필기 및 기능시험을 면제한다.	
	제2종 전기차량 운전면허	• 도시철도 시스템 일반 • 전기동차의 구조 및 기능	• 준비점검 • 제동 취급 • 제동기 외의 기기 취급 • 비상시 조치 등
		주) 제1종 전기차량 운전업무수행 경력이 2년 이상 있고 별표 7 제2호에 따른 교육훈련을 받은 사람은 필기시험을 면제한다.	
제2종 전기차량 운전면허	디젤차량 운전면허	• 철도시스템 일반 • 디젤차량의 구조 및 기능	• 준비점검 • 제동 취급 • 제동기 외의 기기 취급 • 비상시 조치 등
		주) 제2종 전기차량 운전업무수행 경력이 2년 이상 있고 별표 7 제2호에 따른 교육훈련을 받은 사람은 필기시험을 면제한다.	

	제1종 전기차량 운전면허	• 철도시스템 일반 • 전기기관차의 구조 및 기능	• 준비점검 • 제동 취급 • 제동기 외의 기기 취급 • 비상시 조치 등
		주) 제2종 전기차량 운전업무수행 경력이 2년 이상 있고 별표 7 제2호에 따른 교육훈련을 받은 사람은 필기시험을 면제한다.	
철도장비 운전면허	디젤차량 운전면허	• 철도관련법 • 철도시스템 일반 • 디젤차량의 구조 및 기능	• 준비점검 • 제동 취급 • 제동기 외의 기기 취급 • 신호준수, 운전취급, 신호 • 선로 숙지 • 비상시 조치 등
	제1종 전기차량 운전면허	• 철도관련법 • 철도시스템 일반 • 전기기관차의 구조 및 기능	
	제2종 전기차량 운전면허	• 철도관련법 • 철도시스템 일반 • 전기동차의 구조 및 기능	

✪ 철도차량 운전면허증 갱신

- **자격 갱신 대상자**
  - 유효기간 : 면허 취득일로부터 10년
    ※ 2013.08.06. 이전에 운전면허를 취득/갱신한 경우 유효기간 5년
      2013.08.07. 이후에 운전면허를 취득/갱신한 경우 유효기간 10년
  - 갱신기간 : 유효기간 만료일 전 6개월 이내

- **제출서류**
  - 철도차량 운전면허 갱신신청서(철도안전법 시행규칙 별지 제20호 서식)
  - 철도차량 운전면허증 반납(분실 시 분실사유서)
  - 철도안전법 제19조 제3항 각 호의 규정에 해당함을 증명하는 서류
    1. 경력(교육훈련)증명서(철도차량운전면허갱신에 관한 지침 별지 제1호 서식)
       ※ 경력(교육훈련)증명서는 반드시 "기관장 직인"이어야 함
    2. 기타증명
  - 사진 1매(6개월 이내 촬영한 3.5*4.5㎝ 칼라사진)

- **갱신 신청 방법**
  - 인터넷 신청 시 준비물
    • JPG 형식의 사진 파일
    • 면허갱신 수수료 : 16,500원(인터넷 결제 - 계좌이체, 신용카드)
    • 경력(교육훈련)증명서(철도차량 운전면허갱신에 관한 지침 별지 제1호 서식) 첨부

- 우편신청 제출서류
  - 철도차량 운전면허증
  - 경력(교육훈련)증명서(철도차량 운전면허갱신에 관한 지침 별지 제1호 서식) 첨부
  - 면허갱신 수수료 : 16,500원(우체국에서 통상환증서로 교환하여 동봉)
  - 반송용 등기우표 1매 동봉
  - 보내실 주소 : 39660 경상북도 김천시 혁신6로 17(율곡동, 한국교통안전공단)
    철도안전처(담당자 : 054-459-7329~34)
  - 접수 및 발급 완료 후 신청인에게 발송

교육훈련 지정기관 안내

✪ 교육훈련 안내

철도안전법 제16조 제3항에 국토교통부가 지정한 교육훈련기관입니다.
철도차량 운전면허 및 철도교통 관리자격증명을 응시하기 위해서는 철도안전법 제16조에 의해 전문교육훈련을 수료하여야 합니다.

✪ 교육훈련 지정기관 안내

기관명	지정분야	주소	안내직통전화
한국철도공사 인재개발원	고속철도, 제1종 전기, 제2종 전기, 디젤, 철도장비, 관제	경기도 의왕시 월암동 철도박물관로 157	031) 460-4301
서울교통공사 인재개발원	제2종 전기, 철도장비, 관제	서울특별시 성동구 용답동 182	02) 6110-8022, 8036
부산교통공사 BTC 아카데미	제2종 전기, 철도장비	경남 양산시 동면 호포새동네길 5	055) 370-0315, 0384
한국교통대학교 평생교육원	제2종 전기, 관제	경기도 의왕시 월암동 철도박물관로 157	031) 460-0591
우송대학교 디젯아카데미	제2종 전기	대전광역시 동구 동대전로171 서캠퍼스 철도물류관(W4) B211호	042) 629-6786
동양대학교 철도사관학교	제2종 전기	경북 영주시 풍기읍 동양대로 145 동양대학교 철도대학 1층 철도사관학교	054) 630-1400
송원대학교 철도아카데미	제2종 전기	광주광역시 송암로 73 송원철도아카데미	062) 360-5582
서울과학기술대학교	제2종 전기	서울특별시 노원구 공릉로 232	02) 970-6885
경일대학교 철도아카데미	제2종 전기	경상북도 경산시 가마실길 50	053) 600-5801
경북전문대학교 현암철도아카데미	제2종 전기	경상북도 영주시 대학로77 공학1관 1층	054) 630-5278
주식회사 에스알 교육센터	고속철도	서울특별시 강남구 광평로 56길 12 희림빌딩	02) 6484-1442

차례

제1편　철도안전법

제1장　총　칙 ··· 3
제2장　철도안전관리체계 ··· 9
제3장　철도종사자의 안전관리 ··· 25
제4장　철도시설 및 철도차량의 안전관리 ··· 115
제5장　철도차량운행안전 및 철도보호 ··· 181
제6장　철도사고조사·처리 ··· 214
제7장　철도안전기반 구축 ·· 219
제8장　보　칙 ·· 240
제9장　벌　칙 ·· 248
예상문제 ·· 261

제2편　철도차량운전규칙

제1장　총　칙 ··· 443
제2장　철도종사자 ··· 445
제3장　적재제한 등 ·· 446
제4장　열차의 운전 ·· 447
제5장　열차간의 안전 확보 ·· 457
제6장　철도신호 ·· 466
예상문제 ·· 475

차례

제3편 　도시철도운전규칙

제1장　총 칙 ··· 533
제2장　선로 및 설비의 보전 ··· 536
제3장　열차 등의 보전 ··· 539
제4장　운 전 ··· 540
제5장　폐색방식 ··· 547
제6장　신 호 ··· 550
예상문제 ··· 557

부록 　기출문제

2019년 제2회 철도차량운전면허 기출문제(철도관련법) ················· 591
2019년 제3회 철도차량운전면허 기출문제(철도관련법) ················· 597
2020년 제1회 철도차량운전면허 기출문제(철도관련법) ················· 604
2020년 제2회 철도차량운전면허 기출문제(철도관련법) ················· 610
2020년 제3회 철도차량운전면허 기출문제(철도관련법) ················· 616
2021년 10월 CBT 제2종 철도차량운전면허 기출문제(철도관련법) ··············· 622
2021년 11월 CBT 제2종 철도차량운전면허 기출문제(철도관련법) ··············· 629
2021년 12월 CBT 제2종 철도차량운전면허 기출문제(철도관련법) ··············· 635

제1편

철도관련법 **철도안전법**

제1장 총 칙
제2장 철도안전관리체계
제3장 철도종사자의 안전관리
제4장 철도시설 및 철도차량의 안전관리
제5장 철도차량 운행안전 및 철도보호
제6장 철도사고조사·처리
제7장 철도안전기반 구축
제8장 보 칙
제9장 벌 칙
예상문제

제1편 철도안전법

제1장 총칙

제1조(목적)

이 법은 철도안전을 확보하기 위하여 필요한 사항을 규정하고 철도안전관리체계를 확립함으로써 공공복리의 증진에 이바지함을 목적으로 한다.

■ **시행령 제1조(목적)**

이 령은 「철도안전법」에서 위임된 사항과 그 시행에 필요한 사항을 규정함을 목적으로 한다.

◆ **시행규칙 제1조(목적)**

이 규칙은 「철도안전법」 및 같은 법 시행령에서 위임된 사항과 그 시행에 필요한 사항을 규정함을 목적으로 한다.

제2조(정의)

이 법에서 사용하는 용어의 뜻은 다음과 같다.
1. "철도"란 「철도산업발전기본법」(이하 "기본법"이라 한다) 제3조 제1호에 따른 철도를 말한다.
2. "전용철도"란 「철도사업법」 제2조 제5호에 따른 전용철도를 말한다.
3. "철도시설"이란 기본법 제3조 제2호에 따른 철도시설을 말한다.
4. "철도운영"이란 기본법 제3조 제3호에 따른 철도운영을 말한다.
5. "철도차량"이란 기본법 제3조 제4호에 따른 철도차량을 말한다.
5의2. "철도용품"이란 철도시설 및 철도차량 등에 사용되는 부품·기기·장치 등을 말한다.
6. "열차"란 선로를 운행할 목적으로 철도운영자가 편성하여 열차번호를 부여한 철도차량을 말한다.
7. "선로"란 철도차량을 운행하기 위한 궤도와 이를 받치는 노반(路盤) 또는 인공구조물로 구성된 시설을 말한다.

8. "철도운영자"란 철도운영에 관한 업무를 수행하는 자를 말한다.
9. "철도시설관리자"란 철도시설의 건설 또는 관리에 관한 업무를 수행하는 자를 말한다.
10. "철도종사자"란 다음 각 목의 어느 하나에 해당하는 사람을 말한다.
    가. 철도차량의 운전업무에 종사하는 사람(이하 "운전업무종사자"라 한다)
    나. 철도차량의 운행을 집중 제어·통제·감시하는 업무(이하 "관제업무"라 한다)에 종사하는 사람
    다. 여객에게 승무(乘務)서비스를 제공하는 사람(이하 "여객승무원"이라 한다)
    라. 여객에게 역무(驛務)서비스를 제공하는 사람(이하 "여객역무원"이라 한다)
    마. 철도차량의 운행선로 또는 그 인근에서 철도시설의 건설 또는 관리와 관련한 작업의 협의·지휘·감독·안전관리 등의 업무에 종사하도록 철도운영자 또는 철도시설관리자가 지정한 사람(이하 "작업책임자"라 한다)
    바. 철도차량의 운행선로 또는 그 인근에서 철도시설의 건설 또는 관리와 관련한 작업의 일정을 조정하고 해당 선로를 운행하는 열차의 운행일정을 조정하는 사람(이하 "철도운행안전관리자"라 한다)
    사. 그 밖에 철도운영 및 철도시설관리와 관련하여 철도차량의 안전운행 및 질서유지와 철도차량 및 철도시설의 점검·정비 등에 관한 업무에 종사하는 사람으로서 대통령령으로 정하는 사람
11. "철도사고"란 철도운영 또는 철도시설관리와 관련하여 사람이 죽거나 다치거나 물건이 파손되는 사고로 국토교통부령으로 정하는 것을 말한다.
12. "철도준사고"란 철도안전에 중대한 위해를 끼쳐 철도사고로 이어질 수 있었던 것으로 국토교통부령으로 정하는 것을 말한다.
13. "운행장애"란 철도사고 및 철도준사고 외에 철도차량의 운행에 지장을 주는 것으로서 국토교통부령으로 정하는 것을 말한다.
14. "철도차량정비"란 철도차량(철도차량을 구성하는 부품·기기·장치를 포함한다)을 점검·검사, 교환 및 수리하는 행위를 말한다.
15. "철도차량정비기술자"란 철도차량정비에 관한 자격, 경력 및 학력 등을 갖추어 제24조의2에 따라 국토교통부장관의 인정을 받은 사람을 말한다.

◆ 시행규칙 제1조의2(철도사고의 범위)

「철도안전법」 제2조 제11호에서 "국토교통부령으로 정하는 것"이란 다음 각 호의 어느 하나에 해당하는 것을 말한다.
1. 철도교통사고 : 철도차량의 운행과 관련된 사고로서 다음 각 목의 어느 하나에 해당하는 사고

가. 충돌사고 : 철도차량이 다른 철도차량 또는 장애물(동물 및 조류는 제외한다)과 충돌하거나 접촉한 사고
나. 탈선사고 : 철도차량이 궤도를 이탈하는 사고
다. 열차화재사고 : 철도차량에서 화재가 발생하는 사고
라. 기타철도교통사고 : 가목부터 다목까지의 사고에 해당하지 않는 사고로서 철도차량의 운행과 관련된 사고

2. 철도안전사고 : 철도시설 관리와 관련된 사고로서 다음 각 목의 어느 하나에 해당하는 사고. 다만, 「재난 및 안전관리 기본법」 제3조 제1호 가목에 따른 자연재난으로 인한 사고는 제외한다.
가. 철도화재사고 : 철도역사, 기계실 등 철도시설에서 화재가 발생하는 사고
나. 철도시설파손사고 : 교량·터널·선로, 신호·전기·통신 설비 등의 철도시설이 파손되는 사고
다. 기타철도안전사고 : 가목 및 나목에 해당하지 않는 사고로서 철도시설 관리와 관련된 사고

◆ 시행규칙 제1조의3(철도준사고의 범위)

「철도안전법」 제2조 제12호에서 "국토교통부령으로 정하는 것"이란 다음 각 호의 어느 하나에 해당하는 것을 말한다.

1. 운행허가를 받지 않은 구간으로 열차가 주행하는 경우
2. 열차가 운행하려는 선로에 장애가 있음에도 진행을 지시하는 신호가 표시되는 경우. 다만, 복구 및 유지 보수를 위한 경우로서 관제 승인을 받은 경우에는 제외한다.
3. 열차 또는 철도차량이 승인 없이 정지신호를 지난 경우
4. 열차 또는 철도차량이 역과 역사이로 미끄러진 경우
5. 열차운행을 중지하고 공사 또는 보수작업을 시행하는 구간으로 열차가 주행한 경우
6. 안전운행에 지장을 주는 레일 파손이나 유지보수 허용범위를 벗어난 선로 뒤틀림이 발생한 경우
7. 안전운행에 지장을 주는 철도차량의 차륜, 차축, 차축베어링에 균열 등의 고장이 발생한 경우
8. 철도차량에서 화약류 등 「철도안전법 시행령」(이하 "영"이라 한다) 제45조에 따른 위험물 또는 제78조 제1항에 따른 위해물품이 누출된 경우
9. 제1호부터 제8호까지의 준사고에 준하는 것으로서 철도사고로 이어질 수 있는 것

◆ **시행규칙 제1조의4(운행장애의 범위)**

「철도안전법」제2조 제13호에서 "국토교통부령으로 정하는 것"이란 다음 각 호의 어느 하나에 해당하는 것을 말한다.

1. 관제의 사전승인 없는 정차역 통과
2. 다음 각 목의 구분에 따른 운행 지연. 다만, 다른 철도사고 또는 운행장애로 인한 운행지연은 제외한다.
   가. 고속열차 및 전동열차 : 20분 이상
   나. 일반여객열차 : 30분 이상
   다. 화물열차 및 기타열차 : 60분 이상

■ **시행령 제2조(정의)**

이 영에서 사용하는 용어의 뜻은 다음 각 호와 같다.

1. "정거장"이란 여객의 승하차(여객 이용시설 및 편의시설을 포함한다), 화물의 적하(積荷), 열차의 조성(組成 : 철도차량을 연결하거나 분리하는 작업을 말한다), 열차의 교차통행 또는 대피를 목적으로 사용되는 장소를 말한다.
2. "선로전환기"란 철도차량의 운행선로를 변경시키는 기기를 말한다.

■ **시행령 제3조(안전운행 또는 질서유지 철도종사자)**

「철도안전법」제2조 제10호 사목에서 "대통령령으로 정하는 사람"이란 다음 각 호의 어느 하나에 해당하는 사람을 말한다.

1. 철도사고, 철도준사고 및 운행장애(이하 "철도사고등"이라 한다)가 발생한 현장에서 조사·수습·복구 등의 업무를 수행하는 사람
2. 철도차량의 운행선로 또는 그 인근에서 철도시설의 건설 또는 관리와 관련된 작업의 현장 감독업무를 수행하는 사람
3. 철도시설 또는 철도차량을 보호하기 위한 순회점검업무 또는 경비업무를 수행하는 사람
4. 정거장에서 철도신호기·선로전환기 또는 조작판 등을 취급하거나 열차의 조성업무를 수행하는 사람
5. 철도에 공급되는 전력의 원격제어장치를 운영하는 사람
6. 「사법경찰관리의 직무를 수행할 자와 그 직무범위에 관한 법률」제5조 제11호에 따른 철도경찰 사무에 종사하는 국가공무원
7. 철도차량 및 철도시설의 점검·정비 업무에 종사하는 사람

> **참 고**

[철도산업발전기본법 제3조 제1호]

"철도"라 함은 여객 또는 화물을 운송하는 데 필요한 철도시설과 철도차량 및 이와 관련된 운영·지원체계가 유기적으로 구성된 운송체계를 말한다.

[철도사업법 제2조 제5호]

"전용철도"란 다른 사람의 수요에 따른 영업을 목적으로 하지 아니하고 자신의 수요에 따라 특수 목적을 수행하기 위하여 설치하거나 운영하는 철도를 말한다.

[철도산업발전기본법 제3조 제2호]

"철도시설"이라 함은 다음 각 목의 어느 하나에 해당하는 시설(부지를 포함한다)을 말한다.

가. 철도의 선로(선로에 부대되는 시설을 포함한다), 역시설(물류시설·환승시설 및 편의시설 등을 포함한다) 및 철도운영을 위한 건축물·건축설비

나. 선로 및 철도차량을 보수·정비하기 위한 선로보수기지, 차량정비기지 및 차량유치시설

다. 철도의 전철전력설비, 정보통신설비, 신호 및 열차제어설비

라. 철도노선간 또는 다른 교통수단과의 연계운영에 필요한 시설

마. 철도기술의 개발·시험 및 연구를 위한 시설

바. 철도경영연수 및 철도전문인력의 교육훈련을 위한 시설

사. 그 밖에 철도의 건설·유지보수 및 운영을 위한 시설로서 대통령령으로 정하는 시설

[철도산업발전기본법 시행령 제2조]

(철도시설)에서 "대통령령이 정하는 시설"이라 함은 다음 각호의 시설을 말한다.

1. 철도의 건설 및 유지보수에 필요한 자재를 가공·조립·운반 또는 보관하기 위하여 당해 사업기간 중에 사용되는 시설

2. 철도의 건설 및 유지보수를 위한 공사에 사용되는 진입도로·주차장·야적장·토석채취장 및 사토장과 그 설치 또는 운영에 필요한 시설

3. 철도의 건설 및 유지보수를 위하여 당해 사업기간 중에 사용되는 장비와 그 정비·점검 또는 수리를 위한 시설

4. 그 밖에 철도안전관련시설·안내시설 등 철도의 건설·유지보수 및 운영을 위하여 필요한 시설로서 국토교통부장관이 정하는 시설

[철도산업발전기본법 제3조 제3호]

"철도운영"이라 함은 철도와 관련된 다음 각 목의 어느 하나에 해당하는 것을 말한다.

가. 철도 여객 및 화물 운송

나. 철도차량의 정비 및 열차의 운행관리

다. 철도시설·철도차량 및 철도부지 등을 활용한 부대사업개발 및 서비스

[철도산업발전기본법 제3조 제4호]

"철도차량"이라 함은 선로를 운행할 목적으로 제작된 동력차·객차·화차 및 특수차를 말한다.

제3조(다른 법률과의 관계)

철도안전에 관하여 다른 법률에 특별한 규정이 있는 경우를 제외하고는 이 법에서 정하는 바에 따른다.

제4조(국가 등의 책무)

① 국가와 지방자치단체는 국민의 생명·신체 및 재산을 보호하기 위하여 철도안전시책을 마련하여 성실히 추진하여야 한다.
② 철도운영자 및 철도시설관리자(이하 "철도운영자등"이라 한다)는 철도운영이나 철도시설관리를 할 때에는 법령에서 정하는 바에 따라 철도안전을 위하여 필요한 조치를 하고, 국가나 지방자치단체가 시행하는 철도안전시책에 적극 협조하여야 한다.

제 2 장 철도안전관리체계

제5조(철도안전 종합계획)

① 국토교통부장관은 5년마다 철도안전에 관한 종합계획(이하 "철도안전 종합계획"이라 한다)을 수립하여야 한다.
② 철도안전 종합계획에는 다음 각 호의 사항이 포함되어야 한다.
  1. 철도안전 종합계획의 추진 목표 및 방향
  2. 철도안전에 관한 시설의 확충, 개량 및 점검 등에 관한 사항
  3. 철도차량의 정비 및 점검 등에 관한 사항
  4. 철도안전 관계 법령의 정비 등 제도개선에 관한 사항
  5. 철도안전 관련 전문 인력의 양성 및 수급관리에 관한 사항
  6. 철도종사자의 안전 및 근무환경 향상에 관한 사항
  7. 철도안전 관련 교육훈련에 관한 사항
  8. 철도안전 관련 연구 및 기술개발에 관한 사항
  9. 그 밖의 철도안전에 관한 사항으로서 국토교통부장관이 필요하다고 인정하는 사항
③ 국토교통부장관은 철도안전 종합계획을 수립할 때에는 미리 관계 중앙행정기관의 장 및 철도운영자등과 협의한 후 기본법 제6조 제1항에 따른 철도산업위원회의 심의를 거쳐야 한다. 수립된 철도안전 종합계획을 변경(대통령령으로 정하는 경미한 사항의 변경은 제외한다)할 때에도 또한 같다.
④ 국토교통부장관은 철도안전 종합계획을 수립하거나 변경하기 위하여 필요하다고 인정하면 관계 중앙행정기관의 장 또는 특별시장·광역시장·특별자치시장·도지사·특별자치도지사(이하 "시·도지사"라 한다)에게 관련 자료의 제출을 요구할 수 있다. 자료 제출 요구를 받은 관계 중앙행정기관의 장 또는 시·도지사는 특별한 사유가 없으면 이에 따라야 한다.
⑤ 국토교통부장관은 제3항에 따라 철도안전 종합계획을 수립하거나 변경하였을 때에는 이를 관보에 고시하여야 한다.

■ 시행령 제4조(철도안전 종합계획의 경미한 변경)

법 제5조 제3항 후단에서 "대통령령으로 정하는 경미한 사항의 변경"이란 다음 각 호의 어느 하나에 해당하는 변경을 말한다.
 1. 법 제5조 제1항에 따른 철도안전 종합계획(이하 "철도안전 종합계획"이라 한다)에서 정한 총사업비를 원래 계획의 100분의 10 이내에서의 변경
 2. 철도안전 종합계획에서 정한 시행기한 내에 단위사업의 시행 시기의 변경
 3. 법령의 개정, 행정구역의 변경 등과 관련하여 철도안전 종합계획을 변경하는 등 당초 수립된 철도안전 종합계획의 기본방향에 영향을 미치지 아니하는 사항의 변경

제6조(시행계획)

① 국토교통부장관, 시·도지사 및 철도운영자등은 철도안전 종합계획에 따라 소관별로 철도안전 종합계획의 단계적 시행에 필요한 연차별 시행계획(이하 "시행계획"이라 한다)을 수립·추진하여야 한다.
② 시행계획의 수립 및 시행절차 등에 관하여 필요한 사항은 대통령령으로 정한다.

■ **시행령 제5조(시행계획 수립절차 등)**
① 법 제6조에 따라 특별시장·광역시장·특별자치시장·도지사 또는 특별자치도지사(이하 "시·도지사"라 한다)와 철도운영자 및 철도시설관리자(이하 "철도운영자등"이라 한다)는 다음 연도의 시행계획을 매년 10월 말까지 국토교통부장관에게 제출하여야 한다.
② 시·도지사 및 철도운영자등은 전년도 시행계획의 추진실적을 매년 2월 말까지 국토교통부장관에게 제출하여야 한다.
③ 국토교통부장관은 제1항에 따라 시·도지사 및 철도운영자등이 제출한 다음 연도의 시행계획이 철도안전 종합계획에 위반되거나 철도안전 종합계획을 원활하게 추진하기 위하여 보완이 필요하다고 인정될 때에는 시·도지사 및 철도운영자등에게 시행계획의 수정을 요청할 수 있다.
④ 제3항에 따른 수정 요청을 받은 시·도지사 및 철도운영자등은 특별한 사유가 없는 한 이를 시행계획에 반영하여야 한다.

제6조의2(철도안전투자의 공시)

① 철도운영자는 철도차량의 교체, 철도시설의 개량 등 철도안전 분야에 투자(이하 이 조에서 "철도안전투자"라 한다)하는 예산 규모를 매년 공시하여야 한다.
② 제1항에 따른 철도안전투자의 공시 기준, 항목, 절차 등에 필요한 사항은 국토교통부령으로 정한다.

◆ **시행규칙 제1조의5(철도안전투자의 공시 기준 등)**
① 철도운영자는 법 제6조의2 제1항에 따라 철도안전투자(이하 "철도안전투자"라 한다)의 예산 규모를 공시하는 경우에는 다음 각 호의 기준에 따라야 한다.
  1. 예산 규모에는 다음 각 목의 예산이 모두 포함되도록 할 것
     가. 철도차량 교체에 관한 예산
     나. 철도시설 개량에 관한 예산
     다. 안전설비의 설치에 관한 예산
     라. 철도안전 교육훈련에 관한 예산
     마. 철도안전 연구개발에 관한 예산
     바. 철도안전 홍보에 관한 예산

사. 그 밖에 철도안전에 관련된 예산으로서 국토교통부장관이 정해 고시하는 사항
2. 다음 각 목의 사항이 모두 포함된 예산 규모를 공시할 것
   가. 과거 3년간 철도안전투자의 예산 및 그 집행 실적
   나. 해당 연도 철도안전투자의 예산
   다. 향후 2년간 철도안전투자의 예산
3. 국가의 보조금, 지방자치단체의 보조금 및 철도운영자의 자금 등 철도안전투자 예산의 재원을 구분해 공시할 것
4. 그 밖에 철도안전투자와 관련된 예산으로서 국토교통부장관이 정해 고시하는 예산을 포함해 공시할 것

② 철도운영자는 철도안전투자의 예산 규모를 매년 5월말까지 공시해야 한다.
③ 제2항에 따른 공시는 법 제71조 제1항에 따라 구축된 철도안전정보종합관리시스템과 해당 철도운영자의 인터넷 홈페이지에 게시하는 방법으로 한다.
④ 제1항부터 제3항까지에서 규정한 사항 외에 철도안전투자의 공시 기준 및 절차 등에 관해 필요한 사항은 국토교통부장관이 정해 고시한다.

제7조(안전관리체계의 승인)

① 철도운영자등(전용철도의 운영자는 제외한다. 이하 이 조 및 제8조에서 같다)은 철도운영을 하거나 철도시설을 관리하려는 경우에는 인력, 시설, 차량, 장비, 운영절차, 교육훈련 및 비상대응계획 등 철도 및 철도시설의 안전관리에 관한 유기적 체계(이하 "안전관리체계"라 한다)를 갖추어 국토교통부장관의 승인을 받아야 한다.
② 전용철도의 운영자는 자체적으로 안전관리체계를 갖추고 지속적으로 유지하여야 한다.
③ 철도운영자등은 제1항에 따라 승인받은 안전관리체계를 변경(제5항에 따른 안전관리기준의 변경에 따른 안전관리체계의 변경을 포함한다. 이하 이 조에서 같다)하려는 경우에는 국토교통부장관의 변경승인을 받아야 한다. 다만, 국토교통부령으로 정하는 경미한 사항을 변경하려는 경우에는 국토교통부장관에게 신고하여야 한다.
④ 국토교통부장관은 제1항 또는 제3항 본문에 따른 안전관리체계의 승인 또는 변경승인의 신청을 받은 경우에는 해당 안전관리체계가 제5항에 따른 안전관리기준에 적합한지를 검사한 후 승인 여부를 결정하여야 한다.
⑤ 국토교통부장관은 철도안전경영, 위험관리, 사고 조사 및 보고, 내부점검, 비상대응계획, 비상대응훈련, 교육훈련, 안전정보관리, 운행안전관리, 차량·시설의 유지관리(차량의 기대수명에 관한 사항을 포함한다) 등 철도운영 및 철도시설의 안전관리에 필요한 기술기준을 정하여 고시하여야 한다.
⑥ 제1항부터 제5항까지의 규정에 따른 승인절차, 승인방법, 검사기준, 검사방법, 신고절차 및 고시방법 등에 관하여 필요한 사항은 국토교통부령으로 정한다.

◆ **시행규칙 제2조(안전관리체계 승인 신청 절차 등)**
① 철도운영자 및 철도시설관리자(이하 "철도운영자등"이라 한다)가 법 제7조 제1항에 따른 안전관리체계(이하 "안전관리체계"라 한다)를 승인받으려는 경우에는 철도운용 또는 철도시설 관리 개시 예정일 90일 전까지 별지 제1호서식의 철도안전관리체계 승인신청서에 다음 각 호의 서류를 첨부하여 국토교통부장관에게 제출하여야 한다.
 1. 「철도사업법」 또는 「도시철도법」에 따른 철도사업면허증 사본
 2. 조직·인력의 구성, 업무 분장 및 책임에 관한 서류
 3. 다음 각 호의 사항을 적시한 철도안전관리시스템에 관한 서류
   가. 철도안전관리시스템 개요
   나. 철도안전경영
   다. 문서화
   라. 위험관리
   마. 요구사항 준수
   바. 철도사고 조사 및 보고
   사. 내부 점검
   아. 비상대응
   자. 교육훈련
   차. 안전정보
   카. 안전문화
 4. 다음 각 호의 사항을 적시한 열차운행체계에 관한 서류
   가. 철도운영 개요
   나. 철도사업면허
   다. 열차운행 조직 및 인력
   라. 열차운행 방법 및 절차
   마. 열차 운행계획
   바. 승무 및 역무
   사. 철도관제업무
   아. 철도보호 및 질서유지
   자. 열차운영 기록관리
   차. 위탁 계약자 감독 등 위탁업무 관리에 관한 사항
 5. 다음 각 호의 사항을 적시한 유지관리체계에 관한 서류
   가. 유지관리 개요
   나. 유지관리 조직 및 인력
   다. 유지관리 방법 및 절차(법 제38조에 따른 종합시험운행 실시 결과(완료된 결과를 말한다. 이하 이 조에서 같다)를 반영한 유지관리 방법을 포함한다)

　　　　라. 유지관리 이행계획
　　　　마. 유지관리 기록
　　　　바. 유지관리 설비 및 장비
　　　　사. 유지관리 부품
　　　　아. 철도차량 제작 감독
　　　　자. 위탁 계약자 감독 등 위탁업무 관리에 관한 사항
　　6. 법 제38조에 따른 종합시험운행 실시 결과 보고서
② 철도운영자등이 법 제7조 제3항 본문에 따라 승인받은 안전관리체계를 변경하려는 경우에는 변경된 철도운용 또는 철도시설 관리 개시 예정일 30일 전(제3조 제1항 제4호에 따른 변경사항의 경우에는 90일 전)까지 별지 제1호의2서식의 철도안전관리체계 변경승인신청서에 다음 각 호의 서류를 첨부하여 국토교통부장관에게 제출하여야 한다.
　　1. 안전관리체계의 변경내용과 증빙서류
　　2. 변경 전후의 대비표 및 해설서
③ 제1항 및 제2항에도 불구하고 철도운영자등이 안전관리체계의 승인 또는 변경승인을 신청하는 경우 제1항 제5호다목 및 같은 항 제6호에 따른 서류는 철도운용 또는 철도시설 관리 개시 예정일 14일 전까지 제출할 수 있다.
④ 국토교통부장관은 제1항 및 제2항에 따라 안전관리체계의 승인 또는 변경승인 신청을 받은 경우에는 15일 이내에 승인 또는 변경승인에 필요한 검사 등의 계획서를 작성하여 신청인에게 통보하여야 한다.

◆ **시행규칙 제3조(안전관리체계의 경미한 사항 변경)**

① 법 제7조 제3항 단서에서 "국토교통부령으로 정하는 경미한 사항"이란 다음 각 호의 어느 하나에 해당하는 사항을 제외한 변경사항을 말한다.
　　1. 안전 업무를 수행하는 전담조직의 변경(조직 부서명의 변경은 제외한다)
　　2. 열차운행 또는 유지관리 인력의 감소
　　3. 철도차량 또는 다음 각 목의 어느 하나에 해당하는 철도시설의 증가
　　　　가. 교량, 터널, 옹벽
　　　　나. 선로(레일)
　　　　다. 역사, 기지, 승강장안전문
　　　　라. 전차선로, 변전설비, 수전실, 수·배전선로
　　　　마. 연동장치, 열차제어장치, 신호기장치, 선로전환기장치, 궤도회로장치, 건널목보안장치
　　　　바. 통신선로설비, 열차무선설비, 전송설비
　　4. 철도노선의 신설 또는 개량
　　5. 사업의 합병 또는 양도·양수
　　6. 유지관리 항목의 축소 또는 유지관리 주기의 증가
　　7. 위탁 계약자의 변경에 따른 열차운행체계 또는 유지관리체계의 변경

② 철도운영자등은 법 제7조 제3항 단서에 따라 경미한 사항을 변경하려는 경우에는 별지 제1호의3서식의 철도안전관리체계 변경신고서에 다음 각 호의 서류를 첨부하여 국토교통부장관에게 제출하여야 한다.
 1. 안전관리체계의 변경내용과 증빙서류
 2. 변경 전후의 대비표 및 해설서
③ 국토교통부장관은 제2항에 따라 신고를 받은 때에는 제2항 각 호의 첨부서류를 확인한 후 별지 제1호의4서식의 철도안전관리체계 변경신고확인서를 발급하여야 한다.

◆ 시행규칙 제4조(안전관리체계의 승인 방법 및 증명서 발급 등)

① 법 제7조 제4항에 따른 안전관리체계의 승인 또는 변경승인을 위한 검사는 다음 각 호에 따른 서류검사와 현장검사로 구분하여 실시한다. 다만, 서류검사만으로 법 제7조 제5항에 따른 안전관리에 필요한 기술기준(이하 "안전관리기준"이라 한다)에 적합 여부를 판단할 수 있는 경우에는 현장검사를 생략할 수 있다.
 1. 서류검사 : 제2조 제1항 및 제2항에 따라 철도운영자등이 제출한 서류가 안전 관리기준에 적합한지 검사
 2. 현장검사 : 안전관리체계의 이행가능성 및 실효성을 현장에서 확인하기 위한 검사
② 국토교통부장관은 「도시철도법」 제3조 제2호에 따른 도시철도 또는 같은 법 제24조 또는 제42조에 따라 도시철도건설사업 또는 도시철도운송사업을 위탁받은 법인이 건설·운영하는 도시철도에 대하여 법 제7조 제4항에 따른 안전관리체계의 승인 또는 변경승인을 위한 검사를 하는 경우에는 해당 도시철도의 관할 시·도지사와 협의할 수 있다. 이 경우 협의 요청을 받은 시·도지사는 협의를 요청받은 날부터 20일 이내에 의견을 제출하여야 하며, 그 기간 내에 의견을 제출하지 아니하면 의견이 없는 것으로 본다.
③ 국토교통부장관은 제1항에 따른 검사 결과 안전관리기준에 적합하다고 인정하는 경우에는 별지 제2호서식의 철도안전관리체계 승인증명서를 신청인에게 발급하여야 한다.
④ 제1항에 따른 검사에 관한 세부적인 기준, 절차 및 방법 등은 국토교통부장관이 정하여 고시한다.

◆ 시행규칙 제5조(안전관리기준의 고시)

① 국토교통부장관은 법 제7조 제5항에 따른 안전관리기준을 정할 때 전문기술적인 사항에 대해 제44조에 따른 철도기술심의위원회의 심의를 거칠 수 있다.
② 국토교통부장관은 법 제7조 제5항에 따른 안전관리기준을 정한 경우에는 이를 관보에 고시해야 한다.

제8조(안전관리체계의 유지 등)

① 철도운영자등은 철도운영을 하거나 철도시설을 관리하는 경우에는 제7조에 따라 승인 받은 안전관리체계를 지속적으로 유지하여야 한다.
② 국토교통부장관은 안전관리체계 위반 여부 확인 및 철도사고 예방 등을 위하여 철도운영자등이 제1항에 따른 안전관리체계를 지속적으로 유지하는지 다음 각 호의 검사를 통해 국토교통부령으로 정하는 바에 따라 점검·확인할 수 있다.
  1. 정기검사 : 철도운영자등이 국토교통부장관으로부터 승인 또는 변경승인 받은 안전관리체계를 지속적으로 유지하는지를 점검·확인하기 위하여 정기적으로 실시하는 검사
  2. 수시검사 : 철도운영자등이 철도사고 및 운행장애 등을 발생시키거나 발생시킬 우려가 있는 경우에 안전관리체계 위반사항 확인 및 안전관리체계 위해요인 사전예방을 위해 수행하는 검사
③ 국토교통부장관은 제2항에 따른 검사 결과 안전관리체계가 지속적으로 유지되지 아니하거나 그 밖에 철도안전을 위하여 필요하다고 인정하는 경우에는 국토교통부령으로 정하는 바에 따라 시정조치를 명할 수 있다.

◆ 시행규칙 제6조(안전관리체계의 유지·검사 등)

① 국토교통부장관은 법 제8조 제2항 제1호에 따른 정기검사를 1년마다 1회 실시해야 한다.
② 국토교통부장관은 법 제8조 제2항에 따른 정기검사 또는 수시검사를 시행하려는 경우에는 검사 시행일 7일 전까지 다음 각 호의 내용이 포함된 검사계획을 검사 대상 철도운영자등에게 통보해야 한다. 다만, 철도사고, 철도준사고 및 운행장애(이하 "철도사고등"이라 한다)의 발생 등으로 긴급히 수시검사를 실시하는 경우에는 사전 통보를 하지 않을 수 있고, 검사 시작 이후 검사계획을 변경할 사유가 발생한 경우에는 철도운영자등과 협의하여 검사계획을 조정할 수 있다.
  1. 검사반의 구성
  2. 검사 일정 및 장소
  3. 검사 수행 분야 및 검사 항목
  4. 중점 검사 사항
  5. 그 밖에 검사에 필요한 사항
③ 국토교통부장관은 다음 각 호의 사유로 철도운영자등이 안전관리체계 정기검사의 유예를 요청한 경우에 검사 시기를 유예하거나 변경할 수 있다.
  1. 검사 대상 철도운영자등이 사법기관 및 중앙행정기관의 조사 및 감사를 받고 있는 경우
  2. 「항공·철도 사고조사에 관한 법률」 제4조 제1항에 따른 항공·철도사고조사위원회가 같은 법 제19조에 따라 철도사고에 대한 조사를 하고 있는 경우
  3. 대형 철도사고의 발생, 천재지변, 그 밖의 부득이한 사유가 있는 경우

④ 국토교통부장관은 정기검사 또는 수시검사를 마친 경우에는 다음 각 호의 사항이 포함된 검사 결과보고서를 작성하여야 한다.
 1. 안전관리체계의 검사 개요 및 현황
 2. 안전관리체계의 검사 과정 및 내용
 3. 법 제8조 제3항에 따른 시정조치 사항
 4. 제6항에 따라 제출된 시정조치계획서에 따른 시정조치명령의 이행 정도
 5. 철도사고에 따른 사망자·중상자의 수 및 철도사고 등에 따른 재산피해액
⑤ 국토교통부장관은 법 제8조 제3항에 따라 철도운영자등에게 시정조치를 명하는 경우에는 시정에 필요한 적정한 기간을 주어야 한다.
⑥ 철도운영자등이 법 제8조 제3항에 따라 시정조치명령을 받은 경우에 14일 이내에 시정조치계획서를 작성하여 국토교통부장관에게 제출하여야 하고, 시정조치를 완료한 경우에는 지체 없이 그 시정내용을 국토교통부장관에게 통보하여야 한다.
⑦ 제1항부터 제6항까지의 규정에서 정한 사항 외에 정기검사 또는 수시검사에 관한 세부적인 기준·방법 및 절차는 국토교통부장관이 정하여 고시한다.

제9조(승인의 취소 등)

① 국토교통부장관은 안전관리체계의 승인을 받은 철도운영자등이 다음 각 호의 어느 하나에 해당하는 경우에는 그 승인을 취소하거나 6개월 이내의 기간을 정하여 업무의 제한이나 정지를 명할 수 있다. 다만, 제1호에 해당하는 경우에는 그 승인을 취소하여야 한다.
 1. 거짓이나 그 밖의 부정한 방법으로 승인을 받은 경우
 2. 제7조 제3항을 위반하여 변경승인을 받지 아니하거나 변경신고를 하지 아니하고 안전관리체계를 변경한 경우
 3. 제8조 제1항을 위반하여 안전관리체계를 지속적으로 유지하지 아니하여 철도운영이나 철도시설의 관리에 중대한 지장을 초래한 경우
 4. 제8조 제3항에 따른 시정조치명령을 정당한 사유 없이 이행하지 아니한 경우
② 제1항에 따른 승인 취소, 업무의 제한 또는 정지의 기준 및 절차 등에 관하여 필요한 사항은 국토교통부령으로 정한다.

◆ **시행규칙 제7조(안전관리체계 승인의 취소 등 처분기준)**

법 제9조에 따른 철도운영자등의 안전관리체계 승인의 취소 또는 업무의 제한·정지 등의 처분기준은 별표 1과 같다.

시행규칙 [별표 1]

안전관리체계 처분기준(제7조 관련)

1. **일반기준**

    가. 위반행위의 횟수에 따른 행정처분의 가중된 부과기준은 최근 2년간 같은 위반행위로 행정처분을 받은 경우에 적용한다. 이 경우 기간의 계산은 위반행위에 대하여 행정처분을 받은 날과 그 처분 후 다시 같은 위반행위를 하여 적발된 날을 기준으로 한다.

    나. 가목에 따라 가중된 부과처분을 하는 경우 가중처분의 적용 차수는 그 위반행위 전 부과처분 차수(가목에 따른 기간 내에 행정처분이 둘 이상 있었던 경우에는 높은 차수를 말한다)의 다음 차수로 한다.

    다. 위반행위가 둘 이상인 경우로서 그에 해당하는 각각의 처분기준이 다른 경우에는 그 중 무거운 처분기준(무거운 처분기준이 같을 때에는 그 중 하나의 처분기준을 말한다)에 따르며, 둘 이상의 처분기준이 같은 업무제한·정지인 경우에는 무거운 처분기준의 2분의 1 범위에서 가중할 수 있되, 각 처분기준을 합산한 기간을 초과할 수 없다.

    라. 국토교통부장관은 다음의 어느 하나에 해당하는 경우에는 제2호의 개별기준에 따른 업무제한·정지 기간의 2분의 1 범위에서 그 기간을 줄일 수 있다.

    1) 위반행위가 사소한 부주의나 오류로 인한 것으로 인정되는 경우
    2) 위반행위자가 법 위반상태를 시정하거나 해소하기 위한 노력이 인정되는 경우
    3) 그 밖에 위반행위의 정도, 위반행위의 동기와 그 결과 등을 고려하여 업무제한·정지 기간을 줄일 필요가 있다고 인정되는 경우

    마. 국토교통부장관은 다음의 어느 하나에 해당하는 경우에는 제2호의 개별기준에 따른 업무제한·정지 기간의 2분의 1 범위에서 그 기간을 늘릴 수 있다. 다만, 법 제9조 제1항에 따른 업무제한·정지 기간의 상한을 넘을 수 없다.

    1) 위반의 내용 및 정도가 중대하여 공중에게 미치는 피해가 크다고 인정되는 경우
    2) 법 위반상태의 기간이 6개월 이상인 경우
    3) 그 밖에 위반행위의 정도, 위반행위의 동기와 그 결과 등을 고려하여 업무제한·정지 기간을 늘릴 필요가 있다고 인정되는 경우

2. 개별기준

가. 법 제9조 제1항 제1호, 제2호 및 제4호 관련

위반행위	근거 법조문	처분기준			
		1차 위반	2차 위반	3차 위반	4차 이상 위반
1) 거짓이나 그 밖의 부정한 방법으로 승인을 받은 경우	법 제9조 제1항 제1호	승인취소	-	-	-
2) 법 제7조 제3항을 위반하여 변경승인을 받지 않고 안전관리체계를 변경한 경우	법 제9조 제1항 제2호	업무정지 (업무제한) 10일	업무정지 (업무제한) 20일	업무정지 (업무제한) 40일	업무정지 (업무제한) 80일
3) 법 제7조 제3항을 위반하여 변경신고를 하지 않고 안전관리체계를 변경한 경우	법 제9조 제1항 제2호	경고	업무정지 (업무제한) 10일	업무정지 (업무제한) 20일	-
4) 법 제8조 제3항에 따른 시정조치명령을 정당한 사유 없이 이행하지 않은 경우	법 제9조 제1항 제4호	업무정지 (업무제한) 20일	업무정지 (업무제한) 40일	업무정지 (업무제한) 80일	업무정지 (업무제한) 160일

나. 법 제9조 제1항 제3호 관련

위반행위	근거법조문	처분기준
법 제8조 제1항을 위반하여 안전관리체계를 지속적으로 유지하지 않아 철도운영이나 철도시설의 관리에 중대한 지장을 초래한 경우	법 제9조 제1항 제3호	
1) 철도사고로 인한 사망자 수		
가) 1명 이상 3명 미만		업무정지(업무제한) 30일
나) 3명 이상 5명 미만		업무정지(업무제한) 60일
다) 5명 이상 10명 미만		업무정지(업무제한) 120일
라) 10명 이상		업무정지(업무제한) 180일
2) 철도사고로 인한 중상자 수		
가) 5명 이상 10명 미만		업무정지(업무제한) 15일
나) 10명 이상 30명 미만		업무정지(업무제한) 30일
다) 30명 이상 50명 미만		업무정지(업무제한) 60일
라) 50명 이상 100명 미만		업무정지(업무제한) 120일
마) 100명 이상		업무정지(업무제한) 180일
3) 철도사고 또는 운행장애로 인한 재산 피해액		
가) 5억원 이상 10억원 미만		업무정지(업무제한) 15일
나) 10억원 이상 20억원 미만		업무정지(업무제한) 30일
다) 20억원 이상		업무정지(업무제한) 60일

[비고]
1. "사망자"란 철도사고가 발생한 날부터 30일 이내에 그 사고로 사망한 경우를 말한다.
2. "중상자"란 철도사고로 인해 부상을 입은 날부터 7일 이내 실시된 의사의 최초 진단결과 24시간 이상 입원 치료가 필요한 상해를 입은 사람(의식불명, 시력상실을 포함)을 말한다.
3. "재산피해액"이란 시설피해액(인건비와 자재비 등 포함), 차량피해액(인건비와 자재비 등 포함), 운임환불 등을 포함한 직접손실액을 말한다.

제9조의2(과징금)

① 국토교통부장관은 제9조 제1항에 따라 철도운영자등에 대하여 업무의 제한이나 정지를 명하여야 하는 경우로서 그 업무의 제한이나 정지가 철도 이용자 등에게 심한 불편을 주거나 그 밖에 공익을 해할 우려가 있는 경우에는 업무의 제한이나 정지를 갈음하여 30억원 이하의 과징금을 부과할 수 있다.
② 제1항에 따라 과징금을 부과하는 위반행위의 종류, 과징금의 부과기준 및 징수방법, 그 밖에 필요한 사항은 대통령령으로 정한다.
③ 국토교통부장관은 제1항에 따른 과징금을 내야 할 자가 납부기한까지 과징금을 내지 아니하는 경우에는 국세 체납처분의 예에 따라 징수한다.

■ **시행령 제6조(안전관리체계 관련 과징금의 부과기준)**

법 제9조의2 제2항에 따른 과징금을 부과하는 위반행위의 종류와 과징금의 금액은 별표 1과 같다.

■ **시행령 제7조(과징금의 부과 및 납부)**

① 국토교통부장관은 법 제9조의2 제1항에 따라 과징금을 부과할 때에는 그 위반행위의 종류와 해당 과징금의 금액을 명시하여 이를 납부할 것을 서면으로 통지하여야 한다.
② 제1항에 따라 통지를 받은 자는 통지를 받은 날부터 20일 이내에 국토교통부장관이 정하는 수납기관에 과징금을 내야 한다. 다만, 천재지변이나 그 밖의 부득이한 사유로 그 기간에 과징금을 낼 수 없는 경우에는 그 사유가 없어진 날부터 7일 이내에 내야 한다.
③ 제2항에 따라 과징금을 받은 수납기관은 그 과징금을 낸 자에게 영수증을 내주어야 한다.
④ 과징금의 수납기관은 제2항에 따른 과징금을 받으면 지체 없이 그 사실을 국토교통부장관에게 통보하여야 한다.

시행령 [별표 1]

안전관리체계 관련 과징금의 부과기준(제6조 관련)

1. 일반기준

가. 위반행위의 횟수에 따른 과징금의 가중된 부과기준은 최근 2년간 같은 위반행위로 과징금 부과처분을 받은 경우에 적용한다. 이 경우 기간의 계산은 위반행위에 대하여 과징금 부과처분을 받은 날과 그 처분 후 다시 같은 위반행위를 하여 적발된 날을 기준으로 한다.

나. 가목에 따라 가중된 부과처분을 하는 경우 가중처분의 적용 차수는 그 위반행위 전 부과처분 차수(가목에 따른 기간 내에 과징금 부과처분이 둘 이상 있었던 경우에는 높은 차수를 말한다)의 다음 차수로 한다.

다. 위반행위가 둘 이상인 경우로서 각 처분내용이 모두 업무정지인 경우에는 각 처분기준에 따른 과징금을 합산한 금액을 넘지 않는 범위에서 무거운 처분기준에 해당하는 과징금 금액의 2분의 1의 범위에서 가중할 수 있다.

라. 국토교통부장관은 다음의 어느 하나에 해당하는 경우에는 제2호의 개별기준에 따른 과징금 금액의 2분의 1 범위에서 그 금액을 줄일 수 있다. 다만, 과징금을 체납하고 있는 위반행위자의 경우에는 그렇지 않다.
  1) 위반행위가 사소한 부주의나 오류로 인한 것으로 인정되는 경우
  2) 위반행위자가 법 위반상태를 시정하거나 해소하기 위한 노력이 인정되는 경우
  3) 그 밖에 사업 규모, 사업 지역의 특수성, 위반행위의 정도, 위반행위의 동기와 그 결과 등을 고려하여 과징금을 줄일 필요가 있다고 인정되는 경우

마. 국토교통부장관은 다음의 어느 하나에 해당하는 경우에는 제2호의 개별기준에 따른 과징금 금액의 2분의 1 범위에서 그 금액을 늘릴 수 있다. 다만, 법 제9조의2 제1항에 따른 과징금 금액의 상한을 넘을 수 없다.
  1) 위반의 내용 및 정도가 중대하여 공중에게 미치는 피해가 크다고 인정되는 경우
  2) 법 위반상태의 기간이 6개월 이상인 경우
  3) 그 밖에 사업 규모, 사업 지역의 특수성, 위반행위의 정도, 위반행위의 동기와 그 결과 등을 고려하여 과징금을 늘릴 필요가 있다고 인정되는 경우

2. 개별기준

가. 법 제7조 제3항 관련

위반행위	근거 법조문	과징금 금액(단위 : 백만원)			
		1차 위반	2차 위반	3차 위반	4차 이상
1) 법 제7조 제3항을 위반하여 변경승인을 받지 않고 안전관리체계를 변경한 경우	법 제9조 제1항 제2호	120	240	480	960
2) 법 제7조 제3항을 위반하여 변경신고를 하지 않고 안전관리체계를 변경한 경우	법 제9조 제1항 제2호	경고	120	240	-
3) 법 제8조 제3항에 따른 시정조치명령을 정당한 사유 없이 이행하지 않은 경우	법 제9조 제1항 제4호	240	480	960	1,920

나. 법 제9조 제1항 제3호 관련

위반행위	근거 법조문	과징금 금액
법 제8조 제1항을 위반하여 안전관리체계를 지속적으로 유지하지 않아 철도운영이나 철도시설의 관리에 중대한 지장을 초래한 경우	법 제9조 제1항 제3호	
1) 철도사고로 인한 사망자 수		
가) 1명 이상 3명 미만		360
나) 3명 이상 5명 미만		720
다) 5명 이상 10명 미만		1,440
라) 10명 이상		2,160
2) 철도사고로 인한 중상자 수		
가) 5명 이상 10명 미만		180
나) 10명 이상 30명 미만		360
다) 30명 이상 50명 미만		720
라) 50명 이상 100명 미만		1,440
마) 100명 이상		2,160
3) 철도사고 또는 운행장애로 인한 재산피해액		
가) 5억원 이상 10억원 미만		180
나) 10억원 이상 20억원 미만		360
다) 20억원 이상		720

[비고]
1. "사망자"란 철도사고가 발생한 날부터 30일 이내에 그 사고로 사망한 사람을 말한다.
2. "중상자"란 철도사고로 인해 부상을 입은 날부터 7일 이내 실시된 의사의 최초 진단결과 24시간 이상 입원 치료가 필요한 상해를 입은 사람(의식불명, 시력상실을 포함)를 말한다.
3. "재산피해액"이란 시설피해액(인건비와 자재비 등 포함), 차량피해액(인건비와 자재비 등 포함), 운임환불 등을 포함한 직접손실액을 말한다.
4. 위 표의 다목 1)부터 3)까지의 규정에 따른 과징금을 부과하는 경우에 사망자, 중상자, 재산피해가 동시에 발생한 경우는 각각의 과징금을 합산하여 부과한다. 다만, 합산한 금액이 법 제9조의2 제1항에 따른 과징금 금액의 상한을 초과하는 경우에는 법 제9조의2 제1항에 따른 상한금액을 과징금으로 부과한다.
5. 위 표 및 제4호에 따른 과징금 금액이 해당 철도운영자등의 전년도(위반행위가 발생한 날이 속하는 해의 직전 연도를 말한다) 매출액의 100분의 4를 초과하는 경우에는 전년도 매출액의 100분의 4에 해당하는 금액을 과징금으로 부과한다.

제9조의3(철도운영자등에 대한 안전관리 수준평가)

① 국토교통부장관은 철도운영자등의 자발적인 안전관리를 통한 철도안전 수준의 향상을 위하여 철도운영자등의 안전관리 수준에 대한 평가를 실시할 수 있다.
② 국토교통부장관은 제1항에 따른 안전관리 수준평가를 실시한 결과 그 평가결과가 미흡한 철도운영자등에 대하여 제8조 제2항에 따른 검사를 시행하거나 같은 조 제3항에 따른 시정조치 등 개선을 위하여 필요한 조치를 명할 수 있다.
③ 제1항에 따른 안전관리 수준평가의 대상, 기준, 방법, 절차 등에 필요한 사항은 국토교통부령으로 정한다.

◆ **시행규칙 제8조(철도운영자등에 대한 안전관리 수준평가의 대상 및 기준 등)**

① 법 제9조의3 제1항에 따른 철도운영자등의 안전관리 수준에 대한 평가(이하 "안전관리 수준평가"라 한다)의 대상 및 기준은 다음 각 호와 같다. 다만, 철도시설관리자에 대해서 안전관리 수준평가를 하는 경우 제2호를 제외하고 실시할 수 있다.
   1. 사고 분야
      가. 철도교통사고 건수
      나. 철도안전사고 건수
      다. 운행장애 건수
      라. 사상자 수
   2. 철도안전투자 분야 : 철도안전투자의 예산 규모 및 집행 실적
   3. 안전관리 분야
      가. 안전성숙도 수준
      나. 정기검사 이행실적
   4. 그 밖에 안전관리 수준평가에 필요한 사항으로서 국토교통부장관이 정해 고시하는 사항

② 국토교통부장관은 매년 3월 말까지 안전관리 수준평가를 실시한다.
③ 안전관리 수준평가는 서면평가의 방법으로 실시한다. 다만, 국토교통부장관이 필요하다고 인정하는 경우에는 현장평가를 실시할 수 있다.
④ 국토교통부장관은 안전관리 수준평가 결과를 해당 철도운영자등에게 통보해야 한다. 이 경우 해당 철도운영자등이 「지방공기업법」에 따른 지방공사인 경우에는 같은 법 제73조 제1항에 따라 해당 지방공사의 업무를 관리·감독하는 지방자치단체의 장에게도 함께 통보할 수 있다.
⑤ 제1항부터 제4항까지에서 규정한 사항 외에 안전관리 수준평가의 기준, 방법 및 절차 등에 관해 필요한 사항은 국토교통부장관이 정해 고시한다.

제9조의4(철도안전 우수운영자 지정)

① 국토교통부장관은 제9조의3에 따른 안전관리 수준평가 결과에 따라 철도운영자등을 대상으로 철도안전 우수운영자를 지정할 수 있다.
② 제1항에 따른 철도안전 우수운영자로 지정을 받은 자는 철도차량, 철도시설이나 관련 문서 등에 철도안전 우수운영자로 지정되었음을 나타내는 표시를 할 수 있다.
③ 제1항에 따른 지정을 받은 자가 아니면 철도차량, 철도시설이나 관련 문서 등에 우수운영자로 지정되었음을 나타내는 표시를 하거나 이와 유사한 표시를 하여서는 아니 된다.
④ 국토교통부장관은 제3항을 위반하여 우수운영자로 지정되었음을 나타내는 표시를 하거나 이와 유사한 표시를 한 자에 대하여 해당 표시를 제거하게 하는 등 필요한 시정조치를 명할 수 있다.
⑤ 제1항에 따른 철도안전 우수운영자 지정의 대상, 기준, 방법, 절차 등에 필요한 사항은 국토교통부령으로 정한다.

◆ 시행규칙 제9조(철도안전 우수운영자 지정 대상 등)

① 국토교통부장관은 법 제9조의4 제1항에 따라 안전관리 수준평가 결과가 최상위 등급인 철도운영자 등을 철도안전 우수운영자(이하 "철도안전 우수운영자"라 한다)로 지정하여 철도 안전 우수운영자로 지정되었음을 나타내는 표시를 사용하게 할 수 있다.
② 철도안전 우수운영자 지정의 유효기간은 지정받은 날부터 1년으로 한다.
③ 철도안전 우수운영자는 제1항에 따라 철도안전 우수운영자로 지정되었음을 나타내는 표시를 하려면 국토교통부장관이 정해 고시하는 표시를 사용해야 한다.
④ 국토교통부장관은 철도안전 우수운영자에게 포상 등의 지원을 할 수 있다.
⑤ 제1항부터 제4항까지에서 규정한 사항 외에 철도안전 우수운영자 지정 표시 및 지원 등에 관해 필요한 사항은 국토교통부장관이 정해 고시한다.

제9조의5(우수운영자 지정의 취소)

국토교통부장관은 제9조의4에 따라 철도안전 우수운영자 지정을 받은 자가 다음 각 호의 어느 하나에 해당하는 경우에는 그 지정을 취소할 수 있다. 다만, 제1호 또는 제2호에 해당하는 경우에는 지정을 취소하여야 한다.
1. 거짓이나 그 밖의 부정한 방법으로 철도안전 우수운영자 지정을 받은 경우
2. 제9조에 따라 안전관리체계의 승인이 취소된 경우
3. 제9조의4 제5항에 따른 지정기준에 부적합하게 되는 등 그 밖에 국토교통부령으로 정하는 사유가 발생한 경우

◆ **시행규칙 제9조의2(철도안전 우수운영자 지정의 취소)**

법 제9조의5 제3호에서 "제9조의4 제5항에 따른 지정기준에 부적합하게 되는 등 그 밖에 국토교통부령으로 정하는 사유"란 다음 각 호의 사유를 말한다.
1. 계산 착오, 자료의 오류 등으로 안전관리 수준평가 결과가 최상위 등급이 아닌 것으로 확인된 경우
2. 제9조 제3항을 위반하여 국토교통부장관이 정해 고시하는 표시가 아닌 다른 표시를 사용한 경우

제 3 장 철도종사자의 안전관리

> **제10조(철도차량 운전면허)**
> ① 철도차량을 운전하려는 사람은 국토교통부장관으로부터 철도차량 운전면허(이하 "운전면허"라 한다)를 받아야 한다. 다만, 제16조에 따른 교육훈련 또는 제17조에 따른 운전면허시험을 위하여 철도차량을 운전하는 경우 등 대통령령으로 정하는 경우에는 그러하지 아니하다.
> ② 「도시철도법」 제2조 제2호에 따른 노면전차를 운전하려는 사람은 제1항에 따른 운전면허 외에 「도로교통법」 제80조에 따른 운전면허를 받아야 한다.
> ③ 제1항에 따른 운전면허는 대통령령으로 정하는 바에 따라 철도차량의 종류별로 받아야 한다.

■ **시행령 제10조(운전면허 없이 운전할 수 있는 경우)**
① 법 제10조 제1항 단서에서 "대통령령으로 정하는 경우"란 다음 각 호의 어느 하나에 해당하는 경우를 말한다.
  1. 법 제16조 제3항에 따른 철도차량 운전에 관한 전문 교육훈련기관(이하 "운전교육훈련기관"이라 한다)에서 실시하는 운전교육훈련을 받기 위하여 철도차량을 운전하는 경우
  2. 법 제17조 제1항에 따른 운전면허시험(이하 이 주에서"운전면허시험"이라 한다)을 치르기 위하여 철도차량을 운전하는 경우
  3. 철도차량을 제작·조립·정비하기 위한 공장 안의 선로에서 철도차량을 운전하여 이동하는 경우
  4. 철도사고 등을 복구하기 위하여 열차운행이 중지된 선로에서 사고복구용 특수차량을 운전하여 이동하는 경우
② 제1항 제1호 또는 제2호에 해당하는 경우에는 해당 철도차량에 운전교육훈련을 담당하는 사람이나 운전면허시험에 대한 평가를 담당하는 사람을 승차시켜야 하며, 국토교통부령으로 정하는 표지를 해당 철도차량의 앞면 유리에 붙여야 한다.

시행령 제11조(운전면허의 종류)

① 법 제10조 제3항에 따른 철도차량의 종류별 운전면허는 다음 각 호와 같다.
  1. 고속철도차량 운전면허
  2. 제1종 전기차량 운전면허
  3. 제2종 전기차량 운전면허
  4. 디젤차량 운전면허
  5. 철도장비 운전면허
  6. 노면전차(路面電車) 운전면허
② 제1항 각 호에 따른 운전면허(이하 "운전면허"라 한다)를 받은 사람이 운전할 수 있는 철도차량의 종류는 국토교통부령으로 정한다.

◆ 시행규칙 제10조(교육훈련 철도차량 등의 표지)

영 제10조 제2항에 따른 표지는 별지 제3호서식에 따른다.

◆ 시행규칙 제11조(운전면허의 종류에 따라 운전할 수 있는 철도차량의 종류)

영 제11조 제1항에 따른 철도차량의 종류별 운전면허를 받은 사람이 운전할 수 있는 철도차량의 종류는 별표 1의2와 같다.

시행규칙 [별표 1의2]

철도차량 운전면허 종류별 운전이 가능한 철도차량(제11조 관련)

운전면허의 종류	운전할 수 있는 철도차량의 종류
고속철도차량 운전면허	• 고속철도차량 • 철도장비 운전면허에 따라 운전할 수 있는 차량
제1종 전기차량 운전면허	• 전기기관차 • 철도장비 운전면허에 따라 운전할 수 있는 차량
제2종 전기차량 운전면허	• 전기동차 • 철도장비 운전면허에 따라 운전할 수 있는 차량
디젤차량운전면허	• 디젤기관차 • 디젤동차 • 증기기관차 • 철도장비 운전면허에 따라 운전할 수 있는 차량
철도장비운전면허	• 철도건설 및 유지보수에 필요한 기계나 장비 • 철도시설의 검측장비 • 철도·도로를 모두 운행할 수 있는 철도복구장비 • 전용철도에서 시속 25킬로미터 이하로 운전하는 차량 • 사고복구용기중기
노면전차운전면허	• 노면전차

[비고]
1. 시속 100킬로미터 이상으로 운행하는 철도시설의 검측장비 운전은 고속철도차량 운전면허, 제1종 전기차량 운전면허, 제2종 전기차량 운전면허, 디젤차량 운전면허 중 어느 하나의 운전면허가 있어야 한다.
2. 선로를 시속 200킬로미터 이상의 최고운행 속도로 주행할 수 있는 철도차량을 고속철도차량으로 구분한다.
3. 동력장치가 집중되어 있는 철도차량을 기관차, 동력장치가 분산되어 있는 철도차량을 동차로 구분한다.
4. 도로 위에 부설한 레일 위를 주행하는 철도차량은 노면전차로 구분한다.
5. 철도차량 운전면허(철도장비운전면허를 제외한다) 소지자는 철도차량 종류에 관계없이 차량기지 내에서 시속 25킬로미터 이하로 운전하는 철도차량을 운전할 수 있다. 이 경우 다른 운전면허의 철도차량을 운전하는 때에는 국토교통부장관이 정하는 교육훈련을 받아야 한다.
6. "전용철도"라 함은 「철도사업법」 제2조 제5호에 따른 전용철도를 말한다.

제11조(운전면허의 결격사유)

다음 각 호의 어느 하나에 해당하는 사람은 운전면허를 받을 자격이 없다.
1. 19세 미만인 사람
2. 철도차량 운전상의 위험과 장해를 일으킬 수 있는 정신질환자 또는 뇌전증환자로서 대통령령으로 정하는 사람
3. 철도차량 운전상의 위험과 장해를 일으킬 수 있는 약물(「마약류 관리에 관한 법률」 제2조 제1호에 따른 마약류 및 「화학물질관리법」 제22조 제1항에 따른 환각물질을 말한다. 이하 같다) 또는 알코올 중독자로서 대통령령으로 정하는 사람
4. 두 귀의 청력 또는 두 눈의 시력을 완전히 상실한 사람
5. 운전면허가 취소된 날부터 2년이 지나지 아니하였거나 운전면허의 효력정지 기간 중인 사람

■ **시행령 제12조(운전면허를 받을 수 없는 사람)**

법 제11조 제2호 및 제3호에서 "대통령령으로 정하는 사람"이란 해당 분야 전문의 가정상적인 운전을 할 수 없다고 인정하는 사람을 말한다.

제12조(운전면허의 신체검사)

① 운전면허를 받으려는 사람은 철도차량 운전에 적합한 신체상태를 갖추고 있는지를 판정받기 위하여 국토교통부장관이 실시하는 신체검사에 합격하여야 한다.
② 국토교통부장관은 제1항에 따른 신체검사를 제13조에 따른 의료기관에서 실시하게 할 수 있다.
③ 제1항에 따른 신체검사의 합격기준, 검사방법 및 절차 등에 관하여 필요한 사항은 국토교통부령으로 정한다.

시행규칙 [별표 2]

신체검사 항목 및 불합격 기준

(제12조 제2항 및 제40조 제4항 관련)

1. 운전면허 또는 관제자격증명 취득을 위한 신체검사

가. 일반결함	1) 신체 각 장기 및 각 부위의 악성종양 2) 중증인 고혈압증(수축기 혈압 180mmHg 이상, 확장기 혈압 110mmHg 이상인 사람) 3) 이 표에서 달리 정하지 아니한 법정 감염병 중 직접 접촉, 호흡기 등을 통하여 전파가 가능한 감염병	
나. 코·구강·인후계통	의사소통에 지장이 있는 언어장애 또는 호흡에 장애를 가져오는 코(鼻), 구강, 인후, 식도의 변형 및 기능장애	
다. 피부질환	다른 사람에게 감염될 위험성이 있는 만성 피부질환자 및 한센병 환자	
라. 흉부질환	1) 업무수행에 지장이 있는 급성 및 만성 늑막질환 2) 활동성 폐결핵, 비결핵성 폐질환, 중증 만성천식증, 중증 만성기관지염, 중증 기관지확장증 3) 만성폐쇄성 폐질환	
마. 순환기계통	1) 심부전증 2) 업무수행에 지장이 있는 발작성 빈맥(분당 150회 이상)이나 기질성 부정맥 3) 심한 방실전도장애 4) 심한 동맥류 5) 유착성 심낭염 6) 폐성심 7) 확진된 관상동맥질환(협심증 및 심근경색증)	
바. 소화기계통	1) 빈혈증 등의 질환과 관계있는 비장종대 2) 간경변증 또는 업무수행에 지장이 있는 만성 활동성 간염 3) 거대결장, 게실염, 회장염, 궤양성 대장염으로 고치기 어려운 경우	
사. 생식이나 비뇨기계통	1) 만성 신장염 2) 중증 요실금 3) 만성 신우염 4) 고도의 수신증 또는 농신증 5) 활동성 신결핵 또는 생식기 결핵 6) 고도의 요도협착 7) 진행성 신기능장애를 동반한 양측성 신결석 및 요관결석 8) 진행성 신기능장애를 동반한 만성신증후군	

아. 내분비계통	1) 중증의 갑상샘 기능 이상 2) 거인증 또는 말단비대증 3) 애디슨병 4) 그 밖의 쿠싱증후근 등 뇌하수체의 이상에서 오는 질환 5) 중증인 당뇨병(식전 혈당 140 이상) 및 중증의 대사질환(통풍 등)
자. 혈액이나 조혈계통	1) 혈우병 2) 혈소판 감소성 자반병 3) 중증의 재생불능성 빈혈 4) 용혈성 빈혈(용혈성 황달) 5) 진성적혈구 과다증 6) 백혈병
차. 신경계통	1) 다리·머리·척추 등 그 밖에 이상으로 앉아 있거나 걷지 못하는 경우 2) 중추신경계 염증성 질환에 따른 후유증으로 업무수행에 지장이 있는 경우 3) 업무에 적응할 수 없을 정도의 말초신경질환 4) 두개골 이상, 뇌 이상이나 뇌 순환장애로 인한 후유증(신경이나 신체증상)이 남아 업무수행에 지장이 있는 경우 5) 뇌 및 척추종양, 뇌기능장애가 있는 경우 6) 전신성·중증 근무력증 및 신경근 접합부 질환 7) 유전성 및 후천성 만성근육질환 8) 만성 진행성·퇴행성 질환 및 탈수초성 질환(유전성 무도병, 근위축성 측색경화증, 보행실조증, 다발성경화증)
카. 사지	1) 손의 필기능력과 두 손의 악력이 없는 경우 2) 난치의 뼈·관절질환 또는 기형으로 업무수행에 지장이 있는 경우 3) 한쪽 팔이나 한쪽 다리 이상을 쓸 수 없는 경우(운전업무에만 해당한다)
타. 귀	귀의 청력이 500Hz, 1000Hz, 2000Hz에서 측정하여 측정치의 산술평균이 두 귀 모두 40dB 이상인 경우
파. 눈	1) 두 눈의 나안(裸眼) 시력 중 어느 한쪽의 시력이라도 0.5 이하인 경우(다만, 한쪽 눈의 시력이 0.7 이상이고 다른 쪽 눈의 시력이 0.3 이상인 경우는 제외한다)로서 두 눈의 교정시력 중 어느 한쪽의 시력이라도 0.8 이하인 경우(다만, 한쪽 눈의 교정시력이 1.0 이상이고 다른 쪽 눈의 교정시력이 0.5 이상인 경우는 제외한다) 2) 시야의 협착이 1/3 이상인 경우 3) 안구 및 그 부속기의 기질성·활동성·진행성 질환으로 인하여 시력 유지에 위협이 되고, 시기능장애가 되는 질환 4) 안구 운동장애 및 안구진탕 5) 색각 이상(색약 및 색맹)
하. 정신계통	1) 업무수행에 지장이 있는 지적장애 2) 업무에 적응할 수 없을 정도의 성격 및 행동장애 3) 업무에 적응할 수 없을 정도의 정신장애 4) 마약·대마·향정신성 의약품이나 알코올 관련 장애 등 5) 뇌전증 6) 수면장애(폐쇄성 수면 무호흡증, 수면발작, 몽유병, 수면 이상증 등)나 공황장애

2. 운전업무종사자 등에 대한 신체검사

검사 항목	불합격기준	
	최초검사・특별검사	정기검사
가. 일반결함	1) 신체 각장기 및 각 부위의 악성종양 2) 중증인 고혈압증(수축기 혈압 180mmHg 이상이고 확장기 혈압 110mmHg 이상인 경우) 3) 이 표에서 달리 정하지 아니한 법정감염병 중 직접 접촉, 호흡기 등을 통하여 전파가 가능한 감염병	1) 업무수행에 지장이 있는 악성종양 2) 조절되지 아니하는 중증인 고혈압증 3) 이 표에서 달리 정하지 아니한 법정 감염병 중 직접 접촉, 호흡기 등을 통하여 전파가 가능한 감염병
나. 코・구강・인후계통	의사소통에 지장이 있는 언어장애나 호흡에 장애를 가져오는 코・구강・인후・식도의 변형 및 기능장애	의사소통에 지장이 있는 언어장애나 호흡에 장애를 가져오는 코・구강・인후・식도의 변형 및 기능장애
다. 피부질환	다른 사람에게 감염될 위험성이 있는 만성 피부질환자 및 한센병 환자	
라. 흉부질환	1) 업무수행에 지장이 있는 급성 및 만성 늑막질환 2) 활동성 폐결핵, 비결핵성 폐질환, 중증 만성천식증, 중증 만성기관지염, 중증 기관지확장증 3) 만성 폐쇄성 폐질환	1) 업무수행에 지장이 있는 활동성폐결핵, 비결핵성 폐질환, 만성 천식증, 만성 기관지염, 기관지 확장증 2) 업무수행에 지장이 있는 만성폐쇄성 폐질환
마. 순환기계통	1) 심부전증 2) 업무수행에 지장이 있는 발작성빈맥(분당 150회 이상) 또는 기질성 부정맥 3) 심한 방실전도장애 4) 심한 동맥류 5) 유착성 심낭염 6) 폐성심 7) 확진된 관상동맥질환(협심증 및 심근경색증)	1) 업무수행에 지장이 있는 심부전증 2) 업무수행에 지장이 있는 발작성 빈맥(분당 150회 이상) 또는 기질성 부정맥 3) 업무수행에 지장이 있는 심한 방실 전도장애 4) 업무수행에 지장이 있는 심한동맥류 5) 업무수행에 지장이 있는 유착성 심낭염 6) 업무수행에 지장이 있는 폐성심 7) 업무수행에 지장이 있는 관상동맥 질환(협심증 및 심근경색증)
바. 소화기계통	1) 빈혈증 등의 질환과 관계있는 비장 종대 2) 간경변증 또는 업무수행에 지장이 있는 만성 활동성 간염 3) 거대결장, 게실염, 회장염, 궤양성 대장염으로 난치인 경우	업무수행에 지장이 있는 만성 활동성 간염이나 간경변증

사. 생식이나 비뇨기 계통	1) 만성신장염 2) 중증 요실금 3) 만성신우염 4) 고도의 수신증 또는 농신증 5) 활동성 신결핵이나 생식기 결핵 6) 고도의 요도협착 7) 진행성 신기능장애를 동반한 양측성 신결석 및 요관결석 8) 진행성 신기능장애를 동반한 만성신증후군		1) 업무수행에 지장이 있는 만성신장염 2) 업무수행에 지장이 있는 진행성신기능장애를 동반한 양측성 신결석 및 요관결석
아. 내분비 계통	1) 중증의 갑상선 기능 이상 2) 거인증 또는 말단비대증 3) 애디슨병 4) 그 밖에 쿠싱증후근 등 뇌하수체의 이상에서 오는 질환 5) 중증인 당뇨병(식전 혈당 140 이상) 및 중증의 대사질환(통풍 등)		업무수행에 지장이 있는 당뇨병, 내분비질환, 대사질환(통풍 등)
자. 혈액이나 조혈계통	1) 혈우병 2) 혈소판 감소성 자반병 3) 중증의 재생불능성 빈혈 4) 용혈성 빈혈(용혈성 황달) 5) 진성적혈구 과다증 6) 백혈병		1) 업무수행에 지장이 있는 혈우병 2) 업무수행에 지장이 있는 혈소판감소성 자반병 3) 업무수행에 지장이 있는 생불능성빈혈 4) 업무수행에 지장이 있는 용혈성빈혈(용혈성 황달) 5) 업무수행에 지장이 있는 진성적혈구 과다증 6) 업무수행에 지장이 있는 백혈병
차. 신경계통	1) 다리·머리·척추 등 그 밖에 이상으로 앉아 있거나 걷지 못하는 경우 2) 중추신경계 염증성 질환에 의한 업무수행에 지장이 있는 경우 3) 업무에 적응할 수 없을 정도의 말초 신경질환 4) 두개골 이상, 뇌 이상이나 뇌 순환장애로 인한 후유증(신경이나 신체증상)이 남아 업무수행에 지장이 있는 경우 5) 뇌 및 척추종양, 뇌기능장애가 있는 경우 6) 전신성·중증 근무력증 및 신경근 접합부 질환 7) 유전성 및 후천성 만성 근육질환 8) 만성 진행성·퇴행성 질환 및 탈수 조성 질환(유전성 무도병, 근위축성 측색경화증, 보행 실조증, 다발성 경화증)		1) 다리·머리·척추 등 그 밖에 이상으로 앉아 있거나 걷지 못하는 경우 2) 중추신경계 염증성 질환에 의한업무수행에 지장이 있는 후유증 3) 업무에 적응할 수 없을 정도의말초신경 질환 4) 두개골 이상, 뇌 이상 또는 뇌 순환장애로 인한 후유증(신경이나 신체증상)이 남아 업무수행에 지장이 있는 경우 5) 뇌 및 척추종양, 뇌기능장애가 있는 경우 6) 전신성·중증 근무력증 및 신경근접합부 질환 7) 유전성 및 후천성 만성 근육질환 8) 업무수행에 지장이 있는 만성 진행성·퇴행성 질환 및 탈수조성 질환(유전성 무도병, 근위축성 측색경화증, 보행 실조증, 다발성 경화증)

카. 사지	1) 손의 필기능력과 두 손의 악력이 없는 경우 2) 난치의 뼈·관절질환 또는 기형으로 업무수행에 지장이 있는 경우 3) 한쪽 팔 또는 한쪽 다리 이상을 쓸 수 없는 경우(운전업무에만 해당한다)	1) 손의 필기능력과 두 손의 악력이 없는 경우 2) 난치의 뼈·관절질환 또는 기형으로 업무수행에 지장이 있는 경우 3) 한쪽 팔이나 한쪽 다리 이상을 쓸 수 없는 경우(운전업무에만 해당한다)	
타. 귀	귀의 청력이 500Hz, 1000Hz, 2000Hz에서 측정하여 측정치의 산술평균이 두 귀 모두 40dB 이상인 경우	귀의 청력이 500Hz, 1000Hz, 2000Hz에서 측정하여 측정치의 산술평균이 두 귀 모두 40dB 이상인 경우	
파. 눈	1) 두 눈의 나안(裸眼) 시력 중 어느 한쪽의 시력이라도 0.5 이하인 경우(다만, 한쪽 눈의 시력이 0.7 이상이고 다른 쪽 눈의 시력이 0.3 이상인 자는 제외한다)로서 두 눈의 교정시력 중 어느 한쪽의 시력이라도 0.8 이하인 경우(다만, 한쪽 눈의 교정시력이 1.0 이상이고 다른 쪽 눈의 교정시력이 0.5 이상인 경우는 제외한다) 2) 시야의 협착이 1/3 이상인 경우 3) 안구 및 그 부속기의 기질성, 활동성, 진행성 질환으로 인하여 시력유지에 위협이 되고, 시기능장애가 되는 질환 4) 안구 운동장애 및 안구진탕 5) 색각 이상(색약 및 색맹)	1) 두 눈의 나안 시력 중 어느 한쪽의시력이라도 0.5 이하인 경우(다만, 한쪽 눈의 시력이 0.7 이상이고 다른 쪽 눈의 시력이 0.3 이상인 경우는 제외한다)로서 두 눈의 교정시력 중 어느 한쪽의 시력이라도 0.8 이하인 경우(다만, 한쪽 눈의 교정시력이 1.0 이상이고 다른 쪽 눈의 교정시력이 0.5 이상인 경우는 제외한다) 2) 시야의 협착이 1/3 이상인 경우 3) 안구 및 그 부속기의 기질성, 활동성, 진행성 질환으로 인하여 시력 유지에 위협이 되고, 시기능장애가 되는 질환 4) 안구 운동장애 및 안구진탕 5) 색각 이상(색약 및 색맹)	
하. 정신계통	1) 업무수행에 지장이 있는 정신지체 2) 업무에 적응할 수 없을 정도의 성격및 행동장애 3) 업무에 적응할 수 없을 정도의 정신장애 4) 마약·대마·향정신성 의약품이나 알코올 관련 장애 등 5) 뇌전증 6) 수면장애(폐쇄성 수면 무호흡증, 수면발작, 몽유병, 수면 이상증 등)나 공황장애	1) 업무수행에 지장이 있는 정신지체 2) 업무에 적응할 수 없을 정도의 성격 및 행동장애 3) 업무에 적응할 수 없을 정도의 정신장애 4) 마약·대마·향정신성 의약품이나 알코올 관련 장애 등 5) 뇌전증 6) 업무수행에 지장이 있는 수면장애(폐쇄성 수면 무호흡증, 수면발작, 몽유병, 수면 이상증 등)나 공황장애	

◆ **시행규칙 제12조(신체검사 방법·절차·합격기준 등)**
① 법 제12조 제1항에 따른 운전면허의 신체검사 또는 법 제21조의5 제1항에 따른 관제자격증명의 신체검사를 받으려는 사람은 별지 제4호서식의 신체검사 판정서에 성명·주민등록번호 등 본인의 기록사항을 작성하여 법 제13조에 따른 신체검사 실시 의료기관(이하 "신체검사의료기관"이라 한다)에 제출하여야 한다.
② 법 제12조 제3항 및 법 제21조의5 제2항에 따른 신체검사의 항목과 합격기준은 별표 2 제1호와 같다.
③ 신체검사의료기관은 별지 제4호서식의 신체검사 판정서의 각 신체검사 항목별로 신체검사를 실시한 후 합격여부를 기록하여 신청인에게 발급하여야 한다.
④ 그 밖에 신체검사의 방법 및 절차 등에 관하여 필요한 세부사항은 국토교통부장관이 정하여 고시한다.

제13조(신체검사 실시 의료기관)

제12조 제1항에 따른 신체검사를 실시할 수 있는 의료기관은 다음 각 호와 같다.
1 「의료법」 제3조 제2항 제1호 가목의 의원
2 「의료법」 제3조 제2항 제3호 가목의 병원
3 「의료법」 제3조 제2항 제3호 마목의 종합병원

제14조 삭제 〈2012. 6. 1.〉

제15조(운전적성검사)

① 운전면허를 받으려는 사람은 철도차량 운전에 적합한 적성을 갖추고 있는지를 판정받기 위하여 국토교통부장관이 실시하는 적성검사(이하 "운전적성검사"라 한다)에 합격하여야 한다.
② 제1항에 따른 운전적성검사에 불합격한 사람 또는 운전적성검사과정에서 부정행위를 한 사람은 다음 각 호의 구분에 따른 기간 동안 운전적성검사를 받을 수 없다.
  1. 운전적성검사에 불합격한 사람 : 검사 일부터 3개월
  2. 운전적성검사과정에서 부정행위를 한 사람 : 검사 일부터 1년
③ 운전적성검사의 합격기준, 검사의 방법 및 절차 등에 관하여 필요한 사항은 국토교통부령으로 정한다.
④ 국토교통부장관은 운전적성검사에 관한 전문기관(이하 "운전적성검사기관"이라 한다)을 지정하여 운전적성검사를 하게 할 수 있다.
⑤ 운전적성검사기관의 지정기준, 지정절차 등에 관하여 필요한 사항은 대통령령으로 정한다.
⑥ 운전적성검사기관은 정당한 사유 없이 운전적성검사업무를 거부하여서는 아니 되고, 거짓이나 그 밖의 부정한 방법으로 운전적성검사 판정서를 발급하여서는 아니 된다.

◆ **시행규칙 제16조(적성검사 방법·절차 및 합격기준 등)**
① 법 제15조 제1항에 따른 운전적성검사(이하 "운전적성검사"라 한다) 또는 법 제21조의6 제1항에 따른 관제적성검사(이하 "관제적성검사"라 한다)를 받으려는 사람은 별지 제9호서식의 적성검사 판정서에 성명·주민등록번호 등 본인의 기록사항을 작성하여 법 제15조 제4항에 따른 운전적성검사기관(이하 "운전적성검사기관"이라 한다) 또는 법 제21조의6 제3항에 따른 관제적성검사기관(이하 "관제적성검사기관"이라 한다)에 제출하여야 한다.
② 법 제15조 제3항 및 법 제21조의6 제2항에 따른 적성검사의 항목 및 합격기준은 별표 4와 같다.
③ 운전적성검사기관 또는 관제적성검사기관은 별지 제9호서식의 적성검사 판정서의 각 적성검사 항목별로 적성검사를 실시한 후 합격 여부를 기록하여 신청인에게 발급하여야 한다.
④ 그 밖에 운전적성검사 또는 관제적성검사의 방법·절차·판정기준 및 항목별 배점기준 등에 관하여 필요한 세부사항은 국토교통부장관이 정한다.

■ **시행령 제13조(운전적성검사기관 지정절차)**
① 법 제15조 제4항에 따른 운전적성검사에 관한 전문기관(이하 "운전적성검사기관"이라 한다)으로 지정을 받으려는 자는 국토교통부장관에게 지정 신청을 하여야 한다.
② 국토교통부장관은 제1항에 따라 운전적성검사기관 지정 신청을 받은 경우에는 제14조에 따른 지정기준을 갖추었는지 여부, 운전적성검사기관의 운영계획, 운전업무종사자의 수급상황 등을 종합적으로 심사한 후 그 지정 여부를 결정하여야 한다.
③ 국토교통부장관은 제2항에 따라 운전적성검사기관을 지정한 경우에는 그 사실을 관보에 고시하여야 한다.
④ 제1항부터 제3항까지의 규정에 따른 운전적성검사기관 지정절차에 관한 세부적인 사항은 국토교통부령으로 정한다.

◆ **시행규칙 제17조(운전적성검사기관 또는 관제적성검사기관의 지정절차 등)**
① 운전적성검사기관 또는 관제적성검사기관으로 지정받으려는 자는 별지 제10호서식의 적성검사기관 지정신청서에 다음 각 호의 서류를 첨부하여 국토교통부장관에게 제출하여야 한다. 이 경우 국토교통부장관은 「전자정부법」 제36조 제1항에 따른 행정정보의 공동이용을 통하여 법인 등기사항증명서(신청인이 법인인 경우만 해당한다)를 확인하여야 한다.
  1. 운영계획서
  2. 정관이나 이에 준하는 약정(법인 그 밖의 단체만 해당한다)
  3. 운전적성검사 또는 관제적성검사를 담당하는 전문 인력의 보유 현황 및 학력·경력·자격 등을 증명할 수 있는 서류

4. 운전적성검사시설 또는 관제적성검사시설 내역서
5. 운전적성검사장비 또는 관제적성검사장비 내역서
6. 운전적성검사기관 또는 관제적성검사기관에서 사용하는 직인의 인영

② 국토교통부장관은 제1항에 따라 운전적성검사기관 또는 관제적성검사기관의 지정 신청을 받은 경우에는 영 제13조 제2항(영 제20조의2에서 준용하는 경우를 포함한다)에 따라 종합적으로 그 지정여부를 심사한 후 지정에 적합하다고 인정되는 경우 별지 제11호서식의 적성검사기관 지정서를 신청인에게 발급하여야 한다.

■ 시행령 제14조(운전적성검사기관 지정기준)

① 운전적성검사기관의 지정기준은 다음 각 호와 같다.
1. 운전적성검사 업무의 통일성을 유지하고 적성검사 업무를 원활히 수행하는데 필요한 상설 전담조직을 갖출 것
2. 운전적성검사 업무를 수행할 수 있는 전문검사인력을 3명 이상 확보할 것
3. 운전적성검사 시행에 필요한 사무실, 검사장과 검사 장비를 갖출 것
4. 운전적성검사기관의 운영 등에 관한 업무규정을 갖출 것

② 제1항에 따른 운전적성검사기관 지정기준에 관한 세부적인 사항은 국토교통부령으로 정한다.

◆ 시행규칙 제18조(운전적성검사기관 및 관제적성검사기관의 세부지정기준 등)

① 영 제14조 제2항 및 영 제20조의2에 따른 운전적성검사기관 및 관제적성검사기관의 세부지정기준은 별표 5와 같다.
② 국토교통부장관은 운전적성검사기관 또는 관제적성검사기관이 제1항 및 영 제14조 제1항(영 제20조의2에서 준용하는 경우를 포함한다)에 따른 지정기준에 적합한 지의 여부를 2년마다 심사하여야 한다.
③ 영 제15조 및 영 제20조의2에 따른 운전적성검사기관 및 관제적성검사기관의 변경사항 통지는 별지 제11호의2서식에 따른다.

■ 시행령 제15조(운전적성검사기관의 변경사항 통지)

① 운전적성검사기관은 그 명칭·대표자·소재지나 그 밖에 운전적성검사 업무의 수행에 중대한 영향을 미치는 사항의 변경이 있는 경우에는 해당 사유가 발생한 날부터 15일 이내에 국토교통부장관에게 그 사실을 알려야 한다.
② 국토교통부장관은 제1항에 따라 통지를 받은 때에는 그 사실을 관보에 고시하여야 한다.

시행규칙 [별표 4]

적성검사 항목 및 불합격 기준(제16조 제2항 관련)

검사대상	검사항목		불합격 기준
	문답형 검사	반응형 검사	
고속철도차량 · 제1종전기차량 · 제2종전기차량 · 디젤차량 · 노면전차 · 철도장비 운전업무종사자	• 인성 　- 일반성격 　- 안전성향	• 주의력 　- 복합기능 　- 선택주의 　- 지속주의 • 인식 및 기억력 　- 시각변별 　- 공간지각 • 판단 및 행동력 　- 추론 　- 민첩성	• 문답형 검사항목 중 안전성향 검사에서 부적합으로 판정된 사람 • 반응형 검사 평가점수가 30점 미만인 사람
철도교통관제 자격증명 응시자	• 인성 　- 일반성격 　- 안전성향	• 주의력 　- 복합기능 　- 선택주의 • 인식 및 기억력 　- 시각변별 　- 공간지각 　- 작업기억 • 판단 및 행동력 　- 추론 　- 민첩성	• 문답형 검사항목 중 안전성향 검사에서 부적합으로 판정된 사람 • 반응형 검사 평가점수가 30점 미만인 사람

[비고]
1. 문답형 검사 판정은 적합 또는 부적합으로 한다.
2. 반응형 검사 점수 합계는 70점으로 한다.
3. 안전성향검사는 전문의(정신건강의학) 진단결과로 대체할 수 있으며, 부적합 판정을 받은 자에 대해서는 당일 1회에 한하여 재검사를 실시하고 그 재검사 결과를 최종적인 검사결과로 할 수 있다.

시행규칙 [별표 5]

운전적성검사기관 또는 관제적성검사기관의 세부 지정기준(제18조 제1항 관련)

1. 검사인력

가. 자격기준

등급	자격자	학력 및 경력자
책임 검사원	1) 정신보건임상심리사 1급 자격을 취득한 사람 2) 정신보건임상심리사 2급 자격을 취득한 사람으로서 2년 이상 적성검사 분야에 근무한 경력이 있는 사람 3) 임상심리사 1급 자격을 취득한 사람 4) 임상심리사 2급 자격을 취득한 사람으로서 2년 이상 적성검사 분야에 근무한 경력이 있는 사람	1) 심리학 관련 분야 박사학위를 취득한 사람 2) 심리학 관련 분야 석사학위 취득한 사람으로서 2년 이상 적성검사 분야에 근무한 경력이 있는 사람 3) 대학을 졸업한 사람(법령에 따라 이와 같은 수준 이상의 학력이 있다고 인정되는 사람을 포함한다)으로서 선임검사원 경력이 2년 이상 있는 사람
선임 검사원	1) 정신보건임상심리사 2급 자격을 취득한 사람 2) 임상심리사 2급 자격을 취득한 사람	1) 심리학 관련 분야 석사학위를 취득한 사람 2) 심리학 관련 분야 학사학위 취득한 사람으로서 2년 이상 적성검사 분야에 근무한 경력이 있는 사람 3) 대학을 졸업한 사람(법령에 따라 이와 같은 수준 이상의 학력이 있다고 인정되는 사람을 포함한다)으로서 검사원 경력이 5년 이상 있는 사람
검사원		학사학위 이상 취득자

나. 보유기준

1) 운전적성검사 또는 관제적성검사(이하 이 표에서 "적성검사"라 한다) 업무를 수행하는 상설 전담조직을 1일 50명을 검사하는 것을 기준으로 하며, 책임검사원과 선임검사원 및 검사원은 각각 1명 이상 보유하여야 한다.

2) 1일 검사인원이 25명 추가될 때마다 적성검사를 진행할 수 있는 검사원을 1명씩 추가로 보유하여야 한다.

2 시설 및 장비

가. 시설기준

1) 1일 검사능력 50명(1회 25명) 이상의 검사장(70㎡ 이상이어야 한다)을 확보하여야 한다. 이 경우 분산된 검사장은 제외한다.

나. 장비기준

1) 속도예측능력, 주의력(선택적 주의력·주의배분능력·지속적 주의력), 거리지각능력, 안정도, 민첩성(적응능력·판단력·동작정확력·정서안전도)을 검사할 수 있는 토치모니터 등 검사장비와 프로그램을 갖추어야 한다.

2) 적성검사기관 공동으로 활용할 수 있는 프로그램(속도예측능력·주의력·거리지각능력·안정도 검사 등)을 개발할 수 있어야 한다.

3 업무규정

가. 조직 및 인원
나. 검사 인력의 업무 및 책임
다. 검사체제 및 절차
라. 각종 증명의 발급 및 대장의 관리
마. 장비운용·관리계획
바. 자료의 관리·유지
사. 수수료 징수기준
아. 그 밖에 국토교통부장관이 적성검사 업무수행에 필요하다고 인정하는 사항

4 일반사항

가. 국토교통부장관은 2개 이상의 운전적성검사기관 또는 관제적성검사기관을 지정한 경우에는 모든 운전적성검사기관 또는 관제적성검사기관에서 실시하는 적성검사의 방법 및 검사항목 등이 동일하게 이루어지도록 필요한 조치를 하여야 한다.

나. 국토교통부장관은 철도차량운전자 등의 수급계획과 운영계획 및 검사에 필요한 프로그램개발 등을 종합 검토하여 필요하다고 인정하는 경우에는 1개 기관만 지정할 수 있다. 이 경우 전국의 분산된 5개 이상의 장소에서 검사를 할 수 있어야 한다.

제15조의2(운전적성검사기관의 지정취소 및 업무정지)

① 국토교통부장관은 운전적성검사기관이 다음 각 호의 어느 하나에 해당할 때에는 지정을 취소하거나 6개월 이내의 기간을 정하여 업무의 정지를 명할 수 있다. 다만, 제1호 및 제2호에 해당할 때에는 지정을 취소하여야 한다.
  1. 거짓이나 그 밖의 부정한 방법으로 지정을 받았을 때
  2. 업무정지 명령을 위반하여 그 정지기간 중 운전적성검사업무를 하였을 때
  3. 제15조 제5항에 따른 지정기준에 맞지 아니하게 되었을 때
  4. 제15조 제6항을 위반하여 정당한 사유 없이 운전적성검사업무를 거부하였을 때
  5. 제15조 제6항을 위반하여 거짓이나 그 밖의 부정한 방법으로 운전적성검사 판정서를 발급하였을 때
② 제1항에 따른 지정취소 및 업무정지의 세부기준 등에 관하여 필요한 사항은 국토교통부령으로 정한다.
③ 국토교통부장관은 제1항에 따라 지정이 취소된 운전적성검사기관이나 그 기관의 설립·운영자 및 임원이 그 지정이 취소된 날부터 2년이 지나지 아니하고 설립·운영하는 검사기관을 운전적성검사기관으로 지정하여서는 아니 된다.

◆ **시행규칙 제19조(운전적성검사기관 및 관제적성검사기관의 지정취소 및 업무정지)**
  ① 법 제15조의2 제2항 및 법 제21조의6 제5항에 따른 운전적성검사기관 및 관제적성검사기관의 지정취소 및 업무정지의 기준은 별표 6과 같다.
  ② 국토교통부장관은 운전적성검사기관 또는 관제적성검사기관의 지정을 취소하거나 업무정지의 처분을 한 경우에는 지체 없이 운전적성검사기관 또는 관제적성검사기관에 별지 제11호의3서식의 지정기관 행정 처분서를 통지하고, 그 사실을 관보에 고시하여야 한다.

시행규칙 [별표 6]

운전적성검사기관 및 관제적성검사기관의 지정취소 및 업무정지의 기준(제19조 제1항 관련)

위반사항	해당 법조문	처분기준			
		1차 위반	2차 위반	3차 위반	4차 위반
1. 거짓이나 그 밖의 부정한 방법으로 지정을 받은 경우	법 제15조의2 제1항 제1호	지정취소			
2. 업무정지 명령을 위반하여 그 정지기간 중 운전적성 검사업무 또는 관제적성 검사업무를 한 경우	법 제15조의2 제1항 제2호	지정취소			
3. 법 제15조 제5항 또는 21조의6 제4항에 따른 지정기준에 맞지 아니하게 된 경우	법 제15조의2 제1항 제3호	경고 또는 보완명령	업무정지 1개월	업무정지 3개월	지정취소
4. 정당한 사유 없이 운전적성 검사업무 또는 관제적성 검사업무를 거부한 경우	법 제15조의2 제1항 제4호	경고	업무정지 1개월	업무정지 3개월	지정취소
5. 법 제15조 제6항을 위반하여 거짓이나 그 밖의 부정한 방법으로 운전적성검사 판정서 또는 관제적성검사 판정서를 발급한 경우	법 제15조의2 제1항 제5호	업무정지 1개월	업무정지 3개월	지정취소	

[비고]
1. 위반행위가 둘 이상인 경우로서 그에 해당하는 각각의 처분기준이 다른 경우에는 그 중 무거운 처분기준에 따르며, 위반행위가 둘 이상인 경우로서 그에 해당하는 각각의 처분기준이 같은 경우에는 무거운 처분기준의 2분의 1까지 가중할 수 있되, 각 처분기준을 합산한 기간을 초과할 수 없다.
2. 위반행위의 횟수에 따른 행정처분의 가중된 부과기준은 최근 1년간 같은 위반행위로 행정처분을 받은 경우에 적용한다. 이 경우 기간의 계산은 위반행위에 대하여 행정처분을 받은 날과 그 처분 후 다시 같은 위반행위를 하여 적발된 날을 기준으로 한다.
3. 비고 제2호에 따라 가중된 행정처분을 하는 경우 가중처분의 적용 차수는 그 위반 행위 전 부과처분 차수(비고 제2호에 따른 기간 내에 행정처분이 둘 이상 있었던 경우에는 높은 차수를 말한다)의 다음 차수로 한다.
4. 처분권자는 위반행위의 동기·내용 및 위반의 정도 등 다음 각 목에 해당하는 사유를 고려하여 그 처분을 감경할 수 있다. 이 경우 그 처분이 업무정지인 경우에는 그 처분기준의 2분의 1 범위에서 감경할 수 있고, 지정취소인 경우(거짓이나 그 밖의 부정한 방법으로 지정을 받은 경우나 업무정지 명령을 위반하여 그 정지기간 중 적성검사업무를 한 경우는 제외한다)에는 3개월의 업무정지 처분으로 감경할수 있다.
   가. 위반행위가 고의나 중대한 과실이 아닌 사소한 부주의나 오류로 인한 것으로 인정되는 경우
   나. 위반의 내용·정도가 경미하여 이해관계인에게 미치는 피해가 적다고 인정되는 경우

제16조(운전교육훈련)

① 운전면허를 받으려는 사람은 철도차량의 안전한 운행을 위하여 국토교통부장관이 실시하는 운전에 필요한 지식과 능력을 습득할 수 있는 교육훈련(이하 "운전교육훈련"이라 한다)을 받아야 한다.
② 운전교육훈련의 기간, 방법 등에 관하여 필요한 사항은 국토교통부령으로 정한다.
③ 국토교통부장관은 철도차량 운전에 관한 전문 교육훈련기관(이하 "운전교육훈련기관"이라 한다)을 지정하여 운전교육훈련을 실시하게 할 수 있다.
④ 운전교육훈련기관의 지정기준, 지정절차 등에 관하여 필요한 사항은 대통령령으로 정한다.
⑤ 운전교육훈련기관의 지정취소 및 업무정지 등에 관하여는 제15조 제6항 및 제15조의2를 준용한다. 이 경우 "운전적성검사기관"은 "운전교육훈련기관"으로, "운전적성검사 업무"는 "운전교육훈련 업무"로, "제15조 제5항"은 "제16조 제4항"으로, "운전적성검사 판정서"는 "운전교육훈련 수료증"으로 본다.

◆ **시행규칙 제20조(운전교육훈련의 기간 및 방법 등)**

① 법 제16조 제1항에 따른 교육훈련(이하 "운전교육훈련"이라 한다)은 운전면허 종류별로 실제 차량이나 모의운전연습기를 활용하여 실시한다.
② 운전교육훈련을 받으려는 사람은 법 제16조 제3항에 따른 운전교육훈련기관(이하 "운전교육훈련기관"이라 한다)에 운전교육훈련을 신청하여야 한다.
③ 운전교육훈련의 과목과 교육훈련시간은 별표 7과 같다.
④ 운전교육훈련기관은 운전교육훈련과정별 교육훈련신청자가 적어 그 운전교육훈련과정의 개설이 곤란한 경우에는 국토교통부장관의 승인을 받아 해당 운전교육훈련과정을 개설하지 아니하거나 운전교육훈련시기를 변경하여 시행할 수 있다.
⑤ 운전교육훈련기관은 운전교육훈련을 수료한 사람에게 별지 제12호서식의 운전교육훈련 수료증을 발급하여야 한다.
⑥ 그 밖에 운전교육훈련의 절차·방법 등에 관하여 필요한 세부사항은 국토교통부장관이 정한다.

시행규칙 [별표 7]

운전면허 취득을 위한 교육훈련 과정별 교육시간 및 교육훈련 과목(제20조 제3항 관련)

1. 일반응시자

교육과정	교육과목 및 시간	
	이론교육	기능교육
가. 디젤차량 운전면허 (810)	• 철도관련법(50) • 철도시스템 일반(60) • 디젤 차량의 구조 및 기능(170) • 운전이론 일반(30) • 비상 시 조치(인적오류 예방 포함) 등(30)	• 현장실습교육 • 운전실무 및 모의운행 훈련 • 비상 시 조치 등
	340시간	470시간
나. 제1종 전기차량 운전면허 (810)	• 철도관련법(50) • 철도시스템 일반(60) • 전기기관차의 구조 및 기능(170) • 운전이론 일반(30) • 비상 시 조치(인적오류 예방 포함) 등(30)	• 현장실습교육 • 운전실무 및 모의운행 훈련 • 비상 시 조치 등
	340시간	470시간
다. 제2종 전기차량 운전면허 (680)	• 철도관련법(50) • 도시철도시스템 일반(60) • 전기동차의 구조 및 기능(170) • 운전이론 일반(30) • 비상 시 조치(인적오류 예방 포함) 등(30)	• 현장실습교육 • 운전실무 및 모의운행 훈련 • 비상 시 조치 등
	270시간	410시간
라. 철도장비 운전면허 (340)	• 철도관련법(50) • 철도시스템 일반(40) • 디젤 차량의 구조 및 기능(170) • 기계·장비의 구조 및 기능(60) • 비상 시 조치(인적오류 예방 포함) 등(20)	• 현장실습교육 • 운전실무 및 모의운행 훈련 • 비상 시 조치 등
	170시간	170시간
마. 노면전차 운전면허 (440)	• 철도관련법(50) • 노면전차 시스템 일반(40) • 노면전차의 구조 및 기능(80) • 비상 시 조치(인적오류 예방 포함) 등(30)	• 현장실습교육 • 운전실무 및 모의운행 훈련 • 비상 시 조치 등
	200시간	240시간

* 이론교육의 과목별 교육시간은 100분의 20 범위 내에서 조정 가능

2. 운전면허 소지자   ( ) : 시간

소지면허	교육과목 및 시간		
	교육과정	이론교육	기능교육
가. 디젤차량 운전면허·제1종전기차량 운전면허·제2종전기차량 운전면허	고속철도차량 운전면허 (420)	• 고속철도 시스템 일반(15) • 고속전기차량의 구조 및 기능(85) • 고속철도 운전이론 일반(10) • 고속철도 운전관련 규정(20) • 비상 시 조치(인적오류 예방 포함) 등(10)	• 현장실습교육 • 운전실무 및 모의운행 훈련 • 비상 시 조치 등
		140시간	280시간
나. 디젤차량 운전면허	1) 제1종 전기차량 운전면허 (85)	• 전기기관차의 구조 및 기능(40) • 비상 시 조치(인적오류 예방 포함) 등(10)	• 현장실습교육 • 운전실무 및 모의운행 훈련
		50시간	35시간
	2) 제2종 전기차량 운전면허 (85)	• 도시철도 시스템 일반(10) • 전기동차의 구조 및 기능(30) • 비상 시 조치(인적오류 예방 포함) 등(10)	• 현장실습교육 • 운전실무 및 모의운행 훈련
		50시간	35시간
	3) 노면전차 운전면허 (60)	• 노면전차 시스템 일반(10) • 노면전차의 구조 및 기능(25) • 비상 시 조치(인적오류 예방 포함) 등(5)	• 현장실습교육 • 운전실무 및 모의운행 훈련
		40시간	20시간
다. 제1종 전기차량 운전면허	1) 디젤차량 운전면허 (85)	• 디젤 차량의 구조 및 기능(40) • 비상 시 조치(인적오류 예방 포함) 등(10)	• 현장실습교육 • 운전실무 및 모의운행 훈련
		50시간	35시간
	2) 제2종 전기차량 운전면허 (85)	• 도시철도 시스템 일반(10) • 전기동차의 구조 및 기능(30) • 비상 시 조치(인적오류 예방 포함) 등(10)	• 현장실습교육 • 운전실무 및 모의운행 훈련
		50시간	35시간
	3) 노면전차 운전면허 (50)	• 노면전차 시스템 일반(10) • 노면전차의 구조 및 기능(15) • 비상 시 조치(인적오류 예방 포함) 등(5)	• 현장실습교육 • 운전실무 및 모의운행 훈련
		30시간	20시간

라. 제2종 전기차량 운전면허	1) 디젤차량 운전면허 (130)	• 철도시스템 일반(10) • 디젤 차량의 구조 및 기능(45) • 비상 시 조치(인적오류 예방 포함) 등(5)	• 현장실습교육 • 운전실무 및 모의운행 훈련
		60시간	70시간
	2) 제1종 전기차량 운전면허 (130)	• 철도시스템 일반(10) • 전기기관차의 구조 및 기능(45) • 비상 시 조치(인적오류 예방 포함) 등(5)	• 현장실습교육 • 운전실무 및 모의운행 훈련
		60시간	70시간
	3) 노면전차 운전면허 (50)	• 노면전차 시스템 일반(10) • 노면전차의 구조 및 기능(15) • 비상 시 조치(인적오류 예방 포함) 등(5)	• 현장실습교육 • 운전실무 및 모의운행 훈련
		30시간	20시간
마. 철도장비 운전면허	1) 디젤차량 운전면허 (460)	• 철도관련법(30) • 철도시스템 일반(30) • 디젤차량의 구조 및 기능(100) • 운전이론(30) • 비상 시 조치(인적오류 예방 포함) 등(10)	• 현장실습교육 • 운전실무 및 모의운행 훈련 • 비상 시 조치 등
		200시간	260시간
	2) 제1종 전기차량 운전면허 (460)	• 철도관련법(30) • 철도시스템 일반(30) • 전기기관차의 구조 및 기능(100) • 운전이론(30) • 비상 시 조치(인적오류 예방 포함) 등(10)	• 현장실습교육 • 운전실무 및 모의운행 훈련 • 비상 시 조치 등
		200시간	260시간
	3) 제2종 전기차량 운전면허 (340)	• 철도관련법(30) • 도시철도시스템 일반(30) • 전기동차의 구조 및 기능(70) • 운전이론(30) • 비상 시 조치(인적오류 예방 포함) 등(10)	• 현장실습교육 • 운전실무 및 모의운행 훈련 • 비상 시 조치 등
		170시간	170시간
	4) 노면전차 운전면허 (220)	• 철도관련법(30) • 노면전차시스템 일반(20) • 노면전차의 구조 및 기능(60) • 비상 시 조치(인적오류 예방 포함) 등(10)	• 현장실습교육 • 운전실무 및 모의운행 훈련 • 비상 시 조치 등
		120시간	100시간

바. 노면전차 운전면허	1) 디젤차량 운전면허 (320)	• 철도관련법(30) • 철도시스템 일반(30) • 디젤 차량의 구조 및 기능(100) • 운전이론(30) • 비상 시 조치(인적오류 예방 포함) 등(10)	• 현장실습교육 • 운전실무 및 모의운행 훈련 • 비상 시 조치 등
		200시간	120시간
	2) 제1종 전기차량 운전면허 (320)	• 철도관련법(30) • 철도시스템 일반(30) • 전기기관차의 구조 및 기능(100) • 운전이론(30) • 비상 시 조치(인적오류 예방 포함) 등(10)	• 현장실습교육 • 운전실무 및 모의운행 훈련 • 비상 시 조치 등
		200시간	120시간
	3) 제2종 전기차량 운전면허 (275)	• 철도관련법(30) • 도시철도시스템 일반(30) • 전기동차의 구조 및 기능(70) • 운전이론(30) • 비상 시 조치(인적오류 예방 포함) 등(10)	• 현장실습교육 • 운전실무 및 모의운행 훈련 • 비상 시 조치 등
		170시간	105시간
	4) 철도장비 운전면허 (165)	• 철도관련법(30) • 철도시스템 일반(20) • 기계·장비의 구조 및 기능(60) • 비상 시 조치(인적오류 예방 포함) 등(10)	• 현장실습교육 • 운전실무 및 모의운행 훈련 • 비상 시 조치 등
		120시간	45시간

* 이론교육의 과목별 교육시간은 100분의 20 범위 내에서 조정 가능

3. 철도차량 운전 관련 업무경력자 ( ) : 시간

경력	교육과목 및 시간		
	교육과정	이론교육	기능교육
가. 철도차량운전 업무보조경력 1년 이상 (철도장비의 경우 철도장비운전 업무수행경력 3년 이상)	디젤 또는 제1종 전기차량 운전면허 (290)	• 철도관련법(30) • 철도시스템 일반(20) • 디젤 차량 또는 전기기관차의 구조 및 기능(100) • 운전이론 일반(20) • 비상 시 조치(인적오류 예방 포함) 등(20)	• 현장실습교육 • 운전실무 및 모의운행 훈련 • 비상 시 조치 등
		190시간	100시간
나. 철도차량운전 업무보조경력 1년 이상 또는 전동차 차장 경력이 2년 이상	1) 제2종 전기차량 운전면허 (290)	• 철도관련법(30) • 도시철도시스템 일반(30) • 전기동차의 구조 및 기능(90) • 운전이론 일반(30) • 비상 시 조치(인적오류 예방 포함) 등(10)	• 현장실습교육 • 운전실무 및 모의운행 훈련 • 비상 시 조치 등
		190시간	100시간
	2) 노면전차 운전면허 (140)	• 철도관련법(20) • 노면전차시스템 일반(10) • 노면전차의 구조 및 기능(40) • 비상 시 조치(인적오류 예방 포함) 등(10)	• 현장실습교육 • 운전실무 및 모의운행 훈련 • 비상 시 조치 등
		80시간	60시간
다. 철도차량 운전업무 보조경력 1년 이상	철도장비 운전면허 (100)	• 철도관련법(20) • 철도시스템 일반(10) • 기계·장비의 구조 및 기능(40) • 비상 시 조치(인적오류 예방 포함) 등(10)	• 현장실습교육 • 운전실무 및 모의운행 훈련 • 비상 시 조치 등
		80시간	20시간
라. 철도건설 및 유지보수에 필요한 기계 또는 장비작업 경력 1년 이상	철도장비 운전면허 (185)	• 철도관련법(20) • 철도시스템 일반(20) • 기계·장비의 구조 및 기능(70) • 비상 시 조치(인적오류 예방 포함) 등(10)	• 현장실습교육 • 운전실무 및 모의운행 훈련 • 비상 시 조치 등
		120시간	65시간

* 이론교육의 과목별 교육시간은 100분의 20 범위 내에서 조정 가능

4. 철도 관련 업무경력자   ( ) : 시간

경력	교육과목 및 시간		
	교육과정	이론교육	기능교육
철도운영자에 소속되어 철도관련업무에 종사한 경력 3년 이상인 사람	1) 디젤 또는 제1종 전기차량 운전면허 (395)	• 철도관련법(30) • 철도시스템 일반(30) • 디젤 차량 또는 전기기관차의 구조 및 기능(150) • 운전이론 일반(20) • 비상 시 조치(인적오류 예방 포함) 등(20)	• 현장실습교육 • 운전실무 및 모의운행 훈련 • 비상 시 조치 등
		250시간	145시간
	2) 제2종 전기차량 운전면허 (340)	• 철도관련법(30) • 도시철도시스템 일반(30) • 전기동차의 구조 및 기능(100) • 운전이론 일반(20) • 비상 시 조치(인적오류 예방 포함) 등(20)	• 현장실습교육 • 운전실무 및 모의운행 훈련 • 비상 시 조치 등
		200시간	140시간
	3) 철도장비 운전면허 (215)	• 철도관련법(30) • 철도시스템 일반(20) • 기계·장비의 구조 및 기능(70) • 비상 시 조치(인적오류 예방 포함) 등(10)	• 현장실습교육 • 운전실무 및 모의운행 훈련 • 비상 시 조치 등
		130시간	85시간
	4) 노면전차 운전면허 (215)	• 철도관련법(30) • 노면전차시스템 일반(20) • 노면전차의 구조 및 기능(70) • 비상 시 조치(인적오류 예방 포함) 등(10)	• 현장실습교육 • 운전실무 및 모의운행 훈련 • 비상 시 조치 등
		130시간	85시간

* 이론교육의 과목별 교육시간은 100분의 20 범위 내에서 조정 가능.

5. 버스 운전 경력자
( ) : 시간

경력	교육과목 및 시간		
	교육과정	이론교육	기능교육
「여객자동차운수사업법 시행령」 제3조 제1호에 따른 노선 여객자동차운송사업에 종사한 경력이 1년 이상인 사람	노면전차 운전면허 (250)	• 철도관련법(30) • 노면전차시스템 일반(20) • 노면전차의 구조 및 기능(70) • 비상 시 조치(인적오류 예방 포함) 등(10)	• 현장실습교육 • 운전실무 및 모의운행 훈련 • 비상 시 조치 등
		130시간	120시간

* 이론교육의 과목별 교육시간은 100분의 20 범위 내에서 조정 가능

6. 일반사항

가. 철도관련법은 「철도안전법」과 그 하위법령 및 철도차량운전에 필요한 규정을 말한다.

나. 철도차량 운전면허 소지자가 다른 종류의 철도차량 운전면허를 취득하기 위하여 교육훈련을 받는 경우에는 신체검사와 적성검사를 받은 것으로 본다. 다만, 철도장비 운전면허 소지자가 다른 종류의 철도차량 운전면허를 취득하기 위하여 교육훈련을 받는 경우에는 적성검사를 받아야 한다.

다. 고속철도차량 운전면허를 취득하기 위해 교육훈련을 받으려는 사람은 법 제21조에 따른 디젤차량, 제1종 전기차량 또는 제2종 전기차량의 운전업무 수행경력이 3년 이상 있어야 한다. 이 경우 운전업무 수행경력이란 운전업무종사자로서 운전실에 탑승하여 선방 선보감시 및 운선관련 기기를 실제로 취급한 기간 을 말한다.

라. 모의운행훈련은 전(숲) 기능 모의운전연습기를 활용한 교육훈련과 병행하여 실시하는 기본기능 모의운전연습기 및 컴퓨터지원교육시스템을 활용한 교육훈련을 포함한다.

마. 노면전차 운전면허를 취득하기 위한 교육훈련을 받으려는 사람은 「도로교통법」 제80조에 따른 운전면허를 소지하여야 한다.

바. 법 제16조 제3항에 따른 운전훈련교육기관으로 지정받은 대학의 장은 해당 대학의 철도운전 관련 학과의 정규과목 이수를 제1호부터 제5호까지의 규정에 따른 이론교육의 과목 이수로 인정할 수 있다.

시행령 제16조(운전교육훈련기관의 지정절차)

① 운전교육훈련기관으로 지정을 받으려는 자는 국토교통부장관에게 지정 신청을 하여야 한다.
② 국토교통부장관은 제1항에 따라 운전교육훈련기관의 지정 신청을 받은 경우에는 제17조에 따른 지정기준을 갖추었는지 여부, 운전교육훈련기관의 운영계획 및 운전업무종사자의 수급 상황 등을 종합적으로 심사한 후 그 지정 여부를 결정하여야 한다.
③ 국토교통부장관은 제2항에 따라 운전교육훈련기관을 지정한 때에는 그 사실을 관보에 고시하여야 한다.
④ 제1항부터 제3항까지의 규정에 따른 운전교육훈련기관의 지정절차에 관한 세부적인 사항은 국토교통부령으로 정한다.

◆ 시행규칙 제21조(운전교육훈련기관의 지정절차 등)

① 운전교육훈련기관으로 지정받으려는 자는 별지 제13호서식의 운전교육훈련기관 지정신청서에 다음 각 호의 서류를 첨부하여 국토교통부장관에게 제출하여야 한다. 이 경우 국토교통부장관은 「전자정부법」 제36조 제1항에 따른 행정정보의 공동이용을 통하여 법인 등기사항증명서(신청인이 법인인 경우만 해당한다)를 확인하여야 한다.
 1. 운전교육훈련계획서(운전교육훈련평가계획을 포함한다)
 2. 운전교육훈련기관 운영규정
 3. 정관이나 이에 준하는 약정(법인 그 밖의 단체에 한정한다)
 4. 운전교육훈련을 담당하는 강사의 자격·학력·경력 등을 증명할 수 있는 서류 및 담당업무
 5. 운전교육훈련에 필요한 강의실 등 시설 내역서
 6. 운전교육훈련에 필요한 철도차량 또는 모의운전연습기 등 장비 내역서
 7. 운전교육훈련 기관에서 사용하는 직인의 인영
② 국토교통부장관은 제1항에 따라 운전교육훈련기관의 지정 신청을 받은 때에는 영 제16조 제2항에 따라 그 지정 여부를 종합적으로 심사한 후 별지 제14호서식의 운전교육훈련기관 지정서를 신청인에게 발급하여야 한다.

시행령 제17조(운전교육훈련기관의 지정기준)

① 운전교육훈련기관 지정기준은 다음 각 호와 같다.
 1. 운전교육훈련 업무 수행에 필요한 상설 전담조직을 갖출 것
 2. 운전면허의 종류별로 운전교육훈련 업무를 수행할 수 있는 전문인력을 확보할 것
 3. 운전교육훈련 시행에 필요한 사무실·교육장과 교육 장비를 갖출 것
 4. 운전교육훈련기관의 운영 등에 관한 업무규정을 갖출 것
② 제1항에 따른 운전교육훈련기관 지정기준에 관한 세부적인 사항은 국토교통부령으로 정한다.

◆ **시행규칙 제22조(운전교육훈련기관의 세부 지정기준 등)**
① 영 제17조 제2항에 따른 운전교육훈련기관의 세부 지정기준은 별표 8과 같다.
② 국토교통부장관은 운전교육훈련기관이 제1항 및 영 제17조 제1항에 따른 지정기준에 적합한지의 여부를 2년마다 심사하여야 한다.
③ 영 제18조에 따른 운전교육훈련기관의 변경사항 통지는 별지 제11호의2서식에 따른다.

시행규칙 [별표 8]

교육훈련기관의 세부 지정기준(제22조 제1항 관련)

1. 인력기준
가. 자격기준

등 급	학력 및 경력
책임교수	1) 박사학위 소지자로서 철도교통에 관한 업무에 10년 이상 또는 철도차량 운전관련 업무에 5년 이상 근무한 경력이 있는 사람 2) 석사학위 소지자로서 철도교통에 관한 업무에 15년 이상 또는 철도차량 운전관련 업무에 8년 이상 근무한 경력이 있는 사람 3) 학사학위 소지자로서 철도교통에 관한 업무에 20년 이상 또는 철도차량 운전관련 업무에 10년 이상 근무한 경력이 있는 사람 4) 철도 관련 4급 이상의 공무원 경력 또는 이와 같은 수준 이상의 자격 및 경력이 있는 사람 5) 대학의 철도차량 운전 관련 학과에서 조교수 이상으로 재직한 경력이 있는 사람 6) 선임교수 경력이 3년 이상 있는 사람
선임교수	1) 박사학위 소지자로서 철도교통에 관한 업무에 5년 이상 또는 철도차량 운전 관련업 무에 3년 이상 근무한 경력이 있는 사람 2) 석사학위 소지자로서 철도교통에 관한 업무에 10년 이상 또는 철도차량 운전관련 업무에 5년 이상 근무한 경력이 있는 사람 3) 학사학위 소지자로서 철도교통에 관한 업무에 15년 이상 또는 철도차량 운전관련 업무에 8년 이상 근무한 경력이 있는 사람 4) 철도차량 운전업무에 5급 이상의 공무원 경력 또는 이와 같은 수준 이상의 자격 및 경력이 있는 사람 5) 대학의 철도차량 운전 관련 학과에서 전임강사 이상으로 재직한 경력이 있는 사람 6) 교수 경력이 3년 이상 있는 사람
교 수	1) 학사학위 소지자로서 철도차량 운전업무수행자에 대한 지도교육 경력이 2년 이상 있는 사람 2) 전문학사 소지자로서 철도차량 운전업무수행자에 대한 지도교육 경력이 3년 이상 있는 사람 3) 고등학교 졸업자로서 철도차량 운전업무수행자에 대한 지도교육 경력이 5년 이상 있는 사람 4) 철도차량 운전과 관련된 교육기관에서 강의 경력이 1년 이상 있는 사람

[비고]
1. "철도교통에 관한 업무"란 철도운전·안전·차량·기계·신호·전기·시설에 관한 업무를 말한다.
2. "철도차량운전 관련 업무"란 철도차량 운전업무수행자에 대한 안전관리·지도교육 및 관리감독 업무를 말한다.
3. 교수의 경우 해당 철도차량 운전업무 수행경력이 3년 이상인 사람으로서 학력 및 경력의 기준을 갖추어야 한다.
4. 고속철도차량 교수의 경우 종전 철도청에서 실시한 교수요원 양성과정(해외교육이수자를 포함한 다) 이수자 중 학력 및 경력 미달자도 고속철도차량 교수를 할 수 있다.

5. 해당 철도차량 운전업무 수행경력이 있는 사람으로서 현장 지도교육의 경력은 운전업무 수행 경력으로 합산할 수 있다

나. 보유기준

1) 1회 교육생 30명을 기준으로 철도차량 운전면허 종류별 전임 책임교수, 선임교수, 교수를 각 1명 이상 확보하여야 하며, 운전면허 종류별 교육인원이 15명 추가될 때마다 운전면허 종류별 교수 1명 이상을 추가로 확보하여야 한다. 이 경우 추가로 확보하여야 하는 교수는 비전임으로 할 수 있다.
2) 두 종류 이상의 운전면허 교육을 하는 지정기관의 경우 책임교수는 1명만 둘 수 있다.

2. 시설기준

가. 강의실

면적은 교육생 30명 이상 한 번에 수용할 수 있어야 한다(60제곱미터 이상). 이 경우 1제곱미터당 수용인원은 1명을 초과하지 아니하여야 한다.

나. 기능교육장

1) 전 기능 모의운전연습기·기본기능 모의운전연습기 등을 설치할 수 있는 실습장을 갖추어야 한다.
2) 30명이 동시에 실습할 수 있는 컴퓨터지원시스템 실습장(면적 90㎡ 이상)을 갖추어야 한다.

다. 그 밖에 교육훈련에 필요한 사무실·편의시설 및 설비를 갖출 것

3. 장비기준

가. 실제차량

철도차량 운전면허별로 교육훈련기관으로 지정받기 위하여 고속철도차량·전기기관차·전기동차·디젤기관차·철도장비·노면전차를 각각 보유하고, 이를 운용할 수 있는 선로, 전기·신호 등의 철도시스템을 갖출 것

나. 모의운전연습기

장 비 명	성능기준	보유기준	비고
전 기능 모의운전 연습기	• 운전실 및 제어용 컴퓨터시스템 • 선로영상시스템 • 음향시스템 • 고장처치시스템 • 교수제어대 및 평가시스템	1대 이상 보유	
	• 플랫홈시스템 • 구원운전시스템 • 진동시스템	권장	

기본기능 모의운전 연습기	• 운전실 및 제어용 컴퓨터 시스템 • 선로영상시스템 • 음향시스템 • 고장처치시스템	5대 이상 보유	1회 교육수요(10명 이하)가 적어 실제차량으로 대체하는 경우 1대 이상으로 조정할 수 있음
	• 교수제어대 및 평가시스템	권장	

[비고]
1. "전 기능 모의운전연습기"란 실제차량의 운전실과 유사하게 제작한 장비를 말한다.
2. "기본기능 모의운전연습기"란 철도차량의 운전훈련에 꼭 필요한 부분만을 제작한 장비를 말한다.
3. "보유"란 교육훈련을 위하여 설비나 장비를 필수적으로 갖추어야 하는 것을 말한다.
4. "권장"이란 원활한 교육의 진행을 위하여 설비나 장비를 향후 갖추어야 하는 것을 말한다.
5. 교육훈련기관으로 지정받기 위하여 철도차량 운전면허 종류별로 모의운전연습기나 실제차량을 갖추어야 한다. 다만, 부득이한 경우 등 국토교통부장관이 인정하는 경우에는 기본기능 모의운전연습기의 보유기준은 조정할 수 있다.

다. 컴퓨터지원교육시스템

성능기준	보유기준	비고
• 운전 기기 설명 및 취급법 • 운전 이론 및 규정 • 신호(ATS, ATC, ATO, ATP) 및 제동이론 • 차량의 구조 및 기능 • 고장처치 목록 및 절차 • 비상 시 조치 등	지원교육프로그램 및 컴퓨터 30대 이상 보유	컴퓨터지원교육시스템은 차종 별 프로그램만 갖추면 다른 차종과 공유하여 사용할 수 있음

[비고] "컴퓨터지원교육시스템"이란 컴퓨터의 멀티미디어 기능을 활용하여 운전·차량·신호 등을 학습할 수 있도록 제작된 프로그램 및 이를 지원하는 컴퓨터시스템일체를 말한다.

라. 제1종 전기차량 운전면허 및 제2종 전기차량 운전면허의 경우는 팬터그래프, 변압기, 컨버터, 인버터, 견인전동기, 제동장치에 대한 설비교육이 가능한 실제 장비를 추가로 갖출 것. 다만, 현장교육이 가능한 경우에는 장비를 갖춘 것으로 본다.

4. 국토교통부장관이 정하는 필기시험 출제범위에 적합한 교재를 갖출 것

5. 교육훈련기관 업무규정의 기준

가. 교육훈련기관의 조직 및 인원

나. 교육생 선발에 관한 사항

다. 연간 교육훈련계획 : 교육과정 편성, 교수인력의 지정 교과목 및 내용 등

라. 교육기관 운영계획

마. 교육생 평가에 관한 사항

바. 실습설비 및 장비 운용방안

사. 각종 증명의 발급 및 대장의 관리
아. 교수인력의 교육훈련
자. 기술도서 및 자료의 관리·유지
차. 수수료 징수에 관한 사항
카. 그 밖에 국토교통부장관이 철도전문인력 교육에 필요하다고 인정하는 사항

■ 시행령 제18조(운전교육훈련기관의 변경사항 통지)

① 운전교육훈련기관은 그 명칭·대표자·소재지나 그 밖에 운전교육훈련 업무의 수행에 중대한 영향을 미치는 사항의 변경이 있는 경우에는 해당 사유가 발생한 날부터 15일 이내에 국토교통부장관에게 그 사실을 알려야 한다.
② 국토교통부장관은 제1항에 따라 통지를 받은 경우에는 그 사실을 관보에 고시하여야 한다.

◆ 시행규칙 제23조(운전교육훈련기관의 지정취소·업무정지 등)

① 법 제16조 제5항에 따른 운전교육훈련기관의 지정취소 및 업무정지의 기준은 별표 9와 같다.
② 국토교통부장관은 운전교육훈련기관의 지정을 취소하거나 업무정지의 처분을 한 경우에는 지체 없이 그 운전교육훈련기관에 별지 제11호의3서식의 지정기관 행정처분서를 통지하고 그 사실을 관보에 고시하여야 한다.

시행규칙 [별표 9]

운전교육훈련기관의 지정취소 및 업무정지기준(제23조 제1항 관련)

위반사항	근거 법조문	처분기준			
		1차 위반	2차 위반	3차 위반	4차 위반
1. 거짓이나 그 밖의 부정한 방법으로 지정을 받은 경우	법 제16조 제5항 제1호	지정취소			
2. 업무정지 명령을 위반하여 그 정지기간 중 운전교육훈련 업무를 한 경우	법 제16조 제5항 제2호	지정취소			
3. 법 제16조 제4항에 따른 지정기준에 맞지 아니한 경우	법 제16조 제5항 제3호	경고 또는 보완명령	업무정지 1개월	업무정지 3개월	지정취소
4. 정당한 사유 없이 운전교육훈련 업무를 거부한 경우	법 제16조 제5항 제4호	경고	업무정지 1개월	업무정지 3개월	지정취소
5. 법 제16조 제5항을 위반하여 거짓이나 그 밖의 부정한 방법으로 운전교육훈련 수료증을 발급한 경우	법 제16조 제5항 제5호	업무정지 1개월	업무정지 3개월	지정취소	

[비고]
1. 위반행위가 둘 이상인 경우로서 그에 해당하는 각각의 처분기준이 다른 경우에는 그 중 무거운 처분기준에 따르며, 위반행위가 둘 이상인 경우로서 그에 해당하는 각각의 처분기준이 같은 경우에는 무거운 처분기준의 2분의 1까지 가중할 수 있되, 각 처분기준을 합산한 기간을 초과할 수 없다.
2. 위반행위의 횟수에 따른 행정처분의 가중된 부과기준은 최근 1년간 같은 위반행위로 행정처분을 받은 경우에 적용한다. 이 경우 기간의 계산은 위반행위에 대하여 행정처분을 받은 날과 그 처분 후 다시 같은 위반행위를 하여 적발된 날을 기준으로 한다.
3. 비고 제2호에 따라 가중된 행정처분을 하는 경우 가중처분의 적용 차수는 그 위반행위 전 부과처분 차수(비고 제2호에 따른 기간 내에 행정처분이 둘 이상 있었던 경우에는 높은 차수를 말한다)의 다음 차수로 한다.
4. 처분권자는 위반행위의 동기·내용 및 위반의 정도 등 다음 각 목에 해당하는 사유를 고려하여 그 처분을 감경할 수 있다. 이 경우 그 처분이 업무정지인 경우에는 그 처분기준의 2분의 1 범위에서 감경할 수 있고, 지정취소인 경우(거짓이나 그 밖의 부정한 방법으로 지정을 받은 경우나 업무정지 명령을 위반하여 정지기간 중 교육훈련업무를 한 경우는 제외한다)에는 3개월의 업무정지 처분으로 감경할 수 있다.
  가. 위반행위가 고의나 중대한 과실이 아닌 사소한 부주의나 오류로 인한 것으로 인정되는 경우
  나. 위반의 내용·정도가 경미하여 이해관계인에게 미치는 피해가 적다고 인정되는 경우

제17조(운전면허시험)

① 운전면허를 받으려는 사람은 국토교통부장관이 실시하는 철도차량 운전면허시험(이하 "운전면허시험"이라 한다)에 합격하여야 한다.
② 운전면허시험에 응시하려는 사람은 제12조에 따른 신체검사 및 운전적성검사에 합격한 후 운전교육훈련을 받아야 한다.
③ 운전면허시험의 과목, 절차 등에 관하여 필요한 사항은 국토교통부령으로 정한다.

◆ **시행규칙 제24조(운전면허시험의 과목 및 합격기준)**

① 법 제17조 제1항에 따른 철도차량 운전면허시험(이하 "운전면허시험"이라 한다)은 영 제11조 제1항에 따른 운전면허의 종류별로 필기시험과 기능시험으로 구분하여 시행한다. 이 경우 기능시험은 실제차량이나 모의운전연습기를 활용하여 시행한다.
② 제1항에 따른 필기시험과 기능시험의 과목 및 합격기준은 별표 10과 같다. 이 경우 기능시험은 필기시험을 합격한 경우에만 응시할 수 있다.
③ 제1항에 따른 필기시험에 합격한 사람에 대해서는 필기시험에 합격한 날부터 2년이 되는 날이 속하는 해의 12월 31일까지 실시하는 운전면허시험에 있어 필기시험의 합격을 유효한 것으로 본다.
④ 운전면허시험의 방법·절차, 기능시험 평가위원의 선정 등에 관하여 필요한 세부사항은 국토교통부장관이 정한다.

시행규칙 [별표 10]

철도차량 운전면허시험의 과목 및 합격기준(제24조 제2항 관련)

1. 운전면허 시험의 응시자별 면허시험 과목

가. 일반응시자·철도차량 운전 관련 업무경력자·철도 관련 업무경력자·버스 운전경력자

응시면허	필기시험	기능시험
디젤차량 운전면허	• 철도 관련 법 • 철도시스템 일반 • 디젤차량의 구조 및 기능 • 운전이론 일반 • 비상 시 조치 등	• 준비점검 • 제동취급 • 제동기 외의 기기 취급 • 신호준수, 운전취급, 신호·선로 숙지 • 비상 시 조치 등
제1종 전기차량 운전면허	• 철도 관련 법 • 철도시스템 일반 • 전기기관차의 구조 및 기능 • 운전이론 일반 • 비상 시 조치 등	• 준비점검 • 제동취급 • 제동기 외의 기기 취급 • 신호준수, 운전취급, 신호·선로 숙지 • 비상 시 조치 등
제2종 전기차량 운전면허	• 철도 관련 법 • 도시철도시스템 일반 • 전기동차의 구조 및 기능 • 운전이론 일반 • 비상 시 조치 등	• 준비점검 • 제동취급 • 제동기 외의 기기 취급 • 신호준수, 운전취급, 신호·선로 숙지 • 비상 시 조치 등
철도장비 운전면허	• 철도 관련 법 • 철도시스템 일반 • 기계·장비차량의 구조 및 기능 • 비상 시 조치 등	• 준비점검 • 제동취급 • 제동기 외의 기기 취급 • 신호준수, 운전취급, 신호·선로 숙지 • 비상 시 조치 등
노면전차 운전면허	• 철도 관련 법 • 노면전차 시스템 일반 • 노면전차의 구조 및 기능 • 비상 시 조치 등	• 준비점검 • 제동취급 • 제동기 외의 기기 취급 • 신호준수, 운전취급, 신호·선로 숙지 • 비상 시 조치 등

[비고]
1. 철도 관련 법은 「철도안전법」과 그 하위규정 및 철도차량 운전에 필요한 규정을 포함한다.
2. 철도차량 운전 관련 업무경력자, 철도 관련 업무경력자 또는 버스 운전경력자가 철도차량 운전면허시험에 응시하는 때에는 그 경력을 증명하는 서류를 첨부하여야 한다.

나. 운전면허 소지자

소지면허	응시면허	필기시험	기능시험
디젤차량 운전면허 제1종 전기차량 운전면허 제2종 전기차량 운전면허	고속철도차량 운전면허	• 고속철도 시스템 일반 • 고속철도차량의 구조 및 기능 • 고속철도 운전이론 일반 • 고속철도 운전 관련 규정 • 비상 시 조치 등	• 준비점검 • 제동 취급 • 제동기 외의 기기 취급 • 신호 준수, 운전 취급, 신호·선로 숙지 • 비상 시 조치 등
		주) 고속철도차량 운전면허시험 응시자는 디젤차량, 제1종 전기차량 또는 제2종 전기차량에 대한 운전업무 수행 경력이 3년 이상 있어야 한다.	
디젤차량 운전면허	제1종 전기차량 운전면허	• 전기기관차의 구조 및 기능	• 준비점검 • 제동 취급 • 제동기 외의 기기 취급 • 비상 시 조치 등
		주) 디젤차량 운전업무수행 경력이 2년 이상 있고 별표 7 제2호에 따른 교육훈련을 받은 사람은 필기시험 및 기능시험을 면제한다.	
	제2종 전기차량 운전면허	• 도시철도 시스템 일반 • 전기동차의 구조 및 기능	• 준비점검 • 제동 취급 • 제동기 외의 기기 취급 • 비상 시 조치 등
		주) 디젤차량 운전업무수행 경력이 2년 이상 있고 별표 7 제2호에 따른 교육훈련을 받은 사람은 필기시험을 면제한다.	
	노면전차 운전면허	• 노면전차 시스템 일반 • 노면전차의 구조 및 기능	• 준비점검 • 제동 취급 • 제동기 외의 기기 취급
		주) 디젤차량 운전업무수행 경력이 2년 이상 있고 별표 7 제2호에 따른 교육훈련을 받은 사람은 필기시험을 면제한다.	
제1종 전기차량 운전면허	디젤차량 운전면허	• 디젤차량의 구조 및 기능	• 준비점검 • 제동 취급 • 제동기 외의 기기 취급 • 비상 시 조치 등
		주) 제1종 전기차량 운전업무수행 경력이 2년 이상 있고 별표 7 제2호에 따른 교육훈련을 받은 사람은 필기시험 및 기능시험을 면제한다.	
	제2종 전기차량 운전면허	• 도시철도 시스템 일반 • 전기동차의 구조 및 기능	• 준비점검 • 제동 취급 • 제동기 외의 기기 취급 • 비상 시 조치 등
		주) 제1종 전기차량 운전업무수행 경력이 2년 이상 있고 별표 7 제2호에 따른 교육훈련을 받은 사람은 필기시험을 면제한다.	

	노면전차 운전면허	• 노면전차 시스템 일반 • 노면전차의 구조 및 기능	• 준비점검 • 제동 취급 • 제동기 외의 기기 취급 • 비상 시 조치 등
		주) 제1종 전기차량 운전업무수행 경력이 2년 이상 있고 별표 7 제2호에 따른 교육훈련을 받은 사람은 필기시험을 면제한다.	
제2종 전기차량 운전면허	디젤차량 운전면허	• 철도시스템 일반 • 디젤차량의 구조 및 기능	• 준비점검 • 제동 취급 • 제동기 외의 기기 취급 • 비상 시 조치 등
		주) 제2종 전기차량 운전업무수행 경력이 2년 이상 있고 별표 7 제2호에 따른 교육훈련을 받은 사람은 필기시험을 면제한다.	
	제1종 전기차량 운전면허	• 철도시스템 일반 • 전기기관차의 구조 및 기능	• 준비점검 • 제동 취급 • 제동기 외의 기기 취급 • 비상 시 조치 등
		주) 제2종 전기차량 운전업무수행 경력이 2년 이상 있고 별표 7 제2호에 따른 교육훈련을 받은 사람은 필기시험을 면제한다.	
	노면전차 운전면허	• 노면전차 시스템 일반 • 노면전차의 구조 및 기능	• 준비점검 • 제동 취급 • 제동기 외의 기기 취급 • 비상 시 조치 등
		주) 제2종 전기차량 운전업무수행 경력이 2년 이상 있고 별표 7 제2호에 따른 교육훈련을 받은 사람은 필기시험을 면제한다.	
철도장비 운전면허	디젤차량 운전면허	• 철도 관련 법 • 철도시스템 일반 • 디젤차량의 구조 및 기능	• 준비점검 • 제동 취급 • 제동기 외의 기기 취급 • 신호 준수, 운전 취급, 신호·선로 숙지 • 비상 시 조치 등
	제1종 전기차량 운전면허	• 철도 관련 법 • 철도시스템 일반 • 전기기관차의 구조 및 기능	
	제2종 전기차량 운전면허	• 철도 관련 법 • 도시철도 시스템 일반 • 전기동차의 구조 및 기능	
	노면전차 운전면허	• 철도 관련 법 • 노면전차 시스템 일반 • 노면전차의 구조 및 기능	

노면전차 운전면허	디젤차량 운전면허	• 철도 관련 법 • 철도시스템 일반 • 디젤차량의 구조 및 기능 • 운전이론 일반	• 준비점검 • 제동 취급 • 제동기 외의 기기 취급 • 신호 준수, 운전 취급, 신호·선로 숙지 • 비상 시 조치 등
	제1종 전기차량 운전면허	• 철도 관련 법 • 철도시스템 일반 • 전기기관차의 구조 및 기능 • 운전이론 일반	
	제2종 전기차량 운전면허	• 철도 관련 법 • 도시철도 시스템 일반 • 전기동차의 구조 및 기능 • 운전이론 일반	
	철도장비 운전면허	• 철도 관련 법 • 철도시스템 일반 • 기계·장비차량의 구조 및 기능	

[비고] 운전면허 소지자가 다른 종류의 운전면허를 취득하기 위하여 운전면허시험에 응시하는 경우에는 신체검사 및 적성검사의 증명서류를 운전면허증 사본으로 갈음한다. 다만, 철도장비 운전면허 소지자의 경우에는 적성검사 증명서류를 첨부하여야 한다.

2. 철도차량 운전면허 시험의 합격기준은 다음과 같다.

　가. 필기시험 합격기준은 과목당 100점을 만점으로 하여 매 과목 40점 이상(철도 관련 법의 경우 60점 이상), 총점 평균 60점 이상 득점한 사람

　나. 기능시험의 합격기준은 시험 과목당 60점 이상, 총점 평균 80점 이상 득점한 사람

3. 기능시험은 실제차량이나 모의운전연습기를 활용한다.

◆ **시행규칙 제25조(운전면허시험 시행계획의 공고)**
① 「한국교통안전공단법」에 따른 한국교통안전공단(이하 "한국교통안전공단"이라 한다)은 운전면허시험을 실시하려는 때에는 매년 11월 30일까지 필기시험 및 기능시험의 일정·응시과목 등을 포함한 다음 해의 운전면허시험 시행계획을 인터넷 홈페이지 등에 공고하여야 한다.
② 한국교통안전공단은 운전면허시험의 응시 수요 등을 고려하여 필요한 경우에는 제1항에 따라 공고한 시행계획을 변경할 수 있다. 이 경우 미리 국토교통부장관의 승인을 받아야 하며 변경되기 전의 필기시험일 또는 기능시험일(필기시험일 또는 기능시험일이 앞당겨진 경우에는 변경된 필기시험일 또는 기능시험일을 말한다)의 7일 전까지 그 변경사항을 인터넷 홈페이지 등에 공고하여야 한다.

◆ **시행규칙 제26조(운전면허시험 응시원서의 제출 등)**
① 운전면허시험에 응시하려는 사람은 별지 제15호서식의 철도차량 운전면허시험 응시원서에 다음 각 호의 서류를 첨부하여 한국교통안전공단에 제출하여야 한다.
  1. 신체검사의료기관이 발급한 신체검사 판정서(운전면허시험 응시원서 접수일 이전 2년 이내인 것에 한정한다)
  2. 운전적성검사기관이 발급한 운전적성검사 판정서(운전면허시험 응시원서 접수일 이전 10년 이내인 것에 한정한다)
  3. 운전교육훈련기관이 발급한 운전교육훈련 수료증명서
  3의2. 법 제16조 제3항에 따라 운전교육훈련기관으로 지정받은 대학의 장이 발급한 철도운전관련 교육과목 이수 증명서(별표 7 제6호 바목에 따라 이론교육 과목의 이수로 인정 받으려는 경우에만 해당한다)
  4. 철도차량 운전면허증의 사본(철도차량 운전면허 소지자가 다른 철도차량 운전면허를 취득하고자 하는 경우에 한정한다)
  5. 운전업무 수행 경력증명서(고속철도차량 운전면허시험에 응시하는 경우에 한정한다)
② 한국교통안전공단은 제1항 제1호부터 제4호까지의 서류를 영 제63조 제1항 제7호에 따라 관리하는 정보체계에 따라 확인할 수 있는 경우에는 그 서류를 제출하지 아니하도록 할 수 있다.
③ 한국교통안전공단은 제1항에 따라 운전면허시험 응시원서를 접수한 때에는 별지 제16호서식의 철도차량 운전면허시험 응시원서 접수대장에 기록하고 별지 제15호서식의 운전면허시험 응시표를 응시자에게 발급하여야 한다. 다만, 응시원서 접수 사실을 영 제63조 제1항 제7호에 따라 관리하는 정보체계에 따라 관리하는 경우에는 응시원서 접수 사실을 철도차량 운전면허시험 응시원서 접수대장에 기록하지 아니할 수 있다.

④ 한국교통안전공단은 운전면허시험 응시원서 접수마감 7일 이내에 시험일시 및 장소를 한국교통안전공단 게시판 또는 인터넷 홈페이지 등에 공고하여야 한다.

◆ **시행규칙 제27조(운전면허시험 응시표의 재발급)**
운전면허시험 응시표를 발급받은 사람이 응시표를 잃어버리거나 헐어서 못 쓰게 된 경우에는 사진(3.5센티미터 × 4.5센티미터) 1장을 첨부하여 한국교통안전공단에 재발급을 신청(「정보통신망 이용촉진 및 정보보호 등에 관한 법률」 제2조 제1항 제1호에 따른 정보통신망을 이용한 신청을 포함한다)하여야 하고, 한국교통안전공단은 응시원서 접수 사실을 확인한 후 운전면허시험 응시표를 신청인에게 재발급하여야 한다.

◆ **시행규칙 제28조(시험실시결과의 게시 등)**
① 한국교통안전공단은 운전면허시험을 실시하여 합격자를 결정한 때에는 한국교통안전공단 게시판 또는 인터넷 홈페이지에 게재하여야 한다.
② 한국교통안전공단은 운전면허시험을 실시한 경우에는 운전면허 종류별로 필기시험 및 기능시험 응시자 및 합격자 현황 등의 자료를 국토교통부장관에게 보고하여야 한다.

제18조(운전면허증의 발급 등)
① 국토교통부장관은 운전면허시험에 합격하여 운전면허를 받은 사람에게 국토교통부령으로 정하는 바에 따라 철도차량 운전면허증(이하 "운전면허증"이라 한다)을 발급하여야 한다.
② 제1항에 따라 운전면허를 받은 사람(이하 "운전면허 취득자"라 한다)이 운전면허증을 잃어버렸거나 운전면허증이 헐어서 쓸 수 없게 되었을 때 또는 운전면허증의 기재사항이 변경되었을 때에는 국토교통부령으로 정하는 바에 따라 운전면허증의 재발급이나 기재사항의 변경을 신청할 수 있다

◆ **시행규칙 제29조(운전면허증의 발급 등)**
① 운전면허시험에 합격한 사람은 한국교통안전공단에 별지 제17호서식의 철도차량 운전면허증 (재)발급신청서를 제출(「정보통신망 이용촉진 및 정보보호 등에 관한 법률」 제2조 제1항 제1호에 따른 정보통신망을 이용한 제출을 포함한다)하여야 한다.
② 제1항에 따라 철도차량 운전면허증 발급 신청을 받은 한국교통안전공단은 법 제18조 제1항에 따라 별지 제18호서식의 철도차량 운전면허증을 발급하여야 한다.
③ 제2항에 따라 철도차량 운전면허증을 발급받은 사람(이하 "운전면허 취득자"라 한다)이 철도차량 운전면허증을 잃어버렸거나 헐어 못 쓰게 된 때에는 별지 제17호서식의 철도차량 운전면허증 (재)발급신청서에 분실사유서나 헐어 못 쓰게 된 운전면허증을 첨부하여 한국교통안전공단에 제출하여야 한다.

④ 한국교통안전공단은 제1항 및 제3항에 따라 철도차량 운전면허증을 발급이나 재발급한 때에는 별지 제19호서식의 철도차량 운전면허증 관리대장에 이를 기록·관리하여야 한다. 다만, 철도차량 운전면허증의 발급이나 재발급 사실을 영 제63조 제1항 제7호에 따라 관리하는 정보체계에 따라 관리하는 경우에는 별지 제19호서식의 철도차량 운전면허증 관리대장에 이를 기록·관리하지 아니할 수 있다.

◆ 시행규칙 제30조(철도차량 운전면허증 기록사항 변경)

① 운전면허 취득자가 주소 등 철도차량 운전면허증의 기록사항을 변경하려는 경우에는 이를 증명할 수 있는 서류를 첨부하여 한국교통안전공단에 기록사항의 변경을 신청하여야 한다. 이 경우 한국교통안전공단은 기록사항을 변경한 때에는 별지 제19호서식의 철도차량 운전면허증 관리대장에 이를 기록·관리하여야 한다.

② 제1항 후단에도 불구하고 철도차량 운전면허증의 기록 사항의 변경을 영 제63조 제1항 제7호에 따라 관리하는 정보체계에 따라 관리하는 경우에는 별지 제19호서식의 철도차량 운전면허증 관리대장에 이를 기록·관리하지 아니할 수 있다.

제19조(운전면허의 갱신)

① 운전면허의 유효기간은 10년으로 한다.

② 운전면허 취득자로서 제1항에 따른 유효기간 이후에도 그 운전면허의 효력을 유지하려는 사람은 운전면허의 유효기간 만료 전에 국토교통부령으로 정하는 바에 따라 운전면허의 갱신을 받아야 한다.

③ 국토교통부장관은 제2항 및 제5항에 따라 운전면허의 갱신을 신청한 사람이 다음 각 호의 어느 하나에 해당하는 경우에는 운전면허증을 갱신하여 발급하여야 한다.

  1. 운전면허의 갱신을 신청하는 날 전 10년 이내에 국토교통부령으로 정하는 철도차량의 운전업무에 종사한 경력이 있거나 국토교통부령으로 정하는 바에 따라 이와 같은 수준 이상의 경력이 있다고 인정되는 경우

  2. 국토교통부령으로 정하는 교육훈련을 받은 경우

④ 운전면허 취득자가 제2항에 따른 운전면허의 갱신을 받지 아니하면 그 운전면허의 유효기간이 만료되는 날의 다음 날부터 그 운전면허의 효력이 정지된다.

⑤ 제4항에 따라 운전면허의 효력이 정지된 사람이 6개월의 범위에서 대통령령으로 정하는 기간 내에 운전면허의 갱신을 신청하여 운전면허의 갱신을 받지 아니하면 그 기간이 만료되는 날의 다음 날부터 그 운전면허는 효력을 잃는다.

⑥ 국토교통부장관은 운전면허 취득자에게 그 운전면허의 유효기간이 만료되기 전에 국토교통부령으로 정하는 바에 따라 운전면허의 갱신에 관한 내용을 통지하여야 한다.

⑦ 국토교통부장관은 제5항에 따라 운전면허의 효력이 실효된 사람이 운전면허를 다시 받으려는 경우 대통령령으로 정하는 바에 따라 그 절차의 일부를 면제할 수 있다.

■ 시행령 제19조(운전면허 갱신 등)

① 법 제19조 제4항에 따라 운전면허의 효력이 정지된 사람이 제2항에 따른 기간 내에 운전면허 갱신을 받은 경우 해당 운전면허의 유효기간은 갱신 받기 전 운전면허의 유효기간 만료일 다음 날부터 기산한다.
② 법 제19조 제5항에서 "대통령령으로 정하는 기간"이란 6개월을 말한다.

■ 시행령 제20조(운전면허 취득절차의 일부 면제)

법 제19조 제7항에 따라 운전면허의 효력이 실효된 사람이 운전면허가 실효된 날부터 3년 이내에 실효된 운전면허와 동일한 운전면허를 취득하려는 경우에는 다음 각 호의 구분에 따라 운전면허 취득절차의 일부를 면제한다.
1. 법 제19조 제3항 각 호에 해당하지 아니하는 경우 : 법 제16조에 따른 운전교육훈련면제
2. 법 제19조 제3항 각 호에 해당하는 경우 : 법 제16조에 따른 운전교육훈련과 법 제17조에 따른 운전면허시험 중 필기시험 면제

◆ 시행규칙 제31조(운전면허의 갱신절차)

① 법 제19조 제2항에 따라 철도차량 운전면허(이하 "운전면허"라 한다)를 갱신하려는 사람은 운전면허의 유효기간 만료일 전 6개월 이내에 별지 제20호서식의 철도차량 운전면허 갱신 신청서에 다음 각 호의 서류를 첨부하여 한국교통안전공단에 제출하여야 한다.
  1. 철도차량 운전면허증
  2. 법 제19조 제3항 각 호에 해당함을 증명하는 서류
② 제1항에 따라 갱신 받은 운전면허의 유효기간은 종전 운전면허 유효기간의 만료일 다음 날부터 기산한다.

◆ 시행규칙 제32조(운전면허 갱신에 필요한 경력 등)

① 법 제19조 제3항 제1호에서 "국토교통부령으로 정하는 철도차량의 운전업무에 종사한 경력"이란 운전면허의 유효기간 내에 6개월 이상 해당 철도차량을 운전한 경력을 말한다.
② 법 제19조 제3항 제1호에서 "이와 같은 수준 이상의 경력"이란 다음 각 호의 어느 하나에 해당하는 업무에 2년 이상 종사한 경력을 말한다.
  1. 관제업무
  2. 운전교육훈련기관에서의 운전교육훈련업무
  3. 철도운영자등에게 소속되어 철도차량 운전자를 지도·교육·관리하거나 감독하는 업무

③ 법 제19조 제3항 제2호에서 "국토교통부령으로 정하는 교육훈련을 받은 경우"란 운전교육훈련기관이나 철도운영자등이 실시한 철도차량 운전에 필요한 교육훈련을 운전면허 갱신신청일 전까지 20시간 이상 받은 경우를 말한다.

④ 제1항 및 제2항에 따른 경력의 인정, 제3항에 따른 교육훈련의 내용 등 운전면허갱신에 필요한 세부사항은 국토교통부장관이 정하여 고시한다.

◆ 시행규칙 제33조(운전면허갱신 안내통지)

① 한국교통안전공단은 법 제19조 제4항에 따라 운전면허의 효력이 정지된 사람이 있는 때에는 해당 운전면허의 효력이 정지된 날부터 30일 이내에 해당 운전면허 취득자에게 이를 통지하여야 한다.

② 한국교통안전공단은 법 제19조 제6항에 따라 운전면허의 유효기간 만료일 6개월 전까지 해당 운전면허 취득자에게 운전면허 갱신에 관한 내용을 통지하여야 한다.

③ 제2항에 따른 운전면허 갱신에 관한 통지는 별지 제21호서식의 철도차량 운전면허 갱신통지서에 따른다.

④ 제1항 및 제2항에 따른 통지를 받을 사람의 주소 등을 통상적인 방법으로 확인할 수 없거나 통지서를 송달할 수 없는 경우에는 한국교통안전공단 게시판 또는 인터넷 홈페이지에 14일 이상 공고함으로써 통지에 갈음할 수 있다.

제19조의2(운전면허증의 대여 등 금지)

누구든지 운전면허증을 다른 사람에게 빌려주거나 빌리거나 이를 알선하여서는 아니 된다.

제20조(운전면허의 취소·정지 등)

① 국토교통부장관은 운전면허 취득자가 다음 각 호의 어느 하나에 해당할 때에는 운전면허를 취소하거나 1년 이내의 기간을 정하여 운전면허의 효력을 정지시킬 수 있다. 다만, 제1호부터 제4호까지의 규정에 해당할 때에는 운전면허를 취소하여야 한다.

1. 거짓이나 그 밖의 부정한 방법으로 운전면허를 받았을 때
2. 제11조 제2호부터 제4호까지의 규정에 해당하게 되었을 때
3. 운전면허의 효력 정지 기간 중 철도차량을 운전하였을 때
4. 제19조의2를 위반하여 운전면허증을 다른 사람에게 빌려주었을 때
5. 철도차량을 운전 중 고의 또는 중과실로 철도사고를 일으켰을 때

5의2. 제40조의2 제1항 또는 제5항을 위반하였을 때

6. 제41조 제1항을 위반하여 술을 마시거나 약물을 사용한 상태에서 철도차량을 운전하였을 때

7. 제41조 제2항을 위반하여 술을 마시거나 약물을 사용한 상태에서 업무를 하였다고 인정할 만한 상당한 이유가 있음에도 불구하고 국토교통부장관 또는 시·도지사의 확인 또는 검사를 거부하였을 때
8. 이 법 또는 이 법에 따라 철도의 안전 및 보호와 질서유지를 위하여 한 명령·처분을 위반하였을 때

② 국토교통부장관이 제1항에 따라 운전면허의 취소 및 효력정지 처분을 하였을 때에는 국토교통부령으로 정하는 바에 따라 그 내용을 해당 운전면허 취득자와 운전면허 취득자를 고용하고 있는 철도운영자등에게 통지하여야 한다.
③ 제2항에 따른 운전면허의 취소 또는 효력정지 통지를 받은 운전면허 취득자는 그 통지를 받은 날부터 15일 이내에 운전면허증을 국토교통부장관에게 반납하여야 한다.
④ 국토교통부장관은 제3항에 따라 운전면허의 효력이 정지된 사람으로부터 운전면허증을 반납받았을 때에는 보관하였다가 정지기간이 끝나면 즉시 돌려주어야 한다.
⑤ 제1항에 따른 취소 및 효력정지 처분의 세부기준 및 절차는 그 위반의 유형 및 정도에 따라 국토교통부령으로 정한다.
⑥ 국토교통부장관은 국토교통부령으로 정하는 바에 따라 운전면허의 발급, 갱신, 취소 등에 관한 자료를 유지·관리하여야 한다.

◆ 시행규칙 제34조(운전면허의 취소 및 효력정지 처분의 통지 등)

① 국토교통부장관은 법 제20조 제1항에 따라 운전면허의 취소나 효력정지 처분을 한 때에는 별지 제22호서식의 철도차량 운전면허 취소·효력정지 처분 통지서를 해당 처분대상자에게 발송하여야 한다.
② 국토교통부장관은 제1항에 따른 처분대상자가 철도운영자등에게 소속되어 있는 경우에는 철도운영자등에게 그 처분 사실을 통지하여야 한다.
③ 제1항에 따른 처분대상자의 주소 등을 통상적인 방법으로 확인할 수 없거나 별지 제22호서식의 철도차량 운전면허 취소·효력정지 처분 통지서를 송달할 수 없는 경우에는 운전면허시험기관인 한국교통안전공단 게시판 또는 인터넷 홈페이지에 14일 이상 공고함으로써 제1항에 따른 통지에 갈음할 수 있다.
④ 제1항에 따라 운전면허의 취소 또는 효력정지 처분의 통지를 받은 사람은 통지를 받은 날부터 15일 이내에 운전면허증을 한국교통안전공단에 반납하여야 한다.

◆ 시행규칙 제35조(운전면허의 취소 또는 효력정지처분의 세부기준)

법 제20조 제5항에 따른 운전면허의 취소 또는 효력정지처분의 세부기준은 별표 10의2와 같다.

시행규칙 [별표 10의2]

운전면허취소 · 효력정지 처분의 세부기준(제35조 관련)

위반사항 및 내용		근거 법조문	처분기준			
			1차 위반	2차 위반	3차 위반	4차 위반
1. 거짓이나 그 밖의 부정한 방법으로 운전면허를 받은 경우		법 제20조 제1항 제1호	면허취소			
2. 법 제11조 제2호부터 제4호까지의 규정에 해당하는 경우 가. 철도차량 운전상의 위험과 장해를 일으킬 수 있는 정신질환자 또는 뇌전증환자로서 해당 분야 전문의가 정상적인 운전을 할 수 없다고 인정하는 사람 나. 철도차량 운전상의 위험과 장해를 일으킬 수 있는 약물(「마약류 관리에 관한 법률」 제2조 제1호에 따른 마약류 및 「화학물질관리법」 제22조 제1항에 따른 환각물질을 말한다) 또는 알코올 중독자로서 해당 분야 전문의가 정상적인 운전을 할 수 없다 인정하는 사람 다. 두 귀의 청력을 완전히 상실한 사람, 두 눈의 시력을 완전히 상실한 사람 라. 말을 하지 못하는 사람 마. 다리·머리·척추 그 밖의 신체장애로 인하여 걷지 못하거나 앉아 있을 수 없는 사람 바. 한쪽 팔이나 한쪽 다리 이상을 쓸 수 없는 사람 사. 한쪽 다리 발목 이상을 잃은 사람 아. 한쪽 손 이상의 엄지손가락을 잃었거나 엄지손가락을 제외한 손가락 3개 이상 잃은 사람		법 제20조 제1항 제2호	면허취소			
3. 운전면허의 효력정지 기간 중 철도차량을 운전한 경우		법 제20조 제1항 제3호	면허취소			
4. 운전면허증을 타인에게 대여한 경우		법 제20조 제1항 제4호	면허취소			
5. 철도차량을 운전 중 고의 또는 중과실로 철도사고를 일으킨 경우	사망자가 발생한 경우	법 제20조 제1항 제5호	면허취소			
	부상자가 발생한 경우		효력정지 3개월	면허취소		
	1천만원 이상 물적 피해가 발생한 경우		효력정지 2개월	효력정지 3개월	면허취소	

5의2. 법 제40조의2 제1항을 위반한 경우	법 제20조 제1항 제5호의2	경고	효력정지 1개월	효력정지 2개월	효력정지 3개월
5의3. 법 제40조의2 제5항을 위반한 경우	법 제20조 제1항 제5호의2	효력정지 1개월	면허취소		
6. 법 제41조 제1항을 위반하여 술에 만취한 상태(혈중 알코올농도 0.1퍼센트 이상)에서 운전한 경우	법 제20조 제1항 제6호	면허취소			
7. 법 제41조 제1항을 위반하여 술을 마신 상태의 기준(혈중알코올 농도 0.02퍼센트 이상)을 넘어서 운전을 하다가 철도사고를 일으킨 경우	법 제20조 제1항 제6호	면허취소			
8 법 제41조 제1항을 위반하여 약물을 사용한 상태에서 운전한 경우	법 제20조 제1항 제6호	면허취소			
9. 법 제41조 제1항을 위반하여 술을 마신 상태(혈중 알코올농도 0.02 퍼센트 이상 0.1 퍼센트 미만)에서 운전한 경우	법 제20조 제1항 제6호	효력정지 3개월	면허취소		
10. 법 제41조 제2항을 위반하여 술을 마시거나 약물을 사용한 상태에서 업무를 하였다고 인정할 만한 상당한 이유가 있음에도 불구하고 확인이나 검사 요구에 불응한 경우	법 제20조 제1항 제7호	면허취소			
11. 철도차량 운전규칙을 위반하여 운전을 하다가 열차운행에 중대한 차질을 초래한 경우	법 제20조 제1항 제8호	효력정지 1개월	효력정지 2개월	효력정지 3개월	면허취소

[비고]
1. 위반행위가 둘 이상인 경우로서 그에 해당하는 각각의 처분기준이 다른 경우에는 그 중 무거운 처분기준에 따르며, 위반행위가 둘 이상인 경우로서 그에 해당하는 각각의 처분기준이 같은 경우에는 무거운 처분기준의 2분의 1까지 가중할 수 있되, 각 처분기준을 합산한 기간을 초과할 수 없다.
2. 위반행위의 횟수에 따른 행정처분의 기준은 최근 1년간 같은 위반행위로 행정처분을 받은 경우에 적용한다. 이 경우 행정처분 기준의 적용은 같은 위반행위에 대하여 최초로 행정처분을 한 날과 그 처분 후의 위반행위가 다시 적발된 날을 기준으로 한다.

◆ **시행규칙 제36조(운전면허의 유지·관리)**

한국교통안전공단은 운전면허 취득자의 운전면허의 발급·갱신·취소 등에 관한 사항을 별지 제23호 서식의 철도차량 운전면허 발급대장에 기록하고 유지·관리하여야 한다.

제21조(운전업무 실무수습)

철도차량의 운전업무에 종사하려는 사람은 국토교통부령으로 정하는 바에 따라 실무수습을 이수하여야 한다.

◆ **시행규칙 제37조(운전업무 실무수습)**

법 제21조에 따라 철도차량의 운전업무에 종사하려는 사람이 이수하여야 하는 실무수습의 세부기준은 별표 11과 같다.

시행규칙 [별표 11]

실무수습 · 교육의 세부기준(제37조 제2항 관련)

1. 운전면허취득을 위한 실무수습·교육 기준

가. 철도차량 운전면허 미소지자

면허종별	실무수습·교육항목	실무수습·교육시간 또는 거리
제1종 전기차량 운전면허	• 선로·신호 등 시스템 • 운전취급 관련 규정 • 제동기 취급 • 제동기 외의 기기취급 • 속도관측 • 비상 시 조치 등	400시간 이상 또는 8,000 킬로미터 이상
디젤차량 운전면허		400시간 이상 또는 8,000킬로미터 이상
제2종 전기차량 운전면허		400시간 이상 또는 6,000킬로미터 이상 (단, 무인운전 구간의 경우 200시간 이상 또는 3,000킬로미터 이상)
철도장비운전면허		300시간 이상 또는 3,000킬로미터 이상
노면전차운전면허		300시간 이상 또는 3,000킬로미터 이상

나. 철도차량 운전면허 소지자

면허종별	실무수습·교육항목	실무수습·교육시간 또는 거리
고속철도차량 운전면허	• 선로·신호 등 시스템 • 운전취급 관련 규정 • 제동기 취급 • 제동기 외의 기기취급 • 속도관측 • 비상 시조치 등	200시간 이상 또는 10,000킬로미터 이상
제1종 전기차량 운전면허		200시간 이상 또는 4,000킬로미터 이상
디젤차량 운전면허		200시간 이상 또는 4,000킬로미터 이상
제2종 전기차량 운전면허		200시간 이상 또는 3,000킬로미터 이상 (단,무인운전 구간의 경우 100시간 이상 또는 1,500킬로미터 이상)
철도장비운전면허		150시간 이상 또는 1,500킬로미터 이상
노면전차운전면허		150시간 이상 또는 1,500킬로미터 이상

2. 철도차량 운행을 위한 실무수습·교육 기준
    가. 운전업무종사자가 운전업무 수행경력이 없는 구간을 운전하려는 때에는 60시간 이상 또는 1,200킬로미터 이상의 실무수습·교육을 받아야 한다. 다만, 철도장비 운전업무를 수행하는 경우는 30시간 이상 또는 600킬로미터 이상으로 한다.
    나. 운전업무종사자가 기기취급방법, 작동원리, 조작방식 등이 다른 철도차량을 운전하려는 때는 해당 철도차량의 운전면허를 소지하고 30시간 이상 또는 600킬로미터 이상의 실무수습·교육을 받아야 한다.
    다. 연장된 신규 노선이나 이설선로의 경우에는 수습구간의 거리에 따라 다음과 같이 실무수습 교육을 실시한다. 다만, 제75조 제10항에 따라 영업시운전을 생략할 수 있는 경우에는 영상자료 등 교육자료를 활용한 선로견습으로 실무수습을 실시할 수 있다.
        1) 수습구간이 10킬로미터 미만 : 1왕복 이상
        2) 수습구간이 10킬로미터 이상~20킬로미터 미만 : 2왕복 이상
        3) 수습구간이 20킬로미터 이상 : 3왕복 이상

3. 일반사항
    가. 제1호 및 제2호에서 운전실무수습·교육의 시간은 교육시간, 준비점검시간 및 차량점검시간과 실제운전시간을 모두 포함한다.
    나. 실무수습 교육거리는 선로견습, 시운전, 실제 운전거리를 포함한다.

4. 제1호부터 제3호까지에서 규정한 사항 외에 운전업무 실무수습의 방법·평가 등에 관하여 필요한 세부사항은 국토교통부장관이 정하여 고시한다.

◆ **시행규칙 제38조(운전업무 실무수습의 관리 등)**
철도운영자등은 철도차량의 운전업무에 종사하려는 사람이 제37조에 따른 운전업무 실무수습을 이수한 경우에는 별지 제24호서식의 운전업무종사자 실무수습 관리대장에 운전업무 실무수습을 받은 구간 등을 기록하고 그 내용을 한국교통안전공단에 통보해야 한다.

제21조의2(무자격자의 운전업무 금지 등)
철도운영자등은 운전면허를 받지 아니하거나(제20조에 따라 운전면허가 취소되거나 그 효력이 정지된 경우를 포함한다) 제21조에 따른 실무수습을 이수하지 아니한 사람을 철도차량의 운전업무에 종사하게 하여서는 아니 된다.

제21조의3(관제자격증명)
관제업무에 종사하려는 사람은 국토교통부장관으로부터 철도교통관제사 자격증명(이하 "관제자격증명"이라 한다)을 받아야 한다.

제21조의4(관제자격증명의 결격사유)
관제자격증명의 결격사유에 관하여는 제11조를 준용한다. 이 경우 "운전면허"는 "관제자격증명"으로, "철도차량 운전"은 "관제업무"로 본다.

제21조의5(관제자격증명의 결격사유)
① 관제자격증명을 받으려는 사람은 관제업무에 적합한 신체상태를 갖추고 있는지 판정받기 위하여 국토교통부장관이 실시하는 신체검사에 합격하여야 한다.
② 제1항에 따른 신체검사의 방법 및 절차 등에 관하여는 제12조 및 제13조를 준용한다. 이 경우 "운전면허"는 "관제자격증명"으로, "철도차량 운전"은 "관제업무"로 본다.

제21조의6(관제적성검사)

① 관제자격증명을 받으려는 사람은 관제업무에 적합한 적성을 갖추고 있는지 판정받기 위하여 국토교통부장관이 실시하는 적성검사(이하 "관제적성검사"라 한다)에 합격하여야 한다.
② 관제적성검사의 방법 및 절차 등에 관하여는 제15조 제2항 및 제3항을 준용한다. 이 경우 "운전적성검사"는 "관제적성검사"로 본다.
③ 국토교통부장관은 관제적성검사에 관한 전문기관(이하 "관제적성검사기관"이라 한다)을 지정하여 관제적성검사를 하게 할 수 있다.
④ 관제적성검사기관의 지정기준 및 지정절차 등에 필요한 사항은 대통령령으로 정한다.
⑤ 관제적성검사기관의 지정취소 및 업무정지 등에 관하여는 제15조 제6항 및 제15조의2를 준용한다. 이 경우 "운전적성검사기관"은 "관제적성검사기관"으로, "운전적성검사"는 "관제적성검사"로, "제15조 제5항"은 "제21조의6 제4항"으로 본다.

■ **시행령 제20조의2(관제적성검사기관의 지정절차 등)**

법 제21조의6 제3항에 따른 관제적성검사에 관한 전문기관(이하 "관제적성검사기관"이라 한다)의 지정절차, 지정기준 및 변경사항 통지에 관하여는 제13조부터 제15조까지의 규정을 준용한다. 이 경우 "운전적성검사기관"은 "관제적성검사기관"으로, "운전업무종사자"는 "관제업무종사자"로, "운전적성검사"는 "관제적성검사"로 본다.

제21조의7(관제교육훈련)

① 관제자격증명을 받으려는 사람은 관제업무의 안전한 수행을 위하여 국토교통부장관이 실시하는 관제업무에 필요한 지식과 능력을 습득할 수 있는 교육훈련(이하 "관제교육훈련"이라 한다)을 받아야 한다. 다만, 다음 각 호의 어느 하나에 해당하는 사람에게는 국토교통부령으로 정하는 바에 따라 관제교육훈련의 일부를 면제할 수 있다.
  1. 「고등교육법」 제2조에 따른 학교에서 국토교통부령으로 정하는 관제업무 관련 교과목을 이수한 사람
  2. 다음 각 목의 어느 하나에 해당하는 업무에 대하여 5년 이상의 경력을 취득한 사람
     가. 철도차량의 운전업무
     나. 철도신호기·선로전환기·조작판의 취급업무
② 관제교육훈련의 기간 및 방법 등에 필요한 사항은 국토교통부령으로 정한다.
③ 국토교통부장관은 관제업무에 관한 전문 교육훈련기관(이하 "관제교육훈련기관"이라 한다)을 지정하여 관제교육훈련을 실시하게 할 수 있다.

④ 관제교육훈련기관의 지정기준 및 지정절차 등에 필요한 사항은 대통령령으로 정한다.
⑤ 관제교육훈련기관의 지정취소 및 업무정지 등에 관하여는 제15조 제6항 및 제15조의2를 준용한다. 이 경우 "운전적성검사기관"은 "관제교육훈련기관"으로, "운전적성검사"는 "관제교육훈련"으로, "제15조 제5항"은 "제21조의7 제4항"으로, "운전적성검사 판정서"는 "관제교육훈련 수료증"으로 본다.

◆ 시행규칙 제38조의2(관제교육훈련의 기간·방법 등)

① 법 제21조의7에 따른 관제교육훈련(이하 "관제교육훈련"이라 한다)은 모의관제시스템을 활용하여 실시한다.
② 관제교육훈련의 과목과 교육훈련시간은 별표 11의2와 같다.
③ 법 제21조의7 제3항에 따른 관제교육훈련기관(이하 "관제교육훈련기관"이라 한다)은 관제교육훈련을 수료한 사람에게 별지 제24호의2 서식의 관제교육훈련 수료증을 발급하여야 한다.
④ 관제교육훈련의 신청, 관제교육훈련과정의 개설 및 그 밖에 관제교육훈련의 절차·방법 등에 관하여는 제20조 제2항·제4항 및 제6항을 준용한다. 이 경우 "운전교육훈련"은 "관제교육훈련"으로, "운전교육훈련기관"은 "관제교육훈련기관"으로 본다.

시행규칙 [별표 11의2]

관제교육훈련의 과목 및 교육훈련시간 (제38조의2 제2항 관련)

1. 관제교육훈련의 과목 및 교육훈련시간

관제교육훈련 과목	교육훈련시간
가. 열차운행계획 및 실습 나. 철도관제시스템 운용 및 실습 다. 열차운행선 관리 및 실습 라. 비상 시 조치 등	360시간

2 관제교육훈련의 일부 면제

가. 법 제21조의7 제1항 제1호에 따라 「고등교육법」 제2조에 따른 학교에서 제1호에 따른 관제교육훈련 과목 중 어느 하나의 과목과 교육내용이 동일한 교과목을 이수한 사람에게는 해당 관제교육훈련 과목의 교육훈련을 면제한다. 이 경우 교육훈련을 면제받으려는 사람은 해당 교과목의 이수 사실을 증명할 수 있는 서류를 관제교육훈련기관에 제출하여야 한다.

나. 법 제21조의7 제1항 제2호에 따라 철도차량의 운전업무 또는 철도신호기·선로전환기·조작판의 취급업무에 5년 이상의 경력을 취득한 사람에 대한 교육훈련시간은 105시간으로 한다. 이 경우 교육훈련을 면제받으려는 사람은 해당 경력을 증명할 수 있는 서류를 관제교육훈련기관에 제출하여야 한다.

3. **일반사항**

삭제 〈2019. 10. 23.〉

◆ **시행규칙 제38조의3(관제교육훈련의 일부면제)**

법 제21조의7 제1항 제1호에서 "국토교통부령으로 정하는 관제업무 관련 교과목"이란 별표 11의2에 따른 관제교육훈련의 과목 중 어느 하나의 과목과 교육내용이 동일한 교과목을 말한다.

■ **시행령 제20조의3(관제교육훈련기관의 지정절차 등)**

법 제21조의7 제3항에 따른 관제업무에 관한 전문 교육훈련기관(이하 "관제교육훈련기관"이라 한다)의 지정절차, 지정기준 및 변경사항 통지에 관하여는 제16조부터 제18조까지의 규정을 준용한다. 이 경우 "운전교육훈련기관"은 "관제교육훈련기관"으로, "운전업무종사자"는 "관제업무종사자"로, "운전교육훈련"은 "관제교육훈련"으로 본다.

◆ **시행규칙 제38조의4(관제교육훈련기관 지정절차 등)**

① 관제교육훈련기관으로 지정받으려는 자는 별지 제24호의3서식의 관제교육훈련기관 지정 신청서에 다음 각 호의 서류를 첨부하여 국토교통부장관에게 제출하여야 한다. 이 경우 국토교통부장관은 「전자정부법」 제36조 제1항에 따른 행정정보의 공동이용을 통하여 법인 등기사항증명서(신청인이 법인인 경우만 해당한다)를 확인하여야 한다.
 1. 관제교육훈련계획서(관제교육훈련평가계획을 포함한다)
 2. 관제교육훈련기관 운영규정
 3. 정관이나 이에 준하는 약정(법인 그 밖의 단체에 한정한다)
 4. 관제교육훈련을 담당하는 강사의 자격·학력·경력 등을 증명할 수 있는 서류 및 담당업무
 5. 관제교육훈련에 필요한 강의실 등 시설 내역서
 6. 관제교육훈련에 필요한 모의관제시스템 등 장비 내역서
 7. 관제교육훈련기관에서 사용하는 직인의 인영
② 국토교통부장관은 제1항에 따라 관제교육훈련기관의 지정 신청을 받은 때에는 영 제20조의3에서 준용하는 영 제16조 제2항에 따라 그 지정 여부를 종합적으로 심사한 후 별지 제24호의4서식의 관제교육훈련기관 지정서를 신청인에게 발급하여야 한다.

◆ **시행규칙 제38조의5(관제교육훈련기관 세부 지정기준 등)**

① 영 제20조의3에 따른 관제교육훈련기관의 세부 지정기준은 별표 11의3과 같다.
② 국토교통부장관은 관제교육훈련기관이 제1항 및 영 제20조의3에서 준용하는 영 제17조 제1항에 따른 지정기준에 적합한 지의 여부를 2년마다 심사하여야 한다.
③ 관제교육훈련기관의 변경사항 통지에 관하여는 제22조 제3항을 준용한다. 이 경우 "운전교육훈련기관"은 "관제교육훈련기관"으로 본다.

시행규칙 [별표 11의3]

관제교육훈련기관의 세부 지정기준(제38조의5 제1항 관련)

1. 인력기준
가. 자격기준

등급	학력 및 경력
책임 교수	1) 박사학위 소지자로서 철도교통에 관한 업무에 10년 이상 또는 철도교통관제업무에 5년 이상 근무한 경력이 있는 사람 2) 석사학위 소지자로서 철도교통에 관한 업무에 15년 이상 또는 철도교통관제업무에 8년 이상 근무한 경력이 있는 사람 3) 학사학위 소지자로서 철도교통에 관한 업무에 20년 이상 또는 철도교통관제업무에 10년 이상 근무한 경력이 있는 사람 4) 철도 관련 4급 이상의 공무원 경력 또는 이와 같은 수준 이상의 자격 및 경력이 있는 사람 5) 대학의 철도교통관제 관련 학과에서 조교수 이상으로 재직한 경력이 있는 사람 6) 선임교수 경력이 3년 이상 있는 사람
선임 교수	1) 박사학위 소지자로서 철도교통에 관한 업무에 5년 이상 또는 철도교통관제업무나 철도차량 운전 관련 업무에 3년 이상 근무한 경력이 있는 사람 2) 석사학위 소지자로서 철도교통에 관한 업무에 10년 이상 또는 철도교통관제업무나 철도차량 운전 관련 업무에 5년 이상 근무한 경력이 있는 사람 3) 학사학위 소지자로서 철도교통에 관한 업무에 15년 이상 또는 철도교통관제업무나 철도차량 운전 관련 업무에 8년 이상 근무한 경력이 있는 사람 4) 철도 관련 5급 이상의 공무원 경력 또는 이와 같은 수준 이상의 자격 및 경력이 있는 사람 5) 대학의 철도교통관제 관련 학과에서 전임강사 이상으로 재직한 경력이 있는 사람 6) 교수 경력이 3년 이상 있는 사람
교수	철도교통관제 업무에 1년 이상 또는 철도차량 운전업무에 3년 이상 근무한 경력이 있는 사람으로서 다음의 어느 하나에 해당하는 학력 및 경력을 갖춘 사람 1) 학사학위 소지자로서 철도교통관제사나 철도차량 운전업무수행자에 대한 지도교육 경력이 2년 이상 있는 사람 2) 전문학사 소지자로서 철도교통관제사나 철도차량 운전업무수행자에 대한 지도교육 경력이 3년 이상 있는 사람 3) 고등학교 졸업자로서 철도교통관제사나 철도차량 운전업무수행자에 대한 지도교육 경력이 5년 이상 있는 사람 4) 철도교통관제와 관련된 교육기관에서 강의 경력이 1년 이상 있는 사람

[비고]
1. 철도교통에 관한 업무란 철도운전·신호취급·안전에 관한 업무를 말한다.
2. 철도교통에 관한 업무 경력에는 책임교수의 경우 철도교통관제업무 3년 이상, 선임교수의 경우 철도교통관제 업무 2년 이상이 포함되어야 한다.
3. 철도차량운전 관련 업무란 철도차량 운전업무수행자에 대한 안전관리·지도교육 및 관리감독 업무를 말한다.
4. 철도차량 운전업무나 철도교통관제업무 수행경력이 있는 사람으로서 현장 지도교육의 경력은 운전업무나 관제업무 수행경력으로 합산할 수 있다.

나. 보유기준

1회 교육생 30명을 기준으로 철도교통관제 전임 책임교수 1명, 비전임 선임교수, 교수를 각 1명 이상 확보하여야 하며, 교육인원이 15명 추가될 때마다 교수 1명 이상을 추가로 확보하여야 한다. 이 경우 추가로 확보하여야 하는 교수는 비전임으로 할 수 있다.

2. 시설기준

가. 강의실

면적 60제곱미터 이상의 강의실을 갖출 것. 다만, 1제곱미터당 교육인원은 1명을 초과하지 아니하여야 한다.

나. 실기교육장

1) 모의관제시스템을 설치할 수 있는 실습장을 갖출 것
2) 30명이 동시에 실습할 수 있는 면적 90제곱미터 이상의 컴퓨터지원시스템 실습장을 갖출 것

다. 그 밖에 교육훈련에 필요한 사무실·편의시설 및 설비를 갖출 것

3. 장비기준

가. 모의관제시스템

장 비 명	성능기준	보유기준
전 기능 모의관제시스템	• 제어용 서버 시스템 • 대형 표시반 및 Wall Controller 시스템 • 음향시스템 • 관제사 콘솔 시스템 • 교수제어대 및 평가시스템	1대 이상 보유

나. 컴퓨터지원교육시스템

장 비 명	성능기준	보유기준
컴퓨터지원 교육시스템	• 열차운행계획 • 철도관제시스템 운용 및 실무 • 열차운행선 관리 • 비상 시 조치 등	관련 프로그램 및 컴퓨터 30대 이상 보유

[비고]
1. 컴퓨터지원교육시스템이란 컴퓨터의 멀티미디어 기능을 활용하여 관제교육훈련을 시행할 수 있도록 제작된 기본기능 모의관제시스템 및 이를 지원하는 컴퓨터 시스템 일체를 말한다.
2. 기본기능 모의관제시스템이란 철도 관제교육훈련에 꼭 필요한 부분만을 제작한 시스템을 말한다.

4. 관제교육훈련에 필요한 교재를 갖출 것

5. 다음 각 목의 사항을 포함한 업무규정을 갖출 것
    가. 관제교육훈련기관의 조직 및 인원
    나. 교육생 선발에 관한 사항
    다. 연간 교육훈련계획 : 교육과정 편성, 교수인력의 지정 교과목 및 내용 등
    라. 교육기관 운영계획
    마. 교육생 평가에 관한 사항
    바. 실습설비 및 장비 운용방안
    사. 각종 증명의 발급 및 대장의 관리
    아. 교수인력의 교육훈련
    자. 기술도서 및 자료의 관리·유지
    차. 수수료 징수에 관한 사항
    카. 그 밖에 국토교통부장관이 관제교육훈련에 필요하다고 인정하는 사항

◆ 시행규칙 제38조의6(관제교육훈련기관의 지정취소·업무정지 등)

① 법 제21조의7 제5항에서 준용하는 법 제15조의2에 따른 관제교육훈련기관의 지정취소 및 업무정지의 기준은 별표 9와 같다.

② 관제교육훈련기관 지정취소·업무정지의 통지 등에 관하여는 제23조 제2항을 준용한다. 이 경우 "운전교육훈련기관"은 "관제교육훈련기관"으로 본다.

제21조의8(관제자격증명시험)

① 관제자격증명을 받으려는 사람은 관제업무에 필요한 지식 및 실무역량에 관하여 국토교통부장관이 실시하는 학과시험 및 실기시험(이하 "관제자격증명시험"이라 한다)에 합격하여야 한다.
② 관제자격증명시험에 응시하려는 사람은 제21조의5 제1항에 따른 신체검사와 관제적성검사에 합격한 후 관제교육훈련을 받아야 한다.
③ 국토교통부장관은 다음 각 호의 어느 하나에 해당하는 사람에게는 국토교통부령으로 정하는 바에 따라 관제자격증명시험의 일부를 면제할 수 있다.
  1. 운전면허를 받은 사람
  2. 「국가기술자격법」 제2조 제1호에 따른 국가기술자격으로서 국토교통부령으로 정하는 철도관제 관련 분야의 자격을 가진 사람
④ 관제자격증명시험의 과목, 방법 및 절차 등에 필요한 사항은 국토교통부령으로 정한다.

◆ **시행규칙 제38조의7(관제자격증명시험의 과목 및 합격기준)**

① 법 제21조의8 제1항에 따른 관제자격증명시험(이하 "관제자격증명시험"이라 한다) 중 실기시험은 모의관제시스템을 활용하여 시행한다.
② 관제자격증명시험의 과목 및 합격기준은 별표 11의4와 같다. 이 경우 실기시험은 학과시험을 합격한 경우에만 응시할 수 있다.
③ 관제자격증명시험 중 학과시험에 합격한 사람에 대해서는 학과시험에 합격한 날부터 2년이 되는 날이 속하는 해의 12월 31일까지 실시하는 관제자격증명시험에 있어 학과시험의 합격을 유효한 것으로 본다.
④ 관제자격증명시험의 방법·절차, 실기시험 평가위원의 선정 등에 관하여 필요한 세부사항은 국토교통부장관이 정한다.

시행규칙 [별표 11의4]

관제자격증명시험의 과목 및 합격기준(제38조의7 제2항 관련)

1. 학과시험 및 실기시험 과목

학과시험	실기시험
가. 철도관련법 나. 관제관련규정 다. 철도시스템 일반 라. 철도교통 관제운영 마. 비상 시 조치 등	가. 열차운행계획 나. 철도관제시스템 운용 및 실무 다. 열차운행선 관리 라. 비상 시 조치 등

2. 학과시험의 일부 면제

가. 법 제21조의8 제3항 제1호에 따라 운전면허를 받은 사람에 대해서는 제1호의 학과시험 과목 중 철도관련법 과목 및 철도시스템 일반 과목을 면제한다.

나. 법 제21조의8 제3항 제2호에 따라 「국가기술자격법」 제2조 제1호에 따른 국가기술자격으로서 제38조의9에 따른 국가기술자격을 가진 사람에 대해서는 제1호의 학과시험 과목 중 해당 국가기술자격의 시험과목과 동일한 과목을 면제한다.

다. 법률 제13436호 철도안전법 일부개정법률 부칙 제3조 제5항 단서에 따라 종전의 법 제22조 제1항(법률 제13436호 철도안전법 일부개정법률로 개정되기 전의 것을 말한다)에 따라 실무수습·교육을 이수한 사람에 대해서는 제1호의 학과시험 과목 전부를 면제한다.

[비고]
1. 철도관련법은 「철도안전법」, 같은 법 시행령 및 시행규칙과 관련 지침을 포함한다.
2. 관제관련규정은 철도차량운전규칙, 철도교통관제 운영규정 등 철도교통 운전 및 관제에 필요한 규정을 말한다.
3. 관제자격증명시험의 합격기준은 다음과 같다.
   가. 학과시험 합격기준은 과목당 100점을 만점으로 하여 시험 과목당 40점 이상(관제 관련규정의 경우 60점 이상), 총점 평균 60점 이상 득점한 사람
   나. 실기시험의 합격기준은 시험 과목당 60점 이상, 총점 평균 80점 이상 득점한 사람

◆ **시행규칙 제38조의8(관제자격증명시험 시행계획의 공고)**
관제자격증명시험 시행계획의 공고에 관하여는 제25조를 준용한다. 이 경우 "운전면허시험"은 "관제자격증명시험"으로, "필기시험 및 기능시험"은 "학과시험 및 실기시험"으로 본다.

◆ **시행규칙 제38조의9(관제자격증명시험의 일부 면제 대상)**
법 제21조의8 제3항 제2호에서 "국토교통부령으로 정하는 철도관제 관련 분야의 자격"이란 별표 11의4에 따른 관제자격증명시험의 학과시험 과목 중 어느 하나의 과목과 동일한 과목을 시험과목으로 하는 국가기술자격을 말한다.

◆ **시행규칙 제38조의10(관제자격증명시험 응시원서의 제출 등)**
① 관제자격증명시험에 응시하려는 사람은 별지 제24호의5서식의 관제자격증명시험 응시원서에 다음 각 호의 서류를 첨부하여 한국교통안전공단에 제출하여야 한다.
 1. 신체검사의료기관이 발급한 신체검사 판정서(관제자격증명시험 응시원서 접수일 이전 2년 이내인 것에 한정한다)
 2. 관제적성검사기관이 발급한 관제적성검사 판정서(관제자격증명시험 응시원서 접수일 이전 10년 이내인 것에 한정한다)
 3. 관제교육훈련기관이 발급한 관제교육훈련 수료증명서
 4. 철도차량 운전면허증의 사본(철도차량 운전면허 소지자에 한정한다)
 5. 「국가기술자격법」 제2조 제1호에 따른 국가기술자격의 자격증 사본(제38조의9에 따른 국가기술자격을 가진 사람에 한정한다)
② 한국교통안전공단은 제1항 제1호부터 제4호까지의 서류를 영 제63조 제1항 제7호에 따라 관리하는 정보체계에 따라 확인할 수 있는 경우에는 그 서류를 제출하지 아니하도록 할 수 있다.
③ 한국교통안전공단은 제1항에 따라 관제자격증명시험 응시원서를 접수한 때에는 별지 제24호의6서식의 관제자격증명시험 응시원서 접수대장에 기록하고 별지 제24호의5서식의 관제자격증명시험 응시표를 응시자에게 발급하여야 한다. 다만, 응시원서 접수 사실을 영 제63조 제1항 제7호에 따라 관리하는 정보체계에 따라 관리하는 경우에는 응시원서 접수 사실을 관제자격증명시험 응시원서 접수대장에 기록하지 아니할 수 있다.
④ 한국교통안전공단은 관제자격증명시험 응시원서 접수마감 7일 이내에 시험일시 및 장소를 한국교통안전공단 게시판 또는 인터넷 홈페이지 등에 공고하여야 한다.

◆ **시행규칙 제38조의11(관제자격증명시험 응시표의 재발급 등)**
관제자격증명시험 응시표의 재발급 및 관제자격증명시험결과의 게시 등에 관하여는 제27조 및 제28조를 준용한다. 이 경우 "운전면허시험"은 "관제자격증명시험"으로, "필기시험 및 기능시험"은 "학과시험 및 실기시험"으로 본다.

◆ **시행규칙 제38조의12(관제자격증명서의 발급 등)**

① 관제자격증명시험에 합격한 사람은 한국교통안전공단에 별지 제24호의7서식의 관제자격증명서 (재)발급신청서를 제출(「정보통신망 이용촉진 및 정보보호 등에 관한 법률」 제2조 제1항 제1호에 따른 정보통신망을 이용한 제출을 포함한다)하여야 한다.

② 제1항에 따라 관제자격증명서 발급 신청을 받은 한국교통안전공단은 별지 제24호의8서식의 철도교통 관제자격증명서를 발급하여야 한다.

③ 제2항에 따라 관제자격증명서를 발급받은 사람(이하 "관제자격증명 취득자"라 한다)이 관제자격증명서를 잃어버렸거나 헐어 못 쓰게 된 때에는 별지 제24호의7서식의 관제자격증명서 (재)발급신청서에 분실사유서나 헐어 못 쓰게 된 관제자격증명서를 첨부하여 한국교통안전공단에 제출하여야 한다.

④ 제3항에 따라 관제자격증명서 재발급 신청을 받은 한국교통안전공단은 별지 제24호의8서식의 철도교통 관제자격증명서를 재발급하여야 한다.

⑤ 한국교통안전공단은 제2항 및 제4항에 따라 관제자격증명서를 발급하거나 재발급한 때에는 별지 제24호의9서식의 관제자격증명서 관리대장에 이를 기록·관리하여야 한다. 다만, 관제자격증명서의 발급이나 재발급 사실을 영 제63조 제1항 제7호에 따라 관리하는 정보체계에 따라 관리하는 경우에는 별지 제24호의9서식의 관제자격증명서 관리대장에 이를 기록·관리하지 아니할 수 있다.

◆ **시행규칙 제38조의13(관제자격증명서의 기록사항 변경)**

관제자격증명서의 기록사항 변경에 관하여는 제30조를 준용한다. 이 경우 "운전면허 취득자"는 "관제자격증명 취득자"로, "철도차량 운전면허증"은 "관제자격증명서"로, "별지 제19호서식의 철도차량 운전면허증 관리대장"은 "별지 제24호의9서식의 관제자격증명서 관리대장"으로 본다.

제21조의9(관제자격증명서의 발급 및 관제자격증명의 갱신 등)

관제자격증명서의 발급 및 관제자격증명의 갱신 등에 관하여는 제18조 및 제19조를 준용한다. 이 경우 "운전면허시험"은 "관제자격증명시험"으로, "운전면허"는 "관제자격증명"으로, "운전면허증"은 "관제자격증명서"로, "철도차량의 운전업무"는 "관제업무"로 본다.

■ **시행령 제20조의4(관제자격증명 갱신 및 취득절차의 일부 면제)**

법 제21조의3에 따른 철도교통관제사 자격증명(이하 "관제자격증명"이라 한다)의 갱신 및 취득절차의 일부 면제에 관하여는 제19조 및 제20조를 준용한다. 이 경우 "운전면허"는 "관제자격증명"으로, "운전교육훈련"은 "관제교육훈련"으로, "운전면허시험 중 필기시험"은 "관제자격증명시험 중 학과시험"으로 본다.

◆ **시행규칙 제38조의14(관제자격증명서의 갱신절차)**
① 법 제21조의9에 따라 관제자격증명을 갱신하려는 사람은 관제자격증명의 유효기간 만료일 전 6개월 이내에 별지 제24호의10서식의 관제자격증명 갱신신청서에 다음 각 호의 서류를 첨부하여 한국교통안전공단에 제출하여야 한다.
   1. 관제자격증명서
   2. 법 제21조의9에 따라 준용되는 법 제19조 제3항 각 호에 해당함을 증명하는 서류
② 제1항에 따라 갱신 받은 관제자격증명의 유효기간은 종전 관제자격증명 유효기간의 만료일 다음 날부터 기산한다.

◆ **시행규칙 제38조의15(관제자격증명 갱신에 필요한 경력 등)**
① 법 제21조의9에 따라 준용되는 법 제19조 제3항 제1호에서 "국토교통부령으로 정하는 관제업무에 종사한 경력"이란 관제자격증명의 유효기간 내에 6개월 이상 관제업무에 종사한 경력을 말한다.
② 법 제21조의9에 따라 준용되는 법 제19조 제3항 제1호에서 "이와 같은 수준 이상의 경력"이란 다음 각 호의 어느 하나에 해당하는 업무에 2년 이상 종사한 경력을 말한다.
   1. 관제교육훈련기관에서의 관제교육훈련업무
   2. 철도운영자등에게 소속되어 관제업무종사자를 지도·교육·관리하거나 감독하는 업무
③ 법 제21조의9에 따라 준용되는 법 제19조 제3항 제2호에서 "국토교통부령으로 정하는 교육훈련을 받은 경우"란 관제교육훈련기관이나 철도운영자등이 실시한 관제업무에 필요한 교육훈련을 관제자격증명 갱신신청일 전까지 40시간 이상 받은 경우를 말한다.
④ 제1항 및 제2항에 따른 경력의 인정, 제3항에 따른 교육훈련의 내용 등 관제자격증명 갱신에 필요한 세부사항은 국토교통부장관이 정하여 고시한다.

◆ **시행규칙 제38조의16(관제자격증명 갱신 안내 통지)**
관제자격증명 갱신 안내 통지에 관하여는 제33조를 준용한다. 이 경우 "운전면허"는 "관제자격증명"으로, "별지 제21호서식의 철도차량 운전면허 갱신통지서"는 "별지 제24호의11서식의 관제자격증명 갱신통지서"로 본다.

제21조의10(관제자격증명서의 대여 등 금지)

누구든지 관제자격증명서를 다른 사람에게 빌려주거나 빌리거나 이를 알선하여서는 아니 된다.

제21조의11(관제자격증명의 취소 · 정지 등)

① 국토교통부장관은 관제자격증명을 받은 사람이 다음 각 호의 어느 하나에 해당할 때에는 관제자격증명을 취소하거나 1년 이내의 기간을 정하여 관제자격증명의 효력을 정지시킬 수 있다. 다만, 제1호부터 제4호까지의 어느 하나에 해당할 때에는 관제자격증명을 취소하여야 한다.
  1. 거짓이나 그 밖의 부정한 방법으로 관제자격증명을 취득하였을 때
  2. 제21조의4에서 준용하는 제11조 제2호부터 제4호까지의 어느 하나에 해당하게 되었을 때
  3. 관제자격증명의 효력정지 기간 중에 관제업무를 수행하였을 때
  4. 제21조의10을 위반하여 관제자격증명서를 다른 사람에게 빌려주었을 때
  5. 관제업무 수행 중 고의 또는 중과실로 철도사고의 원인을 제공하였을 때
  6. 제40조의2 제2항을 위반하였을 때
  7. 제41조 제1항을 위반하여 술을 마시거나 약물을 사용한 상태에서 관제업무를 수행하였을 때
  8. 제41조 제2항을 위반하여 술을 마시거나 약물을 사용한 상태에서 관제업무를 하였다고 인정할 만한 상당한 이유가 있음에도 불구하고 국토교통부장관 또는 시·도지사의 확인 또는 검사를 거부하였을 때
② 제1항에 따른 관제자격증명의 취소 또는 효력정지의 기준 및 절차 등에 관하여는 제20조 제2항부터 제6항까지를 준용한다. 이 경우 "운전면허"는 "관제자격증명"으로, "운전면허증"은 "관제자격증명서"로 본다.

◆ **시행규칙 제38조의17(관제자격증명의 취소 및 효력정지 처분의 통지 등)**

관제자격증명의 취소 및 효력정지 처분의 통지 등에 관하여는 제34조를 준용한다. 이 경우 "운전면허"는 "관제자격증명"으로, "별지 제22호서식의 철도차량 운전면허 취소·효력정지 처분 통지서"는 "별지 제24호의12서식의 관제자격증명 취소·효력정지 처분 통지서"로, "운전면허증"은 "관제자격증명서"로 본다.

◆ **시행규칙 제38조의18(관제자격증명의 취소 또는 효력정지 처분의 세부기준)**

법 제21조의11 제1항에 따른 관제자격증명의 취소 또는 효력정지 처분의 세부기준은 별표 11의5와 같다.

시행규칙 [별표 11의5]

관제자격증명의 취소 또는 효력정지 처분의 세부기준(제38조의18 관련)

위반사항 및 내용		근거 법조문	처분기준			
			1차 위반	2차 위반	3차 위반	4차 위반
1. 거짓이나 그 밖의 부정한 방법으로 관제자격증명을 취득한 경우		법 제21조의11 제1항 제1호	자격증명 취소			
2. 법 제21조의4에서 준용하는 법 제11조 제2호부터 제4호까지의 어느 하나에 해당하게 된 경우		법 제21조의11 제1항 제2호	자격증명 취소			
3. 관제자격증명의 효력정지 기간 중에 관제업무를 수행한 경우		법 제21조의11 제1항 제3호	자격증명 취소			
4. 법 제21조의10을 위반하여 관제자격증명서를 다른 사람에게 대여한 경우		법 제21조의11 제1항 제4호	자격증명 취소			
5. 관제업무 수행 중 고의 또는 중과실로 철도사고의 원인을 제공한 경우	사망자가 발생한 경우	법 제21조의11 제1항 제5호	자격증명 취소			
	부상자가 발생한 경우		효력정지 3개월	자격증명 취소		
	1천만원 이상 물적 피해가 발생한 경우		효력정지 15일	효력정지 3개월	자격증명 취소	
6. 법 제40조의2 제2항 제1호를 위반한 경우		법 제21조의11 제1항 제6호	효력정지 1개월	효력정지 2개월	효력정지 3개월	효력정지 4개월
7. 법 제40조의2 제2항 제2호를 위반한 경우		법 제21조의11 제1항 제6호	효력정지 1개월	자격증명 취소		
8. 법 제41조 제1항을 위반하여 술을 마신 상태(혈중 알코올농도 0.1퍼센트 이상)에서 관제업무를 수행한 경우		법 제21조의11 제1항 제7호	자격증명 취소			
9. 법 제41조 제1항을 위반하여 술을 마신 상태(혈중 알코올농도 0.02퍼센트 이상 0.1퍼센트 미만)에서 관제업무를 수행하다가 철도사고의 원인을 제공한 경우		법 제21조의11 제1항 제7호	자격증명 취소			
10. 법 제41조 제1항을 위반하여 술을 마신 상태(혈중 알코올농도 0.02퍼센트 이상 0.1퍼센트 미만)에서 관제업무를 수행한 경우(제9호의 경우는 제외한다)		법 제21조의11 제1항 제7호	효력정지 3개월	자격증명 취소		

11. 법 제41조 제1항을 위반하여 약물을 사용한 상태에서 관제업무를 수행한 경우	법 제21조의11 제1항 제7호	자격증명 취소			
12. 법 제41조 제2항을 위반하여 술을 마시거나 약물을 사용한 상태에서 관제업무를 하였다고 인정할 만한 상당한 이유가 있음에도 불구하고 국토교통부장관 또는 시·도지사의 확인 또는 검사를 거부한 경우	법 제21조의11 제1항 제8호	자격증명 취소			

[비고]
1. 위반행위가 둘 이상인 경우로서 그에 해당하는 각각의 처분기준이 다른 경우에는 그 중 무거운 처분기준에 따르며, 위반행위가 둘 이상인 경우로서 그에 해당하는 각각의 처분기준이 같은 경우에는 무거운 처분기준의 2분의 1까지 가중할 수 있되, 각 처분기준을 합산한 기간을 초과할 수 없다.
2. 위반행위의 횟수에 따른 행정처분의 가중된 부과기준은 최근 1년간 같은 위반행위로 행정처분을 받은 경우에 적용한다. 이 경우 기간의 계산은 위반행위에 대하여 행정처분을 받은 날과 그 처분 후 다시 같은 위반행위를 하여 적발된 날을 기준으로 한다.
3. 비고 제2호에 따라 가중된 행정처분을 하는 경우 가중처분의 적용 차수는 그 위반행위 전 부과처분 차수(비고 제2호에 따른 기간 내에 행정처분이 둘 이상 있었던 경우에는 높은 차수를 말한다)의 다음 차수로 한다.

◆ **시행규칙 제38조의19(관제자격증명의 유지 · 관리)**

한국교통안전공단은 관제자격증명 취득자의 관제자격증명의 발급 · 갱신 · 취소 등에 관한 사항을 별지 제24호의13서식의 관제자격증명서 발급대장에 기록하고 유지 · 관리하여야 한다.

제22조(관제업무 실무수습)

관제업무에 종사하려는 사람은 국토교통부령으로 정하는 바에 따라 실무수습을 이수하여야 한다.

◆ **시행규칙 제39조(관제업무 실무수습)**

① 법 제22조에 따라 관제업무에 종사하려는 사람은 다음 각 호의 관제업무 실무수습을 모두 이수하여야 한다.
  1. 관제업무를 수행할 구간의 철도차량 운행의 통제 · 조정 등에 관한 관제업무 실무수습
  2. 관제업무 수행에 필요한 기기 취급방법 및 비상 시 조치방법 등에 대한 관제업무 실무수습
② 철도운영자등은 제1항에 따른 관제업무 실무수습의 항목 및 교육시간 등에 관한 실무수습 계획을 수립하여 시행하여야 한다. 이 경우 총 실무수습 시간은 100시간 이상으로 하여야 한다.
③ 제2항에도 불구하고 관제업무 실무수습을 이수한 사람으로서 관제업무를 수행할 구간 또는 관제업무 수행에 필요한 기기의 변경으로 인하여 다시 관제업무 실무수습을 이수하여야 하는 사람에 대해서는 별도의 실무수습 계획을 수립하여 시행할 수 있다.
④ 제1항에 따른 관제업무 실무수습의 방법 · 평가 등에 관하여 필요한 세부사항은 국토교통부장관이 정하여 고시한다.

◆ **시행규칙 제39조의2(관제업무 실무수습의 관리 등)**

① 철도운영자등은 제39조 제2항 및 제3항에 따른 실무수습 계획을 수립한 경우에는 그 내용을 한국교통안전공단에 통보하여야 한다.
② 철도운영자등은 관제업무에 종사하려는 사람이 제39조 제1항에 따른 관제업무 실무수습을 이수한 경우에는 별지 제25호서식의 관제업무종사자 실무수습 관리대장에 실무수습을 받은 구간 등을 기록하고 그 내용을 한국교통안전공단에 통보하여야 한다.
③ 철도운영자등은 관제업무에 종사하려는 사람이 제39조 제1항에 따라 관제업무 실무수습을 받은 구간 외의 다른 구간에서 관제업무를 수행하게 하여서는 아니 된다.

제22조의2(무자격자의 관제업무 금지 등)

철도운영자등은 관제자격증명을 받지 아니하거나(제21조의11에 따라 관제자격증명이 취소되거나 그 효력이 정지된 경우를 포함한다) 제22조에 따른 실무수습을 이수하지 아니한 사람을 관제업무에 종사하게 하여서는 아니 된다.

제23조(운전업무종사자 등의 관리)

① 철도차량 운전·관제업무 등 대통령령으로 정하는 업무에 종사하는 철도종사자는 정기적으로 신체검사와 적성검사를 받아야 한다.
② 제1항에 따른 신체검사·적성검사의 시기, 방법 및 합격기준 등에 관하여 필요한 사항은 국토교통부령으로 정한다.
③ 철도운영자등은 제1항에 따른 업무에 종사하는 철도종사자가 같은 항에 따른 신체검사·적성검사에 불합격하였을 때에는 그 업무에 종사하게 하여서는 아니 된다.
④ 제1항에 따른 업무에 종사하는 철도종사자로서 적성검사에 불합격한 사람 또는 적성검사 과정에서 부정행위를 한 사람은 제15조 제2항 각 호의 구분에 따른 기간 동안 적성검사를 받을 수 없다.
⑤ 철도운영자등은 제1항에 따른 신체검사와 적성검사를 제13조에 따른 신체검사 실시 의료기관 및 운전적성검사기관·관제적성검사기관에 각각 위탁할 수 있다.

■ 시행령 제21조(신체검사 등을 받아야 하는 철도종사자)

법 제23조 제1항에서 "대통령령으로 정하는 업무에 종사하는 철도종사자"란 다음 각 호의 어느 하나에 해당하는 철도종사자를 말한다.
1 운전업무종사자
2 관제업무종사자
3 정거장에서 철도신호기·선로전환기 및 조작판 등을 취급하는 업무를 수행하는 사람

◆ 시행규칙 제40조(운전업무종사자 등에 대한 신체검사)

① 법 제23조 제1항에 따른 철도종사자에 대한 신체검사는 다음 각 호와 같이 구분하여 실시한다.
  1. 최초검사 : 해당 업무를 수행하기 전에 실시하는 신체검사
  2. 정기검사 : 최초검사를 받은 후 2년마다 실시하는 신체검사
  3. 특별검사 : 철도종사자가 철도사고 등을 일으키거나 질병 등의 사유로 해당 업무를 적절히 수행하기가 어렵다고 철도운영자등이 인정하는 경우에 실시하는 신체검사

② 영 제21조 제1호 또는 제2호에 따른 운전업무종사자 또는 관제업무종사자는 법 제12조 또는 법 제21조의5에 따른 운전면허의 신체검사 또는 관제자격증명의 신체검사를 받은 날에 제1항 제1호에 따른 최초검사를 받은 것으로 본다. 다만, 해당 신체검사를 받은 날부터 2년 이상이 지난 후에 운전업무나 관제업무에 종사하는 사람은 제1항 제1호에 따른 최초검사를 받아야 한다.

③ 정기검사는 최초검사나 정기검사를 받은 날부터 2년이 되는 날(이하 "신체검사 유효기간 만료일"이라 한다) 전 3개월 이내에 실시한다. 이 경우 정기검사의 유효기간은 신체검사 유효기간 만료일의 다음날부터 기산한다.

④ 제1항에 따른 신체검사의 방법 및 절차 등에 관하여는 제12조를 준용하며, 그 합격기준은 별표 2 제2호와 같다.

◆ 시행규칙 제41조(운전업무종사자 등에 대한 적성검사)

① 법 제23조 제1항에 따른 철도종사자에 대한 적성검사는 다음 각 호와 같이 구분하여 실시한다.
  1. 최초검사 : 해당 업무를 수행하기 전에 실시하는 적성검사
  2. 정기검사 : 최초검사를 받은 후 10년(50세 이상인 경우에는 5년)마다 실시하는 적성검사
  3. 특별검사 : 철도종사자가 철도사고 등을 일으키거나 질병 등의 사유로 해당 업무를 적절히 수행하기 어렵다고 철도운영자등이 인정하는 경우에 실시하는 적성검사

② 영 제21조 제1호 또는 제2호에 따른 운전업무종사자 또는 관제업무종사자는 운전적성검사 또는 관제적성검사를 받은 날에 제1항 제1호에 따른 최초검사를 받은 것으로 본다. 다만, 해당 운전적성검사 또는 관제적성검사를 받은 날부터 10년(50세 이상인 경우에는 5년) 이상이 지난 후에 운전업무나 관제업무에 종사하는 사람은 제1항 제1호에 따른 최초검사를 받아야 한다.

③ 정기검사는 최초검사나 정기검사를 받은 날부터 10년(50세 이상인 경우에는 5년)이 되는 날(이하 "적성검사 유효기간 만료일"이라 한다) 전 12개월 이내에 실시한다. 이 경우 정기검사의 유효기간은 적성검사 유효기간 만료일의 다음날부터 기산한다.

④ 제1항에 따른 적성검사의 방법·절차 등에 관하여는 제16조를 준용하며, 그 합격기준은 별표 13과 같다.

시행규칙 [별표 13]

운전업무종사자등의 적성검사 항목 및 불합격기준

(제39조 제1항 및 제41조 제4항 관련)

검사대상		검사주기	검사항목		불합격기준
			문답형 검사	반응형 검사	
1. 영 제21조 제1호의 운전업무 종사자	고속철도 차량 · 제1종 전기차량 · 제2종 전기차량 · 디젤차량 · 노면전차 · 철도장비 운전업무 종사자	정기 검사	• 인성 - 일반성격 - 안전성향 - 스트레스	• 주의력 - 복합기능 - 선택주의 - 지속주의 • 인식 및 기억력 - 시각변별 - 공간지각 • 판단 및 행동력 - 민첩성	• 문답형 검사항목 중 안전성향 검사에서 부적합으로 판정된 사람 • 반응형 검사 항목 중 부적합(E등급)이 2개 이상인 사람
		특별 검사	• 인성 - 일반성격 - 안전성향 - 스트레스	• 주의력 - 복합기능 - 선택주의 - 지속주의 • 인식 및 기억력 - 시각변별 - 공간지각 • 판단 및 행동력 - 추론 - 민첩성	• 문답형 검사항목 중 안전성향 검사에서 부적합으로 판정된 사람 • 반응형 검사 항목 중 부적합(E등급)이 2개 이상인 사람
2. 영 제21조 제2호의 관제업무종사자		정기 검사	• 인성 - 일반성격 - 안전성향 - 스트레스	• 주의력 - 복합기능 - 선택주의 • 인식 및 기억력 - 시각변별 - 공간지각 - 작업기억 • 판단 및 행동력 - 민첩성	• 문답형 검사항목 중 안전성향 검사에서 부적합으로 판정된 사람 • 반응형 검사 항목 중 부적합(E등급)이 2개 이상인 사람

	특별 검사	• 인성
		  - 일반성격
		  - 안전성향
		  - 스트레스
			• 주의력
			  - 복합기능
			  - 선택주의
			
			• 인식 및 기억력
			  - 시각변별
			  - 공간지각
			  - 작업기억
			
			• 판단 및 행동력
			  - 추론
			  - 민첩성
				• 문답형 검사항목 중 안전성향 검사에서 부적합으로 판정된 사람
				
				• 반응형 검사 항목 중 부적합(E등급)이 2개 이상인 사람

3. 영 제21조 제3호의 정거장에서 철도신호기·선로전환기 및 조작판 등을 취급하는 업무를 수행하는 사람	최초 검사	• 인성
		  - 일반성격
		  - 안전성향
			• 주의력
			  - 복합기능
			  - 선택주의
			
			• 인식 및 기억력
			  - 시각변별
			  - 공간지각
			  - 작업기억
			
			• 판단 및 행동력
			  - 추론
			  - 민첩성
				• 문답형 검사항목 중 안전성향 검사에서 부적합으로 판정된 사람
				
				• 반응형 검사 평가점수가 30점 미만인 사람

	정기 검사	• 인성
		  - 일반성격
		  - 안전성향
		  - 스트레스
			• 주의력
			  - 복합기능
			  - 선택주의
			
			• 인식 및 기억력
			  - 시각변별
			  - 공간지각
			  - 작업기억
			
			• 판단 및 행동력
			  - 민첩성
				• 문답형 검사항목 중 안전성향 검사에서 부적합으로 판정된 사람
				
				• 반응형 검사 항목 중 부적합(E등급)이 2개 이상인 사람

	특별 검사	• 인성
		  - 일반성격
		  - 안전성향
		  - 스트레스
			• 주의력
			  - 복합기능
			  - 선택주의
			
			• 인식 및 기억력
			  - 시각변별
			  - 공간지각
			  - 작업기억
			
			• 판단 및 행동력
			  - 추론
			  - 민첩성
				• 문답형 검사항목 중 안전성향 검사에서 부적합으로 판정된 사람
				
				• 반응형 검사 항목 중 부적합(E등급)이 2개 이상인 사람
				
				• 품성검사결과 부적합자로 판정된 사람

[비고]
1. 문답형 검사 판정은 적합 또는 부적합으로 한다.
2. 반응형 검사 점수 합계는 70점으로 한다. 다만, 정기검사와 특별검사는 검사항목별 등급으로 평가한다.
3. 특별검사의 복합기능(운전) 및 시각변별(관제/신호) 검사는 시뮬레이터 검사기로 시행한다.
4. 안전성향검사는 전문의(정신건강의학) 진단결과로 대체 할 수 있으며, 부적합 판정을 받은 자에 대해서는 당일 1회에 한하여 재검사를 실시하고 그 재검사 결과를 최종적인 검사결과로 할 수 있다.

제24조(철도종사자에 대한 안전 및 직무교육)

① 철도운영자등 또는 철도운영자등과의 계약에 따라 철도운영이나 철도시설 등의 업무에 종사하는 사업주(이하 이 조에서 "사업주"라 한다)는 자신이 고용하고 있는 철도종사자에 대하여 정기적으로 철도안전에 관한 교육을 실시하여야 한다.
② 철도운영자등은 자신이 고용하고 있는 철도종사자가 적정한 직무수행을 할 수 있도록 정기적으로 직무교육을 실시하여야 한다.
③ 철도운영자등은 제1항에 따른 사업주의 안전교육 실시 여부를 확인하여야 하고, 확인 결과 사업주가 안전교육을 실시하지 아니한 경우 안전교육을 실시하도록 조치하여야 한다.
④ 제1항 및 제2항에 따라 철도운영자등 및 사업주가 실시하여야 하는 교육의 대상, 내용 및 그 밖에 필요한 사항은 국토교통부령으로 정한다.

◆ 시행규칙 제41조의2(철도종사자의 안전교육 대상 등)

① 법 제24조 제1항에 따라 철도운영자등 및 철도운영자등과 계약에 따라 철도운영이나 철도시설 등의 업무에 종사하는 사업주(이하 이 조에서 "사업주"라 한다)가 철도안전에 관한 교육(이하 "철도안전교육"이라 한다)을 실시하여야 하는 대상은 다음 각 호와 같다.
  1. 법 제2조 제10호 가목부터 라목까지에 해당하는 사람
  2. 영 제3조 제2호부터 제5호까지 및 같은 조 제7호에 해당하는 사람
② 철도운영자등 및 사업주는 철도안전교육을 강의 및 실습의 방법으로 매 분기마다 6시간 이상 실시하여야 한다. 다만, 다른 법령에 따라 시행하는 교육에서 제3항에 따른 내용의 교육을 받은 경우 그 교육시간은 철도안전교육을 받은 것으로 본다.
③ 철도안전교육의 내용은 별표 13의2와 같다.
④ 철도운영자등 및 사업주는 철도안전교육을 법 제69조에 따른 안전전문기관 등 안전에 관한 업무를 수행하는 전문기관에 위탁하여 실시할 수 있다.
⑤ 제1항부터 제4항까지에서 규정한 사항 외에 철도안전교육의 평가방법 등에 필요한 세부사항은 국토교통부장관이 정하여 고시한다.

시행규칙 [별표 13의2]

철도종사자에 대한 안전교육의 내용 (제41조의2 제3항 관련)

교 육 내 용	교육 방법
• 철도안전법령 및 안전관련 규정 • 철도운전 및 관제이론 등 분야별 안전업무수행 관련 사항 • 철도사고 사례 및 사고예방대책 • 철도사고 및 운행장애 등 비상 시 응급조치 및 수습복구대책 • 안전관리의 중요성 등 정신교육 • 근로자의 건강관리 등 안전·보건관리에 관한 사항 • 철도안전관리체계 및 철도안전관리시스템(Safety Management System) • 위기대응체계 및 위기대응 매뉴얼 등	강의 및 실습

◆ **시행규칙 제41조의3(철도종사자의 직무교육 등)**

① 다음 각 호의 어느 하나에 해당하는 사람(철도운영자등이 철도직무교육 담당자로 지정한 사람은 제외한다)은 법 제24조 제2항에 따라 철도운영자등이 실시하는 직무교육(이하 "철도직무교육"이라 한다)을 받아야 한다.

1. 법 제2조 제10호 가목부터 다목까지에 해당하는 사람
2. 영 제3조 제4호부터 제5호까지 및 같은 조 제7호에 해당하는 사람

② 철도직무교육의 내용·시간·방법 등은 별표 13의3과 같다.

시행규칙 [별표 13의3]

철도직무교육의 내용·시간·방법 등(제41조의3 제2항 관련)

1. 철도직무교육의 내용 및 시간
   가. 법 제2조 제10호 가목에 따른 운전업무종사자

교육내용	교육시간
1) 철도시스템 일반 2) 철도차량의 구조 및 기능 3) 운전이론 4) 운전취급 규정 5) 철도차량 기기취급에 관한 사항 6) 직무관련 기타사항 등	5년마다 35시간 이상

   나. 법 제2조 제10호 나목에 따른 관제업무 종사자

교육내용	교육시간
1) 열차운행계획 2) 철도관제시스템 운용 3) 열차운행선 관리 4) 관제관련 규정 5) 직무관련 기타사항 등	5년마다 35시간 이상

   다. 법 제2조 제10호 다목에 따른 여객승무원

교육내용	교육시간
1) 직무관련 규정 2) 여객승무 위기대응 및 비상 시 응급조치 3) 통신 및 방송설비 사용법 4) 고객응대 및 서비스 매뉴얼 등 5) 여객승무 직무관련 기타사항 등	5년마다 35시간 이상

   라. 영 제3조 제4호에 따른 철도신호기·선로전환기·조작판 취급자

교육내용	교육시간
1) 신호관제 장치 2) 운전취급 일반 3) 전기·신호·통신 장치 실무 4) 선로전환기 취급방법 5) 직무관련 기타사항 등	5년마다 21시간 이상

마. 영 제3조 제4호에 따른 열차의 조성업무 수행자

교육내용	교육시간
1) 직무관련 규정 및 안전관리 2) 무선통화 요령 3) 철도차량 일반 4) 선로, 신호 등 시스템의 이해 5) 열차조성 직무관련 기타사항 등	5년마다 21시간 이상

바. 영 제3조 제5호에 따른 철도에 공급되는 전력의 원격제어장치 운영자

교육내용	교육시간
1) 변전 및 전차선 일반 2) 전력설비 일반 3) 전기·신호·통신 장치 실무 4) 비상전력 운용계획, 전력공급원격제어장치(SCADA) 5) 직무관련 기타사항 등	5년마다 21시간 이상

사. 영 제3조 제7호에 따른 철도차량 점검·정비 업무 종사자

교육내용	교육시간
1) 철도차량 일반 2) 철도시스템 일반 3) 「철도안전법」 및 철도안전관리체계(철도차량 중심) 4) 철도차량 정비 실무 5) 직무관련 기타사항 등	5년마다 35시간 이상

아. 영 제3조 제7호에 따른 철도시설 중 전기·신호·통신 시설 점검정비 업무 종사자

교육내용	교육시간
1) 철도전기, 철도신호, 철도통신 일반 2) 「철도안전법」 및 철도안전관리체계(전기분야 중심) 3) 철도전기, 철도신호, 철도통신 실무 4) 직무관련 기타사항 등	5년마다 21시간 이상

자. 영 제3조 제7호에 따른 철도시설 중 궤도·토목·건축 시설 점검·정비 업무 종사자

교육내용	교육시간
1) 궤도, 토목, 시설, 건축 일반 2) 「철도안전법」 및 철도안전관리체계(시설분야 중심) 3) 궤도, 토목, 시설, 건축 일반 실무 4) 직무관련 기타사항 등	5년마다 21시간 이상

2. 철도직무교육의 주기 및 교육 인정 기준
    가. 철도직무교육의 주기는 철도직무교육 대상자로 신규 채용되거나 전직된 연도의 다음 연도 1월 1일부터 매 5년이 되는 날까지로 한다. 다만, 휴직·파견 등으로 6개월 이상 철도직무를 수행하지 아니한 경우에는 철도직무의 수행이 중단된 연도의 1월 1일부터 철도직무를 다시 시작하게 된 연도의 12월 31일까지의 기간을 제외하고 직무교육의 주기를 계산한다.
    나. 철도직무교육 대상자는 질병이나 자연재해 등 부득이한 사유로 철도직무교육을 제1호에 따른 기간 내에 받을 수 없는 경우에는 철도운영자등의 승인을 받아 철도직무교육을 받을 시기를 연기할 수 있다. 이 경우 철도직무교육 대상자가 승인받은 기간 내에 철도직무교육을 받은 경우에는 제1호에 따른 기간 내에 철도직무교육을 받은 것으로 본다.
    다. 철도운영자등은 철도직무교육 대상자가 다른 법령에서 정하는 철도직무에 관한 교육을 받은 경우에는 해당 교육시간을 제1호에 따른 철도직무교육시간으로 인정할 수 있다.
    라. 철도차량정비기술자가 법 제24조의4에 따라 받은 철도차량정비기술교육훈련은 위 표에 따른 철도직무교육으로 본다.

3. 철도직무교육의 실시방법
    가. 철도운영자등은 업무현장 외의 장소에서 집합교육의 방식으로 철도직무교육을 실시해야 한다. 다만, 철도직무교육시간의 10분의 5의 범위에서 다음의 어느 하나에 해당하는 방법으로 철도직무교육을 실시할 수 있다.
      1) 부서별 직장교육
      2) 사이버교육 또는 화상교육 등 전산망을 활용한 원격교육
    나. 가목에도 불구하고 재해·감염병 발생 등 부득이한 사유가 있는 경우로서 국토교통부장관의 승인을 받은 경우에는 철도직무교육시간의 10분의 5를 초과하여 가목 1) 또는 2)에 해당하는 방법으로 철도직무교육을 실시할 수 있다.

다. 철도운영자등은 가목 1)에 따른 부서별 직장교육을 실시하려는 경우에는 매년 12월 31일까지 다음 해에 실시될 부서별 직장교육 실시계획을 수립해야 하고, 교육내용 및 이수현황 등에 관한 사항을 기록·유지해야 한다.

라. 철도운영자등은 필요한 경우 다음의 어느 하나에 해당하는 기관에게 철도직무교육을 위탁하여 실시할 수 있다.
  1) 다른 철도운영자등의 교육훈련기관
  2) 운전 또는 관제 교육훈련기관
  3) 철도관련 학회·협회
  4) 그 밖에 철도직무교육을 실시할 수 있는 비영리 법인 또는 단체

마. 철도운영자등은 철도직무교육시간의 10분의 3 이하의 범위에서 철도운영기관의 실정에 맞게 교육내용을 변경하여 철도직무교육을 실시할 수 있다.

바. 2가지 이상의 직무에 동시에 종사하는 사람의 교육시간 및 교육내용은 다음과 같이 한다.
  1) 교육시간 : 종사하는 직무의 교육시간 중 가장 긴 시간
  2) 교육내용 : 종사하는 직무의 교육내용 가운데 전부 또는 일부를 선택

4. 제1호부터 제3호까지에서 규정한 사항 외에 철도직무교육에 필요한 사항은 국토교통부장관이 정하여 고시한다.

제24조의2(철도차량정비기술자의 인정 등)

① 철도차량정비기술자로 인정을 받으려는 사람은 국토교통부장관에게 자격 인정을 신청하여야 한다.
② 국토교통부장관은 제1항에 따른 신청인이 대통령령으로 정하는 자격, 경력 및 학력 등 철도차량정비기술자의 인정 기준에 해당하는 경우에는 철도차량정비기술자로 인정하여야 한다.
③ 국토교통부장관은 제1항에 따른 신청인을 철도차량정비기술자로 인정하면 철도차량정비기술자로서의 등급 및 경력 등에 관한 증명서(이하 "철도차량정비경력증"이라 한다)를 그 철도차량정비기술자에게 발급하여야 한다.
④ 제1항부터 제3항까지의 규정에 따른 인정의 신청, 철도차량정비경력증의 발급 및 관리 등에 필요한 사항은 국토교통부령으로 정한다.

■ **시행령 제21조의2(철도차량정비기술자의 인정 기준)**

법 제24조의2 제2항에 따른 철도차량정비기술자의 인정 기준은 별표 1의2와 같다.

◆ **시행규칙 제42조(철도차량정비기술자의 인정 신청)**

법 제24조의2 제1항에 따라 철도차량정비기술자로 인정(등급변경 인정을 포함한다)을 받으려는 사람은 별지 제25호의2 서식의 철도자량성비기술자 인성 신청서에 다음 각 호의 서류를 첨부하여 한국교통안전공단에 제출해야 한다.
1. 별지 제25호의3 서식의 철도차량정비업무 경력확인서
2. 국가기술자격증 사본(영 별표 1의2에 따른 자격별 경력점수에 포함되는 국가기술자격의 종목에 한정한다)
3. 졸업증명서 또는 학위취득서(해당하는 사람에 한정한다)
4. 사진
5. 철도차량정비경력증(등급변경 인정 신청의 경우에 한정한다)
6. 정비교육훈련 수료증(등급변경 인정 신청의 경우에 한정한다)

◆ **시행규칙 제42조의2(철도차량정비경력증의 발급 및 관리)**
① 한국교통안전공단은 제42조에 따라 철도차량정비기술자의 인정(등급변경 인정을 포함한다) 신청을 받으면 영 제21조의2에 따른 철도차량정비기술자 인정 기준에 적합한지를 확인한 후 별지 제25호의4서식의 철도차량정비경력증을 신청인에게 발급해야 한다.
② 한국교통안전공단은 제42조에 따라 철도차량정비기술자의 인정 또는 등급변경을 신청한 사람이 영 제21조의2에 따른 철도차량정비기술자 인정 기준에 부적합하다고 인정한 경우에는 그 사유를 신청인에게 서면으로 통지해야 한다.
③ 철도차량정비경력증의 재발급을 받으려는 사람은 별지 제25호의5서식의 철도차량정비경력증 재발급 신청서에 사진을 첨부하여 한국교통안전공단에 제출해야 한다.
④ 한국교통안전공단은 제3항에 따른 철도차량정비경력증 재발급 신청을 받은 경우 특별한 사유가 없으면 신청인에게 철도차량정비경력증을 재발급해야 한다.
⑤ 한국교통안전공단은 제1항 또는 제4항에 따라 철도차량정비경력증을 발급 또는 재발급하였을 때에는 별지 제25호의6서식의 철도차량정비경력증 발급대장에 발급 또는 재발급에 관한 사실을 기록·관리해야 한다. 다만, 철도차량정비경력증의 발급이나 재발급 사실을 영 제63조 제1항 제7호에 따른 정보체계로 관리하는 경우에는 따로 기록·관리하지 않아도 된다.
⑥ 한국교통안전공단은 철도차량정비경력증의 발급(재발급을 포함한다) 및 취소 현황을 매반기의 말일을 기준으로 다음 달 15일까지 별지 제25호의7서식에 따라 국토교통부장관에게 제출해야 한다.

시행령 [별표 1의2]

철도차량정비기술자의 인정기준(제21조의2 관련)

1. 철도차량정비기술자는 자격, 경력 및 학력에 따라 등급별로 구분하여 인정하되, 등급별 세부기준은 다음 표와 같다.

등급구분	역량지수
1등급 철도차량정비기술자	80점 이상
2등급 철도차량정비기술자	60점 이상 80점 미만
3등급 철도차량정비기술자	40점 이상 60점 미만
4등급 철도차량정비기술자	10점 이상 40점 미만

2. 제1호에 따른 역량지수의 계산식은 다음과 같다.

역량지수 = 자격별 경력점수 + 학력점수

가. 자격별 경력점수

국가기술자격 구분	점수
기술사 및 기능장	10점/년
기사	8점/년
산업기사	7점/년
기능사	6점/년
국가기술자격증이 없는 경우	5점/년

1) 철도차량정비기술자의 자격별 경력에 포함되는 「국가기술자격법」에 따른 국가기술자격의 종목은 국토교통부장관이 정하여 고시한다. 이 경우 둘 이상의 다른 종목 국가기술자격을 보유한 사람의 경우 그 중 점수가 높은 종목의 경력점수만 인정한다.
2) 경력점수는 다음 업무를 수행한 기간에 따른 점수의 합을 말하며, 마) 및 바)의 경력의 경우 100분의 50을 인정한다.
   가) 철도차량의 부품·기기·장치 등의 마모·손상, 변화 상태 및 기능을 확인하는 등 철도차량 점검 및 검사에 관한 업무
   나) 철도차량의 부품·기기·장치 등의 수리, 교체, 개량 및 개조 등 철도차량 정비 및 유지관리에 관한 업무

다) 철도차량 정비 및 유지관리 등에 관한 계획수립 및 관리 등에 관한 행정업무
라) 철도차량의 안전에 관한 계획수립 및 관리, 철도차량의 점검·검사, 철도차량에 대한 설계·기술검토·규격관리 등에 관한 행정업무
마) 철도차량 부품의 개발 등 철도차량 관련 연구 업무 및 철도관련 학과 등에서의 강의 업무
바) 그 밖에 기계설비·장치 등의 정비와 관련된 업무
3) 2)를 적용할 때 다음의 어느 하나에 해당하는 경력은 제외한다.
가) 18세 미만인 기간의 경력(국가기술자격을 취득한 이후의 경력은 제외한다)
나) 주간학교 재학 중의 경력(「직업교육훈련 촉진법」 제9조에 따른 현장실습계약에 따라 산업체에 근무한 경력은 제외한다)
다) 이중취업으로 확인된 기간의 경력
라) 철도차량정비업무 외의 경력으로 확인된 기간의 경력
4) 경력점수는 월 단위까지 계산한다. 이 경우 월 단위의 기간으로 산입되지 않는 일수의 합이 30일 이상인 경우 1개월로 본다.

나. 학력점수

학력 구분	점 수	
	철도차량정비 관련 학과	철도차량정비 관련 학과 외의 학과
석사 이상	25점	10점
학사	20점	9점
전문학사(3년제)	15점	8점
전문학사(2년제)	10점	7점
고등학교 졸업	5점	

1) "철도차량정비 관련 학과"란 철도차량 유지보수와 관련된 학과 및 기계·전기·전자·통신 관련 학과를 말한다. 다만, 대상이 되는 학력점수가 둘 이상인 경우 그 중 점수가 높은 학력점수에 따른다.
2) 철도차량정비 관련 학과의 학위 취득자 및 졸업자의 학력 인정 범위는 다음과 같다.
가) 석사 이상
(1) 「고등교육법」에 따른 학교에서 철도차량정비 관련 학과의 석사 또는 박사 학위과정을 이수하고 졸업한 사람
(2) 그 밖에 관계 법령에 따라 국내 또는 외국에서 (1)과 같은 수준 이상의 학력이 있다고 인정되는 사람
나) 학사
(1) 「고등교육법」에 따른 학교에서 철도차량정비 관련 학과의 학사 학위과정을 이수하고 졸업한 사람
(2) 그 밖에 관계 법령에 따라 국내 또는 외국에서 (1)과 같은 수준의 학력이 있다고 인정되는 사람
다) 전문학사(3년제)
(1) 「고등교육법」에 따른 학교에서 철도차량정비 관련 학과의 전문학사 학위과정을 이수하고 졸업한 사람(철도차량정비 관련 학과의 학위과정 3년을 이수한 사람을 포함한다)
(2) 그 밖의 관계 법령에 따라 국내 또는 외국에서 (1)과 같은 수준의 학력이 있다고 인정되는 사람

라) 전문학사(2년제)
  (1) 「고등교육법」에 따른 4년제 대학, 2년제 대학 또는 전문대학에서 2년 이상 철도차량정비 관련 학과의 교육과정을 이수한 사람
  (2) 그 밖에 관계 법령에 따라 국내 또는 외국에서 (1)과 같은 수준의 학력이 있다고 인정되는 사람
마) 고등학교 졸업
  (1) 「초·중등교육법」에 따른 해당 학교에서 철도차량정비 관련 학과의 고등학교 과정을 이수하고 졸업한 사람
  (2) 그 밖에 관계 법령에 따라 국내 또는 외국에서 (1)과 같은 수준의 학력이 있다고 인정되는 사람
3) 철도차량정비 관련 학과 외의 학위 취득자 및 졸업자의 학력 인정 범위는 다음과 같다.
 가) 석사 이상
  (1) 「고등교육법」에 따른 학교에서 석사 또는 박사 학위과정을 이수하고 졸업한 사람
  (2) 그 밖에 관계 법령에 따라 국내 또는 외국에서 (1)과 같은 수준 이상의 학력이 있다고 인정되는 사람
 나) 학사
  (1) 「고등교육법」에 따른 학교에서 학사 학위과정을 이수하고 졸업한 사람
  (2) 그 밖에 관계 법령에 따라 국내 또는 외국에서 (1)과 같은 수준의 학력이 있다고 인정되는 사람
 다) 전문학사(3년제)
  (1) 「고등교육법」에 따른 학교에서 전문학사 학위과정을 이수하고 졸업한 사람(전문학사 학위과정 3년을 이수한 사람을 포함한다)
  (2) 그 밖의 관계 법령에 따라 국내 또는 외국에서 (1)과 같은 수준의 학력이 있다고 인정되는 사람
 라) 전문학사(2년제)
  (1) 「고등교육법」에 따른 4년제 대학, 2년제 대학 또는 전문대학에서 2년 이상 교육과정을 이수한 사람
  (2) 그 밖에 관계 법령에 따라 국내 또는 외국에서 (1)과 같은 수준의 학력이 있다고 인정되는 사람
 마) 고등학교 졸업
  (1) 「초·중등교육법」에 따른 해당 학교에서 고등학교 과정을 이수하고 졸업한 사람
  (2) 그 밖에 관계 법령에 따라 국내 또는 외국에서 (1)과 같은 수준의 학력이 있다고 인정되는 사람

제24조의3(철도차량정비기술자의 명의 대여금지 등)

① 철도차량정비기술자는 자기의 성명을 사용하여 다른 사람에게 철도차량정비 업무를 수행하게 하거나 철도차량정비경력증을 빌려 주어서는 아니 된다.
② 누구든지 다른 사람의 성명을 사용하여 철도차량정비 업무를 수행하거나 다른 사람의 철도차량정비경력증을 빌려서는 아니 된다.
③ 누구든지 제1항이나 제2항에서 금지된 행위를 알선해서는 아니 된다.

제24조의4(철도차량정비기술교육훈련)

① 철도차량정비기술자는 업무 수행에 필요한 소양과 지식을 습득하기 위하여 대통령령으로 정하는 바에 따라 국토교통부장관이 실시하는 교육·훈련(이하 "정비교육훈련"이라 한다)을 받아야 한다.
② 국토교통부장관은 철도차량정비기술자를 육성하기 위하여 철도차량정비 기술에 관한 전문 교육훈련기관(이하 "정비교육훈련기관"이라 한다)을 지정하여 정비교육훈련을 실시하게 할 수 있다.
③ 정비교육훈련기관의 지정기준 및 절차 등에 필요한 사항은 대통령령으로 정한다.
④ 정비교육훈련기관은 정당한 사유 없이 정비교육훈련 업무를 거부하여서는 아니 되고, 거짓이나 그 밖의 부정한 방법으로 정비교육훈련 수료증을 발급하여서는 아니 된다.
⑤ 정비교육훈련기관의 지정취소 및 업무정지 등에 관하여는 제15조의2를 준용한다. 이 경우 "운전적성검사기관"은 "정비교육훈련기관"으로, "운전적성검사 업무"는 "정비교육훈련 업무"로, "제15조 제5항"은 "제24조의4 제3항"으로, "제15조 제6항"은 "제24조의4 제4항"으로, "운전적성검사 판정서"는 "정비교육훈련 수료증"으로 본다.

■ **시행령 제21조의3(정비교육훈련 실시기준)**

① 법 제24조의4 제1항에 따른 정비교육훈련(이하 "정비교육훈련"이라 한다)의 실시기준은 다음 각 호와 같다.
　1. 교육내용 및 교육방법 : 철도차량정비에 관한 법령, 기술기준 및 정비기술 등 실무에 관한 이론 및 실습 교육
　2. 교육시간 : 철도차량정비업무의 수행기간 5년마다 35시간 이상
② 제1항에서 정한 사항 외에 정비교육훈련에 필요한 구체적인 사항은 국토교통부령으로 정한다.

◆ **시행규칙 제42조의3(정비교육훈련의 기준 등)**
① 영 제21조의3 제1항에 따른 정비교육훈련의 실시시기 및 시간 등은 별표 13의4와 같다.
② 철도차량정비기술자가 철도차량정비기술자의 상위 등급으로 등급변경의 인정을 받으려는 경우 제1항에 따른 정비교육훈련을 받아야 한다.

시행규칙 [별표 13의4]

정비교육훈련의 실시시기 및 시간 등(제42조의3 관련)

1. 정비교육훈련의 시기 및 시간

교육훈련 시기	교육훈련 시간
기존에 정비 업무를 수행하던 철도차량 차종이 아닌 새로운 철도차량 차종의 정비에 관한 업무를 수행하는 경우 그 업무를 수행하는 날부터 1년 이내	35시간 이상
철도차량정비업무의 수행기간 5년마다	35시간 이상

[비고] 위 표에 따른 35시간 중 인터넷 등을 통한 원격교육은 10시간의 범위에서 인정할 수 있다.

2. 정비교육훈련의 면제 및 연기

가. 「고등교육법」에 따른 학교, 철도차량 또는 철도용품 제작회사,「과학기술분야 정부출연연구기관 등의 설립·운영 및 육성에 관한 법률」 등 관계법령에 따라 설립된 연구기관·교육기관 및 주무관청의 허가를 받아 설립된 학회·협회 등에서 철도차량정비와 관련된 교육훈련을 받은 경우 위 표에 따른 정비교육훈련을 받은 것으로 본다. 이 경우 해당 기관으로부터 교육과목 및 교육시간이 명시된 증명서(교육수료증 또는 이수증 등)를 발급 받은 경우에 한정한다.
나. 철도차량정비기술자는 질병·입대·해외출장 등 불가피한 사유로 정비교육훈련을 받아야 하는 기한까지 정비교육훈련을 받지 못할 경우에는 정비교육훈련을 연기할 수 있다. 이 경우 연기 사유가 없어진 날부터 1년 이내에 정비교육훈련을 받아야 한다.

3. 정비교육훈련은 강의·토론 등으로 진행하는 이론교육과 철도차량정비 업무를 실습하는 실기교육으로 시행하되, 실기교육을 30% 이상 포함해야 한다.

4. 그 밖에 정비교육훈련의 교육과목 및 교육내용, 교육의 신청 방법 및 절차 등에 관한 사항은 국토교통부장관이 정하여 고시한다.

시행령 제21조의4(정비교육훈련기관 지정기준 및 절차)

① 법 제24조의4 제2항에 따른 정비교육훈련기관(이하 "정비교육훈련기관"이라 한다)의 지정기준은 다음 각 호와 같다.
   1. 정비교육훈련 업무 수행에 필요한 상설 전담조직을 갖출 것
   2. 정비교육훈련 업무를 수행할 수 있는 전문인력을 확보할 것
   3. 정비교육훈련에 필요한 사무실, 교육장 및 교육 장비를 갖출 것
   4. 정비교육훈련기관의 운영 등에 관한 업무규정을 갖출 것
② 정비교육훈련기관으로 지정을 받으려는 자는 제1항에 따른 지정기준을 갖추어 국토교통부장관에게 정비교육훈련기관 지정 신청을 해야 한다.
③ 국토교통부장관은 제2항에 따라 정비교육훈련기관 지정 신청을 받으면 제1항에 따른 지정기준을 갖추었는지 여부 및 철도차량정비기술자의 수급 상황 등을 종합적으로 심사한 후 그 지정 여부를 결정해야 한다.
④ 국토교통부장관은 정비교육훈련기관을 지정한 때에는 다음 각 호의 사항을 관보에 고시해야 한다.
   1. 정비교육훈련기관의 명칭 및 소재지
   2. 대표자의 성명
   3. 그 밖에 정비교육훈련에 중요한 영향을 미친다고 국토교통부장관이 인정하는 사항
⑤ 제1항부터 제4항까지에서 규정한 사항 외에 정비교육훈련기관의 지정기준 및 절차 등에 관한 세부적인 사항은 국토교통부령으로 정한다.

◆ 시행규칙 제42조의4(정비교육훈련기관의 세부 지정기준 등)

① 영 제21조의4 제1항에 따른 정비교육훈련기관(이하 "정비교육훈련기관"이라 한다)의 세부 지정기준은 별표 13의5와 같다.
② 국토교통부장관은 정비교육훈련기관이 제1항에 따른 정비교육훈련기관의 지정기준에 적합한지의 여부를 2년마다 심사해야 한다.
③ 정비교육훈련기관의 변경사항 통지에 관하여는 제22조 제3항을 준용한다. 이 경우 "운전교육훈련기관"은 "정비교육훈련기관"으로 본다.

시행규칙 [별표 13의5]

정비교육훈련기관의 세부 지정기준(제42조의4 제1항 관련)

1. 인력기준
가. 자격기준

등급	학력 및 경력
책임교수	1) 1등급 철도차량정비경력증 소지자로서 철도교통에 관한 업무에 10년 이상 또는 철도차량정비에 관한 업무에 5년 이상 근무한 경력이 있는 사람 2) 2등급 철도차량정비경력증 소지자로서 철도교통에 관한 업무에 15년 이상 또는 철도차량정비에 관한 업무에 8년 이상 근무한 경력이 있는 사람 3) 3등급 철도차량정비경력증 소지자로서 철도교통에 관한 업무에 20년 이상 또는 철도차량정비에 관한 업무에 10년 이상 근무한 경력이 있는 사람 4) 철도 관련 4급 이상의 공무원 경력 또는 이와 같은 수준 이상의 자격 및 경력이 있는 사람 5) 대학의 철도차량정비 관련 학과에서 조교수 이상으로 재직한 경력이 있는 사람 6) 선임교수 경력이 3년 이상 있는 사람
선임교수	1) 1등급 철도차량정비경력증 소지자로서 철도교통에 관한 업무에 5년 이상 또는 철도차량정비에 관한 업무에 3년 이상 근무한 경력이 있는 사람 2) 2등급 철도차량정비경력증 소지자로서 철도교통에 관한 업무에 10년 이상 또는 철도차량정비에 관한 업무에 5년 이상 근무한 경력이 있는 사람 3) 3등급 철도차량정비경력증 소지자로서 철도교통에 관한 업무에 15년 이상 또는 철도차량정비에 관한 업무에 8년 이상 근무한 경력이 있는 사람 4) 철도 관련 5급 이상의 공무원 경력 또는 이와 같은 수준 이상의 자격 및 경력이 있는 사람 5) 대학의 철도차량정비 관련 학과에서 전임강사 이상으로 재직한 경력이 있는 사람 6) 교수 경력이 3년 이상 있는 사람
교수	1) 1등급 철도차량정비경력증 소지자로서 철도차량정비 업무에 근무한 경력이 있는 사람 2) 2등급 철도차량정비경력증 소지자로서 철도교통에 관한 업무에 5년 이상 또는 철도차량정비에 관한 업무에 3년 이상 근무한 경력이 있는 사람 3) 3등급 철도차량정비경력증 소지자로서 철도차량 정비업무수행자에 대한 지도교육 경력이 2년 이상 있는 사람 4) 4등급 철도차량정비경력증 소지자로서 철도차량 정비업무수행자에 대한 지도교육 경력이 3년 이상 있는 사람 5) 철도차량 정비와 관련된 교육기관에서 강의 경력이 1년 이상 있는 사람

[비고]
1. "철도교통에 관한 업무"란 철도안전·기계·신호·전기에 관한 업무를 말한다.
2. 책임교수의 경우 철도차량정비에 관한 업무를 3년 이상, 선임교수의 경우 철도차량정비에 관한 업무를 2년 이상 수행한 경력이 있어야 한다.
3. "철도차량정비에 관한 업무"란 철도차량 정비업무의 수행, 철도차량 정비계획의 수립·관리, 철도차량 정비에 관한 안전관리·지도교육 및 관리·감독 업무를 말한다.
4. "철도차량정비 관련 학과"란 철도차량 유지보수와 관련된 학과 및 기계·전기·전자·통신 관련 학과를 말한다.
5. "철도관련 공무원 경력"이란 「국가공무원법」 제2조에 따른 공무원 신분으로 철도관련 업무를 수행한 경력을 말한다.

나. 보유기준
  1. 1회 교육생 30명을 기준으로 상시적으로 철도차량정비에 관한 교육을 전담하는 책임교수와 선임교수 및 교수를 각각 1명 이상 확보해야 하며, 교육인원이 15명 추가될 때마다 교수 1명 이상을 추가로 확보해야 한다. 이 경우 선임교수, 교수 및 추가로 확보해야 하는 교수는 비전임으로 할 수 있다.
  2. 1회 교육생이 30명 미만인 경우 책임교수 또는 선임교수 1명 이상을 확보해야 한다.

2. 시설기준

가. 이론교육장

기준인원 30명 기준으로 면적 60제곱미터 이상의 강의실을 갖추어야 하며, 기준인원 초과 시 1명마다 2제곱미터씩 면적을 추가로 확보해야 한다. 다만, 1회 교육생이 30명 미만인 경우 교육생 1명마다 2제곱미터 이상의 면적을 확보해야 한다.

나. 실기교육장

교육생 1명마다 3제곱미터 이상의 면적을 확보해야 한다. 다만, 교육훈련기관 외의 장소에서 철도차량 등을 직접 활용하여 실습하는 경우에는 제외한다.

다. 그 밖에 교육훈련에 필요한 사무실·편의시설 및 설비를 갖추어야 한다.

3. 장비기준

가. 컴퓨터지원교육시스템

장 비 명	성능기준	보유기준
컴퓨터지원교육시스템	철도차량정비 관련 프로그램	1명당 컴퓨터 1대

[비고]
컴퓨터지원교육시스템이란 컴퓨터의 멀티미디어 기능을 활용하여 정비교육훈련을 시행할 수 있도록 지원하는 컴퓨터시스템 일체를 말한다.

4. 정비교육훈련에 필요한 교재를 갖출 것

5. 다음 각 목의 사항을 포함한 업무규정을 갖출 것
   가. 정비교육훈련기관의 조직 및 인원
   나. 교육생 선발에 관한 사항
   다. 연간 교육훈련계획 : 교육과정 편성, 교수인력의 지정 교과목 및 내용 등
   라. 교육기관 운영계획
   마. 교육생 평가에 관한 사항
   바. 실습설비 및 장비 운용방안
   사. 각종 증명의 발급 및 대장의 관리
   아. 교수인력의 교육훈련
   자. 기술도서 및 자료의 관리·유지
   차. 수수료 징수에 관한 사항
   카. 그 밖에 국토교통부장관이 정비교육훈련에 필요하다고 인정하는 사항

◆ 시행규칙 제42조의5(정비교육훈련기관의 지정의 신청 등)

① 영 제21조의4 제2항에 따라 정비교육훈련기관으로 지정을 받으려는 자는 별지 제25호의 8 서식의 정비교육훈련기관 지정신청서에 다음 각 호의 서류를 첨부하여 국토교통부장관에게 제출해야 한다. 이 경우 국토교통부장관은 「전자정부법」 제36조 제1항에 따른 행정정보의 공동이용을 통하여 법인 등기사항증명서(신청인이 법인이 경우에만 해당한다)를 확인해야 한다.

1. 정비교육훈련계획서(정비교육훈련평가계획을 포함한다)
2. 정비교육훈련기관 운영규정
3. 정관이나 이에 준하는 약정(법인 및 단체에 한정한다)
4. 정비교육훈련을 담당하는 강사의 자격·학력·경력 등을 증명할 수 있는 서류 및 담당업무
5. 정비교육훈련에 필요한 강의실 등 시설 내역서
6. 정비교육훈련에 필요한 실습 시행 방법 및 절차
7. 정비교육훈련기관에서 사용하는 직인의 인영(印影 : 도장 찍은 모양)

② 국토교통부장관은 영 제21조의4 제4항에 따라 정비교육훈련기관으로 지정한 때에는 별지 제25호의9서식의 정비교육훈련기관 지정서를 신청인에게 발급해야 한다.

■ 시행령 제21조의5(정비교육훈련기관의 변경사항 통지 등)

① 정비교육훈련기관은 제21조의4 제4항 각 호의 사항이 변경된 때에는 그 사유가 발생한 날 부터 15일 이내에 국토교통부장관에게 그 내용을 통지해야 한다.
② 국토교통부장관은 제1항에 따른 통지를 받은 때에는 그 내용을 관보에 고시해야 한다.

◆ 시행규칙 제42조의6(정비교육훈련기관의 지정취소 등)

① 법 제24조의4 제5항에서 준용하는 법 제15조의2에 따른 정비교육 훈련기관의 지정취소 및 업무정지의 기준은 별표 13의6과 같다.
② 국토교통부장관은 정비교육훈련기관의 지정을 취소하거나 업무정지의 처분을 한 경우에는 지체 없이 그 정비교육훈련기관에 별지 제11호의3서식의 지정기관 행정처분서를 통지하고 그 사실을 관보에 고시해야 한다.

시행규칙 [별표 13의6]

정비교육훈련기관의 지정취소 및 업무정지의 기준
(제42조의6 제1항 관련)

1. 일반기준
가. 위반행위의 횟수에 따른 행정처분의 가중된 부과기준은 최근 1년간 같은 위반행위로 행정처분을 받은 경우에 적용한다. 이 경우 기간의 계산은 위반행위에 대하여 행정처분을 받은 날과 그 처분 후 다시 같은 위반행위를 하여 적발된 날을 기준으로 한다.

나. 비고 제1호에 따라 가중된 행정처분을 하는 경우 가중처분의 적용 차수는 그 위반행위 전 부과처분 차수(비고 제1호에 따른 기간 내에 행정처분이 둘 이상 있었던 경우에는 높은 차수를 말한다)의 다음 차수로 한다.

다. 위반행위가 둘 이상인 경우로서 그에 해당하는 각각의 처분기준이 다른 경우에는 그 중 무거운 처분기준(무거운 처분기준이 같을 때에는 그 중 하나의 처분기준을 말한다)에 따르며, 위반행위가 둘 이상인 경우로서 그에 해당하는 각각의 처분기준이 같은 경우에는 무거운 처분기준의 2분의 1까지 가중할 수 있되, 각 처분기준을 합산한 기간을 초과할 수 없다.

라. 처분권자는 위반행위의 동기·내용 및 위반의 정도 등 다음 각 목에 해당하는 사유를 고려하여 그 처분을 감경할 수 있다. 이 경우 그 처분이 업무정지인 경우에는 그 처분기준의 2분의 1의 범위에서 감경할 수 있고, 지정취소인 경우(거짓이나 그 밖의 부정한 방법으로 지정을 받은 경우나 업무정지 명령을 위반하여 그 정지기간 중 적성검사 업무를 한 경우는 제외한다)에는 3개월의 업무정지 처분으로 감경할 수 있다.
  1) 위반행위가 고의나 중대한 과실이 아닌 사소한 부주의나 오류로 인한 것으로 인정되는 경우
  2) 위반의 내용·정도가 경미하여 이해관계인에게 미치는 피해가 적다고 인정되는 경우

2. 개별기준

위반사항	해당 법조문	처분기준			
		1차 위반	2차 위반	3차 위반	4차 위반
1. 거짓이나 그 밖의 부정한 방법으로 지정을 받은 경우	법 제15조의2 제1항 제1호	지정 취소			
2. 업무정지 명령을 위반하여 그 정지기간 중 정비교육훈련업무를 한 경우	법 제15조의2 제1항 제2호	지정 취소			
3. 법 제24조의4 제3항에 따른 지정기준에 맞지 않은 경우	법 제15조의2 제1항 제3호	경고 또는 보완명령	업무정지 1개월	업무정지 3개월	지정 취소
4. 법 제24조의4 제4항을 위반하여 정당한 사유 없이 정비교육훈련업무를 거부한 경우	법 제15조의2 제1항 제4호	경고	업무정지 1개월	업무정지 3개월	지정 취소
5. 법 제24조의4 제4항을 위반하여 거짓이나 그 밖의 부정한 방법으로 정비교육훈련 수료증을 발급한 경우	법 제15조의2 제1항 제5호	업무정지 1개월	업무정지 3개월	지정 취소	

제24조의5(철도차량정비기술자의 인정취소 등)

① 국토교통부장관은 철도차량정비기술자가 다음 각 호의 어느 하나에 해당하는 경우 그 인정을 취소하여야 한다.
  1. 거짓이나 그 밖의 부정한 방법으로 철도차량정비기술자로 인정받은 경우
  2. 제24조의2 제2항에 따른 자격기준에 해당하지 아니하게 된 경우
  3. 철도차량정비 업무 수행 중 고의로 철도사고의 원인을 제공한 경우
② 국토교통부장관은 철도차량정비기술자가 다음 각 호의 어느 하나에 해당하는 경우 1년의 범위에서 철도차량정비기술자의 인정을 정지시킬 수 있다.
  1. 다른 사람에게 철도차량정비경력증을 빌려 준 경우
  2. 철도차량정비 업무 수행 중 중과실로 철도사고의 원인을 제공한 경우

제 4 장 철도시설 및 철도차량의 안전관리

> **제25조 삭제** 〈2018. 3. 13.〉

> **제25조의2(승하차용 출입문 설비의 설치)**
> 철도시설관리자는 선로로부터의 수직거리가 국토교통부령으로 정하는 기준 이상인 승강장에 열차의 출입문과 연동되어 열리고 닫히는 승하차용 출입문 설비를 설치하여야 한다. 다만, 여러 종류의 철도차량이 함께 사용하는 승강장 등 국토교통부령으로 정하는 승강장의 경우에는 그러하지 아니하다.

◆ **시행규칙 제43조(승하차용 출입문 설비의 설치)**
① 법 제25조의2 본문에서 "국토교통부령으로 정하는 기준"이란 1,135밀리미터를 말한다.
② 법 제25조의2 단서에서 "여러 종류의 철도차량이 함께 사용하는 승강장 등 국토교통부령으로 정하는 승강장"이란 다음 각 호의 어느 하나에 해당하는 승강장으로서 제44조에 따른 철도기술심의위원회에서 승강장에 열차의 출입문과 연동되어 열리고 닫히는 승하차용 출입문 설비(이하 "승강장안전문"이라 한다)를 설치하지 않아도 된다고 심의·의결한 승강장을 말한다.
  1. 여러 종류의 철도차량이 함께 사용하는 승강장으로서 열차 출입문의 위치가 서로 달라 승강장안전문을 설치하기 곤란한 경우
  2. 열차가 정차하지 않는 선로 쪽 승강장으로서 승객의 선로 추락 방지를 위해 안전난간 등의 안전시설을 설치한 경우
  3. 여객의 승하차 인원, 열차의 운행 횟수 등을 고려하였을 때 승강장안전문을 설치할 필요가 없다고 인정되는 경우

제26조(철도차량 형식승인)

① 국내에서 운행하는 철도차량을 제작하거나 수입하려는 자는 국토교통부령으로 정하는 바에 따라 해당 철도차량의 설계에 관하여 국토교통부장관의 형식승인을 받아야 한다.
② 제1항에 따라 형식승인을 받은 자가 승인받은 사항을 변경하려는 경우에는 국토교통부장관의 변경승인을 받아야 한다. 다만, 국토교통부령으로 정하는 경미한 사항을 변경하려는 경우에는 국토교통부장관에게 신고하여야 한다.
③ 국토교통부장관은 제1항에 따른 형식승인 또는 제2항 본문에 따른 변경승인을 하는 경우에는 해당 철도차량이 국토교통부장관이 정하여 고시하는 철도차량의 기술기준에 적합한지에 대하여 형식승인검사를 하여야 한다.
④ 국토교통부장관은 제3항에도 불구하고 다음 각 호의 어느 하나에 해당하는 경우에는 형식승인검사의 전부 또는 일부를 면제할 수 있다.
  1. 시험·연구·개발 목적으로 제작 또는 수입되는 철도차량으로서 대통령령으로 정하는 철도차량에 해당하는 경우
  2. 수출 목적으로 제작 또는 수입되는 철도차량으로서 대통령령으로 정하는 철도차량에 해당하는 경우
  3. 대한민국이 체결한 협정 또는 대한민국이 가입한 협약에 따라 형식승인검사가 면제되는 철도차량의 경우
  4. 그 밖에 철도시설의 유지·보수 또는 철도차량의 사고복구 등 특수한 목적을 위하여 제작 또는 수입되는 철도차량으로서 국토교통부장관이 정하여 고시하는 경우
⑤ 누구든지 제1항에 따른 형식승인을 받지 아니한 철도차량을 운행하여서는 아니 된다.
⑥ 제1항부터 제4항까지의 규정에 따른 승인절차, 승인방법, 신고절차, 검사절차, 검사방법 및 면제절차 등에 관하여 필요한 사항은 국토교통부령으로 정한다.

■ **시행령 제22조(형식승인검사를 면제할 수 있는 철도차량 등)**
  ① 법 제26조 제4항 제1호에서 "대통령령으로 정하는 철도차량"이란 여객 및 화물 운송에 사용되지 아니하는 철도차량을 말한다.
  ② 법 제26조 제4항 제2호에서 "대통령령으로 정하는 철도차량"이란 국내에서 철도운영에 사용되지 아니하는 철도차량을 말한다.
  ③ 법 제26조 제4항에 따라 철도차량별로 형식승인검사를 면제할 수 있는 범위는 다음 각 호의 구분과 같다.
    1. 법 제26조 제4항 제1호 및 제2호에 해당하는 철도차량 : 형식승인검사의 전부
    2. 법 제26조 제4항 제3호에 해당하는 철도차량 : 대한민국이 체결한 협정 또는 대한민국이 가입한 협약에서 정한 면제의 범위

3. 법 제26조 제4항 제4호에 해당하는 철도차량 : 형식승인검사 중 철도차량의 시운전단계에서 실시하는 검사를 제외한 검사로서 국토교통부령으로 정하는 검사

◆ 시행규칙 제44조(철도기술심의위원회의 설치)

국토교통부장관은 다음 각 호의 사항을 심의하게 하기 위하여 철도기술심의위원회(이하 "기술위원회"라 한다)를 설치한다.
1. 법 제7조 제5항·제26조 제3항·제26조의3 제2항·제27조 제2항 및 제27조의2 제2항에 따른 기술기준의 제정·개정 또는 폐지
2. 법 제27조 제1항에 따른 형식승인 대상 철도용품의 선정·변경 및 취소
3. 법 제34조 제1항에 따른 철도차량·철도용품 표준규격의 제정·개정 또는 폐지
4. 영 제63조 제4항에 따른 철도안전에 관한 전문기관이나 단체의 지정
5. 그 밖에 국토교통부장관이 필요로 하는 사항

◆ 시행규칙 제45조(철도기술심의위원회의 구성·운영 등)

① 기술위원회는 위원장을 포함한 15인 이내의 위원으로 구성하며 위원장은 위원 중에서 호선한다.
② 기술위원회에 상정할 안건을 미리 검토하고 기술위원회가 위임한 안건을 심의하기 위하여 기술위원회에 기술분과별 전문위원회(이하 "전문위원회"라 한다)를 둘 수 있다.
③ 이 규칙에서 정한 것 외에 기술위원회 및 전문위원회의 구성·운영 등에 관하여 필요한 사항은 국토교통부장관이 정한다.

◆ 시행규칙 제46조(철도차량 형식승인 신청 절차 등)

① 법 제26조 제1항에 따라 철도차량 형식승인을 받으려는 자는 별지 제26호서식의 철도차량 형식승인신청서에 다음 각 호의 서류를 첨부하여 국토교통부장관에게 제출하여야 한다.
   1. 법 제26조 제3항에 따른 철도차량의 기술기준(이하 "철도차량기술기준"이라 한다)에 대한 적합성 입증계획서 및 입증자료
   2. 철도차량의 설계도면, 설계 명세서 및 설명서(적합성 입증을 위하여 필요한 부분에 한정한다)
   3. 법 제26조 제4항에 따른 형식승인검사의 면제 대상에 해당하는 경우 그 입증서류
   4. 제48조 제1항 제3호에 따른 차량형식 시험 절차서
   5. 그 밖에 철도차량기술기준에 적합함을 입증하기 위하여 국토교통부장관이 필요하다고 인정하여 고시하는 서류
② 법 제26조 제2항 본문에 따라 철도차량 형식승인을 받은 사항을 변경하려는 경우에는 별지 제26호의2서식의 철도차량 형식변경승인신청시에 다음 각 호의 서류를 첨부하여 국토교통부장관에게 제출하여야 한다.

1. 해당 철도차량의 철도차량 형식승인증명서
2. 제1항 각 호의 서류(변경되는 부분 및 그와 연관되는 부분에 한정한다)
3. 변경 전후의 대비표 및 해설서

③ 국토교통부장관은 제1항 및 제2항에 따라 철도차량 형식승인 또는 변경승인 신청을 받은 경우에 15일 이내에 승인 또는 변경승인에 필요한 검사 등의 계획서를 작성하여 신청인에게 통보하여야 한다.

◆ 시행규칙 제47조(철도차량 형식승인의 경미한 사항 변경)

① 법 제26조 제2항 단서에서 "국토교통부령으로 정하는 경미한 사항을 변경하려는 경우"란 다음 각 호의 어느 하나에 해당하는 변경을 말한다.
　1. 철도차량의 구조안전 및 성능에 영향을 미치지 아니하는 차체 형상의 변경
　2. 철도차량의 안전에 영향을 미치지 아니하는 설비의 변경
　3. 중량분포에 영향을 미치지 아니하는 장치 또는 부품의 배치 변경
　4. 동일 성능으로 입증할 수 있는 부품의 규격 변경
　5. 그 밖에 철도차량의 안전 및 성능에 영향을 미치지 아니한다고 국토교통부장관이 인정하는 사항의 변경

② 법 제26조 제2항 단서에 따라 경미한 사항을 변경하려는 경우에는 별지 제27호서식의 철도차량 형식변경신고서에 다음 각 호의 서류를 첨부하여 국토교통부장관에게 제출하여야 한다.
　1. 해당 철도차량의 철도차량 형식승인증명서
　2. 제1항 각 호에 해당함을 증명하는 서류
　3. 변경 전후의 대비표 및 해설서
　4. 변경 후의 주요 제원
　5. 철도차량기술기준에 대한 적합성 입증자료(변경되는 부분 및 그와 연관되는 부분에 한정한다)

③ 국토교통부장관은 제2항에 따라 신고를 받은 때에는 제2항 각 호의 첨부서류를 확인한 후 별지 제27호의2서식의 철도차량 형식변경신고확인서를 발급하여야 한다.

◆ 시행규칙 제48조(철도차량 형식승인검사의 방법 및 증명서 발급 등)

① 법 제26조 제3항에 따른 철도차량 형식승인검사는 다음 각 호의 구분에 따라 실시한다.
　1. 설계적합성 검사 : 철도차량의 설계가 철도차량기술기준에 적합한지 여부에 대한 검사
　2. 합치성 검사 : 철도차량이 부품단계, 구성품단계, 완성차단계에서 제1호에 따른 설계와 합치하게 제작되었는지 여부에 대한 검사
　3. 차량형식 시험 : 철도차량이 부품단계, 구성품단계, 완성차단계, 시운전단계에서 철도차량기술기준에 적합한지 여부에 대한 시험

② 국토교통부장관은 제1항에 따른 검사 결과 철도차량기술기준에 적합하다고 인정하는 경우에는 별지 제28호서식의 철도차량 형식승인증명서 또는 별지 제28호의2서식의 철도차량 형식변경승인증명서에 형식승인자료집을 첨부하여 신청인에게 발급하여야 한다.

③ 제2항에 따라 철도차량 형식승인증명서 또는 철도차량 형식변경승인증명서를 발급받은 자가 해당 증명서를 잃어버렸거나 헐어 못쓰게 되어 재발급을 받으려는 경우에는 별지 제29호서식의 철도차량 형식승인증명서 재발급 신청서에 헐어 못쓰게 된 증명서(헐어 못쓰게 된 경우만 해당한다)를 첨부하여 국토교통부장관에게 제출하여야 한다.
④ 제1항에 따른 철도차량 형식승인검사에 관한 세부적인 기준·절차 및 방법은 국토교통부장관이 정하여 고시한다.

◆ **시행규칙 제49조(철도차량 형식승인검사의 면제 절차 등)**
① 영 제22조 제3항 제3호에서 "국토교통부령으로 정하는 검사"란 제48조 제1항 제1호에 따른 설계적합성 검사, 같은 항 제2호에 따른 합치성 검사 및 같은 항 제3호에 따른 차량형식 시험(시운전단계에서의 시험은 제외한다)을 말한다.
② 국토교통부장관은 제46조 제1항 제3호에 따른 서류의 검토 결과 해당 철도차량이 형식승인검사의 면제 대상에 해당된다고 인정하는 경우에는 신청인에게 면제사실과 내용을 통보하여야 한다.

제26조의2(형식승인의 취소 등)
① 국토교통부장관은 제26조에 따라 형식승인을 받은 자가 다음 각 호의 어느 하나에 해당하는 경우에는 그 형식승인을 취소할 수 있다. 다만, 제1호에 해당하는 경우에는 그 형식승인을 취소하여야 한다.
  1. 거짓이나 그 밖의 부정한 방법으로 형식승인을 받은 경우
  2. 제26조 제3항에 따른 기술기준에 중대하게 위반되는 경우
  3. 제2항에 따른 변경승인명령을 이행하지 아니한 경우
② 국토교통부장관은 제26조 제1항에 따른 형식승인이 같은 조 제3항에 따른 기술기준에 위반(이 조 제1항 제2호에 해당하는 경우는 제외한다)된다고 인정하는 경우에는 그 형식승인을 받은 자에게 국토교통부령으로 정하는 바에 따라 변경승인을 받을 것을 명하여야 한다.
③ 제1항 제1호에 해당되는 사유로 형식승인이 취소된 경우에는 그 취소된 날부터 2년간 동일한 형식의 철도차량에 대하여 새로 형식승인을 받을 수 없다.

◆ **시행규칙 제50조(철도차량 형식 변경승인의 명령 등)**
① 국토교통부장관은 법 제26조의2 제2항에 따라 변경승인을 받을 것을 명하려는 경우에는 그 사유를 명시하여 철도차량 형식승인을 받은 자에게 통보하여야 한다.
② 제1항에 따라 변경승인 명령을 받은 자는 명령을 통보받은 날부터 30일 이내에 법 제26조 제2항 본문에 따라 철도차량 형식승인의 변경승인을 신청하여야 한다.

> **제26조의3(철도차량 제작자승인)**
> ① 제26조에 따라 형식승인을 받은 철도차량을 제작(외국에서 대한민국에 수출할 목적으로 제작하는 경우를 포함한다)하려는 자는 국토교통부령으로 정하는 바에 따라 철도차량의 제작을 위한 인력, 설비, 장비, 기술 및 제작검사 등 철도차량의 적합한 제작을 위한 유기적 체계(이하 "철도차량 품질관리체계"라 한다)를 갖추고 있는지에 대하여 국토교통부장관의 제작자승인을 받아야 한다.
> ② 국토교통부장관은 제1항에 따른 제작자승인을 하는 경우에는 해당 철도차량 품질관리체계가 국토교통부장관이 정하여 고시하는 철도차량의 제작관리 및 품질유지에 필요한 기술기준에 적합한지에 대하여 국토교통부령으로 정하는 바에 따라 제작자승인검사를 하여야 한다.
> ③ 국토교통부장관은 제1항 및 제2항에도 불구하고 대한민국이 체결한 협정 또는 대한민국이 가입한 협약에 따라 제작자승인이 면제되는 경우 등 대통령령으로 정하는 경우에는 제작자승인 대상에서 제외하거나 제작자승인검사의 전부 또는 일부를 면제할 수 있다.

■ 시행령 제23조(철도차량 제작자승인 등을 면제할 수 있는 경우 등)

① 법 제26조의3 제3항에서 "대한민국이 체결한 협정 또는 대한민국이 가입한 협약에 따라 제작자승인이 면제되는 경우 등 대통령령으로 정하는 경우"란 다음 각 호의 어느 하나에 해당하는 경우를 말한다.
  1. 대한민국이 체결한 협정 또는 대한민국이 가입한 협약에 따라 제작자승인이 면제되거나 제작자승인검사의 전부 또는 일부가 면제되는 경우
  2. 철도시설의 유지·보수 또는 철도차량의 사고복구 등 특수한 목적을 위하여 제작 또는 수입되는 철도차량으로서 국토교통부장관이 정하여 고시하는 철도차량에 해당하는 경우
② 법 제26조의3 제3항에 따라 제작자승인 또는 제작자승인검사를 면제할 수 있는 범위는 다음 각 호의 구분과 같다.
  1. 제1항 제1호에 해당하는 경우 : 대한민국이 체결한 협정 또는 대한민국이 가입한 협약에서 정한 제작자승인 또는 제작자승인검사의 면제 범위
  2. 제1항 제2호에 해당하는 경우 : 제작자승인검사의 전부

◆ 시행규칙 제51조(철도차량 제작자승인의 신청 등)

① 법 제26조의3 제1항에 따라 철도차량 제작자승인을 받으려는 자는 별지 제30호서식의 철도차량 제작자승인신청서에 다음 각 호의 서류를 첨부하여 국토교통부장관에게 제출하여야 한다. 다만, 영 제23조 제1항 제1호에 따라 제작자승인이 면제되는 경우에는 제4호의 서류만 첨부한다.

1. 법 제26조의3 제2항에 따른 철도차량의 제작관리 및 품질유지에 필요한 기술기준(이하 "철도차량제작자승인기준"이라 한다)에 대한 적합성 입증계획서 및 입증자료
2. 철도차량 품질관리체계서 및 설명서
3. 철도차량 제작 명세서 및 설명서
4. 법 제26조의3 제3항에 따라 제작자승인 또는 제작자승인검사의 면제 대상에 해당하는 경우 그 입증서류
5. 그 밖에 철도차량제작자승인기준에 적합함을 입증하기 위하여 국토교통부장관이 필요하다고 인정하여 고시하는 서류

② 철도차량 제작자승인을 받은 자가 법 제26조의8에서 준용하는 법 제7조 제3항 본문에 따라 철도차량 제작자승인 받은 사항을 변경하려는 경우에는 별지 제30호의2서식의 철도차량 제작자변경승인신청서에 다음 각 호의 서류를 첨부하여 국토교통부장관에게 제출하여야 한다.
   1. 해당 철도차량의 철도차량 제작자승인증명서
   2. 제1항 각 호의 서류(변경되는 부분 및 그와 연관되는 부분에 한정한다)
   3. 변경 전후의 대비표 및 해설서
③ 국토교통부장관은 제1항 및 제2항에 따라 철도차량 제작자승인 또는 변경승인 신청을 받은 경우에 15일 이내에 승인 또는 변경승인에 필요한 검사 등의 계획서를 작성하여 신청인에게 통보하여야 한다.

◆ 시행규칙 제52조(철도차량 제작자승인의 경미한 사항 변경)
① 법 제26조의8에서 준용하는 법 제7조 제3항 단서에서 "국토교통부령으로 정하는 경미한 사항을 변경하려는 경우"란 다음 각 호의 어느 하나에 해당하는 변경을 말한다.
   1. 철도차량 제작자의 조직변경에 따른 품질관리조직 또는 품질관리책임자에 관한 사항의 변경
   2. 법령 또는 행정구역의 변경 등으로 인한 품질관리규정의 세부내용 변경
   3. 서류 간 불일치 사항 및 품질관리규정의 기본방향에 영향을 미치지 아니하는 사항으로서 그 변경근거가 분명한 사항의 변경
② 법 제26조의8에서 준용하는 법 제7조 제3항 단서에 따라 경미한 사항을 변경하려는 경우에는 별지 제31호서식의 철도차량 제작자승인변경신고서에 다음 각 호의 서류를 첨부하여 국토교통부장관에게 제출하여야 한다.
   1. 해당 철도차량의 철도차량 제작자승인증명서
   2. 제1항 각 호에 해당함을 증명하는 서류
   3. 변경 전후의 대비표 및 해설서
   4. 변경 후의 철도차량 품질관리체계

5. 철도차량제작자승인기준에 대한 적합성 입증자료(변경되는 부분 및 그와 연관되는 부분에 한정한다)

③ 국토교통부장관은 제2항에 따라 신고를 받은 때에는 제2항 각 호의 첨부서류를 확인한 후 별지 제31호의2서식의 철도차량 제작자승인변경신고확인서를 발급하여야 한다.

◆ **시행규칙 제53조(철도차량 제작자승인검사의 방법 및 증명서 발급 등)**

① 법 제26조의3 제2항에 따른 철도차량 제작자승인검사는 다음 각 호의 구분에 따라 실시한다.
  1. 품질관리체계 적합성검사 : 해당 철도차량의 품질관리체계가 철도차량제작자승인 기준에 적합한지 여부에 대한 검사
  2. 제작검사 : 해당 철도차량에 대한 품질관리체계의 적용 및 유지 여부 등을 확인하는 검사

② 국토교통부장관은 제1항에 따른 검사 결과 철도차량제작자승인기준에 적합하다고 인정하는 경우에는 다음 각 호의 서류를 신청인에게 발급하여야 한다.
  1. 별지 제32호서식의 철도차량 제작자승인증명서 또는 별지 제32호의2서식의 철도차량 제작자변경승인증명서
  2. 제작할 수 있는 철도차량의 형식에 대한 목록을 적은 제작자승인지정서

③ 제2항 제1호에 따른 철도차량 제작자승인증명서 또는 철도차량 제작자변경승인증명서를 발급받은 자가 해당 증명서를 잃어버렸거나 헐어 못쓰게 되어 재발급을 받으려는 경우에는 별지 제29호서식의 철도차량 제작자승인증명서 재발급 신청서에 헐어 못쓰게 된 증명서(헐어 못쓰게 된 경우만 해당한다)를 첨부하여 국토교통부장관에게 제출하여야 한다.

④ 제1항에 따른 철도차량 제작자승인검사에 관한 세부적인 기준·절차 및 방법은 국토교통부장관이 정하여 고시한다.

◆ **시행규칙 제54조(철도차량 제작자승인 등의 면제 절차)**

국토교통부장관은 제51조 제1항 제4호에 따른 서류의 검토 결과 철도차량이 제작자승인 또는 제작자승인검사의 면제 대상에 해당된다고 인정하는 경우에는 신청인에게 면제사실과 내용을 통보하여야 한다.

제26조의4(결격사유)

다음 각 호의 어느 하나에 해당하는 자는 철도차량 제작자승인을 받을 수 없다.
1. 피성년 후견인
2. 파산선고를 받고 복권되지 아니한 사람
3. 이 법 또는 대통령령으로 정하는 철도 관계 법령을 위반하여 징역형의 실형을 선고받고 그 집행이 종료(집행이 종료된 것으로 보는 경우를 포함한다)되거나 집행이 면제된 날부터 2년이 지나지 아니한 사람
4. 이 법 또는 대통령령으로 정하는 철도 관계 법령을 위반하여 징역형의 집행유예를 선고받고 그 유예기간 중에 있는 사람
5. 제작자승인이 취소된 후 2년이 지나지 아니한 자
6. 임원 중에 제1호부터 제5호까지의 어느 하나에 해당하는 사람이 있는 법인

■ 시행령 제24조(철도 관계 법령의 범위)

법 제26조의4 제3호 및 제4호에서 "대통령령으로 정하는 철도 관계 법령"이란 각각 다음 각 호의 어느 하나에 해당하는 법령을 말한다.
1. 「건널목 개량촉진법」
2. 「도시철도법」
3. 「철도의 건설 및 철도시설 유지관리에 관한 법률」
4. 「철도사업법」
5. 「철도산업발전 기본법」
6. 「한국철도공사법」
7. 「국가철도공단법」
8. 「항공·철도 사고조사에 관한 법률」

제26조의5(승계)

① 제26조의3에 따라 철도차량 제작자승인을 받은 자가 그 사업을 양도하거나 사망한 때 또는 법인의 합병이 있는 때에는 양수인, 상속인 또는 합병 후 존속하는 법인이나 합병에 의하여 설립되는 법인은 제작자승인을 받은 자의 지위를 승계한다.
② 제1항에 따라 철도차량 제작자승인의 지위를 승계하는 자는 승계일부터 1개월 이내에 국토교통부령으로 정하는 바에 따라 그 승계사실을 국토교통부장관에게 신고하여야 한다.
③ 제1항에 따라 제작자승인의 지위를 승계하는 자에 대하여는 제26조의4를 준용한다. 다만, 제26조의4 각 호의 어느 하나에 해당하는 상속인이 피상속인이 사망한 날부터 3개월 이내에 그 사업을 다른 사람에게 양도한 경우에는 피상속인의 사망일부터 양도일까지의 기간 동안 피상속인의 제작자승인은 상속인의 제작자승인으로 본다.

◆ **시행규칙 제55조(지위승계의 신고 등)**
① 법 제26조의5 제2항에 따라 철도차량 제작자승인의 지위를 승계하는 자는 별지 제33서식의 철도차량 제작자승계신고서에 다음 각 호의 서류를 첨부하여 국토교통부장관에게 제출하여야 한다.
　1. 철도차량 제작자승인증명서
　2. 사업 양도의 경우 : 양도·양수계약서 사본 등 양도 사실을 입증할 수 있는 서류
　3. 사업 상속의 경우 : 사업을 상속받은 사실을 확인할 수 있는 서류
　4. 사업 합병의 경우 : 합병계약서 및 합병 후 존속하거나 합병에 따라 신설된 법인의 등기사항 증명서
② 국토교통부장관은 제1항에 따라 신고를 받은 경우에 지위승계 사실을 확인한 후 철도차량 제작자승인증명서를 지위승계자에게 발급하여야 한다.

제26조의6(철도차량 완성검사)

① 제26조의3에 따라 철도차량 제작자승인을 받은 자는 제작한 철도차량을 판매하기 전에 해당 철도차량이 제26조에 따른 형식승인을 받은대로 제작되었는지를 확인하기 위하여 국토교통부장관이 시행하는 완성검사를 받아야 한다.
② 국토교통부장관은 철도차량이 제1항에 따른 완성검사에 합격한 경우에는 철도차량제작자에게 국토교통부령으로 정하는 완성검사증명서를 발급하여야 한다.
③ 제1항에 따른 철도차량 완성검사의 절차 및 방법 등에 관하여 필요한 사항은 국토교통부령으로 정한다.

◆ **시행규칙 제56조(차량 완성검사의 신청 등)**
① 법 제26조의6 제1항에 따라 철도차량 완성검사를 받으려는 자는 별지 제34서식의 철도차량 완성검사신청서에 다음 각 호의 서류를 첨부하여 국토교통부장관에게 제출하여야 한다.
　1. 철도차량 형식승인증명서
　2. 철도차량 제작자승인증명서
　3. 형식 승인된 설계와의 형식동일성 입증계획서 및 입증서류
　4. 제57조 제1항 제2호에 따른 주행시험 절차서
　5. 그 밖에 형식동일성 입증을 위하여 국토교통부장관이 필요하다고 인정하여 고시하는 서류
② 국토교통부장관은 제1항에 따라 완성검사 신청을 받은 경우에 15일 이내에 완성검사의 계획서를 작성하여 신청인에게 통보하여야 한다.

◆ **시행규칙 제57조(철도차량 완성검사의 방법 및 검사증명서 발급 등)**

① 법 제26조의6 제1항에 따른 철도차량 완성검사는 다음 각 호의 구분에 따라 실시한다.
　1. 완성차량검사 : 안전과 직결된 주요 부품의 안전성 확보 등 철도차량이 철도차량 기술기준에 적합하고 형식승인 받은 설계대로 제작되었는지를 확인하는 검사
　2. 주행시험 : 철도차량이 형식승인 받은 대로 성능과 안전성을 확보하였는지 운행선로 시운전 등을 통하여 최종 확인하는 검사

② 국토교통부장관은 제1항에 따른 검사 결과 철도차량이 철도차량기술기준에 적합하고 형식승인 받은 설계대로 제작되었다고 인정하는 경우에는 별지 제35호서식의 철도차량 완성검사증명서를 신청인에게 발급하여야 한다.

③ 제1항에 따른 완성검사에 필요한 세부적인 기준·절차 및 방법은 국토교통부장관이 정하여 고시한다.

제26조의7(철도차량 제작자승인의 취소 등)

① 국토교통부장관은 제26조의3에 따라 철도차량 제작자승인을 받은 자가 다음 각 호의 어느 하나에 해당하는 경우에는 그 승인을 취소하거나 6개월 이내의 기간을 정하여 업무의 제한이나 정지를 명할 수 있다. 다만, 제1호 또는 제5호에 해당하는 경우에는 제작자승인을 취소하여야 한다.
　1. 거짓이나 그 밖의 부정한 방법으로 제작자승인을 받은 경우
　2. 제26조의8에서 준용하는 제7조 제3항을 위반하여 변경승인을 받지 아니하거나 변경신고를 하지 아니하고 철도차량을 제작한 경우
　3. 제26조의8에서 준용하는 제8조 제3항에 따른 시정조치명령을 정당한 사유 없이 이행하지 아니한 경우
　4. 제32조 제1항에 따른 명령을 이행하지 아니하는 경우
　5. 업무정지 기간 중에 철도차량을 제작한 경우

② 제1항에 따른 철도차량 제작자승인의 취소, 업무의 제한 또는 정지의 기준 및 절차 등에 관하여 필요한 사항은 국토교통부령으로 정한다.

◆ **시행규칙 제58조(철도차량 제작자승인의 취소 등 처분기준)**

법 제26조의7에 따른 철도차량 제작자승인의 취소 또는 업무의 제한·정지 등의 처분기준은 별표 14와 같다.

시행규칙 [별표 14]

철도차량 제작자승인 관련 처분기준(제58조 제1항 관련)

1. 일반기준

가. 위반행위가 둘 이상인 경우로서 그에 해당하는 각각의 처분기준이 다른 경우에는 그 중 무거운 처분기준(무거운 처분기준이 같을 때에는 그 중 하나의 처분기준을 말한다)에 따르며, 둘 이상의 처분기준이 같은 업무제한·정지인 경우에는 무거운 처분기준의 2분의 1의 범위에서 가중할 수 있되, 각 처분기준을 합산한 기간을 초과할 수 없다.

나. 위반행위의 횟수에 따른 행정처분 기준은 최근 2년간 같은 위반행위로 업무정지 처분을 받은 경우에 적용한다. 이 경우 위반횟수는 같은 위반행위에 대하여 최초로 처분을 한 날과 다시 같은 위반행위를 적발한 날을 기준으로 한다.

다. 처분권자는 다음 각 목의 어느 하나에 해당하는 경우에는 업무제한·정지 처분의 2분의 1의 범위에서 감경할 수 있다. 이 경우 그 처분이 업무제한·정지인 경우에는 그 처분기준의 2분의 1의 범위에서 감경할 수 있고, 승인취소인 경우(법 제26조의7 제1항 제1호 또는 제5호에 해당하는 경우는 제외한다)에는 6개월의 업무정지 처분으로 감경할 수 있다.

  1) 위반행위가 고의나 중대한 과실이 아닌 사소한 부주의나 오류로 인한 것으로 인정되는 경우
  2) 위반상태를 시정하거나 해소하기 위해 노력한 것이 인정되는 경우
  3) 그 밖에 위반행위의 정도, 위반행위의 동기와 그 결과 등을 고려하여 업무제한·정지 기간을 줄일 필요가 있다고 인정되는 경우

라. 처분권자는 다음 각 목의 어느 하나에 해당하는 경우에는 업무제한·정지 처분의 2분의 1의 범위에서 가중할 수 있다. 다만, 각 업무정지를 합산한 기간이 법 제9조 제1항에서 정한 기간을 초과할 수 없다.

  1) 위반의 내용·정도가 중대하여 공중에게 미치는 피해가 크다고 인정되는 경우
  2) 그 밖에 위반행위의 정도, 위반행위의 동기와 그 결과 등을 고려하여 가중할 필요가 있다고 인정되는 경우

2. 개별기준

위반사항	근거법 조문	처분기준 1차 위반	2차 위반	3차 위반	4차 이상 위반
가. 거짓이나 그 밖의 부정한 방법으로 제작자승인을 받은 경우	법 제26조의7 제1항 제1호	승인취소			
나. 법 제26조의8에서 준용하는 법 제7조 제3항을 위반하여 변경승인을 받지 않고 철도차량을 제작한 경우	법 제26조의7 제1항 제2호	업무정지(업무제한) 3개월	업무정지(업무제한) 6개월	승인취소	
다. 법 제26조의8에서 준용하는 법 제7조 제3항을 위반하여 변경신고를 하지 않고 철도 차량을 제작한 경우		경고	업무정지(업무제한) 3개월	업무정지(업무제한) 6개월	승인취소
라. 법 제26조의8에서 준용하는 법 제8조 제3항에 따른 시정조치 명령을 정당한 사유 없이 이행하지 않은 경우	법 제26조의7 제1항 제3호	경고	업무정지(업무제한) 3개월	업무정지(업무제한) 6개월	승인취소
마. 법 제32조 제1항에 따른 명령을 이행하지 않은 경우	법 제26조의7 제1항 제4호	업무정지(업무제한) 3개월	업무정지(업무제한) 6개월	승인취소	
바. 업무정지 기간 중에 철도차량을 제작한 경우	법제26조의7 제1항 제5호	승인취소			

제26조의8(준용규정)

철도차량 제작자승인의 변경, 철도차량 품질관리체계의 유지·검사 및 시정조치, 과징금의 부과·징수 등에 관하여는 제7조 제3항, 제8조, 제9조 및 제9조의2를 준용한다. 이 경우 "안전관리체계"는 "철도차량 품질관리체계"로 본다.

■ 시행령 제25조(철도차량 제작자승인 관련 과징금의 부과기준)

① 법 제26조의8에서 준용하는 법 제9조의2 제2항에 따른 과징금을 부과하는 위반행위의 종류와 과징금의 금액은 별표 2와 같다.

② 제1항에 따른 과징금의 부과에 관하여는 제6조 제2항 및 제7조를 준용한다.

시행령 [별표 2]

철도차량 제작자승인 관련 과징금의 부과기준(제25조 관련)

위반행위	근거 법조문	과징금 금액(단위 : 백만원)	
		업무정지 (업무제한) 3개월	업무정지 (업무제한) 6개월
1. 법 제26조의8에서 준용하는 법 제7조 제3항을 위반하여 변경승인을 받지 않고 철도차량을 제작한 경우	법 제26조의7 제1항 제2호	30	60
2. 법 제26조의8에서 준용하는 법 제7조 제3항을 위반하여 변경신고를 하지 않고 철도차량을 제작한 경우		30	60
3. 법 제26조의8에서 준용하는 법 제8조 제3항에 따른 시정조치명령을 정당한 사유 없이 이행하지 않은 경우	법 제26조의7 제1항 제3호	30	60
4. 법 제32조 제1항에 따른 명령을 이행하지 않은 경우	법 제26조의7 제1항 제4호	30	60

◆ **시행규칙 제59조(철도차량 품질관리체계의 유지 등)**

① 국토교통부장관은 법 제26조의8에서 준용하는 법 제8조 제2항에 따라 철도차량 품질관리체계에 대하여 1년마다 1회의 정기검사를 실시하고, 철도차량의 안전 및 품질 확보 등을 위하여 필요하다고 인정하는 경우에는 수시로 검사할 수 있다.

② 국토교통부장관은 제1항에 따라 정기검사 또는 수시검사를 시행하려는 경우에는 검사 시행일 15일 전까지 다음 각 호의 내용이 포함된 검사계획을 철도차량 제작자승인을 받은 자에게 통보하여야 한다.

  1. 검사반의 구성
  2. 검사 일정 및 장소
  3. 검사 수행 분야 및 검사 항목
  4. 중점 검사 사항
  5. 그 밖에 검사에 필요한 사항

③ 국토교통부장관은 정기검사 또는 수시검사를 마친 경우에는 다음 각 호의 사항이 포함된 검사 결과보고서를 작성하여야 한다.

  1. 철도차량 품질관리체계의 검사 개요 및 현황
  2. 철도차량 품질관리체계의 검사 과정 및 내용
  3. 법 제26조의8에서 준용하는 제8조 제3항에 따른 시정조치 사항

④ 국토교통부장관은 법제26조의8에서 준용하는 법 제8조 제3항에 따라 철도차량 제작자승인을 받은 자에게 시정조치를 명하는 경우에는 시정에 필요한 적정한 기간을 주어야 한다.

⑤ 법 제26조의8에서 준용하는 제8조 제3항에 따라 시정조치명령을 받은 철도차량 제작자승인을 받은 자는 시정조치를 완료한 경우에는 지체 없이 그 시정내용을 국토교통부장관에게 통보하여야 한다.

⑥ 제1항부터 제5항까지의 규정에서 정한 사항 외에 정기검사 또는 수시검사에 관한 세부적인 기준·방법 및 절차는 국토교통부장관이 정하여 고시한다.

제27조(철도용품 형식승인)

① 국토교통부장관이 정하여 고시하는 철도용품을 제작하거나 수입하려는 자는 국토교통부령으로 정하는 바에 따라 해당 철도용품의 설계에 대하여 국토교통부장관의 형식승인을 받아야 한다.
② 국토교통부장관은 제1항에 따른 형식승인을 하는 경우에는 해당 철도용품이 국토교통부장관이 정하여 고시하는 철도용품의 기술기준에 적합한지에 대하여 국토교통부령으로 정하는 바에 따라 형식승인검사를 하여야 한다.
③ 누구든지 제1항에 따른 형식승인을 받지 아니한 철도용품(국토교통부장관이 정하여 고시하는 철도용품만 해당한다)을 철도시설 또는 철도차량 등에 사용하여서는 아니 된다.
④ 철도용품 형식승인의 변경, 형식승인검사의 면제, 형식승인의 취소, 변경승인명령 및 형식승인의 금지기간 등에 관하여는 제26조 제2항·제4항·제6항 및 제26조의2를 준용한다. 이 경우 "철도차량"은 "철도용품"으로 본다.

■ 시행령 제26조(형식승인검사를 면제할 수 있는 철도용품)

① 법 제27조 제4항에서 준용하는 법 제26조 제4항에 따라 형식승인검사를 면제할 수 있는 철도용품은 법 제26조 제4항 제1호부터 제3호까지의 어느 하나에 해당하는 경우로 한다.
② 법 제27조 제4항에서 준용하는 법 제26조 제4항 제1호에서 "대통령령으로 정하는 철도용품"이란 철도차량 또는 철도시설에 사용되지 아니하는 철도용품을 말한다.
③ 법 제27조 제4항에서 준용하는 법 제26조 제4항 제2호에서 "대통령령으로 정하는 철도용품"이란 국내에서 철도운영에 사용되지 아니하는 철도용품을 말한다.
④ 법 제27조 제4항에서 준용하는 법 제26조 제4항에 따라 철도용품별로 형식승인검사를 면제할 수 있는 범위는 다음 각 호의 구분과 같다.
  1. 법 제26조 제4항 제1호 및 제2호에 해당하는 철도용품 : 형식승인검사의 전부
  2. 법 제26조 제4항 제3호에 해당하는 철도용품 : 대한민국이 체결한 협정 또는 대한민국이 가입한 협약에서 정한 면제의 범위

◆ 시행규칙 제60조(철도용품 형식승인 신청 절차 등)

① 법 제27조 제1항에 따라 철도용품 형식승인을 받으려는 자는 별지 제36호서식의 철도용품 형식승인신청서에 다음 각 호의 서류를 첨부하여 국토교통부장관에게 제출하여야 한다.
  1. 법 제27조 제2항에 따른 철도용품의 기술기준(이하 "철도용품기술기준"이라 한다)에 대한 적합성 입증계획서 및 입증자료
  2. 철도용품의 설계도면, 설계 명세서 및 설명서

3. 법 제27조 제4항에서 준용하는 법 제26조 제4항에 따른 형식승인검사의 면제 대상에 해당하는 경우 그 입증서류
4. 제61조 제1항 제3호에 따른 용품형식 시험 절차서
5. 그 밖에 철도용품기술기준에 적합함을 입증하기 위하여 국토교통부장관이 필요하다고 인정하여 고시하는 서류

② 법 제27조 제4항에서 준용하는 법 제26조 제2항 본문에 따라 철도용품 형식승인 받은 사항을 변경하려는 경우에는 별지 제36호의2서식의 철도용품 형식변경승인신청서에 다음 각 호의 서류를 첨부하여 국토교통부장관에게 제출하여야 한다.
1. 해당 철도용품의 철도용품 형식승인증명서
2. 제1항 각 호의 서류(변경되는 부분 및 그와 연관되는 부분에 한정한다)
3. 변경 전후의 대비표 및 해설서

③ 국토교통부장관은 제1항 및 제2항에 따라 철도용품 형식승인 또는 변경승인 신청을 받은 경우에 15일 이내에 승인 또는 변경승인에 필요한 검사 등의 계획서를 작성하여 신청인에게 통보하여야 한다.

◆ 시행규칙 제61조(철도용품 형식승인의 경미한 사항 변경)

① 법 제27조 제4항에서 준용하는 법 제26조 제2항 단서에서 "국토교통부령으로 정하는 경미한 사항을 변경하려는 경우"란 다음 각 호의 어느 하나에 해당하는 변경을 말한다.
1. 철도용품의 안전 및 성능에 영향을 미치지 아니하는 형상 변경
2. 철도용품의 안전에 영향을 미치지 아니하는 설비의 변경
3. 중량분포 및 크기에 영향을 미치지 아니하는 장치 또는 부품의 배치 변경
4. 동일 성능으로 입증할 수 있는 부품의 규격 변경
5. 그 밖에 철도용품의 안전 및 성능에 영향을 미치지 아니한다고 국토교통부장관이 인정하는 사항의 변경

② 법 제27조 제4항에서 준용하는 법 제26조 제2항 단서에 따라 경미한 사항을 변경하려는 경우에는 별지 제37호서식의 철도용품 형식변경신고서에 다음 각 호의 서류를 첨부하여 국토교통부장관에게 제출하여야 한다.
1. 해당 철도용품의 철도용품 형식승인증명서
2. 제1항 각 호에 해당함을 증명하는 서류
3. 변경 전후의 대비표 및 해설서
4. 변경 후의 주요 제원
5. 철도용품기술기준에 대한 적합성 입증자료(변경되는 부분 및 그와 연관되는 부분에 한정한다)

③ 국토교통부장관은 제2항에 따라 신고를 받은 때에는 제2항 각 호의 첨부서류를 확인한 후 별지 제37호의2서식의 철도용품 형식변경신고확인서를 발급하여야 한다.

◆ 시행규칙 제62조(철도용품 형식승인검사의 방법 및 증명서 발급 등)

① 법 제27조 제2항에 따른 철도용품 형식승인검사는 다음 각 호의 구분에 따라 실시한다.
  1. 설계적합성 검사 : 철도용품의 설계가 철도용품기술기준에 적합한지 여부에 대한 검사
  2. 합치성 검사 : 철도용품이 부품단계, 구성품단계, 완성품단계에서 제1호에 따른 설계와 합치하게 제작되었는지 여부에 대한 검사
  3. 용품형식 시험 : 철도용품이 부품단계, 구성품단계, 완성품단계, 시운전단계에서 철도용품기술기준에 적합한지 여부에 대한 시험

② 국토교통부장관은 제1항에 따른 검사 결과 철도용품기술기준에 적합하다고 인정하는 경우에는 별지 제38호의 철도용품 형식승인증명서 또는 별지 제38호의2서식의 철도용품 형식변경승인증명서에 형식승인자료집을 첨부하여 신청인에게 발급하여야 한다.

③ 국토교통부장관은 제2항에 따른 철도용품 형식승인증명서 또는 철도용품 형식변경승인증명서를 발급할 때에는 해당 철도용품이 장착될 철도차량 또는 철도시설을 지정할 수 있다.

④ 제2항에 따라 철도용품 형식승인증명서 또는 철도용품 형식변경승인증명서를 발급받은 자가 해당 증명서를 잃어버렸거나 헐어 못쓰게 되어 재발급 받으려는 경우에는 별지 제29호서식의 철도용품 형식승인증명서 재발급 신청서에 헐어 못쓰게 된 증명서(헐어 못쓰게 된 경우만 해당한다)를 첨부하여 국토교통부장관에게 제출하여야 한다.

⑤ 제1항에 따른 철도용품 형식승인검사에 관한 세부적인 기준·절차 및 방법은 국토교통부장관이 정하여 고시한다.

◆ 시행규칙 제63조(철도용품 형식승인검사의 면제 절차)

국토교통부장관은 제60조 제1항 제3호에 따른 서류의 검토 결과 해당 철도용품이 형식승인검사의 면제 대상에 해당된다고 인정하는 경우에는 신청인에게 면제사실과 내용을 통보하여야 한다.

제27조의2(철도용품 제작자승인)

① 제27조에 따라 형식승인을 받은 철도용품을 제작(외국에서 대한민국에 수출할 목적으로 제작하는 경우를 포함한다)하려는 자는 국토교통부령으로 정하는 바에 따라 철도용품의 제작을 위한 인력, 설비, 장비, 기술 및 제작검사 등 철도용품의 적합한 제작을 위한 유기적 체계(이하 "철도용품 품질관리체계"라 한다)를 갖추고 있는지에 대하여 국토교통부장관으로부터 제작자승인을 받아야 한다.
② 국토교통부장관은 제1항에 따른 제작자승인을 하는 경우에는 해당 철도용품 품질관리체계가 국토교통부장관이 정하여 고시하는 철도용품의 제작관리 및 품질유지에 필요한 기술기준에 적합한지에 대하여 국토교통부령으로 정하는 바에 따라 철도용품 제작자승인검사를 하여야 한다.
③ 제1항에 따라 제작자승인을 받은 자는 해당 철도용품에 대하여 국토교통부령으로 정하는 바에 따라 형식승인을 받은 철도용품임을 나타내는 형식승인표시를 하여야 한다.
④ 제1항에 따른 철도용품 제작자승인의 변경, 철도용품 품질관리체계의 유지·검사 및 시정조치, 과징금의 부과·징수, 제작자승인 등의 면제, 제작자승인의 결격사유 및 지위승계, 제작자승인의 취소, 업무의 제한·정지 등에 관하여는 제7조 제3항, 제8조, 제9조, 제9조의2, 제26조의3 제3항, 제26조의4, 제26조의5 및 제26조의7을 준용한다. 이 경우 "안전관리체계"는 "철도용품 품질관리체계"로, "철도차량"은 "철도용품"으로 본다.

■ 시행령 제27조(철도용품 제작자승인 관련 과징금의 부과기준)

① 법 제27조의2 제4항에서 준용하는 법 제9조의2 제2항에 따른 과징금을 부과하는 위반행위의 종류와 과징금의 금액은 별표 3과 같다.
② 제1항에 따른 과징금의 부과에 관하여는 제6조 제2항 및 제7조를 준용한다.

시행령 [별표 3]

철도용품 제작자승인 관련 과징금의 부과기준(제27조 관련)

위반행위	근거 법조문	과징금 금액(단위 : 백만원)	
		업무정지 (업무제한) 3개월	업무정지 (업무제한) 6개월
1. 법 제27조의2 제4항에서 준용하는 법 제7조 제3항을 위반하여 변경승인을 받지 않고 철도용품을 제작한 경우	법 제27조의2 제4항에서 준용하는 법 제26조의7 제1항 제2호	10	20
2. 법 제27조의2 제4항에서 준용하는 법 제7조 제3항을 위반하여 변경신고를 하지 않고 철도용품을 제작한 경우		10	20
3. 법 제27조의2 제4항에서 준용하는 법 제8조 제3항에 따른 시정조치명령을 정당한 사유 없이 이행하지 않은 경우	법 제27조의2 제4항에서 준용하는 법 제26조의7 제1항 제3호	10	20
4. 법 제32조 제1항에 따른 명령을 이행하지 않은 경우	법 제27조의2 제4항에서 준용하는 법 제26조의7 제1항 제4호	10	20

◆ **시행규칙 제64조(철도용품 제작자승인의 신청 등)**
① 법 제27조의2 제1항에 따라 철도용품 제작자승인을 받으려는 자는 별지 제39호서식의 철도용품 제작자승인신청서에 다음 각 호의 서류를 첨부하여 국토교통부장관에게 제출하여야 한다. 다만, 영 제28조 제1항에 따라 제작자승인이 면제되는 경우에는 제4호의 서류만 첨부한다.
   1. 법 제27조의2 제2항에 따른 철도용품의 제작관리 및 품질유지에 필요한 기술기준(이하 "철도용품제작자승인기준"이라 한다)에 대한 적합성 입증계획서 및 입증자료
   2. 철도용품 품질관리체계서 및 설명서
   3. 철도용품 제작 명세서 및 설명서
   4. 법 제27조의2 제4항에서 준용하는 법 제26조의3 제3항에 따라 제작자승인 또는 제작자승인검사의 면제 대상에 해당하는 경우 그 입증서류
   5. 그 밖에 철도용품제작자승인기준에 적합함을 입증하기 위하여 국토교통부장관이 필요하다고 인정하여 고시하는 서류
② 철도용품 제작자승인을 받은 자가 법 제27조의2 제4항에서 준용하는 법 제7조 제3항 본문에 따라 철도용품 제작자승인 받은 사항을 변경하려는 경우에는 별지 제39호의2서식의 철도용품 제작자변경승인신청서에 다음 각 호의 서류를 첨부하여 국토교통부장관에게 제출하여야 한다.
   1. 해당 철도용품의 철도용품 제작자승인증명서
   2. 제1항 각 호의 서류(변경되는 부분 및 그와 연관되는 부분에 한정한다)
   3. 변경 전후의 대비표 및 해설서
③ 국토교통부장관은 제1항 및 제2항에 따라 철도용품 제작자승인 또는 변경승인 신청을 받은 경우에 15일 이내에 승인 또는 변경승인에 필요한 검사 등의 계획서를 작성하여 신청인에게 통보하여야 한다.

◆ **시행규칙 제65조(철도용품 제작자승인의 경미한 사항 변경)**
① 법 제27조의2 제4항에서 준용하는 법 제7조 제3항의 단서에서 "국토교통부령으로 정하는 경미한 사항을 변경하는 경우"란 다음 각 호의 어느 하나에 해당하는 경우를 말한다.
   1. 철도용품 제작자의 조직변경에 따른 품질관리조직 또는 품질관리책임자에 관한 사항의 변경
   2. 법령 또는 행정구역의 변경 등으로 인한 품질관리규정의 세부내용의 변경
   3. 서류 간 불일치 사항 및 품질관리규정의 기본방향에 영향을 미치지 아니하는 사항으로써 그 변경근거가 분명한 사항의 변경
② 법 제27조의2 제4항에서 준용하는 법 제7조 제3항 단서에 따라 경미한 사항을 변경하려는 경우에는 별지 제40호서식의 철도용품 제작자변경신고서에 다음 각 호의 서류를 첨부하여 국토교통부장관에게 제출하여야 한다.

1. 해당 철도용품의 철도용품 제작자승인증명서
2. 제1항 각 호에 해당함을 증명하는 서류
3. 변경 전후의 대비표 및 해설서
4. 변경 후의 철도용품 품질관리체계
5. 철도용품제작자승인기준에 대한 적합성 입증자료(변경되는 부분 및 그와 연관되는 부분에 한정한다)

③ 국토교통부장관은 제2항에 따라 신고를 받은 때에는 제2항 각 호의 첨부서류를 확인한 후 별지 제40호의2서식의 철도용품 제작자승인변경신고확인서를 발급하여야 한다.

◆ 시행규칙 제66조(철도용품 제작자승인검사의 방법 및 증명서 발급 등)

① 법 제27조의2 제2항에 따른 철도용품 제작자승인검사는 다음 각 호의 구분에 따라 실시한다.
1. 품질관리체계의 적합성검사 : 해당 철도용품의 품질관리체계가 철도용품제작자승인기준에 적합한지 여부에 대한 검사
2. 제작검사 : 해당 철도용품에 대한 품질관리체계 적용 및 유지 여부 등을 확인하는 검사

② 국토교통부장관은 제1항에 따른 검사 결과 철도용품제작자승인기준에 적합하다고 인정하는 경우에는 다음 각 호의 서류를 신청인에게 발급하여야 한다.
1. 별지 제41호서식의 철도용품 제작자승인증명서 또는 별지 제41호의2서식의 철도용품 제작자변경승인증명서
2. 제작할 수 있는 철도용품의 형식에 대한 목록을 적은 제작자승인지정서

③ 제2항 제1호에 따른 철도용품 제작자승인증명서 또는 철도용품 제작자변경승인증명서를 발급받은 자가 해당 증명서를 잃어버렸거나 헐어 못쓰게 되어 재발급 받으려는 경우에는 별지 제29호서식의 철도용품 제작자승인증명서 재발급 신청서에 헐어 못쓰게 된 증명서(헐어 못쓰게 된 경우만 해당한다)를 첨부하여 국토교통부장관에게 제출하여야 한다.

④ 제1항에 따른 철도용품 제작자승인검사에 관한 세부적인 기준·절차 및 방법은 국토교통부장관이 정하여 고시한다.

◆ 시행규칙 제67조(철도용품 제작자승인 등의 면제 절차)

국토교통부장관은 제64조 제1항 제4호에 따른 서류의 검토 결과 철도용품이 제작자승인 또는 제작자승인검사의 면제 대상에 해당된다고 인정하는 경우에는 신청인에게 면제사실과 내용을 통보하여야 한다.

◆ 시행규칙 제68조(형식승인을 받은 철도용품의 표시)

① 법 제27조의2 제3항에 따라 철도용품 제작자승인을 받은 자는 해당 철도용품에 다음 각 호의 사항을 포함하여 형식승인을 받은 철도용품(이하 "형식승인품"이라 한다)임을 나타내는 표시를 하여야 한다.

1. 형식승인품명 및 형식승인번호
2. 형식승인품명의 제조일
3. 형식승인품의 제조자명(제조자임을 나타내는 마크 또는 약호를 포함한다)
4. 형식승인기관의 명칭

② 제1항에 따른 형식승인품의 표시는 국토교통부장관이 정하여 고시하는 표준도안에 따른다.

◆ 시행규칙 제69조(지위승계의 신고 등)

① 법 제27조의2 제4항에서 준용하는 법 제26조의5 제2항에 따라 철도용품 제작자승인의 지위를 승계하는 자는 별지 제42호서식의 철도용품 제작자승계신고서에 다음 각 호의 서류를 첨부하여 국토교통부장관에게 제출하여야 한다.

1. 철도용품 제작자승인증명서
2. 사업 양도의 경우 : 양도·양수계약서 사본 등 양도 사실을 입증할 수 있는 서류
3. 사업 상속의 경우 : 사업을 상속받은 사실을 확인할 수 있는 서류
4. 사업 합병의 경우 : 합병계약서 및 합병 후 존속하거나 합병에 따라 신설된 법인의 등기사항증명서

② 국토교통부장관은 제1항에 따라 신고를 받은 경우에 지위승계 사실을 확인한 후 철도용품 제작자승인증명서를 지위승계자에게 발급하여야 한다.

◆ 시행규칙 제70조(철도용품 제작자승인의 취소 등 처분기준)

법 제27조의2 제4항에서 준용하는 법 제26조의7에 따른 철도용품 제작자승인의 취소 또는 업무의 제한·정지 등의 처분기준은 별표 15와 같다.

시행규칙 [별표 15]

철도용품 제작자승인 관련 처분기준(제70조 관련)

1. 일반기준

가. 위반행위가 둘 이상인 경우로서 그에 해당하는 각각의 처분기준이 다른 경우에는 그 중 무거운 처분기준(무거운 처분기준이 같을 때에는 그 중 하나의 처분기준을 말한다)에 따르며, 둘 이상의 처분기준이 같은 업무제한·정지인 경우에는 무거운 처분기준의 2분의 1의 범위에서 가중할 수 있되, 각 처분기준을 합산한 기간을 초과할 수 없다.

나. 위반행위의 횟수에 따른 행정처분 기준은 최근 2년간 같은 위반행위로 업무제한·정지처분을 받은 경우에 적용한다. 이 경우 위반횟수는 같은 위반행위에 대하여 최초로 처분을 한 날과 다시 같은 위반행위를 적발한 날을 기준으로 한다.

다. 처분권자는 다음 각 목의 어느 하나에 해당하는 경우에는 업무제한·정지 처분의 2분의 1의 범위에서 감경할 수 있다. 이 경우 그 처분이 업무제한·정지인 경우에는 그 처분기준의 2분의 1의 범위에서 감경할 수 있고, 승인취소인 경우(법 제27조의2 제4항에 따라 준용되는 법 제26조의7 제1항 제1호 또는 제5호에 해당하는 경우는 제외한다)에는 6개월의 업무정지 처분으로 감경할 수 있다.

1) 위반행위가 고의나 중대한 과실이 아닌 사소한 부주의나 오류로 인한 것으로 인정되는 경우

2) 위반상태를 시정하거나 해소하기 위해 노력한 것이 인정되는 경우

3) 그 밖에 위반행위의 정도, 위반행위의 동기와 그 결과 등을 고려하여 업무제한·정지 기간을 줄일 필요가 있다고 인정되는 경우

라. 처분권자는 다음 각 목의 어느 하나에 해당하는 경우에는 업무제한·정지 처분의 2분의 1의 범위에서 가중할 수 있다. 다만, 각 업무정지를 합산한 기간이 법 제9조 제1항에서 정한 기간을 초과할 수 없다.

1) 위반의 내용·정도가 중대하여 공중에게 미치는 피해가 크다고 인정되는 경우

2) 그 밖에 위반행위의 정도, 위반행위의 동기와 그 결과 등을 고려하여 가중할 필요가 있다고 인정되는 경우

2. 개별기준

위반사항	근거법조문	처분기준 1차 위반	2차 위반	3차 위반	4차 이상 위반
가. 거짓이나 그 밖의 부정한 방법으로 제작자승인을 받은 경우	법 제27조의2 제4항	승인취소			
나. 법 제27조의2에서 준용하는 법 제7조 제3항을 위반하여 변경승인을 받지 않고 철도차량을 제작한 경우	법 제27조의2 제4항	업무정지 (업무제한) 3개월	업무정지 (업무제한) 6개월	승인취소	
다. 법 제27조의2에서 준용하는 법 제7조 제3항을 위반하여 변경신고를 하지 않고 철도차량을 제작한 경우	법 제27조의2 제4항	경고	업무정지 (업무제한) 3개월	업무정지 (업무제한) 6개월	승인취소
라. 법 제27조의2 제4항에서 준용하는 법 제8조 제3항에 따른 시정조치명령을 정당한 사유 없이 이행하지 않은 경우	법 제27조의2 제4항	경고	업무정지 (업무제한) 3개월	업무정지 (업무제한) 6개월	승인취소
마. 법 제32조 제1항에 따른 명령을 이행하지 않은 경우	법 제27조의2 제4항	업무정지 (업무제한) 3개월	업무정지 (업무제한) 6개월	승인취소	
바. 업무정지 기간 중에 철도용품을 제작한 경우	법 제27조의2 제4항	승인취소			

◆ **시행규칙 제71조(철도용품 품질관리체계의 유지 등)**
① 국토교통부장관은 법 제27조의2 제4항에서 준용하는 법 제8조 제2항에 따라 철도용품 품질관리체계에 대하여 1년마다 1회의 정기검사를 실시하고, 철도용품의 안전 및 품질확보 등을 위하여 필요하다고 인정하는 경우에는 수시로 검사할 수 있다.
② 국토교통부장관은 제1항에 따라 정기검사 또는 수시검사를 시행하려는 경우에는 검사 시행일 15일 전까지 다음 각 호의 내용이 포함된 검사계획을 철도용품 제작자승인을 받은 자에게 통보하여야 한다.
  1. 검사반의 구성
  2. 검사 일정 및 장소
  3. 검사 수행 분야 및 검사 항목
  4. 중점 검사 사항
  5. 그 밖에 검사에 필요한 사항
③ 국토교통부장관은 정기검사 또는 수시검사를 마친 경우에는 다음 각 호의 사항이 포함된 검사 결과보고서를 작성하여야 한다.
  1. 철도용품 품질관리체계의 검사 개요 및 현황
  2. 철도용품 품질관리체계의 검사 과정 및 내용
  3. 법 제27조의2 제4항에서 준용하는 제8조 제3항에 따른 시정조치 사항
④ 국토교통부장관은 법제27조의2 제4항에서 준용하는 법 제8조 제3항에 따라 철도용품 제작자승인을 받은 자에게 시정조치를 명하는 경우에는 시정에 필요한 적정한 기간을 주어야 한다.
⑤ 법 제27조의2 제4항에서 준용하는 제8조 제3항에 따라 시정조치명령을 받은 철도용품 제작자승인을 받은 자는 시정조치를 완료한 경우에는 지체 없이 그 시정내용을 국토교통부장관에게 통보하여야 한다.
⑥ 제1항부터 제5항까지의 규정에서 정한 사항 외에 정기검사 또는 수시검사에 관한 세부적인 기준·방법 및 절차는 국토교통부장관이 정하여 고시한다.

■ **시행령 제28조(철도용품 제작자승인 등을 면제할 수 있는 경우 등)**
① 법 제27조의2 제4항에서 준용하는 법 제26조의3 제3항에서 "대한민국이 체결한 협정 또는 대한민국이 가입한 협약에 따라 제작자승인이 면제되는 경우 등 대통령령으로 정하는 경우"란 대한민국이 체결한 협정 또는 대한민국이 가입한 협약에 따라 제작자승인이 면제되거나 제작자승인검사의 전부 또는 일부가 면제되는 경우를 말한다.
② 제1항에 해당하는 경우에 제작자승인 또는 제작자승인검사를 면제할 수 있는 범위는 대한민국이 체결한 협정 또는 대한민국이 가입한 협약에서 정한 면제의 범위에 따른다.

제27조의3(검사 업무의 위탁)

국토교통부장관은 다음 각 호의 업무를 대통령령으로 정하는 바에 따라 관련 기관 또는 단체에 위탁할 수 있다.
1. 제26조 제3항에 따른 철도차량 형식승인검사
2. 제26조의3 제2항에 따른 철도차량 제작자승인검사
3. 제26조의6 제1항에 따른 철도차량 완성검사
4. 제27조 제2항에 따른 철도용품 형식승인검사
5. 제27조의2 제2항에 따른 철도용품 제작자승인검사

■ **시행령 제28조의2(검사 업무의 위탁)**
① 국토교통부장관은 법 제27조의3에 따라 다음 각 호의 업무를 「과학기술분야 정부출연연구기관 등의 설립·운영 및 육성에 관한 법률」 제8조에 따라 설립된 한국철도기술연구원(이하 "한국철도기술연구원"이라 한다) 및 「한국교통안전공단법」에 따른 한국교통안전공단(이하 "한국교통안전공단"이라 한다)에 위탁한다.
   1. 법 제26조 제3항에 따른 철도차량 형식승인검사
   2. 법 제26조의3 제2항에 따른 철도차량 제작자승인검사
   3. 법 제26조의6 제1항에 따른 철도차량 완성검사(제2항에 따라 국토교통부령으로 정하는업무는 제외한다)
   4. 법 제27조 제2항에 따른 철도용품 형식승인검사
   5. 법 제27조의2 제2항에 따른 철도용품 제작자승인검사
② 국토교통부장관은 법 제27조의3에 따라 법 제26조의6 제1항에 따른 철도차량 완성검사업무 중 국토교통부령으로 정하는 업무를 국토교통부장관이 지정하여 고시하는 철도안전에 관한 전문기관 또는 단체에 위탁한다.

◆ **시행규칙 제71조의2(검사업무의 위탁)**
제71조의2(검사 업무의 위탁) 영 제28조의2 제2항에서 "국토교통부령으로 정하는 업무"란 제57조 제1항 제1호에 따른 완성차량검사를 말한다.

제28조 삭제 〈2012. 12. 18.〉

제29조 삭제 〈2012. 12. 18.〉

제30조 삭제 〈2012. 12. 18.〉

제31조(형식승인 등의 사후관리)

① 국토교통부장관은 제26조 또는 제27조에 따라 형식승인을 받은 철도차량 또는 철도용품의 안전 및 품질의 확인·점검을 위하여 필요하다고 인정하는 경우에는 소속 공무원으로 하여금 다음 각 호의 조치를 하게 할 수 있다.
  1. 철도차량 또는 철도용품이 제26조 제3항 또는 제27조 제2항에 따른 기술기준에 적합한지에 대한 조사
  2. 철도차량 또는 철도용품 형식승인 및 제작자승인을 받은 자의 관계 장부 또는 서류의 열람·제출
  3. 철도차량 또는 철도용품에 대한 수거·검사
  4. 철도차량 또는 철도용품의 안전 및 품질에 대한 전문연구기관에의 시험·분석 의뢰
  5. 그 밖에 철도차량 또는 철도용품의 안전 및 품질에 대한 긴급한 조사를 위하여 국토교통부령으로 정하는 사항
② 철도차량 또는 철도용품 형식승인 및 제작자승인을 받은 자와 철도차량 또는 철도용품의 소유자·점유자·관리인 등은 정당한 사유 없이 제1항에 따른 조사·열람·수거 등을 거부·방해·기피하여서는 아니 된다.
③ 제1항에 따라 조사·열람 또는 검사 등을 하는 공무원은 그 권한을 표시하는 증표를 지니고 이를 관계인에게 내보여야 한다. 이 경우 그 증표에 관하여 필요한 사항은 국토교통부령으로 정한다.
④ 제26조의6 제1항에 따라 철도차량 완성검사를 받은 자가 해당 철도차량을 판매하는 경우 다음 각 호의 조치를 하여야 한다.
  1. 철도차량정비에 필요한 부품을 공급할 것
  2. 철도차량을 구매한 자에게 철도차량정비에 필요한 기술지도·교육과 정비매뉴얼 등 정비 관련 자료를 제공할 것
⑤ 제4항 각 호에 따른 정비에 필요한 부품의 종류 및 공급하여야 하는 기간, 기술지도·교육 대상과 방법, 철도차량정비 관련 자료의 종류 및 제공 방법 등에 필요한 사항은 국토교통부령으로 정한다.
⑥ 국토교통부장관은 제26조의6 제1항에 따라 철도차량 완성검사를 받아 해당 철도차량을 판매한 자가 제4항에 따른 조치를 이행하지 아니한 경우에는 그 이행을 명할 수 있다.

◆ **시행규칙 제72조(형식승인 등의 사후관리 대상 등)**

① 법 제31조 제1항 제5호에서 "국토교통부령으로 정하는 사항"이란 다음 각 호의 어느 하나에 해당하는 사항을 말한다.

1. 사고가 발생한 철도차량 또는 철도용품에 대한 철도운영 적합성 조사
2. 장기 운행한 철도차량 또는 철도용품에 대한 철도운영 적합성 조사
3. 철도차량 또는 철도용품에 결함이 있는지의 여부에 대한 조사
4. 그 밖에 철도차량 또는 철도용품의 안전 및 품질에 관하여 국토교통부장관이 필요하다고 인정하여 고시하는 사항
② 법 제31조 제3항에 따른 공무원의 권한을 표시하는 증표는 별지 제43호 서식에 따른다.

◆ 시행규칙 제72조의2(철도차량 부품의 안정적 공급 등)

① 법 제31조 제4항에 따라 철도차량 완성검사를 받아 해당 철도차량을 판매한 자(이하 "철도차량 판매자"라 한다)는 그 철도차량의 완성검사를 받은 날부터 20년 이상 다음 각 호에 따른 부품을 해당 철도차량을 구매한 자(해당 철도차량을 구매한 자와 계약에 따라 해당 철도차량을 정비하는 자를 포함한다. 이하 "철도차량 구매자"라 한다)에게 공급해야 한다. 다만, 철도차량 판매자가 철도차량 구매자와 협의하여 철도차량 판매자가 공급하는 부품 외의 다른 부품의 사용이 가능하다고 약정하는 경우에는 철도차량 판매자는 해당 부품을 철도차량 구매자에게 공급하지 않을 수 있다.
1. 「철도안전법」 제26조에 따라 국토교통부장관이 형식승인 대상으로 고시하는 철도용품
2. 철도차량의 동력전달장치(엔진, 변속기, 감속기, 견인전동기 등), 주행·제동장치 또는 제어장치 등이 고장난 경우 해당 철도차량 자력(自力)으로 계속 운행이 불가능하여 다른 철도차량의 견인을 받아야 운행할 수 있는 부품
3. 그 밖에 철도차량 판매자와 철도차량 구매자의 계약에 따라 공급하기로 약정한 부품
② 제1항에 따라 철도차량 판매자가 철도차량 구매자에게 제공하는 부품의 형식 및 규격은 철도차량 판매자가 판매한 철도차량과 일치해야 한다.
③ 철도차량 판매자는 자신이 판매 또는 공급하는 부품의 가격을 결정할 때 해당 부품의 제조원가(개발비용을 포함한다) 등을 고려하여 신의성실의 원칙에 따라 합리적으로 결정해야 한다.

◆ 시행규칙 제72조의3(자료제공·기술지도 및 교육의 시행)

① 법 제31조 제4항에 따라 철도차량 판매자는 해당 철도차량의 구매자에게 다음 각 호의 자료를 제공해야 한다.
1. 해당 철도차량이 최적의 상태로 운용되고 유지보수 될 수 있도록 철도차량시스템 및 각 장치의 개별부품에 대한 운영 및 정비 방법 등에 관한 유지보수 기술문서
2. 철도차량 운전 및 주요 시스템의 작동방법, 응급조치 방법, 안전규칙 및 절차 등에 대한 설명서 및 고장수리 절차서
3. 철도차량 판매자 및 철도차량 구매자의 계약에 따라 공급하기로 약정하는 각종 기술문서
4. 해당 철도차량에 대한 고장진단기(고장진단기의 원활한 작동을 위한 소프트웨어를

　　　　포함한다) 및 그 사용 설명서
　　5. 철도차량의 정비에 필요한 특수공기구 및 시험기와 그 사용 설명서
　　6. 그 밖에 철도차량 판매자와 철도차량 구매자의 계약에 따라 제공하기로 한 자료
② 제1항 제1호에 따른 유지보수 기술문서에는 다음 각 호의 사항이 포함되어야 한다.
　　1. 부품의 재고관리, 주요 부품의 교환주기, 기록관리 사항
　　2. 유지보수에 필요한 설비 또는 장비 등의 현황
　　3. 유지보수 공정의 계획 및 내용(일상 유지보수, 정기 유지보수, 비정기 유지보수 등)
　　4. 철도차량이 최적의 상태를 유지할 수 있도록 유지보수 단계별로 필요한 모든 기능 및 조치를 상세하게 적은 기술문서
③ 철도차량 판매자는 철도차량 구매자에게 다음 각 호에 따른 방법으로 기술지도 또는 교육을 시행해야 한다.
　　1. 시디(CD), 디브이디(DVD) 등 영상녹화물의 제공을 통한 시청각 교육
　　2. 교재 및 참고자료의 제공을 통한 서면 교육
　　3. 그 밖에 철도차량 판매자와 철도차량 구매자의 계약 또는 협의에 따른 방법
④ 철도차량 판매자는 다음 각 호의 어느 하나에 해당하는 경우에는 해당 철도차량 구매자에게 집합교육 또는 현장교육을 실시해야 한다. 이 경우 철도차량 판매자와 철도차량 구매자는 집합교육 또는 현장교육의 시기, 대상, 기간, 내용 및 비용 등을 협의해야 한다.
　　1. 철도차량 판매자가 해당 철도차량 정비기술의 효과적인 보급을 위하여 필요하다고 인정하는 경우
　　2. 철도차량 구매자가 해당 철도차량 정비기술을 효과적으로 배우기 위해 집합교육 또는 현장교육이 필요하다고 요청하는 경우
⑤ 철도차량 판매자는 철도차량 구매자에게 해당 철도차량의 인도예정일 3개월 전까지 제1항에 따른 자료를 제공하고 제4항 또는 제5항에 따른 교육을 시행해야 한다. 다만, 철도차량 구매자가 따로 요청하거나 철도차량 판매자와 철도차량 구매자가 합의하는 경우에는 기술지도 또는 교육의 시기, 기간 및 방법 등을 따로 정할 수 있다.
⑥ 철도차량 판매자가 해당 철도차량 구매자에게 고장진단기 등 장비·기구 등의 제공 및 기술지도·교육을 유상으로 시행하는 경우에는 유사 장비·물품의 가격 및 유사 교육비용 등을 기초로 하여 합리적인 기준에 따라 비용을 결정해야 한다.

◆ 시행규칙 제72조의4(철도차량 판매자에 대한 이행명령)

① 국토교통부장관은 법 제31조 제6항에 따라 철도차량 판매자에게 이행명령을 하려면 해당 철도차량 판매자가 이행해야 할 구체적인 조치사항 및 이행 기간 등을 명시하여 서면(전자문서를 포함한다)으로 통지해야 한다.
② 국토교통부장관은 제1항의 이행명령을 통지하기 전에 철도차량 판매자와 해당 철도차량 구매자 간의 분쟁 조정 등을 위하여 철도차량 부품 제작업체, 철도차량 정밀안전진단기관 또는 학계 등 관련분야 전문가의 의견을 들을 수 있다.

제32조(제작 또는 판매 중지 등)

① 국토교통부장관은 제26조 또는 제27조에 따라 형식승인을 받은 철도차량 또는 철도용품이 다음 각 호의 어느 하나에 해당하는 경우에는 그 철도차량 또는 철도용품의 제작·수입·판매 또는 사용의 중지를 명할 수 있다. 다만, 제1호에 해당하는 경우에는 제작·수입·판매 또는 사용의 중지를 명하여야 한다.
  1. 제26조의2 제1항(제27조 제4항에서 준용하는 경우를 포함한다)에 따라 형식승인이 취소된 경우
  2. 제26조의2 제2항(제27조 제4항에서 준용하는 경우를 포함한다)에 따라 변경승인 이행명령을 받은 경우
  3. 제26조의6에 따른 완성검사를 받지 아니한 철도차량을 판매한 경우(판매 또는 사용의 중지명령만 해당한다)
  4. 형식승인을 받은 내용과 다르게 철도차량 또는 철도용품을 제작·수입·판매한 경우
② 제1항에 따른 중지명령을 받은 철도차량 또는 철도용품의 제작자는 국토교통부령으로 정하는 바에 따라 해당 철도차량 또는 철도용품의 회수 및 환불 등에 관한 시정조치계획을 작성하여 국토교통부장관에게 제출하고 이 계획에 따른 시정조치를 하여야 한다. 다만, 제1항 제2호 및 제3호에 해당하는 경우로서 그 위반경위, 위반정도 및 위반효과 등이 국토교통부령으로 정하는 경미한 경우에는 그러하지 아니하다.
③ 제2항 단서에 따라 시정조치의 면제를 받으려는 제작자는 대통령령으로 정하는 바에 따라 국토교통부장관에게 그 시정조치의 면제를 신청하여야 한다.
④ 철도차량 또는 철도용품의 제작자는 제2항 본문에 따라 시정조치를 하는 경우에는 국토교통부령으로 정하는 바에 따라 해당 시정조치의 진행 상황을 국토교통부장관에게 보고하여야 한다.

■ 시행령 제29조(시정조치 면제신청 등)

① 법 제32조 제3항에 따라 시정조치의 면제를 받으려는 제작자는 법 제32조 제1항에 따른 중지명령을 받은 날부터 15일 이내에 법 제32조 제2항 단서에 따른 경미한 경우에 해당함을 증명하는 서류를 국토교통부장관에게 제출하여야 한다.
② 국토교통부장관은 제1항에 따른 서류를 제출받은 경우에 시정조치의 면제 여부를 결정하고 결정이유, 결정기준과 결과를 신청자에게 통지하여야 한다.

◆ **시행규칙 제73조(시정조치계획의 제출 및 보고 등)**

① 법 제32조 제2항 본문에 따라 중지명령을 받은 철도차량 또는 철도용품의 제작자는 다음 각 호의 사항이 포함된 시정조치계획서를 국토교통부장관에게 제출하여야 한다.
  1. 해당 철도차량 또는 철도용품의 명칭, 형식승인번호 및 제작연월일
  2. 해당 철도차량 또는 철도용품의 위반경위, 위반정도 및 위반결과
  3. 해당 철도차량 또는 철도용품의 제작 수 및 판매 수
  4. 해당 철도차량 또는 철도용품의 회수, 환불, 교체, 보수 및 개선 등 시정계획
  5. 해당 철도차량 또는 철도용품의 소유자·점유자·관리자 등에 대한 통지문 또는 공고문

② 법 제32조 제2항 단서에서 "국토교통부령으로 정하는 경미한 경우"란 다음 각 호의 어느 하나에 해당하는 경우를 말한다.
  1. 구조안전 및 성능에 영향을 미치지 아니하는 형상의 변경 위반
  2. 안전에 영향을 미치지 아니하는 설비의 변경 위반
  3. 중량분포에 영향을 미치지 아니하는 장치 또는 부품의 배치 변경 위반
  4. 동일 성능으로 입증할 수 있는 부품의 규격 변경 위반
  5. 안전, 성능 및 품질에 영향을 미치지 아니하는 제작과정의 변경 위반
  6. 그 밖에 철도차량 또는 철도용품의 안전 및 성능에 영향을 미치지 아니한다고 국토교통부장관이 인정하여 고시하는 경우

③ 철도차량 또는 철도용품 제작자가 시정조치를 하는 경우에는 법 제32조 제4항에 따라 시정조치가 완료될 때까지 매 분기마다 분기 종료 후 20일 이내에 국토교통부장관에게 시정조치의 진행상황을 보고하여야 하고, 시정조치를 완료한 경우에는 완료 후 20일 이내에 그 시정내용을 국토교통부장관에게 보고하여야 한다.

제33조 삭제 〈2012. 12. 18.〉

제34조(표준화)

① 국토교통부장관은 철도의 안전과 호환성의 확보 등을 위하여 철도차량 및 철도용품의 표준규격을 정하여 철도운영자등 또는 철도차량을 제작·조립 또는 수입하려는 자 등(이하 "차량제작자등"이라 한다)에게 권고할 수 있다. 다만, 「산업표준화법」에 따른 한국산업표준이 제정되어 있는 사항에 대하여는 그 표준에 따른다.
② 제1항에 따른 표준규격의 제정·개정 등에 필요한 사항은 국토교통부령으로 정한다.

◆ 시행규칙 제74조(철도표준규격의 제정 등)

① 국토교통부장관은 법 제34조에 따른 철도차량이나 철도용품의 표준규격(이하 "철도표준규격"이라 한다)을 제정·개정하거나 폐지하려는 경우에는 기술위원회의 심의를 거쳐야 한다.
② 국토교통부장관은 철도표준규격을 제정·개정하거나 폐지하는 경우에 필요한 경우에는 공청회 등을 개최하여 이해관계인의 의견을 들을 수 있다.
③ 국토교통부장관은 철도표준규격을 제정한 경우에는 해당 철도표준규격의 명칭·번호 및 제정 연월일 등을 관보에 고시하여야 한다. 고시한 철도표준규격을 개정하거나 폐지한 경우에도 또한 같다.
④ 국토교통부장관은 제3항에 따라 철도표준규격을 고시한 날부터 3년마다 타당성을 확인하여 필요한 경우에는 철도표준규격을 개정하거나 폐지할 수 있다. 다만, 철도기술의 향상 등으로 인하여 철도표준규격을 개정하거나 폐지할 필요가 있다고 인정하는 때에는 3년 이내에도 철도표준규격을 개정하거나 폐지할 수 있다.
⑤ 철도표준규격의 제정·개정 또는 폐지에 관하여 이해관계가 있는 자는 별지 제44호서식의 철도표준규격 제정·개정·폐지 의견서에 다음 각 호의 서류를 첨부하여 「과학기술분야 정부출연연구기관 등의 설립·운영 및 육성에 관한 법률」에 따른 한국철도기술연구원(이하 "한국철도기술연구원"이라 한다)에 제출할 수 있다.
  1. 철도표준규격의 제정·개정 또는 폐지안
  2. 철도표준규격의 제정·개정 또는 폐지안에 대한 의견서
⑥ 제5항에 따른 의견서를 받은 한국철도기술연구원은 이를 검토한 후 그 검토 결과를 해당 이해관계인에게 통보하여야 한다.
⑦ 철도표준규격의 관리 등에 필요한 세부사항은 국토교통부장관이 정하여 고시한다.

제35조 삭제 〈2012. 12. 18.〉

제36조 삭제 〈2012. 12. 18.〉

제37조 삭제 〈2012. 12. 18.〉

제38조(종합시험운행)

① 철도운영자등은 철도노선을 새로 건설하거나 기존노선을 개량하여 운영하려는 경우에는 정상운행을 하기 전에 종합시험운행을 실시한 후 그 결과를 국토교통부장관에게 보고하여야 한다.
② 국토교통부장관은 제1항에 따른 보고를 받은 경우에는 「철도의 건설 및 철도시설 유지관리에 관한 법률」 제19조 제1항에 따른 기술기준에의 적합 여부, 철도시설 및 열차운행체계의 안전성 여부, 정상운행 준비의 적절성 여부 등을 검토하여 필요하다고 인정하는 경우에는 개선·시정할 것을 명할 수 있다.
③ 제1항 및 제2항에 따른 종합시험운행의 실시 시기·방법·기준과 개선·시정 명령 등에 필요한 사항은 국토교통부령으로 정한다.

◆ 시행규칙 제75조(종합시험운행의 시기·절차 등)

① 철도운영자등이 법 제38조 제1항에 따라 실시하는 종합시험운행(이하 "종합시험운행"이라 한다)은 해당 철도노선의 영업을 개시하기 전에 실시한다.
② 종합시험운행은 철도운영자와 합동으로 실시한다. 이 경우 철도운영자는 종합시험운행의 원활한 실시를 위하여 철도시설관리자로부터 철도차량, 소요인력 등의 지원 요청이 있는 경우 특별한 사유가 없는 한 이에 응하여야 한다.
③ 철도시설관리자는 종합시험운행을 실시하기 전에 철도운영자와 협의하여 다음 각 호의 사항이 포함된 종합시험운행계획을 수립하여야 한다.
  1. 종합시험운행의 방법 및 절차
  2. 평가항목 및 평가기준 등
  3. 종합시험운행의 일정
  4. 종합시험운행의 실시 조직 및 소요인원
  5. 종합시험운행에 사용되는 시험기기 및 장비
  6. 종합시험운행을 실시하는 사람에 대한 교육훈련계획
  7. 안전관리조직 및 안전관리계획
  8 비상대응계획
  9. 그 밖에 종합시험운행의 효율적인 실시와 안전 확보를 위하여 필요한 사항
④ 철도시설관리자는 종합시험운행을 실시하기 전에 철도운영자와 합동으로 해당 철도노선에 설치된 철도시설물에 대한 기능 및 성능 점검결과를 설명한 서류에 대한 검토 등 사전검토를 하여야 한다.

⑤ 종합시험운행은 다음 각 호의 절차로 구분하여 순서대로 실시한다.
  1. 시설물검증시험 : 해당 철도노선에서 허용되는 최고속도까지 단계적으로 철도차량의 속도를 증가시키면서 철도시설의 안전상태, 철도차량의 운행적합성이나 철도시설물과의 연계성(Interface), 철도시설물의 정상 작동 여부 등을 확인·점검하는 시험
  2. 영업시운전 : 시설물검증시험이 끝난 후 영업 개시에 대비하기 위하여 열차운행계획에 따른 실제 영업상태를 가정하고 열차운행체계 및 철도종사자의 업무숙달 등을 점검하는 시험
⑥ 철도시설관리자는 기존 노선을 개량한 철도노선에 대한 종합시험운행을 실시하는 경우에는 철도운영자와 협의하여 제2항에 따른 종합시험운행 일정을 조정하거나 그 절차의 일부를 생략할 수 있다.
⑦ 철도시설관리자는 제5항 및 제6항에 따라 종합시험운행을 실시하는 경우에는 철도운영자와 합동으로 종합시험운행의 실시내용·실시결과 및 조치내용 등을 확인하고 이를 기록·관리하여야 하며, 그 결과를 국토교통부장관에게 보고하여야 한다.
⑧ 철도운영자등은 제75조의2 제2항에 따라 철도시설의 개선·시정명령을 받은 경우나 열차운행체계 또는 운행준비에 대한 개선·시정명령을 받은 경우에는 이를 개선·시정하여야 하고, 개선·시정을 완료한 후에는 종합시험운행을 다시 실시하여 국토교통부장관에게 그 결과를 보고하여야 한다. 이 경우 제5항 각 호의 종합시험운행절차 중 일부를 생략할 수 있다.
⑨ 철도운영자등이 종합시험운행을 실시하는 때에는 안전관리책임자를 지정하여 다음 각 호의 업무를 수행하도록 하여야 한다.
  1. 「산업안전보건법」 등 관련 법령에서 정한 안전조치사항의 점검·확인
  2. 종합시험운행을 실시하기 전의 안전점검 및 종합시험운행 중 안전관리 감독
  3. 종합시험운행에 사용되는 철도차량에 대한 안전 통제
  4. 종합시험운행에 사용되는 안전장비의 점검·확인
  5. 종합시험운행 참여자에 대한 안전교육
⑩ 그 밖에 종합시험운행의 세부적인 절차·방법 등에 관하여 필요한 사항은 국토교통부장관이 정하여 고시한다.

◆ **시행규칙 제75조의2(종합시험운행 결과의 검토 및 개선명령 등)**
① 법 제38조 제2항에 따라 실시되는 종합시험운행의 결과에 대한 검토는 다음 각 호의 절차로 구분하여 순서대로 실시한다.
　1. 「철도의 건설 및 철도시설 유지관리에 관한 법률」 제19조 제1항 및 제2항에 따른 기술기준에의 적합여부 검토
　2. 철도시설 및 열차운행체계의 안전성 여부 검토
　3. 정상운행 준비의 적절성 여부 검토
② 국토교통부장관은 「도시철도법」 제3조 제2호에 따른 도시철도 또는 같은 법 제24조 또는 제42조에 따라 도시철도건설사업 또는 도시철도운송사업을 위탁받은 법인이 건설·운영하는 도시철도에 대하여 제1항에 따른 검토를 하는 경우에는 해당 도시철도의 관할 시·도지사와 협의할 수 있다. 이 경우 협의 요청을 받은 시·도지사는 협의를 요청받은 날부터 7일 이내에 의견을 제출하여야 하며, 그 기간 내에 의견을 제출하지 아니하면 의견이 없는 것으로 본다.
③ 국토교통부장관은 제1항에 따른 검토 결과 해당 철도시설의 개선·보완이 필요하거나 열차운행체계 또는 운행준비에 대한 개선·보완이 필요한 경우에는 법 제38조 제2항에 따라 철도운영자등에게 이를 개선·시정할 것을 명할 수 있다.
④ 제1항에 따른 종합시험운행의 결과 검토에 대한 세부적인 기준·절차 및 방법에 관하여 필요한 사항은 국토교통부장관이 정하여 고시한다.

제38조의2(철도차량의 개조 등)

① 철도차량을 소유하거나 운영하는 자(이하 "소유자등"이라 한다)는 철도차량 최초 제작 당시와 다르게 구조, 부품, 장치 또는 차량성능 등에 대한 개량 및 변경 등(이하 "개조"라 한다)을 임의로 하고 운행하여서는 아니 된다.
② 소유자등이 철도차량을 개조하여 운행하려면 제26조 제3항에 따른 철도차량의 기술기준에 적합한지에 대하여 국토교통부령으로 정하는 바에 따라 국토교통부장관의 승인(이하 "개조승인"이라 한다)을 받아야 한다. 다만, 국토교통부령으로 정하는 경미한 사항을 개조하는 경우에는 국토교통부장관에게 신고(이하 "개조신고"라 한다)하여야 한다.
③ 소유자등이 철도차량을 개조하여 개조승인을 받으려는 경우에는 국토교통부령으로 정하는 바에 따라 적정 개조능력이 있다고 인정되는 자가 개조 작업을 수행하도록 하여야 한다.
④ 국토교통부장관은 개조승인을 하려는 경우에는 해당 철도차량이 제26조 제3항에 따라 고시하는 철도차량의 기술기준에 적합한지에 대하여 개조승인검사를 하여야 한다.
⑤ 제2항 및 제4항에 따른 개조승인절차, 개조신고절차, 승인방법, 검사기준, 검사방법 등에 대하여 필요한 사항은 국토교통부령으로 정한다.

◆ **시행규칙 제75조의3(철도차량 개조승인의 신청 등)**

① 법 제38조의2 제2항 본문에 따라 철도차량을 소유하거나 운영하는 자(이하 "소유자등"이라 한다)는 철도차량 개조승인을 받으려면 별지 제45호서식에 따른 철도차량 개조승인신청서에 다음 각 호의 서류를 첨부하여 국토교통부장관에게 제출하여야 한다.

1. 개조 대상 철도차량 및 수량에 관한 서류
2. 개조의 범위, 사유 및 작업 일정에 관한 서류
3. 개조 전·후 사양 대비표
4. 개조에 필요한 인력, 장비, 시설 및 부품 또는 장치에 관한 서류
5. 개조작업수행 예정자의 조직·인력 및 장비 등에 관한 현황과 개조작업수행에 필요한 부품, 구성품 및 용역의 내용에 관한 서류. 다만, 개조작업수행 예정자를 선정하기 전인 경우에는 개조작업수행 예정자 선정기준에 관한 서류
6. 개조 작업지시서
7. 개조하고자 하는 사항이 철도차량기술기준에 적합함을 입증하는 기술문서

② 국토교통부장관은 제1항에 따라 철도차량 개조승인 신청을 받은 경우에는 그 신청서를 받은 날부터 15일 이내에 개조승인에 필요한 검사내용, 시기, 방법 및 절차 등을 적은 개조검사 계획서를 신청인에게 통지하여야 한다.

◆ **시행규칙 제75조의4(철도차량의 경미한 개조)**
① 법 제38조의2 제2항 단서에서 "국토교통부령으로 정하는 경미한 사항을 개조하는 경우"란 다음 각 호의 어느 하나에 해당하는 경우를 말한다.
  1. 차체구조 등 철도차량 구조체의 개조로 인하여 해당 철도차량의 허용 적재하중 등 철도차량의 강도가 100분의 5 미만으로 변동되는 경우
  2. 설비의 변경 또는 교체에 따라 해당 철도차량의 중량 및 중량분포가 다음 각 목에 따른 기준 이하로 변동되는 경우
    가. 고속철도차량 및 일반철도차량의 동력차(기관차) : 100분의 2
    나. 고속철도차량 및 일반철도차량의 객차·화차·전기동차·디젤동차 : 100분의 4
    다. 도시철도차량 : 100분의 5
  3. 다음 각 목의 어느 하나에 해당하지 아니하는 장치 또는 부품의 개조 또는 변경
    가. 주행장치 중 주행장치틀, 차륜 및 차축
    나. 제동장치 중 제동제어장치 및 제어기
    다. 추진장치 중 인버터 및 컨버터
    라. 보조전원장치
    마. 차상신호장치(지상에 설치된 신호장치로부터 열차의 운행조건 등에 관한 정보를 수신하여 철도차량의 운전실에 속도감속 또는 정지 등 철도차량의 운전에 필요한 정보를 제공하기 위하여 철도차량에 설치된 장치를 말한다)
    바. 차상통신장치
    사. 종합제어장치
    아. 철도차량기술기준에 따른 화재시험 대상인 부품 또는 장치. 다만, 「화재예방, 소방시설 설치·유지 및 안전관리에 관한 법률」 제9조 제1항에 따른 화재안전기준을 충족하는 부품 또는 장치는 제외한다.
  4. 법 제27조에 따라 국토교통부장관으로부터 철도용품 형식승인을 받은 용품으로 변경하는 경우(제1호 및 제2호에 따른 요건을 모두 충족하는 경우로서 소유자등이 지상에 설치되어 있는 설비와 철도차량의 부품·구성품 등이 상호 접속되어 원활하게 그 기능이 확보되는지에 대하여 확인한 경우에 한한다)
  5. 철도차량 제작자와의 계약에 따른 성능개선을 위한 장치 또는 부품의 변경
  6. 철도차량 개조의 타당성 및 적합성 등에 관한 검토·시험을 위한 대표편성 철도차량의 개조에 대하여 「과학기술분야 정부출연연구기관 등의 설립·운영 및 육성에 관한 법률」에 따른 한국철도기술연구원의 승인을 받은 경우
  7. 철도차량의 장치 또는 부품을 개조한 이후 개조 전의 장치 또는 부품과 비교하여 철도차량의 고장 또는 운행장애가 증가하여 개조 전의 장치 또는 부품으로 긴급히 교체하는 경우

8. 그 밖에 철도차량의 안전, 성능 등에 미치는 영향이 미미하다고 국토교통부장관으로부터 인정을 받은 경우

② 제1항을 적용할 때 다음 각 호의 어느 하나에 해당하는 경우에는 철도차량의 개조로 보지 아니한다.
1. 철도차량의 유지보수(점검 또는 정비 등) 계획에 따라 일상적·반복적으로 시행하는 부품이나 구성품의 교체·교환
1의2. 철도차량 제작자와의 하자보증계약에 따른 장치 또는 부품의 변경
2. 차량 내·외부 도색 등 미관이나 내구성 향상을 위하여 시행하는 경우
3. 승객의 편의성 및 쾌적성 제고와 청결·위생·방역을 위한 차량 유지관리
4. 다음 각 목의 장치와 관련되지 아니한 소프트웨어의 수정
    가. 견인장치
    나. 제동장치
    다. 차량의 안전운행 또는 승객의 안전과 관련된 제어장치
    라. 신호 및 통신 장치
5. 차체 형상의 개선 및 차내 설비의 개선
6. 철도차량 장치나 부품의 배치위치 변경
7. 기존 부품과 동등 수준 이상의 성능임을 제시하거나 입증할 수 있는 부품의 규격 수정
8. 소유자등이 철도차량 개조의 타당성 등에 관한 사전 검토를 위하여 여객 또는 화물 운송을 목적으로 하지 아니하고 철도차량의 시험운행을 위한 전용선로 또는 영업 중인 선로에서 영업운행 종료 이후 30분이 경과된 시점부터 다음 영업운행 개시 30분 전까지 해당 철도차량을 운행하는 경우(소유자등이 안전운행 확보방안을 수립하여 시행하는 경우에 한한다)
9. 「철도사업법」에 따른 전용철도 노선에서만 운행하는 철도차량에 대한 개조
10. 그 밖에 제1호부터 제7호까지에 준하는 사항으로 국토교통부장관으로부터 인정을 받은 경우

③ 소유자등이 제1항에 따른 경미한 사항의 철도차량 개조신고를 하려면 해당 철도차량에 대한 개조작업 시작예정일 10일 전까지 별지 제45호의2서식에 따른 철도차량 개조신고서에 다음 각 호의 서류를 첨부하여 국토교통부장관에게 제출하여야 한다.
1. 제1항 각 호의 어느 하나에 해당함을 증명하는 서류
2. 제1호와 관련된 제75조의3 제1항 제1호부터 제6호까지의 서류

④ 국토교통부장관은 제3항에 따라 소유자등이 제출한 철도차량 개조신고서를 검토한 후 적합하다고 판단하는 경우에는 별지 제45호의3서식에 따른 철도차량 개조신고확인서를 발급하여야 한다.

◆ **시행규칙 제75조의5(철도차량 개조능력이 있다고 인정되는 자)**

법 제38조의2 제3항에서 "국토교통부령으로 정하는 적정 개조능력이 있다고 인정되는 자"란 다음 각 호의 어느 하나에 해당하는 자를 말한다.

1. 개조 대상 철도차량 또는 그와 유사한 성능의 철도차량을 제작한 경험이 있는 자
2. 개조 대상 부품 또는 장치 등을 제작하여 납품한 실적이 있는 자
3. 개조 대상 부품·장치 또는 그와 유사한 성능의 부품·장치 등을 1년 이상 정비한 실적이 있는 자
4. 법 제38조의7 제2항에 따른 인증정비조직
5. 개조 전의 부품 또는 장치 등과 동등 수준 이상의 성능을 확보할 수 있는 부품 또는 장치 등의 신기술을 개발하여 해당 부품 또는 장치를 철도차량에 설치 또는 개량하는 자

◆ **시행규칙 제75조의6(개조승인 검사 등)**

① 법 제38조의2 제4항에 따른 개조승인 검사는 다음 각 호의 구분에 따라 실시한다.
  1. 개조적합성 검사 : 철도차량의 개조가 철도차량기술기준에 적합한지 여부에 대한 기술문서 검사
  2. 개조합치성 검사 : 해당 철도차량의 대표편성에 대한 개조작업이 제1호에 따른 기술문서와 합치하게 시행되었는지 여부에 대한 검사
  3. 개조형식시험 : 철도차량의 개조가 부품단계, 구성품단계, 완성차단계, 시운전단계에서 철도차량기술기준에 적합한지 여부에 대한 시험
② 국토교통부장관은 제1항에 따른 개조승인 검사 결과 철도차량기술기준에 적합하다고 인정하는 경우에는 별지 제45호의4서식에 따른 철도차량 개조승인증명서에 철도차량 개조 승인 자료집을 첨부하여 신청인에게 발급하여야 한다.
③ 제1항 및 제2항에서 정한 사항 외에 개조승인의 절차 및 방법 등에 관한 세부사항은 국토교통부장관이 정하여 고시한다.

제38조의3(철도차량의 운행제한)

① 국토교통부장관은 다음 각 호의 어느 하나에 해당하는 사유가 있다고 인정되면 소유자 등에게 철도차량의 운행제한을 명할 수 있다.
 1. 소유자등이 개조승인을 받지 아니하고 임의로 철도차량을 개조하여 운행하는 경우
 2. 철도차량이 제26조 제3항에 따른 철도차량의 기술기준에 적합하지 아니한 경우
② 국토교통부장관은 제1항에 따라 운행제한을 명하는 경우 사전에 그 목적, 기간, 지역, 제한내용 및 대상 철도차량의 종류와 그 밖에 필요한 사항을 해당 소유자등에게 통보하여야 한다.

제38조의4(준용규정)

철도차량 운행제한에 대한 과징금의 부과·징수에 관하여는 제9조의2를 준용한다. 이 경우 "철도운영자등"은 "소유자등"으로, "업무의 제한이나 정지"는 "철도차량의 운행제한"으로 본다.

■ 시행령 제29조의2(철도차량 운행제한 관련 과징금의 부과기준)

법 제38조의4에서 준용하는 법 제9조의2에 따라 과징금을 부과하는 위반행위의 종류와 과징금의 금액은 별표 4와 같다.

시행령 [별표 4]

철도차량의 운행제한 관련 과징금의 부과기준
(제29조의2 관련)

1. 일반기준
가. 위반행위의 횟수에 따른 과징금의 가중된 부과기준은 최근 2년간 같은 위반행위로 과징금 부과처분을 받은 경우에 적용한다. 이 경우 기간의 계산은 위반행위에 대하여 과징금 부과처분을 받은 날과 그 처분 후 다시 같은 위반행위를 하여 적발된 날을 기준으로 한다.
나. 가목에 따라 가중된 부과처분을 하는 경우 가중처분의 적용 차수는 그 위반행위 전 부과처분 차수(가목에 따른 기간 내에 과징금 부과처분이 둘 이상 있었던 경우에는 높은 차수를 말한다)의 다음 차수로 한다.
다. 위반행위가 둘 이상인 경우로서 각 처분내용이 모두 운행제한인 경우에는 각 처분기준에 따른 과징금을 합산한 금액을 넘지 않는 범위에서 무거운 처분기준에 해당하는 과징금 금액의 2분의 1의 범위에서 가중할 수 있다.
라. 국토교통부장관은 다음의 어느 하나에 해당하는 경우에는 제2호의 개별기준에 따른 과징금 금액의 2분의 1 범위에서 그 금액을 줄일 수 있다. 다만, 과징금을 체납하고 있는 위반행위자의 경우에는 그렇지 않다.
 1) 위반행위가 사소한 부주의나 오류로 인한 것으로 인정되는 경우
 2) 위반행위자가 법 위반상태를 시정하거나 해소하기 위한 노력이 인정되는 경우
 3) 그 밖에 위반행위의 정도, 위반행위의 동기와 그 결과 등을 고려하여 과징금을 줄일 필요가 있다고 인정되는 경우
마. 국토교통부장관은 다음의 어느 하나에 해당하는 경우에는 제2호의 개별기준에 따른 과징금 금액의 2분의 1 범위에서 그 금액을 늘릴 수 있다. 다만, 법 제9조의2 제1항에 따른 과징금 금액의 상한을 넘을 수 없다.
 1) 위반의 내용 및 정도가 중대하여 공중에게 미치는 피해가 크다고 인정되는 경우
 2) 법 위반상태의 기간이 6개월 이상인 경우
 3) 그 밖에 위반행위의 정도, 위반행위의 동기와 그 결과 등을 고려하여 과징금을 늘릴 필요가 있다고 인정되는 경우

2. 개별기준

위반사항	근거법조문	과징금 금액(단위 : 백만원)			
		1차 위반	2차 위반	3차 위반	4차 이상 위반
가. 철도차량이 법 제26조 제3항에 따른 철도차량의 기술기준에 적합하지 않은 경우	법 제38조의3 제1항 제2호	-	5	15	30
나. 법 제38조의2 제2항 본문을 위반하여 소유자등이 개조승인을 받지 않고 임의로 철도차량을 개조하여 운행하는 경우	법 제38조의3 제1항 제1호	5	15	30	50

◆ 시행규칙 제75조의7(철도차량의 운행제한 처분기준)

법 제38조의3 제1항에 따른 소유자등에 대한 철도차량의 운행제한 처분기준은 별표 16과 같다.

시행규칙 [별표 16]

철도차량 운행제한 관련 처분기준(제75조의7 관련)

1. 일반기준

가. 위반행위의 횟수에 따른 행정처분의 가중된 부과기준은 최근 2년 동안 같은 위반행위로 행정처분을 받은 경우에 적용한다. 이 경우 기간의 계산은 위반행위에 대하여 행정처분을 받은 날과 그 처분 후 다시 같은 위반행위를 하여 적발된 날을 기준으로 한다.

나. 가목에 따라 가중된 부과처분을 하는 경우 가중처분의 적용 차수는 그 위반행위 전 부과처분 차수(가목에 따른 기간 내에 행정처분이 둘 이상 있었던 경우에는 높은 차수를 말한다)의 다음 차수로 한다.

다. 위반행위가 둘 이상인 경우로서 각 처분내용이 모두 운행제한·정지인 경우에는 그 중 무거운 처분기준에 해당하는 운행제한·정지 기간의 2분의 1의 범위에서 가중할 수 있다. 다만, 가중하는 경우에도 각 처분기준에 따른 운행제한·정지 기간을 합산한 기간 및 6개월을 넘을 수 없다.

라. 국토교통부장관은 다음의 어느 하나에 해당하는 경우에는 제2호의 개별기준에 따른 운행제한·정지 기간의 2분의 1 범위에서 그 기간을 줄일 수 있다.
  1) 위반행위가 사소한 부주의나 오류로 인한 것으로 인정되는 경우
  2) 위반행위자가 법 위반상태를 시정하거나 해소하기 위한 노력이 인정되는 경우
  3) 그 밖에 위반행위의 정도, 위반행위의 동기와 그 결과 등을 고려하여 운행제한·정지 기간을 줄일 필요가 있다고 인정되는 경우

마. 국토교통부장관은 다음의 어느 하나에 해당하는 경우에는 제2호의 개별기준에 따른 운행제한·정지 기간의 2분의 1 범위에서 그 기간을 늘릴 수 있다. 다만, 늘리는 경우에도 6개월을 넘을 수 없다.
  1) 위반의 내용 및 정도가 중대하여 공중에게 미치는 피해가 크다고 인정되는 경우
  2) 법 위반상태의 기간이 6개월 이상인 경우
  3) 그 밖에 위반행위의 정도, 위반행위의 동기와 그 결과 등을 고려하여 운행제한·정지 기간을 늘릴 필요가 있다고 인정되는 경우

2. 개별기준

위반사항	근거 법조문	처분기준			
		1차 위반	2차 위반	3차 위반	4차 이상 위반
가. 철도차량이 법 제26조 제3항에 따른 철도차량의 기술기준에 적합하지 않은 경우	법 제38조의3 제1항 제2호	시정 명령	해당 철도차량 운행정지 1개월	해당 철도차량 운행정지 2개월	해당 철도차량 운행정지 4개월
나. 소유자등이 법 제38조의2 제2항 본문을 위반하여 개조승인을 받지 않고 임의로 철도차량을 개조하여 운행하는 경우	법 제38조의3 제1항 제1호	해당 철도차량 운행정지 1개월	해당 철도차량 운행정지 2개월	해당 철도차량 운행정지 4개월	해당 철도차량 운행정지 6개월

제38조의5(철도차량의 이력관리)

① 소유자등은 보유 또는 운영하고 있는 철도차량과 관련한 제작, 운용, 철도차량정비 및 폐차 등 이력을 관리하여야 한다.
② 제1항에 따라 이력을 관리하여야 할 철도차량, 이력관리 항목, 전산망 등 관리체계, 방법 및 절차 등에 필요한 사항은 국토교통부장관이 정하여 고시한다.
③ 누구든지 제1항에 따라 관리하여야 할 철도차량의 이력에 대하여 다음 각 호의 행위를 하여서는 아니 된다.
　1. 이력사항을 고의 또는 과실로 입력하지 아니하는 행위
　2. 이력사항을 위조·변조하거나 고의로 훼손하는 행위
　3. 이력사항을 무단으로 외부에 제공하는 행위
④ 소유자등은 제1항의 이력을 국토교통부장관에게 정기적으로 보고하여야 한다.
⑤ 국토교통부장관은 제4항에 따라 보고된 철도차량과 관련한 제작, 운용, 철도차량정비 및 폐차 등 이력을 체계적으로 관리하여야 한다.

제38조의6(철도차량정비 등)

① 철도운영자등은 운행하려는 철도차량의 부품, 장치 및 차량성능 등이 안전한 상태로 유지될 수 있도록 철도차량정비가 된 철도차량을 운행하여야 한다.
② 국토교통부장관은 제1항에 따른 철도차량을 운행하기 위하여 철도차량을 정비하는 때에 준수하여야 할 항목, 주기, 방법 및 절차 등에 관한 기술기준(이하 "철도차량정비기술기준"이라 한다)을 정하여 고시하여야 한다.
③ 국토교통부장관은 철도차량이 다음 각 호의 어느 하나에 해당하는 경우에 철도운영자등에게 해당 철도차량에 대하여 국토교통부령으로 정하는 바에 따라 철도차량정비 또는 원상복구를 명할 수 있다. 다만, 제2호 또는 제3호에 해당하는 경우에는 국토교통부장관은 철도운영자등에게 철도차량정비 또는 원상복구를 명하여야 한다.
　1. 철도차량기술기준에 적합하지 아니하거나 안전운행에 지장이 있다고 인정되는 경우
　2. 소유자등이 개조승인을 받지 아니하고 철도차량을 개조한 경우
　3. 국토교통부령으로 정하는 철도사고 또는 운행장애 등이 발생한 경우

◆ 시행규칙 제75조의8(철도차량정비 또는 원상복구 명령 등)

① 국토교통부장관은 법 제38조의6 제3항에 따라 철도운영자등에게 철도차량정비 또는 원상복구를 명하는 경우에는 그 시정에 필요한 기간을 주어야 한다.
② 국토교통부장관은 제1항에 따라 철도운영자등에게 철도차량정비 또는 원상복구를 명하는 경우 대상 철도차량 및 사유 등을 명시하여 서면(전자문서를 포함한다. 이하 이 조에서 같다)으로 통지해야 한다.

③ 철도운영자등은 법 제38조의6 제3항에 따라 국토교통부장관으로부터 철도차량정비 또는 원상복구 명령을 받은 경우에는 그 명령을 받은 날부터 14일 이내에 시정조치계획서를 작성하여 서면으로 국토교통부장관에게 제출해야 하고, 시정조치를 완료한 경우에는 지체 없이 그 시정내용을 국토교통부장관에게 서면으로 통지해야 한다.

④ 법 제38조의6 제3항 제3호에서 "국토교통부령으로 정하는 철도사고 또는 운행장애 등"이란 다음 각 호의 경우를 말한다.

1. 철도차량의 고장 등 철도차량 결함으로 인해 법 제61조 및 이 규칙 제86조 제3항에 따른 보고대상이 되는 열차사고 또는 위험사고가 발생한 경우
2. 철도차량의 고장 등 철도차량 결함에 따른 철도사고로 사망자가 발생한 경우
3. 동일한 부품·구성품 또는 장치 등의 고장으로 인해 법 제61조 및 이 규칙 제86조 제3항에 따른 보고대상이 되는 지연운행이 1년에 3회 이상 발생한 경우
4. 그 밖에 철도 운행안전 확보 등을 위해 국토교통부장관이 정하여 고시하는 경우

제38조의7(철도차량 정비조직인증)

① 철도차량정비를 하려는 자는 철도차량정비에 필요한 인력, 설비 및 검사체계 등에 관한 기준(이하 "정비조직인증기준"이라 한다)을 갖추어 국토교통부장관으로부터 인증을 받아야 한다. 다만, 국토교통부령으로 정하는 경미한 사항의 경우에는 그러하지 아니하다.

② 제1항에 따라 정비조직의 인증을 받은 자(이하 "인증정비조직"이라 한다)가 인증받은 사항을 변경하려는 경우에는 국토교통부장관의 변경인증을 받아야 한다. 다만, 국토교통부령으로 정하는 경미한 사항을 변경하는 경우에는 국토교통부장관에게 신고하여야 한다.

③ 국토교통부장관은 정비조직을 인증하려는 경우에는 국토교통부령으로 정하는 바에 따라 철도차량정비의 종류·범위·방법 및 품질관리절차 등을 정한 세부 운영기준(이하 "정비조직운영기준"이라 한다)을 해당 정비조직에 발급하여야 한다.

④ 제1항부터 제3항까지에 따른 정비조직인증기준, 인증절차, 변경인증절차 및 정비조직운영기준 등에 필요한 사항은 국토교통부령으로 정한다.

◆ **시행규칙 제75조의9(정비조직인증의 신청 등)**

① 법 제38조의7 제1항에 따른 정비조직인증기준(이하 "정비조직인증기준"이라 한다)은 다음 각 호와 같다.

1. 정비조직의 업무를 적절하게 수행할 수 있는 인력을 갖출 것
2. 정비조직의 업무범위에 적합한 시설·장비 등 설비를 갖출 것
3. 정비조직의 업무범위에 적합한 철도차량 정비매뉴얼, 검사체계 및 품질관리체계 등을 갖출 것

② 법 제38조의7 제1항에 따라 철도차량 정비조직의 인증을 받으려는 자는 철도차량 정비업무 개시예정일 60일 전까지 별지 제45호의5서식의 철도차량 정비조직인증 신청서에 정비조직인증기준을 갖추었음을 증명하는 자료를 첨부하여 국토교통부장관에게 제출해야 한다.
③ 법 제38조의7 제1항 따라 철도차량 정비조직의 인증을 받은 자(이하 "인증정비조직"이라 한다)가 같은 조 제2항 따라 인증정비조직의 변경인증을 받으려면 변경내용의 적용 예정일 30일 전까지 별지 제45호의6서식의 인증정비조직 변경인증 신청서에 다음 각 호의 서류를 첨부하여 국토교통부장관에게 제출해야 한다.
 1. 변경하고자 하는 내용과 증명서류
 2. 변경 전후의 대비표 및 설명서
④ 제1항 및 제2항에서 정한 사항 외에 정비조직인증에 관한 세부적인 기준·방법 및 절차 등은 국토교통부장관이 정하여 고시한다.

◆ 시행규칙 제75조의10(정비조직인증서의 발급 등)
① 국토교통부장관은 제75조의9 제2항 및 제3항에 따른 철도차량 정비조직인증 또는 변경인증의 신청을 받으면 제75조의9 제1항에 따른 정비조직인증기준에 적합한지 여부를 확인해야 한다.
② 국토교통부장관은 제1항에 따른 확인 결과 정비조직인증기준에 적합하다고 인정하는 경우에는 별지 제45호의7서식의 철도차량 정비조직인증서에 철도차량정비의 종류·범위·방법 및 품질관리절차 등을 정한 운영기준(이하 "정비조직운영기준"이라 한다)을 첨부하여 신청인에게 발급해야 한다.
③ 인증정비조직은 정비조직운영기준에 따라 정비조직을 운영해야 한다.
④ 제1항에 따른 세부적인 기준, 절차 및 방법과 제2항에 따른 정비조직운영기준 등에 관한 세부 사항은 국토교통부장관이 정하여 고시한다.
⑤ 국토교통부장관은 제2항에 따라 철도차량 정비조직인증서를 발급한 때에는 그 사실을 관보에 고시해야 한다.

◆ 시행규칙 제75조의11(정비조직인증기준의 경미한 변경 등)
① 법 제38조의7 제1항 단서에서 "국토교통부령으로 정하는 경미한 사항"이란 다음 각 호의 어느 하나에 해당하는 정비조직을 말한다.
 1. 철도차량 정비업무에 상시 종사하는 사람이 50명 미만의 조직
 2. 「중소기업기본법 시행령」 제8조에 따른 소기업 중 해당 기업의 주된 업종이 운수 및 창고업에 해당하는 기업(「통계법」 제22조에 따라 통계청장이 고시하는 한국표준산업분류의 대분류에 따른 운수 및 창고업을 말한다)

3. 「철도사업법」에 따른 전용철도 노선에서만 운행하는 철도차량을 정비하는 조직
② 법 제38조의7 제2항 단서에서 "국토교통부령으로 정하는 경미한 사항의 변경"이란 다음 각 호의 어느 하나에 해당하는 사항의 변경을 말한다.
1. 철도차량 정비를 위한 사업장을 기준으로 철도차량 정비와 관련된 업무를 수행하는 인력의 100분의 10 이하 범위에서의 변경
2. 철도차량 정비를 위한 사업장을 기준으로 철도차량 정비에 직접 사용되는 토지 면적의 1만제곱미터 이하 범위에서의 변경
3. 그 밖에 철도차량 정비의 안전 및 품질 등에 중대한 영향을 초래하지 않는 설비 또는 장비 등의 변경
③ 제2항에도 불구하고 인증정비조직은 다음 각 호의 어느 하나에 해당하는 경우 정비조직인증의 변경에 관한 신고(이하 이 조에서 "인증변경신고"라 한다)를 하지 않을 수 있다.
1. 철도차량 정비를 위한 사업장을 기준으로 철도차량 정비와 관련된 업무를 수행하는 인력이 100분의 5 이하 범위에서 변경되는 경우
2. 철도차량 정비를 위한 사업장을 기준으로 철도차량 정비에 직접 사용되는 면적이 3천제곱미터 이하 범위에서 변경되는 경우
3. 철도차량 정비를 위한 설비 또는 장비 등의 교체 또는 개량
4. 그 밖에 철도차량 정비의 안전 및 품질 등에 영향을 초래하지 않는 사항의 변경
④ 인증정비조직은 법 제38조의7 제2항 단서에 따라 인증정비조직의 경미한 사항의 변경에 관한 신고를 하려면 별지 제45호의8서식의 인증정비조직 변경신고서에 다음 각 호의 서류를 첨부하여 국토교통부장관에게 제출해야 한다.
1. 변경 예정인 내용과 증명서류
2. 변경 전후의 대비표 및 설명서
⑤ 국토교통부장관은 제4항에 따른 인증정비조직 변경신고서를 받은 때에는 정비조직인증기준에 적합한지 여부를 확인한 후 별지 제45호의9서식의 인증정비조직 변경신고확인서를 발급해야 한다.
⑥ 제2항부터 제5항까지의 규정에서 정한 사항 외에 인증변경신고에 관한 세부적인 방법 및 절차 등은 국토교통부장관이 정하여 고시한다.

제38조의8(결격사유)

다음 각 호의 어느 하나에 해당하는 자는 정비조직의 인증을 받을 수 없다. 법인인 경우에는 임원 중 다음 각 호의 어느 하나에 해당하는 사람이 있는 경우에도 또한 같다.
1. 피성년후견인 및 피한정후견인
2. 파산선고를 받은 자로서 복권되지 아니한 자
3. 제38조의10에 따라 정비조직의 인증이 취소(제38조의10 제1항 제4호에 따라 제1호 및 제2호에 해당되어 인증이 취소된 경우는 제외한다)된 후 2년이 지나지 아니한 자
4. 이 법을 위반하여 징역 이상의 실형을 선고받고 그 집행이 끝나거나 그 집행이 면제된 날부터 2년이 지나지 아니한 사람
5. 이 법을 위반하여 징역 이상의 형의 집행유예를 선고받고 그 유예기간 중에 있는 사람

제38조의9(인증정비조직의 준수사항)

인증정비조직은 다음 각 호의 사항을 준수하여야 한다.
1. 철도차량정비기술기준을 준수할 것
2. 정비조직인증기준에 적합하도록 유지할 것
3. 정비조직운영기준을 지속적으로 유지할 것
4. 중고 부품을 사용하여 철도차량정비를 할 경우 그 적정성 및 이상 여부를 확인할 것
5. 철도차량정비가 완료되지 않은 철도차량은 운행할 수 없도록 관리할 것

제38조의10(인증정비조직의 인증 취소 등)

① 국토교통부장관은 인증정비조직이 다음 각 호의 어느 하나에 해당하면 인증을 취소하거나 6개월 이내의 기간을 정하여 업무의 제한이나 정지를 명할 수 있다. 다만, 제1호, 제2호(고의에 의한 경우로 한정한다) 및 제4호에 해당하는 경우에는 그 인증을 취소하여야 한다.
  1. 거짓이나 그 밖의 부정한 방법으로 인증을 받은 경우
  2. 고의 또는 중대한 과실로 국토교통부령으로 정하는 철도사고 및 중대한 운행장애를 발생시킨 경우
  3. 제38조의7 제2항을 위반하여 변경인증을 받지 아니하거나 변경신고를 하지 아니하고 인증받은 사항을 변경한 경우
  4. 제38조의8 제1호 및 제2호에 따른 결격사유에 해당하게 된 경우
  5. 제38조의9에 따른 준수사항을 위반한 경우
② 제1항에 따른 정비조직인증의 취소, 업무의 제한 또는 정지의 기준 및 절차 등에 필요한 사항은 국토교통부령으로 정한다.

◆ **시행규칙 제75조의12(인증정비조직의 인증 취소 등)**

① 법 제38조의10 제1항 제2호에서 "국토교통부령으로 정하는 철도사고 및 중대한 운행장애"란 다음 각 호의 어느 하나에 해당하는 경우를 말한다.
  1. 철도사고로 사망자가 발생한 경우
  2. 철도사고 또는 운행장애로 5억원 이상의 재산피해가 발생한 경우
② 법 제38조의10 제2항에 따른 정비조직인증의 취소, 업무의 제한 또는 정지 등 처분기준은 별표 17과 같다.
③ 국토교통부장관은 제2항에 따른 처분을 한 경우에는 지체 없이 그 인증정비조직에 별지 제11호의3서식의 지정기관 행정처분서를 통지하고 그 사실을 관보에 고시해야 한다.

시행규칙 [별표 17]

인증정비조직 관련 처분기준

(제75조의12 제2항 관련)

1. 일반기준

가. 위반행위의 횟수에 따른 행정처분의 가중된 부과기준은 최근 2년간 같은 위반행위로 행정처분을 받은 경우에 적용한다. 이 경우 기간의 계산은 위반행위에 대하여 행정처분을 받은 날과 그 처분 후 다시 같은 위반행위를 하여 적발된 날을 기준으로 한다.

나. 가목에 따라 가중된 부과처분을 하는 경우 가중처분의 적용 차수는 그 위반행위 전 부과처분 차수(가목에 따른 기간 내에 행정처분이 둘 이상 있었던 경우에는 높은 차수를 말한다)의 다음 차수로 한다.

다. 위반행위가 둘 이상인 경우로서 그에 해당하는 각각의 처분기준이 다른 경우에는 그 중 무거운 처분기준(무거운 처분기준이 같을 때에는 그 중 하나의 처분기준을 말한다)에 따르며, 둘 이상의 처분기준이 같은 업무제한·정지인 경우에는 무거운 처분기준의 2분의 1의 범위에서 가중할 수 있되, 각 처분기준을 합산한 기간을 초과할 수 없다.

라. 국토교통부장관은 다음의 어느 하나에 해당하는 경우에는 제2호의 개별기준에 따른 업무제한·정지 기간의 2분의 1의 범위에서 그 기간을 줄일 수 있다.

1) 위반행위가 사소한 부주의나 오류로 인한 것으로 인정되는 경우
2) 위반행위자가 법 위반상태를 시정하거나 해소하기 위한 노력이 인정되는 경우
3) 그 밖에 위반행위의 정도, 위반행위의 동기와 그 결과 등을 고려하여 업무제한·정지 기간을 줄일 필요가 있다고 인정되는 경우

마. 국토교통부장관은 다음의 어느 하나에 해당하는 경우에는 제2호의 개별기준에 따른 업무제한·정지 기간의 2분의 1의 범위에서 그 기간을 늘릴 수 있다. 다만, 법 제38조의10 제1항에 따른 업무제한·정지 기간의 상한을 넘을 수 없다.

1) 위반의 내용 및 정도가 중대하여 공중에게 미치는 피해가 크다고 인정되는 경우
2) 법 위반상태의 기간이 6개월 이상인 경우
3) 그 밖에 위반행위의 정도, 위반행위의 동기와 그 결과 등을 고려하여 업무제한·정지 기간을 늘릴 필요가 있다고 인정되는 경우

2. 개별기준

가. 법 제38조의10 제1항 제1호, 제3호, 제4호 및 제5호 관련

위반사항	근거 법조문	처분기준			
		1차 위반	2차 위반	3차 위반	4차 이상 위반
1) 거짓이나 그 밖의 부정한 방법으로 인증을 받은 경우	법 제38조의10 제1항 제1호	인증 취소			
2) 법 제38조의7 제2항을 위반하여 변경인증을 받지 않거나 변경신고를 하지 않고 인증받은 사항을 변경한 경우	법 제38조의10 제1항 제3호	업무정지 (업무제한) 1개월	업무정지 (업무제한) 2개월	업무정지 (업무제한) 4개월	업무정지 (업무제한) 6개월
3) 법 제38조의8 제1호 및 제2호에 따른 결격사유에 해당하게 된 경우	법 제38조의10 제1항 제4호	인증 취소			
4) 법 제38조의9에 따른 준수사항을 위반한 경우	법 제38조의10 제1항 제5호	업무정지 (업무제한) 1개월	업무정지 (업무제한) 2개월	업무정지 (업무제한) 4개월	업무정지 (업무제한) 6개월

나. 법 제38조의10 제1항 제2호 관련

위반행위	근거 법조문	처분 기준
1) 인증정비조직의 고의에 따른 철도사고로 사망자가 발생하거나 운행장애로 5억원 이상의 재산피해가 발생한 경우	법 제38조의10 제1항 제2호	인증 취소
2) 인증정비조직의 중대한 과실로 철도사고 및 운행장애를 발생시킨 경우 가) 철도사고로 인한 사망자 수	법 제38조의10 제1항 제2호	
(1) 1명 이상 3명 미만		업무정지(업무제한) 1개월
(2) 3명 이상 5명 미만		업무정지(업무제한) 2개월
(3) 5명 이상 10명 미만		업무정지(업무제한) 4개월
(4) 10명 이상		업무정지(업무제한) 6개월

나) 철도사고 또는 운행장애로 인한 재산피해액	법 제38조의10 제1항 제2호	
(1) 5억원 이상 10억원 미만		업무정지(업무제한) 15일
(2) 10억원 이상 20억원 미만		업무정지(업무제한) 1개월
(3) 20억원 이상		업무정지(업무제한) 2개월

제38조의11(준용규정)

인증정비조직에 대한 과징금의 부과·징수에 관하여는 제9조의2를 준용한다. 이 경우 "제9조 제1항"은 "제38조의10 제1항"으로, "철도운영자등"은 "인증정비조직"으로 본다.

시행령 제29조의3(인증정비조직 관련 과징금의 부과기준)

법 제38조의11에서 준용하는 법 제9조의2에 따른 과징금의 부과기준은 별표 4의2와 같다.

시행령 [별표 4의2]

인증정비조직 관련 과징금의 부과기준
(제29조의3 관련)

1. 일반기준

가. 위반행위의 횟수에 따른 과징금의 가중된 부과기준은 최근 2년간 같은 위반행위로 과징금 부과처분을 받은 경우에 적용한다. 이 경우 기간의 계산은 위반행위에 대하여 과징금 부과처분을 받은 날과 그 처분 후 다시 같은 위반행위를 하여 적발된 날을 기준으로 한다.

나. 가목에 따라 가중된 부과처분을 하는 경우 가중처분의 적용 차수는 그 위반행위 전 부과처분 차수(가목에 따른 기간 내에 과징금 부과처분이 둘 이상 있었던 경우에는 높은 차수를 말한다)의 다음 차수로 한다.

다. 위반행위가 둘 이상인 경우로서 각 처분내용이 업무정지에 갈음하여 부과하는 과징금인 경우에는 각 처분기준에 따른 과징금을 합산한 금액을 넘지 않는 범위에서 가장 무거운 처분기준에 해당하는 과징금 금액의 2분의 1의 범위까지 늘릴 수 있다.

라. 국토교통부장관은 다음의 어느 하나에 해당하는 경우에는 제2호의 개별기준에 따른 과징금 금액의 2분의 1의 범위에서 그 금액을 줄일 수 있다. 다만, 과징금을 체납하고 있는 위반행위자의 경우에는 그렇지 않다.
  1) 위반행위가 사소한 부주의나 오류로 인한 것으로 인정되는 경우
  2) 위반행위자가 법 위반상태를 시정하거나 해소하기 위한 노력이 인정되는 경우
  3) 그 밖에 위반행위의 정도, 위반행위의 동기와 그 결과 등을 고려하여 과징금을 줄일 필요가 있다고 인정되는 경우

마. 국토교통부장관은 다음의 어느 하나에 해당하는 경우에는 제2호의 개별기준에 따른 과징금 금액의 2분의 1의 범위에서 그 금액을 늘릴 수 있다. 다만, 법 제9조의2 제1항에 따른 과징금 금액의 상한을 넘을 수 없다.
  1) 위반의 내용 및 정도가 중대하여 공중에게 미치는 피해가 크다고 인정되는 경우
  2) 법 위반상태의 기간이 6개월 이상인 경우
  3) 그 밖에 위반행위의 정도, 위반행위의 동기와 그 결과 등을 고려하여 과징금을 늘릴 필요가 있다고 인정되는 경우

2. 개별기준

가. 법 제38조의10 제1항 제2호 관련

위반행위	근거 법조문	과징금 금액
인증정비조직의 중대한 과실로 철도사고 및 중대한 운행장애를 발생시킨 경우	법 제38조의10 제1항 제2호	
1) 철도사고로 인하여 다음의 인원이 사망한 경우		
가) 1명 이상 3명 미만		2억 원
나) 3명 이상 5명 미만		6억 원
다) 5명 이상 10명 미만		12억 원
라) 10명 이상		20억 원
2) 철도사고 또는 운행장애로 인하여 다음의 재산피해액이 발생한 경우		
(1) 5억원 이상 10억원 미만		1억 원
(2) 10억원 이상 20억원 미만		2억 원
(3) 20억원 이상		6억 원

나. 법 제38조의10 제1항 제3호 및 제5호 관련

위반사항	근거 법조문	과징금 금액(단위 : 백만원)			
		1차 위반	2차 위반	3차 위반	4차 이상 위반
1) 법 제38조의7 제2항을 위반하여 변경인증을 받지 않거나 변경신고를 하지 않고 인증받은 사항을 변경한 경우	법 제38조의10 제1항 제3호	5	15	30	50
2) 법 제38조의9에 따른 준수사항을 위반한 경우	법 제38조의10 제1항 제5호	5	15	30	50

제38조의12(철도차량 정밀안전진단)

① 소유자등은 철도차량이 제작된 시점(제26조의6 제2항에 따라 완성검사증명서를 발급받은 날부터 기산한다)부터 국토교통부령으로 정하는 일정기간 또는 일정주행거리가 지나 노후된 철도차량을 운행하려는 경우 일정기간마다 물리적 사용가능 여부 및 안전성능 등에 대한 진단(이하 "정밀안전진단"이라 한다)을 받아야 한다.
② 국토교통부장관은 철도사고 및 중대한 운행장애 등이 발생된 철도차량에 대하여는 소유자등에게 정밀안전진단을 받을 것을 명할 수 있다. 이 경우 소유자등은 특별한 사유가 없으면 이에 따라야 한다.
③ 국토교통부장관은 제1항 및 제2항에 따른 정밀안전진단 대상이 특정 시기에 집중되는 경우나 그 밖의 부득이한 사유로 소유자등이 정밀안전진단을 받을 수 없다고 인정될 때에는 그 기간을 연장하거나 유예(猶豫)할 수 있다.
④ 소유자등은 정밀안전진단 대상이 제1항 및 제2항에 따른 정밀안전진단을 받지 아니하거나 정밀안전진단 결과 계속 사용이 적합하지 아니하다고 인정되는 경우에는 해당 철도차량을 운행해서는 아니 된다.
⑤ 소유자등은 제38조의13 제1항에 따라 국토교통부장관이 지정한 전문기관(이하 "정밀안전진단기관"이라 한다)으로부터 정밀안전진단을 받아야 한다.
⑥ 제1항부터 제3항까지의 정밀안전진단 등의 기준·방법·절차 등에 필요한 사항은 국토교통부령으로 정한다.

◆ 시행규칙 제75조의13(정밀안전진단의 시행시기)

① 법 제38조의12 제1항에 따라 소유자등은 다음 각 호의 구분에 따른 기간이 경과하기 전에 해당 철도차량의 물리적 사용가능 여부 및 안전성능 등에 대한 정밀안전진단(이하 "최초 정밀안전진단"이라 한다)을 받아야 한다. 다만, 잦은 고장·화재·충돌 등으로 다음 각 호 구분에 따른 기간이 도래하기 이전에 정밀안전진단을 받은 경우에는 그 정밀안전진단을 최초 정밀안전진단으로 본다.
　1. 2014년 3월 19일 이후 구매계약을 체결한 철도차량 : 법 제26조의6 제2항에 따른 철도차량 완성검사증명서를 발급받은 날부터 20년
　2. 2014년 3월 18일까지 구매계약을 체결한 철도차량 : 제75조 제5항 제2호에 따른 영업시운전을 시작한 날부터 20년
② 제1항에도 불구하고 국토교통부장관은 철도차량의 정비주기·방법 등 철도차량 정비의 특수성을 고려하여 최초 정밀안전진단 시기 및 방법 등을 따로 정할 수 있고, 사고복구용·작업용·시험용 철도차량 등 법 제26조 제4항 제4호에 따른 철도차량과 「철도사업법」에 따른 전용철도 노선에서만 운행하는 철도차량은 해당 철도차량의 제작설명서 또는 구매계약서에 명시된 기대수명 전까지 최초 정밀안전진단을 받을 수 있다.

③ 소유자등은 제1항 및 제2항에 따른 정밀안전진단 결과 계속 사용할 수 있다고 인정을 받은 철도차량에 대하여 제1항 각 호에 따른 기간을 기준으로 5년마다 해당 철도차량의 물리적 사용가능 여부 및 안전성능 등에 대하여 다시 정밀안전진단(이하 "정기 정밀안전진단"라 한다)을 받아야 하며, 정기 정밀안전진단 결과 계속 사용할 수 있다고 인정을 받은 경우에도 또한 같다. 다만, 국토교통부장관은 철도차량의 정비주기·방법 등 철도차량 정비의 특수성을 고려하여 정기 정밀안전진단 시기 및 방법 등을 따로 정할 수 있다.

④ 제3항에도 불구하고 최초 정밀안전진단 또는 정기 정밀안전진단 후 운행 중 충돌·추돌·탈선·화재 등 중대한 사고가 발생되어 철도차량의 안전성 또는 성능 등에 대한 정밀안전진단이 필요한 철도차량에 대하여는 해당 철도차량을 운행하기 전에 정밀안전진단을 받아야 한다. 이 경우 정기 정밀안전진단 시기는 직전의 정기 정밀안전진단 결과 계속 사용이 적합하다고 인정을 받은 날을 기준으로 산정한다.

⑤ 제3항에도 불구하고 최초 정밀안전진단 또는 정기 정밀안전진단 후 전기·전자장치 또는 그 부품의 전기특성·기계적 특성에 따른 반복적 고장이 3회 이상 발생(실제 운행편성 단위를 기준으로 한다)한 철도차량은 반복적 고장이 3회 발생한 날부터 1년 이내에 해당 철도차량의 고장특성에 따른 상태 평가 및 안전성 평가를 시행해야 한다.

◆ 시행규칙 제75조의15(철도차량 정밀안전진단의 연장 또는 유예)

① 법 제38조의12 제3항에 따라 소유자등은 정밀안전진단 대상 철도차량이 특정 시기에 집중되거나 그 밖의 부득이한 사유로 국토교통부장관으로부터 철도차량 정밀안전진단 기간의 연장 또는 유예를 받고자 하는 경우 정밀안전진단 시기가 도래하기 5년 전까지 정밀안전진단 기간의 연장 또는 유예를 받고자 하는 철도차량의 종류, 수량, 연장 또는 유예하고자 하는 기간 및 그 사유를 명시하여 국토교통부장관에게 신청해야 한다. 다만, 긴급한 사유 등이 있는 경우 정밀안전진단 기간이 도래하기 1년 이전에 신청할 수 있다.

② 국토교통부장관은 제1항에 따라 소유자등으로부터 정밀안전진단 기간의 연장 또는 유예의 신청을 받은 경우 열차운행계획, 정밀안전진단과 유사한 성격의 점검 또는 정비 시행 여부, 정밀안전진단 시행 여건 및 철도차량의 안전성 등에 관한 타당성을 검토하여 해당 철도차량에 대한 정밀안전진단 기간의 연장 또는 유예를 할 수 있다.

◆ 시행규칙 제75조의16(철도차량 정밀안전진단의 방법 등)

① 법 제38조의12 제1항에 따른 정밀안전진단은 다음 각 호의 구분에 따라 시행한다.
  1. 상태 평가 : 철도차량의 치수 및 외관검사
  2. 안전성 평가 : 결함검사, 전기특성검사 및 전선열화검사
  3. 성능 평가 : 역행시험, 제동시험, 진동시험 및 승차감시험

② 제75조의14 및 제1항에서 정한 사항 외에 정밀안전진단의 시기, 기준, 방법 및 절차 등에 관하여 필요한 사항은 국토교통부장관이 정하여 고시한다.

제38조의13(정밀안전진단기관의 지정 등)

① 국토교통부장관은 원활한 정밀안전진단 업무 수행을 위하여 정밀안전진단기관을 지정하여야 한다.
② 정밀안전진단기관의 지정기준, 지정절차 등에 필요한 사항은 국토교통부령으로 정한다.
③ 국토교통부장관은 정밀안전진단기관이 다음 각 호의 어느 하나에 해당하는 경우에 그 지정을 취소하거나 6개월 이내의 기간을 정하여 그 업무의 전부 또는 일부의 정지를 명할 수 있다. 다만, 제1호부터 제3호까지의 어느 하나에 해당하는 경우에는 그 지정을 취소하여야 한다.
1. 거짓이나 그 밖의 부정한 방법으로 지정을 받은 경우
2. 이 조에 따른 업무정지명령을 위반하여 업무정지 기간 중에 정밀안전진단 업무를 한 경우
3. 정밀안전진단 업무와 관련하여 부정한 금품을 수수(收受)하거나 그 밖의 부정한 행위를 한 경우
4. 정밀안전진단 결과를 조작한 경우
5. 정밀안전진단 결과를 거짓으로 기록하거나 고의로 결과를 기록하지 아니한 경우
6. 성능검사 등을 받지 아니한 검사용 기계·기구를 사용하여 정밀안전진단을 한 경우

◆ **시행규칙 제75조의14(정밀안전진단의 신청 등)**
① 소유자등은 정밀안전진단 대상 철도차량의 정밀안전진단 완료 시기가 도래하기 60일 전까지 별지 제45호의10서식의 철도차량 정밀안전진단 신청서에 다음 각 호의 사항을 증명하거나 참고할 수 있는 서류를 첨부하여 법 제38조의13 제1항에 따라 국토교통부장관이 지정한 정밀안전진단기관(이하 "정밀안전진단기관"이라 한다)에 제출해야 한다.
  1. 정밀안전진단 계획서
  2. 정밀안전진단 판정을 위한 제작사양, 도면 및 검사성적서 등의 기술자료
  3. 철도차량의 중대한 사고 내역(해당되는 경우에 한정한다)
  4. 철도차량의 주요 부품의 교체 내역(해당되는 경우에 한정한다)
  5. 정밀안전진단 대상 항목의 개조 및 수리 내역(해당되는 경우에 한정한다)
  6. 전기특성검사 및 전선열화검사(電線劣化檢査 : 전선을 대상으로 외부적·내부적 영향에 따른 화학적·물리적 변화를 측정하는 검사) 시험성적서(해당되는 경우에 한정한다)
② 제1항 제1호에 따른 정밀안전진단 계획서에는 다음 각 호의 사항을 포함해야 한다.
  1. 정밀안전진단 대상 차량 및 수량
  2. 정밀안전진단 대상 차종별 대상항목
  3. 정밀안전진단 일정·장소
  4. 안전관리계획
  5. 정밀안전진단에 사용될 장비 등의 사용에 관한 사항
  6. 그 밖에 정밀안전진단에 필요한 참고자료

③ 정밀안전진단기관은 제1항에 따라 소유자등으로부터 제출 받은 정밀안전진단 신청서의 보완을 요청할 수 있다.

④ 정밀안전진단기관은 제1항에 따른 철도차량 정밀안전진단의 신청을 받은 때에는 제출된 서류를 검토한 후 신청인과 협의하여 정밀안전진단 계획서를 확정하고 신청인에게 이를 통보해야 한다.

⑤ 정밀안전진단 신청인은 제4항에 따른 정밀안전진단 계획서의 변경이 필요한 경우 정밀안전진단기관에게 다음 각 호의 서류를 제출하여 변경을 요청할 수 있다. 이 경우 요청을 받은 정밀안전진단기관은 변경되는 사항의 안전상의 영향 등을 검토하여 적합하다고 인정되는 경우에는 정밀안전진단 계획서를 변경할 수 있다.
  1. 변경하고자 하는 내용
  2. 변경하고자 하는 사유 및 설명자료

◆ 시행규칙 제75조의17(정밀안전진단기관의 지정기준 및 절차 등)

① 법 제38조의13 제1항에 따라 정밀안전진단기관으로 지정을 받으려는 자는 별지 제45호의11서식의 철도차량 정밀안전진단기관 지정신청서에 다음 각 호의 서류를 첨부하여 국토교통부장관에게 제출해야 한다.
  1. 운영계획서
  2. 정관이나 이에 준하는 약정(법인이나 단체의 경우만 해당한다)
  3. 정밀안전진단을 담당하는 전문 인력의 보유 현황 및 기술 인력의 자격·학력·경력 등을 증명할 수 있는 서류
  4. 정밀안전진단업무규정
  5. 정밀안전진단에 필요한 시설 및 장비 내역서
  6. 정밀안전진단기관에서 사용하는 직인의 인영

② 법 제38조의13 제1항에 따른 정밀안전진단기관의 지정기준은 다음 각 호와 같다.
  1. 정밀안전진단업무를 수행할 수 있는 상설 전담조직을 갖출 것
  2. 정밀안전진단업무를 수행할 수 있는 기술 인력을 확보할 것
  3. 정밀안전진단업무를 수행하기 위한 설비와 장비를 갖출 것
  4. 정밀안전진단기관의 운영 등에 관한 업무규정을 갖출 것
  5. 지정 신청일 1년 이내에 법 제38조의13 제3항에 따른 정밀안전진단기관 지정취소 또는 업무정지를 받은 사실이 없을 것
  6. 정밀안전진단 외의 업무를 수행하고 있는 경우 그 업무를 수행함으로 인하여 정밀안전진단업무가 불공정하게 수행될 우려가 없을 것
  7. 철도차량을 제조 또는 판매하는 자가 아닐 것
  8. 그 밖에 국토교통부장관이 정하여 고시하는 정밀안전진단기관의 지정 세부기준에 맞을 것

③ 제1항에 따른 정밀안전진단기관의 지정 신청을 받은 국토교통부장관은 제2항 각 호의 지정기준에 따라 지정 여부를 심사한 후 적합하다고 인정되는 경우에는 별지 제45호의12서식의 철도차량 정밀안전진단기관 지정서를 그 신청인에게 발급해야 한다.

④ 국토교통부장관은 정밀안전진단기관이 제2항에 따른 지정기준에 적합한 지의 여부를 매년 심사해야 한다.

⑤ 제3항에 따라 국토교통부장관으로부터 정밀안전진단기관으로 지정 받은 자가 그 명칭·대표자·소재지나 그 밖에 정밀안전진단 업무의 수행에 중대한 영향을 미치는 사항의 변경이 있는 경우에는 그 사유가 발생한 날부터 15일 이내에 국토교통부장관에게 그 사실을 통보해야 한다.

⑥ 국토교통부장관은 제3항에 따라 정밀안전진단기관을 지정하거나 제5항에 따른 통보를 받은 경우에는 지체 없이 관보에 고시해야 한다. 다만, 국토교통부장관이 정하여 고시하는 경미한 사항은 제외한다.

⑦ 그 밖에 정밀안전진단기관의 지정기준 및 지정절차 등에 관하여 필요한 사항은 국토교통부장관이 정하여 고시한다.

◆ 시행규칙 제75조의18(정밀안전진단기관의 업무)

정밀안전진단기관의 업무 범위는 다음 각 호와 같다.
1 해당 업무분야의 철도차량에 대한 정밀안전진단 시행
2 정밀안전진단의 항목 및 기준에 대한 조사·검토
3 정밀안전진단의 항목 및 기준에 대한 제정·개정 요청
4 정밀안전진단의 기록 보존 및 보호에 관한 업무
5 그 밖에 국토교통부장관이 필요하다고 인정하는 업무

◆ 시행규칙 제75조의19(정밀안전진단기관의 지정취소 등)

① 법 제38조의13 제3항에 따른 정밀안전진단기관의 지정취소 및 업무정지의 기준은 별표 18과 같다.

② 국토교통부장관은 법 제38조의13 제3항에 따라 정밀안전진단기관의 지정을 취소하거나 업무정지의 처분을 한 경우에는 지체 없이 그 정밀안전진단기관에 별지 제11호의3서식의 정밀안전진단기관 행정처분서를 통지하고 그 사실을 관보에 고시해야 한다.

시행규칙 [별표 18]

정밀안전진단기관의 지정취소 및 업무정지의 기준
(제75조의19 제1항 관련)

1. 일반기준

가. 위반행위의 횟수에 따른 행정처분의 가중된 부과기준은 최근 2년간 같은 위반행위로 행정처분을 받은 경우에 적용한다. 이 경우 기간의 계산은 위반행위에 대하여 행정처분을 받은 날과 그 처분 후 다시 같은 위반행위를 하여 적발된 날을 기준으로 한다.

나. 가목에 따라 가중된 부과처분을 하는 경우 가중처분의 적용 차수는 그 위반행위 전 부과처분 차수(가목에 따른 기간 내에 행정처분이 둘 이상 있었던 경우에는 높은 차수를 말한다)의 다음 차수로 한다.

다. 위반행위가 둘 이상인 경우로서 그에 해당하는 각각의 처분기준이 다른 경우에는 그 중 무거운 처분기준(무거운 처분기준이 같을 때에는 그 중 하나의 처분기준을 말한다)에 따르며, 위반행위가 둘 이상인 경우로서 그에 해당하는 각각의 처분기준이 같은 경우에는 처분기준의 2분의 1까지 가중할 수 있되, 각 처분기준을 합산한 기간을 초과할 수 없다.

라. 국토교통부장관은 위반행위의 동기·내용 및 위반의 정도 등 다음의 어느 하나에 해당하는 사유를 고려하여 그 처분을 감경할 수 있다. 이 경우 그 처분이 업무정지인 경우에는 그 처분기준의 2분의 1의 범위에서 감경할 수 있고, 지정취소인 경우(법 제38조의13 제3항 제1호부터 제3호까지에 해당하는 경우는 제외한다)에는 6개월의 업무정지 처분으로 감경할 수 있다.

 1) 위반행위가 고의나 중대한 과실이 아닌 사소한 부주의나 오류로 인한 것으로 인정되는 경우
 2) 위반의 내용·정도가 경미하여 이해관계인에게 미치는 피해가 적다고 인정되는 경우

2. 개별기준

위반사항	근거 법조문	처분기준			
		1차 위반	2차 위반	3차 위반	4차 위반
1) 거짓이나 그 밖의 부정한 방법으로 지정을 받은 경우	법 제38조의13 제3항 제1호	지정취소			
2) 업무정지명령을 위반하여 업무정지 기간 중에 정밀안전진단 업무를 한 경우	법 제38조의13 제3항 제2호	지정취소			
3) 정밀안전진단 업무와 관련하여 부정한 금품을 수수하거나 그 밖의 부정한 행위를 한 경우	법 제38조의13 제3항 제3호	지정취소			
4) 정밀안전진단 결과를 조작한 경우	법 제38조의13 제3항 제4호	업무정지 2개월	업무정지 6개월	지정취소	
5) 정밀안전진단 결과를 거짓으로 기록하거나 고의로 결과를 기록하지 않은 경우	법 제38조의13 제3항 제5호	업무정지 2개월	업무정지 6개월	지정취소	
6) 성능검사 등을 받지 않은 검사용 기계·기구를 사용하여 정밀안전진단을 한 경우	법 제38조의13 제3항 제6호	업무정지 1개월	업무정지 2개월	업무정지 4개월	업무정지 6개월

제38조의14(준용규정)

정밀안전진단기관에 대한 과징금의 부과·징수에 관하여는 제9조의2를 준용한다. 이 경우 "제9조 제1항"은 "제38조의13 제3항"으로, "철도운영자등"은 "정밀안전진단기관"으로 본다.

■ **시행령 제29조의4(정밀안전진단기관 관련 과징금의 부과기준)**

법 제38조의14에서 준용하는 법 제9조의2에 따른 과징금의 부과기준은 별표 4의3과 같다.

시행령 [별표 4의3]

정밀안전진단기관 관련 과징금의 부과기준(제29조의4 관련)

1. 일반기준

가. 위반행위의 횟수에 따른 과징금의 가중된 부과기준은 최근 2년간 같은 위반행위로 과징금 부과처분을 받은 경우에 적용한다. 이 경우 기간의 계산은 위반행위에 대하여 과징금 부과처분을 받은 날과 그 처분 후 다시 같은 위반행위를 하여 적발된 날을 기준으로 한다.

나. 가목에 따라 가중된 부과처분을 하는 경우 가중처분의 적용 차수는 그 위반행위 전 부과처분 차수(가목에 따른 기간 내에 과징금 부과처분이 둘 이상 있었던 경우에는 높은 차수를 말한다)의 다음 차수로 한다.

다. 위반행위가 둘 이상인 경우로서 각 처분내용이 업무정지에 갈음하여 부과하는 과징금인 경우에는 각 처분기준에 따른 과징금을 합산한 금액을 넘지 않는 범위에서 가장 무거운 처분기준에 해당하는 과징금 금액의 2분의 1의 범위까지 늘릴 수 있다.

라. 국토교통부장관은 다음의 어느 하나에 해당하는 경우에는 제2호의 개별기준에 따른 과징금 금액의 2분의 1의 범위에서 그 금액을 줄일 수 있다. 다만, 과징금을 체납하고 있는 위반행위자의 경우에는 그렇지 않다.
  1) 위반행위가 사소한 부주의나 오류로 인한 것으로 인정되는 경우
  2) 위반행위자가 법 위반상태를 시정하거나 해소하기 위한 노력이 인정되는 경우
  3) 그 밖에 위반행위의 정도, 위반행위의 동기와 그 결과 등을 고려하여 과징금을 줄일 필요가 있다고 인정되는 경우

마. 국토교통부장관은 다음의 어느 하나에 해당하는 경우에는 제2호의 개별기준에 따른 과징금 금액의 2분의 1의 범위에서 그 금액을 늘릴 수 있다. 다만, 법 제9조의2 제1항에 따른 과징금 금액의 상한을 넘을 수 없다.
  1) 위반의 내용 및 정도가 중대하여 공중에게 미치는 피해가 크다고 인정되는 경우
  2) 법 위반상태의 기간이 6개월 이상인 경우
  3) 그 밖에 위반행위의 정도, 위반행위의 동기와 그 결과 등을 고려하여 과징금을 늘릴 필요가 있다고 인정되는 경우

2. 개별기준

위반사항	근거 법조문	과징금 금액(단위 : 백만원)			
		1차 위반	2차 위반	3차 위반	4차 이상 위반
1) 법 제38조의13 제3항 제4호를 위반하여 정밀안전진단 결과를 조작한 경우	법 제38조의13 제3항 제4호	15	50		
2) 법 제38조의13 제3항 제5호를 위반하여 정밀안전진단 결과를 거짓으로 기록하거나 고의로 결과를 기록하지 않은 경우	법 제38조의13 제3항 제5호	15	50		
3) 법 제38조의13 제3항 제6호를 위반하여 성능검사 등을 받지 않은 검사용 기계·기구를 사용하여 정밀안전진단을 한 경우	법 제38조의13 제3항 제6호	5	15	30	50

제 5 장　철도차량운행안전 및 철도보호

제39조(철도차량의 운행)
열차의 편성, 철도차량 운전 및 신호방식 등 철도차량의 안전운행에 필요한 사항은 국토교통부령으로 정한다.

제39조의2(철도교통 관제)
① 철도차량을 운행하는 자는 국토교통부장관이 지시하는 이동·출발·정지 등의 명령과 운행 기준·방법·절차 및 순서 등에 따라야 한다.
② 국토교통부장관은 철도차량의 안전하고 효율적인 운행을 위하여 철도시설의 운용상태 등 철도차량의 운행과 관련된 조언과 정보를 철도종사자 또는 철도운영자등에게 제공할 수 있다.
③ 국토교통부장관은 철도차량의 안전한 운행을 위하여 철도시설 내에서 사람, 자동차 및 철도차량의 운행제한 등 필요한 안전조치를 취할 수 있다.
④ 제1항부터 제3항까지의 규정에 따라 국토교통부장관이 행하는 업무의 대상, 내용 및 절차 등에 관하여 필요한 사항은 국토교통부령으로 정한다.

◆ **시행규칙 제76조(철도교통관제업무의 대상 및 내용 등)**
① 다음 각 호의 어느 하나에 해당하는 경우에는 법 제39조의2에 따라 국토교통부장관이 행하는 철도교통관제업무(이하 "관제업무"라 한다)의 대상에서 제외한다.
　1. 정상운행을 하기 전의 신설선 또는 개량선에서 철도차량을 운행하는 경우
　2. 「철도산업발전 기본법」 제3조 제2호 나목에 따른 철도차량을 보수·정비하기 위한 차량정비기지 및 차량유치시설에서 철도차량을 운행하는 경우
② 법 제39조의2 제4항에 따라 국토교통부장관이 행하는 관제업무의 내용은 다음 각 호와 같다.
　1. 철도차량의 운행에 대한 집중 제어·통제 및 감시
　2. 철도시설의 운용상태 등 철도차량의 운행과 관련된 조언과 정보의 제공 업무
　3. 철도보호지구에서 법 제45조 제1항 각호의 어느 하나에 해당하는 행위를 할 경우 열차운행 통제 업무
　4. 철도사고 등의 발생 시 사고복구, 긴급구조·구호 지시 및 관계 기관에 대한 상황보고·전파 업무
　5. 그 밖에 국토교통부장관이 철도차량의 안전운행 등을 위하여 지시한 사항
③ 철도운영자등은 철도사고 등이 발생하거나 철도시설 또는 철도차량 등이 정상적인 상태에 있지 아니하다고 의심되는 경우에는 이를 신속히 국토교통장관에 통보하여야 한다.
④ 관제업무에 관한 세부적인 기준·절차 및 방법은 국토교통부장관이 정하여 고시한다.

제39조의3(영상기록장치의 설치·운영 등)

① 철도운영자등은 철도차량의 운행상황 기록, 교통사고 상황 파악, 안전사고 방지, 범죄 예방 등을 위하여 다음 각 호의 철도차량 또는 철도시설에 영상기록장치를 설치·운영 하여야 한다. 이 경우 영상기록장치의 설치 기준, 방법 등은 대통령령으로 정한다.
  1. 철도차량 중 대통령령으로 정하는 동력차 및 객차
  2. 승강장 등 대통령령으로 정하는 안전사고의 우려가 있는 역 구내
  3. 대통령령으로 정하는 차량정비기지
  4. 변전소 등 대통령령으로 정하는 안전확보가 필요한 철도시설
② 철도운영자등은 제1항에 따라 영상기록장치를 설치하는 경우 운전업무종사자, 여객 등이 쉽게 인식할 수 있도록 대통령령으로 정하는 바에 따라 안내판 설치 등 필요한 조치를 하여야 한다.
③ 철도운영자등은 설치 목적과 다른 목적으로 영상기록장치를 임의로 조작하거나 다른 곳을 비추어서는 아니 되며, 운행기간 외에는 영상기록(음성기록을 포함한다. 이하 같다)을 하여서는 아니 된다.
④ 철도운영자등은 다음 각 호의 어느 하나에 해당하는 경우 외에는 영상기록을 이용하거나 다른 자에게 제공하여서는 아니 된다.
  1. 교통사고 상황 파악을 위하여 필요한 경우
  2. 범죄의 수사와 공소의 제기 및 유지에 필요한 경우
  3. 법원의 재판업무수행을 위하여 필요한 경우
⑤ 철도운영자등은 영상기록장치에 기록된 영상이 분실·도난·유출·변조 또는 훼손되지 아니하도록 대통령령으로 정하는 바에 따라 영상기록장치의 운영·관리 지침을 마련하여야 한다.
⑥ 영상기록장치의 설치·관리 및 영상기록의 이용·제공 등은 「개인정보 보호법」에 따라야 한다.
⑦ 제4항에 따른 영상기록의 제공과 그 밖에 영상기록의 보관 기준 및 보관 기간 등에 필요한 사항은 국토교통부령으로 정한다.

■ 시행령 제30조(영상기록장치 설치대상)

① 법 제39조의3 제1항 제1호에서 "대통령령으로 정하는 동력차 및 객차"란 다음 각 호의 동력차 및 객차를 말한다.
  1. 열차의 맨 앞에 위치한 동력차로서 운전실 또는 운전설비가 있는 동력차
  2. 승객 설비를 갖추고 여객을 수송하는 객차
② 법 제39조의3 제1항 제2호에서 "승강장 등 대통령령으로 정하는 안전사고의 우려가 있는 역 구내"란 승강장, 대합실 및 승강설비를 말한다. 〈신설 2020. 5. 26.〉

③ 법 제39조의3 제1항 제3호에서 "대통령령으로 정하는 차량정비기지"란 다음 각 호의 차량정비기지를 말한다. 〈신설 2020. 5. 26.〉
　1. 「철도사업법」 제4조의2 제1호에 따른 고속철도차량을 정비하는 차량정비기지
　2. 철도차량을 중정비(철도차량을 완전히 분해하여 검수·교환하거나 탈선·화재 등으로 중대하게 훼손된 철도차량을 정비하는 것을 말한다)하는 차량정비기지
　3. 대지면적이 3천제곱미터 이상인 차량정비기지
④ 법 제39조의3 제1항 제4호에서 "변전소 등 대통령령으로 정하는 안전확보가 필요한 철도시설"이란 다음 각 호의 철도시설을 말한다. 〈신설 2020. 5. 26.〉
　1. 변전소(구분소를 포함한다), 무인기능실(전철전력설비, 정보통신설비, 신호 또는 열차제어설비 운영과 관련된 경우만 해당한다)
　2. 노선이 분기되는 구간에 설치된 분기기(선로전환기를 포함한다), 역과 역 사이에 설치된 건넘선
　3. 「통합방위법」 제21조 제4항에 따라 국가중요시설로 지정된 교량 및 터널
　4. 「철도의 건설 및 철도시설 유지관리에 관한 법률」 제2조 제2호에 따른 고속철도에 설치된 길이 1킬로미터 이상의 터널

■ **시행령 제30조의2(영상기록장치의 설치 기준 및 방법)**
법 제39조의3 제1항에 따른 영상기록장치의 설치 기준 및 방법은 별표 4의4와 같다.

시행령 [별표 4의4] 〈신설 2021. 6. 23.〉

영상기록장치의 설치 기준 및 방법 (제30조의2 관련)

1. 법 제39조의3 제1항 제1호에 따른 동력차에는 다음 각 목의 기준에 따라 영상기록장치를 설치해야 한다.
   가. 다음의 상황을 촬영할 수 있는 영상기록장치를 각각 설치할 것
      1) 선로변을 포함한 철도차량 전방의 운행 상황
      2) 운전실의 운전조작 상황
   나. 가목에도 불구하고 다음의 어느 하나에 해당하는 철도차량의 경우에는 같은 목 2)의 상황을 촬영할 수 있는 영상기록장치는 설치하지 않을 수 있다.
      1) 운행정보의 기록장치 등을 통해 철도차량의 운전조작 상황을 파악할 수 있는 철도차량
      2) 무인운전 철도차량
      3) 전용철도의 철도차량

2. 법 제39조의3 제1항 제1호에 따른 객차에는 다음 각 목의 기준에 따라 영상기록장치를 설치해야 한다.
   가. 영상기록장치의 해상도는 범죄 예방 및 범죄 상황 파악 등에 지장이 없는 정도일 것
   나. 객차 내에 사각지대가 없도록 설치할 것
   다. 여객 등이 영상기록장치를 쉽게 인식할 수 있는 위치에 설치할 것

3. 법 제39조의3 제1항 제2호부터 제4호까지의 규정에 따른 시설에는 다음 각 목의 기준에 따라 영상기록장치를 설치해야 한다.
   가. 다음의 상황을 촬영할 수 있는 영상기록장치를 모두 설치할 것
      1) 여객의 대기·승하차 및 이동 상황
      2) 철도차량의 진출입 및 운행 상황
      3) 철도시설의 운영 및 현장 상황
   나. 철도차량 또는 철도시설이 충격을 받거나 화재가 발생한 경우 등 정상적이지 않은 환경에서도 영상기록장치가 최대한 보호될 수 있을 것

■ 시행령 제31조(영상기록장치 설치 안내)

철도운영자등은 법 제39조의3 제2항에 따라 운전업무종사자 및 여객 등 「개인정보 보호법」 제2조 제3호에 따른 정보주체가 쉽게 인식할 수 있는 운전실 및 객차 출입문 등에 다음 각 호의 사항이 표시된 안내판을 설치해야 한다.
1. 영상기록장치의 설치 목적
2. 영상기록장치의 설치 위치, 촬영 범위 및 촬영 시간
3. 영상기록장치 관리 책임 부서, 관리책임자의 성명 및 연락처
4. 그 밖에 철도운영자등이 필요하다고 인정하는 사항

■ 시행령 제32조(영상기록장치의 운영·관리 지침)

철도운영자등은 법 제39조의3 제5항에 따라 영상기록장치에 기록된 영상이 분실·도난·유출·변조 또는 훼손되지 않도록 다음 각 호의 사항이 포함된 영상기록장치 운영·관리 지침을 마련해야 한다.
1. 영상기록장치의 설치 근거 및 설치 목적
2. 영상기록장치의 설치 대수, 설치 위치 및 촬영 범위
3. 관리책임자, 담당 부서 및 영상기록에 대한 접근 권한이 있는 사람
4. 영상기록의 촬영 시간, 보관기간, 보관장소 및 처리방법
5. 철도운영자등의 영상기록 확인 방법 및 장소
6. 정보주체의 영상기록 열람 등 요구에 대한 조치
7. 영상기록에 대한 접근 통제 및 접근 권한의 제한 조치
8. 영상기록을 안전하게 저장·전송할 수 있는 암호화 기술의 적용 또는 이에 상응하는 조치
9. 영상기록 침해사고 발생에 대응하기 위한 접속기록의 보관 및 위조·변조 방지를 위한 조치
10. 영상기록에 대한 보안프로그램의 설치 및 갱신
11. 영상기록의 안전한 보관을 위한 보관시설의 마련 또는 잠금장치의 설치 등 물리적 조치
12. 그 밖에 영상기록장치의 설치·운영 및 관리에 필요한 사항

◆ 시행규칙 제76조의2 삭제 〈2021. 6. 23〉

◆ 시행규칙 제76조의3(영상기록의 보관기준 및 보관기간)

① 철도운영자등은 영상기록장치에 기록된 영상기록을 영 제32조에 따른 영상기록장치 운영·관리 지침에서 정하는 보관기간(이하 "보관기간"이라 한다) 동안 보관하여야 한다. 이 경우 보관기간은 3일 이상의 기간이어야 한다.
② 철도운영자등은 보관기간이 지난 영상기록을 삭제하여야 한다. 다만, 보관기간 내에 법 제39조의3 제4항 각 호의 어느 하나에 해당하여 영상기록에 대한 제공을 요청 받은 경우에는 해당 영상기록을 제공하기 전까지는 영상기록을 삭제해서는 아니 된다.

제40조(열차운행의 일시중지)

① 철도운영자는 다음 각 호의 어느 하나에 해당하는 경우로서 열차의 안전운행에 지장이 있다고 인정하는 경우에는 열차운행을 일시 중지할 수 있다.
  1. 지진, 태풍, 폭우, 폭설 등 천재지변 또는 악천후로 인하여 재해가 발생하였거나 재해가 발생할 것으로 예상되는 경우
  2. 그 밖에 열차운행에 중대한 장애가 발생하였거나 발생할 것으로 예상되는 경우
② 철도종사자는 철도사고 및 운행장애의 징후가 발견되거나 발생 위험이 높다고 판단되는 경우에는 관제업무종사자에게 열차운행을 일시 중지할 것을 요청할 수 있다. 이 경우 요청을 받은 관제업무종사자는 특별한 사유가 없으면 즉시 열차운행을 중지하여야 한다.
③ 철도종사자는 제2항에 따른 열차운행의 중지 요청과 관련하여 고의 또는 중대한 과실이 없는 경우에는 민사상 책임을 지지 아니한다.
④ 누구든지 제2항에 따라 열차운행의 중지를 요청한 철도종사자에게 이를 이유로 불이익한 조치를 하여서는 아니 된다

제40조의2(철도종사자의 준수사항)

① 운전업무종사자는 철도차량의 운전업무 수행 중 다음 각 호의 사항을 준수하여야 한다.
  1. 철도차량 출발 전 국토교통부령으로 정하는 조치 사항을 이행할 것
  2. 국토교통부령으로 정하는 철도차량 운행에 관한 안전 수칙을 준수할 것
② 관제업무종사자는 관제업무 수행 중 다음 각 호의 사항을 준수하여야 한다.
  1. 국토교통부령으로 정하는 바에 따라 운전업무종사자 등에게 열차 운행에 관한 정보를 제공할 것
  2. 철도사고, 철도준사고 및 운행장애(이하 "철도사고등"이라 한다) 발생 시 국토교통부령으로 정하는 조치 사항을 이행할 것
③ 작업책임자는 철도차량의 운행선로 또는 그 인근에서 철도시설의 건설 또는 관리와 관련된 작업 수행 중 다음 각 호의 사항을 준수하여야 한다.
  1. 국토교통부령으로 정하는 바에 따라 작업 수행 전에 작업원을 대상으로 안전교육을 실시할 것
  2. 국토교통부령으로 정하는 작업안전에 관한 조치 사항을 이행할 것
④ 철도운행안전관리자는 철도차량의 운행선로 또는 그 인근에서 철도시설의 건설 또는 관리와 관련된 작업 수행 중 다음 각 호의 사항을 준수하여야 한다.
  1. 작업일정 및 열차의 운행일정을 작업수행 전에 조정할 것
  2. 제1호의 작업일정 및 열차의 운행일정을 작업과 관련하여 관할 역의 관리책임자(정거장에서 철도신호기·선로전환기 또는 조작판 등을 취급하는 사람을 포함한다) 및 관제업무종사자와 협의하여 조정할 것
  3. 국토교통부령으로 정하는 열차운행 및 작업안전에 관한 조치 사항을 이행할 것
⑤ 철도사고등이 발생하는 경우 해당 철도차량의 운전업무종사자와 여객승무원은 철도사고등의 현장을 이탈하여서는 아니 되며, 철도차량 내 안전 및 질서유지를 위하여 승객구호조치 등 국토교통부령으로 정하는 후속조치를 이행하여야 한다. 다만, 의료기관으로의 이송이 필요한 경우 등 국토교통부령으로 정하는 경우에는 그러하지 아니하다.

◆ 시행규칙 제76조의4(운전업무종사자의 준수사항)

① 법 제40조의2 제1항 제1호에서 "철도차량 출발 전 국토교통부령으로 정하는 조치사항"이란 다음 각 호를 말한다.
  1. 철도차량이 「철도산업발전기본법」 제3조 제2호 나목에 따른 차량정비기지에서 출발하는 경우 다음 각 목의 기능에 대하여 이상 여부를 확인할 것
     가. 운전제어와 관련된 장치의 기능
     나. 제동장치 기능
     다. 그 밖에 운전 시 사용하는 각종 계기판의 기능

    2. 철도차량이 역시설에서 출발하는 경우 여객의 승하차 여부를 확인할 것. 다만, 여객승무원이 대신하여 확인하는 경우에는 그러하지 아니하다.
② 법 제40조의2 제1항 제2호에서 "국토교통부령으로 정하는 철도차량 운행에 관한 안전 수칙"이란 다음 각 호를 말한다.
  1. 철도신호에 따라 철도차량을 운행할 것
  2. 철도차량의 운행 중에 휴대전화 등 전자기기를 사용하지 아니할 것. 다만, 다음 각 목의 어느 하나에 해당하는 경우로서 철도운영자가 운행의 안전을 저해하지 아니하는 범위에서 사전에 사용을 허용한 경우에는 그러하지 아니하다.
    가. 철도사고등 또는 철도차량의 기능장애가 발생하는 등 비상상황이 발생한 경우
    나. 철도차량의 안전운행을 위하여 전자기기의 사용이 필요한 경우
    다. 그 밖에 철도운영자가 철도차량의 안전운행에 지장을 주지 아니한다고 판단하는 경우
  3. 철도운영자가 정하는 구간별 제한속도에 따라 운행할 것
  4. 열차를 후진하지 아니할 것. 다만, 비상상황 발생 등의 사유로 관제업무종사자의 지시를 받는 경우에는 그러하지 아니하다.
  5. 정거장 외에는 정차를 하지 아니할 것. 다만, 정지신호의 준수 등 철도차량의 안전운행을 위하여 정차를 하여야 하는 경우에는 그러하지 아니하다.
  6. 운행구간의 이상이 발견된 경우 관제업무종사자에게 즉시 보고할 것
  7. 관제업무종사자의 지시를 따를 것

◆ 시행규칙 제76조의5(관제업무종사자의 준수사항)
① 법 제40조의2 제2항 제1호에 따라 관제업무종사자는 다음 각 호의 정보를 운전업무종사자, 여객승무원 또는 영 제3조 제4호에 따른 사람에게 제공하여야 한다.
  1. 열차의 출발, 정차 및 노선변경 등 열차 운행의 변경에 관한 정보
  2. 열차 운행에 영향을 줄 수 있는 다음 각 목의 정보
    가. 철도차량이 운행하는 선로 주변의 공사·작업의 변경 정보
    나. 철도사고등에 관련된 정보
    다. 재난 관련 정보
    라. 테러 발생 등 그 밖의 비상상황에 관한 정보
② 법 제40조의2 제2항 제2호에서 "국토교통부령으로 정하는 조치사항"이란 다음 각 호를 말한다.
  1. 철도사고 등이 발생하는 경우 여객 대피 및 철도차량 보호 조치 여부 등 사고현장 현황을 파악할 것
  2. 철도사고등의 수습을 위하여 필요한 경우 다음 각 목의 조치를 할 것
    가. 사고현장의 열차운행 통제
    나. 의료기관 및 소방서 등 관계기관에 지원 요청

다. 사고 수습을 위한 철도종사자의 파견 요청
라. 2차사고 예방을 위하여 철도차량이 구르지 아니하도록 하는 조치 지시
마. 안내방송 등 여객 대피를 위한 필요한 조치 지시
바. 전차선(선로를 통하여 철도차량에 전기를 공급하는 장치를 말한다)의 전기공급 차단 조치
사. 구원(救援)열차 또는 임시열차의 운행 지시
아. 열차의 운행간격 조정
3. 철도사고 등의 발생사유, 지연시간 등을 사실대로 기록하여 관리할 것

◆ 시행규칙 제76조의6(작업책임자의 준수사항)

① 법 제2조 제10호 마목에 따른 작업책임자(이하 "작업책임자"라 한다)는 법 제40조의2 제3항 제1호에 따라 작업 수행 전에 작업원을 대상으로 다음 각 호의 사항이 포함된 안전교육을 실시해야 한다.
1. 해당 작업일의 작업계획(작업량, 작업일정, 작업순서, 작업방법, 작업원별 임무 및 작업장 이동방법 등을 포함한다)
2. 안전장비 착용 등 작업원 보호에 관한 사항
3. 작업특성 및 현장여건에 따른 위험요인에 대한 안전조치 방법
4. 작업책임자와 작업원의 의사소통 방법, 작업통제 방법 및 그 준수에 관한 사항
5. 건설기계 등 장비를 사용하는 작업의 경우에는 철도사고 예방에 관한 사항
6. 그 밖에 안전사고 예방을 위해 필요한 사항으로서 국토교통부장관이 정해 고시하는 사항

② 법 제40조의2 제3항 제2호에서 "국토교통부령으로 정하는 작업안전에 관한 조치 사항"이란 다음 각 호를 말한다.
1. 법 제40조의2 제4항 제1호 및 제2호에 따른 조정 내용에 따라 작업계획 등의 조정·보완
2. 작업 수행 전 다음 각 목의 조치
   가. 작업원의 안전장비 착용상태 점검
   나. 작업에 필요한 안전장비·안전시설의 점검
   다. 그 밖에 작업 수행 전에 필요한 조치로서 국토교통부장관이 정해 고시하는 조치
3. 작업시간 내 작업현장 이탈 금지
4. 작업 중 비상상황 발생 시 열차방호 등의 조치
5. 해당 작업으로 인해 열차운행에 지장이 있는지 여부 확인
6. 작업완료 시 상급자에게 보고
7. 그 밖에 작업안전에 필요한 사항으로서 국토교통부장관이 정해 고시하는 사항

◆ **시행규칙 제76조의7(철도운행안전관리자의 준수사항)**

법 제40조의2 제4항 제3호에서 "국토교통부령으로 정하는 열차운행 및 작업안전에 관한 조치 사항"이란 다음 각 호를 말한다.
1. 법 제40조의2 제4항 제1호 및 제2호에 따른 조정 내용을 작업책임자에게 통지
2. 영 제59조 제2항 제1호에 따른 업무
3. 작업 수행 전 다음 각 목의 조치
   가. 「산업안전보건기준에 관한 규칙」 제407조 제1항에 따라 배치한 열차운행감시인의 안전장비 착용상태 및 휴대물품 현황 점검
   나. 그 밖에 작업 수행 전에 필요한 조치로서 국토교통부장관이 정해 고시하는 조치
4. 관할 역의 관리책임자(정거장에서 철도신호기·선로전환기 또는 조작판 등을 취급하는 사람을 포함한다) 및 작업책임자와의 연락체계 구축
5. 작업시간 내 작업현장 이탈 금지
6. 작업이 지연되거나 작업 중 비상상황 발생 시 작업일정 및 열차의 운행일정 재조정 등에 관한 조치
7. 그 밖에 열차운행 및 작업안전에 필요한 사항으로서 국토교통부장관이 정해 고시하는 사항

◆ **시행규칙 제76조의8(철도사고 등의 발생 시 후속조치 등)**

① 법 제40조의2 제5항 본문에 따라 운전업무종사자와 여객승무원은 다음 각 호의 후속조치를 이행하여야 한다. 이 경우 운전업무종사자와 여객승무원은 후속조치에 대하여 각각의 역할을 분담하여 이행할 수 있다.
   1. 관제업무종사자 또는 인접한 역시설의 철도종사자에게 철도사고 등의 상황을 전파할 것
   2. 철도차량 내 안내방송을 실시할 것. 다만, 방송장치로 안내방송이 불가능한 경우에는 확성기 등을 사용하여 안내하여야 한다.
   3. 여객의 안전을 확보하기 위하여 필요한 경우 철도차량 내 여객을 대피시킬 것
   4. 2차 사고 예방을 위하여 철도차량이 구르지 아니하도록 하는 조치를 할 것
   5. 여객의 안전을 확보하기 위하여 필요한 경우 철도차량의 비상문을 개방할 것
   6. 사상자 발생 시 응급환자를 응급처치하거나 의료기관에 긴급히 이송되도록 지원할 것
② 법 제40조의2 제5항 단서에서 "의료기관으로의 이송이 필요한 경우 등 국토교통부령으로 정하는 경우"란 다음 각 호의 어느 하나에 해당하는 경우를 말한다.
   1. 운전업무종사자 또는 여객승무원이 중대한 부상 등으로 인하여 의료기관으로의 이송이 필요한 경우
   2. 관제업무종사자 또는 철도사고 등의 관리책임자로부터 철도사고 등의 현장 이탈이 가능하다고 통보받은 경우
   3. 여객을 안전하게 대피시킨 후 운전업무종사자와 여객승무원의 안전을 위하여 현장을 이탈하여야 하는 경우

제41조(철도종사자의 음주제한 등)

① 다음 각 호의 어느 하나에 해당하는 철도종사자(실무수습 중인 사람을 포함한다)는 술(「주세법」 제3조 제1호에 따른 주류를 말한다. 이하 같다)을 마시거나 약물을 사용한 상태에서 업무를 하여서는 아니 된다.
  1. 운전업무종사자
  2. 관제업무종사자
  3. 여객승무원
  4. 작업책임자
  5. 철도운행안전관리자
  6. 정거장에서 철도신호기·선로전환기 및 조작판 등을 취급하거나 열차의 조성(組成 : 철도차량을 연결하거나 분리하는 작업을 말한다)업무를 수행하는 사람
  7. 철도차량 및 철도시설의 점검·정비 업무에 종사하는 사람
② 국토교통부장관 또는 시·도지사(「도시철도법」 제3조 제2호에 따른 도시철도 및 같은 법 제24조에 따라 지방자치단체로부터 도시철도의 건설과 운영의 위탁을 받은 법인이 건설·운영하는 도시철도만 해당한다. 이하 이 조, 제42조, 제45조, 제46조 및 제82조 제6항에서 같다)는 철도안전과 위험방지를 위하여 필요하다고 인정하거나 제1항에 따른 철도종사자가 술을 마시거나 약물을 사용한 상태에서 업무를 하였다고 인정할 만한 상당한 이유가 있을 때에는 철도종사자에 대하여 술을 마셨거나 약물을 사용하였는지 확인 또는 검사할 수 있다. 이 경우 그 철도종사자는 국토교통부장관 또는 시·도지사의 확인 또는 검사를 거부하여서는 아니 된다.
③ 제2항에 따른 확인 또는 검사 결과 철도종사자가 술을 마시거나 약물을 사용하였다고 판단하는 기준은 다음 각 호의 구분과 같다.
  1. 술 : 혈중 알코올농도가 0.02퍼센트(제1항 제4호부터 제6호까지의 철도종사자는 0.03퍼센트) 이상인 경우
  2. 약물 : 양성으로 판정된 경우
④ 제2항에 따른 확인 또는 검사의 방법·절차 등에 관하여 필요한 사항은 대통령령으로 정한다.

■ **시행령 제43조** 삭제 〈2018. 2. 9.〉

■ **시행령 제43조의2(철도종사자의 음주 등에 대한 확인 또는 검사)**
① 삭제
② 법 제41조 제2항에 따른 술을 마셨는지에 대한 확인 또는 검사는 호흡측정기 검사의 방법으로 실시하고, 검사 결과에 불복하는 사람에 대해서는 그 철도종사자의 동의를 받아 혈액 채취 등의 방법으로 다시 측정할 수 있다.

③ 법 제41조 제2항에 따른 약물을 사용하였는지에 대한 확인 또는 검사는 소변 검사 또는 모발 채취 등의 방법으로 실시한다.
④ 제2항 및 제3항에 따른 확인 또는 검사의 세부절차와 방법 등 필요한 사항은 국토교통부장관이 정한다.

> **제42조(위해물품의 휴대금지)**
> ① 누구든지 무기, 화약류, 유해화학물질 또는 인화성이 높은 물질 등 공중(公衆)이나 여객에게 위해를 끼치거나 끼칠 우려가 있는 물건 또는 물질(이하 "위해물품"이라 한다)을 열차에서 휴대하거나 적재(積載)할 수 없다. 다만, 국토교통부장관 또는 시·도지사의 허가를 받은 경우 또는 국토교통부령으로 정하는 특정한 직무를 수행하기 위한 경우에는 그러하지 아니하다.
> ② 위해물품의 종류, 휴대 또는 적재 허가를 받은 경우의 안전조치 등에 관하여 필요한 세부사항은 국토교통부령으로 정한다.

◆ **시행규칙 제77조(위해물품 휴대금지 예외)**

법 제42조 제1항 단서에서 "국토교통부령으로 정하는 특정한 직무를 수행하기 위한 경우"란 다음 각 호의 사람이 직무를 수행하기 위하여 위해물품을 휴대·적재하는 경우를 말한다.
1. 「사법경찰관리의 직무를 수행할 자와 그 직무범위에 관한 법률」 제5조 제11호에 따른 철도공안 사무에 종사하는 국가공무원
2. 「경찰관직무집행법」 제2조의 경찰관 직무를 수행하는 사람
3. 「경비업법」 제2조에 따른 경비원
4. 위험물품을 운송하는 군용열차를 호송하는 군인

◆ **시행규칙 제78조(위해물품의 종류 등)**

① 법 제42조 제2항에 따른 위해물품의 종류는 다음 각 호와 같다.
 1. 화약류 : 「총포·도검·화약류 등의 안전관리에 관한 법률」에 따른 화약·폭약·화공품과 그 밖에 폭발성이 있는 물질
 2. 고압가스 : 섭씨 50도 미만의 임계온도를 가진 물질, 섭씨 50도에서 300킬로파스칼을 초과하는 절대압력(진공을 0으로 하는 압력을 말한다. 이하 같다)을 가진 물질, 섭씨 21.1도에서 280킬로파스칼을 초과하거나 섭씨 54.4도에서 730킬로파스칼을 초과하는 절대압력을 가진 물질이나, 섭씨 37.8도에서 280킬로파스칼을 초과하는 절대가스압력(진공을 0으로 하는 가스압력을 말한다)을 가진 액체상태의 인화성 물질
 3. 인화성 액체 : 밀폐식 인화점 측정법에 따른 인화점이 섭씨 60.5도 이하인 액체나 개방식 인화점 측정법에 따른 인화점이 섭씨 65.6도 이하인 액체

4. 가연성 물질류 : 다음 각 목에서 정하는 물질
   가. 가연성고체 : 화기 등에 의하여 용이하게 점화되며 화재를 조장할 수 있는 가연성 고체
   나. 자연발화성 물질 : 통상적인 운송 상태에서 마찰·습기흡수·화학변화 등으로 인하여 자연발열하거나 자연발화하기 쉬운 물질
   다. 그 밖의 가연성물질 : 물과 작용하여 인화성 가스를 발생하는 물질
5. 산화성 물질류 : 다음 각 목에서 정하는 물질
   가. 산화성 물질 : 다른 물질을 산화시키는 성질을 가진 물질로서 유기과산화물 외의 것
   나. 유기과산화물 : 다른 물질을 산화시키는 성질을 가진 유기물질
6. 독물류 : 다음 각 목에서 정하는 물질
   가. 독물 : 사람이 흡입·접촉하거나 체내에 섭취한 경우에 강력한 독작용이나 자극을 일으키는 물질
   나. 병독을 옮기기 쉬운 물질 : 살아 있는 병원체 및 살아 있는 병원체를 함유하거나 병원체가 부착되어 있다고 인정되는 물질
7. 방사성 물질 : 「원자력안전법」 제2조에 따른 핵물질 및 방사성물질이나 이로 인하여 오염된 물질로서 방사능의 농도가 킬로그램당 74킬로베크렐(그램당 0.002 마이크로큐리) 이상인 것
8. 부식성 물질 : 생물체의 조직에 접촉한 경우 화학반응에 의하여 조직에 심한 위해를 주는 물질이나 열차의 차체·적하물 등에 접촉한 경우 물질적 손상을 주는 물질
9. 마취성 물질 : 객실승무원이 정상근무를 할 수 없도록 극도의 고통이나 불편함을 발생시키는 마취성이 있는 물질이나 그와 유사한 성질을 가진 물질
10. 총포·도검류 등 : 「총포·도검·화약류 등 단속법」에 따른 총포·도검 및 이에 준하는 흉기류
11. 그 밖의 유해물질 : 제1호부터 제10호까지 외의 것으로서 화학변화 등에 의하여 사람에게 위해를 주거나 열차 안에 적재된 물건에 물질적인 손상을 줄 수 있는 물질

② 철도운영자등은 제1항에 따른 위해물품에 대하여 휴대나 적재의 적정성, 포장 및 안전조치의 적정성 등을 검토하여 휴대나 적재를 허가할 수 있다. 이 경우 해당 위해물품이 위해물품임을 나타낼 수 있는 표지를 포장 바깥면 등 잘 보이는 곳에 붙여야 한다.

제43조(위험물의 운송위탁 및 운송금지)

누구든지 점화류(點火類) 또는 점폭약류(點爆藥類)를 붙인 폭약, 니트로글리세린, 건조한 기폭약(起爆藥), 뇌홍질화연(雷汞窒化鉛)에 속하는 것 등 대통령령으로 정하는 위험물의 운송을 위탁할 수 없으며, 철도운영자는 이를 철도로 운송할 수 없다.

■ **시행령 제44조(운송위탁 및 운송금지 위험물 등)**

법 제43조에서 "점화류(點火類) 또는 점폭약류(點爆藥類)를 붙인 폭약, 니트로글리세린, 건조한 기폭약(起爆藥), 뇌홍질화연(雷汞窒化鉛)에 속하는 것 등 대통령령으로 정하는 위험물"이란 다음 각 호의 위험물을 말한다.
1. 점화 또는 점폭약류를 붙인 폭약
2. 니트로글리세린
3. 건조한 기폭약
4. 뇌홍질화연에 속하는 것
5. 그 밖에 사람에게 위해를 주거나 물건에 손상을 줄 수 있는 물질로서 국토교통부장관이 정하여 고시하는 위험물

제44조(위험물의 운송)

① 대통령령으로 정하는 위험물을 철도로 운송하려는 철도운영자는 국토교통부령으로 정하는 바에 따라 운송 중의 위험 방지 및 인명(人命) 보호를 위하여 안전하게 포장·적재하고 운송하여야 한다.
② 위험물의 운송을 위탁하여 철도로 운송하려는 자는 위험물을 안전하게 운송하기 위하여 철도운영자의 안전조치 등에 따라야 한다.

■ **시행령 제45조(운송취급주의 위험물)**

법 제44조 제1항에서 "대통령령으로 정하는 위험물"이란 다음 각 호의 어느 하나에 해당하는 것으로서 국토교통부령으로 정하는 것을 말한다.
1. 철도운송 중 폭발할 우려가 있는 것
2. 마찰·충격·흡습(吸濕) 등 주위의 상황으로 인하여 발화할 우려가 있는 것
3. 인화성·산화성 등이 강하여 그 물질 자체의 성질에 따라 발화할 우려가 있는 것
4. 용기가 파손될 경우 내용물이 누출되어 철도차량·레일·기구 또는 다른 화물 등을 부식시키거나 침해할 우려가 있는 것
5. 유독성 가스를 발생시킬 우려가 있는 것
6. 그 밖에 화물의 성질상 철도시설·철도차량·철도종사자·여객 등에 위해나 손상을 끼칠 우려가 있는 것

제45조(철도보호지구에서의 행위제한 등)

① 철도경계선(가장 바깥쪽 궤도의 끝선을 말한다)으로부터 30미터 이내[「도시철도법」제2조 제2호에 따른 도시철도 중 노면전차(이하 "노면전차"라 한다)의 경우에는 10미터 이내]의 지역의 지역(이하 "철도보호지구"라 한다)에서 다음 각 호의 어느 하나에 해당하는 행위를 하려는 자는 대통령령으로 정하는 바에 따라 국토교통부장관 또는 시·도지사에게 신고하여야 한다.
1. 토지의 형질변경 및 굴착(掘鑿)
2. 토석, 자갈 및 모래의 채취
3. 건축물의 신축·개축(改築)·증축 또는 인공구조물의 설치
4. 나무의 식재(대통령령으로 정하는 경우만 해당한다)
5. 그 밖에 철도시설을 파손하거나 철도차량의 안전운행을 방해할 우려가 있는 행위로서 대통령령으로 정하는 행위

② 노면전차 철도보호지구의 바깥쪽 경계선으로부터 20미터 이내의 지역에서 굴착, 인공구조물의 설치 등 철도시설을 파손하거나 철도차량의 안전운행을 방해할 우려가 있는 행위로서 대통령령으로 정하는 행위를 하려는 자는 대통령령으로 정하는 바에 따라 국토교통부장관 또는 시·도지사에게 신고하여야 한다.

③ 국토교통부장관 또는 시·도지사는 철도차량의 안전운행 및 철도 보호를 위하여 필요하다고 인정할 때에는 제1항 또는 제2항의 행위를 하는 자에게 그 행위의 금지 또는 제한을 명령하거나 대통령령으로 정하는 필요한 조치를 하도록 명령할 수 있다.

④ 국토교통부장관 또는 시·도지사는 철도차량의 안전운행 및 철도 보호를 위하여 필요하다고 인정할 때에는 토지, 나무, 시설, 건축물, 그 밖의 공작물(이하 "시설등"이라 한다)의 소유자나 점유자에게 다음 각 호의 조치를 하도록 명령할 수 있다.
1. 시설 등이 시야에 장애를 주면 그 장애물을 제거할 것
2. 시설 등이 붕괴하여 철도에 위해(危害)를 끼치거나 끼칠 우려가 있으면 그 위해를 제거하고 필요하면 방지시설을 할 것
3. 철도에 토사 등이 쌓이거나 쌓일 우려가 있으면 그 토사 등을 제거하거나 방지시설을 할 것

⑤ 철도운영자등은 철도차량의 안전운행 및 철도 보호를 위하여 필요한 경우 국토교통부장관 또는 시·도지사에게 제3항 또는 제4항에 따른 해당 행위 금지·제한 또는 조치 명령을 할 것을 요청할 수 있다.

시행령 제46조(철도보호지구에서의 행위 신고절차)

① 법 제45조 제1항에 따라 신고하려는 자는 해당 행위의 목적, 공사기간 등이 기재된 신고서에 설계도서(필요한 경우에 한정한다) 등을 첨부하여 국토교통부장관 또는 시·도지사에게 제출하여야 한다. 신고한 사항을 변경하는 경우에도 또한 같다.
② 국토교통부장관 또는 시·도지사는 제1항에 따라 신고나 변경신고를 받은 경우에는 신고인에게 법 제45조 제3항에 따른 행위의 금지 또는 제한을 명령하거나 제49조에 따른 안전조치(이하 "안전조치"라 한다)를 명령할 필요성이 있는지를 검토하여야 한다.
③ 국토교통부장관 또는 시·도지사는 제2항에 따른 검토 결과 안전조치를 명령할 필요가 있는 경우에는 제1항에 따른 신고를 받은 날부터 30일 이내에 신고인에게 그 이유를 분명히 밝히고 안전조치 등을 명하여야 한다.
④ 제1항부터 제3항까지에서 규정한 사항 외에 철도보호지구에서의 행위에 대한 신고와 안전조치에 관하여 필요한 세부적인 사항은 국토교통부장관이 정하여 고시한다.

시행령 제47조(철도보호지구에서의 나무의 식재)

법 제45조 제1항 제4호에서 "대통령령으로 정하는 경우"란 다음 각 호의 어느 하나에 해당하는 경우를 말한다.
1. 철도차량 운전자의 전방 시야 확보에 지장을 주는 경우
2. 나뭇가지가 전차선이나 신호기 등을 침범하거나 침범할 우려가 있는 경우
3. 호우나 태풍 등으로 나무가 쓰러져 철도시설물을 훼손시키거나 열차의 운행에 지장을 줄 우려가 있는 경우

시행령 제48조(철도보호지구에서의 안전운행 저해행위 등)

법 제45조 제1항 제5호에서 "대통령령으로 정하는 행위"란 다음 각 호의 어느 하나에 해당하는 행위를 말한다.
1. 폭발물이나 인화물질 등 위험물을 제조·저장하거나 전시하는 행위
2. 철도차량 운전자 등이 선로나 신호기를 확인하는 데 지장을 주거나 줄 우려가 있는 시설이나 설비를 설치하는 행위
3. 철도신호등(鐵道信號燈)으로 오인할 우려가 있는 시설물이나 조명 설비를 설치하는 행위
4. 전차선로에 의하여 감전될 우려가 있는 시설이나 설비를 설치하는 행위
5. 시설 또는 설비가 선로의 위나 밑으로 횡단하거나 선로와 나란히 되도록 설치하는 행위
6. 그 밖에 열차의 안전운행과 철도 보호를 위하여 필요하다고 인정하여 국토교통부장관이 정하여 고시하는 행위

■ 시행령 제48조의2(노면전차의 안전운행 저해행위 등)

① 법 제45조 제2항에서 "대통령령으로 정하는 행위"란 다음 각 호의 어느 하나에 해당하는 행위를 말한다.
  1. 깊이 10미터 이상의 굴착
  2. 다음 각 목의 어느 하나에 해당하는 것을 설치하는 행위
     가. 「건설기계관리법」 제2조 제1항 제1호에 따른 건설기계 중 최대높이가 10미터 이상인 건설기계
     나. 높이가 10미터 이상인 인공구조물
  3. 「위험물안전관리법」 제2조 제1항 제1호에 따른 위험물을 같은 항 제2호에 따른 지정수량 이상 제조·저장하거나 전시하는 행위

② 법 제45조 제2항에 따른 신고절차에 관하여는 제46조 제1항부터 제4항까지의 규정을 준용한다. 이 경우 "법 제45조 제1항"은 "법 제45조 제2항"으로, "철도보호지구"는 "노면전차 철도보호지구의 바깥쪽 경계선으로부터 20미터 이내의 지역"으로 본다.

■ 시행령 제49조(철도보호를 위한 안전조치)

법 제45조 제3항에서 "대통령령으로 정하는 필요한 조치"란 다음 각 호의 어느 하나에 해당하는 조치를 말한다.
1. 공사로 인하여 약해질 우려가 있는 지반에 대한 보강대책 수립·시행
2. 선로 옆의 제방 등에 대한 흙마이공사 시행
3. 굴착공사에 사용되는 장비나 공법 등의 변경
4. 지하수나 지표수 처리대책의 수립·시행
5. 시설물의 구조 검토·보강
6. 먼지나 티끌 등이 발생하는 시설·설비나 장비를 운용하는 경우 방진막, 물을 뿌리는 설비 등 분진방지시설 설치
7. 신호기를 가리거나 신호기를 보는데 지장을 주는 시설이나 설비 등의 철거
8. 안전울타리나 안전통로 등 안전시설의 설치
9. 그 밖에 철도시설의 보호 또는 철도차량의 안전운행을 위하여 필요한 안전조치

제46조(손실보상)

① 국토교통부장관, 시·도지사 또는 철도운영자등은 제45조 제3항 또는 제4항에 따른 행위의 금지·제한 또는 조치 명령으로 인하여 손실을 입은 자가 있을 때에는 그 손실을 보상하여야 한다.
② 제1항에 따른 손실의 보상에 관하여는 국토교통부장관, 시·도지사 또는 철도운영자등이 그 손실을 입은 자와 협의하여야 한다.
③ 제2항에 따른 협의가 성립되지 아니하거나 협의를 할 수 없을 때에는 대통령령으로 정하는 바에 따라 「공익사업을 위한 토지 등의 취득 및 보상에 관한 법률」에 따른 관할 토지수용위원회에 재결(裁決)을 신청할 수 있다.
④ 제3항의 재결에 대한 이의신청에 관하여는 「공익사업을 위한 토지 등의 취득 및 보상에 관한 법률」 제83조부터 제86조까지의 규정을 준용한다.

■ 시행령 제50조(손실보상)

① 법 제46조에 따른 행위의 금지 또는 제한으로 인하여 손실을 받은 자에 대한 손실보상 기준 등에 관하여는 「공익사업을 위한 토지 등의 취득 및 보상에 관한 법률」 제68조, 제70조 제2항 및 제5항, 제71조, 제75조, 제75조의2, 제76조, 제77조 및 제78조 제5항부터 제7항까지의 규정을 준용한다.
② 법 제46조 제3항에 따른 재결신청에 대해서는 「공익사업을 위한 토지 등의 취득 및 보상에 관한 법률」 제80조 제2항을 준용한다.

제47조(여객열차에서의 금지행위)

① 여객은 여객열차에서 다음 각 호의 어느 하나에 해당하는 행위를 하여서는 아니 된다.
1. 정당한 사유 없이 국토교통부령으로 정하는 여객출입 금지장소에 출입하는 행위
2. 정당한 사유 없이 운행 중에 비상정지버튼을 누르거나 철도차량의 옆면에 있는 승강용 출입문을 여는 등 철도차량의 장치 또는 기구 등을 조작하는 행위
3. 여객열차 밖에 있는 사람을 위험하게 할 우려가 있는 물건을 여객열차 밖으로 던지는 행위
4. 흡연하는 행위
5. 철도종사자와 여객 등에게 성적(性的) 수치심을 일으키는 행위
6. 술을 마시거나 약물을 복용하고 다른 사람에게 위해를 주는 행위
7. 그 밖에 공중이나 여객에게 위해를 끼치는 행위로서 국토교통부령으로 정하는 행위
② 운전업무종사자, 여객승무원 또는 여객역무원은 제1항의 금지행위를 한 사람에 대하여 필요한 경우 다음 각 호의 조치를 할 수 있다.
1. 금지행위의 제지
2. 금지행위의 녹음·녹화 또는 촬영
③ 철도운영자는 국토교통부령으로 정하는 바에 따라 제1항 각 호에 따른 여객열차에서의 금지행위에 관한 사항을 여객에게 안내하여야 한다.

◆ **시행규칙 제79조(여객출입금지장소)**

법 제47조 제1항 제1호에서 "국토교통부령으로 정하는 여객출입 금지장소"라 함은 다음 각 호의 장소를 말한다.
 1. 운전실
 2. 기관실
 3. 발전실
 4. 방송실

◆ **시행규칙 제80조(여객열차에서의 금지행위)**

법 제47조 제1항 제7호에서 "국토교통부령으로 정하는 행위"란 다음 각 호의 행위를 말한다.
 1. 여객에게 위해를 끼칠 우려가 있는 동식물을 안전조치 없이 여객열차에 동승하거나 휴대하는 행위
 2. 타인에게 전염의 우려가 있는 법정 감염병자가 철도종사자의 허락 없이 여객열차에 타는 행위
 3. 철도종사자의 허락 없이 여객에게 기부를 부탁하거나 물품을 판매·배부하거나 연설·권유 등을 하여 여객에게 불편을 끼치는 행위

◆ **시행규칙 제80조의2(여객열차에서의 금지행위 안내방법)**

철도운영자는 법 제47조 제3항에 따른 여객열차에서의 금지행위를 안내하는 경우 여객열차 및 승강장 등 철도시설에서 다음 각 호의 어느 하나에 해당하는 방법으로 안내해야 한다.
1. 여객열차에서의 금지행위에 관한 게시물 또는 안내판 설치
2. 영상 또는 음성으로 안내

제48조(철도보호 및 질서유지를 위한 금지행위)

누구든지 정당한 사유 없이 철도 보호 및 질서유지를 해치는 다음 각 호의 어느 하나에 해당하는 행위를 하여서는 아니 된다.
1. 철도시설 또는 철도차량을 파손하여 철도차량 운행에 위험을 발생하게 하는 행위
2. 철도차량을 향하여 돌이나 그 밖의 위험한 물건을 던져 철도차량 운행에 위험을 발생하게 하는 행위
3. 궤도의 중심으로부터 양측으로 폭 3미터 이내의 장소에 철도차량의 안전 운행에 지장을 주는 물건을 방치하는 행위
4. 철도교량 등 국토교통부령으로 정하는 시설 또는 구역에 국토교통부령으로 정하는 폭발물 또는 인화성이 높은 물건 등을 쌓아 놓는 행위
5. 선로(철도와 교차된 도로는 제외한다) 또는 국토교통부령으로 정하는 철도시설에 철도운영자등의 승낙 없이 출입하거나 통행하는 행위
6. 역시설 등 공중이 이용하는 철도시설 또는 철도차량에서 폭언 또는 고성방가 등 소란을 피우는 행위
7. 철도시설에 국토교통부령으로 정하는 유해물 또는 열차운행에 지장을 줄 수 있는 오물을 버리는 행위
8. 역시설 또는 철도차량에서 노숙(露宿)하는 행위
9. 열차운행 중에 타고 내리거나 정당한 사유 없이 승강용 출입문의 개폐를 방해하여 열차운행에 지장을 주는 행위
10. 정당한 사유 없이 열차 승강장의 비상정지버튼을 작동시켜 열차운행에 지장을 주는 행위
11. 그 밖에 철도시설 또는 철도차량에서 공중의 안전을 위하여 질서유지가 필요하다고 인정되어 국토교통부령으로 정하는 금지행위

◆ **시행규칙 제81조(폭발물 등 적치금지 구역)**

법 제48조 제4호에서 "국토교통부령으로 정하는 구역 또는 시설"이란 다음 각 호의 구역 또는 시설을 말한다.
1. 정거장 및 선로(정거장 또는 선로를 지지하는 구조물 및 그 주변지역을 포함한다)
2. 철도 역사
3. 철도 교량
4. 철도 터널

◆ **시행규칙 제82조(적치금지 폭발물 등)**

법 제48조 제4호에서 "국토교통부령으로 정하는 폭발물 또는 인화성이 높은 물건"이란 영 제44조 및 영 제45조에 따른 위험물로서 주변의 물건을 손괴할 수 있는 폭발력을 지니거나 화재를 유발하거나 유해한 연기를 발생하여 여객이나 일반대중에게 위해를 끼칠 우려가 있는 물건이나 물질을 말한다.

◆ **시행규칙 제83조(출입금지 철도시설)**

법 제48조 제5호에서 "국토교통부령으로 정하는 철도시설"이란 다음 각 호의 철도시설을 말한다.
1. 위험물을 적하하거나 보관하는 장소
2. 신호·통신기기 설치장소 및 전력기기·관제설비 설치장소
3. 철도운전용 급유시설물이 있는 장소
4. 철도차량 정비시설

◆ **시행규칙 제84조(열차운행에 지장을 줄 수 있는 유해물)**

법 제48조 제7호에서 "국토교통부령으로 정하는 유해물"이란 철도시설이나 철도차량을 훼손하거나 정상적인 기능·작동을 방해하여 열차운행에 지장을 줄 수 있는 산업폐기물·생활폐기물을 말한다.

◆ **시행규칙 제85조(질서유지를 위한 금지행위)**

법 제48조 제11호에서 "국토교통부령으로 정하는 금지행위"란 다음 각 호의 행위를 말한다.
1. 흡연이 금지된 철도시설이나 철도차량 안에서 흡연하는 행위
2. 철도종사자의 허락 없이 철도시설이나 철도차량에서 광고물을 붙이거나 배포하는 행위
3. 역시설에서 철도종사자의 허락 없이 기부를 부탁하거나 물품을 판매·배부하거나 연설·권유를 하는 행위
4. 철도종사자의 허락 없이 선로변에서 총포를 이용하여 수렵하는 행위

제48조의2(여객 등의 안전 및 보안)

① 국토교통부장관은 철도차량의 안전운행 및 철도시설의 보호를 위하여 필요한 경우에는 「사법경찰관리의 직무를 수행할 자와 그 직무범위에 관한 법률」 제5조 제11호에 규정된 사람(이하 "철도특별사법경찰관리"라 한다)으로 하여금 여객열차에 승차하는 사람의 신체·휴대물품 및 수하물에 대한 보안검색을 실시하게 할 수 있다.
② 국토교통부장관은 제1항의 보안검색 정보 및 그 밖의 철도보안·치안 관리에 필요한 정보를 효율적으로 활용하기 위하여 철도보안정보체계를 구축·운영하여야 한다.
③ 국토교통부장관은 철도보안·치안을 위하여 필요하다고 인정하는 경우에는 차량 운행 정보 등을 철도운영자에게 요구할 수 있고, 철도운영자는 정당한 사유 없이 그 요구를 거절할 수 없다.
④ 국토교통부장관은 철도보안정보체계를 운영하기 위하여 철도차량의 안전운행 및 철도시설의 보호에 필요한 최소한의 정보만 수집·관리하여야 한다.
⑤ 제1항에 따른 보안검색의 실시방법과 절차 및 보안검색장비 종류 등에 필요한 사항과 제2항에 따른 철도보안정보체계 및 제3항에 따른 정보 확인 등에 필요한 사항은 국토교통부령으로 정한다.

◆ 시행규칙 제85조의2(보안검색의 실시 방법 및 절차 등)

① 법 제48조의2 제1항에 따라 실시하는 보안검색(이하 "보안검색"이라 한다)의 실시 범위는 다음 각 호의 구분에 따른다.
  1. 전부검색 : 국가의 중요 행사 기간이거나 국가 정보기관으로부터 테러 위험 등의 정보를 통보받은 경우 등 국토교통부장관이 보안검색을 강화하여야 할 필요가 있다고 판단하는 경우에 국토교통부장관이 지정한 보안검색 대상 역에서 보안검색 대상 전부에 대하여 실시
  2. 일부검색 : 법 제42조에 따른 휴대·적재 금지 위해물품(이하 "위해물품"이라 한다)을 휴대·적재하였다고 판단되는 사람과 물건에 대하여 실시하거나 제1호에 따른 전부검색으로 시행하는 것이 부적합하다고 판단되는 경우에 실시
② 위해물품을 탐지하기 위한 보안검색은 법 제48조의2 제1항에 따른 보안검색장비(이하 "보안검색장비"라 한다)를 사용하여 검색한다. 다만, 다음 각 호의 어느 하나에 해당하는 경우에는 여객의 동의를 받아 직접 신체나 물건을 검색하거나 특정 장소로 이동하여 검색을 할 수 있다.
  1. 보안검색장비의 경보음이 울리는 경우
  2. 위해물품을 휴대하거나 숨기고 있다고 의심되는 경우
  3. 검색장비를 통한 검색 결과 그 내용물을 판독할 수 없는 경우
  4. 검색장비의 오류 등으로 제대로 작동하지 아니하는 경우
  5. 보안의 위협과 관련한 정보의 입수에 따라 필요하다고 인정되는 경우

③ 국토교통부장관은 법 제48조의2 제1항에 따라 보안검색을 실시하게 하려는 경우에 사전에 철도운영자등에게 보안검색 실시계획을 통보하여야 한다. 다만, 범죄가 이미 발생하였거나 발생할 우려가 있는 경우 등 긴급한 보안검색이 필요한 경우에는 사전 통보를 하지 아니할 수 있다.
④ 제3항 본문에 따라 보안검색 실시계획을 통보받은 철도운영자등은 여객이 해당 실시계획을 알 수 있도록 보안검색 일정·장소·대상 및 방법 등을 안내문에 게시하여야 한다.
⑤ 법 제48조의2에 따라 철도특별사법경찰관리가 보안검색을 실시하는 경우에는 검색 대상자에게 자신의 신분증을 제시하면서 소속과 성명을 밝히고 그 목적과 이유를 설명하여야 한다. 다만, 다음 각 호의 어느 하나에 해당하는 경우에는 사전 설명 없이 검색할 수 있다.
  1. 보안검색 장소의 안내문 등을 통하여 사전에 보안검색 실시계획을 안내한 경우
  2. 의심물체 또는 장시간 방치된 수하물로 신고된 물건에 대하여 검색하는 경우

◆ 시행규칙 제85조의3(보안검색 장비의 종류)

① 법 제48조의2 제1항에 따른 보안검색 장비의 종류는 다음 각 호의 구분에 따른다.
  1. 위해물품을 검색·탐지·분석하기 위한 장비 : 엑스선 검색장비, 금속탐지장비(문형금속탐지장비와 휴대용 금속탐지장비를 포함한다), 폭발물 탐지장비, 폭발물흔적탐지장비, 액체폭발물탐지장비 등
  2. 보안검색 시 안전을 위하여 착용·휴대하는 장비 : 방검복, 방탄복, 방폭 담요 등
  3. 삭제 〈2019. 1. 4.〉
② 삭제 〈2019. 10. 23.〉
③ 삭제 〈2019. 1. 4.〉

◆ 시행규칙 제85조의4(철도보안정보체계의 구축·운영 등)

① 국토교통부장관은 법 제48조의2 제2항에 따른 철도보안정보체계(이하 "철도보안정보체계"라 한다)를 구축·운영하기 위한 철도보안정보시스템을 구축·운영해야 한다.
② 국토교통부장관이 법 제48조의2 제3항에 따라 철도운영자에게 요구할 수 있는 정보는 다음 각 호와 같다.
  1. 법 제48조의2 제1항에 따른 보안검색 관련 통계(보안검색 횟수 및 보안검색 장비 사용내역 등을 포함한다)
  2. 법 제48조의2 제1항에 따른 보안검색을 실시하는 직원에 대한 교육 등에 관한 정보
  3. 철도차량 운행에 관한 정보
  4. 그 밖에 철도보안·치안을 위해 필요한 정보로서 국토교통부장관이 정해 고시하는 정보
③ 국토교통부장관은 철도보안정보체계를 구축·운영하기 위해 관계 기관과 필요한 정보를 공유하거나 관련 시스템을 연계할 수 있다.

제48조의3(보안검색장비의 성능인증 등)

① 제48조의2 제1항에 따른 보안검색을 하는 경우에는 국토교통부장관으로부터 성능인증을 받은 보안검색장비를 사용하여야 한다.
② 제1항에 따른 성능인증을 위한 기준·방법·절차 등 운영에 필요한 사항은 국토교통부령으로 정한다.
③ 국토교통부장관은 제1항에 따른 성능인증을 받은 보안검색장비의 운영, 유지관리 등에 관한 기준을 정하여 고시하여야 한다.
④ 국토교통부장관은 제1항에 따라 성능인증을 받은 보안검색장비가 운영 중에 계속하여 성능을 유지하고 있는지를 확인하기 위하여 국토교통부령으로 정하는 바에 따라 정기적으로 또는 수시로 점검을 실시하여야 한다.
⑤ 국토교통부장관은 제1항에 따른 성능인증을 받은 보안검색장비가 다음 각 호의 어느 하나에 해당하는 경우에는 그 인증을 취소할 수 있다. 다만, 제1호에 해당하는 때에는 그 인증을 취소하여야 한다.
  1. 거짓이나 그 밖의 부정한 방법으로 인증을 받은 경우
  2. 보안검색장비가 제2항에 따른 성능인증 기준에 적합하지 아니하게 된 경우

◆ **시행규칙 제85조의5(보안검색장비의 성능인증 기준)**

법 제48조의3 제1항에 따른 보안검색장비의 성능인증 기준은 다음 각 호와 같다.
1. 국제표준화기구(ISO)에서 정한 품질경영시스템을 갖출 것
2. 그 밖에 국토교통부장관이 정하여 고시하는 성능, 기능 및 안전성 등을 갖출 것

◆ **시행규칙 제85조의6(보안검색장비의 성능인증 신청 등)**

① 법 제48조의3 제1항에 따른 보안검색장비의 성능인증을 받으려는 자는 별지 제45호의13 서식의 철도보안검색장비 성능인증 신청서에 다음 각 호의 서류를 첨부하여 「과학기술 분야 정부출연연구기관 등의 설립·운영 및 육성에 관한 법률」 제8조에 따라 설립된 한국철도기술연구원(이하 "한국철도기술연구원"이라 한다)에 제출해야 한다. 이 경우 한국철도기술연구원은 「전자정부법」 제36조 제1항에 따른 행정정보의 공동이용을 통해서 법인등기사항증명서(신청인이 법인인 경우만 해당한다)를 확인해야 한다.
  1. 사업자등록증 사본
  2. 대리인임을 증명하는 서류(대리인이 신청하는 경우에 한정한다)
  3. 보안검색장비의 성능 제원표 및 시험용 물품(테스트 키트)에 관한 서류
  4. 보안검색장비의 구조·외관도

5. 보안검색장비의 사용·운영방법·유지관리 등에 대한 설명서
   6. 제85조의5에 따른 기준을 갖추었음을 증명하는 서류
② 한국철도기술연구원은 제1항에 따른 신청을 받으면 법 제48조의4 제1항에 따른 시험기관(이하 "시험기관"이라 한다)에 보안검색장비의 성능을 평가하는 시험(이하 "성능시험"이라 한다)을 요청해야 한다. 다만, 제1항 제6호에 따른 서류로 성능인증 기준을 충족하였다고 인정하는 경우에는 해당 부분에 대한 성능시험을 요청하지 않을 수 있다.
③ 시험기관은 성능시험 계획서를 작성하여 성능시험을 실시하고, 별지 제45호의14서식의 철도보안검색장비 성능시험 결과서를 한국철도기술연구원에 제출해야 한다.
④ 한국철도기술연구원은 제3항에 따른 성능시험 결과가 제85조의5에 따른 성능인증 기준 등에 적합하다고 인정하는 경우에는 별지 제45호의15서식의 철도보안검색장비 성능인증서를 신청인에게 발급해야 하며, 적합하지 않은 경우에는 그 결과를 신청인에게 통지해야 한다.
⑤ 한국철도기술연구원은 제85조의5에 따른 성능인증 기준에 적합여부 등을 심의하기 위하여 성능인증심사위원회를 구성·운영할 수 있다.
⑥ 제2항에 따른 성능시험 요청 및 제5항에 따른 성능인증심사위원회의 구성·운영 등에 필요한 세부사항은 국토교통부장관이 정하여 고시한다.

◆ **시행규칙 제85조의7(보안검색장비의 성능점검)**
한국철도기술연구원은 법 제48조의3 제4항에 따라 보안검색장비가 운영 중에 계속하여 성능을 유지하고 있는지를 확인하기 위해 다음 각 호의 구분에 따른 점검을 실시해야 한다.
1. 정기점검 : 매년 1회
2. 수시점검 : 보안검색장비의 성능유지 등을 위하여 필요하다고 인정하는 때

제48조의4(시험기관의 지정 등)

① 국토교통부장관은 제48조의3에 따른 성능인증을 위하여 보안검색장비의 성능을 평가하는 시험(이하 "성능시험"이라 한다)을 실시하는 기관(이하 "시험기관"이라 한다)을 지정할 수 있다.
② 제1항에 따라 시험기관의 지정을 받으려는 법인이나 단체는 국토교통부령으로 정하는 지정기준을 갖추어 국토교통부장관에게 지정신청을 하여야 한다.
③ 국토교통부장관은 제1항에 따라 시험기관으로 지정받은 법인이나 단체가 다음 각 호의 어느 하나에 해당하는 경우에는 그 지정을 취소하거나 1년 이내의 기간을 정하여 그 업무의 전부 또는 일부의 정지를 명할 수 있다. 다만, 제1호 또는 제2호에 해당하는 때에는 그 지정을 취소하여야 한다.
  1. 거짓이나 그 밖의 부정한 방법을 사용하여 시험기관으로 지정을 받은 경우
  2. 업무정지 명령을 받은 후 그 업무정지 기간에 성능시험을 실시한 경우
  3. 정당한 사유 없이 성능시험을 실시하지 아니한 경우
  4. 제48조의3 제2항에 따른 기준·방법·절차 등을 위반하여 성능시험을 실시한 경우
  5. 제48조의4 제2항에 따른 시험기관 지정기준을 충족하지 못하게 된 경우
  6. 성능시험 결과를 거짓으로 조작하여 수행한 경우
④ 국토교통부장관은 인증업무의 전문성과 신뢰성을 확보하기 위하여 제48조의3에 따른 보안검색장비의 성능 인증 및 점검 업무를 대통령령으로 정하는 기관(이하 "인증기관"이라 한다)에 위탁할 수 있다.

시행령 제50조의2(인증업무의 위탁)

국토교통부장관은 법 제48조의4 제4항에 따라 법 제48조의3에 따른 보안검색장비의 성능 인증 및 점검 업무를 한국철도기술연구원에 위탁한다.

◆ 시행규칙 제85조의8(시험기관의 지정 등)

① 법 제48조의4 제2항에서 "국토교통부령으로 정하는 지정기준"이란 별표 19에 따른 기준을 말한다.
② 법 제48조의4 제2항에 따라 시험기관으로 지정을 받으려는 자는 별지 제45호의16서식의 철도보안검색장비 시험기관 지정 신청서에 다음 각 호의 서류를 첨부하여 국토교통부장관에게 제출해야 한다. 이 경우 국토교통부장관은 「전자정부법」 제36조 제1항에 따른 행정정보의 공동이용을 통해서 법인 등기사항증명서(신청인이 법인인 경우만 해당한다)를 확인해야 한다.

1. 사업자등록증 및 인감증명서(법인인 경우에 한정한다)
2. 법인의 정관 또는 단체의 규약
3. 성능시험을 수행하기 위한 조직·인력, 시험설비 등을 적은 사업계획서
4. 국제표준화기구(ISO) 또는 국제전기기술위원회(IEC)에서 정한 국제기준에 적합한 품질관리규정
5. 제1항에 따른 시험기관 지정기준을 갖추었음을 증명하는 서류

③ 국토교통부장관은 제2항에 따라 시험기관 지정신청을 받은 때에는 현장평가 등이 포함된 심사계획서를 작성하여 신청인에게 통지하고 그 심사계획에 따라 심사해야 한다.

④ 국토교통부장관은 제3항에 따른 심사 결과 제1항에 따른 지정기준을 갖추었다고 인정하는 때에는 별지 제45호의17서식의 철도보안검색장비 시험기관 지정서를 발급하고 다음 각 호의 사항을 관보에 고시해야 한다.
 1. 시험기관의 명칭
 2. 시험기관의 소재지
 3. 시험기관 지정일자 및 지정번호
 4. 시험기관의 업무수행 범위

⑤ 제4항에 따라 시험기관으로 지정된 기관은 다음 각 호의 사항이 포함된 시험기관 운영규정을 국토교통부장관에게 제출해야 한다.
 1. 시험기관의 조직·인력 및 시험설비
 2. 시험접수·수행 절차 및 방법
 3. 시험원의 임무 및 교육훈련
 4. 시험원 및 시험과정 등의 보안관리

⑥ 국토교통부장관은 제3항에 따른 심사를 위해 필요한 경우 시험기관지정심사위원회를 구성·운영할 수 있다.

시행규칙 [별표 19]

시험기관의 지정기준 (제85조의8 제1항 관련)

1. **다음 각 목의 요건을 모두 갖춘 법인 또는 단체일 것**
    가. 「공공기관의 운영에 관한 법률」 제4조에 따른 공공기관일 것
    나. 「보안업무규정」 제10조에 따른 비밀취급 인가를 받은 기관일 것
    다. 「국가표준기본법」 제23조 및 같은 법 시행령 제16조 제2항에 따른 인정기구(이하 "인정기구"라 한다)에서 인정받은 시험기관일 것

2. **다음 각 목의 요건을 갖춘 기술인력을 보유할 것. 다만, 나목 또는 다목의 인력이 라목에 따른 위험물안전관리자의 자격을 보유한 경우에는 라목의 기준을 갖춘 것으로 본다.**
    가. 「보안업무규정」 제8조에 따른 비밀취급 인가를 받은 인력을 보유할 것
    나. 인정기구에서 인정받은 시험기관에서 시험업무 경력이 3년 이상인 사람 2명 이상
    다. 보안검색에 사용하는 장비의 시험·평가 또는 관련 연구 경력이 3년 이상인 사람 2명 이상
    라. 「위험물안전관리법」 제15조 제1항에 따른 위험물안전관리자 자격 보유자 1명 이상

3. **다음 각 목의 시설 및 장비를 모두 갖출 것**
    가. 다음의 시설을 모두 갖춘 시험실
      1) 항온항습 시설
      2) 철도보안검색장비 성능시험 시설
      3) 화학물질 보관 및 취급을 위한 시설
      4) 그 밖에 국토교통부장관이 정하여 고시하는 시설
    나. 엑스선검색장비 이미지품질평가용 시험용 장비(테스트 키트)
    다. 엑스선검색장비 표면방사선량률 측정장비
    라. 엑스선검색장비 연속동작시험용 시설
    마. 엑스선검색장비 등 대형장비용 온도·습도시험실(장비)
    바. 폭발물검색장비·액체폭발물검색장비·폭발물흔적탐지장비 시험용 유사폭발물 시료
    사. 문형금속탐지장비·휴대용금속탐지장비·시험용 금속물질 시료
    아. 휴대용 금속탐지장비 및 시험용 낙하시험 장비
    자. 시험데이터 기록 및 저장 장비
    차. 그 밖에 국토교통부장관이 정하여 고시하는 장비

◆ **시행규칙 제85조의9(시험기관의 지정 취소 등)**
① 법 제48조의4 제3항에 따른 시험기관의 지정취소 또는 업무정지 처분의 세부기준은 별표 20과 같다.
② 국토교통부장관은 제1항에 따라 시험기관의 지정을 취소하거나 업무의 정지를 명한 경우에는 그 사실을 해당시험 기관에 통지하고 지체 없이 관보에 고시해야 한다.
③ 제2항에 따라 시험기관의 지정취소 또는 업무정지 통지를 받은 시험기관은 그 통지를 받은 날부터 15일 이내에 철도보안검색장비 시험기관 지정서를 국토교통부장관에게 반납해야 한다.

시행규칙 [별표 20]

시험기관의 지정취소 및 업무정지의 기준
(제85조의9 제1항 관련)

1. 일반기준

가. 위반행위가 둘 이상인 경우 또는 한 개의 위반행위가 둘 이상의 처분기준에 해당하는 경우에는 그 중 무거운 처분기준을 적용한다.

나. 위반행위의 횟수에 따른 행정처분의 기준은 최근 3년 동안 같은 위반행위로 처분을 받은 경우에 적용한다. 이 경우 기간의 계산은 위반행위에 대해서 처분을 받은 날과 그 처분 후 다시 같은 위반행위를 해서 적발된 날을 기준으로 한다.

다. 나목에 따라 가중된 행정처분을 하는 경우 가중처분의 적용 차수는 그 위반행위 전 처분 차수(나목에 따른 기간 내에 행정처분이 둘 이상 있었던 경우에는 높은 차수를 말한다)의 다음 차수로 한다.

라. 국토교통부장관은 다음의 어느 하나에 해당하는 경우에는 제2호의 개별기준에 따른 업무정지 기간의 2분의 1의 범위에서 그 기간을 줄일 수 있다.
  1) 위반행위가 사소한 부주의나 오류로 인한 것으로 인정되는 경우
  2) 위반행위자의 법 위반상태를 시정하거나 해소하기 위한 노력이 인정되는 경우
  3) 그 밖에 위반행위의 정도, 위반행위의 동기와 그 결과 등을 고려해서 처분기간을 감경할 필요가 있다고 인정되는 경우

마. 국토교통부장관은 다음의 어느 하나에 해당하는 경우에는 제2호의 개별기준에 따른 업무정지 기간의 2분의 1의 범위에서 그 기간을 늘릴 수 있다.
  1) 위반의 내용 및 정도가 중대해서 공중에게 미치는 피해가 크다고 인정되는 경우
  2) 법 위반 상태의 기간이 3개월 이상인 경우
  3) 그 밖에 위반행위의 정도, 위반행위의 동기와 그 결과 등을 고려해서 업무정지 기간을 늘릴 필요가 있다고 인정되는 경우

2. 개별기준

위반사항	해당 법조문	처분기준		
		1차 위반	2차 위반	3차 이상 위반
가. 거짓이나 그 밖의 부정한 방법을 사용해서 시험기관 지정을 받은 경우	법 제48조의4 제3항 제1호	지정취소		
나. 업무정지 명령을 받은 후 그 업무 정지 기간에 성능시험을 실시한 경우	법 제485의4 제3항 제2호	지정취소		
다. 정당한 사유 없이 성능시험을 실시하지 않은 경우	법 제48조의4 제3항 제3호	업무정지 (30일)	업무정지 (60일)	지정취소
라. 법 제48조의3 제2항에 따른 기준·방법·절차 등을 위반하여 성능시험을 실시한 경우	법 제48조의4 제3항 제4호	업무정지 (60일)	업무정지 (120일)	지정취소
마. 법 제48조의4 제2항에 따른 시험기관 지정기준을 충족하지 못하게 된 경우	법 제48조의4 제3항 제5호	경고	경고	지정취소
바. 성능시험 결과를 거짓으로 조작해서 수행한 경우	법 제48조의4 제3항 제6호	업무정지 (90일)	지정취소	

제48조의5(직무장비의 휴대 및 사용 등)

① 철도특별사법경찰관리는 이 법 및 「사법경찰관리의 직무를 수행할 자와 그 직무범위에 관한 법률」 제6조 제9호에 따른 직무를 수행하기 위하여 필요하다고 인정되는 상당한 이유가 있을 때에는 합리적으로 판단하여 필요한 한도에서 직무장비를 사용할 수 있다.
② 제1항에서의 "직무장비"란 철도특별사법경찰관리가 휴대하여 범인검거와 피의자 호송 등의 직무수행에 사용하는 수갑, 포승, 가스분사기, 전자충격기, 경비봉을 말한다.
③ 철도특별사법경찰관리가 제1항에 따라 직무수행 중 직무장비를 사용할 때 사람의 생명이나 신체에 위해를 끼칠 수 있는 직무장비(전자충격기 및 가스분사기를 말한다)를 사용하는 경우에는 사전에 필요한 안전교육과 안전검사를 받은 후 사용하여야 한다.

◆ 시행규칙 제85조의10(직무장비의 사용기준)

법 제48조의5 제1항에 따라 철도특별사법경찰관리가 사용하는 직무장비의 사용기준은 다음 각 호와 같다.

1. 가스분사기·가스발사총(고무탄은 제외한다)의 경우 : 범인의 체포 또는 도주방지, 타인 또는 철도특별사법경찰관리의 생명·신체에 대한 방호, 공무집행에 대한 항거의 억제를 위해 필요한 경우에 최소한의 범위에서 사용하되, 1미터 이내의 거리에서 상대방의 얼굴을 향해 발사하지 말 것
2. 전자충격기의 경우 : 14세 미만의 사람이나 임산부에게 사용해서는 안 되며, 전극침(電極針) 발사장치가 있는 전자충격기를 사용하는 경우에는 상대방의 얼굴을 향해 전극침을 발사하지 말 것
3. 경비봉의 경우 : 타인 또는 철도특별사법경찰관리의 생명·신체의 위해와 공공시설·재산의 위험을 방지하기 위해 필요한 경우에 최소한의 범위에서 사용할 수 있으며, 인명 또는 신체에 대한 위해를 최소화하도록 할 것
4. 수갑·포승의 경우 : 체포영장·구속영장의 집행, 신체의 자유를 제한하는 판결 또는 처분을 받은 사람을 법률에서 정한 절차에 따라 호송·수용하거나 범인, 술에 취한 사람, 정신착란자의 자살 또는 자해를 방지하기 위해 필요한 경우에 최소한의 범위에서 사용할 것

제49조(철도종사자의 직무상 지시 준수)

① 열차 또는 철도시설을 이용하는 사람은 이 법에 따라 철도의 안전·보호와 질서유지를 위하여 하는 철도종사자의 직무상 지시에 따라야 한다.
② 누구든지 폭행·협박으로 철도종사자의 직무집행을 방해하여서는 아니 된다.

■ **시행령 제51조(철도종사자의 권한표시)**
 ① 법 제49조에 따른 철도종사자는 복장·모자·완장·증표 등으로 그가 직무상 지시를 할 수 있는 사람임을 표시하여야 한다.
 ② 철도운영자 등은 철도종사자가 제1항에 따른 표시를 할 수 있도록 복장·모자·완장·증표 등의 지급 등 필요한 조치를 하여야 한다.

제50조(사람 또는 물건에 대한 퇴거조치 등)

철도종사자는 다음 각 호의 어느 하나에 해당하는 사람 또는 물건을 열차 밖이나 대통령령으로 정하는 지역 밖으로 퇴거시키거나 철거할 수 있다.
1. 제42조를 위반하여 여객열차에서 위해물품을 휴대한 사람 및 그 위해물품
2. 제43조를 위반하여 운송 금지 위험물을 운송위탁하거나 운송하는 자 및 그 위험물
3. 제45조 제3항 또는 제4항에 따른 행위 금지·제한 또는 조치 명령에 따르지 아니하는 사람 및 그 물건
4. 제47조 제1항를 위반하여 금지행위를 한 사람 및 그 물건
5. 제48조를 위반하여 금지행위를 한 사람 및 그 물건
6. 제48조의2에 따른 보안검색에 따르지 아니한 사람
7. 제49조를 위반하여 철도종사자의 직무상 지시를 따르지 아니하거나 직무집행을 방해하는 사람

■ **시행령 제52조(퇴거지역의 범위)**
법 제50조 각 호 외의 부분에서 "대통령령으로 정하는 지역"이란 다음 각 호의 어느 하나에 해당하는 지역을 말한다.
 1. 정거장
 2. 철도신호기·철도차량정비소·통신기기·전력설비 등의 설비가 설치되어 있는 장소의 담장이나 경계선 안의 지역
 3. 화물을 적하하는 장소의 담장이나 경계선 안의 지역

제 6 장 철도사고조사·처리

제51조 삭제 〈2012. 12. 18.〉

제52조 삭제 〈2012. 12. 18.〉

제53조 삭제 〈2012. 12. 18.〉

제54조 삭제 〈2012. 12. 18.〉

제55조 삭제 〈2012. 12. 18.〉

제56조 삭제 〈2012. 12. 18.〉

제57조 삭제 〈2012. 12. 18.〉

제58조 삭제 〈2012. 12. 18.〉

제59조 삭제 〈2012. 12. 18.〉

제60조(철도사고 등의 발생 시 조치)

① 철도운영자등은 철도사고 등이 발생하였을 때에는 사상자 구호, 유류품(遺留品) 관리, 여객 수송 및 철도시설 복구 등 인명피해 및 재산피해를 최소화하고 열차를 정상적으로 운행할 수 있도록 필요한 조치를 하여야 한다.
② 철도사고등이 발생하였을 때의 사상자 구호, 여객 수송 및 철도시설 복구 등에 필요한 사항은 대통령령으로 정한다.
③ 국토교통부장관은 제61조에 따라 사고 보고를 받은 후 필요하다고 인정하는 경우에는 철도운영자등에게 사고 수습 등에 관하여 필요한 지시를 할 수 있다. 이 경우 지시를 받은 철도운영자등은 특별한 사유가 없으면 지시에 따라야 한다.

■ **시행령 제56조(철도사고 등의 발생 시 조치사항)**

법 제60조 제2항에 따라 철도사고 등이 발생한 경우 철도운영자등이 준수하여야 하는 사항은 다음 각 호와 같다.
1. 사고수습이나 복구작업을 하는 경우에는 인명의 구조와 보호에 가장 우선순위를 둘 것
2. 사상자가 발생한 경우에는 법 제7조 제1항에 따른 안전관리체계에 포함된 비상대응 계획에서 정한 절차(이하 "비상대응절차"라 한다)에 따라 응급처치, 의료기관으로 긴급이송, 유관기관과의 협조 등 필요한 조치를 신속히 할 것
3. 철도차량 운행이 곤란한 경우에는 비상대응절차에 따라 대체교통수단을 마련하는 등 필요한 조치를 할 것

제61조(철도사고 등 의무보고)

① 철도운영자등은 사상자가 많은 사고 등 대통령령으로 정하는 철도사고 등이 발생하였을 때에는 국토교통부령으로 정하는 바에 따라 즉시 국토교통부장관에게 보고하여야 한다.
② 철도운영자등은 제1항에 따른 철도사고 등을 제외한 철도사고 등이 발생하였을 때에는 국토교통부령으로 정하는 바에 따라 사고 내용을 조사하여 그 결과를 국토교통부장관에게 보고하여야 한다.

■ **시행령 제57조(국토교통부장관에게 즉시 보고하여야 하는 철도사고 등)**

법 제61조 제1항에서 "사상자가 많은 사고 등 대통령령으로 정하는 철도사고등"이란 다음 각 호의 어느 하나에 해당하는 사고를 말한다.
1. 열차의 충돌이나 탈선사고
2. 철도차량이나 열차에서 화재가 발생하여 운행을 중지시킨 사고
3. 철도차량이나 열차의 운행과 관련하여 3명 이상 사상자가 발생한 사고
4. 철도차량이나 열차의 운행과 관련하여 5천만원 이상의 재산피해가 발생한 사고

◆ **시행규칙 제86조(철도사고 등의 의무보고)**

① 철도운영자 등은 법 제61조 제1항에 따른 철도사고 등이 발생한 때에는 다음 각 호의 사항을 국토교통부장관에게 즉시 보고하여야 한다.
  1. 사고 발생 일시 및 장소
  2. 사상자 등 피해사항
  3. 사고 발생 경위
  4. 사고 수습 및 복구 계획 등

② 철도운영자 등은 법 제61조 제2항에 따른 철도사고 등이 발생한 때에는 다음 각 호의 구분에 따라 국토교통부장관에게 이를 보고하여야 한다.
  1. 초기보고 : 사고발생현황 등
  2. 중간보고 : 사고수습・복구상황 등
  3. 종결보고 : 사고수습・복구결과 등
③ 제1항 및 제2항에 따른 보고의 절차 및 방법 등에 관한 세부적인 사항은 국토교통부장관이 정하여 고시한다.

> **제61조의2(철도차량 등에 발생한 고장 등 보고 의무)**
> ① 제26조 또는 제27조에 따라 철도차량 또는 철도용품에 대하여 형식승인을 받거나 제26조의3 또는 제27조의2에 따라 철도차량 또는 철도용품에 대하여 제작자승인을 받은 자는 그 승인받은 철도차량 또는 철도용품이 설계 또는 제작의 결함으로 인하여 국토교통부령으로 정하는 고장, 결함 또는 기능장애가 발생한 것을 알게 된 경우에는 국토교통부령으로 정하는 바에 따라 국토교통부장관에게 그 사실을 보고하여야 한다.
> ② 제38조의7에 따라 철도차량 정비조직인증을 받은 자가 철도차량을 운영하거나 정비하는 중에 국토교통부령으로 정하는 고장, 결함 또는 기능장애가 발생한 것을 알게 된 경우에는 국토교통부령으로 정하는 바에 따라 국토교통부장관에게 그 사실을 보고하여야 한다.

◆ 시행규칙 제87조(철도차량에 발생한 고장, 결함 또는 기능장애 보고)

① 법 제61조의2 제1항에서 "국토교통부령으로 정하는 고장, 결함 또는 기능장애"란 다음 각 호의 어느 하나에 해당하는 고장, 결함 또는 기능장애를 말한다.
  1. 법 제26조 및 제26조의3에 따른 승인내용과 다른 설계 또는 제작으로 인한 철도차량의 고장, 결함 또는 기능장애
  2. 법 제27조 및 제27조의2에 따른 승인내용과 다른 설계 또는 제작으로 인한 철도용품의 고장, 결함 또는 기능장애
  3. 하자보수 또는 피해배상을 해야 하는 철도차량 및 철도용품의 고장, 결함 또는 기능장애
  4. 그 밖에 제1호부터 제3호까지의 규정에 따른 고장, 결함 또는 기능장애에 준하는 고장, 결함 또는 기능장애
② 법 제61조의2 제2항에서 "국토교통부령으로 정하는 "국토교통부령으로 정하는 고장, 결함 또는 기능장애"란 다음 각 호의 어느 하나에 해당하는 고장, 결함 또는 기능장애(법 제61조에 따라 보고된 고장, 결함 또는 기능장애는 제외한다)를 말한다.

1. 철도차량 중정비(철도차량을 완전히 분해하여 검수·교환하거나 탈선·화재 등으로 중대하게 훼손된 철도차량을 정비하는 것을 말한다)가 요구되는 구조적 손상
2. 차상신호장치, 추진장치, 주행장치 그 밖에 철도차량 주요장치의 고장 중 차량 안전에 중대한 영향을 주는 고장
3. 법 제26조 제3항, 제26조의3 제2항, 제27조 제2항 및 제27조의2 제2항에 따라 고시된 기술기준에 따른 최대허용범위(제작사가 기술자료를 제공하는 경우에는 그 기술자료에 따른 최대허용범위를 말한다)를 초과하는 철도차량 구조의 균열, 영구적인 변형이나 부식
4. 그 밖에 제1호부터 제3호까지의 규정에 따른 고장, 결함 또는 기능장애에 준하는 고장, 결함 또는 기능장애

③ 법 제61조의2 제1항 및 제2항에 따른 보고를 하려는 자는 별지 제45호의18서식의 고장·결함·기능장애 보고서를 국토교통부장관에게 제출하거나 국토교통부장관이 정하여 고시하는 방법으로 국토교통부장관에게 보고해야 한다.
④ 국토교통부장관은 제3항에 따른 보고를 받은 경우 관계 기관 등에게 이를 통보해야 한다.
⑤ 제4항에 따른 통보의 내용 및 방법 등에 관하여 필요한 사항은 국토교통부장관이 정하여 고시한다.

제61조의3(철도안전 자율보고)

① 철도안전을 해치거나 해칠 우려가 있는 사건·상황·상태 등(이하 "철도안전위험요인"이라 한다)을 발생시켰거나 철도안전위험요인이 발생한 것을 안 사람 또는 철도안전위험요인이 발생할 것이 예상된다고 판단하는 사람은 국토교통부장관에게 그 사실을 보고할 수 있다.
② 국토교통부장관은 제1항에 따른 보고(이하 "철도안전 자율보고"라 한다)를 한 사람의 의사에 반하여 보고자의 신분을 공개해서는 아니 되며, 철도안전 자율보고를 사고예방 및 철도안전 확보 목적 외의 다른 목적으로 사용해서는 아니 된다.
③ 누구든지 철도안전 자율보고를 한 사람에 대하여 이를 이유로 신분이나 처우와 관련하여 불이익한 조치를 하여서는 아니 된다.
④ 제1항부터 제3항까지에서 규정한 사항 외에 철도안전 자율보고에 포함되어야 할 사항, 보고 방법 및 절차는 국토교통부령으로 정한다.

◆ **시행규칙 제88조(철도안전 자율보고의 절차 등)**
① 법 제61조의3 제1항에 따른 철도안전 자율보고를 하려는 자는 별지 제45호의19서식의 철도안전 자율보고서를 한국교통안전공단 이사장에게 제출하거나 국토교통부장관이 정하여 고시하는 방법으로 한국교통안전공단 이사장에게 보고해야 한다.
② 한국교통안전공단 이사장은 제1항에 따른 보고를 받은 경우 관계기관 등에게 이를 통보해야 한다.
③ 제2항에 따른 통보의 내용 및 방법 등에 관하여 필요한 사항은 국토교통부장관이 정하여 고시한다.

제62조 삭제 〈2012. 12. 18.〉

제63조 삭제 〈2012. 12. 18.〉

제64조 삭제 〈2012. 12. 18.〉

제65조 삭제 〈2012. 12. 18.〉

제66조 삭제 〈2012. 12. 18.〉

제67조 삭제 〈2012. 12. 18.〉

제 7 장　철도안전기반 구축

제68조(철도안전기술의 진흥)

국토교통부장관은 철도안전에 관한 기술의 진흥을 위하여 연구·개발의 촉진 및 그 성과의 보급 등 필요한 시책을 마련하여 추진하여야 한다.

제69조(철도안전 전문기관 등의 육성)

① 국토교통부장관은 철도안전에 관한 전문기관 또는 단체를 지도·육성하여야 한다.
② 국토교통부장관은 철도시설의 건설, 운영 및 관리와 관련된 안전점검업무 등 대통령령으로 정하는 철도안전업무에 종사하는 전문인력(이하 "철도안전 전문인력"이라 한다)을 원활하게 확보할 수 있도록 시책을 마련하여 추진하여야 한다.
③ 국토교통부장관은 철도안전 전문인력의 분야별 자격을 다음 각 호와 같이 구분하여 부여할 수 있다.
　1. 철도운행안전관리자
　2. 철도안전전문기술자
④ 철도안전 전문인력의 분야별 자격기준, 자격부여 절차 및 자격을 받기 위한 안전교육훈련 등에 관하여 필요한 사항은 대통령령으로 정한다.
⑤ 국토교통부장관은 철도안전에 관한 전문기관(이하 "안전전문기관"이라 한다)을 지정하여 철도안전 전문인력의 양성 및 자격관리 등의 업무를 수행하게 할 수 있다.
⑥ 안전전문기관의 지정기준, 지정절차 등에 관하여 필요한 사항은 대통령령으로 정한다.
⑦ 안전전문기관의 지정취소 및 업무정지 등에 관하여는 제15조 제6항 및 제15조의2를 준용한다. 이 경우 "운전적성검사기관"은 "안전전문기관"으로, "운전적성검사업무"는 "안전교육훈련업무"로, "제15조 제5항"은 "제69조 제6항"으로, "운전적성검사 판정서"는 "안전교육훈련 수료증 또는 자격증명서"로 본다.

■ 시행령 제59조(철도안전 전문인력의 구분)

① 법 제69조 제2항에서 "대통령령으로 정하는 철도안전업무에 종사하는 전문인력"이란 다음 각 호의 어느 하나에 해당하는 인력을 말한다.
　1. 철도운행안전관리자
　2. 철도안전전문기술자
　　가. 전기철도 분야 철도안전전문기술자
　　나. 철도신호 분야 철도안전전문기술자

다. 철도궤도 분야 철도안전전문기술자
라. 철도차량 분야 철도안전전문기술자

② 제1항에 따른 철도안전 전문인력(이하 "철도안전 전문인력"이라 한다)의 업무 범위는 다음 각 호와 같다.
1. 철도운행안전관리자의 업무
    가. 철도차량의 운행선로나 그 인근에서 철도시설의 건설 또는 관리와 관련한 작업을 수행하는 경우에 작업일정의 조정 또는 작업에 필요한 안전장비·안전시설 등의 점검
    나. 가목에 따른 작업이 수행되는 선로를 운행하는 열차가 있는 경우 해당 열차의 운행일정 조정
    다. 열차접근경보시설이나 열차접근감시인의 배치에 관한 계획 수립·시행과 확인
    라. 철도차량 운전자나 관제업무종사자와 연락체계 구축 등
2. 철도안전전문기술자의 업무
    가. 제1항 제2호 가목부터 다목까지의 철도안전전문기술자 : 해당 철도시설의 건설이나 관리와 관련된 설계·시공·감리·안전점검 업무나 레일용접 등의 업무 해당 철도시설의 건설이나 관리와 관련된 설계·시공·감리·안전점검 업무나 레일용접 등의 업무
    나. 제1항 제2호 라목의 철도안전전문기술자 : 철도차량의 설계·제작·개조·시험검사·정밀안전진단·안전점검 등에 관한 품질관리 및 감리 등의 업무

시행령 제60조(철도 전문인력의 자격기준)

① 법 제69조 제3항 제1호에 따른 철도운행안전관리자의 자격을 부여받으려는 사람은 국토교통부장관이 인정한 교육훈련기관에서 국토교통부령으로 정하는 교육훈련을 수료하여야 한다.
1. 삭제 〈2020. 5. 26.〉
2. 삭제 〈2020. 5. 26.〉

② 법 제69조 제3항 제2호에 따른 철도안전전문기술자의 자격기준은 별표 5와 같다.

◆ 시행규칙 제91조(철도안전 전문인력의 교육훈련)

① 영 제60조 제1항 제2호 및 영 별표 5에 따른 철도안전 전문인력의 교육훈련은 별표 24에 따른다.
② 제1항에 따른 교육훈련의 방법·절차 등에 관하여 필요한 세부사항은 국토교통부장관이 정한다.

시행령 [별표 5]

철도안전전문기술자의 자격기준(제60조 제2항 관련)

구분	자격 부여 범위
1. 특급	가. 「전력기술관리법」, 「전기공사업법」, 「정보통신공사업법」이나 「건설기술진흥법」(이하 "관계 법령"이라 한다)에 따른 특급기술자·특급감리원·수석 감리사 또는 특급전기공사기술자로서 다음의 어느 하나에 해당하는 사람 1) 「국가기술자격법」에 따른 철도의 해당 기술 분야의 기술사, 기사자격취득자 2) 3년 이상 철도의 해당 기술 분야에 종사한 경력이 있는 사람 나. 별표 1의2에 따른 1등급 철도차량정비기술자로서 경력에 포함되는 기술자격의 종목과 관련된 기술사, 기능장 또는 기사자격 취득자
2. 고급	가. 관계 법령에 따른 특급기술자·특급감리원·수석감리사 또는 특급공사기술자로서 1년 6개월 이상 철도의 해당 기술 분야에 종사한 경력이 있는 사람 나. 관계법령에 따른 고급기술자·고급기술인·고급감리원·감리사 또는 고급전기공사기술자로서 다음의 어느 하나에 해당하는 사람 1) 「국가기술자격법」에 따른 철도의 해당 기술 분야의 기사, 산업기사 자격취득자 2) 3년 이상 철도의 해당 기술 분야에 종사한 경력이 있는 사람 다. 별표 1의2에 따른 2등급 철도차량정비기술자로서 경력에 포함되는 기술자격의 종목과 관련된 기사 또는 산업기사 자격 취득자
3. 중급	가. 관계 법령에 따른 고급기술자·고급기술인·고급감리원·감리사 또는 고급전기공사기술자로서 1년 6개월 이상 철도의 해당 기술 분야에 종사한 경력이 있는 사람 나. 관계 법령에 따른 중급기술자·중급기술인·중급감리원 또는 중급전기공사기술자로서 다음 어느 하나에 해당하는 사람 1) 「국가기술자격법」에 따른 철도의 해당 기술 분야의 기사, 산업기사, 기능사자격 취득자 2) 3년 이상 철도의 해당 기술 분야에 종사한 경력이 있는 사람 다. 별표 1의2에 따른 3등급 철도차량정비기술자로서 경력에 포함되는 기수자격의 종목과 관련된 기사, 산업기사 또는 기능사 자격 취득자
4. 초급	가. 관계 법령에 따른 중급기술자·중급기술인·중급감리원 또는 중급전기공사기술자로서 1년 6개월 이상 철도의 해당 기술 분야에 종사한 경력이 있는 사람 나. 관계 법령에 따른 초급기술자·초급기술인·초급감리원·감리사보 또는 초급전기공사 기술자로서 다음의 어느 하나에 해당하는 사람 1) 「국가기술자격법」에 따른 철도의 해당 기술 분야의 기사, 산업기사, 기능사 자격 취득자 2) 3년 이상 철도의 해당 기술 분야에 종사한 경력이 있는 사람 다. 국토교통부령으로 정하는 철도의 해당 기술 분야의 설계·감리·시공·안전점검관련 교육과정을 수료하고 수료 시 시행하는 검정시험에 합격한 사람 라. 「국가기술자격법」에 따른 용접자격을 취득한 사람으로서 국토교통부장관이 지정한 전문기관 또는 단체의 레일용접인정자격시험에 합격한 사람 마. 별표 1의2에 따른 4등급 철도차량정비기술자로서 경력에 포함되는 기술자격의 종목과 관련된 기사, 산업기사 또는 기능사 자격 취득자

시행규칙 [별표 24]

철도안전 전문인력의 교육훈련(제91조 제1항 관련)

대상자	교육시간	교육내용	교육시기
철도운행 안전관리자	120시간(3주) - 직무관련 : 100시간 - 교양교육 : 20시간	- 열차운행의 통제와 조정 - 안전관리 일반 - 관계법령 - 비상 시 조치 등	- 철도운행안전관리자로 인정받으려는 경우
철도안전 전문기술자 (초급)	120시간(3주) - 직무관련 : 100시간 - 교양교육 : 20시간	- 기초전문 직무교육 - 안전관리 일반 - 관계법령 - 실무실습	- 철도안전전문 초급 기술 자로 인정받으려는 경우

■ 시행령 제60조의2(철도안전 전문인력의 자격부여 절차 등)

① 법 제69조 제3항에 따른 자격을 부여받으려는 사람은 국토교통부령으로 정하는 바에 따라 국토교통부장관에게 자격부여 신청을 하여야 한다.
② 국토교통부장관은 제1항에 따라 자격부여 신청을 한 사람이 해당 자격기준에 적합한 경우에는 제59조 제1항에 따른 전문인력의 구분에 따라 자격증명서를 발급하여야 한다.
③ 국토교통부장관은 제1항에 따라 자격부여 신청을 한 사람이 해당 자격기준에 적합한지를 확인하기 위하여 그가 소속된 기관이나 업체 등에 관계 자료 제출을 요청할 수 있다.
④ 국토교통부장관은 철도안전 전문인력의 자격부여에 관한 자료를 유지·관리하여야 한다.
⑤ 제1항부터 제4항까지의 규정에 따른 자격부여 절차와 방법, 자격증명서 발급 및 자격의 관리 등에 필요한 사항은 국토교통부령으로 정한다.

◆ 시행규칙 제92조(철도안전 전문인력 자격부여 절차 등)

① 영 제60조의2 제1항에 따른 철도안전 전문인력의 자격을 부여받으려는 자는 별지 제46호서식의 철도안전 전문인력 자격부여(증명서 재발급) 신청서에 다음 각 호의 서류를 첨부하여 법 제69조 제5항에 따라 지정받은 안전전문기관(이하 "안전전문기관"이라 한다)에 제출하여야 한다.
  1. 경력을 확인할 수 있는 자료
  2. 교육훈련 이수증명서(해당자에 한정한다)
  3. 「전기공사업법」에 따른 전기공사 기술자, 「전력기술관리법」에 따른 전력기술인, 「정보통신공사업법」에 따른 정보통신기술자 경력수첩 또는 「건설기술 진흥법」에 따른 건설기술경력증 사본(해당자에 한정한다)

4. 국가기술자격증 사본(해당자에 한정한다)
  5. 사진(3.5센티미터×4.0센티미터)
② 안전전문기관은 제1항에 따른 신청인이 영 제60조 제1항 및 제2항에 따른 자격기준에 적합한 경우에는 별지 제47호서식의 철도안전 전문인력 자격증명서를 신청인에게 발급하여야 한다.
③ 제2항에 따라 철도안전 전문인력 자격증명서를 발급받은 사람이 철도안전 전문인력 자격증명서를 잃어버렸거나 헐어 못 쓰게 된 때에는 안전전문기관에 별지 제46호서식에 따라 철도안전 전문인력 자격증명서의 재발급을 신청하고, 안전전문기관은 자격부여 사실을 확인한 후 철도안전 전문인력 자격증명서 신청인에게 재발급하여야 한다.
④ 안전전문기관은 해당 분야 자격 취득자의 자격증명서 발급 등에 관한 자료를 유지·관리하여야 한다.

시행령 제60조의3(안전전문기관 지정기준)

① 법 제69조 제6항에 따른 안전전문기관으로 지정받을 수 있는 기관이나 단체는 다음 각 호의 어느 하나와 같다.
  1. 삭제 〈2020. 5. 26.〉
  2. 철도안전과 관련된 업무를 수행하는 학회·기관이나 단체
  3. 철도안전과 관련된 업무를 수행하는 「민법」 제32조에 따라 국토교통부장관의 허가를 받아 설립된 비영리법인
② 법 제69조 제6항에 따른 안전전문기관의 지정기준은 다음 각 호와 같다.
  1. 업무수행에 필요한 상설 전담조직을 갖출 것
  2. 분야별 교육훈련을 수행할 수 있는 전문인력을 확보할 것
  3. 교육훈련 시행에 필요한 사무실·교육시설과 필요한 장비를 갖출 것
  4. 안전전문기관 운영 등에 관한 업무규정을 갖출 것
③ 국토교통부장관은 필요하다고 인정하는 경우에는 국토교통부령으로 정하는 바에 따라 분야별로 구분하여 안전전문기관을 지정할 수 있다.
④ 제2항에 따른 안전전문기관의 세부 지정기준은 국토교통부령으로 정한다.

◆ **시행규칙 제92조의2(분야별 안전전문기관 지정)**

국토교통부장관은 영 제60조의3 제3항에 따라 다음 각 호의 분야별로 구분하여 전문기관을 지정할 수 있다.

1. 철도운행안전 분야
2. 전기철도 분야
3. 철도신호 분야
4. 철도궤도 분야
5. 철도차량 분야

◆ **시행규칙 제92조의3(안전전문기관의 세부 지정기준 등)**

① 영 제60조의3 제4항에 따른 안전전문기관의 세부 지정기준은 별표 25와 같다.
② 영 제60조의5 제1항에 따른 안전전문기관의 변경사항 통지는 별지 제11호의2서식에 따른다.

시행규칙 [별표 25]

철도안전 전문기관 세부 지정기준(제92조의3 관련)

1. 기술인력의 기준

　　가. 자격기준

등급	기술자격자	학력 및 경력자
교육 책임자	1) 철도 관련 해당 분야 기술사 또는 이와 같은 수준 이상의 자격을 취득한 사람으로서 10년 이상 철도 관련 분야에 근무한 경력이 있는 사람 2) 철도 관련 해당 분야 기사 자격을 취득한 사람으로서 15년 이상 철도 관련 분야에 근무한 경력이 있는 사람 3) 철도 관련 해당 분야 산업기사 자격을 취득한 사람으로서 20년 이상 철도 관련분야에 근무한 경력이 있는 사람 4) 「근로자직업능력 개발법」 제33조에 따라 직업능력개발훈련교사자격증을 취득한 사람으로서 철도 관련 분야 재직경력이 10년 이상인 사람	1) 철도 관련 분야 박사학위를 취득한 사람으로서 10년 이상 철도 관련 분야에 근무한 경력이 있는 사람 2) 철도 관련 분야 석사학위를 취득한 사람으로서 15년 이상 철도 관련 분야에 근무한 경력이 있는 사람 3) 철도 관련 분야 학사학위를 취득한 사람으로서 20년 이상 철도 관련 분야에 근무한 경력이 있는 사람 4) 관련 분야 4급 이상 공무원 경력자 또는 이와 같은 수준 이상의 경력자로서 철도 관련 분야 재직경력이 10년 이상인 사람
이론 교관	1) 철도 관련 해당분야 기술사 또는 이와 같은 수준 이상의 자격을 취득한 사람 2) 철도 관련 해당분야 기사 자격을 취득한 사람으로서 10년 이상 철도 관련 분야에 근무한 경력이 있는 사람 3) 철도 관련 해당 분야 산업기사 자격을 취득한 사람으로서 15년 이상 철도 관련 분야에 근무한 경력이 있는 사람	1) 철도 관련 분야 박사학위를 취득한 사람으로서 5년 이상 철도 관련 분야에 근무한 경력이 있는 사람 2) 철도 관련 분야 석사학위를 취득한 사람으로서 10년 이상 철도 관련 분야에 근무한 경력이 있는 사람 3) 철도 관련 분야 학사학위를 취득한 사람으로서 15년 이상 철도 관련 분야에 근무한 경력이 있는 사람 4) 철도 관련 분야 6급 이상의 공무원 경력자 또는 이와 같은 수준 이상의 경력자로서 철도 관련 분야 재직경력이 10년 이상인 사람
기능 교관	1) 철도 관련 해당 분야 기사 이상의 자격을 취득한 사람으로서 2년 이상 철도 관련 분야에 근무한 경력이 있는 사람 2) 철도 관련 해당 분야 산업기사 이상의 자격을 취득한 사람으로서 3년 이상 철도 관련 분야에 근무한 경력이 있는 사람	1) 철도 관련 분야 석사학위를 취득한 사람으로서 2년 이상 철도 관련 분야에 근무한 경력이 있는 사람 2) 철도 관련 분야 학사학위를 취득한 사람으로서 3년 이상 철도 관련 분야에 근무한 경력이 있는 사람

		3) 철도 관련 분야 7급 이상의 공무원 경력자 또는 이와 같은 수준 이상의 경력자로서 철도 관련 분야 재직 경력이 10년 이상인 사람

[비고]
1. 박사·석사·학사 학위는 학위수여학과에 관계없이 학위 취득 시 학위논문 제목에 철도 관련 연구임이 명기되어야 함.
2. "철도 관련 분야"란 철도안전, 철도차량 운전, 관제, 전기철도, 신호, 궤도, 통신 및 철도차량 분야를 말한다.

나. 보유기준
1) 최소보유기준 : 교육책임자 1명, 이론교관 3명, 기능교관을 2명 이상 확보하여야 한다.
2) 1회 교육생 30명을 기준으로 교육인원이 10명 추가될 때마다 이론교관을 1명 이상 추가로 확보하여야 한다. 다만 추가로 확보하여야 하는 이론교관은 비전임으로 할 수 있다.
3) 이론교관 중 기능교관 자격을 갖춘 사람은 기능교관을 겸임할 수 있다.
4) 안전점검 업무를 수행하는 경우에는 영 제59조에 따른 분야별 철도안전 전문인력 8명(특급 3명, 고급 이상 2명, 중급 이상 3명) 이상, 열차운행 분야의 경우에는 철도운행안전관리자 3명 이상을 확보할 것

2. 시설·장비의 기준
가. 강의실 : 60㎡ 이상(의자, 탁자 및 교육용 비품을 갖추고 1㎡당 수용인원이 1명을 초과하지 않도록 한다)
나. 실습실 : 125㎡(20명 이상이 동시에 실습할 수 있는 실습실 및 실습장비를 갖추어야 한다)이상이어야 한다. 다만, 철도운행안전관리자의 경우 60㎡ 이상으로 할 수 있으며, 강의실에 실습 장비를 함께 설치하여 활용할 수 있는 경우는 제외한다.
다. 시청각 기자재 : 텔레비젼·비디오 1세트, 컴퓨터 1세트, 빔 프로젝터 1대 이상
라. 철도차량 운행, 전기철도, 신호, 궤도 및 철도안전 등 관련 도서 100권 이상
마. 그 밖에 교육훈련에 필요한 사무실·집기류·편의시설 등을 갖추어야 한다.
바. 전기철도·신호·궤도분야의 경우 다음과 같은 교육 설비를 확보하여야 한다.
1) 전기철도 분야 : 모터카 진입이 가능한 궤도와 전차선로 600㎡ 이상의 실습장을 확보하여 절연 구분장치, 브래킷, 스팬선, 스프링밸런서, 균압선, 행거, 드롭퍼, 콘크

리트 및 H형 강주 등이 설치되어 전차선가선 시공기술을 반복하여 실습할 수 있는 설비를 확보할 것

2) 철도신호 분야 : 계전연동장치, 신호기장치, 자동폐색장치, 궤도회로장치, 선로 전환장치, 신호용 전력공급장치, ATS장치 등을 갖춘 실습장을 확보하여 신호보안장치 시공기술을 반복하여 실습할 수 있는 설비를 확보할 것

3) 궤도 분야 : 표준 궤간의 철도선로 200m 이상과 평탄한 광장 90㎡ 이상의 실습장을 확보하여 장대레일 재설정, 받침목다짐, GAS압접, 테르밋용접 등을 반복하여 실습할 수 있는 설비를 확보할 것

사. 장비 및 자재기준

1) 전기철도 분야 : 교육을 실시할 수 있는 사다리차, 전선크램프, 도르레, 절연저항측정기, 전차선 가선측정기, 특고압 검전기, 접지걸이, 장선기, 가스누설 측정기, 활선용 피뢰기 진단기, 적외선 온도측정기, 콘크리트 강도 측정기, 아연도금피막 측정기, 토오크 측정기, 슬리브 압축기, 애자 인장기, 자분 탐상기, 초저항측정기, 접지저항 측정기, 초음파 측정기 등 장비와 실습용으로 사용할 수 있는 크램프, 금구, 급전선, 행거이어, 조가선, 애자, 드롭퍼용 전선, 슬리브, 완철, 전차선, 구분장치, 브래킷, 밴드, 장력조정장치, 표지, 전기철도자재 샘플보드 등 자재를 보유할 것

2) 신호 분야 : 오실로스코프, 접지저항계, 절연저항계, 클램프미터, 습도계(Hygrometer), 멀티미터(Mulimeter), 선로전환기 전환력 측정기, 멀티테스터, 인터그레터, ATS지상자 측정기 등 장비를 보유할 것

3) 궤도 분야 : 레일 절단기, 레일 연마기, 레일 다지기, 양로기, 레일 가열기, 샤링머신, 연마기, 그라인더, 얼라이먼트, 가스압접기, 테르밋 용접기, 고압펌프, 압력평행기, 발전기, 단면기, 초음파 탐상기, 레일단면 측정기 등 장비와 레일온도계, 팬드롤바, 크램프척, 버너(불판) 등 공구를 보유할 것

4) 철도운행안전관리자는 열차운행선 공사(작업) 시 안전조치에 관한 교육을 실시할 수 있는 무전기 등 장비와 단락용 동선 등 교육자재를 갖출 것

5) 철도차량 분야 : 절연저항측정기, 내전압시험기, 온도측정기, 습도계, 전기측정기(AC/DC 전류, 전압, 주파수 등), 차상신호장치 시험기, 자분탐상기, 초음파 탐상기, 음향측정기, 다채널 데이터 측정기(소음, 진동 등) 거리측정기(비접촉), 속도측정기, 윤중(輪重 : 철도차량 바퀴에 의하여 철도선로에 수직으로 가해지는 중량) 동시 측정기, 제동압력 시험기 등의 장비·공구를 확보하여 철도차량 설계·제작·개조·개량·정밀안전진단 안전점검 기술을 반복하여 실습할 수 있는 설비를 갖출 것

시행령 제60조의4(안전전문기관 지정절차 등)

① 법 제69조 제6항에 따른 안전전문기관으로 지정을 받으려는 자는 국토교통부령으로 정하는 바에 따라 철도안전 전문기관 지정신청서를 제출하여야 한다.
② 국토교통부장관은 제1항에 따라 안전전문기관의 지정 신청을 받은 경우에는 다음 각 호의 사항을 종합적으로 심사한 후 지정 여부를 결정하여야 한다.
  1. 제60조의3에 따른 지정기준에 관한 사항
  2. 안전전문기관의 운영계획
  3. 철도안전 전문인력 등의 수급에 관한 사항
  4. 그 밖에 국토교통부장관이 필요하다고 인정하는 사항
③ 국토교통부장관은 안전전문기관을 지정하였을 경우에는 국토교통부령으로 정하는 바에 따라 철도안전 전문기관 지정서를 발급하고 그 사실을 관보에 고시하여야 한다.

◆ 시행규칙 제92조의4(안전전문기관 지정신청 등)

① 영 제60조의4 제1항에 따라 안전전문기관으로 지정받으려는 자는 별지 제47호의2서식의 철도안전 전문기관 지정신청서(전자문서를 포함한다)에 다음 각 호의 서류를 첨부하여 국토교통부장관에게 제출하여야 한다.
  1. 안전전문기관 운영 등에 관한 업무규정
  2. 교육훈련이 포함된 운영계획서(교육훈련평가계획을 포함한다)
  3. 정관이나 이에 준하는 약정(법인 그 밖의 단체의 경우만 해당한다)
  4. 교육훈련, 철도시설 및 철도차량의 점검 등 안전업무를 수행하는 사람의 자격·학력·경력 등을 증명할 수 있는 서류
  5. 교육훈련, 철도시설 및 철도차량의 점검에 필요한 강의실 등 시설·장비 등 내역서
  6. 안전전문기관에서 사용하는 직인의 인영
② 영 제60조의4 제3항에 따른 철도안전 전문기관 지정서는 별지 제47호의3서식에 따른다.

시행령 제60조의5(안전전문기관의 변경사항 통지)

① 안전전문기관은 그 명칭·소재지나 그 밖에 안전전문기관의 업무수행에 중대한 영향을 미치는 사항의 변경이 있는 경우에는 해당 사유가 발생한 날부터 15일 이내에 국토교통부장관에게 그 사실을 알려야 한다.
② 국토교통부장관은 제1항에 따른 통지를 받은 경우에는 그 사실을 관보에 고시하여야 한다.

◆ 시행규칙 제92조의5(안전전문기관의 지정취소·업무정지 등)

① 법 제69조 제7항에서 준용하는 법 제15조의2에 따른 안전전문기관의 지정취소 및 업무정지의 기준은 별표 26과 같다.
② 국토교통부장관은 안전전문기관의 지정을 취소하거나 업무정지의 처분을 한 경우에는 지체 없이 그 안전전문기관에 별지 제11호의3서식의 지정기관 행정처분서를 통지하고 그 사실을 관보에 고시하여야 한다.

시행규칙 [별표 26]

안전전문기관의 지정취소 및 업무정지의 기준
(제92조의5 제1항 관련)

위반사항	근거법 조문	처분기준 1차 위반	2차 위반	3차 위반	4차 이상 위반
1. 거짓이나 그 밖의 부정한 방법으로 지정을 받은 경우	법 제15조의2 제1항 제1호 및 제69조 제7항	지정취소			
2. 업무정지 명령을 위반하여 그 정지기간 중 안전교육훈련업무를 한 경우	법 제15조의2 제1항 제2호 및 제69조 제7항	지정취소			
3. 법 제69조 제6항에 따른 지정기준에 맞지 아니하게 된 경우	법 제15조의2 제1항 제3호 및 제69조 제7항	경고 또는 보완명령	업무정지 1개월	업무정지 3개월	지정취소
4. 정당한 사유 없이 안전교육훈련업무를 거부한 경우	법 제15조의2 제1항 제4호 및 제69조 제7항	경고	업무정지 1개월	업무정지 3개월	지정취소
5. 법 제15조 제6항을 위반하여 거짓이나 그 밖의 부정한 방법으로 안전교육훈련 수료증 또는 자격증명서를 발급한 경우	법 제15조의2 제1항 제5호 및 제69조 제7항	업무정지 1개월	업무정지 3개월	지정취소	

[비고]
1. 위반행위가 둘 이상인 경우로서 그에 해당하는 각각의 처분기준이 다른 경우에는 그 중 무거운 처분기준에 따르며, 위반행위가 둘 이상인 경우로서 그에 해당하는 각각의 처분기준이 같은 경우에는 무거운 처분기준의 2분의 1까지 가중할 수 있되, 각 처분기준을 합산한 기간을 초과할 수 없다.
2. 위반행위의 횟수에 따른 행정처분의 가중된 부과기준은 최근 1년간 같은 위반행위로 행정처분을 받은 경우에 적용한다. 이 경우 기간의 계산은 위반행위에 대하여 행정처분을 받은 날과 그 처분 후 다시 같은 위반행위를 하여 적발된 날을 기준으로 한다.
3. 비고 제2호에 따라 가중된 행정처분을 하는 경우 가중처분의 적용 차수는 그 위반행위 전 부과처분 차수(비고 제2호에 따른 기간 내에 행정처분이 둘 이상 있었던 경우에는 높은 차수를 말한다)의 다음 차수로 한다.
4. 처분권자는 위반행위의 동기·내용 및 위반의 정도 등 다음 각 목에 해당하는 사유를 고려하여 그 처분을 감경할 수 있다. 이 경우 그 처분이 업무정지인 경우에는 그 처분기준의 2분의 1 범위에서 감경할 수 있고, 지정취소인 경우(거짓이나 그 밖의 부정한 방법으로 지정을 받은 경우나 업무정지 명령을 위반하여 그 정지기간 중 안전교육훈련업무를 한 경우는 제외한다)에는 3개월의 업무정지 처분으로 감경할 수 있다.
   가. 위반행위가 고의나 중대한 과실이 아닌 사소한 부주의나 오류로 인한 것으로 인정되는 경우
   나. 위반의 내용·정도가 경미하여 이해관계인에게 미치는 피해가 적다고 인정되는 경우

제69조의2(철도운행안전관리자의 배치 등)

① 철도운영자등은 철도차량의 운행선로 또는 그 인근에서 철도시설의 건설 또는 관리와 관련한 작업을 시행할 경우 철도운행안전관리자를 배치하여야 한다. 다만, 철도운영자등이 자체적으로 작업 또는 공사 등을 시행하는 경우 등 대통령령으로 정하는 경우에는 그러하지 아니하다.
② 제1항에 따른 철도운행안전관리자의 배치기준, 방법 등에 관하여 필요한 사항은 국토교통부령으로 정한다.

■ 시행령 제60조의6(철도운행안전관리자의 배치)

법 제69조의2 제1항 단서에서 "철도운영자등이 자체적으로 작업 또는 공사 등을 시행하는 경우 등 대통령령으로 정하는 경우"란 다음 각 호의 어느 하나에 해당하는 경우를 말한다.
1. 철도운영자등이 선로 점검 작업 등 3명 이하의 인원으로 할 수 있는 소규모 작업 또는 공사 등을 자체적으로 시행하는 경우
2. 천재지변 또는 철도사고 등 부득이한 사유로 긴급 복구작업 등을 시행하는 경우

◆ 시행규칙 제92조의6(철도운행안전관리자의 배치기준 등)

① 법 제69조의2 제2항에 따른 철도운행안전관리자의 배치기준 등은 별표 27과 같다.
② 철도운행안전관리자는 배치된 기간 중에 수행한 업무에 대하여 별지 제47호의4서식의 근무상황일지를 작성하여 철도운영자등에게 제출해야 한다.

시행규칙 [별표 27]

철도운행안전관리자의 배치기준 등 (제92조의6 제1항 관련)

1. 철도운영자등은 작업 또는 공사가 다음 각 목의 어느 하나에 해당하는 경우에는 작업 또는 공사 구간 별로 철도운행안전관리자를 1명 이상 별도로 배치해야 한다. 다만, 열차의 운행 빈도가 낮아 위험이 적은 경우에는 국토교통부장관과 사전 협의를 거쳐 작업책임자가 철도운행안전관리자 업무를 수행하게 할 수 있다.
   가. 도급 및 위탁 계약 방식의 작업 또는 공사
      1) 철도운영자등이 도급(공사)계약 방식으로 시행하는 작업 또는 공사
      2) 철도운영자등이 자체 유지·보수 작업을 전문용역업체 등에 위탁하여 6개월 이상 장기간 수행하는 작업 또는 공사
   나. 철도운영자등이 직접 수행하는 작업 또는 공사로서 4명 이상의 직원이 수행하는 작업 또는 공사

2. 철도운영자등은 작업 또는 공사의 효율적인 수행을 위해서는 제1호에도 불구하고 제1호 가목 2) 및 같은 호 나목에 따른 작업 또는 공사에 대해 철도운행안전관리자를 작업 또는 공사를 수행하는 직원으로 지정할 수 있고, 제1호 각 목에 따른 작업 또는 공사에 대해 철도운행안전관리자 2명 이상이 3개 이상의 인접한 작업 또는 공사 구간을 관리하게 할 수 있다.

제69조의3(철도안전 전문인력의 정기교육)

① 제69조에 따라 철도안전 전문인력의 분야별 자격을 부여받은 사람은 직무 수행의 적정성 등을 유지할 수 있도록 정기적으로 교육을 받아야 한다.
② 철도운영자등은 제1항에 따른 정기교육을 받지 아니한 사람을 관련 업무에 종사하게 하여서는 아니 된다.
③ 제1항에 따른 철도안전 전문인력에 대한 정기교육의 주기, 교육 내용, 교육 절차 등에 관하여 필요한 사항은 국토교통부령으로 정한다.

◆ **시행규칙 제92조의7(철도안전 전문인력의 정기교육)**

① 법 제69조의3 제1항에 따른 철도안전 전문인력에 대한 정기교육의 주기, 교육 내용, 교육 절차 등은 별표 28과 같다.
② 철도안전 전문인력의 정기교육은 안전전문기관에서 실시한다.
③ 제1항 및 제2항에서 규정한 사항 외에 철도안전 전문인력의 정기교육에 필요한 세부사항은 국토교통부장관이 정하여 고시한다.

시행규칙 [별표 28]

철도안전 전문인력의 정기교육(제92조의7 제2항 관련)

1. 정기교육의 주기 : 3년
2. 정기교육 시간 : 15시간 이상
3. 교육 내용 및 절차

　가. 철도운행안전관리자

교육과목	교육내용	교육절차
직무전문 교육	철도운행선 안전관리자로서 전문지식과 업무수행능력 배양 1) 열차운행선 지장작업의 순서와 절차 및 철도운행안전협의사항, 기타 안전조치 등에 관한 사항 2) 선로지장작업 관련 사고사례 분석 및 예방 대책 3) 철도인프라(정거장, 선로, 전철전력시스템, 열차제어시스템) 4) 일반 안전 및 직무 안전관리 등	강의 및 토의
철도안전 관련법령	철도안전법령 및 관련규정의 이해 1) 철도안전 정책 2) 철도안전법 및 관련 규정 3) 열차운행선 지장작업에 따른 관련 규정 및 취급절차 등 4) 운전취급관련 규정 등	강의 및 토의
실무실습	철도운행안전관리자의 실무능력 배양 1) 열차운행조정 협의 2) 신호직업의 시행 절차 3) 작업시행 전 작업원 안전교육(작업원, 건널목임시관리원, 열차감시원, 전기철도안전관리자) 4) 이례운전취급에 따른 안전조치 요령 등	토의 및 실습

　나. 전기철도분야 안전전문기술자

교육과목	교육내용	교육절차
직무전문 교육	전기철도에 대한 직무전문지식의 습득과 전문운용능력 배양 1) 전기철도공학 및 전기철도구조물공학 2) 철도 송·변전 및 철도배전설비 3) 전기철도 설계기준 및 급전제어규정 4) 전기철도 급전계통 특성 이해 5) 전기철도 고장장애 복구·대책 수립 6) 전기철도 사고사례 및 안전관리 등	강의 및 토의
철도안전 관련법령	철도안전법령 및 관련 행정규칙의 준수 및 이해도 향상 1) 철도안전정책 2) 철도안전법령 및 행정규칙 3) 열차운행선로 지장작업 업무 요령	강의 및 토의

교육과목	교육내용	교육절차
실무실습	전기철도설비의 운용 및 안전확보를 위한 전문실무실습 1) 가공·강체전차선로 시공 및 유지보수 2) 철도 송·변전 및 철도배전설비 시공 및 유지보수 3) 전기철도 시설물 점검방법 등	현장실습

다. 철도신호분야 안전전문기술자

교육과목	교육내용	교육절차
직무전문 교육	철도신호에 대한 직무전문지식의 습득과 운용능력 배양 1) 신호기장치, 선로전환기장치, 궤도회로 및 연동장치 등 2) 신호 설계기준 및 신호설비 유지보수 세칙 3) 선로전환기 동작계통 및 연동도표 이해 4) 철도신호 장애 복구·대책 수립 요령 5) 철도신호 품질안전 및 안전관리 등	강의 및 토의
철도안전 관련법령	철도안전법령 및 관련 행정규칙의 준수 및 이해도 향상 1) 철도안전 정책 2) 철도안전 법령 및 행정규칙 3) 열차운행선로 지장작업 업무요령	강의 및 토의
실무실습	철도신호 설비의 운용 및 안전 확보를 위한 전문실무실습 1) 신호기, 선로전환기, 궤도회로 및 연동장치 유지보수 실습 2) 철도신호 시설물 점검요령 실습	현장실습

라. 철도시설분야 안전전문기술자

교육과목	교육내용	교육절차
직무전문 교육	철도시설(궤도)에 대한 전문지식의 습득과 운용능력 배양 1) 철도공학 : 궤도보수, 궤도장비, 궤도역학 2) 선로일반 : 궤도구조, 궤도재료, 인접분야인터페이스 3) 궤도설계 : 궤도설계기준, 궤도구조, 궤도재료, 궤도설계기법, 궤도와 구조물인터페이스 4) 용접이론 : 레일용접 관련지침 및 공법해설 5) 시설안전·재해업무 관련 규정 6) 사고사례 및 안전관리 등	강의 및 토의
철도안전 관련법령	철도안전법령 및 관련 행정규칙의 준수 및 이해도 향상 1) 철도안전법령 및 행정규칙 2) 선로지장취급절차, 열차 방호 요령 3) 철도차량 운전규칙, 열차운전 취급절차 규정 4) 선로유지관리지침 및 보선작업지침 해설	강의 및 토의
실무실습	철도시설의 운용 및 안전 확보를 위한 전문실무실습 1) 선로시공 및 보수 일반 2) 중대형 보선장비 제원 및 작업 견학	현장실습

마. 철도차량분야 안전전문기술자

교육과목	교육내용	교육절차
직무전문 교육	철도차량에 대한 직무전문지식의 습득과 운용능력 배양 1) 철도차량시스템 일반 2) 철도차량 신뢰성 및 품질관리 3) 철도차량 리스크(위험도) 평가 4) 철도차량 시험 및 검사 5) 철도 사고 사례 및 안전관리 등	강의 및 토의
철도안전 관련법령	철도안전법령 및 관련 행정규칙의 준수 및 이해도 향상 1) 철도안전 정책 2) 철도안전 법령 및 행정규칙 3) 철도차량 관련 표준 및 정비관련 규정	강의 및 토의
실무실습	철도차량의 운용 및 안전 확보를 위한 전문실무실습 1) 철도차량의 안전조치(작업 전/작업 후) 2) 철도차량 기능검사 및 응급조치 3) 철도차량 기술검토, 제작검사	현장실습

[비고]
1. 정기교육은 철도안전 전문인력의 분야별 자격을 취득한 날 또는 종전의 정기교육 유효 기간 만료일부터 3년이 되는 날 전 1년 이내에 받아야 한다. 이 경우 그 정기교육의 유효기간은 자격 취득 후 3년이 되는 날 또는 종전 정기교육 유효기간 만료일의 다음날부터 기산한다.
2. 철도안전 전문인력이 제1호 전단에 따른 기간이 지난 후에 정기교육을 받은 경우 그 정기교육의 유효기간은 정기교육을 받은 날부터 기산한다.

제69조의4(철도안전 전문인력 분야별 자격의 대여 등 금지)

누구든지 제69조 제3항에 따른 철도안전 전문인력 분야별 자격을 다른 사람에게 빌려주거나 빌리거나 이를 알선하여서는 아니 된다.

제69조의5(철도안전 전문인력 분야별 자격의 취소·정지)

① 국토교통부장관은 철도운행안전관리자가 다음 각 호의 어느 하나에 해당할 때에는 철도운행안전관리자 자격을 취소하거나 1년 이내의 기간을 정하여 철도운행안전관리자 자격을 정지시킬 수 있다. 다만, 제1호부터 제3호까지의 규정에 해당할 때에는 철도운행안전관리자 자격을 취소하여야 한다.
  1. 거짓이나 그 밖의 부정한 방법으로 철도운행안전관리자 자격을 받았을 때
  2. 철도운행안전관리자 자격의 효력정지기간 중에 철도운행안전관리자 업무를 수행하였을 때
  3. 제69조의4를 위반하여 철도운행안전관리자 자격을 다른 사람에게 빌려주었을 때
  4. 철도운행안전관리자의 업무 수행 중 고의 또는 중과실로 인한 철도사고가 일어났을 때
  5. 제41조 제1항을 위반하여 술을 마시거나 약물을 사용한 상태에서 철도운행안전관리자 업무를 하였을 때
  6. 제41조 제2항을 위반하여 술을 마시거나 약물을 사용한 상태에서 업무를 하였다고 인정할 만한 상당한 이유가 있음에도 불구하고 국토교통부장관 또는 시·도지사의 확인 또는 검사를 거부하였을 때
② 국토교통부장관은 철도안전전문기술자가 제69조의4를 위반하여 철도안전전문기술자 자격을 다른 사람에게 빌려주었을 때에는 그 자격을 취소하여야 한다.
③ 제1항에 따른 철도운행안전관리자 자격의 취소 또는 효력정지의 기준 및 절차 등에 관하여는 제20조 제2항부터 제6항까지를 준용한다. 이 경우 "운전면허"는 "철도운행안전관리자 자격"으로, "운전면허증"은 "철도운행안전관리자 자격증명서"로 본다.

◆ **시행규칙 제92조의8(철도운행안전관리자의 자격 취소·정지)**

① 법 제69조의4 제1항에 따른 철도운행안전관리자 자격의 취소 또는 효력정지 처분의 세부기준은 별표 29와 같다.
② 법 제69조의4 제1항에 따른 철도운행안전관리자 자격의 취소 및 효력정지 처분의 통지 등에 관하여는 제34조를 준용한다. 이 경우 "운전면허"는 "철도운행안전관리자 자격"으로, "별지 제22호서식의 철도차량 운전면허 취소·효력정지 처분 통지서"는 "별지 제47호의5 서식의 철도운행안전관리자 자격 취소·효력정지 처분 통지서"로, "운전면허시험기관"은 "안전전문기관"으로, "한국교통안전공단"은 "해당 안전전문기관"으로, "운전면허증"은 "철도운행안전관리자 자격증명서"로 본다.

시행규칙 [별표 29]

철도운행안전관리자 자격취소·효력정지 처분의 세부기준
(제92조의8 관련)

1. 일반기준
가. 위반행위가 둘 이상인 경우로서 그에 해당하는 각각의 처분기준이 다른 경우에는 그 중 무거운 처분기준에 따르며, 위반행위가 둘 이상인 경우로서 그에 해당하는 각각의 처분기준이 같은 경우에는 무거운 처분기준의 2분의 1까지 가중하되, 각 처분기준을 합산한 기간을 초과할 수 없다.

나. 위반행위의 횟수에 따른 행정처분의 기준은 최근 1년간 같은 위반행위로 행정처분을 받은 경우에 적용한다. 이 경우 행정처분 기준의 적용은 같은 위반행위에 대하여 최초로 행정처분을 한 날과 그 처분 후의 위반행위가 다시 적발된 날을 기준으로 한다.

2. 개별기준

위반사항	해당 법조문	처분기준		
		1차 위반	2차 위반	3차 위반
가. 거짓이나 그 밖의 부정한 방법으로 철도운행안전관리자 자격을 받은 경우	법 제69조의4 제1항 제1호	자격취소		
나. 철도운행안전관리자 자격의 효력정지 기간 중 철도운행안전관리자 업무를 수행한 경우	법 제69조의4 제1항 제2호	자격취소		
다. 철도운행안전관리자 자격을 다른 사람에게 대여한 경우	법 제69조의4 제1항 제3호	자격취소		
라. 철도운행안전관리자의 업무 수행 중 고의 또는 중과실로 인한 철도사고가 일어난 경우	법 제69조의4 제1항 제4호			
1) 사망자가 발생한 경우		자격취소		
2) 부상자가 발생한 경우		효력정지 6개월	자격취소	
3) 1천만 원 이상 물적 피해가 발생한 경우		효력정지 3개월	효력정지 6개월	자격취소

마. 법 제41조 제1항을 위반한 경우				
1) 법 제41조 제1항을 위반하여 약물을 사용한 상태에서 철도운행안전관리자 업무를 수행한 경우	법 제69조의4 제1항 제5호	자격취소		
2) 법 제41조 제1항을 위반하여 술에 만취한 상태(혈중 알코올농도 0.1퍼센트 이상)에서 철도운행안전관리자 업무를 수행한 경우		자격취소		
3) 법 제41조 제1항을 위반하여 술을 마신 상태의 기준(혈중 알코올농도 0.03퍼센트 이상)을 넘어서 철도운행 안전관리자 업무를 하다가 철도사고를 일으킨 경우		자격취소		
4) 법 제41조 제1항을 위반하여 술을 마신 상태(혈중 알코올농도 0.03퍼센트 이상 0.1퍼센트 미만)에서 철도운행 안전관리자 업무를 수행한 경우		효력정지 3개월	자격취소	
바. 법 제41조 제2항을 위반하여 술을 마시거나 약물을 사용한 상태에서 업무를 하였다고 인정할 만한 상당한 이유가 있음에도 불구하고 확인이나 검사 요구에 불응한 경우	법 제69조의4 제1항 제6호	자격취소		

제70조(철도안전지식의 보급 등)

국토교통부장관은 철도안전에 관한 지식의 보급과 철도안전의식을 고취하기 위하여 필요한 시책을 마련하여 추진하여야 한다.

제71조(철도안전정보의 종합관리 등)

① 국토교통부장관은 이 법에 따른 철도안전시책을 효율적으로 추진하기 위하여 철도안전에 관한 정보를 종합관리하고, 관계 지방자치단체의 장 또는 철도운영자등, 운전적성검사기관, 관제적성검사기관, 운전교육훈련기관, 관제교육훈련기관, 인증기관, 시험기관, 안전전문기관 및 제77조 제2항에 따라 업무를 위탁받은 기관 또는 단체(이하 "철도관계기관등"이라 한다)에 그 정보를 제공할 수 있다.
② 국토교통부장관은 제1항에 따른 정보의 종합관리를 위하여 관계 지방자치단체의 장 또는 철도관계기관 등에 필요한 자료의 제출을 요청할 수 있다. 이 경우 요청을 받은 자는 특별한 이유가 없으면 요청을 따라야 한다.

제72조(재정지원)

정부는 다음 각 호의 기관 또는 단체에 보조 등 재정적 지원을 할 수 있다.
1. 운전적성검사기관, 관제적성검사기관 또는 정밀안전진단기관
2. 운전교육훈련기관, 관제교육훈련기관 또는 정비교육훈련기관
3. 인증기관, 시험기관, 안전전문기관 및 철도안전에 관한 단체
4. 제77조 제2항에 따라 업무를 위탁받은 기관 또는 단체

제72조의2(철도횡단교량 개축·개량 지원)

① 국가는 철도의 안전을 위하여 철도횡단교량의 개축 또는 개량에 필요한 비용의 일부를 지원할 수 있다.
② 제1항에 따른 개축 또는 개량의 지원대상, 지원조건 및 지원비율 등에 관하여 필요한 사항은 대통령령으로 정한다.

제8장 　 보 칙

제73조(보고 및 검사)

① 국토교통부장관이나 관계 지방자치단체는 다음 각 호의 어느 하나에 해당하는 경우 대통령령으로 정하는 바에 따라 철도관계기관 등에 대하여 필요한 사항을 보고하게 하거나 자료의 제출을 명할 수 있다.
 1. 철도안전 종합계획 또는 시행계획의 수립 또는 추진을 위하여 필요한 경우
 1의2. 제6조의2 제1항에 따른 철도안전투자의 공시가 적정한지를 확인하려는 경우
 2. 제8조 제2항에 따른 점검·확인을 위하여 필요한 경우
 2의2. 제9조의3 제1항에 따른 안전관리 수준평가를 위하여 필요한 경우
 3. 운전적성검사기관, 관제적성검사기관, 운전교육훈련기관, 관제교육훈련기관, 안전전문기관, 정비교육훈련기관, 정밀안전진단기관, 인증기관 또는 시험기관의 업무 수행 또는 지정기준 부합 여부에 대한 확인이 필요한 경우
 4. 철도운영자등의 제21조의2, 제22조의2 또는 제23조 제3항에 따른 철도종사자 관리의무 준수 여부에 대한 확인이 필요한 경우
 4의2. 제31조 제4항에 따른 조치의무 준수 여부를 확인하려는 경우
 5. 제38조 제2항에 따른 검토를 위하여 필요한 경우
 5의2. 제38조의9에 따른 준수사항 이행 여부를 확인하려는 경우
 6. 제40조에 따라 철도운영자가 열차운행을 일시 중지한 경우로서 그 결정 근거 등의 적정성에 대한 확인이 필요한 경우
 7. 제44조 제2항에 따른 철도운영자의 안전조치 등이 적정한지에 대한 확인이 필요한 경우
 8. 제61조에 따른 보고와 관련하여 사실 확인 등이 필요한 경우
 9. 제68조, 제69조 제2항 또는 제70조에 따른 시책을 마련하기 위하여 필요한 경우
 10. 제72조의2 제1항에 따른 비용의 지원을 결정하기 위하여 필요한 경우
② 국토교통부장관이나 관계 지방자치단체는 제1항 각 호의 어느 하나에 해당하는 경우 소속 공무원으로 하여금 철도관계기관등의 사무소 또는 사업장에 출입하여 관계인에게 질문하게 하거나 서류를 검사하게 할 수 있다.
③ 제2항에 따라 출입·검사를 하는 공무원은 국토교통부령으로 정하는 바에 따라 그 권한을 표시하는 증표를 지니고 이를 관계인에게 보여주어야 한다.
④ 제3항에 따른 증표에 관하여 필요한 사항은 국토교통부령으로 정한다.

■ **시행령 제61조(보고 및 검사)**
① 국토교통부장관 또는 관계 지방자치단체의 장은 법 제73조 제1항에 따라 보고 또는 자료의 제출을 명할 때에는 7일 이상의 기간을 주어야 한다. 다만, 공무원이 철도사고 등이 발생한 현장에 출동하는 등 긴급한 상황인 경우에는 그러하지 아니하다.
② 국토교통부장관은 법 제73조 제2항에 따른 검사 등의 업무를 효율적으로 수행하기 위하여 특히 필요하다고 인정하는 경우에는 철도안전에 관한 전문가를 위촉하여 검사 등의 업무에 관하여 자문에 응하게 할 수 있다.

◆ **시행규칙 제93조(검사공무원의 증표)**
법 제73조 제4항에 따른 증표는 별지 제48호 서식에 따른다.

제74조(수수료)

① 이 법에 따른 교육훈련, 면허, 검사, 진단, 성능인증 및 성능시험 등을 신청하는 자는 국토교통부령으로 정하는 수수료를 내야 한다. 다만, 이 법에 따라 국토교통부장관의 지정을 받은 운전적성검사기관, 관제적성검사기관, 운전교육훈련기관, 관제교육훈련기관, 정비교육훈련기관, 정밀안전진단기관, 인증기관, 시험기관 및 안전전문기관(이하 이 조에서 "대행기관"이라 한다) 또는 제77조 제2항에 따라 업무를 위탁받은 기관(이하 이 조에서 "수탁기관"이라 한다)의 경우에는 대행기관 또는 수탁기관이 정하는 수수료를 대행기관 또는 수탁기관에 내야 한다.
② 제1항 단서에 따라 수수료를 정하려는 대행기관 또는 수탁기관은 그 기준을 정하여 국토교통부장관의 승인을 받아야 한다. 승인받은 사항을 변경하려는 경우에도 또한 같다.

◆ **시행규칙 제94조(수수료의 결정절차)**
① 법 제74조 제1항 단서에 따른 대행기관 또는 수탁기관(이하 이 조에서 "대행기관 또는 수탁기관"이라 한다)이 같은 조 제2항에 따라 수수료에 대한 기준을 정하려는 경우에는 해당 기관의 인터넷 홈페이지에 20일간 그 내용을 게시하여 이해관계인의 의견을 수렴하여야 한다. 다만, 긴급하다고 인정하는 경우에는 인터넷 홈페이지에 그 사유를 소명하고 10일간 게시할 수 있다.
② 제1항에 따라 대행기관 또는 수탁기관이 수수료에 대한 기준을 정하여 국토교통부장관의 승인을 얻은 경우에는 해당 기관의 인터넷 홈페이지에 그 수수료 및 산정내용을 공개하여야 한다.

제75조(청문)

국토교통부장관은 다음 각 호의 어느 하나에 해당하는 처분을 하는 경우에는 청문을 하여야 한다.

1. 제9조 제1항에 따른 안전관리체계의 승인 취소
2. 제15조의2에 따른 운전적성검사기관의 지정취소(제16조 제5항, 제21조의6 제5항, 제21조의7 제5항, 제24조의4 제5항 또는 제69조 제7항에서 준용하는 경우를 포함한다)
3. 삭제 〈2019. 7. 24.〉
4. 제20조 제1항에 따른 운전면허의 취소 및 효력정지
4의2. 제21조의11 제1항에 따른 관제자격증명의 취소 또는 효력정지
4의3. 제24조의5 제1항에 따른 철도차량정비기술자의 인정 취소
5. 제26조의2 제1항(제27조 제4항에서 준용하는 경우를 포함한다)에 따른 형식승인의 취소
6. 제26조의7(제27조의2 제4항에서 준용하는 경우를 포함한다)에 따른 제작자승인의 취소
7. 제38조의10 제1항에 따른 인증정비조직의 인증 취소
8. 제38조의13 제3항에 따른 정밀안전진단기관의 지정 취소
9. 제48조의4 제3항에 따른 시험기관의 지정 취소
10. 제69조의5 제1항에 따른 철도운행안전관리자의 자격 취소
11. 제69조의5 제2항에 따른 철도안전전문기술자의 자격 취소

제75조의2(통보 및 징계권고)

① 국토교통부장관은 이 법 등 철도안전과 관련된 법규의 위반에 따른 범죄혐의가 있다고 인정할 만한 상당한 이유가 있을 때에는 관할 수사기관에 그 내용을 통보할 수 있다.
② 국토교통부장관은 이 법 등 철도안전과 관련된 법규의 위반에 따라 사고가 발생했다고 인정할 만한 상당한 이유가 있을 때에는 사고에 책임이 있는 사람을 징계할 것을 해당 철도운영자등에게 권고할 수 있다. 이 경우 권고를 받은 철도운영자등은 이를 존중하여야 하며 그 결과를 국토교통부장관에게 통보하여야 한다.

제76조(벌칙 적용에서 공무원 의제)

다음 각 호의 어느 하나에 해당하는 사람은 「형법」 제129조부터 제132조까지의 규정을 적용할 때에는 공무원으로 본다.
1. 운전적성검사 업무에 종사하는 운전적성검사기관의 임직원 또는 관제적성검사 업무에 종사하는 관제적성검사기관의 임직원
2. 운전교육훈련 업무에 종사하는 운전교육훈련기관의 임직원 또는 관제교육훈련 업무에 종사하는 관제교육훈련기관의 임직원
2의2. 정비교육훈련 업무에 종사하는 정비교육훈련기관의 임직원
2의3. 정밀안전진단 업무에 종사하는 정밀안전진단기관의 임직원
2의4. 제27조의3에 따라 위탁받은 검사 업무에 종사하는 기관 또는 단체의 임직원
2의5. 제48조의4에 따른 성능시험 업무에 종사하는 시험기관의 임직원 및 성능인증·점검 업무에 종사하는 인증기관의 임직원
2의6. 제69조 제5항에 따른 철도안전 전문인력의 양성 및 자격관리 업무에 종사하는 안전전문기관의 임직원
3. 제77조 제2항에 따라 위탁업무에 종사하는 철도안전 관련 기관 또는 단체의 임직원

제77조(권한의 위임·위탁)

① 국토교통부장관은 이 법에 따른 권한의 일부를 대통령령으로 정하는 바에 따라 소속 기관의 장 또는 시·도지사에게 위임할 수 있다.
② 국토교통부장관은 이 법에 따른 업무의 일부를 대통령령으로 정하는 바에 따라 철도안전 관련 기관 또는 단체에 위탁할 수 있다.

■ 시행령 제62조(권한의 위임)

① 국토교통부장관은 국토교통부장관은 법 제77조 제1항에 따라 해당 특별시·광역시·특별자치시·도 또는 특별자치도의 소관 도시철도(「도시철도법」 제3조 제2호에 따른 도시철도 또는 같은 법 제24조 또는 제42조에 따라 도시철도건설사업 또는 도시철도운송사업을 위탁받은 법인이 건설·운영하는 도시철도를 말한다)에 대한 다음 각 호의 권한을 해당 시·도지사에게 위임한다.
   1. 법 제39조의2 제1항부터 제3항까지에 따른 이동·출발 등의 명령과 운행기준 등의 지시, 조언·정보의 제공 및 안전조치 업무
   2. 법 제82조 제1항 제10호에 따른 과태료의 부과·징수
   3. 삭제 〈2014. 3. 18.〉

4. 삭제 〈2014. 3. 18.〉

5. 삭제 〈2014. 3. 18.〉

② 국토교통부장관은 법 제77조 제1항에 따라 다음 각 호의 권한을 「국토교통부와 그 소속 기관 직제」 제40조에 따른 철도특별사법경찰대장에게 위임한다.

1. 법 제41조 제2항에 따른 술을 마셨거나 약물을 사용하였는지에 대한 확인 또는 검사
2. 법 제48조의2 제2항에 따른 철도보안정보체계의 구축·운영
3. 법 제82조 제1항 제14호, 같은 조 제2항 제7호·제8호·제9호·제10호, 같은 조 제4항 및 같은 조 제5항 제2호에 따른 과태료의 부과·징수
4. 삭제 〈2020. 10. 8.〉

시행령 제63조(업무의 위탁)

① 국토교통부장관은 법 제77조 제2항에 따라 다음 각 호의 업무를 한국교통안전공단에 위탁한다.

1. 법 제7조 제4항에 따른 안전관리기준에 대한 적합 여부 검사

1의2. 법 제7조 제5항에 따른 기술기준의 제정 또는 개정을 위한 연구·개발

1의3. 법 제8조 제2항에 따른 안전관리체계에 대한 정기검사 또는 수시검사

1의4. 법 제9조의3 제1항에 따른 철도운영자등에 대한 안전관리 수준평가

2. 법 제17조 제1항에 따른 운전면허시험의 실시
3. 법 제18조 제1항(법 제21조의9에서 준용하는 경우를 포함한다)에 따른 운전면허증 또는 관제자격증명서의 발급과 법 제18조 제2항(법 제21조의9에서 준용하는 경우를 포함한다)에 따른 운전면허증 또는 관제자격증명서의 재발급이나 기재사항의 변경
4. 법 제19조 제3항(법 제21조의9에서 준용하는 경우를 포함한다)에 따른 운전면허증 또는 관제자격증명서의 갱신 발급과 법 제19조 제6항(법 제21조의9에서 준용하는 경우를 포함한다)에 따른 운전면허 또는 관제자격증명 갱신에 관한 내용 통지
5. 법 제20조 제3항 및 제4항(법 제21조의11 제2항에서 준용하는 경우를 포함한다)에 따른 운전면허증 또는 관제자격증명서의 반납의 수령 및 보관
6. 법 제20조 제6항(법 제21조의11 제2항에서 준용하는 경우를 포함한다)에 따른 운전면허 또는 관제자격증명의 발급·갱신·취소 등에 관한 자료의 유지·관리

6의2. 법 제21조의8 제1항에 따른 관제자격증명시험의 실시

6의3. 법 제24조의2 제1항부터 제3항까지에 따른 철도차량정비기술자의 인정 및 철도차량정비경력증의 발급·관리

6의4. 법 제24조의5 제1항 및 제2항에 따른 철도차량정비기술자 인정의 취소 및 정지에 관한 사항

6의5. 법 제38조 제2항에 따른 종합시험운행 결과의 검토

6의6. 법 제38조의5 제5항에 따른 철도차량의 이력관리에 관한 사항

6의7. 법 제38조의7 제1항 및 제2항에 따른 철도차량 정비조직의 인증 및 변경인증의 적합 여부에 관한 확인

6의8. 법 제38조의7 제3항에 따른 정비조직운영기준의 작성

6의9. 법 제61조의3 제1항에 따른 철도안전 자율보고의 접수

7. 법 제70조에 따른 철도안전에 관한 지식 보급과 법 제71조에 따른 철도안전에 관한 정보의 종합관리를 위한 정보체계 구축 및 관리

7의2. 법 제75조 제4호의3에 따른 철도차량정비기술자의 인정 취소에 관한 청문

② 국토교통부장관은 법 제77조 제2항에 따라 다음 각 호의 업무를 한국철도기술연구원에 위탁한다.

1. 법 제25조 제1항, 제26조 제3항, 제26조의3 제2항, 제27조 제2항 및 제27조의2 제2항에 따른 기술기준의 제정 또는 개정을 위한 연구·개발
2. 삭제 〈2020. 10. 8.〉
3. 삭제 〈2020. 10. 8.〉
4. 삭제 〈2020. 10. 8.〉
5. 법 제26조의8 및 제27조의2 제4항에서 준용하는 법 제8조 제2항에 따른 정기검사 또는 수시검사
6. 삭제 〈2020. 10. 8.〉
7. 삭제 〈2020. 10. 8.〉
8. 법 제34조 제1항에 따른 철도차량·철도용품 표준규격의 제정·개정 등에 관한 업무 중 다음 각 목의 업무
   가. 표준규격의 제정·개정·폐지에 관한 신청의 접수
   나. 표준규격의 제정·개정·폐지 및 확인 대상의 검토
   다. 표준규격의 제정·개정·폐지 및 확인에 대한 처리결과 통보
   라. 표준규격서의 작성
   마. 표준규격서의 기록 및 보관
9. 법 제38조의2 제4항에 따른 철도차량 개조승인검사

③ 국토교통부장관은 법 제77조 제2항에 따라 철도보호지구 등의 관리에 관한 다음 각 호의 업무를 「국가철도공단법」에 따른 국가철도공단에 위탁한다.

1. 법 제45조 제1항에 따른 철도보호지구에서의 행위의 신고 수리, 같은 조 제2항에 따른 노면전차 철도보호지구의 바깥쪽 경계선으로부터 20미터 이내의 지역에서의 행위의 신고 수리 및 같은 조 제3항에 따른 행위 금지·제한이나 필요한 조치명령
2. 법 제46조에 따른 손실보상과 손실보상에 관한 협의

④ 국토교통부장관은 법 제77조 제2항에 따라 다음 각 호의 업무를 국토교통부장관이 지정하여 고시하는 철도안전에 관한 전문기관이나 단체에 위탁한다.
1. 삭제 〈2020. 10. 8.〉
2. 법 제69조 제4항에 따른 자격부여 등에 관한 업무 중 제60조의2에 따른 자격부여 신청 접수, 자격증명서 발급, 관계 자료 제출 요청 및 자격부여에 관한 자료의 유지·관리 업무

시행령 제63조의2(민감정보 및 고유식별정보의 처리)

국토교통부장관(제63조 제1항에 따라 국토교통부장관의 권한을 위탁받은 자를 포함한다), 법 제13조에 따른 의료기관과 운전적성검사기관, 운전교육훈련기관, 관제적성검사기관 및 관제교육훈련기관은 다음 각 호의 사무를 수행하기 위하여 불가피한 경우「개인정보 보호법」제23조에 따른 건강에 관한 정보나 같은 법 시행령 제19조 제1호 또는 제2호에 따른 주민등록번호 또는 여권번호가 포함된 자료를 처리할 수 있다.
1. 법 제12조에 따른 운전면허의 신체검사에 관한 사무
2. 법 제15조에 따른 운전적성검사에 관한 사무
3. 법 제16조에 따른 운전교육훈련에 관한 사무
4. 법 제17조에 따른 운전면허시험에 관한 사무
5. 법 제21조의5에 따른 관제자격증명의 신체검사에 관한 사무
6. 법 제21조의6에 따른 관제적성검사에 관한 사무
7. 법 제21조의7에 따른 관제교육훈련에 관한 사무
8 법 제21조의8에 따른 관제자격증명시험에 관한 사무
9. 법 제24조의2에 따른 철도차량정비기술자의 인정에 관한 사무
10. 제1호부터 제9호까지의 규정에 따른 사무를 수행하기 위하여 필요한 사무

시행령 제63조의3(규제의 재검토)

국토교통부장관은 다음 각 호의 사항에 대하여 다음 각 호의 기준일을 기준으로 3년마다(매 3년이 되는 기준일과 같은 날 전까지를 말한다) 그 타당성을 검토하여 개선 등의 조치를 하여야 한다.
1. 제44조에 따른 운송위탁 및 운송 금지 위험물 등 : 2017년 1월 1일
2. 제60조에 따른 철도안전 전문인력의 자격기준 : 2017년 1월 1일

◆ **시행규칙 제96조(규제의 재검토)**

국토교통부장관은 다음 각 호의 사항에 대하여 2020년 1월 1일을 기준으로 3년마다(매 3년이 되는 해의 1월 1일 전까지를 말한다) 그 타당성을 검토하여 개선 등의 조치를 하여야 한다.

1. 제12조에 따른 신체검사 방법·절차·합격기준 등
2. 제16조에 따른 적성검사 방법·절차 및 합격기준 등
3. 삭제 〈2020. 5. 27.〉
4. 제78조에 따른 위해물품의 종류 등
5. 제92조의3 및 별표 25에 따른 안전전문기관의 세부 지정기준 등

제 9 장 벌 칙

제78조(벌칙)

① 다음 각 호의 어느 하나에 해당하는 사람은 무기징역 또는 5년 이상의 징역에 처한다.
  1. 사람이 탑승하여 운행 중인 철도차량에 불을 놓아 소훼(燒燬)한 사람
  2. 사람이 탑승하여 운행 중인 철도차량을 탈선 또는 충돌하게 하거나 파괴한 사람
② 제48조 제1호를 위반하여 철도시설 또는 철도차량을 파손하여 철도차량 운행에 위험을 발생하게 한 사람은 10년 이하의 징역 또는 1억원 이하의 벌금에 처한다.
③ 과실로 제1항의 죄를 지은 사람은 1년 이하의 징역 또는 1천만원 이하의 벌금에 처한다.
④ 과실로 제2항의 죄를 지은 사람은 1천만원 이하의 벌금에 처한다.
⑤ 업무상 과실이나 중대한 과실로 제1항의 죄를 지은 사람은 3년 이하의 징역 또는 3천만원 이하의 벌금에 처한다.
⑥ 업무상 과실이나 중대한 과실로 제2항의 죄를 지은 사람은 2년 이하의 징역 또는 2천만원 이하의 벌금에 처한다.
⑦ 제1항 및 제2항의 미수범은 처벌한다.

제79조(벌칙)

① 제49조 제2항을 위반하여 폭행·협박으로 철도종사자의 직무집행을 방해한 자는 5년 이하의 징역 또는 5천만원 이하의 벌금에 처한다.
② 다음 각 호의 어느 하나에 해당하는 자는 3년 이하의 징역 또는 3천만원 이하의 벌금에 처한다.
  1. 제7조 제1항을 위반하여 안전관리체계의 승인을 받지 아니하고 철도운영을 하거나 철도시설을 관리한 자
  2. 제26조의3 제1항을 위반하여 철도차량 제작자승인을 받지 아니하고 철도차량을 제작한 자
  3. 제27조의2 제1항을 위반하여 철도용품 제작자승인을 받지 아니하고 철도용품을 제작한 자
  3의2. 제38조의2 제2항을 위반하여 개조승인을 받지 아니하고 철도차량을 임의로 개조하여 운행한 자
  3의3. 제38조의2 제3항을 위반하여 적정 개조능력이 있다고 인정되지 아니한 자에게 철도차량 개조 작업을 수행하게 한 자
  3의4. 제38조의3 제1항을 위반하여 국토교통부장관의 운행제한 명령을 따르지 아니하고 철도차량을 운행한 자
  4. 철도사고등 발생 시 제40조의2 제2항 제2호 또는 제5항을 위반하여 사람을 사상(死傷)에 이르게 하거나 철도차량 또는 철도시설을 파손에 이르게 한 자

5. 제41조 제1항을 위반하여 술을 마시거나 약물을 사용한 상태에서 업무를 한 사람
6. 제43조를 위반하여 운송 금지 위험물의 운송을 위탁하거나 그 위험물을 운송한 자
7. 제44조 제1항을 위반하여 위험물을 운송한 자
8. 제48조 제2호부터 제4호까지의 규정에 따른 금지행위를 한 자

③ 다음 각 호의 어느 하나에 해당하는 자는 2년 이하의 징역 또는 2천만원 이하의 벌금에 처한다.
1. 거짓이나 그 밖의 부정한 방법으로 제7조 제1항에 따른 안전관리체계의 승인을 받은 자
2. 제8조 제1항을 위반하여 철도운영이나 철도시설의 관리에 중대하고 명백한 지장을 초래한 자
3. 거짓이나 그 밖의 부정한 방법으로 제15조 제4항, 제16조 제3항, 제21조의6 제3항, 제21조의7 제3항, 제24조의4 제2항, 제38조의13 제1항 또는 제69조 제5항에 따른 지정을 받은 자
4. 제15조의2(제16조 제5항, 제21조의6 제5항, 제21조의7 제5항, 제24조의4 제5항 또는 제69조 제7항에서 준용하는 경우를 포함한다)에 따른 업무정지 기간 중에 해당 업무를 한 자
5. 거짓이나 그 밖의 부정한 방법으로 제26조 제1항 또는 제27조 제1항에 따른 형식승인을 받은 자
6. 제26조 제5항을 위반하여 형식승인을 받지 아니한 철도차량을 운행한 자
7. 거짓이나 그 밖의 부정한 방법으로 제26조의3 제1항 또는 제27조의2 제1항에 따른 제작자승인을 받은 자
8. 거짓이나 그 밖의 부정한 방법으로 제26조의3 제3항(제27조의2 제4항에서 준용하는 경우를 포함한다)에 따른 제작자승인의 면제를 받은 자
9. 제26조의6 제1항을 위반하여 완성검사를 받지 아니하고 철도차량을 판매한자
10. 제26조의7 제1항 제5호(제27조의2 제4항에서 준용하는 경우를 포함한다)에 따른 업무정지기간 중에 철도차량 또는 철도용품을 제작한 자
11. 제27조 제3항을 위반하여 형식승인을 받지 아니한 철도용품을 철도시설 또는 철도차량 등에 사용한 자
11의2. 거짓이나 그 밖의 부정한 방법으로 제27조의3에 따라 위탁받은 검사 업무를 수행한 자
12. 제32조 제1항에 따른 중지명령에 따르지 아니한 자
13. 제38조 제1항을 위반하여 종합시험운행을 실시하지 아니하거나 실시한 결과를 국토교통부장관에게 보고하지 아니하고 철도노선을 정상운행한 자
13의2. 제38조의6 제1항을 위반하여 철도차량정비가 되지 않은 철도차량임을 알면서 운행한 자
13의3. 제38조의6 제3항에 따른 철도차량정비 또는 원상복구 명령에 따르지 아니한 자

13의4. 거짓이나 그 밖의 부정한 방법으로 제38조의7 제1항에 따른 철도차량 정비조직의 인증을 받은 자
13의5. 제38조의10 제1항 제2호에 해당하는 경우로서 고의 또는 중대한 과실로 철도사고 또는 중대한 운행장애를 발생시킨 자
13의6. 제38조의12 제4항을 위반하여 정밀안전진단을 받지 아니하거나 정밀안전진단 결과 계속 사용이 적합하지 아니하다고 인정된 철도차량을 운행한 자
13의7. 제40조 제2항 후단을 위반하여 특별한 사유 없이 열차운행을 중지하지 아니한 자
13의8. 제40조 제4항을 위반하여 철도종사자에게 불이익한 조치를 한 자
14. 삭제 〈2017. 8. 9.〉
15. 제41조 제2항에 따른 확인 또는 검사에 불응한 자
16. 정당한 사유 없이 제42조 제1항을 위반하여 위해물품을 휴대하거나 적재한 사람
17. 제45조 제1항 및 제2항에 따른 신고를 하지 아니하거나 같은 조 제3항에 따른 명령에 따르지 아니한 자
18. 제47조 제1항 제2호를 위반하여 운행 중 비상정지버튼을 누르거나 승강용 출입문을 여는 행위를 한 사람
19. 제61조의3 제3항을 위반하여 철도안전 자율보고를 한 사람에게 불이익한 조치를 한 자

④ 다음 각 호의 어느 하나에 해당하는 자는 1년 이하의 징역 또는 1천만원 이하의 벌금에 처한다.
  1. 제10조 제1항을 위반하여 운전면허를 받지 아니하고(제20조에 따라 운전면허가 취소되거나 그 효력이 정지된 경우를 포함한다) 철도차량을 운전한 사람
  2. 거짓이나 그 밖의 부정한 방법으로 운전면허를 받은 사람
  2의2. 거짓이나 그 밖의 부정한 방법으로 관제자격증명을 받은 사람
  2의3. 거짓이나 그 밖의 부정한 방법으로 철도차량정비기술자로 인정받은 사람
  2의4. 제19조의2를 위반하여 운전면허증을 다른 사람에게 빌려주거나 빌리거나 이를 알선한 사람
  3. 제21조를 위반하여 실무수습을 이수하지 아니하고 철도차량의 운전업무에 종사한 사람
  3의2. 제21조의2를 위반하여 운전면허를 받지 아니하거나(제20조에 따라 운전면허가 취소되거나 그 효력이 정지된 경우를 포함한다) 실무수습을 이수하지 아니한 사람을 철도차량의 운전업무에 종사하게 한 철도운영자등
  3의3. 제21조의3을 위반하여 관제자격증명을 받지 아니하고(제21조의11에 따라 관제자격증명이 취소되거나 그 효력이 정지된 경우를 포함한다) 관제업무에 종사한 사람
  3의4. 제21조의10을 위반하여 관제자격증명서를 다른 사람에게 빌려주거나 빌리거나 이를 알선한 사람
  4. 제22조를 위반하여 실무수습을 이수하지 아니하고 관제업무에 종사한 사람

4의2. 제22조의2를 위반하여 관제자격증명을 받지 아니하거나(제21조의11에 따라 관제자격증명이 취소되거나 그 효력이 정지된 경우를 포함한다) 실무수습을 이수하지 아니한 사람을 관제업무에 종사하게 한 철도운영자등

5. 제23조 제1항을 위반하여 신체검사와 적성검사를 받지 아니하거나 같은 조 제3항을 위반하여 신체검사와 적성검사에 합격하지 아니하고 같은 조 제1항에 따른 업무를 한 사람 및 그로 하여금 그 업무에 종사하게 한 자

5의2. 제24조의3을 위반한 다음 각 목의 어느 하나에 해당하는 사람
    가. 다른 사람에게 자기의 성명을 사용하여 철도차량정비 업무를 수행하게 하거나 자신의 철도차량정비경력증을 빌려 준 사람
    나. 다른 사람의 성명을 사용하여 철도차량정비 업무를 수행하거나 다른 사람의 철도차량정비경력증을 빌린 사람
    다. 가목 및 나목의 행위를 알선한 사람

6. 제26조 제1항 또는 제27조 제1항에 따른 형식승인을 받지 아니한 철도차량 또는 철도용품을 판매한 자

6의2. 제31조 제6항에 따른 이행 명령에 따르지 아니한 자

7. 제38조 제1항을 위반하여 종합시험운행 결과를 허위로 보고한 자

7의2. 제38조의7 제1항을 위반하여 정비조직의 인증을 받지 아니하고 철도차량정비를 한 자

8. 제39조의2 제1항에 따른 지시를 따르지 아니한 자

9. 제39조의3 제3항을 위반하여 설치 목적과 다른 목적으로 영상기록장치를 임의로 조작하거나 다른 곳을 비춘 자 또는 운행기간 외에 영상기록을 한 자

10. 제39조의3 제4항을 위반하여 영상기록을 목적 외의 용도로 이용하거나 다른 자에게 제공한 자

11. 제39조의3 제5항을 위반하여 안전성 확보에 필요한 조치를 하지 아니하여 영상기록장치에 기록된 영상정보를 분실·도난·유출·변조 또는 훼손당한 자

12. 제47조 제6호를 위반하여 술을 마시거나 약물을 복용하고 다른 사람에게 위해를 주는 행위를 한 사람

13. 거짓이나 부정한 방법으로 철도운행안전관리자 자격을 받은 사람

14. 제69조의2 제1항을 위반하여 철도운행안전관리자를 배치하지 아니하고 철도시설의 건설 또는 관리와 관련한 작업을 시행한 철도운영자

15. 제69조의3 제1항 및 제2항을 위반하여 정기교육을 받지 아니하고 업무를 한 사람 및 그로 하여금 그 업무에 종사하게 한 자

16. 제69조의4를 위반하여 철도안전 전문인력의 분야별 자격을 다른 사람에게 빌려주거나 빌리거나 이를 알선한 사람

⑤ 제47조 제1항 제5호를 위반한 자는 500만원 이하의 벌금에 처한다.

제80조(형의 가중)

① 제78조 제1항의 죄를 지어 사람을 사망에 이르게 한 자는 사형, 무기징역 또는 7년 이상의 징역에 처한다.
② 제79조 제1항, 제3항 제16호 또는 제17호의 죄를 범하여 열차운행에 지장을 준 자는 그 죄에 규정된 형의 2분의 1까지 가중한다.
③ 제79조 제3항 제16호 또는 제17호의 죄를 범하여 사람을 사상에 이르게 한 자는 5년 이하의 징역 또는 5천만원 이하의 벌금에 처한다.

제81조(양벌규정)

법인의 대표자나 법인 또는 개인의 대리인, 사용인, 그 밖의 종업원이 그 법인 또는 개인의 업무에 관하여 제79조 제2항, 같은 조 제3항(제16호는 제외한다) 및 제4항(제2호는 제외한다) 또는 제80조(제79조 제3항 제17호의 가중죄를 범한 경우만 해당한다)의 어느 하나에 해당하는 위반행위를 하면 그 행위자를 벌하는 외에 그 법인 또는 개인에게도 해당 조문의 벌금형을 과(科)한다. 다만, 법인 또는 개인이 그 위반행위를 방지하기 위하여 해당 업무에 관하여 상당한 주의와 감독을 게을리하지 아니한 경우에는 그러하지 아니하다.

제82조(과태료)

① 다음 각 호의 어느 하나에 해당하는 자에게는 1천만원 이하의 과태료를 부과한다.
 1. 제7조 제3항(제26조의8 및 제27조의2 제4항에서 준용하는 경우를 포함한다)을 위반하여 안전관리체계의 변경승인을 받지 아니하고 안전관리체계를 변경한 자
 2. 제8조 제3항(제26조의8 및 제27조의2 제4항에서 준용하는 경우를 포함한다)을 위반하여 정당한 사유 없이 시정조치 명령에 따르지 아니한 자
 2의2. 제9조의4 제4항을 위반하여 시정조치 명령을 따르지 아니한 자
 3. 삭제 〈2020. 6. 9.〉
 4. 제26조 제2항(제27조 제4항에서 준용하는 경우를 포함한다)을 위반하여 변경승인을 받지 아니한 자
 5. 제26조의5 제2항(제27조의2 제4항에서 준용하는 경우를 포함한다)에 따른 신고를 하지 아니한 자
 6. 제27조의2 제3항을 위반하여 형식승인표시를 하지 아니한 자
 7. 제31조 제2항을 위반하여 조사·열람·수거 등을 거부, 방해 또는 기피한 자

8. 제32조 제2항 또는 제4항을 위반하여 시정조치계획을 제출하지 아니하거나 시정조치의 진행 상황을 보고하지 아니한 자
9. 제38조 제2항에 따른 개선·시정 명령을 따르지 아니한 자
9의2. 제38조의5 제3항을 위반한 다음 각 목의 어느 하나에 해당하는 자
    가. 이력사항을 고의로 입력하지 아니한 자
    나. 이력사항을 위조·변조하거나 고의로 훼손한 자
    다. 이력사항을 무단으로 외부에 제공한 자
9의3. 제38조의7 제2항을 위반하여 변경인증을 받지 아니하거나 변경신고를 하지 아니하고 변경한 자
9의4. 제38조의9에 따른 준수사항을 지키지 아니한 자
9의5. 제38조의12 제2항에 따른 정밀안전진단 명령을 따르지 아니한 자
10. 제39조의2 제3항에 따른 안전조치를 따르지 아니한 자
11. 삭제 〈2020. 6. 9.〉
12. 삭제 〈2020. 6. 9.〉
13. 삭제 〈2020. 6. 9.〉
13의2. 제48조의3 제1항을 위반하여 국토교통부장관의 성능인증을 받은 보안검색장비를 사용하지 아니한 자
13의3. 삭제 〈2020. 6. 9.〉
14. 제49조 제1항을 위반하여 철도종사자의 직무상 지시에 따르지 아니한 사람
15. 제61조 제1항 및 제61조의2 제1항·제2항에 따른 보고를 하지 아니하거나 거짓으로 보고한 자
15의2. 삭제 〈2020. 6. 9.〉
16. 제73조 제1항에 따른 보고를 하지 아니하거나 거짓으로 보고한 자
17. 제73조 제1항에 따른 자료제출을 거부, 방해 또는 기피한 자
18. 제73조 제2항에 따른 소속 공무원의 출입·검사를 거부, 방해 또는 기피한 자
② 다음 각 호의 어느 하나에 해당하는 자에게는 500만원 이하의 과태료를 부과한다.
1. 제7조 제3항(제26조의8 및 제27조의2 제4항에서 준용하는 경우를 포함한다)을 위반하여 안전관리체계의 변경신고를 하지 아니하고 안전관리체계를 변경한 자
2. 제24조 제1항을 위반하여 안전교육을 실시하지 아니한 자
2의2. 제24조 제3항을 위반하여 안전교육 실시 여부를 확인하지 아니하거나 안전교육을 실시하도록 조치하지 아니한 철도운영자등
3. 제26조 제2항(제27조 제4항에서 준용하는 경우를 포함한다)을 위반하여 변경신고를 하지 아니한 자

4. 제38조의2 제2항 단서를 위반하여 개조신고를 하지 아니하고 개조한 철도차량을 운행한 자

5. 제38조의5 제3항 제1호를 위반하여 이력사항을 과실로 입력하지 아니한 자

6. 제38조의7 제2항을 위반하여 변경신고를 하지 아니한 자

7. 제40조의2에 따른 준수사항을 위반한 자

8. 제47조 제1항 제1호 또는 제3호를 위반하여 여객출입 금지장소에 출입하거나 물건을 여객열차 밖으로 던지는 행위를 한 사람

8의2. 제47조 제3항을 위반하여 여객열차에서의 금지행위에 관한 사항을 안내하지 아니한 자

9. 제48조 제5호를 위반하여 철도시설(선로는 제외한다)에 승낙 없이 출입하거나 통행한 사람

10. 제48조 제7호·제9호 또는 제10호를 위반하여 철도시설에 유해물 또는 오물을 버리거나 열차운행에 지장을 준 사람

11. 제48조의3 제2항에 따른 보안검색장비의 성능인증을 위한 기준·방법·절차 등을 위반한 인증기관 및 시험기관

12. 제61조 제2항에 따른 보고를 하지 아니하거나 거짓으로 보고한 자

③ 다음 각 호의 어느 하나에 해당하는 자에게는 300만원 이하의 과태료를 부과한다.

1. 제9조의4 제3항을 위반하여 우수운영자로 지정되었음을 나타내는 표시를 하거나 이와 유사한 표시를 한 자

2. 삭제 〈2020. 6. 9.〉

3. 삭제 〈2020. 6. 9.〉

4. 제20조 제3항(제21조의11 제2항에서 준용하는 경우를 포함한다)을 위반하여 운전면허증을 반납하지 아니한 사람

④ 다음 각 호의 어느 하나에 해당하는 자에게는 100만원 이하의 과태료를 부과한다.

1. 제47조 제1항 제4호를 위반하여 여객열차에서 흡연을 한 사람

2. 제48조 제5호를 위반하여 선로에 승낙 없이 출입하거나 통행한 사람

⑤ 다음 각 호의 어느 하나에 해당하는 자에게는 50만원 이하의 과태료를 부과한다.

1. 제45조 제4항을 위반하여 조치명령을 따르지 아니한 자

2. 제47조 제1항 제7호를 위반하여 공중이나 여객에게 위해를 끼치는 행위를 한 사람

⑥ 제1항부터 제5항까지에 따른 과태료는 대통령령으로 정하는 바에 따라 국토교통부장관 또는 시·도지사(이 조 제1항 제14호·제16호 및 제17호, 제2항 제8호부터 제10호까지, 제4항 제1호·제2호 및 제5항 제1호·제2호만 해당한다)가 부과·징수한다.

제83조(과태료 규정의 적용 특례)

제82조의 과태료에 관한 규정을 적용할 때 제9조의2(제26조의8, 제27조의2 제4항, 제38조의4, 제38조의11 및 제38조의14에서 준용하는 경우를 포함한다)에 따라 과징금을 부과한 행위에 대해서는 과태료를 부과할 수 없다.

시행령 제64조(과태료의 부과기준)

법 제82조 제1항부터 제5항까지의 규정에 따른 과태료 부과기준은 별표 6과 같다.

시행령 [별표 6]

과태료 부과기준(제64조 관련)

1. 일반기준

가. 위반행위의 횟수에 따른 과태료의 가중된 부과기준은 최근 1년간 같은 위반행위로 과태료 부과처분을 받은 경우에 적용한다. 이 경우 기간의 계산은 위반행위에 대하여 과태료 부과처분을 받은 날과 그 처분 후 다시 같은 위반행위를 하여 적발된 날을 기준으로 한다.

나. 가목에 따라 가중된 부과처분을 하는 경우 가중처분의 적용 차수는 그 위반행위 전 부과 처분 차수(가목에 따른 기간 내에 과태료 부과처분이 둘 이상 있었던 경우에는 높은 차수를 말한다)의 다음 차수로 한다.

다. 하나의 행위가 둘 이상의 위반행위에 해당하는 경우에는 그 중 무거운 과태료의 부과기준에 따른다.

라. 부과권자는 다음의 어느 하나에 해당하는 경우에는 제2호에 따른 과태료 금액의 2분의 1 범위에서 그 금액을 줄일 수 있다. 다만, 과태료를 체납하고 있는 위반행위자의 경우에는 그렇지 않다.

  1) 삭제 〈2020. 10. 8.〉
  2) 위반행위가 사소한 부주의나 오류로 인한 것으로 인정되는 경우
  3) 위반행위자가 법 위반상태를 시정하거나 해소하기 위해 노력한 것이 인정되는 경우
  4) 그 밖에 위반행위의 정도, 위반행위의 동기와 그 결과 등을 고려하여 과태료를 줄일 필요가 있다고 인정되는 경우

마. 부과권자는 다음의 어느 하나에 해당하는 경우에는 제2호의 개별기준에 따른 과태료 금액의 2분의 1 범위에서 그 금액을 늘릴 수 있다. 다만, 법 제82조 제1항부터 제5항까지의 규정에 따른 과태료 금액의 상한을 넘을 수 없다.

  1) 위반의 내용·정도가 중대하여 공중(公衆)에게 미치는 피해가 크다고 인정되는 경우
  2) 그 밖에 위반행위의 정도, 위반행위의 동기와 그 결과 등을 고려하여 늘릴 필요가 있다고 인정되는 경우

2. 개별기준

위반행위	근거 법조문	과태료 금액(단위 : 만원)		
		1회 위반	2회 위반	3회 이상 위반
가. 법 제7조 제3항(법 제26조의8 및 27조의2 제4항에서 준용하는 경우를 포함한다)을 위반하여 안전관리체계의 변경승인을 받지 않고 안전관리체계를 변경한 경우	법 제82조 제1항 제1호	300	600	900
나. 법 제7조 제3항(법 제26조의8 및 27조의2 제4항에서 준용하는 경우를 포함한다)을 위반하여 안전관리체계의 변경신고를 하지 않고 안전관리체계를 변경한 경우	법 제82조 제2항 제1호	150	300	450
다. 법 제8조 제3항(법 제26조의8 및 27조의2 제4항에서 준용하는 경우를 포함한다)을 위반하여 정당한 사유 없이 시정조치 명령에 따르지 않은 경우	법 제82조 제1항 제2호	300	600	900
라. 법 제9조의4 제3항을 위반하여 우수운영자로 지정되었음을 나타내는 표시를 하거나 이와 유사한 표시를 한 경우	법 제82조 제3항 제1호	90	180	270
마. 법 제9조의4 제4항을 위반하여 시정조치 명령을 따르지 않은 경우	법 제82조 제1항 제2호의2	300	600	900
바. 법 제20조 제3항(법 제21조의11 제2항에서 준용하는 경우를 포함한다)을 위반하여 운전면허증을 반납하지 않은 경우	법 제82조 제3항 제4호	90	180	270
사. 법 제24조 제1항을 위반하여 안전교육을 실시하지 않거나 같은 조 제2항을 위반하여 직무교육을 실시하지 않은 경우	법 제82조 제2항 제2호	150	300	450
아. 법 제24조 제3항을 위반하여 철도운영자등이 안전교육 실시 여부를 확인하지 않거나 안전교육을 실시하도록 조치하지 않은 경우	법 제82조 제2항 제2호의2	150	300	450
자. 법 제26조 제2항 본문(법 제27조 제4항에서 준용하는 경우를 포함한다)을 위반하여 변경승인을 받지 않은 경우	법 제82조 제1항 제4호	300	600	900
차. 법 제26조 제2항 단서(법 제27조 제4항에서 준용하는 경우를 포함한다)를 위반하여 변경신고를 하지 않은 경우	법 제82조 제2항 제3호	150	300	450
카. 법 제26조의5 제2항(법 제27조의2 제4항에서 준용하는 경우를 포함한다)에 따른 신고를 하지 않은 경우	법 제82조 제1항 제5호	300	600	900
타. 법 제27조의2 제3항을 위반하여 형식승인표시를 하지 않은 경우	법 제82조 제1항 제6호	300	600	900

파. 법 제31조 제2항을 위반하여 조사·열람·수거 등을 거부, 방해 또는 기피 한 경우	법 제82조 제1항 제7호	300	600	900
하. 법 제32조 제2항 또는 제4항을 위반하여 시정조치계획을 제출하지 않거나 시정조치의 진행 상황을 보고하지 않은 경우	법 제82조 제1항 제8호	300	600	900
거. 법 제38조 제2항에 따른 개선·시정명령을 따르지 않은 경우	법 제82조 제1항 제9호	300	600	900
너. 법 제38조의2 제2항 단서를 위반하여 개조신고를 하지 않고 개조한 철도차량을 운행한 경우	법 제82조 제2항 제4호	150	300	450
더. 법 제38조의5 제3항을 위반한 다음의 어느 하나에 해당하는 경우 1) 이력사항을 고의로 입력하지 않은 경우 2) 이력사항을 위조·변조하거나 고의로 훼손한 경우 3) 이력사항을 무단으로 외부에 제공한 경우	법 제82조 제1항 제9호의2	300	600	900
러. 법 제38조의5 제3항 제1호를 위반하여 이력사항을 과실로 입력하지 않은 경우	법 제82조 제2항 제5호	150	300	450
머. 법 제38조의7 제2항를 위반하여 변경인증을 받지 않은 경우	법 제82조 제1항 제9호의3	300	600	900
버. 법 제38조의7 제2항을 위반하여 변경신고를 하지 않은 경우	법 제82조 제2항 제6호	150	300	450
서. 법 제38조의9에 따른 준수사항을 지키지 않은 경우	법 제82조 제1항 제9호의4	300	600	900
어. 법 제38조의12 제2항에 따른 정밀안전진단 명령을 따르지 않은 경우	법 제82조 제1항 제9호의5	300	600	900
저. 법 제39조의2 제3항에 따른 안전조치를 따르지 않은 경우	법 제82조 제1항 제10호	300	600	900
처. 법 제40조의2에 따른 준수사항을 위반한 경우	법 제82조 제2항 제7호	150	300	450
커. 법 제45조 제4항을 위반하여 조치법령을 따르지 않은 경우	법 제82조 제5항 제1호	15	30	45
터. 법 제47조 제1항 제1호 또는 제3호를 위반하여 여객 출입 금지장소에 출입하거나 물건을 여객열차 밖으로 던지는 행위를 한 경우	법 제82조 제2항 제8호	150	300	450
퍼. 법 제47조 제1항 제4호를 위반하여 여객열차에서 흡연을 한 경우	법 제82조 제4항 제1호	30	60	90
허. 법 제47조 제1항 제7호를 위반하여 공중이나 여객에게 위해를 끼치는 행위를 한 경우	법 제82조 제5항 제2호	15	30	45

고. 법 제48조 제5호를 위반하여 철도시설(선로는 제외한다)에 승낙 없이 출입하거나 통행한 경우	법 제82조 제2항 제9호	150	300	450
노. 법 제48조 제5호를 위반하여 선로에 승낙 없이 출입하거나 통행한 경우	법 제82조 제4항 제2호	30	60	90
도. 법 제48조 제7호·제9호 또는 제10호를 위반하여 철도시설에 유해물 또는 오물을 버리거나 열차운행에 지장을 준 경우	법 제82조 제2항 제10호	150	300	450
로. 법 제48조의3 제1항을 위반하여 국토교통부장관의 성능인증을 받은 보안검색장비를 사용하지 않은 경우	법 제82조 제1항 제13호의2	300	600	900
모. 인증기관 및 시험기관이 법 제48조의3 제2항에 따른 보안검색장비의 성능인증을 위한 기준·방법·절차 등을 위반한 경우	법 제82조 제2항 제11호	150	300	450
보. 법 제49조 제1항을 위반하여 철도종사자의 직무상 지시에 따르지 않은 경우	법 제82조 제1항 제14호	300	600	900
소. 법 제61조 제1항에 따른 보고를 하지 않거나 거짓으로 보고한 경우	법 제82조 제1항 제15호	300	600	900
오. 법 제61조 제2항에 따른 보고를 하지 않거나 거짓으로 보고한 경우	법 제82조 제2항 제12호	150	300	450
조. 법 제61조의2 제1항·제2항에 따른 보고를 하지 않거나 거짓으로 보고한 경우	법 제82조 제1항 제15호	300	600	900
초. 법 제73조 제1항에 따른 보고를 하지 않거나 거짓으로 보고한 경우	법 제82조 제1항 제16호	300	600	900
코. 법 제73조 제1항에 따른 자료제출을 거부, 방해 또는 기피한 경우	법 제82조 제1항 제17호	300	600	900
토. 법 제73조 제2항에 따른 소속 공무원의 출입·검사를 거부, 방해 또는 기피한 경우	법 제82조 제1항 제18호	300	600	900

부 칙 〈법률 제17746호, 2020. 12. 22.〉

제1조(시행일) 이 법은 공포 후 6개월이 경과한 날부터 시행한다. 다만, 제5조 제2항의 개정규정은 공포한 날부터 시행한다.

제2조(철도안전 종합계획에 관한 적용례) 제5조 제2항의 개정규정은 이 법 시행 이후 철도안전 종합계획을 수립하거나 변경하는 경우부터 적용한다.

제3조(객차 내 영상기록장치 설치에 관한 경과조치) 철도운영자는 이 법 시행 당시 운행 중인 철도차량에 대해서는 이 법 시행 후 3년 이내에 제39조의3 제1항의 개정 규정에 따라 객차에 영상기록장치를 설치하여야 한다.

제1편 예상문제

제1장 총 칙

001 철도안전을 확보하기 위하여 필요한 사항을 규정하고 철도안전관리체계를 확립함으로써 공공복리의 증진에 이바지함을 목적으로 제정한 법은?

㉮ 철도안전법
㉯ 철도사업법
㉰ 철도산업발전기본법
㉱ 도시철도법

> **해설** 철도안전법은 철도안전을 확보하기 위하여 필요한 사항을 규정하고 철도안전 관리체계를 확립함으로써 공공복리의 증진에 이바지함을 목적으로 법률 제7245호로 제정되어 2005년 1월 1일부터 시행되었다.

002 철도안전법 제정 목적으로 (   )에 들어갈 내용으로 옳은 것은?

> 이 법은 철도안전을 확보하기 위하여 필요한 사항을 규정하고 (   )를 확립함으로써 (   )의 증진에 이바지함을 목적으로 한다.

㉮ 철도안전관리체계, 공공안전
㉯ 철도종합안전체계, 공공안전
㉰ 철도안전관리체계, 공공복리
㉱ 철도종합안전체계, 공공복리

정답 001 ㉮ 002 ㉰

003 철도안전법에 관한 설명으로 옳지 않은 것은?

㉮ 이 법은 철도안전을 확보하기 위하여 필요한 사항을 규정하고 철도안전관리체계를 확립함으로써 공공복리의 증진에 이바지함을 목적으로 한다.

㉯ 철도안전법 시행령은 국토교통부령으로 철도안전법에서 위임된 사항과 그 시행에 필요한 사항을 규정함을 목적으로 한다.

㉰ 철도안전에 관하여 다른 법률에 특별한 규정이 있는 경우를 제외하고는 이 법에서 정하는 바에 따른다.

㉱ 철도안전법 시행규칙은 철도안전법 및 동법 시행령에서 위임된 사항과 그 시행에 필요한 사항을 규정함을 목적으로 한다.

> **해설** **목적**(시행령 제1조)
> 이 시행령은 「철도안전법」에서 위임된 사항과 그 시행에 필요한 사항을 규정함을 목적으로 한다.

004 철도안전법 제정근거로 옳은 것은?

㉮ 철도산업발전기본법　　㉯ 재난 및 안전관리기본법
㉰ 산업안전보건법　　　　㉱ 철도사업법

005 철도산업발전기본법에서 여객 또는 화물을 운송하는데 필요한 철도시설과 철도차량 및 이와 관련된 운영·지원체계가 유기적으로 구성된 운송체계를 무엇이라 하는가?

㉮ 철도　　㉯ 철도시스템　　㉰ 철도운송체계　　㉱ 철도운영체계

> **해설** **용어의 정의**(철도산업발전기본법 제3조)
> 이 법에서 사용하는 용어의 정의는 다음 각 호와 같다.
> 1. "철도"라 함은 여객 또는 화물을 운송하는데 필요한 철도시설과 철도차량 및 이와 관련된 운영·지원체계가 유기적으로 구성된 운송체계를 말한다.
> 2. "철도시설"이라 함은 다음 각 목의 어느 하나에 해당하는 시설(부지를 포함한다)을 말한다.
>   가. 철도의 선로(선로에 부대되는 시설을 포함한다), 역시설(물류시설·환승시설 및 편의시설을 포함한다) 및 철도운영을 위한 건축물·건축설비
>   나. 선로 및 철도차량을 보수·정비하기 위한 선로보수기지, 차량정비기지 및 차량유치시설
>   다. 철도의 전철전력설비, 정보통신설비, 신호 및 열차제어설비
>   라. 철도노선간 또는 다른 교통수단과의 연계운영에 필요한 시설
>   마. 철도기술의 개발·시험 및 연구를 위한 시설
>   바. 철도경영연수 및 철도전문인력의 교육훈련을 위한 시설
>   사. 그 밖에 철도의 건설·유지보수 및 운영을 위한 시설로서 대통령령으로 정하는 시설
> 3. "철도운영"이라 함은 철도와 관련된 다음 각 목의 어느 하나에 해당하는 것을 말한다.
>   가. 철도 여객 및 화물 운송
>   나. 철도차량의 정비 및 열차의 운행관리

정답 003 ㉯　004 ㉮　005 ㉮

다. 철도시설·철도차량 및 철도부지 등을 활용한 부대사업개발 및 서비스
4 "철도차량"이라 함은 선로를 운행할 목적으로 제작된 동력차·객차·화차 및 특수차를 말한다.
5 "선로"라 함은 철도차량을 운행하기 위한 궤도와 이를 받치는 노반 또는 공작물로 구성된 시설을 말한다.

006 철도안전법에서 정한 용어의 정의에서 '선로'에 해당 되지 않는 것은?

㉮ 철도차량을 운행하기 위한 궤도
㉯ 궤도를 받치는 노반시설
㉰ 궤도를 운행하기 위하여 열차번호가 부여된 차량
㉱ 궤도를 받치고 있는 인공구조물로 구성된 시설

007 철도안전법 용어의 정의에 대한 설명으로 옳지 않은 것은?

㉮ "선로"란 철도차량을 운행하기 위한 궤도와 이를 받치는 노반 또는 인공구조물로 구성된 시설을 말한다.
㉯ "철도시설관리자"란 철도시설의 건설 또는 관리에 관한 업무를 수행하는 자를 말한다.
㉰ "철도운영자"란 철도운영에 관한 업무를 수행하는 자를 말한다.
㉱ "열차"란 궤도를 운행할 목적으로 철도운영자가 편성하여 차량번호를 부여한 차량을 말한다.

> **해설** **용어의 정의**(법 제2조 제6호)
> "열차"란 선로를 운행할 목적으로 철도운영자가 편성하여 열차번호를 부여한 철도차량을 말한다.

008 철도안전법 용어의 정의에 대한 설명으로 옳은 것은?

㉮ "철도차량정비"란 철도차량(철도차량을 구성하는 부품·기기·장치는 제외한다)을 점검·검사, 교환 및 수리하는 행위를 말한다.
㉯ "운행장애"란 철도사고 및 철도준사고 외에 철도차량의 운행에 지장을 주는 것으로서 국토교통부령으로 정하는 것을 말한다.
㉰ "철도준사고"란 철도안전에 중대한 위해를 끼쳐 철도사고로 이어질 수 있었던 것으로 대통령령으로 정하는 것을 말한다.
㉱ "철도사고"란 철도운영 또는 철도시설관리와 관련하여 사람이 죽거나 다치거나 물건이 파손되는 사고로 대통령령으로 정하는 것을 말한다.

정답 006 ㉰ 007 ㉱ 008 ㉯

> **해설** **용어의 정의**(법 제2조)
> 11. "철도사고"란 철도운영 또는 철도시설관리와 관련하여 사람이 죽거나 다치거나 물건이 파손되는 사고로 국토교통부령으로 정하는 것을 말한다.
> 12. "철도준사고"란 철도안전에 중대한 위해를 끼쳐 철도사고로 이어질 수 있었던 것으로 국토교통부령으로 정하는 것을 말한다.
> 13. "운행장애"란 철도사고 및 철도준사고 외에 철도차량의 운행에 지장을 주는 것으로서 국토교통부령으로 정하는 것을 말한다.

009 철도안전법에서 국토교통부령으로 정한 철도교통사고로 옳지 않은 것은?

㉮ 충돌사고
㉯ 탈선사고
㉰ 열차화재사고
㉱ 철도화재사고

> **해설** **철도사고의 범위**(시행규칙 제1조의2)
> 「철도안전법」에서 "국토교통부령으로 정하는 철도사고"는 다음 각 호의 어느 하나에 해당하는 것을 말한다.
> 1. 철도교통사고 : 철도차량의 운행과 관련된 사고로서 다음 각 목의 어느 하나에 해당하는 사고
>   가. 충돌사고 : 철도차량이 다른 철도차량 또는 장애물(동물 및 조류는 제외한다)과 충돌하거나 접촉한 사고
>   나. 탈선사고 : 철도차량이 궤도를 이탈하는 사고
>   다. 열차화재사고 : 철도차량에서 화재가 발생하는 사고
>   라. 기타 철도교통사고 : 가목부터 다목까지의 사고에 해당하지 않는 사고로서 철도차량의 운행과 관련된 사고
> 2. 철도안전사고 : 철도시설 관리와 관련된 사고로서 다음 각 목의 어느 하나에 해당하는 사고. 다만, 「재난 및 안전관리 기본법」에 따른 자연재난으로 인한 사고는 제외한다.
>   가. 철도화재사고 : 철도역사, 기계실 등 철도시설에서 화재가 발생하는 사고
>   나. 철도시설파손사고 : 교량·터널·선로, 신호·전기·통신 설비 등의 철도시설이 파손되는 사고
>   다. 기타 철도안전사고 : 가목 및 나목에 해당하지 않는 사고로서 철도시설 관리와 관련된 사고

010 철도안전법에서 국토교통부령으로 정한 철도안전사고로 옳은 것은?

㉮ 열차분리사고
㉯ 충돌사고
㉰ 철도시설파손사고
㉱ 열차화재사고

011 철도안전법에서 국토교통부령으로 정한 철도준사고 범위로 옳지 않은 것은?

㉮ 운행허가를 받지 않은 구간으로 열차가 주행하는 경우
㉯ 열차 또는 철도차량이 역과 역 사이로 미끄러진 경우
㉰ 열차 또는 철도차량이 승인 없이 제한신호를 지난 경우
㉱ 안전운행에 지장을 주는 레일 파손이나 유지보수 허용범위를 벗어난 선로 뒤틀림이 발생한 경우

정답 009 ㉱ 010 ㉰ 011 ㉰

> **해설** **철도준사고의 범위**(시행규칙 제1조의3)
> 「철도안전법」에서 "국토교통부령으로 정하는 철도준사고"란 다음 각 호의 어느 하나에 해당하는 것을 말한다.
> 1. 운행허가를 받지 않은 구간으로 열차가 주행하는 경우
> 2. 열차가 운행하려는 선로에 장애가 있음에도 진행을 지시하는 신호가 표시되는 경우. 다만, 복구 및 유지 보수를 위한 경우로서 관제 승인을 받은 경우에는 제외한다.
> 3. 열차 또는 철도차량이 승인 없이 정지신호를 지난 경우
> 4. 열차 또는 철도차량이 역과 역 사이로 미끄러진 경우
> 5. 열차운행을 중지하고 공사 또는 보수작업을 시행하는 구간으로 열차가 주행한 경우
> 6. 안전운행에 지장을 주는 레일 파손이나 유지보수 허용범위를 벗어난 선로 뒤틀림이 발생한 경우
> 7. 안전운행에 지장을 주는 철도차량의 차륜, 차축, 차축베어링에 균열 등의 고장이 발생한 경우
> 8. 철도차량에서 화약류 등 「철도안전법 시행령」(이하 "영"이라 한다) 제45조에 따른 위험물 또는 제78조 제1항에 따른 위해물품이 누출된 경우
> 9. 제1호부터 제8호까지의 준사고에 준하는 것으로서 철도사고로 이어질 수 있는 것

012 철도안전법에서 국토교통부령으로 정한 운행장애의 범위로 옳지 않은 것은?

㉮ 관제의 사전 승인 없는 정차역 통과

㉯ 고속열차 및 전동열차의 20분 이상 운행지연

㉰ 일반여객열차의 30분 이상 운행지연

㉱ 화물열차 및 기타 열차의 40분 이상 운행지연

> **해설** **운행장애의 범위**(시행규칙 제1조의4)
> 「철도안전법」에서 "국토교통부령으로 정하는 운행장애의 범위"는 다음 각 호의 어느 하나에 해당하는 것을 말한다.
> 1. 관제의 사전 승인 없는 정차역 통과
> 2. 다음 각 목의 구분에 따른 운행지연. 다만, 다른 철도사고 또는 운행장애로 인한 운행 지연은 제외 한다.
>   가. 고속열차 및 전동열차 : 20분 이상
>   나. 일반여객열차 : 30분 이상
>   다. 화물열차 및 기타 열차 : 60분 이상

013 철도안전법상 철도종사자에 해당되지 않는 경우는?

㉮ 여객에게 승무 서비스를 제공하는 사람

㉯ 철도운영에 관한 업무를 수행하는 사람

㉰ 철도차량의 운행을 집중제어, 통제, 감시하는 업무에 종사하는 사람

㉱ 철도차량의 운전업무에 종사하는 사람

정답 012 ㉱ 013 ㉯

> **해설** **용어의 정의**(법 제2조 제10호)
> "철도종사자"라 함은 다음 각 목의 어느 하나에 해당하는 사람을 말한다.
> 가. 철도차량의 운전업무에 종사하는 사람(이하 "운전업무종사자"라 한다)
> 나. 철도차량의 운행을 집중 제어·통제·감시하는 업무(이하 "관제업무"라 한다)에 종사하는 사람
> 다. 여객에게 승무(乘務) 서비스를 제공하는 사람(이하 "여객승무원"이라 한다)
> 라. 여객에게 역무(驛務) 서비스를 제공하는 사람(이하 "여객역무원"이라 한다)
> 마. 철도차량의 운행선로 또는 그 인근에서 철도시설의 건설 또는 관리와 관련한 작업의 협의·지휘·감독·안전관리 등의 업무에 종사하도록 철도운영자 또는 철도시설관리자가 지정한 사람(이하 "작업책임자"라 한다)
> 바. 철도차량의 운행선로 또는 그 인근에서 철도시설의 건설 또는 관리와 관련한 작업의 일정을 조정하고 해당 선로를 운행하는 열차의 운행일정을 조정하는 사람(이하 "철도운행안전관리자"라 한다)
> 사. 그 밖에 철도운영 및 철도시설관리와 관련하여 철도차량의 안전운행 및 질서유지와 철도차량 및 철도시설의 점검·정비 등에 관한 업무에 종사하는 사람으로서 대통령령으로 정하는 사람

014 철도안전법상 철도종사자에 해당되지 않는 사람은?

㉮ 작업책임자
㉯ 여객역무원
㉰ 철도운행안전관리자
㉱ 철도차량정비기술자

015 철도안전법에서 정의하는 철도종사자에 대한 설명으로 옳지 않은 것은?

㉮ 철도차량의 운전업무에 종사하는 사람
㉯ 철도운영과 관련하여 질서유지에 관한 업무에 종사하는 자로서 국토교통부령으로 정하는 사람
㉰ 여객에게 승무 서비스를 제공하는 사람
㉱ 철도차량의 운행을 집중 제어·통제·감시하는 업무에 종사하는 사람

016 철도안전법상 철도종사자에 해당되지 않는 사람은?

㉮ 철도차량의 운전업무에 종사하는 사람
㉯ 철도차량의 운행을 집중 제어·통제·감시하는 업무에 종사하는 사람
㉰ 여객에게 역무(驛務) 서비스를 제공하는 사람
㉱ 철도차량의 운행선로 또는 그 인근에서 철도시설의 건설 또는 관리와 관련한 작업의 협의·지휘·감독·안전관리 등의 업무에 종사하도록 국토교통부장관이 지정한 사람

정답 014 ㉱ 015 ㉯ 016 ㉱

017 철도안전법에서 철도운영 또는 철도시설관리와 관련하여 대통령령이 정하는 안전운행 또는 질서유지 철도종사자는 다음 중 누구인가?

㉮ 철도운영자

㉯ 철도차량 제작자

㉰ 국가철도공단 직원

㉱ 철도경찰 사무에 종사하는 국가공무원

해설 **안전운행 또는 질서유지 철도종사자**(시행령 제3조)
「철도안전법」 제2조 제10호 사목에서 "대통령령으로 정하는 사람"이란 다음 각 호의 어느 하나에 해당하는 사람을 말한다.
1. 철도사고, 철도준사고 및 운행장애가 발생한 현장에서 조사·수습·복구 등의 업무를 수행하는 사람
2. 철도차량의 운행선로 또는 그 인근에서 철도시설의 건설 또는 관리와 관련된 작업의 현장감독업무를 수행하는 사람
3. 철도시설 또는 철도차량을 보호하기 위한 순회점검업무 또는 경비업무를 수행하는 사람
4. 정거장에서 철도신호기·선로전환기 또는 조작판 등을 취급하거나 열차의 조성업무를 수행하는 사람
5. 철도에 공급되는 전력의 원격제어장치를 운영하는 사람
6. 「사법경찰관리의 직무를 수행할 자와 그 직무범위에 관한 법률」 제5조 제11호에 따른 철도경찰 사무에 종사하는 국가공무원
7. 철도차량 및 철도시설의 점검·정비 업무에 종사하는 사람

018 철도안전법에서 철도운영 또는 철도시설관리와 관련하여 대통령령이 정하는 안전운행 또는 질서유지 철도종사자가 아닌 사람은?

㉮ 철도사고 또는 운행장애가 발생한 현장에서 조사·수습·복구 등의 업무를 수행하는 사람

㉯ 철도시설 또는 철도차량을 보호하기 위한 순회점검업무 또는 경비업무를 수행하는 사람

㉰ 철도에 공급되는 전력의 원격제어장치를 운영하는 사람

㉱ 철도차량의 운행선로 또는 그 인근에서 철도시설의 건설 또는 관리와 관련한 작업의 협의·지휘·감독·안전관리 등의 업무에 종사하도록 철도운영자 또는 철도시설관리자가 지정한 사람

정답 017 ㉱ 018 ㉱

019 철도안전법상 철도운영 또는 철도시설관리와 관련하여 대통령령으로 정한 철도종사자가 아닌 사람은?

㉮ 철도에 공급되는 전력의 집중제어장치를 운영하는 사람
㉯ 여객에게 역무 서비스를 제공하는 사람
㉰ 철도사고 등이 발생한 현장에서 조사·수습·복구 등의 업무를 수행하는 사람
㉱ 정거장에서 철도신호기·선로전환기 또는 조작판 등을 취급하거나 열차의 조성업무를 수행하는 사람

020 철도운영 및 철도시설관리와 관련하여 대통령령으로 정하는 안전운행 또는 질서유지 철도종사자가 아닌 사람은?

㉮ 철도사고 등이 발생한 현장에서 조사·수습·복구 등의 업무를 수행하는 사람
㉯ 철도시설 또는 철도차량을 보호하기 위한 순회점검업무 또는 경비업무를 수행하는 사람
㉰ 철도에 공급되는 전력의 원격제어장치를 운영하는 사람
㉱ 철도차량의 운행을 집중 제어·통제·감시하는 업무에 종사하는 사람

021 철도안전법령에서 규정하고 있는 정거장의 설명 중 맞지 않는 것은?

㉮ 열차의 조성 또는 열차의 교차통행을 하기 위하여 설치한 장소
㉯ 열차의 교차통행 또는 대피를 목적으로 사용되는 장소
㉰ 상치신호기의 취급을 하기 위하여 설치한 장소
㉱ 여객의 승하차, 화물의 적하를 목적으로 사용되는 장소

022 다음은 철도안전법의 다른 법률과의 관계와 국가 등의 책무에 관한 내용이다. 옳지 않은 것은?

㉮ 철도안전에 관하여 다른 법률에 특별한 규정이 있는 경우를 제외하고는 이 법(철도안전법)에서 정하는 바에 따른다.
㉯ 국가와 지방자치단체는 국민의 생명·신체 및 재산을 보호하기 위하여 철도안전시책을 마련하여 성실히 추진하여야 한다.
㉰ 철도운영자는 철도운영을 할 때는 법령에서 정하는 바에 따라 철도안전에 관한 필요한 조치를 한다.
㉱ 철도시설관리자는 철도시설관리를 할 때는 법령에서 정하는 바에 따라 철도안전을 위하여 필요한 조치를 하고 국가나 지방자치단체가 시행하는 철도안전시책과는 별도로 자체 관리한다.

정답 019 ㉯ 020 ㉱ 021 ㉰ 022 ㉱

제2장 안전관리체계

001 철도안전법상 철도안전 종합계획에 대한 설명으로 옳지 않은 것은?

㉮ 국토교통부장관은 5년마다 철도안전에 관한 "철도안전 종합계획"을 수립하여야 한다.

㉯ 국토교통부장관은 철도안전 종합계획을 수립할 때에는 미리 관계 중앙행정기관의 장 및 철도운영자등과 협의한 후 철도기술심의위원회의 심의를 거쳐야 한다.

㉰ 국토교통부장관은 철도안전 종합계획을 수립하거나 변경하기 위하여 필요하다고 인정하면 관계 중앙행정기관의 장 또는 특별시장·광역시장·특별자치시장·도지사·특별자치도지사에게 관련 자료의 제출을 요구할 수 있다.

㉱ 국토교통부장관은 철도안전 종합계획을 수립하거나 변경하였을 때에는 이를 관보에 고시하여야 한다.

> **해설** **철도안전 종합계획**(법 제5조)
> ① 국토교통부장관은 5년마다 철도안전에 관한 종합계획을 수립하여야 한다.
> ② 철도안전 종합계획에는 다음 각 호의 사항이 포함되어야 한다.
> 1. 철도안전 종합계획의 추진 목표 및 방향
> 2. 철도안전에 관한 시설의 확충, 개량 및 점검 등에 관한 사항
> 3. 철도차량의 정비 및 점검 등에 관한 사항
> 4. 철도안전 관련 법령의 정비 등 제도개선에 관한 사항
> 5. 철도안전 관련 전문인력의 양성 및 수급관리에 관한 사항
> 6. 철도종사자의 안전 및 근무환경 향상에 관한 사항
> 7. 철도안전 관련 교육훈련에 관한 사항
> 8. 철도안전 관련 연구 및 기술개발에 관한 사항
> 9. 그 밖에 철도안전에 관한 사항으로서 국토교통부장관이 필요하다고 인정하는 사항
> ③ 국토교통부장관은 철도안전 종합계획을 수립할 때에는 미리 관계 중앙행정기관의 장 및 철도운영자등과 협의한 후 기본법 제6조 제1항에 따른 철도산업위원회의 심의를 거쳐야 한다. 수립된 철도안전 종합계획을 변경(대통령령으로 정하는 경미한 사항의 변경은 제외한다)할 때에도 또한 같다.
> ④ 국토교통부장관은 철도안전 종합계획을 수립하거나 변경하기 위하여 필요하다고 인정하면 관계 중앙행정기관의 장 또는 특별시장·광역시장·특별자치시장·도지사·특별자치도지사에게 관련 자료의 제출을 요구할 수 있다. 자료 제출 요구를 받은 관계 중앙행정기관의 장 또는 시·도지사는 특별한 사유가 없으면 이에 따라야 한다.
> ⑤ 국토교통부장관은 제3항에 따라 철도안전 종합계획을 수립하거나 변경하였을 때에는 이를 관보에 고시하여야 한다.

002 다음 중 철도안전법에서 5년마다 철도안전에 관한 종합계획을 수립하여야 하는 자로 옳은 것은?

㉮ 철도공사 사장 ㉯ 국가철도공단 이사장
㉰ 국토교통부장관 ㉱ 산업통상자원부장관

정답 001 ㉯ 002 ㉰

003 철도안전법에서 정하고 있는 철도안전 종합계획을 수립할 때 포함되어야 할 내용으로 옳지 않은 것은?

㉮ 철도차량 운전면허시험 시행에 관한 사항
㉯ 철도차량의 정비 및 점검 등에 관한 사항
㉰ 철도안전 관련 전문인력의 양성 및 수급관리에 관한 사항
㉱ 철도안전에 관한 시설의 확충, 개량 및 점검 등에 관한 사항

004 철도안전법상 철도안전 종합계획에 포함되어야 하는 사항으로 옳지 않은 것은?

㉮ 철도안전 종합계획의 추진 목표 및 방향
㉯ 철도차량의 정비 및 점검 등에 관한 사항
㉰ 철도안전 관련 조직에 관한 사항
㉱ 철도안전 관련 교육훈련에 관한 사항

005 철도안전법상 철도안전 종합계획에 포함되어야 할 사항이 아닌 것은?

㉮ 종합계획의 추진 목표 및 방향
㉯ 철도안전시설의 확충, 개량 및 점검 등에 관한 사항
㉰ 철도안전 전문인력의 양성 및 수급관리에 관한 사항
㉱ 국가철도망 구축계획에 관한 사항

006 다음은 철도안전법상 철도안전 종합계획에 관한 내용이다. 철도안전 종합계획에 포함되어야 하는 내용으로 옳지 않은 것은?

㉮ 철도차량의 정비 및 점검 등에 관한 사항
㉯ 철도종사자의 안전 및 근무환경 향상에 관한 사항
㉰ 철도안전에 관한 시설의 확충, 개량 및 점검 등에 관한 사항
㉱ 철도안전 관리자에 대한 교육훈련 계획에 관한 사항

정답 003 ㉮ 004 ㉰ 005 ㉱ 006 ㉱

007 다음 중 철도안전법상 철도안전 종합계획의 내용으로 옳은 것은?

㉮ 국토교통부장관은 철도안전 종합계획을 수립하거나 변경하기 위하여 필요하다고 인정하면 관계 중앙행정기관의 장 또는 도지사의 의견을 청취하여 철도운영자에게 추가 자료를 요구할 수 있다.
㉯ 국토교통부장관은 3년마다 철도안전에 관한 종합계획을 수립하여야 한다.
㉰ 국토교통부장관은 철도안전 종합계획을 수립하는 때에는 미리 관계 중앙행정기관의 장 및 철도운영자등과 협의한 후 철도안전법에 따른 철도산업위원회의 승인을 거쳐야 한다.
㉱ 철도안전 종합계획에는 철도안전 관련 연구 및 기술개발에 관한 사항도 포함되어야 한다.

008 철도안전법상 철도안전 종합계획의 경미한 변경에 해당되지 않는 것은?

㉮ 철도안전 종합계획에서 정한 총사업비를 원래 계획의 100분의 10 이내에서의 변경
㉯ 철도안전 종합계획에서 정한 시행기한 내에 단위사업의 시행시기의 변경
㉰ 법령의 개정, 행정구역의 변경 등과 관련하여 철도안전 종합계획을 변경하는 등 당초 수립된 철도안전 종합계획의 기본방향에 영향을 미치지 아니하는 사항의 변경
㉱ 철도안전 종합계획에서 정한 시행기간 외에 종합계획사업의 전체시기 변경

해설 **철도안전 종합계획의 경미한 변경**(시행령 제4조)
1. 철도안전 종합계획에서 정한 총사업비를 원래 계획의 100분의 10 이내에서의 변경
2. 철도안전 종합계획에서 정한 시행기한 내에 단위사업의 시행시기의 변경
3. 법령의 개정, 행정구역의 변경 등과 관련하여 철도안전 종합계획을 변경하는 등 당초 수립된 철도안전 종합계획의 기본방향에 영향을 미치지 아니하는 사항의 변경

009 철도안전법상 철도안전 종합계획의 변경심의를 생략할 수 있는 경우가 아닌 것은?

㉮ 원래 계획의 100분의 10 이내에서 총사업비 변경
㉯ 법령의 개정으로 인한 계획의 기본방향에 영향이 있는 사항의 변경
㉰ 계획에서 정한 시행기한 내에 단위사업의 시행시기 변경
㉱ 행정구역의 변경과 관련하여 계획에 영향을 미치지 않는 사항의 변경

정답 007 ㉱ 008 ㉱ 009 ㉯

010 철도안전법상 철도안전 종합계획의 시행계획에 대한 설명으로 옳지 않은 것은?
㉮ 국토교통부장관은 철도안전 종합계획을 수립하거나 변경하였을 때에는 이를 관보에 고시하여야 한다.
㉯ 국토교통부장관은 철도안전 종합계획을 수립하여 대통령령으로 정하는 경미한 사항의 변경을 하고자 할 때에는 철도산업발전기본법에 따른 철도산업위원회의 심의를 거치지 않을 수 있다.
㉰ 국토교통부장관, 시·도지사 및 철도운영자등은 철도안전 종합계획에 따라 소관별로 철도안전 종합계획의 단계적 시행에 필요한 연차별 시행계획을 수립·추진하여야 한다.
㉱ 철도안전 종합계획의 단계적 시행에 필요한 연차별 시행계획의 수립 및 시행절차 등에 관하여 필요한 사항은 국토교통부령으로 정한다.

011 다음은 철도안전법상 철도안전 종합계획의 시행계획에 관한 내용이다. 옳지 않은 것은?
㉮ 국토교통부장관은 연차별 시행계획을 작성하지는 않고 시행지침을 시달한다.
㉯ 시행계획의 수립 및 시행절차 등에 관하여 필요한 사항은 대통령령으로 정한다.
㉰ 시·도지사는 철도안전 종합계획에 따라 소관별로 철도안전 종합계획의 단계적 시행에 필요한 연차별 시행계획을 수립·추진하여야 한다.
㉱ 철도운영자등은 철도안전 종합계획에 따라 소관별로 철도안전 종합계획의 단계적 시행에 필요한 연차별 시행계획을 수립·추진하여야 한다.

> **해설** **시행계획**(법 제6조)
> ① 국토교통부장관, 시·도지사 및 철도운영자등은 철도안전 종합계획에 따라 소관별로 철도안전 종합계획의 단계적 시행에 필요한 연차별 시행계획을 수립·추진하여야 한다.
> ② 시행계획의 수립 및 시행절차 등에 관하여 필요한 사항은 대통령령으로 정한다.

012 다음 연도의 철도안전 종합계획의 연차별 시행계획에 대한 시·도지사 및 철도운영자등의 국토교통부 제출 시기는?
㉮ 매년 10월 말
㉯ 매년 2월 말
㉰ 매년 12월 말
㉱ 매년 1월 초

정답 010 ㉱ 011 ㉮ 012 ㉮

해설 **시행계획의 수립절차 등**(시행령 제5조)
① 법 제6조에 따라 특별시장·광역시장·특별자치시장·도지사 또는 특별자치도지사와 철도운영자 및 철도시설관리자는 다음 연도의 시행계획을 매년 10월 말까지 국토교통부장관에게 제출하여야 한다.
② 시·도지사 및 철도운영자등은 전년도 시행계획의 추진실적을 매년 2월 말까지 국토교통부장관에게 제출하여야 한다.
③ 국토교통부장관은 제1항에 따라 시·도지사 및 철도운영자등이 제출한 다음 연도의 시행계획이 철도안전 종합계획에 위반되거나 철도안전 종합계획을 원활하게 추진하기 위하여 보완이 필요하다고 인정될 때에는 시·도지사 및 철도운영자등에게 시행계획의 수정을 요청할 수 있다.
④ 제3항에 따른 수정 요청을 받은 시·도지사 및 철도운영자등은 특별한 사유가 없는 한 이를 시행계획에 반영하여야 한다.

013 다음은 철도안전법상 철도안전투자의 공시에 대한 내용이다. 옳지 않은 것은?

㉮ 철도운영자는 철도차량의 교체, 철도시설의 개량 등 철도안전 분야에 투자하는 예산 규모를 매년 공시하여야 한다.
㉯ 철도운영자는 철도안전투자의 예산 규모를 매년 5월 말까지 공시해야 한다.
㉰ 철도안전투자의 공시 기준 및 절차 등에 관해 필요한 사항은 국토교통부장관이 정해 고시한다.
㉱ 철도안전투자의 공시 기준, 항목, 절차 등에 필요한 사항은 대통령령으로 정한다.

해설 **철도안전투자의 공시**(법 제6조의2)
① 철도운영자는 철도차량의 교체, 철도시설의 개량 등 철도안전 분야에 투자하는 예산 규모를 매년 공시하여야 한다.
② 제1항에 따른 철도안전투자의 공시 기준, 항목, 절차 등에 필요한 사항은 국토교통부령으로 정한다.

014 철도안전법상 철도안전투자의 공시에 관한 내용으로 옳지 않은 것은?

㉮ 철도운영자는 철도안전투자의 예산 규모를 공시하는 경우에 예산 규모에는 철도차량 교체에 관한 예산, 철도시설 개량에 관한 예산, 안전설비의 설치에 관한 예산, 철도안전 교육훈련에 관한 예산, 철도안전 연구개발에 관한 예산, 철도안전 홍보에 관한 예산 등이 포함되어야 한다.
㉯ 철도운영자는 철도안전투자의 예산 규모를 공시하는 경우에 예산 규모에는 과거 3년간 철도안전투자의 예산 및 그 집행 실적, 해당 연도 철도안전투자의 예산, 향후 2년간 철도안전투자의 예산이 모두 포함된 예산 규모를 공시해야 한다.
㉰ 국가의 보조금, 지방자치단체의 보조금 및 철도운영자의 자금 등 철도안전투자 예산의 재원을 합산하여 공시해야 한다.
㉱ 철도안전투자와 관련된 예산으로서 국토교통부장관이 정해 고시하는 예산을 포함해 공시해야 한다.

정답 013 ㉱ 014 ㉰

015 철도운영자는 철도안전투자의 예산 규모의 공시 시기는?

㉮ 매년 5월 말 ㉯ 매년 2월 말
㉰ 매년 12월 말 ㉱ 매년 1월 초

016 다음은 철도안전법상 철도안전관리체계에 관한 내용이다. 옳지 않은 것은?

㉮ 철도운영자등(전용철도의 운영자는 제외한다)은 철도운영을 하거나 철도시설을 관리하려는 경우에는 인력, 시설, 장비, 운영절차 및 비상대응계획 등 철도 및 철도시설의 안전관리에 관한 유기적 체계를 갖추어 국토교통부장관의 승인을 받아야 한다.
㉯ 전용철도의 운영자는 자체적으로 안전관리체계를 갖추고 지속적으로 유지하여야 한다.
㉰ 철도운영자등은 승인받은 안전관리체계를 변경하려는 경우에는 국토교통부장관의 변경승인을 받아야 한다. 다만, 국토교통부령으로 정하는 경미한 사항을 변경하려는 경우에는 국토교통부장관에게 신고하지 않아도 된다.
㉱ 국토교통부장관은 안전관리체계의 승인 또는 변경승인의 신청을 받은 경우에는 해당 안전관리체계가 안전관리기준에 적합한지를 검사한 후 승인 여부를 결정하여야 한다.

해설 **안전관리체계의 승인**(법 제7조)
① 철도운영자등(전용철도의 운영자는 제외한다. 이하 이 조 및 제8조에서 같다)은 철도운영을 하거나 철도시설을 관리하려는 경우에는 인력, 시설, 차량, 장비, 운영절차, 교육훈련 및 비상대응계획 등 철도 및 철도시설의 안전관리에 관한 유기적 체계(이하 "안전관리체계"라 한다)를 갖추어 국토교통부장관의 승인을 받아야 한다.
② 전용철도의 운영자는 자체적으로 안전관리체계를 갖추고 지속적으로 유지하여야 한다.
③ 철도운영자등은 제1항에 따라 승인받은 안전관리체계를 변경(제5항에 따른 안전관리기준의 변경에 따른 안전관리체계의 변경을 포함한다. 이하 이 조에서 같다)하려는 경우에는 국토교통부장관의 변경승인을 받아야 한다. 다만, 국토교통부령으로 정하는 경미한 사항을 변경하려는 경우에는 국토교통부장관에게 신고하여야 한다.
④ 국토교통부장관은 제1항 또는 제3항 본문에 따른 안전관리체계의 승인 또는 변경승인의 신청을 받은 경우에는 해당 안전관리체계가 제5항에 따른 안전관리기준에 적합한지를 검사한 후 승인 여부를 결정하여야 한다.
⑤ 국토교통부장관은 철도안전경영, 위험관리, 사고 조사 및 보고, 내부점검, 비상대응계획, 비상대응훈련, 교육훈련, 안전정보관리, 운행안전관리, 차량·시설의 유지관리(차량의 기대수명에 관한 사항을 포함한다) 등 철도운영 및 철도시설의 안전관리에 필요한 기술기준을 정하여 고시하여야 한다.
⑥ 제1항부터 제5항까지의 규정에 따른 승인절차, 승인방법, 검사기준, 검사방법, 신고절차 및 고시방법 등에 관하여 필요한 사항은 국토교통부령으로 정한다.

정답 015 ㉮ 016 ㉰

017 철도안전법상 안전관리체계에 관한 설명으로 옳지 않은 것은?

㉮ 전용철도 운영자는 안전관리체계 승인을 받을 필요가 없다.
㉯ 철도운영자 및 철도시설관리자가 철도안전법에 따른 안전관리체계를 승인받으려는 경우에는 철도운용 또는 철도시설 관리 개시 예정일 60일 전까지 철도안전관리체계 승인신청서에 서류를 첨부하여 국토교통부장관에게 제출해야 한다.
㉰ 승인방법, 검사방법 등 필요한 사항은 국토교통부령으로 정한다.
㉱ 승인받은 안전관리체계를 변경하려는 경우 국토교통부장관의 변경승인을 받아야 한다.

018 철도안전법상 국토교통부장관이 철도운영 및 철도시설의 안전관리에 필요한 기술기준을 정하여 고시하여야 할 내용이 아닌 것은?

㉮ 철도안전경영
㉯ 운전 전문인력 양성
㉰ 사고 조사 및 보고
㉱ 운행안전관리

019 철도안전법상 철도운영자등이 안전관리체계를 승인받으려는 경우 철도운용 또는 철도시설 관리 개시 예정일 어느 기일 전까지 서류를 첨부한 승인신청서를 국토교통부장관에게 제출하여야 하나?

㉮ 30일 전
㉯ 60일 전
㉰ 90일 전
㉱ 120일 전

해설 철도운영자 및 철도시설관리자(철도운영자등)가 「철도안전법」 제7조 제1항에 따른 안전관리체계를 승인받으려는 경우에는 철도운용 또는 철도시설 관리 개시 예정일 90일 전까지 별지 제1호 서식의 철도안전관리체계 승인신청서에 국토교통부령(제2조)으로 정한 서류를 첨부하여 국토교통부장관에게 제출하여야 한다.

020 철도안전법상 철도안전관리체계 승인신청서와 함께 제출해야 할 서류 중 철도안전관리시스템에 관한 서류에 적시할 내용으로 옳지 않은 것은?

㉮ 철도운영 개요
㉯ 철도안전경영
㉰ 위험관리
㉱ 비상대응

정답 017 ㉯ 018 ㉯ 019 ㉰ 020 ㉮

> **해설** 철도운영자등이 안전관리체계를 승인받으려는 경우에는 철도안전관리체계 승인신청서에 다음 각 호의 서류를 첨부하여 국토교통부장관에게 제출하여야 한다(시행규칙 제2조 제1항).
> 1. 「철도사업법」 또는 「도시철도법」에 따른 철도사업면허증 사본
> 2. 조직·인력의 구성, 업무 분장 및 책임에 관한 서류
> 3. 다음 각 호의 사항을 적시한 철도안전관리시스템에 관한 서류
>   가. 철도안전관리시스템 개요
>   나. 철도안전경영
>   다. 문서화
>   라. 위험관리
>   마. 요구사항 준수
>   바. 철도사고 조사 및 보고
>   사. 내부 점검
>   아. 비상대응
>   자. 교육훈련
>   차. 안전정보
>   카. 안전문화
> 4. 다음 각 호의 사항을 적시한 열차운행체계에 관한 서류
>   가. 철도운영 개요
>   나. 철도사업면허
>   다. 열차운행 조직 및 인력
>   라. 열차운행 방법 및 절차
>   마. 열차 운행계획
>   바. 승무 및 역무
>   사. 철도관제업무
>   아. 철도보호 및 질서유지
>   자. 열차운영 기록관리
>   차. 위탁 계약자 감독 등 위탁업무 관리에 관한 사항
> 5. 다음 각 호의 사항을 적시한 유지관리체계에 관한 서류
>   가. 유지관리 개요
>   나. 유지관리 조직 및 인력
>   다. 유지관리 방법 및 절차(법 제38조에 따른 종합시범운행 실시 결과를 반영한 유지관리 방법을 포함한다)
>   라. 유지관리 이행계획
>   마. 유지관리 기록
>   바. 유지관리 설비 및 장비
>   사. 유지관리 부품
>   아. 철도차량 제작 감독
>   자. 위탁 계약자 감독 등 위탁업무 관리에 관한 사항
> 6. 법 제38조에 따른 종합시험운행 실시 결과 보고서

021 철도안전법에서 철도운영자 안전관리체계를 승인받으려는 경우에 국토교통부장관에게 제출하여야 하는 철도안전관리시스템에 관한 서류가 아닌 것은?

㉮ 위험관리 ㉯ 내부점검
㉰ 철도안전경영 ㉱ 철도운영 개요

정답 021 ㉱

022 철도안전법상 철도안전관리체계 승인신청서와 함께 제출해야 할 서류 중 열차운행체계에 관한 서류에 적시할 내용이 아닌 것은?
⑦ 열차운행 조직 및 인력   ④ 승무 및 역무
④ 철도관제업무   ㉺ 철도사고 조사 및 보고

023 철도안전법상 철도안전관리체계 승인신청서와 함께 제출해야 할 서류 중 철도안전관리시스템에 관한 서류에 포함되는 내용으로 옳지 않은 것은?
⑦ 철도안전시스템 개요   ④ 철도안전경영
④ 철도사고 조사 및 보고   ㉺ 승무 및 역무

024 다음은 철도안전법상 안전관리체계 승인 신청절차와 관련된 내용이다. "철도운영자 및 철도시설관리자가 안전관리체계를 승인받으려는 경우에는 철도운용 또는 철도시설관리개시 예정일 90일 전까지 승인신청서를 국토교통부장관에게 제출하여야 한다." 다음 중 유지관리 체계에 관한 서류 중 옳지 않은 것은?
⑦ 유지관리 조직 및 인력   ④ 철도보호 및 질서유지
④ 유지관리 설비 및 장비   ㉺ 철도차량 제작 감독

025 철도안전법상 철도운영자등이 승인된 안전관리체계를 변경하는 경우에는 변경된 철도운용 또는 철도시설 관리 개시 예정일 어느 기일 전까지 서류를 첨부한 승인신청서를 국토교통부장관에게 제출하여야 하나?
⑦ 30일 전   ④ 60일 전
④ 90일 전   ㉺ 120일 전

026 철도안전법상 철도운영자등이 안전관리체계의 승인 또는 변경승인을 신청하는 경우 종합시험운행 실시결과를 반영한 유지관리방법에 관한 서류는 철도운용 또는 철도시설 관리 개시 예정일 어느 기일 전까지 국토교통부장관에게 제출할 수 있나?
⑦ 14일 전   ④ 15일 전   ④ 30일 전   ㉺ 90일 전

정답 022 ㉺ 023 ㉺ 024 ④ 025 ⑦ 026 ⑦

027 철도안전법상 철도운영자등이 승인받은 안전관리체계를 국토교통부령으로 정하는 경미한 사항을 변경하려는 경우에는 국토교통부장관에게 신고하여야 한다. 다음 중 경미한 사항 이라 볼 수 있는 것은?

㉮ 열차운행 또는 유지관리 인력의 감소
㉯ 유지관리 조직의 변경
㉰ 사업의 합병 또는 양도·양수
㉱ 철도노선의 신설 또는 개량

> **해설** **안전관리체계의 경미한 사항 변경**(시행규칙 제3조)
> ① 법 제7조 제3항 단서에서 "국토교통부령으로 정하는 경미한 사항"이란 다음 각 호의 어느 하나에 해당 하는 사항을 제외한 변경사항을 말한다.
> 1. 안전 업무를 수행하는 전담조직의 변경(조직 부서명의 변경은 제외한다)
> 2. 열차운행 또는 유지관리 인력의 감소
> 3. 철도차량 또는 다음 각 목의 어느 하나에 해당하는 철도시설의 증가
>   가. 교량, 터널, 옹벽
>   나. 선로(레일)
>   다. 역사, 기지, 승강장안전문
>   라. 전차선로, 변전설비, 수전실, 수·배전선로
>   마. 연동장치, 열차제어장치, 신호기장치, 선로전환기장치, 궤도회로장치, 건널목보안장치
>   바. 통신선로설비, 열차무선설비, 전송설비
> 4. 철도노선의 신설 또는 개량.
> 5. 사업의 합병 또는 양도·양수
> 6. 유지관리 항목·주기의 변경
> 7. 위탁 계약자의 변경에 따른 열차운행체계 또는 유지관리체계의 변경
> ② 철도운영자등은 법 제7조 제3항 단서에 따라 경미한 사항을 변경하려는 경우에는 별지 제1호의3서식의 철도안전관리체계 변경신고서에 다음 각 호의 서류를 첨부하여 국토교통부장관에게 제출하여야 한다.
> 1. 안전관리체계의 변경내용과 증빙서류
> 2. 변경 전후의 대비표 및 해설서
> ③ 국토교통부장관은 제2항에 따라 신고를 받은 때에는 제2항 각 호의 첨부서류를 확인한 후 별지 제1호 의4서식의 철도안전관리체계 변경신고확인서를 발급하여야 한다.

028 철도안전법상 안전관리체계의 경미한 사항의 변경과 관련하여 변경신고서의 제출 서류로 옳은 것은?

㉮ 유지관리 항목 주기 변경 + 사업의 합병 또는 양도 양수
㉯ 변경 전후의 대비표 및 해설서 + 유지관리 항목 주기 변경
㉰ 안전관리체계의 변경내용과 증빙서류 + 변경 전후의 대비표 및 해설서
㉱ 유지관리 항목 주기 변경 + 변경 전후의 대비표 및 해설서

정답 027 ㉯ 028 ㉰

029 철도안전법상 국토교통부장관이 안전관리체계의 승인 또는 변경승인 신청을 받은 경우 어느 기간 이내에 승인 또는 변경승인에 필요한 검사 등의 계획서를 작성하여 신청인에게 통보하여야 하는가?

㉮ 7일 이내　㉯ 10일 이내　㉰ 15일 이내　㉱ 30일 이내

해설　국토교통부장관은 안전관리체계의 승인 또는 변경승인 신청을 받은 경우에는 15일 이내에 승인 또는 변경 승인에 필요한 검사 등의 계획서를 작성하여 신청인에게 통보하여야 한다(시행규칙 제2조 제4항).

030 철도안전법상 안전관리기준의 고시방법으로 맞는 것은?

㉮ 전문적인 기술사항에 대해 철도안전 전문기관의 자문을 거칠 수 있다.
㉯ 전문적인 기술사항에 대해 철도기술심의위원회의 심의를 거칠 수 있다.
㉰ 전문적인 기술사항에 대해 철도안전 전문기관의 심의를 거칠 수 있다.
㉱ 전문적인 기술사항에 대해 철도기술심의위원회의 자문을 거칠 수 있다.

해설　**안전관리기준 고시방법**(시행규칙 제5조)
① 국토교통부장관은 법 제7조 제5항에 따른 안전관리기준을 정할 때 전문 기술적인 사항에 대해 제44조에 따른 철도기술심의위원회의 심의를 거칠 수 있다.
② 국토교통부장관은 법 제7조 제5항에 따른 안전관리기준을 정한 경우에는 이를 관보에 고시해야 한다. 법 제7조 제5항에 따라 안전관리기준은 제44조 제1항에 따른 철도기술심의위원회의 심의를 거쳐 관보에 고시한다.

031 철도안전법상 국토교통부장관은 철도운영자등이 안전관리체계를 지속적으로 유지하는지를 점검·확인하기 위하여 검사할 수 있다. 이와 관련된 설명으로 옳지 않은 것은?

㉮ 국토교통부장관은 승인받은 안전관리체계 위반 여부 등을 확인하기 위하여 6개월마다 1회의 정기검사를 실시한다.
㉯ 철도운영자등은 철도운영을 하거나 철도시설을 관리하는 경우에 승인받은 안전관리체계를 지속적으로 유지해야 한다.
㉰ 국토교통부장관은 정기검사 또는 수시검사를 시행하려는 경우에는 검사 시행일 7일 전까지 검사계획을 검사 대상 철도운영자등에게 통보해야 한다.
㉱ 국토교통부장관은 검사 시작 이후 검사계획을 변경할 사유가 발생한 경우에는 철도운영자등과 협의하여 검사계획을 조정할 수 있다.

해설　**안전관리체계의 유지·검사 등**(시행규칙 제6조 제1항·제2항)
① 국토교통부장관은 법 제8조 제2항 제1호에 따른 정기검사를 1년마다 1회 실시해야 한다.
② 국토교통부장관은 법 제8조 제2항에 따른 정기검사 또는 수시검사를 시행하려는 경우에는 검사 시행일

정답　029 ㉰　030 ㉯　031 ㉮

7일 전까지 다음 각 호의 내용이 포함된 검사계획을 검사 대상 철도운영자등에게 통보해야 한다. 다만, 철도사고, 철도준사고 및 운행장애의 발생 등으로 긴급히 수시검사를 실시하는 경우에는 사전 통보를 하지 않을 수 있고, 검사 시작 이후 검사계획을 변경할 사유가 발생한 경우에는 철도운영자등과 협의하여 검사계획을 조정할 수 있다.
1. 검사반의 구성
2. 검사 일정 및 장소
3. 검사 수행 분야 및 검사 항목
4. 중점 검사 사항
5. 그 밖에 검사에 필요한 사항

032 철도안전법상 철도운영자등은 일정한 사유가 있으면 안전관리체계 정기검사의 유예를 국토교통부장관에게 요청할 수 있다. 검사 시기를 유예하거나 변경할 수 있는 사유가 아닌 것은?

㉮ 검사 대상 철도운영자등이 사법기관의 조사를 받고 있는 경우
㉯ 검사 대상 철도운영자등이 중앙행정기관의 감사를 받고 있는 경우
㉰ 철길건널목에서 승용차와의 충돌로 1인 사망의 철도사고가 발생한 경우
㉱ 항공·철도사고조사위원회가 철도사고에 대한 조사를 하고 있는 경우

해설 국토교통부장관은 다음 각 호의 사유로 철도운영자등이 안전관리체계 정기검사의 유예를 요청한 경우에 검사 시기를 유예하거나 변경할 수 있다(시행규칙 제6조 제3항).
1. 검사 대상 철도운영자등이 사법기관 및 중앙행정기관의 조사 및 감사를 받고 있는 경우
2. 「항공·철도 사고조사에 관한 법률」 제4조 제1항에 따른 항공·철도사고조사위원회가 같은 법 제19조에 따라 철도사고에 대한 조사를 하고 있는 경우
3. 대형 철도사고의 발생, 천재지변, 그 밖의 부득이한 사유가 있는 경우

033 다음은 철도안전법상 안전관리체계의 정기검사 또는 수시검사를 마친 경우 시정조치에 대한 내용이다. 해당되지 않는 것은?

㉮ 시정조치를 완료한 경우에는 14일 이내에 그 시정내용을 국토교통부장관에게 통보하여야 한다.
㉯ 정기검사 또는 수시검사에 관한 세부적인 기준·방법 및 절차는 국토교통부장관이 정하여 고시한다.
㉰ 철도운영자등이 시정조치명령을 받은 경우에 14일 이내에 시정조치계획서를 작성하여 국토교통부장관에게 제출하여야 한다.
㉱ 국토교통부장관은 철도운영자등에게 시정조치를 명하는 경우에는 시정에 필요한 적정한 기간을 주어야 한다.

정답 032 ㉰ 033 ㉮

> **해설** **안전관리체계의 유지·검사 등**(시행규칙 제6조)
> ⑤ 국토교통부장관은 법 제8조 제3항에 따라 철도운영자등에게 시정조치를 명하는 경우에는 시정에 필요한 적정한 기간을 주어야 한다.
> ⑥ 철도운영자등이 법 제8조 제3항에 따라 시정조치명령을 받은 경우에 14일 이내에 시정조치계획서를 작성하여 국토교통부장관에게 제출하여야 하고, 시정조치를 완료한 경우에는 지체 없이 그 시정내용을 국토교통부장관에게 통보하여야 한다.
> ⑦ 제1항부터 제6항까지의 규정에서 정한 사항 외에 정기검사 또는 수시검사에 관한 세부적인 기준·방법 및 절차는 국토교통부장관이 정하여 고시한다.

034 철도안전법상 안전관리체계의 승인을 받은 철도운영자등에게 반드시 승인을 취소하여야 경우는?

㉮ 거짓이나 그 밖의 부정한 방법으로 승인을 받은 경우
㉯ 변경승인을 받지 아니하거나 변경신고를 하지 아니하고 안전관리체계를 변경한 경우
㉰ 안전관리체계를 지속적으로 유지하지 아니하여 철도운영이나 철도시설의 관리에 중대한 지장을 초래한 경우
㉱ 시정조치명령을 정당한 사유 없이 이행하지 아니한 경우

> **해설** **승인의 취소 등**(철도안전법 제9조 제1항)
> ① 국토교통부장관은 안전관리체계의 승인을 받은 철도운영자등이 다음 각 호의 어느 하나에 해당하는 경우에는 그 승인을 취소하거나 6개월 이내의 기간을 정하여 업무의 제한이나 정지를 명할 수 있다. 다만, 제1호에 해당하는 경우에는 그 승인을 취소하여야 한다.
> 1. 거짓이나 그 밖의 부정한 방법으로 승인을 받은 경우
> 2. 제7조 제3항을 위반하여 변경승인을 받지 아니하거나 변경신고를 하지 아니하고 안전관리체계를 변경한 경우
> 3. 제8조 제1항을 위반하여 안전관리체계를 지속적으로 유지하지 아니하여 철도운영이나 철도시설의 관리에 중대한 지장을 초래한 경우
> 4. 제8조 제3항에 따른 시정조치명령을 정당한 사유 없이 이행하지 아니한 경우

035 철도안전법상 철도안전관리체계 승인에 관한 내용 중 처벌수위가 전혀 다른 것은?

㉮ 변경승인을 받지 아니하거나 변경신고를 하지 아니하고 안전관리체계를 변경한 경우
㉯ 거짓이나 그 밖의 부정한 방법으로 승인을 받은 경우
㉰ 안전관리체계를 지속적으로 유지하지 아니하여 철도운영이나 철도시설의 관리에 중대한 지장을 초래한 경우
㉱ 시정조치명령을 정당한 사유 없이 이행하지 아니한 경우

정답 034 ㉮ 035 ㉯

036 철도안전법상 변경신고를 하지 않고 안전관리체계를 변경한 경우가 2차 위반인 때의 처분은?
㉮ 업무정지 10일 ㉯ 업무정지 20일
㉰ 업무정지 40일 ㉱ 업무정지 80일

해설 시행규칙 별표 1 참고

037 철도안전법에서 안전관리체계를 지속적으로 유지하지 않아 철도사고로 인한 사망자 수가 1명 이상 3명 미만인 경우 처분은?
㉮ 업무정지 30일 ㉯ 업무정지 60일
㉰ 업무정지 120일 ㉱ 업무정지 180일

038 철도안전법에서 안전관리체계를 지속적으로 유지하지 않아 철도사고 또는 운행장애로 인한 재산피해액이 10억원 이상 20억원 미만인 경우 처분은?
㉮ 업무정지 15일 ㉯ 업무정지 30일
㉰ 업무정지 60일 ㉱ 업무정지 120일

039 철도안전법에서 안전관리체계를 지속적으로 유지하지 않아 철도사고로 인한 중상자 수가 30명 이상 100명 미만인 경우 처분은?
㉮ 업무정지 30일 ㉯ 업무정지 60일
㉰ 업무정지 120일 ㉱ 업무정지 180일

040 철도안전법에서 철도안전을 위한 시정조치 명령을 정당한 사유 없이 이행하지 않은 경우가 1차 위반인 때의 처분은?
㉮ 업무정지 20일 ㉯ 업무정지 40일
㉰ 업무정지 80일 ㉱ 업무정지 160일

정답 036 ㉮ 037 ㉮ 038 ㉯ 039 ㉯ 040 ㉮

041 다음은 철도안전법상 과징금에 대한 내용이다. 옳은 것은?

㉮ 과징금을 부과하는 위반행위의 종류, 과징금의 부과기준 및 징수방법, 그 밖에 필요한 사항은 국토교통부령으로 정한다.
㉯ 국토교통부장관은 철도운영자등에 대하여 업무의 제한이나 정지를 명하여야 하는 경우로서 그 업무의 제한이나 정지가 철도 이용자 등에게 심한 불편을 주거나 그밖에 공익을 해할 우려가 있는 경우에는 업무의 제한이나 정지를 갈음하여 30억원 이하의 과징금을 부과할 수 있다.
㉰ 국토교통부장관은 과징금을 내야 할 자가 납부기한까지 과징금을 내지 아니하는 경우에는 지방세 체납처분의 예에 따라 징수한다.
㉱ 국토교통부장관은 철도운영자등에 대하여 업무의 제한이나 정지를 명하여야 하는 경우로서 그 업무의 제한이나 정지가 철도 이용자 등에게 심한 불편을 주거나 그밖에 공익을 해할 우려가 있는 경우에도 업무의 제한이나 정지를 명할 수 있다.

042 다음의 철도안전법상 과징금에 관한 설명 중 옳지 않은 것은?

㉮ 과징금을 부과하는 위반행위의 종류, 과징금의 부과기준 및 징수방법, 밖에 필요한 사항은 국토교통부령으로 정한다.
㉯ 국토교통부장관은 과징금을 부과할 때에는 그 위반행위의 종류와 해당 과징금의 금액을 명시하여 이를 납부할 것을 서면으로 통지하여야 한다.
㉰ 과징금 통지를 받은 자는 통지를 받은 날로부터 20일 이내에 국토교통부장관이 정하는 수납기관에 과징금을 내야 하며, 천재지변이나 그 밖의 부득이한 사유로 그 기간에 과징금을 낼 수 없을 경우에는 그 사유가 없어진 날로부터 7일 이내 납부해야 한다.
㉱ 과징금을 받은 수납기관은 그 과징금을 낸 자에게 영수증을 내주어야 한다.

043 철도안전법상 변경승인을 받지 않고 안전관리체계를 변경한 경우, 4차 이상 위반 시 과징금은 얼마인가? (단위 : 백만원)

㉮ 240 ㉯ 480 ㉰ 960 ㉱ 1,920

해설 시행령 별표 1 참고

정답 041 ㉯ 042 ㉮ 043 ㉰

044 철도안전법에서 안전관리체계를 지속적으로 유지하지 않아 철도사고로 인한 사망자 수가 3명 이상 5명 미만인 경우 과징금 금액은? (단위 : 백만원)

㉮ 360 ㉯ 720 ㉰ 1,440 ㉱ 2,160

045 철도안전법상 철도운영자등의 안전관리 수준에 대한 평가 내용으로 옳지 않은 것은?

㉮ 국토교통부장관은 철도운영자등의 자발적인 안전관리를 통한 철도안전 수준의 향상을 위하여 철도운영자등의 안전관리 수준에 대한 평가를 실시할 수 있다.
㉯ 안전관리 수준평가의 대상, 기준, 방법, 절차 등에 필요한 사항은 국토교통부령으로 정한다
㉰ 국토교통부장관은 매년 3월 말까지 안전관리 수준평가를 실시한다
㉱ 안전관리 수준평가는 서면평가의 방법으로 실시한다. 다만, 철도운영자가 필요하다고 인정하는 경우에는 현장평가를 실시할 수 있다.

046 철도안전법상 철도운영자등의 안전관리 수준에 대한 평가의 대상 및 기준으로 옳지 않은 것은?

㉮ 사고 분야
㉯ 철도안전투자 분야
㉰ 안전관리 분야
㉱ 철도시설 및 차량 투자 분야

> **해설** **철도운영자에 대한 안전관리 수준평가의 대상 및 기준**(시행규칙 제8조)
> ① 철도운영자등의 안전관리 수준에 대한 평가의 대상 및 기준은 다음 각 호와 같다. 다만, 철도시설관리자에 대해서 안전관리 수준평가를 하는 경우 제2호를 제외하고 실시할 수 있다.
>   1. 사고 분야
>   가. 철도교통사고 건수
>   나. 철도안전사고 건수
>   다. 운행장애 건수
>   라. 사상자 수
>   2. 철도안전투자 분야 : 철도안전투자의 예산 규모 및 집행 실적
>   3. 안전관리 분야
>   가. 안전성숙도 수준
>   나. 정기검사 이행실적
>   4. 그 밖에 안전관리 수준평가에 필요한 사항으로서 국토교통부장관이 정해 고시하는 사항
> ② 국토교통부장관은 매년 3월 말까지 안전관리 수준평가를 실시한다.
> ③ 안전관리 수준평가는 서면평가의 방법으로 실시한다. 다만, 국토교통부장관이 필요하다고 인정하는 경우에는 현장평가를 실시할 수 있다.

정답 044 ㉯ 045 ㉱ 046 ㉱

047 철도안전법상 철도운영자등의 안전관리 수준에 대한 평가의 대상에서 사고 분야의 내용으로 옳지 않은 것은?

㉮ 철도교통사고 건수
㉯ 철도안전사고 건수
㉰ 사상자 및 부상자 수
㉱ 운행장애 건수

048 다음은 철도안전법상 철도운영자등에 대한 안전관리 수준평가 및 철도안전 우수운영자 지정에 대한 내용이다. 옳지 않은 것은?

㉮ 국토교통부장관은 철도운영자등의 자발적인 안전관리를 통한 철도안전 수준의 향상을 위하여 철도운영자등의 안전관리 수준에 대한 평가를 실시할 수 있다.
㉯ 국토교통부장관은 매년 3월 말까지 안전관리 수준평가를 실시한다.
㉰ 국토교통부장관은 안전관리 수준평가 결과에 따라 철도운영자등을 대상으로 철도안전우수운영자를 지정할 수 있다.
㉱ 철도안전 우수운영자 지정의 유효기간은 지정받은 날부터 2년으로 한다.

049 철도안전법에서 철도안전 우수운영자 지정의 유효기간은 지정받은 날부터 몇 년으로 하나?

㉮ 1년
㉯ 2년
㉰ 3년
㉱ 5년

정답 047 ㉰ 048 ㉱ 049 ㉮

제3장 철도종사자의 안전관리

001 철도안전법상 철도차량 운전면허에 대한 설명이다. 옳지 않은 것은?

㉮ 철도차량을 운전하려는 사람은 국토교통부장관으로부터 철도차량 운전면허를 받아야 한다.
㉯ 「도시철도법」에 따른 노면전차를 운전하려는 사람은 철도차량 운전면허 외에 「도로교통법」에 따른 운전면허를 받아야 한다.
㉰ 운전면허별로 운전할 수 있는 차량의 종류는 국토교통부령으로 정한다.
㉱ 운전면허는 국토교통부령으로 정하는 바에 따라 철도차량의 종류별로 받아야 한다.

> **해설** **운전면허**(법 제10조)
> 운전면허는 대통령령으로 정하는 바에 따라 철도차량의 종류별로 받아야 한다.

002 철도안전법상 철도차량 운전면허 없이 운전할 수 있는 경우로 옳지 않은 것은?

㉮ 철도차량 운전에 관한 전문 교육훈련기관에서 실시하는 운전교육훈련을 받기 위하여 철도차량을 운전하는 경우
㉯ 운전면허시험을 치르기 위하여 철도차량을 운전하는 경우
㉰ 철도차량을 제작・조립・정비하기 위하여 선로에서 철도차량을 운전하여 이동하는 경우
㉱ 철도사고등을 복구하기 위하여 열차운행이 중지된 선로에서 사고복구용 특수차량을 운전하여 이동하는 경우

> **해설** **운전면허 없이 운전할 수 있는 경우**(시행령 제10조)
> ① 법 제10조 제1항 단서에서 "대통령령으로 정하는 경우"란 다음 각 호의 어느 하나에 해당하는 경우를 말한다.
> 1. 법 제16조 제3항에 따른 철도차량 운전에 관한 전문 교육훈련기관(이하 "운전교육훈련기관"이라 한다)에서 실시하는 운전교육훈련을 받기 위하여 철도차량을 운전하는 경우
> 2. 법 제17조 제1항에 따른 운전면허시험(이하 이 조에서"운전면허시험"이라 한다)을 치르기 위하여 철도차량을 운전하는 경우
> 3. 철도차량을 제작・조립・정비하기 위한 공장 안의 선로에서 철도차량을 운전하여 이동하는 경우
> 4. 철도사고등을 복구하기 위하여 열차운행이 중지된 선로에서 사고복구용 특수차량을 운전하여 이동하는 경우
> ② 제1항 제1호 또는 제2호에 해당하는 경우에는 해당 철도차량에 운전교육훈련을 담당하는 사람이나 운전면허시험에 대한 평가를 담당하는 사람을 승차시켜야 하며, 국토교통부령으로 정하는 표지를 해당 철도차량의 앞면 유리에 붙여야 한다.

정답 001 ㉱ 002 ㉰

003 철도안전법상 철도차량 운전면허 없이 운전할 수 있는 경우에 해당하지 않는 것은?

㉮ 철도사고등의 복구를 위하여 선로에서 사고복구용 특수차량을 운전하여 이동하는 경우
㉯ 운전면허시험을 치르기 위하여 철도차량을 운전하는 경우
㉰ 운전교육훈련기관에서 실시하는 운전교육훈련을 받기 위하여 철도차량을 운전하는 경우
㉱ 철도차량을 제작·조립·정비하기 위한 공장 안의 선로에서 철도차량을 운전하여 이동하는 경우

004 철도안전법상 철도차량의 종류별 운전면허가 아닌 것은?

㉮ 고속철도차량 운전면허
㉯ 제1종 전기차량 운전면허
㉰ 제2종 전기차량 운전면허
㉱ 제1종 디젤차량 운전면허

해설 **운전면허의 종류**(시행령 제11조)
① 철도차량의 종류별 운전면허는 다음 각 호와 같다.
1. 고속철도차량 운전면허
2. 제1종 전기차량 운전면허
3. 제2종 전기차량 운전면허
4. 디젤차량 운전면허
5. 철도장비 운전면허
6. 노면전차 운전면허

005 다음 중 철도안전법상 철도차량 운전면허의 종류가 아닌 것은?

㉮ 고속철도차량 운전면허
㉯ 노면전차 운전면허
㉰ 제2종 디젤차량 운전면허
㉱ 철도장비 운전면허

006 철도안전법상 철도차량 운전면허에 대한 설명이다. 옳지 않은 것은?

㉮ 운전면허는 철도차량의 종류별로 6가지로 구분된다.
㉯ 운전면허가 없으면 어떤 경우라도 철도차량을 운전할 수 없다.
㉰ 운전면허별로 운전할 수 있는 차량의 종류는 국토교통부령으로 정한다.
㉱ 전기차량은 1종, 2종으로 구분된다.

정답 003 ㉮ 004 ㉱ 005 ㉰ 006 ㉯

007 다음 중 철도안전법상 디젤차량 운전면허로 운전할 수 있는 철도차량이 아닌 것은?

㉮ 증기기관차
㉯ 디젤동차
㉰ 철도시설의 검측장비
㉱ 전기동차

해설 **철도차량 운전면허 종류별 운전이 가능한 철도차량**(시행규칙 제11조 관련)

운전면허의 종류	운전할 수 있는 철도차량의 종류
고속철도차량 운전면허	• 고속철도차량 • 철도장비 운전면허에 따라 운전할 수 있는 차량
제1종 전기차량 운전면허	• 전기기관차 • 철도장비 운전면허에 따라 운전할 수 있는 차량
제2종 전기차량 운전면허	• 전기동차 • 철도장비 운전면허에 따라 운전할 수 있는 차량
디젤차량 운전면허	• 디젤기관차 • 디젤동차 • 증기기관차 • 철도장비 운전면허에 따라 운전할 수 있는 차량
철도장비 운전면허	• 철도건설 및 유지보수에 필요한 기계나 장비 • 철도시설의 검측장비 • 철도·도로를 모두 운행할 수 있는 철도복구장비 • 전용철도에서 시속 25킬로미터 이하로 운전하는 차량 • 사고복구용 기중기
노면전차 운전면허	• 노면전차

008 철도안전법상 다음 중 디젤차량 운전면허를 가지고 운전할 수 없는 차량은?

㉮ 디젤기관차
㉯ 증기기관차
㉰ 디젤동차
㉱ 고속철도차량

009 철도안전법상 다음 철도차량 운전면허와 종류별 운전이 가능한 철도차량과 잘못 짝지어진 것은?

㉮ 디젤차량 운전면허 - 디젤기관차·디젤동차·증기기관차·철도장비차량
㉯ 제1종 전기차량 운전면허 - 전기기관차·철도장비차량
㉰ 제2종 전기차량 운전면허 - 전기기관차·철도장비차량
㉱ 고속철도차량 운전면허 - 고속철도차량·철도장비차량

정답 007 ㉱ 008 ㉱ 009 ㉰

010 철도안전법상 다음 설명 중 옳은 것은?

㉮ 철도장비 운전면허로 100km/h 이상의 철도시설 검측장비를 운전할 수 있다.

㉯ 동력장치가 집중되어 있는 철도차량을 동차라고 한다.

㉰ 고속철도차량은 시속 300킬로미터 이상의 최고운행 속도로 주행할 수 있는 철도차량을 말한다.

㉱ 제2종 전기차량 운전면허는 철도장비 운전면허로 운전할 수 있는 차량의 운전이 가능하다.

해설 철도차량 운전면허 종류별 운전이 가능한 철도차량(시행규칙 제11조 관련)
1. 시속 100킬로미터 이상으로 운행하는 철도시설의 검측장비 운전은 고속철도차량 운전면허, 제1종 전기차량 운전면허, 제2종 전기차량 운전면허, 디젤차량 운전면허 중 하나의 운전면허가 있어야 한다.
2. 선로를 시속 200킬로미터 이상의 최고운행 속도로 주행할 수 있는 철도차량을 고속철도차량으로 구분한다.
3. 동력장치가 집중되어 있는 철도차량을 기관차, 동력장치가 분산되어 있는 철도차량을 동차로 구분한다.
4. 도로 위에 부설한 레일 위를 주행하는 철도차량은 노면전차로 구분한다.
5. 철도차량 운전면허(철도장비 운전면허는 제외한다) 소지자는 철도차량 종류에 관계없이 차량기지 내에서 시속 25킬로미터 이하로 운전하는 철도차량을 운전할 수 있다. 이 경우 다른 운전면허의 철도차량을 운전하는 때에는 국토교통부장관이 정하는 교육훈련을 받아야 한다.
6. "전용철도"란 「철도사업법」 제2조 제5호에 따른 전용철도를 말한다.

011 철도안전법상 다음 설명 중 옳지 않은 것은?

㉮ 100km/h 이상으로 운행하는 철도시설의 검측장비 운선은 고속철도차량 운전면허, 제1종 전기차량 운전면허, 제2종 전기차량 운전면허, 디젤차량 운전면허 중 하나의 운전면허가 있어야 한다.

㉯ 고속철도차량이라 함은 선로를 200km/h 이상의 최고운행 속도로 주행할 수 있는 철도차량을 말한다.

㉰ 동력장치가 집중되어 있는 철도차량을 '동차', 분산되어 있는 차량을 '기관차'라 한다.

㉱ 도로 위에 부설한 레일 위를 주행하는 철도차량은 노면전차로 구분한다.

012 철도안전법상 동력장치가 분산되어 있는 철도차량을 무엇이라 하나?

㉮ 동차　　㉯ 기관차　　㉰ 화차　　㉱ 객차

정답 010 ㉱　011 ㉰　012 ㉮

013 철도안전법상 철도차량을 운전하고자 하는 자는 국토교통부장관으로부터 철도차량 운전면허를 받아야 하는데 그 결격사유로 거리가 먼 것은?

㉮ 19세 미만인 사람
㉯ 정신질환자 또는 뇌전증 환자로서 대통령령으로 정하는 사람
㉰ 운전면허가 취소된 날부터 2년이 경과된 사람
㉱ 두 눈의 시력을 완전히 상실한 사람

해설 **운전면허의 결격사유**(법 제11조)
다음 각 호에 해당하는 자는 운전면허를 받을 자격이 없다.
1. 19세 미만인 사람
2. 철도차량 운전상의 위험과 장해를 일으킬 수 있는 정신질환자 또는 뇌전증 환자로서 대통령령으로 정하는 사람
3. 철도차량 운전상의 위험과 장해를 일으킬 수 있는 약물(「마약류 관리에 관한 법률」 제2조 제1호에 따른 마약류 및 「화학물질관리법」 제22조 제1항에 따른 환각물질을 말한다. 이하 같다) 또는 알코올 중독자로서 대통령령으로 정하는 사람
4. 두 귀의 청력 또는 두 눈의 시력을 완전히 상실한 사람
5. 운전면허가 취소된 날부터 2년이 지나지 아니하였거나 운전면허의 효력정지기간 중인 사람

014 철도안전법상 철도차량을 운전하고자 하는 자는 국토교통부장관으로부터 철도차량 운전면허를 받아야 하는데 운전면허를 받을 자격이 있는 사람은?

㉮ 19세 미만인 사람
㉯ 알코올 중독자로서 대통령령으로 정하는 사람
㉰ 두 눈의 시력을 완전히 상실한 사람
㉱ 운전면허 효력정지기간이 끝난 사람

015 철도안전법상 철도차량 운전면허를 받을 수 있는 자격이 있는 자로 적절한 것은?

㉮ 운전면허의 효력정지기간 경과 후 1년이 경과된 사람
㉯ 19세 미만인 사람
㉰ 두 귀의 청력을 완전히 상실한 사람
㉱ 알코올 중독자로서 대통령령으로 정하는 사람

정답 013 ㉰ 014 ㉱ 015 ㉮

016 철도안전법상 철도차량 운전에 적합한 신체상태를 갖추고 있는지의 여부를 판정하기 위하여 시행하는 검사는?

㉮ 신체검사 ㉯ 적성검사
㉰ 정밀검사 ㉱ 체력검사

해설 **운전면허의 신체검사**(법 제12조)
운전면허를 받으려는 사람은 철도차량 운전에 적합한 신체상태를 갖추고 있는지를 판정받기 위하여 국토교통부장관이 실시하는 신체검사에 합격하여야 한다.

017 다음은 철도안전법상 운전면허 취득을 위한 신체검사에 대한 내용이다. 불합격기준에 해당되지 않는 항목은?

㉮ 중증인 고혈압증(수축기 혈압 160mmHg 이상이고, 확장기 혈압 100mmHg 이상인 사람)
㉯ 업무수행에 지장이 있는 발작성 빈맥(분당 150회 이상)이나 기질성 부정맥
㉰ 중증인 당뇨병(식전 혈당 140 이상) 및 중증의 대사질환(통풍 등)
㉱ 귀의 청력이 500Hz, 1000Hz, 2000Hz에서 측정하여 측정치의 산술평균이 두 귀 모두 40dB 이상인 사람

해설 **운전면허의 신체검사항목 및 불합격 기준**(시행규칙 별표 2)
중증인 고혈압증(수축기 혈압 180mmHg 이상이고, 확장기 혈압 110mmHg 이상인 사람)

018 다음은 운전업무종사자 등에 대한 신체검사 내용이다. 불합격기준에 해당되지 않는 항목은?

㉮ 귀의 청력이 500Hz, 1000Hz, 2000Hz에서 측정하여 측정치의 산술평균이 한쪽 귀만 40dB 이상인 경우
㉯ 신체 각 부위의 악성종양
㉰ 업무수행에 지장이 있는 발작성 빈맥(분당 150회 이상)이나 기질성 부정맥
㉱ 시야의 협착이 1/3 이상인 경우

019 철도안전법상에서 철도차량 운전에 적합한 적성을 갖추고 있는지를 판정하기 위하여 실시하는 검사는?

㉮ 신체검사 ㉯ 운전적성검사
㉰ 인성검사 ㉱ 품성검사

해설 **운전적성검사**(법 제15조 제1항)
운전면허를 받으려는 사람은 철도차량 운전에 적합한 적성을 갖추고 있는지를 판정받기 위하여 국토교통부장관이 실시하는 적성검사(이하 "운전적성검사"라 한다)에 합격하여야 한다.

정답 016 ㉮ 017 ㉮ 018 ㉮ 019 ㉯

020 다음은 철도안전법상 운전적성검사에 관한 내용이다. 옳지 않은 것은?
   ㉮ 운전면허를 받으려는 사람은 철도차량 운전에 적합한 적성을 갖추고 있는지를 판정받기 위하여 국토교통부장관이 실시하는 운전적성검사에 합격하여야 한다.
   ㉯ 운전적성검사의 합격기준, 검사의 방법 및 절차 등에 관하여 필요한 사항은 국토교통부령으로 정한다.
   ㉰ 운전적성검사기관의 지정기준, 지정절차 등에 관하여 필요한 사항은 국토교통부령으로 정한다.
   ㉱ 운전적성검사기관은 정당한 사유 없이 운전적성검사업무를 거부하여서는 아니 되고, 거짓이나 그 밖의 부정한 방법으로 운전적성검사 판정서를 발급하여서는 아니 된다.

   해설 **운전적성검사**(법 제15조 제5항)
   운전적성검사기관의 지정기준, 지정절차 등에 관하여 필요한 사항은 대통령령으로 정한다.

021 철도안전법상 운전적성검사에 불합격한 사람은 검사일부터 얼마 기간 동안 운전적성검사를 받을 수 없는가?
   ㉮ 1개월   ㉯ 2개월   ㉰ 3개월   ㉱ 6개월

   해설 운전적성검사에 불합격한 사람 또는 운전적성검사과정에서 부정행위를 한 사람은 다음 각 호의 구분에 따른 기간 동안 제1항에 따른 운전적성검사를 받을 수 없다(법 제15조 제2항).
   1. 운전적성검사에 불합격한 사람 : 검사일부터 3개월
   2. 운전적성검사과정에서 부정행위를 한 사람 : 검사일부터 1년

022 철도안전법상 운전적성검사과정에서 부정행위를 한 사람은 검사일부터 얼마 기간 동안 운전적성검사를 받을 수 없는가?
   ㉮ 6개월   ㉯ 1년   ㉰ 2년   ㉱ 3년

023 다음 철도안전법상 운전적성검사기관 지정절차에 대한 내용이다. 옳지 않은 것은?
   ㉮ 국토교통부장관은 운전적성검사기관을 지정한 경우에는 그 사실을 관보에 고시하여야 한다.
   ㉯ 규정에 따른 운전적성검사기관 지정절차에 관한 세부적인 사항은 대통령령으로 정한다.
   ㉰ 운전적성검사기관으로 지정을 받으려는 자는 국토교통부장관에게 지정 신청을 하여야 한다.
   ㉱ 국토교통부장관은 운전적성검사기관 지정 신청을 받은 경우에는 지정기준을 갖추었는지 여부, 운전적성검사기관의 운영계획, 철도차량운전자의 수급상황 등을 종합적으로 심사한 후 그 지정 여부를 결정하여야 한다.

정답 020 ㉰ 021 ㉰ 022 ㉯ 023 ㉯

024 철도안전법상 운전적성검사기관의 지정기준으로 옳지 않은 것은?

㉮ 상설 전담조직을 갖출 것
㉯ 2명 이상의 전문검사인력을 확보할 것
㉰ 사무실과 검사장 및 검사 장비를 확보할 것
㉱ 업무규정을 갖출 것

> **해설** **운전적성검사기관 지정기준**(시행령 제14조)
> ① 운전적성검사기관의 지정기준은 다음 각 호와 같다.
> 1. 운전적성검사 업무의 통일성을 유지하고 적성검사 업무를 원활히 수행하는데 필요한 상설 전담조직을 갖출 것
> 2. 운전적성검사 업무를 수행할 수 있는 전문검사인력을 3명 이상 확보할 것
> 3. 운전적성검사 시행에 필요한 사무실, 검사장과 검사 장비를 갖출 것
> 4. 운전적성검사기관의 운영 등에 관한 업무규정을 갖출 것
> ② 제1항에 따른 운전적성검사기관 지정기준에 관한 세부적인 사항은 국토교통부령으로 정한다.

025 철도안전법상 운전적성검사기관은 지정기준을 충족해야만 지정을 받을 수 있다. 지정기준에 옳지 않은 것은?

㉮ 운전적성검사기관 지정기준에 관한 세부적인 사항은 국토교통부령으로 정한다.
㉯ 운전적성검사 시행에 필요한 사무실, 검사장과 검사 장비를 갖출 것
㉰ 운전적성검사 업무를 수행할 수 있는 전문검사인력을 2명 이상 확보할 것
㉱ 운전적성검사 업무의 통일성을 유지하고 적성검사 업무를 원활히 수행하는데 필요한 상설 전담조직을 갖출 것

026 철도안전법상 운전적성검사기관의 세부 지정기준에 대한 설명이다. 옳은 것은?

㉮ 운전적성검사 또는 관제적성검사 업무를 수행하는 상설 전담조직을 1일 50명을 검사하는 것을 기준으로 한다.
㉯ 1일 검사인원이 50명 추가될 때마다 선임검사원을 1명씩 추가로 보유해야 한다.
㉰ 운전적성검사 지정기관만의 특별한 프로그램을 개발할 수 있어야 한다.
㉱ 국토교통부장관은 1개 기관만을 운전적성검사기관으로 지정하여 1개의 장소에서 검사를 실시할 수 있다. 이 경우 전국의 분산된 3개 이상의 장소에서 검사를 할 수 있어야 한다.

정답 024 ㉯ 025 ㉰ 026 ㉮

해설 **운전적성검사기관 또는 관제적성검사기관의 세부 지정기준**(시행규칙 별표 5)
보유기준
1. 운전적성검사 또는 관제적성검사(이하 이 표에서 "적성검사"라 한다) 업무를 수행하는 상설 전담조직을 1일 50명을 검사하는 것을 기준으로 하며, 책임검사원과 선임검사원 및 검사원은 각각 1명 이상 보유하여야 한다.
2. 1일 검사인원이 25명 추가될 때마다 적성검사를 진행할 수 있는 검사원을 1명씩 추가로 보유하여야 한다.

시설 및 장비
1. 시설기준
   1일 검사능력 50명(1회 25명) 이상의 검사장(70m² 이상이어야 한다)을 확보하여야 한다. 이 경우 분산된 검사장은 제외한다.
2. 장비기준
   ① 속도예측능력, 주의력(선택적 주의력·주의배분능력·지속적 주의력), 거리지각능력, 안정도, 민첩성(적응능력·판단력·동작정확력·정서안전도)을 검사할 수 있는 토치모니터 등 검사장비와 프로그램을 갖추어야 한다.
   ② 적성검사기관 공동으로 활용할 수 있는 프로그램(속도예측능력·주의력·거리지각능력·안정도 검사 등)을 개발할 수 있어야 한다.

일반사항
1. 국토교통부장관은 2개 이상의 운전적성검사기관 또는 관제적성검사기관을 지정한 경우에는 모든 운전적성검사기관 또는 관제적성검사기관에서 실시하는 적성검사의 방법 및 검사항목 등이 동일하게 이루어지도록 필요한 조치를 하여야 한다.
2. 국토교통부장관은 철도차량운전자 등의 수급계획과 운영계획 및 검사에 필요한 프로그램개발 등을 종합 검토하여 필요하다고 인정하는 경우에는 1개 기관만 지정할 수 있다. 이 경우 전국의 분산된 5개 이상의 장소에서 검사를 할 수 있어야 한다.

027 철도안전법상 운전적성검사 항목의 문답형 검사로 옳은 것은?

㉮ 주의력
㉯ 인식 및 기억력
㉰ 인성
㉱ 판단 및 행동력

해설 **적성검사 항목**(시행규칙 제16조 제2항 관련)

검사대상	문답형 검사	반응형 검사
· 고속철도차량 · 1종·2종 전기차량 · 디젤차량 · 노면전차 · 철도장비	· 인성 – 일반성격 – 안전성향	· 주의력 – 복합기능 – 선택주의 – 지속주의 · 인식 및 기억력 – 시각변별 – 공간지각 · 판단 및 행동력 – 추론 – 민첩성

정답 027 ㉰

028 다음 중 철도안전법상 철도장비 운전면허 취득 시 시행하는 반응형 운전적성검사 항목으로 옳지 않은 것은?
- ㉮ 안전성향
- ㉯ 판단 및 행동력
- ㉰ 인식 및 기억력
- ㉱ 주의력

029 다음 중 철도안전법상 철도교통관제사 자격증명 응시자가 시행하는 반응형 운전적성검사 중 반응형 검사에 해당하지 않는 것은?
- ㉮ 주의력
- ㉯ 인식 및 기억력
- ㉰ 판단 및 행동력
- ㉱ 일반성향

030 철도안전법상 제2종 전기차량 운전면허 응시자의 운전적성검사 불합격 기준으로 옳은 것은?
- ㉮ 지능검사 점수가 85점 미만인 사람(해당 연령대 기준 적용)
- ㉯ 반응형 검사 중 속도예측능력과 선택적 주의력 검사 결과가 부적합 등급으로 판정된 사람
- ㉰ 작업태도검사와 반응형 검사의 점수합계가 60섬 미만인 사람
- ㉱ 문답형 검사항목 중 안전성향 검사에서 부적합으로 판정된 사람

031 철도안전법상 철도장비 운전면허의 운전적성검사에 대한 설명이다. 옳은 것은?
- ㉮ 지능검사는 연령대별로 점수산정 기준을 달리하여 환산한 점수를 적용한다.
- ㉯ 품성검사 결과 부적합자로 판정되면 불합격된다.
- ㉰ 반응형 검사 평가점수가 30점 미만인 사람
- ㉱ 작업태도와 반응형 검사의 점수합계가 50점이 안되면 불합격이다.

해설 **적성검사 항목 불합격 기준**(시행규칙 제16조 제2항 관련)
- 문답형 검사항목 중 안전성향 검사에서 부적합으로 판정된 사람
- 반응형 검사 평가점수가 30점 미만인 사람

정답 028 ㉮ 029 ㉱ 030 ㉱ 031 ㉰

032 철도안전법상 운전적성검사기관으로 지정받으려는 자는 운전적성검사기관 지정신청서에 서류를 첨부하여 국토교통부장관에게 제출하여야 한다. 첨부하여야 할 서류에 포함되지 않는 것은?

㉮ 운전적성검사를 담당하는 전문인력의 보유 현황 및 학력·경력·자격 등을 증명할 수 있는 서류
㉯ 정관이나 이에 준하는 약정(법인 그 밖의 단체만 해당한다)
㉰ 운영계획서
㉱ 운전적성검사장비 가격산정 내역서

033 운전적성검사기관 또는 관제적성검사기관이 대통령령에서 정한 지정기준에 적합한지 여부에 대한 국토교통부장관의 심사기간으로 옳은 것은?

㉮ 6개월마다 ㉯ 매년 ㉰ 2년마다 ㉱ 5년마다

해설 **운전적성검사기관 및 관제적성검사기관의 세부지정기준 등**(시행규칙 제18조)
① 영 제14조 제2항 및 영 제20조의2에 따른 운전적성검사기관 및 관제적성검사기관의 세부지정기준은 별표 5와 같다.
② 국토교통부장관은 운전적성검사기관 또는 관제적성검사기관이 제1항 및 영 제14조 제1항(영 제20조의2에서 준용하는 경우를 포함한다)에 따른 지정기준에 적합한 지의 여부를 2년마다 심사하여야 한다.

034 철도안전법상 철도차량 운전면허를 받고자 하는 자의 운전교육훈련에 관한 사항으로 옳지 않은 것은?

㉮ 운전면허를 받으려는 사람은 철도차량의 안전한 운행을 위하여 국토교통부장관이 실시하는 운전에 필요한 지식과 능력을 습득할 수 있는 운전교육훈련을 받아야 한다.
㉯ 운전교육훈련의 기간, 방법 등에 관하여 필요한 사항은 국토교통부령으로 정한다.
㉰ 국토교통부장관은 철도차량 운전에 관한 전문훈련기관을 지정하여 운전교육훈련을 실시하게 할 수 있다.
㉱ 운전교육훈련기관 지정기준, 지정절차 등에 관하여 필요한 사항은 국토교통부령으로 정한다.

해설 **운전교육훈련**(법 제16조)
① 운전면허를 받으려는 사람은 철도차량의 안전한 운행을 위하여 국토교통부장관이 실시하는 운전에 필요한 지식과 능력을 습득할 수 있는 교육훈련을 받아야 한다.
② 교육훈련의 기간, 방법 등에 관하여 필요한 사항은 국토교통부령으로 정한다.
③ 국토교통부장관은 철도차량 운전에 관한 전문 교육훈련기관을 지정하여 교육훈련을 실시하게 할 수 있다.
④ 교육훈련기관의 지정기준, 지정절차 등에 관하여 필요한 사항은 대통령령으로 정한다.

정답 032 ㉱ 033 ㉰ 034 ㉱

035 다음은 철도안전법상 운전교육훈련에 관한 내용이다. 옳은 것은?

㉮ 운전면허를 받으려는 사람은 철도차량의 안전한 운행을 위하여 국토교통부장관이 실시하는 운전에 필요한 지식과 능력을 습득할 수 있는 운전교육훈련을 받아야 한다.
㉯ 운전교육훈련의 기간, 방법 등에 관하여 필요한 사항은 대통령령으로 정한다.
㉰ 국토교통부장관은 철도차량 운전에 관한 전문 운전교육훈련기관을 지정하여 운전교육훈련을 실시하게 할 수 없고 개인이 지정한다.
㉱ 운전교육훈련기관의 지정기준, 지정절차 등에 관하여 필요한 사항은 국토교통부령으로 정한다.

036 일반응시자가 제2종 전기차량 운전면허를 취득하고자 한다. 철도안전법에서 정한 교육시간으로 옳은 것은?

㉮ 340시간 ㉯ 440시간 ㉰ 680시간 ㉱ 810시간

해설 **운전면허 취득을 위한 교육훈련과정별 교육시간**(일반응시자)(시행규칙 별표 7)
1. 디젤차량 운전면허 : 810시간
2. 제1종 전기차량 운전면허 : 810시간
3. 제2종 전기차량 운전면허 : 680시간
4. 철도장비 운전면허 : 340시간
5. 노면전차 운전면허 : 440시간

037 다음은 철도안전법상 철도차량 운전면허 취득을 위한 교육훈련과정별 교육시간 중 일반응시자의 경우이다. 옳지 않은 것은?

㉮ 디젤차량 운전면허 – 810시간
㉯ 제1종 전기차량 운전면허 – 810시간
㉰ 제2종 전기차량 운전면허 – 680시간
㉱ 노면전차 운전면허 – 340시간

038 철도안전법상 일반응시자가 최초 운전면허 취득 시 그 교육시간이 가장 짧은 교육과정으로 옳은 것은?

㉮ 철도장비 운전면허
㉯ 디젤차량 운전면허
㉰ 제1종 전기차량 운전면허
㉱ 제2종 전기차량 운전면허

정답 035 ㉮ 036 ㉰ 037 ㉱ 038 ㉮

039 철도안전법상 제2종 전기차량 운전면허 소지자가 디젤차량 운전면허를 취득하고자 한다. 그 교육시간으로 옳은 것은?

㉮ 35시간   ㉯ 85시간   ㉰ 130시간   ㉱ 260시간

해설 **시행규칙 제20조**(교육훈련의 기간 : 별표 7)
제2종 전기차량 면허소지자가 디젤차량 운전면허를 취득하고자 할 때는 130시간의 교육을 수료하여야 한다.

040 철도안전법상 제1종 전기차량 운전면허 소지자가 제2종 전기차량 운전면허를 취득하고자 한다. 그 교육시간으로 옳은 것은?

㉮ 35시간   ㉯ 85시간   ㉰ 170시간   ㉱ 280시간

해설 **시행규칙 제20조**(교육훈련의 기간 : 별표 7)
제1종 전기차량 면허소지자가 제2종 전기차량 운전면허를 취득하고자 할 때는 85시간의 교육을 수료하여야 한다.

041 다음 중 철도안전법상 제2종 전기차량 운전면허 소지자가 노면전차 운전면허를 취득하고자 할 때 받아야 하는 교육훈련시간은?

㉮ 20시간   ㉯ 50시간   ㉰ 70시간   ㉱ 120시간

해설 **시행규칙 제20조**(교육훈련의 기간 : 별표 7)
제2종 전기차량 면허소지자가 노면전차 운전면허를 취득하고자 할 때는 50시간의 교육을 수료하여야 한다.

042 철도안전법상 디젤차량, 제1종 전기차량, 제2종 전기차량 운전면허 소지자가 고속철도차량 운전면허를 취득하기 위한 교육훈련을 받으려면 해당 차량의 운전업무 수행경력이 얼마 이상 있어야 하는가?

㉮ 5년   ㉯ 3년   ㉰ 2년   ㉱ 1년

정답 039 ㉰ 040 ㉯ 041 ㉯ 042 ㉯

043 철도안전법상 철도차량 운전 관련 업무경력자가 철도차량 운전면허를 취득하고자 할 때의 교육시간이다. 옳지 않은 것은?

㉮ 철도건설 및 유지보수장비 작업경력 1년 이상인 사람 - 철도장비 운전면허 취득 시 : 185시간
㉯ 철도차량 운전업무 보조경력 1년 이상인 사람 - 철도장비 운전면허 취득 시 : 140시간
㉰ 철도차량 운전업무 보조경력 1년 이상이나 전동차 차장 경력 2년 이상인 사람 - 제2종 전기차량 운전면허 취득 시 : 290시간
㉱ 철도차량 운전업무 보조경력 1년 이상이나 철도장비 운전업무 수행경력 3년 이상인 사람 - 디젤차량 이나 제1종 전기차량 운전면허 취득 시 : 290시간

해설 **시행규칙 제20조**(교육훈련의 기간 : 별표 7)
철도차량 운전업무 보조경력이 1년 이상인 사람이 철도장비 운전면허를 취득하고자 할 때는 100시간의 교육을 수료하여야 한다.

044 다음 설명 중 철도안전법상 옳지 않은 것은?

㉮ 철도차량 운전면허 소지자가 다른 철도차량 운전면허를 취득하고자 교육훈련을 받는 경우에는 신체검사 및 적성검사를 받은 것으로 본다.
㉯ 고속철도차량 운전면허를 취득하기 위해 교육훈련을 받으려는 사람은 디젤차량, 제1종 전기차량 또는 제2종 전기차량의 운전업무 수행경력이 3년 이상 있어야 한다.
㉰ 철도차량 운전면허 소지자가 다른 철도차량 운전면허를 취득하고자 하는 경우에는 필기시험이 면제된다.
㉱ 철도장비 운전면허 소지자가 다른 종류의 철도차량 운전면허를 취득하기 위하여 교육훈련을 받는 경우에는 적성검사를 받아야 한다.

해설 **운전면허 취득을 위한 교육훈련 과정별 교육시간**(일반사항 : 시행규칙 별표 7)
가. 철도관련법은 「철도안전법」과 그 하위법령 및 철도차량운전에 필요한 규정을 말한다.
나. 철도차량 운전면허 소지자가 다른 종류의 철도차량 운전면허를 취득하기 위하여 교육훈련을 받는 경우에는 신체검사와 적성검사를 받은 것으로 본다. 다만, 철도장비 운전면허 소지자가 다른 종류의 철도차량 운전면허를 취득하기 위하여 교육훈련을 받는 경우에는 적성검사를 받아야 한다.
다. 고속철도차량 운전면허를 취득하기 위해 교육훈련을 받으려는 사람은 법 제21조에 따른 디젤차량, 제1종 전기차량 또는 제2종 전기차량의 운전업무 수행경력이 3년 이상 있어야 한다. 이 경우 운전업무 수행경력이란 운전업무종사자로서 운전실에 탑승하여 전방 선로감시 및 운전 관련 기기를 실제로 취급한 기간을 말한다.
라. 모의운행훈련은 전(全) 기능 모의운전연습기를 활용한 교육훈련과 병행하여 실시하는 기본기능 모의운전연습기 및 컴퓨터지원교육시스템을 활용한 교육훈련을 포함한다.
마. 노면전차 운전면허를 취득하기 위한 교육훈련을 받으려는 사람은 「도로교통법」 제80조에 따른 운전면허를 소지하여야 한다.

정답 043 ㉯ 044 ㉰

045 다음은 철도안전법상 운전교육훈련기관에 관한 내용이다. 옳지 않은 것은?

㉮ 국토교통부장관은 운전교육훈련기관이 지정기준에 적합한 지의 여부를 2년마다 심사하여야 한다.

㉯ 국토교통부장관은 운전교육훈련기관의 지정을 취소하거나 업무정지의 처분을 한 경우에는 지체 없이 그 운전교육훈련기관에 지정기관 행정처분서를 통지하고 그 사실을 관보에 고시하여야 한다.

㉰ 운전교육훈련기관의 지정기준에 적합 여부는 철도기술연구소의 연구용역 결과에 따른다.

㉱ 국토교통부장관은 운전교육훈련기관의 지정 신청을 받은 때에는 그 지정 여부를 종합적으로 심사한 후 교육훈련기관 지정서를 신청인에게 발급하여야 한다.

046 철도안전법상 운전교육훈련기관의 세부 지정기준에 관한 설명으로 옳은 것은?

㉮ "철도교통에 관한 업무"란 관제·안전·차량·기계·신호·전기·시설에 관한 업무를 말한다.

㉯ "철도차량운전 관련 업무"란 철도차량 운전업무수행자에 대한 안전관리·지도교육 및 관리감독 업무를 말한다.

㉰ "기본기능 모의운전연습기"란 실제차량의 운전실과 유사하게 제작한 장비를 말한다.

㉱ 교수의 경우 해당 철도차량 운전업무 수행경력이 2년 이상인 사람으로서 학력 및 경력의 기준을 갖추어야 한다.

> **해설** **교육훈련기관의 세부 지정기준**(시행규칙 별표 8)
> 1. "철도교통에 관한 업무"란 철도운전·안전·차량·기계·신호·전기·시설에 관한 업무를 말한다.
> 2. "철도차량운전 관련 업무"란 철도차량 운전업무수행자에 대한 안전관리·지도교육 및 관리감독 업무를 말한다.
> 3. 교수의 경우 해당 철도차량 운전업무 수행경력이 3년 이상인 사람으로서 학력 및 경력의 기준을 갖추어야 한다.
> 4. 고속철도차량 교수의 경우 종전 철도청에서 실시한 교수요원 양성과정(해외교육이수자를 포함한다) 이수자 중 학력 및 경력 미달자도 고속철도차량 교수를 할 수 있다.
> 5. 해당 철도차량 운전업무 수행경력이 있는 사람으로서 현장 지도교육의 경력은 운전업무 수행경력으로 합산할 수 있다.

정답 045 ㉰ 046 ㉯

047 철도안전법상 교육훈련기관의 세부 지정기준에서 책임교수의 자격기준에 해당되지 않는 사람은?

㉮ 박사학위 소지자로서 철도교통에 관한 업무에 10년 이상 또는 철도차량 운전 관련 업무에 5년 이상 근무한 경력이 있는 사람

㉯ 석사학위 소지자로서 철도교통에 관한 업무에 15년 이상 또는 철도차량 운전 관련 업무에 8년 이상 근무한 경력이 있는 사람

㉰ 학사학위 소지자로서 철도교통에 관한 업무에 20년 이상 또는 철도차량 운전 관련 업무에 10년 이상 근무한 경력이 있는 사람

㉱ 선임교수 경력이 2년 이상 있는 사람

해설 **교육훈련기관의 세부 지정기준**(시행규칙 별표 8)

등급	학력 및 경력
책임교수	1) 박사학위 소지자로서 철도교통에 관한 업무에 10년 이상 또는 철도차량 운전 관련 업무에 5년 이상 근무한 경력이 있는 사람 2) 석사학위 소지자로서 철도교통에 관한 업무에 15년 이상 또는 철도차량 운전 관련 업무에 8년 이상 근무한 경력이 있는 사람 3) 학사학위 소지자로서 철도교통에 관한 업무에 20년 이상 또는 철도차량 운전 관련 업무에 10년 이상 근무한 경력이 있는 사람 4) 철도 관련 4급 이상의 공무원 경력 또는 이와 같은 수준 이상의 자격 및 경력이 있는 사람 5) 대학의 철도차량 운전 관련 학과에서 조교수 이상으로 재직한 경력이 있는 사람 6) 선임교수 경력이 3년 이상 있는 사람

048 철도안전법에서 컴퓨터의 멀티미디어 기능을 활용하여 운전·차량·신호 등을 학습할 수 있도록 제작된 프로그램 및 이를 지원하는 컴퓨터시스템 일체를 무엇이라 하는가?

㉮ 전 기능 모의운전연습기　　㉯ 기본기능 모의운전연습기
㉰ 컴퓨터지원교육시스템　　㉱ 모의운행훈련기

해설 **장비기준**(시행규칙 제22조 제1항 관련)
모의운전연습기는 전 기능형(FTS)과 기본기능형(PTS)으로 나누고, 그리고 컴퓨터지원교육시스템(CAI)으로 구분하고 있다. FTS 및 PTS는 실제차량의 운전실과 유사한 장비 등을 설치하여 시행하는 교육장비이고 CAI는 컴퓨터로 프로그램을 활용하여 시행하는 교육훈련장비이다.

정답 047 ㉱　048 ㉰

049 다음은 철도안전법상 운전교육훈련기관의 지정취소 및 업무정지 기준에 대한 내용이다. 옳지 않은 것은?

㉮ 거짓이나 그 밖의 부정한 방법으로 지정을 받은 경우 - 지정취소
㉯ 업무정지 명령을 위반하여 그 정지기간 중 운전교육훈련업무를 한 경우 - 경고 또는 보안 명령
㉰ 철도안전법상 지정기준에 맞지 아니한 경우 - 1차 : 경고 또는 보안명령, 2차 : 업무정지 1개월, 3차 : 업무정지 3개월 4차 : 지정취소
㉱ 거짓이나 그 밖의 부정한 방법으로 운전교육훈련 수료증을 발급한 경우 - 1차 : 업무정지 1개월, 2차 : 업무정지 3개월, 3차 : 지정취소

050 철도안전법상 운전면허시험에 대한 설명이다. 옳지 않은 것은?

㉮ 운전면허를 받으려는 사람은 국토교통부장관이 실시하는 철도차량 운전면허시험에 합격하여야 한다.
㉯ 운전면허시험에 응시하려는 사람은 신체검사 및 운전적성검사에 합격한 후 운전교육훈련을 받아야 한다.
㉰ 운전면허시험의 과목, 절차 등에 관하여 필요한 사항은 대통령령으로 정한다.
㉱ 철도차량 운전면허시험은 운전면허의 종류별로 필기시험과 기능시험으로 구분하여 시행한다.

> **해설** **시행규칙 제24조**(운전면허시험의 과목 및 합격기준)
> ① 법 제17조 제1항에 따른 철도차량 운전면허시험은 영 제11조 제1항에 따른 운전면허의 종류별로 필기시험과 기능시험으로 구분하여 시행한다. 이 경우 기능시험은 실제차량이나 모의운전연습기를 활용하여 시행한다.
> ② 제1항에 따른 필기시험과 기능시험의 과목 및 합격기준은 별표 10과 같다. 이 경우 기능시험은 필기시험을 합격한 경우에만 응시할 수 있다.
> ③ 제1항에 따른 필기시험에 합격한 사람에 대해서는 필기시험에 합격한 날부터 2년이 되는 날이 속하는 해의 12월 31일까지 실시하는 운전면허시험에 있어 필기시험의 합격을 유효한 것으로 본다.
> ④ 운전면허시험의 방법·절차, 기능시험 평가위원의 선정 등에 관하여 필요한 세부사항은 국토교통부장관이 정한다.

정답 049 ㉯ 050 ㉰

051 철도안전법상 운전면허시험에 대한 설명이다. 옳지 않은 것은?
㉮ 철도차량 운전면허시험은 운전면허의 종류별로 필기시험과 기능시험으로 구분하여 시행한다.
㉯ 운전면허시험의 방법·절차, 기능시험 평가위원의 선정 등에 관하여 필요한 세부사항은 국토교통부장관이 정한다.
㉰ 운전면허 필기시험에 합격한 후 교육훈련기관에서 교육훈련을 받아야 한다.
㉱ 필기시험에 합격한 사람에 대해서는 필기시험에 합격한 날부터 2년이 되는 날이 속하는 해의 12월 31일까지 실시하는 운전면허시험에 있어 필기시험의 합격을 유효한 것으로 본다.

052 다음은 철도안전법상 철도차량 운전면허 시험과목 및 합격기준에 대한 내용이다. 옳지 않은 것은?
㉮ 제2종 전기차량 운전면허의 필기시험 과목은 철도 관련 법/도시철도시스템 일반/전기동차의 구조 및 기능/운전이론 일반/비상 시 조치 등 5과목이다.
㉯ 철도 관련 법은 「철도안전법」과 그 하위규정 및 철도차량 운전에 필요한 규정을 포함한다.
㉰ 철도차량 운전 관련 업무경력자, 철도 관련 업무경력자 또는 버스 운전경력자가 철노차량 운전면허시험에 응시하는 때에는 그 경력을 증명하는 서류를 첨부하여야 한다.
㉱ 필기시험 합격기준은 과목당 100점을 만점으로 하여 매 과목 40점 이상(철도 관련 법의 경우 50점 이상), 총점 평균 60점 이상 득점하여야 한다.

해설 **운전면허시험의 과목 및 합격기준**(시행규칙 제24조 별표 10)
철도차량 운전면허시험의 합격기준은 다음과 같다.
1. 필기시험의 합격기준은 과목당 100점을 만점으로 하여 매 과목 40점 이상(철도 관련 법의 경우 60점 이상) 총점 평균 60점 이상 득점한 사람
2. 기능시험의 합격기준은 시험 과목당 60점 이상 총점 평균 80점 이상 득점한 사람

053 다음 중 철도안전법상 고속철도차량 운전면허의 필기시험과목이 아닌 것은?
㉮ 고속철도 시스템 일반
㉯ 비상 시 조치
㉰ 고속철도차량의 구조 및 기능
㉱ 철도 관련 법

정답 051 ㉰ 052 ㉱ 053 ㉱

054 철도안전법상 해당 차종의 교육훈련을 받은 자로서 필기시험 및 기능시험이 면제되는 경우는?

㉮ 제1종 전기차량 운전면허 소지자가 운전경력 없이 디젤차량 운전면허를 취득하고자 할 때
㉯ 3년 경력의 디젤차량 운전면허 소지자가 제2종 전기차량 운전면허를 취득하고자 할 때
㉰ 5년 경력의 제2종 전기차량 운전면허 소지자가 제1종 전기차량 운전면허를 취득하고자 할 때
㉱ 2년 경력의 제1종 전기차량 운전면허 소지자가 디젤차량 운전면허를 취득하고자 할 때

해설 **운전면허시험의 과목 및 합격기준**(시행규칙 제24조 별표 10)
필기시험 및 기능시험을 면제시키는 경우는 「디젤차량과 제1종 전기차량 운전면허」 소지자가 해당 차종의 운전업무 수행경력이 2년이 넘은 상태에서 서로 다른 (디젤→제1종 전기, 제1종 전기→디젤) 운전면허를 취득하고자 하는 경우에만 85시간의 교육훈련만으로 면허를 발급하여 주고 있다.

055 다음은 철도안전법상 철도차량 운전면허 시험 시행계획과 관련 사항이다. 옳지 않은 것은?

㉮ 「한국교통안전공단법」에 따라 설립된 한국교통안전공단이 운전면허시험을 실시한다.
㉯ 운전면허시험을 실시하려는 때에는 매년 11월 30일까지 필기시험 및 기능시험의 일정·응시과목 등을 포함한 다음 해의 운전면허시험 시행계획을 공고하여야 한다.
㉰ 한국교통안전공단은 운전면허시험의 응시 수요 등을 고려하여 필요한 경우에는 공고한 시행계획을 변경할 수 있다. 이 경우 미리 국토교통부장관의 승인을 받아야 하며 변경되기 전의 필기시험일 또는 기능시험일의 14일 전까지 그 변경사항을 인터넷 홈페이지 등에 공고하여야 한다.
㉱ 한국교통안전공단은 운전면허시험의 응시 수요 등을 고려하여 필요한 경우에는 공고한 시행계획을 변경할 수 있다.

정답 054 ㉱ 055 ㉰

056 철도안전법상 철도차량 운전면허에 응시하려는 사람은 철도차량 운전면허 응시원서를 제출하여야 하는데 첨부 서류 중 옳지 않은 것은?
   ㉮ 신체검사의료기관이 발급한 신체검사 판정서(철도차량 운전면허시험 응시원서 접수일 이전 2년 이내인 것에 한정한다)
   ㉯ 운전적성검사기관이 발급한 운전적성검사 판정서(철도차량 운전면허시험 응시원서 접수일 이전 10년 이내인 것에 한정한다)
   ㉰ 운전교육훈련기관이 발급한 운전교육훈련 수료증명서
   ㉱ 철도차량 운전면허증의 원본(철도차량 운전면허 소지자가 다른 철도차량 운전면허를 취득하고자 하는 경우에 한정한다)

057 2020. 7. 26자로 철도차량 운전면허의 필기시험에 합격하였다. 철도안전법상 필기시험의 합격유효기간은 언제까지인가?
   ㉮ 2022. 7. 25.   ㉯ 2022. 7. 26.   ㉰ 2022. 12. 31.   ㉱ 2022. 1. 1.

058 철도안전법상 운전면허시험을 실시하려는 때에는 매년 11월 30일까지 다음 해의 운전면허시험 시행계획을 인터넷 홈페이지 등에 공고하는 기관으로 옳은 것은?
   ㉮ 도로교통안전관리공단   ㉯ 한국교통안전공단
   ㉰ 국토교통부장관   ㉱ 철도운영기관

   해설 **운전면허시험 시행계획의 공고**(시행규칙 제25조)
   「한국교통안전공단법」에 따라 설립된 한국교통안전공단(이하 "한국교통안전공단"이라 한다)은 운전면허시험을 실시하려는 때에는 매년 11월 30일까지 필기시험 및 기능시험의 일정·응시과목 등을 포함한 다음 해의 운전면허시험 시행계획을 공고하여야 한다.

059 철도안전법상 철도차량 운전면허의 유효기간은 얼마인가?
   ㉮ 3년   ㉯ 5년   ㉰ 10년   ㉱ 15년

   해설 **운전면허의 갱신**(법 제19조)
   ① 운전면허의 유효기간은 10년으로 한다.
   ② 운전면허 취득자로서 제1항에 따른 유효기간 이후에도 그 운전면허의 효력을 유지하려는 사람은 운전면허의 유효기간 만료 전에 국토교통부령으로 정하는 바에 따라 운전면허의 갱신을 받아야 한다.

   정답 056 ㉱   057 ㉰   058 ㉯   059 ㉰

③ 국토교통부장관은 제2항 및 제5항에 따라 운전면허의 갱신을 신청한 사람이 다음 각 호의 어느 하나에 해당하는 경우에는 운전면허증을 갱신하여 발급하여야 한다.
1. 운전면허의 갱신을 신청하는 날 전 10년 이내에 국토교통부령으로 정하는 철도차량의 운전업무에 종사한 경력이 있거나 국토교통부령으로 정하는 바에 따라 이와 같은 수준 이상의 경력이 있다고 인정되는 경우
2. 국토교통부령으로 정하는 교육훈련을 받은 경우

④ 운전면허 취득자가 제2항에 따른 운전면허의 갱신을 받지 아니하면 그 운전면허의 유효기간이 만료되는 날의 다음 날부터 그 운전면허의 효력이 정지된다.
⑤ 제4항에 따라 운전면허의 효력이 정지된 사람이 6개월의 범위에서 대통령령으로 정하는 기간 내에 운전면허의 갱신을 신청하여 운전면허의 갱신을 받지 아니하면 그 기간이 만료되는 날의 다음 날부터 그 운전면허는 효력을 잃는다.
⑥ 국토교통부장관은 운전면허 취득자에게 그 운전면허의 유효기간이 만료되기 전에 국토교통부령으로 정하는 바에 따라 운전면허의 갱신에 관한 내용을 통지하여야 한다.
⑦ 국토교통부장관은 제5항에 따라 운전면허의 효력이 실효된 사람이 운전면허를 다시 받으려는 경우 대통령령으로 정하는 바에 따라 그 절차의 일부를 면제할 수 있다.

060 다음 중 철도안전법상 철도차량 운전면허 갱신에 대한 설명으로 거리가 먼 것은?

㉮ 운전면허 취득자로서 유효기간 이후에도 그 운전면허의 효력을 유지하려는 사람은 운전면허의 유효기간 만료 전에 국토교통부령으로 정하는 바에 따라 운전면허의 갱신을 받아야 한다.
㉯ 운전면허 취득자가 운전면허의 갱신을 받지 아니하면 그 운전면허의 유효기간이 만료되는 날의 다음 날부터 그 운전면허는 효력을 잃는다.
㉰ 운전면허의 효력이 정지된 사람이 6개월의 범위에서 대통령령으로 정하는 기간 내에 운전면허의 갱신을 신청하여 운전면허의 갱신을 받지 아니하면 그 기간이 만료되는 날의 다음 날부터 그 운전면허는 효력을 잃는다.
㉱ 운전면허의 효력이 실효된 사람이 운전면허를 다시 받으려는 경우 대통령령으로 정하는 바에 따라 그 절차의 일부를 면제할 수 있다.

061 철도안전법상 운전면허 갱신 시 필요한 경력으로 옳지 않은 것은?

㉮ 운전면허 유효기간 내 6개월 이상 해당 철도차량을 운전한 경력
㉯ 관제업무에 2년 이상 근무한 경력
㉰ 운전교육훈련기관에서 실시한 10시간 이상의 철도차량 운전에 필요한 교육훈련을 받은 경우
㉱ 운전교육훈련기관에서의 운전교육훈련업무에 2년 이상 근무한 경력

정답 060 ㉯ 061 ㉰

해설 **운전면허 갱신에 필요한 경력 등**(시행규칙 제32조)
① 법 제19조 제3항 제1호에서 "국토교통부령으로 정하는 철도차량의 운전업무에 종사한 경력"이란 운전면허의 유효기간 내에 6개월 이상 해당 철도차량을 운전한 경력을 말한다.
② 법 제19조 제3항 제1호에서 "이와 같은 수준 이상의 경력"이란 다음 각 호의 어느 하나에 해당하는 업무에 2년 이상 종사한 경력을 말한다.
  1. 관제업무
  2. 교육훈련기관에서의 교육훈련업무
  3. 철도운영자등에게 소속되어 철도차량 운전자를 지도·교육·관리하거나 감독하는 업무
③ 법 제19조 제3항 제2호에서 "국토교통부령으로 정하는 교육훈련을 받은 경우"란 운전면허의 유효기간 내에 교육훈련기관이나 철도운영자등이 실시한 철도차량 운전에 필요한 교육훈련을 운전면허 갱신신청일 전까지 20시간 이상 받은 경우를 말한다.

062 철도안전법상 운전면허 갱신에 필요한 경력이 아닌 것은?

㉮ 운전면허 유효기간 내에 6개월 이상 해당 철도차량을 운전한 경력
㉯ 관제업무에 2년 이상 종사한 경력
㉰ 운전교육훈련기관에서의 운전교육훈련업무에 2년 이상 종사한 경력
㉱ 철도운영자등에게 소속되어 철도차량 운전자를 1년 이상 지도·교육·관리 또는 감독하는 업무에 종사한 경력

063 다음 중 철도안전법상 운전면허를 갱신할 수 있는 경력이 아닌 것은?

㉮ 철도운영자등에게 소속되어 철도차량 운전자를 지도·교육·관리하거나 감독하는 업무에 2년 이상 근무한 경력
㉯ 관제업무에 2년 이상 근무한 경력
㉰ 철도운영자등이 실시한 철도차량 운전에 필요한 교육훈련을 운전면허 갱신신청일 전까지 15시간 이상 받은 경우
㉱ 운전교육훈련기관에서의 운전교육훈련업무에 2년 이상 종사한 경력

정답 062 ㉱ 063 ㉰

064 다음 철도차량 운전면허 갱신에 대한 내용이다. 옳지 않은 것은?

㉮ 철도차량 운전면허를 갱신하려는 사람은 운전면허의 유효기간 만료일 전 6개월 이내에 철도차량 운전면허 갱신신청서에 서류를 첨부하여 한국교통안전공단에 제출하여야 한다.
㉯ 국토교통부령으로 정하는 철도차량의 운전업무에 종사한 경력이란 운전면허의 유효기간 내에 6개월 이상 해당 철도차량을 운전한 경력을 말한다.
㉰ 국토교통부령으로 정하는 교육훈련을 받은 경우란 운전면허의 유효기간 내에 운전교육훈련기관이나 철도운영자등이 실시한 철도차량 운전에 필요한 교육훈련을 운전면허 갱신 신청일 전까지 20시간 이상 받은 경우를 말한다.
㉱ 경력의 인정, 교육훈련의 내용 등 운전면허 갱신에 필요한 세부사항은 한국교통안전공단이 정하여 고시한다.

065 철도안전법상 효력이 정지된 자에 대한 운전면허 갱신 안내 통지시기는?

㉮ 효력이 정지된 날부터 15일 이내
㉯ 효력이 정지된 날부터 30일 이내
㉰ 효력이 실효되기 전 3개월 전까지
㉱ 효력이 실효되기 전까지

> **해설** **운전면허 갱신 안내 통지**(시행규칙 제33조)
> ① 한국교통안전공단은 법 제19조 제4항에 따라 운전면허의 효력이 정지된 사람이 있는 때에는 해당 운전면허의 효력이 정지된 날부터 30일 이내에 해당 운전면허 취득자에게 이를 통지하여야 한다.
> ② 한국교통안전공단은 법 제19조 제6항에 따라 운전면허의 유효기간 만료일 6개월 전까지 해당 운전면허 취득자에게 운전면허 갱신에 관한 내용을 통지하여야 한다.
> ③ 제2항에 따른 운전면허 갱신에 관한 통지는 별지 제21호서식의 철도차량 운전면허 갱신통지서에 따른다.
> ④ 제1항 및 제2항에 따른 통지를 받을 사람의 주소 등을 통상적인 방법으로 확인할 수 없거나 통지서를 송달할 수 없는 경우에는 한국교통안전공단의 게시판에 14일 이상 공고함으로써 통지에 갈음할 수 있다.

066 철도안전법상 운전면허 취득자에 대한 운전면허 갱신 통지시기로 옳은 것은?

㉮ 유효기간 만료일까지
㉯ 유효기간 만료일 6개월 전까지
㉰ 유효기간 만료일 3개월 전까지
㉱ 유효기간 만료일 6개월 후부터

정답 064 ㉱ 065 ㉯ 066 ㉯

067 철도안전법상 운전면허 갱신안내 통지서의 송달이 불가능한 경우의 조치로 옳은 것은?

㉮ 한국교통안전공단 게시판에 14일 이상 공고
㉯ 한국교통안전공단 게시판에 30일 이상 공고
㉰ 한국교통안전공단 인터넷 게시판에 14일 이상 공고
㉱ 한국교통안전공단 인터넷 게시판에 30일 이상 공고

068 철도안전법상 운전면허의 효력이 실효된 사람이 운전면허를 다시 받으려는 경우 대통령령으로 정하는 바에 따라 그 절차의 일부를 면제할 수 있는 시기로 옳은 것은?

㉮ 운전면허가 효력정지된 날부터 3년 이내
㉯ 운전면허가 효력정지된 날부터 1년 이내
㉰ 운전면허가 실효된 날부터 3년 이내
㉱ 운전면허가 실효된 날부터 5년 이내

> **해설** **운전면허 취득절차의 일부 면제**(시행령 제20조)
> 운전면허의 효력이 실효된 사람이 운전면허가 실효된 날부터 3년 이내에 실효된 운전면허와 동일한 운전면허를 취득하려는 경우에는 다음의 경력이 없으면 「최초 신체검사와 적성검사」를 면제하고, 경력이 있으면 「교육훈련」까지 면제받을 수 있다.
> 1. 유효기간 내에 6개월 이상 해당 철도차량을 운전한 경력
> 2. 관제업무에 2년 이상 종사한 경력
> 3. 교육훈련기관에서의 교육훈련업무에 2년 이상 종사한 경력
> 4. 철도차량 운전자를 지도·교육·관리 또는 감독하는 업무에 2년 이상 종사한 경력
> 5. 교육훈련기관 또는 철도운영자등이 실시한 차량운전에 필요한 교육훈련을 운전면허 갱신신청일 전까지 20시간 이상 받은 경력

069 철도차량 운전면허의 효력이 실효된 날로부터 3년 이내에 실효된 운전면허와 동일한 운전면허를 취득하고자 하는 경우 교육훈련과 신체검사 및 적성검사를 모두 면제받을 수 있는 경우가 아닌 것은?

㉮ 운전면허의 유효기간 내에 교육훈련기관이 실시한 철도차량 운전에 필요한 교육훈련을 운전면허 갱신 신청일 전까지 각각 10시간 이상 받은 경우
㉯ 운전면허의 유효기간 내에 운전교육훈련기관에서의 운전교육훈련업무에 2년 이상 종사한 경력이 있는 경우
㉰ 운전면허의 유효기간 내에 철도운영자등에 소속되어 철도차량 운전자를 지도·교육·관리하거나 감독하는 업무에 2년 이상 종사한 경력이 있는 경우
㉱ 운전면허 유효기간 내에 6개월 이상 해당 철도차량을 운전한 경력이 있는 경우

정답 067 ㉮ 068 ㉰ 069 ㉮

070 철도안전법상 운전면허를 갱신하고자 하는 자는 유효기간 만료일 전 얼마 이내에 갱신 신청을 하여야 하는가?

㉮ 15일   ㉯ 30일   ㉰ 3개월   ㉱ 6개월

071 철도안전법상 2020. 7. 1.자로 운전면허를 발급받은 사람이 운전면허갱신을 받지 않을 경우 그 효력이 정지되는 날은?

㉮ 2030. 6. 30.   ㉯ 2030. 7. 1.   ㉰ 2030. 7. 2.   ㉱ 2031. 1. 1.

072 철도안전법상 2020. 7. 1.자로 효력이 정지된 운전면허의 효력이 실효되는 날로 맞는 것은?

㉮ 2020. 12. 31.   ㉯ 2021. 1. 1.   ㉰ 2020. 6. 30.   ㉱ 2021. 7. 1.

073 철도안전법상 2020. 7. 1.자로 효력이 정지된 자가 2020. 10. 15.자로 운전면허를 갱신하였다. 이 경우 당해 운전면허의 유효기간 기산은 언제부터 하는가?

㉮ 2020. 6. 30.   ㉯ 2020. 7. 1.   ㉰ 2020. 10. 15.   ㉱ 2021. 1. 1.

해설 **운전면허 갱신 등**(시행령 제19조)
① 법 제19조 제4항에 따라 운전면허의 효력이 정지된 사람이 제2항에 따른 기간 내에 운전면허 갱신을 받은 경우 해당 운전면허의 유효기간은 갱신 받기 전 운전면허의 유효기간 만료일 다음 날부터 기산한다.
② 법 제19조 제5항에서 "대통령령으로 정하는 기간"이란 6개월을 말한다.

074 철도안전법상 다음 중 철도차량 운전면허가 반드시 취소되는 경우는?

㉮ 거짓이나 그 밖의 부정한 방법으로 운전면허를 받았을 때
㉯ 철도차량 운전 중 고의 또는 중과실로 철도사고를 일으켰을 때
㉰ 술을 마시거나 약물을 사용한 상태에서 철도차량을 운전하였을 때
㉱ 술을 마시거나 약물을 사용한 상태에서 업무를 하였다고 인정할 만한 상당한 이유가 있음에도 불구하고 국토교통부장관의 확인 또는 검사를 거부하였을 때

정답 070 ㉱ 071 ㉯ 072 ㉯ 073 ㉯ 074 ㉮

해설 **운전면허의 취소 정지 등**(법 제20조)

① 국토교통부장관은 운전면허 취득자가 다음 각 호의 어느 하나에 해당할 때에는 운전면허를 취소하거나 1년 이내의 기간을 정하여 운전면허의 효력을 정지시킬 수 있다. 다만, 제1호부터 제4호까지의 규정에 해당할 때에는 운전면허를 취소하여야 한다.
1. 거짓이나 그 밖의 부정한 방법으로 운전면허를 받았을 때
2. 제11조 제2호부터 제4호까지의 규정에 해당하게 되었을 때
3. 운전면허의 효력정지기간 중 철도차량을 운전하였을 때
4. 운전면허증을 타인에게 빌려주었을 때
5. 철도차량을 운전 중 고의 또는 중과실로 철도사고를 일으켰을 때
5의2. 제40조의2 제1항 또는 제5항을 위반하였을 때
6. 제41조 제1항을 위반하여 술을 마시거나 약물을 사용한 상태에서 철도차량을 운전하였을 때
7. 제41조 제2항을 위반하여 술을 마시거나 약물을 사용한 상태에서 업무를 하였다고 인정할 만한 상당한 이유가 있음에도 불구하고 국토교통부장관 또는 시·도지사의 확인 또는 검사를 거부하였을 때
8. 이 법 또는 이 법에 따라 철도의 안전 및 보호와 질서유지를 위하여 한 명령·처분을 위반하였을 때

② 국토교통부장관이 제1항에 따라 운전면허의 취소 및 효력정지 처분을 하였을 때에는 국토교통부령으로 정하는 바에 따라 그 내용을 해당 운전면허 취득자와 운전면허 취득자를 고용하고 있는 철도운영자등에게 통지하여야 한다.
③ 제2항에 따른 운전면허의 취소 또는 효력정지 통지를 받은 운전면허 취득자는 그 통지를 받은 날부터 15일 이내에 운전면허증을 국토교통부장관에게 반납하여야 한다.
④ 국토교통부장관은 제3항에 따라 운전면허의 효력이 정지된 사람으로부터 운전면허증을 반납받았을 때에는 보관하였다가 정지기간이 끝나면 즉시 돌려주어야 한다.
⑤ 제1항에 따른 취소 및 효력정지 처분의 세부기준 및 절차는 그 위반의 유형 및 정도에 따라 국토교통부령으로 정한다.
⑥ 국토교통부장관은 국토교통부령으로 정하는 바에 따라 운전면허의 발급, 갱신, 취소 등에 관한 자료를 유지·관리하여야 한다.

075 철도안전법상 운전면허의 효력정지는 얼마까지 시킬 수 있는가?

㉮ 3개월   ㉯ 6개월   ㉰ 1년   ㉱ 2년

076 철도안전법상 다음 중 운전면허의 효력정지에 해당하는 경우는?

㉮ 거짓으로 운전면허를 받은 경우
㉯ 운전면허취득의 결격사유에 해당하게 된 때
㉰ 운전면허증을 타인에게 빌려주었을 때
㉱ 고의 또는 중과실로 철도사고를 일으켜 부상자가 발생된 때

정답 075 ㉰   076 ㉱

077 다음 중 철도안전법상 1차 위반 시 운전면허의 효력이 정지되는 사항이 아닌 것은?

㉮ 철도차량 운전 중 고의 또는 중과실로 철도사고를 일으켜 사망자가 발생한 경우
㉯ 혈중 알코올농도 0.02% 이상 0.1% 이하에서 운전한 경우
㉰ 철도차량 운전 중 고의 또는 중과실로 철도사고를 일으켜 1천만원 이상의 물적 피해가 발생한 경우
㉱ 철도차량 운전 중 고의 또는 중과실로 철도사고를 일으켜 부상자가 발생한 경우

해설 시행규칙 제35조 별표 10의2
철도차량 운전 중 고의 또는 중과실로 철도사고를 일으켜 사망자가 발생한 경우 면허취소에 해당한다.

078 철도안전법상 국토교통부장관이 운전면허를 반드시 취소하여야 하는 경우로 거리가 먼 것은?

㉮ 거짓이나 그 밖의 부정한 방법으로 운전면허를 받았을 때
㉯ 운전면허증을 타인에게 빌려주었을 때
㉰ 운전면허의 효력정지기간 중 철도차량을 운전한 때
㉱ 철도차량을 운전 중 고의로 철도사고를 일으켰을 때

079 철도안전법상 국토교통부장관이 철도차량 운전면허 취득자에 대하여 운전면허를 취소하거나 1년 이내의 기간을 정하여 운전면허의 효력을 정지시킬 수 있는 경우로 옳은 것은?

㉮ 철도차량을 운전 중 경과실로 철도사고를 일으켰을 때
㉯ 대통령령이 정하는 철도차량 운전업무에 종사하는 철도종사자가 술을 마신 상태에서 철도차량을 운전하였을 때
㉰ 운전면허증을 분실한 자가 운전하였을 때
㉱ 운전면허의 효력정지기간이 경과한 후 철도차량을 운전하였을 때

080 철도안전법상 다음 중 운전면허가 1년 이내의 기간 동안 정지되는 경우는?

㉮ 거짓이나 그 밖의 부정한 방법으로 운전면허를 받았을 때
㉯ 운전면허의 효력정지기간 중 철도차량을 운전하였을 때
㉰ 운전면허증을 타인에게 빌려주었을 때
㉱ 철도차량을 운전 중 중과실로 철도사고를 일으켜 부상자가 발생했을 때

정답 077 ㉮ 078 ㉱ 079 ㉯ 080 ㉱

081 철도안전법상 다음 중 운전면허 취소사유에 해당하지 않는 것은?

㉮ 만취상태(혈중 알코올농도 0.1%)에서 운전한 때
㉯ 혈중 알코올농도 0.02%를 넘은 상태에서 운전하다 철도사고를 일으킨 때
㉰ 음주상태에서 음주확인 또는 검사요구에 불응한 때
㉱ 철도차량 운전 중 중과실로 철도사고를 일으켜 1천만원 이상 물적 피해가 발생한 때

082 철도안전법상 운전면허의 취소·효력정지 처분의 세부기준에서 1차 위반 시 면허가 취소되지 않는 경우로 옳은 것은?

㉮ 철도차량운전 중 고의 또는 중과실로 철도사고를 일으켜 사망자가 발생한 경우
㉯ 술을 마시거나 약물을 사용한 상태에서 업무를 하였다고 인정할 만한 상당한 이유가 있음에도 불구하고 확인이나 검사 요구에 불응한 경우
㉰ 운전면허증을 타인에게 빌려주었을 때
㉱ 술을 마신 상태에서 운전한 경우

> **해설** **운전면허취소·효력정지 처분의 세부기준**(시행규칙 제35조 관련)
> 법 제41조 제1항을 위반하여 술을 마신 상태(혈중 알코올농도 0.02퍼센트 이상 0.1퍼센트 미만)에서 운전한 경우에는 1차 위반 시 효력정지 3개월, 2차 위반 시 면허취소가 된다.

083 철도안전법상 운전면허 취소 또는 효력정지 처분의 세부기준으로 옳지 않은 것은?

㉮ 철도차량 운전 중 고의 또는 중과실로 1천만 원 이상 물적 피해가 발생한 경우 - 2차 위반 : 효력정지 3개월
㉯ 운전면허효력정지 중 철도차량을 운전할 때 - 1차 위반 : 면허취소
㉰ 철도차량운전 중 고의 또는 중과실로 부상자가 발생한 때 - 1차 위반 : 효력정지 3개월
㉱ 운전면허 갱신기간에 혈중 알코올농도가 0.02%에서 운전한 때 - 1차 위반 : 면허취소

> **해설** **운전면허취소·효력정지 처분의 세부기준**(시행규칙 제35조 관련)
> 법 제41조 제1항을 위반하여 술을 마신 상태(혈중 알코올농도 0.02퍼센트 이상 0.1퍼센트 미만)에서 운전한 경우에는 1차 위반 시 효력정지 3개월, 2차 위반 시 면허취소가 된다.

정답 081 ㉱   082 ㉱   083 ㉱

084 다음은 철도차량 운전면허 취소 또는 효력정지 처분의 세부기준에 대한 내용이다. 옳지 않은 것은?

㉮ 철도차량 운전규칙을 위반하여 운전 하다가 열차운행에 중대한 차질을 초래한 경우 – 1차 : 효력정지 1개월, 2차 : 효력정지 2개월, 3차 : 효력정지 3개월, 4차 : 면허취소
㉯ 술을 마시거나 약물을 사용한 상태에서 업무를 하였다고 인정할 만한 상당한 이유가 있음에도 불구하고 확인이나 검사 요구에 불응한 경우 – 면허취소
㉰ 술을 마신 상태(혈중 알코올농도 0.02퍼센트 이상 0.1퍼센트 미만)에서 운전한 경우 – 면허취소
㉱ 약물을 사용한 상태에서 운전한 경우 – 면허취소

085 철도안전법상 운전면허 취소 또는 효력정지를 받은 운전면허 취득자의 반납 절차가 옳은 것은?

㉮ 그 통지를 받은 날부터 10일 이내에 운전면허증을 국토교통부장관에게 반납하여야 한다.
㉯ 그 통지를 받은 날부터 15일 이내에 운전면허증을 국토교통부장관에게 반납하여야 한다.
㉰ 그 통지를 받은 날부터 10일 이내에 운전면허증을 한국교통안전공단에 반납하여야 한다.
㉱ 그 통지를 받은 날부터 15일 이내에 운전면허증을 철도공사 사장에게 반납하여야 한다.

> **해설** **운전면허의 취소·정지 등**(법 제20조 제3항)
> 제2항에 따른 운전면허의 취소 또는 효력정지 통지를 받은 운전면허 취득자는 그 통지를 받은 날부터 15일 이내에 운전면허증을 국토교통부장관에게 반납하여야 한다.

086 철도안전법에서 운전면허의 취소통지를 받은 운전면허 취득자는 그 통지를 받은 날로부터 몇 일 이내에 운전면허증을 국토교통부장관에게 반납하여야 하는가?

㉮ 10일 ㉯ 15일 ㉰ 20일 ㉱ 30일

정답 084 ㉰ 085 ㉯ 086 ㉯

087 다음 철도차량 운전면허의 취소 및 효력정지 처분의 통지에 관련하여 철도안전법상 옳지 않은 것은?

㉮ 국토교통부장관은 처분대상자가 철도운영자등에게 소속되어 있는 경우에는 철도운영자등에게 그 처분 사실을 일사부재리의 원칙에 따라 통지하지 않는다.
㉯ 처분대상자의 주소 등을 통상적인 방법으로 확인할 수 없거나 철도차량 운전면허취소·효력정지 처분 통지서를 송달할 수 없는 경우에는 운전면허시험기관인 한국교통안전공단 게시판에 14일 이상 공고함으로써 제1항에 따른 통지에 갈음할 수 있다.
㉰ 운전면허의 취소 또는 효력정지 처분의 통지를 받은 사람은 통지를 받은 날부터 15일 이내에 운전면허증을 한국교통안전공단에 반납하여야 한다.
㉱ 국토교통부장관은 운전면허의 취소나 효력정지 처분을 한 때에는 철도차량 운전면허 취소·효력정지 처분 통지서를 해당 처분대상자에게 발송하여야 한다.

088 철도안전법상 철도차량 운전 실무수습에 대한 설명 중 옳지 않은 것은?

㉮ 운전업무종사자가 운전업무 수행경력이 없는 구간을 운전하려는 때에는 60시간 이상 또는 1,200킬로미터 이상의 실무수습·교육을 받아야 한다.
㉯ 철도장비 운전업무를 수행하는 경우는 50시간 이상 또는 800킬로미터 이상으로 한다.
㉰ 운전업무종사자가 기기취급방법, 작동원리, 조작방식 등이 다른 철도차량을 운전하려는 때는 해당 철도차량의 운전면허를 소지하고 30시간 이상 또는 600킬로미터 이상의 실무수습·교육을 받아야 한다.
㉱ 실무수습 교육거리는 선로견습, 시운전, 실제 운전거리를 포함한다.

해설 시행규칙 별표 11 참조

089 철도안전법상 철도차량 운전 실무수습에 대한 내용으로 옳지 않은 것은?

㉮ 운전업무 실무수습의 방법·평가 등에 관하여 필요한 세부사항은 국토교통부장관이 정하여 고시한다.
㉯ 운전실무수습·교육의 시간은 교육시간, 준비점검시간 및 차량점검시간과 실제운전시간을 모두 포함한다.
㉰ 연장된 신규 노선이나 이설선로의 경우에는 수습구간의 시간에 따라 실무 수습 교육을 실시한다.
㉱ 영업시운전을 생략할 수 있는 경우에는 영상자료 등 교육자료를 활용한 선로견습으로 실무수습을 실시할 수 있다.

정답 087 ㉮ 088 ㉯ 089 ㉰

090 철도안전법상 운전업무종사자가 운전업무 수행경력이 없는 구간을 운전하려는 때에는 받아야 하는 실무수습 시간은?

㉮ 30시간 이상   ㉯ 35시간 이상   ㉰ 60시간 이상   ㉱ 70시간 이상

> 해설 시행규칙 별표 11 참조

091 철도안전법상 관제자격증명 및 관제적성검사에 대한 내용으로 옳지 않은 것은?

㉮ 관제업무에 종사하려는 사람은 국토교통부장관으로부터 철도교통관제사 자격증명을 받아야 한다.
㉯ 관제자격증명을 받으려는 사람은 관제업무에 적합한 신체상태를 갖추고 있는지 판정받기 위하여 국토교통부장관이 실시하는 신체검사에 합격하여야 한다.
㉰ 관제자격증명을 받으려는 사람은 관제업무에 적합한 적성을 갖추고 있는지 판정받기 위하여 국토교통부장관이 실시하는 적성검사에 합격하여야 한다.
㉱ 대통령은 관제적성검사에 관한 전문기관을 지정하여 관제적성검사를 하게 할 수 있다.

> 해설 **관제적성검사**(법 제21조의6)
> ① 관제자격증명을 받으려는 사람은 관제업무에 적합한 적성을 갖추고 있는지 판정받기 위하여 국토교통부장관이 실시하는 적성검사에 합격하여야 한다.
> ② 관제적성검사의 방법 및 절차 등에 관하여는 제15조 제2항 및 제3항을 준용한다. 이 경우 "운전적성검사"는 "관제적성검사"로 본다.
> ③ 국토교통부장관은 관제적성검사에 관한 전문기관(이하 "관제적성검사기관"이라 한다)을 지정하여 관제적성검사를 하게 할 수 있다.
> ④ 관제적성검사기관의 지정기준 및 지정절차 등에 필요한 사항은 대통령령으로 정한다.

092 다음은 철도안전법상 관제교육훈련에 관한 내용이다. 옳지 않은 것은?

㉮ 관제자격증명을 받으려는 사람은 관제업무의 안전한 수행을 위하여 한국교통안전공단이 실시하는 관제업무에 필요한 지식과 능력을 습득할 수 있는 교육훈련을 받아야 한다.
㉯ 관제교육훈련의 기간 및 방법 등에 필요한 사항은 국토교통부령으로 정한다.
㉰ 국토교통부장관은 관제업무에 관한 전문 교육훈련기관을 지정하여 관제교육훈련을 실시하게 할 수 있다.
㉱ 관제교육훈련기관의 지정기준 및 지정절차 등에 필요한 사항은 대통령령으로 정한다.

정답 090 ㉰ 091 ㉱ 092 ㉮

해설 **관제교육훈련**(법 제21조의7)
① 관제자격증명을 받으려는 사람은 관제업무의 안전한 수행을 위하여 국토교통부장관이 실시하는 관제업무에 필요한 지식과 능력을 습득할 수 있는 교육훈련(이하 "관제교육훈련"이라 한다)을 받아야 한다. 다만, 다음 각 호의 어느 하나에 해당하는 사람에게는 국토교통부령으로 정하는 바에 따라 관제교육훈련의 일부를 면제할 수 있다.
1. 「고등교육법」 제2조에 따른 학교에서 국토교통부령으로 정하는 관제업무 관련 교과목을 이수한 사람
2. 다음 각 목의 어느 하나에 해당하는 업무에 대하여 5년 이상의 경력을 취득한 사람
  가. 철도차량의 운전업무
  나. 철도신호기·선로전환기·조작판의 취급업무
② 관제교육훈련의 기간 및 방법 등에 필요한 사항은 국토교통부령으로 정한다.
③ 국토교통부장관은 관제업무에 관한 전문 교육훈련기관(이하 "관제교육훈련기관"이라 한다)을 지정하여 관제교육훈련을 실시하게 할 수 있다.
④ 관제교육훈련기관의 지정기준 및 지정절차 등에 필요한 사항은 대통령령으로 정한다.
⑤ 관제교육훈련기관의 지정취소 및 업무정지 등에 관하여는 제15조 제6항 및 제15조의2를 준용한다. 이 경우 "운전적성검사기관"은 "관제교육훈련기관"으로, "운전적성검사"는 "관제교육훈련"으로, "제15조 제5항"은 "제21조의7 제4항"으로, "운전적성검사 판정서"는 "관제교육훈련 수료증"으로 본다.

093 다음은 철도안전법상 관제교육훈련기관의 지정절차에 관한 내용이다. 첨부서류에 포함되지 않는 것은?

㉮ 관제교육훈련계획서(관제교육훈련평가계획을 포함한다)
㉯ 관제교육훈련기관 운영규정
㉰ 관제교육훈련에 필요한 모의관제시스템 등 장비 내역서
㉱ 관제교육훈련기관에서 사용하는 직인의 형상

해설 **관제교육훈련기관 지정절차 등**(시행규칙 제38조의4)
① 관제교육훈련기관으로 지정받으려는 자는 별지 제24호의3서식의 관제교육훈련기관 지정신청서에 다음 각 호의 서류를 첨부하여 국토교통부장관에게 제출하여야 한다. 이 경우 국토교통부장관은 「전자정부법」 제36조 제1항에 따른 행정정보의 공동이용을 통하여 법인 등기사항증명서(신청인이 법인인 경우만 해당한다)를 확인하여야 한다.
1. 관제교육훈련계획서(관제교육훈련평가계획을 포함한다)
2. 관제교육훈련기관 운영규정
3. 정관이나 이에 준하는 약정(법인 그 밖의 단체에 한정한다)
4. 관제교육훈련을 담당하는 강사의 자격·학력·경력 등을 증명할 수 있는 서류 및 담당업무
5. 관제교육훈련에 필요한 강의실 등 시설 내역서
6. 관제교육훈련에 필요한 모의관제시스템 등 장비 내역서
7. 관제교육훈련기관에서 사용하는 직인의 인영
② 국토교통부장관은 제1항에 따라 관제교육훈련기관의 지정 신청을 받은 때에는 영 제20조의3에서 준용하는 영 제16조 제2항에 따라 그 지정 여부를 종합적으로 심사한 후 별지 제24호의4서식의 관제교육훈련기관 지정서를 신청인에게 발급하여야 한다.

정답 093 ㉱

094 철도안전법상 국토교통부장관은 관제교육훈련기관이 지정기준에 적합한지의 여부를 몇 년마다 심사하여야 하나?

㉮ 1년   ㉯ 2년
㉰ 3년   ㉱ 5년

해설 **관제교육훈련기관의 세부 지정기준 등**(시행규칙 제38조의5)
① 영 제20조의3에 따른 관제교육훈련기관의 세부 지정기준은 별표 11의3과 같다.
② 국토교통부장관은 관제교육훈련기관이 제1항 및 영 제20조의3에서 준용하는 영 제17조 제1항에 따른 지정기준에 적합한 지의 여부를 2년마다 심사하여야 한다.
③ 관제교육훈련기관의 변경사항 통지에 관하여는 제22조 제3항을 준용한다. 이 경우 "운전교육훈련기관" 은 "관제교육훈련기관"으로 본다.

095 철도안전법상 국토교통부령으로 정하는 바에 따라 관제교육훈련의 일부를 면제할 수 있는 경우로 옳지 않은 것은?

㉮ 철도신호기·조작판의 취급업무에 대하여 5년 이상의 경력을 취득한 사람
㉯ 철도차량의 운전업무에 대하여 5년 이상의 경력을 취득한 사람
㉰ 선로전환기 취급업무에 대하여 5년 이상의 경력을 취득한 사람
㉱ 교육훈련기관에서 국토교통부령으로 정하는 관제업무 관련 교과목을 이수한 사람

해설 **관제교육훈련의 과목 및 교육훈련시간**(시행규칙 제38조의2 제2항 관련)
2. 관제교육훈련의 일부 면제
　가. 법 제21조의7 제1항 제1호에 따라 「고등교육법」 제2조에 따른 학교에서 제1호에 따른 관제교육훈련 과목 중 어느 하나의 과목과 교육내용이 동일한 교과목을 이수한 사람에게는 해당 관제교육훈련 과목의 교육훈련을 면제한다. 이 경우 교육훈련을 면제받으려는 사람은 해당 교과목의 이수 사실을 증명할 수 있는 서류를 관제교육훈련기관에 제출하여야 한다.
　나. 법 제21조의7 제1항 제2호에 따라 철도차량의 운전업무 또는 철도신호기·선로전환기·조작판의 취급업무에 5년 이상의 경력을 취득한 사람에 대한 교육훈련시간은 105시간으로 한다. 이 경우 교육훈련을 면제받으려는 사람은 해당 경력을 증명할 수 있는 서류를 관제교육훈련기관에 제출하여야 한다.

096 철도안전법상 관제교육훈련에 대한 내용으로 옳지 않은 것은?

㉮ 관제 교육훈련시간은 360시간이다.
㉯ 철도차량의 운전업무 또는 철도신호기·선로전환기·조작판의 취급업무에 5년 이상의 경력을 취득한 사람에 대한 교육훈련시간은 100시간으로 한다.
㉰ 개인별 교육훈련시간은 관제교육훈련기관이 별도로 정하는 성적평가 기준에 따라 20퍼센트 범위에서 단축할 수 있다.
㉱ 관제교육훈련은 모의관제시스템을 활용하여 실시한다.

정답 094 ㉯　095 ㉱　096 ㉯

097 철도안전법상 관제교육훈련의 과목이 아닌 것은?

㉮ 열차운행계획 및 실습

㉯ 철도관제시스템 운용 및 실습

㉰ 열차운행 시간 관리 및 실습

㉱ 비상 시 조치

해설 **관제교육훈련의 과목 및 교육훈련시간**(시행규칙 제38조의2 제2항 관련)
1. 관제교육훈련의 과목 및 교육훈련시간

관제교육훈련 과목	교육훈련시간
가. 열차운행계획 및 실습 나. 철도관제시스템 운용 및 실습 다. 열차운행선 관리 및 실습 라. 비상 시 조치 등	360시간

098 철도안전법상 철도차량의 운전업무 또는 철도신호기·선로전환기·조작판의 취급업무에 5년 이상의 경력을 취득한 사람에 대한 관제교육훈련 시간으로 옳은 것은?

㉮ 40시간　　　　　　　㉯ 100시간

㉰ 105시간　　　　　　㉱ 360시간

해설 **관제교육훈련의 과목 및 교육훈련시간**(시행규칙 별표 11의2)
철도차량의 운전업무 또는 철도신호기·선로전환기·조작판의 취급업무에 5년 이상의 경력을 취득한 사람에 대한 교육훈련시간은 105시간으로 한다.

099 철도안전법상 관제교육훈련기관의 세부지정기준의 내용으로 옳지 않은 것은?

㉮ 철도교통에 관한 업무란 철도운전·신호취급·안전에 관한 업무를 말한다.

㉯ 철도교통에 관한 업무 경력에는 책임교수의 경우 철도교통관제업무 3년 이상, 선임교수의 경우 철도교통관제 업무 1년 이상이 포함되어야 한다.

㉰ 철도차량운전 관련 업무란 철도차량 운전업무수행자에 대한 안전관리·지도교육 및 관리감독 업무를 말한다.

㉱ 철도차량 운전업무나 철도교통관제업무 수행경력이 있는 사람으로서 현장 지도교육의 경력은 운전업무나 관제업무 수행경력으로 합산할 수 있다.

정답　097 ㉰　098 ㉰　099 ㉯

100 철도안전법상 관제교육훈련기관 세부 지정기준의 업무규정에 해당하는 내용 중 옳지 않은 것은?

㉮ 기술도서 및 자료의 관리·유지
㉯ 교육생 평가에 관한 사항
㉰ 수수료 징수에 관한 사항
㉱ 교육생 관리에 관한 사항

해설 **관제교육훈련기관의 세부 지정기준**(시행규칙 별표 11의3 제5호)
다음 각 목의 사항을 포함한 업무규정을 갖출 것
가. 관제교육훈련기관의 조직 및 인원
나. 교육생 선발에 관한 사항
다. 연간 교육훈련계획 : 교육과정 편성, 교수인력의 지정 교과목 및 내용 등
라. 교육기관 운영계획
마. 교육생 평가에 관한 사항
바. 실습설비 및 장비 운용방안
사. 각종 증명의 발급 및 대장의 관리
아. 교수인력의 교육훈련
자. 기술도서 및 자료의 관리·유지
차. 수수료 징수에 관한 사항
카. 그 밖에 국토교통부장관이 관제교육훈련에 필요하다고 인정하는 사항

101 철도안전법상 관제자격증명시험에 대한 설명이다. 옳지 않은 것은?

㉮ 관제자격증명을 받으려는 사람은 관제업무에 필요한 지식 및 실무역량에 관하여 국토교통부장관이 실시하는 학과시험 및 실기시험에 합격하여야 한다.
㉯ 관제자격증명시험에 응시하려는 사람은 신체검사와 관제적성검사에 합격한 후 관제교육훈련을 받아야 한다.
㉰ 국토교통부장관은 운전면허를 받은 사람에게는 국토교통부령으로 정하는 바에 따라 관제자격증명시험의 일부를 면제할 수 있다.
㉱ 관제자격증명시험의 과목, 방법 및 절차 등에 필요한 사항은 대통령령으로 정한다.

해설 **관제자격증명시험**(철도안전법 제21조의8)
① 관제자격증명을 받으려는 사람은 관제업무에 필요한 지식 및 실무역량에 관하여 국토교통부장관이 실시하는 학과시험 및 실기시험(이하 "관제자격증명시험"이라 한다)에 합격하여야 한다.
② 관제자격증명시험에 응시하려는 사람은 제21조의5 제1항에 따른 신체검사와 관제적성검사에 합격한 후 관제교육훈련을 받아야 한다.
③ 국토교통부장관은 다음 각 호의 어느 하나에 해당하는 사람에게는 국토교통부령으로 정하는 바에 따라 관제자격증명시험의 일부를 면제할 수 있다.
1. 운전면허를 받은 사람
2. 「국가기술자격법」 제2조 제1호에 따른 국가기술자격으로서 국토교통부령으로 정하는 철도관제 관련 분야의 자격을 가진 사람
④ 관제자격증명시험의 과목, 방법 및 절차 등에 필요한 사항은 국토교통부령으로 정한다.

정답 100 ㉱ 101 ㉱

102 다음 중 철도안전법상 관제자격증명시험의 학과시험 과목이 아닌 것은?

㉮ 철도시스템 일반
㉯ 비상 시 조치
㉰ 열차운행선 관리
㉱ 철도관련법

해설 **관제자격증명시험의 과목 및 합격기준**(시행규칙 별표 11의4)
1. 학과시험 및 실기시험 과목

학과시험	실기시험
가. 철도관련법 나. 관제 관련 규정 다. 철도시스템 일반 라. 철도교통 관제운영 마. 비상 시 조치 등	가. 열차운행계획 나. 철도관제시스템 운용 및 실무 다. 열차운행선 관리 라. 비상 시 조치 등

103 다음은 철도안전법상 관제자격증명시험의 학과과목 및 합격기준에 대한 내용이다. 옳지 않은 것은?

㉮ 관제자격증명시험의 학과시험 과목은 철도관련법/철도시스템 일반/철도교통 관제운영/관제 관련 규정/비상 시 조치 등 5과목이다.
㉯ 관제자격증명시험의 실기시험 과목은 열차운행계획/철도관제시스템 운용 및 실무/열차운행선 관리/비상 시 조치 등 4과목이다.
㉰ 운전면허를 받은 사람에 대해서는 학과시험 과목 중 철도관련법 과목 및 철도시스템 일반 과목을 면제한다.
㉱ 학과시험 합격기준은 과목당 100점을 만점으로 하여 시험 과목당 40점 이상(관제 관련 규정의 경우 60점 이상), 총점 평균 60점 이상이고 실기시험의 합격기준은 시험 과목당 40점 이상, 총점 평균 80점 이상이다.

해설 **관제자격증명시험의 과목 및 합격기준**(시행규칙 별표 11의4 비고)
1. 철도관련법은 「철도안전법」, 같은 법 시행령 및 시행규칙과 관련 지침을 포함한다.
2. 관제 관련 규정은 철도차량운전규칙, 철도교통관제 운영규정 등 철도교통 운전 및 관제에 필요한 규정을 말한다.
3. 관제자격증명시험의 합격기준은 다음과 같다.
    가. 학과시험 합격기준은 과목당 100점을 만점으로 하여 시험 과목당 40점 이상(관제 관련 규정의 경우 60점 이상), 총점 평균 60점 이상 득점한 사람
    나. 실기시험의 합격기준은 시험 과목당 60점 이상, 총점 평균 80점 이상 득점한 사람

정답 102 ㉰ 103 ㉱

104 철도안전법상 관제자격증명의 갱신에 필요한 경력이 아닌 것은?

㉮ 관제자격증명의 유효기간 내에 6개월 이상 관제업무에 종사한 경력
㉯ 관제교육훈련기관에서의 관제교육훈련업무에 2년 이상 종사한 경력
㉰ 철도운영자등에게 소속되어 관제업무종사자를 지도·교육·관리하거나 감독하는 업무에 2년 이상 종사한 경력
㉱ 관제교육훈련기관이나 철도운영자등이 실시한 관제업무에 필요한 교육훈련을 관제자격증명 갱신신청일 전까지 20시간 이상 받은 경우

> **해설** **관제자격증명 갱신에 필요한 경력 등**(시행규칙 제38조의15)
> ① 법 제21조의9에 따라 준용되는 법 제19조 제3항 제1호에서 "국토교통부령으로 정하는 관제업무에 종사한 경력"이란 관제자격증명의 유효기간 내에 6개월 이상 관제업무에 종사한 경력을 말한다.
> ② 법 제21조의9에 따라 준용되는 법 제19조 제3항 제1호에서 "이와 같은 수준 이상의 경력"이란 다음 각 호의 어느 하나에 해당하는 업무에 2년 이상 종사한 경력을 말한다.
> 1. 관제교육훈련기관에서의 관제교육훈련업무
> 2. 철도운영자등에게 소속되어 관제업무종사자를 지도·교육·관리하거나 감독하는 업무
> ③ 법 제21조의9에 따라 준용되는 법 제19조 제3항 제2호에서 "국토교통부령으로 정하는 교육훈련을 받은 경우"란 관제교육훈련기관이나 철도운영자등이 실시한 관제업무에 필요한 교육훈련을 관제자격증명 갱신신청일 전까지 40시간 이상 받은 경우를 말한다.
> ④ 제1항 및 제2항에 따른 경력의 인정, 제3항에 따른 교육훈련의 내용 등 관제자격증명 갱신에 필요한 세부사항은 국토교통부장관이 정하여 고시한다.

105 철도안전법상 관제업무 실무수습에 대한 설명 중 옳지 않은 것은?

㉮ 관제업무를 수행할 구간의 철도차량 운행의 통제·조정 등에 관한 관제업무 실무수습을 이수하여야 한다
㉯ 관제업무 수행에 필요한 기기 취급방법 및 비상 시 조치방법 등에 대한 관제업무 실무수습을 이수하여야 한다.
㉰ 철도운영자등은 관제업무 실무수습의 항목 및 교육시간 등에 관한 실무수습 계획을 수립하여 시행하여야 한다. 이 경우 총 실무수습 시간은 100시간 이상으로 하여야 한다.
㉱ 관제업무 실무수습을 이수한 사람으로서 관제업무를 수행할 구간 또는 관제업무 수행에 필요한 기기의 변경으로 인하여 다시 관제업무 실무수습을 이수하여야 하는 사람에 대해서는 별도의 실무수습 계획을 수립하여 시행할 수 있다. 이 경우 총 실무수습 시간은 40시간 이상으로 하여야 한다.

정답 104 ㉱ 105 ㉰

> **해설** **관제업무 실무수습**(시행규칙 제39조)
> ① 법 제22조에 따라 관제업무에 종사하려는 사람은 다음 각 호의 관제업무 실무수습을 모두 이수하여야 한다.
>   1. 관제업무를 수행할 구간의 철도차량 운행의 통제·조정 등에 관한 관제업무 실무수습
>   2. 관제업무 수행에 필요한 기기 취급방법 및 비상 시 조치방법 등에 대한 관제업무 실무수습
> ② 철도운영자등은 제1항에 따른 관제업무 실무수습의 항목 및 교육시간 등에 관한 실무수습 계획을 수립하여 시행하여야 한다. 이 경우 총 실무수습 시간은 100시간 이상으로 하여야 한다.
> ③ 제2항에도 불구하고 관제업무 실무수습을 이수한 사람으로서 관제업무를 수행할 구간 또는 관제업무 수행에 필요한 기기의 변경으로 인하여 다시 관제업무 실무수습을 이수하여야 하는 사람에 대해서는 별도의 실무수습 계획을 수립하여 시행할 수 있다.
> ④ 제1항에 따른 관제업무 실무수습의 방법·평가 등에 관하여 필요한 세부사항은 국토교통부장관이 정하여 고시한다.

106 철도안전법상 국토교통부장관이 관제자격증명을 반드시 취소시켜야 하는 경우가 아닌 것은?

㉮ 거짓이나 그 밖의 부정한 방법으로 관제자격증명을 취득하였을 때
㉯ 철도차량 운전상의 위험과 장해를 일으킬 수 있는 정신질환자 또는 뇌전증환자로서 대통령령으로 정하는 사람인 경우
㉰ 관제자격증명의 효력정지 기간 중에 관제업무를 수행하였을 때
㉱ 관제업무 수행 중 고의 또는 중과실로 부상자가 발생한 경우

107 철도안전법상 국토교통부장관이 관제자격증명을 반드시 취소시켜야 하는 경우는?

㉮ 국토교통부령으로 정하는 바에 따라 운전업무종사자 등에게 열차 운행에 관한 정보를 제공하지 않았을 때
㉯ 철도사고등 발생 시 국토교통부령으로 정하는 조치 사항을 이행하지 않았을 때
㉰ 철도사고는 발생하지 않았지만 술을 마신 상태(혈중 알코올농도 0.02퍼센트 이상 0.1퍼센트 미만)에서 관제업무를 수행한 경우
㉱ 관제자격증명서를 다른 사람에게 빌려주었을 때

108 철도안전법에서 관제업무 수행 중 고의 또는 중과실로 부상자가 발생한 경우 1차 위반 시 그에 따른 처분기분으로 옳은 것은?

㉮ 효력정지 15일   ㉯ 효력정지 1개월
㉰ 효력정지 3개월   ㉱ 자격증명 취소

정답 106 ㉱   107 ㉱   108 ㉰

109 철도안전법상 관제자격증명 취소 사유 중에서 4차 위반까지 규정되어 있는 사유는?

㉮ 국토교통부령으로 정하는 바에 따라 운전업무종사자 등에게 열차 운행에 관한 정보를 제공하지 않은 경우
㉯ 관제업무 수행 중 고의 또는 중과실로 1천만원 이상 물적 피해가 발생한 경우
㉰ 관제업무 수행 중 고의 또는 중과실로 부상자가 발생한 경우
㉱ 철도사고등 발생 시 국토교통부령으로 정하는 조치 사항을 이행하지 않은 경우

110 다음 중 철도안전법에서 정한 신체검사 및 적성검사를 받아야 하는 철도종사자에 포함되지 않는 자는?

㉮ 열차의 조성업무를 담당하는 자
㉯ 철도차량 운전업무에 종사하는 자
㉰ 관제업무에 종사하는 자
㉱ 정거장에서 신호기·선로전환기 및 조작판을 취급하는 자

해설 **운전업무종사자 등의 관리 등**(법 제23조)
① 철도차량 운전·관제업무 등 대통령령으로 정하는 업무에 종사하는 철도종사자는 정기적으로 신체검사와 적성검사를 받아야 한다.
② 제1항에 따른 신체검사·적성검사의 시기, 방법 및 합격기준 등에 관하여 필요한 사항은 국토교통부령으로 정한다.
③ 철도운영자등은 제1항에 따른 업무에 종사하는 철도종사자가 같은 항에 따른 신체검사·적성검사에 불합격하였을 때에는 그 업무에 종사하게 하여서는 아니 된다.
④ 제1항에 따른 업무에 종사하는 철도종사자로서 적성검사에 불합격한 사람 또는 적성검사 과정에서 부정행위를 한 사람은 제15조 제2항 각 호의 구분에 따른 기간 동안 적성검사를 받을 수 없다.
⑤ 철도운영자등은 제1항에 따른 신체검사·적성검사를 제13조에 따른 신체검사 실시 의료기관 및 적성검사기관에 각각 위탁할 수 있다.

신체검사 등을 받아야 하는 철도종사자(시행령 제21조)
법 제23조 제1항에서 "대통령령으로 정하는 업무에 종사하는 철도종사자"란 다음 각 호의 어느 하나에 해당하는 철도종사자를 말한다.
1. 운전업무종사자
2. 관제업무종사자
3. 정거장에서 철도신호기·선로전환기 및 조작판 등을 취급하는 업무를 수행하는 사람

운전업무종사자 등에 대한 신체검사(시행규칙 제40조)
① 법 제23조 제1항에 따른 철도종사자에 대한 신체검사는 다음 각 호와 같이 구분하여 실시한다.
1. 최초검사 : 해당 업무를 수행하기 전에 실시하는 신체검사
2. 정기검사 : 최초검사를 받은 후 2년마다 실시하는 신체검사
3. 특별검사 : 철도종사자가 철도사고등을 일으키거나 질병 등의 사유로 해당 업무를 적절히 수행하기가 어렵다고 철도운영자등이 인정하는 경우에 실시하는 신체검사
② 영 제21조 제1호에 따른 운전업무종사자는 제12조에 따른 신체검사를 받은 날에 제1항 제1호에 따른 최초검사를 받은 것으로 보며, 영 제21조 제2호에 따른 관제업무종사자는 제39조 제1항 제1호에 따른 신체

정답 109 ㉮ 110 ㉮

검사를 받은 날에 제1항 제1호에 따른 최초검사를 받은 것으로 본다. 다만, 해당 신체검사를 받은 날부터 2년이 지난 후에 운전업무나 관제업무에 종사하는 사람은 제1항 제1호에 따른 최초검사를 받아야 한다.
③ 정기검사는 최초검사나 정기검사를 받은 날부터 2년이 되는 날(이하 "신체검사 유효기간 만료일"이라 한다) 전 3개월 이내에 실시한다. 이 경우 정기검사의 유효기간은 신체검사 유효기간 만료일의 다음날부터 기산한다.

111 철도안전법에 의하여 운전업무종사자 등에 대하여 실시하는 신체검사의 종류가 아닌 것은?

㉮ 최초검사   ㉯ 정기검사   ㉰ 특별검사   ㉱ 정밀검사

112 철도안전법 시행규칙에서 정하고 있는 운전업무종사자 등에 대한 신체검사의 실시에 대한 설명으로 거리가 먼 것은?

㉮ 정기검사는 최초검사나 정기검사를 받은 날부터 2년이 되는 날 전 3개월 이내에 실시한다. 이 경우 정기검사의 유효기간은 신체검사 유효기간 만료일의 다음날부터 기산한다.
㉯ 정기검사는 최초검사를 받은 후 2년마다 실시하는 신체검사를 말한다.
㉰ 철도종사자가 철도사고 등을 일으키거나 질병 등의 사유로 해당 업무를 적절히 수행하기가 어렵다고 철도운영자등이 인정하는 경우에 실시하는 신체검사를 특별검사라고 한다.
㉱ 관제업무수행의 필요조건으로 관제업무종사에 적합한 신체 상태를 갖추고 있는지를 확인하는 신체검사에 합격한 자는 최초검사를 받은 것으로 보지만 신체검사를 받은 날 부터 2년이 경과한 후에 관제업무에 종사하는 사람은 특별검사를 받아야 한다.

113 다음은 운전업무종사자에 대한 내용이다. 신체검사의 합격조건에 부합하지 않는 것은?

㉮ 해당 신체검사를 받은 날부터 2년이 지난 후에 같은 운전업무나 관제업무에 종사하는 사람은 최초검사를 받은 것으로 인정한다.
㉯ 최초검사 : 해당 업무를 수행하기 전에 실시하는 신체검사
㉰ 정기검사 : 최초검사를 받은 후 2년마다 실시하는 신체검사
㉱ 특별검사 : 철도종사자가 철도사고 등을 일으키거나 질병 등의 사유로 해당 업무를 적절히 수행하기가 어렵다고 철도운영자등이 인정하는 경우에 실시하는 신체검사

정답 111 ㉱   112 ㉱   113 ㉮

114 철도안전법상 운전업무종사자의 적성검사에 관한 내용 중 옳은 것은?

㉮ 철도차량 운전·관제업무 등 국토교통부령으로 정하는 업무에 종사하는 철도종사자는 정기적으로 적성검사를 받아야 한다.
㉯ 모든 철도종사자는 최초검사를 받은 후 10년(50세 이상은 5년)마다 실시하는 적성검사를 받아야 한다.
㉰ 정기검사는 적성검사 유효기간 만료일 전 6개월 이내에 실시한다.
㉱ 특별검사는 철도종사자가 철도사고등을 일으키거나 질병 등의 사유로 해당 업무를 적절히 수행하기 어렵다고 철도운영자등이 인정하는 경우에 실시하는 적성검사를 말한다.

> **해설** **운전업무종사자 등에 대한 적성검사**(시행규칙 제41조)
> ① 법 제23조 제1항에 따른 철도종사자에 대한 적성검사는 다음 각 호와 같이 구분하여 실시한다.
> 1. 최초검사 : 해당 업무를 수행하기 전에 실시하는 적성검사
> 2. 정기검사 : 최초검사를 받은 후 10년(50세 이상인 경우에는 5년)마다 실시하는 적성검사
> 3. 특별검사 : 철도종사자가 철도사고등을 일으키거나 질병 등의 사유로 해당 업무를 적절히 수행하기 어렵다고 철도운영자등이 인정하는 경우에 실시하는 적성검사
> ② 영 제21조 제1호 또는 제2호에 따른 운전업무종사자 또는 관제업무종사자는 운전적성검사 또는 관제적성검사를 받은 날에 제1항 제1호에 따른 최초검사를 받은 것으로 본다. 다만, 해당 운전적성검사 또는 관제적성검사를 받은 날부터 10년(50세 이상인 경우에는 5년) 이상이 지난 후에 운전업무나 관제업무에 종사하는 사람은 제1항 제1호에 따른 최초검사를 받아야 한다.
> ③ 정기검사는 최초검사나 정기검사를 받은 날부터 10년(50세 이상인 경우에는 5년)이 되는 날(이하 "적성검사 유효기간 만료일"이라 한다) 전 12개월 이내에 실시한다. 이 경우 정기검사의 유효기간은 적성검사 유효기간 만료일의 다음날부터 기산한다.

115 철도안전법상 제2종 전기차량 운전업무종사자에 대한 정기적성검사 항목 중 반응형 검사에 속하지 않는 것은?

㉮ 인식 및 기억력
㉯ 주의력
㉰ 판단 및 행동력
㉱ 스트레스

> **해설** **운전업무종사자 등에 대한 적성검사**(시행규칙 제41조)
> 정기적성검사 항목 중 반응형 검사는 주의력, 인식 및 기억력, 판단 및 행동력이다.

116 철도안전법상 관제업무종사자에 대한 특별적성검사 항목 중 문답형 검사(인성)에 속하지 않는 것은?

㉮ 일반성향
㉯ 안전성향
㉰ 스트레스
㉱ 공간지각

정답 114 ㉱ 116 ㉱ 116 ㉱

해설 **운전업무종사자 등에 대한 적성검사**(시행규칙 별표 13)
공간지각은 반응형 검사이다.

117 철도안전법에서 관제업무종사자의 정기검사 시 반응형 검사항목이 아닌 것은?

㉮ 주의력   ㉯ 인식 및 기억력
㉰ 안전성향   ㉱ 판단 및 행동력

해설 **운전업무종사자등의 적성검사 항목 및 불합격기준**(제39조 제1항 및 제41조 제4항 관련)

검사대상	검사주기	검사항목	
		문답형 검사	반응형 검사
2. 영 제21조 제2호의 관제업무종사자	정기검사	• 인성 – 일반성격 – 안전성향 – 스트레스	• 주의력 – 복합기능 – 선택주의 • 인식 및 기억력 – 시각변별 – 공간지각 – 작업기억 • 판단 및 행동력 – 민첩성

118 철도안전법상 운전업무종사자의 정기검사 불합격기준으로 옳은 것은?

㉮ 문답형 검사항목 중 스트레스 검사에서 부적합으로 판정된 사람
㉯ 반응형 검사 항목 중 부적합(E등급)이 3개 이상인 사람
㉰ 반응형 검사 지속적 주의력 검사 결과가 부적합 등급으로 판정된 사람
㉱ 문답형 검사항목 중 안전성향 검사에서 부적합으로 판정된 사람

해설 **운전업무종사자등의 적성검사 항목 및 불합격기준**(시행규칙 제41조 제4항 관련)

검사대상	검사주기	불합격기준
영 제21조 제1호의 운전업무종사자 영 제21조 제2호의 관제업무종사자	정기검사	• 문답형 검사항목 중 안전성향 검사에서 부적합으로 판정된 사람 • 반응형 검사 항목 중 부적합(E등급)이 2개 이상인 사람

119 철도안전법상 관제업무종사자에 대한 정기검사의 불합격기준으로 옳은 것은?

㉮ 반응형 검사 항목 중 판단 및 행동력이 부적합인 사람
㉯ 반응형 검사 항목 중 부적합(E등급)이 2개 이상인 사람
㉰ 문답형 검사항목 중 일반성격 검사에서 부적합으로 판정된 사람
㉱ 문답형 검사항목 중 스트레스 검사에서 부적합으로 판정된 사람

정답 117 ㉰ 118 ㉱ 119 ㉯

120 철도안전법상 철도운영자등이 철도안전에 관한 교육을 실시하여야 하는데 다음 중 교육대상에 포함되지 않는 사람은?

㉮ 운전업무종사자　　　　　　　　㉯ 관제업무종사자
㉰ 여객승무원　　　　　　　　　　㉱ 작업책임자

> **해설** **철도종사자의 안전교육 대상 등**(시행규칙 제41조의2)
> ① 법 제24조 제1항에 따라 철도운영자등 및 사업주가 철도안전에 관한 교육을 실시하여야 하는 대상은 다음 각 호와 같다.
> 1. 법 제2조 제10호 가목부터 라목까지에 해당하는 사람
> 2. 영 제3조 제2호부터 제5호까지 및 같은 조 제7호에 해당하는 사람

121 철도안전법령상 철도운영자등이 철도안전에 관한 교육을 실시하여야 하는데 다음 중 교육대상에 포함되지 않는 사람은?

㉮ 철도사고 등의 조사·수습·복구 등의 업무를 수행하는 사람
㉯ 철도차량의 운행선로 또는 그 인근에서 철도시설의 건설 또는 관리와 관련된 작업의 현장감독업무를 수행하는 사람
㉰ 철도에 공급되는 전력의 원격제어장치를 운영하는 사람
㉱ 철도차량 및 철도시설의 점검·정비 업무에 종사하는 사람

122 철도안전법상 철도운영자등이 철도안전에 관한 교육을 실시하여야 하는데 다음 중 교육대상에 포함되지 않는 사람은?

㉮ 여객승무원
㉯ 철도경찰 사무에 종사하는 국가공무원
㉰ 철도시설 또는 철도차량을 보호하기 위한 순회점검업무 또는 경비업무를 수행하는 사람
㉱ 정거장에서 철도신호기·선로전환기 또는 조작판 등을 취급하거나 열차의 조성업무를 수행하는 사람

123 철도안전법상 철도운영자등이 실시하여야 하는 철도안전교육의 내용에 해당되지 않는 것은?

㉮ 철도안전법령 및 안전관련 규정
㉯ 안전관리 중요성 등 정신교육
㉰ 근로자의 건강관리 등 안전·보건관리에 관한 사항
㉱ 철도사고 시 현장 대피 교육

정답 120 ㉱　121 ㉮　122 ㉯　123 ㉱

해설 **철도종사자에 대한 안전교육의 내용**(시행규칙 제41조의2 제3항 관련)
- 철도안전법령 및 안전관련 규정
- 철도운전 및 관제이론 등 분야별 안전업무수행 관련 사항
- 철도사고 사례 및 사고 예방대책
- 철도사고 및 운행장애 등 비상 시 응급조치 및 수습복구대책
- 안전관리의 중요성 등 정신교육
- 근로자의 건강관리 등 안전·보건관리에 관한 사항
- 철도안전관리체계 및 철도안전관리시스템(Safety Management System)
- 위기대응체계 및 위기대응 매뉴얼 등

124 철도안전법상 철도운영자등이 실시하는 직무교육 대상에 포함되지 않는 사람은?

㉮ 운전업무종사자 ㉯ 관제업무종사자
㉰ 여객승무원 ㉱ 여객역무원

해설 **철도종사자의 안전교육 대상 등**(시행규칙 제41조의3)
① 다음 각 호에 해당하는 사람은 법 제24조 제1항에 따라 철도운영자등이 실시하는 직무교육을 받아야 한다.
1. 법 제2조 제10호 가목부터 다목까지에 해당하는 사람
2. 영 제3조 제4호부터 제5호까지 및 같은 조 제7호에 해당하는 사람

125 철도안전법령상 철도운영자등이 실시하는 직무교육 대상에 포함되지 않는 사람은?

㉮ 정거장에서 철도신호기·선로전환기 또는 조작판 등을 취급하거나 열차의 조성업무를 수행하는 사람
㉯ 철도차량의 운행선로 또는 그 인근에서 철도시설의 건설 또는 관리와 관련된 작업의 현장감독업무를 수행하는 사람
㉰ 철도에 공급되는 전력의 원격제어장치를 운영하는 사람
㉱ 철도차량 및 철도시설의 점검·정비 업무에 종사하는 사람

정답 124 ㉱ 125 ㉯

126 철도안전법상 철도차량정비기술자의 인정 등에 관한 내용으로 옳은 것은?

㉮ 철도차량정비기술자로 인정을 받으려는 사람은 한국교통안전공단 이사장에게 자격인정을 신청하여야 한다.
㉯ 국토교통부장관은 신청인이 대통령령으로 정하는 자격, 경력 및 학력 등 철도차량정비기술자의 인정 기준에 해당하는 경우에는 철도차량정비기술자로 인정하여야 한다.
㉰ 한국교통안전공단 이사장은 신청인을 철도차량정비기술자로 인정하면 철도차량정비기술자로서의 등급 및 경력 등에 관한 증명서를 그 철도차량정비기술자에게 발급하여야 한다.
㉱ 철도차량정비경력증의 발급 및 관리 등에 필요한 사항은 대통령령으로 정한다.

해설 **철도차량정비기술자의 인정**(법 제24조의2)
① 철도차량정비기술자로 인정을 받으려는 사람은 국토교통부장관에게 자격 인정을 신청하여야 한다.
② 국토교통부장관은 제1항에 따른 신청인이 대통령령으로 정하는 자격, 경력 및 학력 등 철도차량정비기술자의 인정 기준에 해당하는 경우에는 철도차량정비기술자로 인정하여야 한다.
③ 국토교통부장관은 제1항에 따른 신청인을 철도차량정비기술자로 인정하면 철도차량정비기술자로서의 등급 및 경력 등에 관한 증명서(이하 "철도차량정비경력증"이라 한다)를 그 철도차량정비기술자에게 발급하여야 한다.
④ 제1항부터 제3항까지의 규정에 따른 인정의 신청, 철도차량정비경력증의 발급 및 관리 등에 필요한 사항은 국토교통부령으로 정한다.

127 철도안전법상 철도차량정비기술자의 인정 기준에서 등급별 세부기준 옳지 않은 것은?

㉮ 1등급 철도차량정비기술자(역량지수 : 80점 이상)
㉯ 2등급 철도차량정비기술자(역량지수 : 60점 이상 80점 미만)
㉰ 3등급 철도차량정비기술자(역량지수 : 40점 이상 60점 미만)
㉱ 4등급 철도차량정비기술자(역량지수 : 20점 이상 40점 미만)

해설 **철도차량정비기술자의 인정 기준**(시행령 별표 1의2)
1. 철도차량정비기술자는 자격, 경력 및 학력에 따라 등급별로 구분하여 인정하되, 등급별 세부기준은 다음 표와 같다.

등급구분	역량지수
1등급 철도차량정비기술자	80점 이상
2등급 철도차량정비기술자	60점 이상 80점 미만
3등급 철도차량정비기술자	40점 이상 60점 미만
4등급 철도차량정비기술자	10점 이상 40점 미만

2. 제1호에 따른 역량지수의 계산식은 다음과 같다.

역량지수 = 자격별 경력점수 + 학력점수

정답 126 ㉯ 127 ㉱

가. 자격별 경력점수

국가기술자격 구분	점수
기술사 및 기능장	10점/년
기사	8점/년
산업기사	7점/년
기능사	6점/년
국가기술자격증이 없는 경우	5점/년

128 철도안전법상 철도차량정비기술자의 인정 기준에서 역량지수 계산식은?

㉮ 역량지수 = 자격별 경력점수 + 학력점수
㉯ 역량지수 = 자격별 경력점수 × 학력점수
㉰ 역량지수 = 자격별 경력점수 - 학력점수
㉱ 역량지수 = 자격별 경력점수 ÷ 학력점수

129 철도안전법상 철도차량정비기술교육훈련의 내용으로 옳지 않은 것은?

㉮ 철도차량정비기술자는 업무 수행에 필요한 소양과 지식을 습득하기 위하여 대통령령으로 정하는 바에 따라 국토교통부장관이 실시하는 교육·훈련을 받아야 한다.
㉯ 정비교육훈련기관의 지정기준 및 절차 등에 필요한 사항은 국토교통부령으로 정한다.
㉰ 국토교통부장관은 철도차량정비기술자를 육성하기 위하여 철도차량정비 기술에 관한 전문 교육훈련기관을 지정하여 정비교육훈련을 실시하게 할 수 있다.
㉱ 정비교육훈련기관은 정당한 사유 없이 정비교육훈련 업무를 거부하여서는 아니 되고, 거짓이나 그 밖의 부정한 방법으로 정비교육훈련 수료증을 발급하여서는 아니 된다.

해설 **철도차량정비기술교육훈련**(법 제24조의4 제3항)
정비교육훈련기관의 지정기준 및 절차 등에 필요한 사항은 대통령령으로 정한다.

130 철도안전법상 정비교육훈련의 실시시기 및 시간 등에 대한 내용으로 옳지 않은 것은?

㉮ 기존에 정비 업무를 수행하던 철도차량 차종이 아닌 새로운 철도차량 차종의 정비에 관한 업무를 수행하는 경우 그 업무를 수행하는 날부터 1년 이내에 35시간 이상 교육훈련을 받아야 한다.
㉯ 철도차량정비업무의 수행기간 5년마다 35시간 이상 교육훈련을 받아야 한다.
㉰ 인터넷 등을 통한 원격교육은 10시간의 범위에서 인정할 수 있다.
㉱ 정비교육훈련은 강의·토론 등으로 진행하는 이론교육과 철도차량정비 업무를 실습하는 실기교육으로 시행하되, 실기교육을 50% 이상 포함해야 한다.

정답 128 ㉮ 129 ㉯ 130 ㉱

> **해설** **정비교육의 실시 시간 등**(시행규칙 별표 13의4)
> 정비교육훈련은 강의·토론 등으로 진행하는 이론교육과 철도차량정비 업무를 실습하는 실기교육으로 시행하되, 실기교육을 30% 이상 포함해야 한다.

131 철도안전법상 철도차량정비기술자의 인정 취소 등의 내용으로 옳지 않은 것은?

㉮ 국토교통부장관은 철도차량정비기술자가 거짓이나 그 밖의 부정한 방법으로 철도차량정비기술자로 인정받은 경우 그 인정을 취소하여야 한다.
㉯ 국토교통부장관은 철도차량정비기술자가 철도차량정비 업무 수행 중 고의로 철도사고의 원인을 제공한 경우 그 인정을 취소하여야 한다.
㉰ 국토교통부장관은 철도차량정비기술자가 다른 사람에게 철도차량정비경력증을 빌려준 경우 그 인정을 취소하여야 한다.
㉱ 국토교통부장관은 철도차량정비기술자가 철도차량정비 업무 수행 중 중과실로 철도사고의 원인을 제공한 경우 1년의 범위에서 철도차량정비기술자의 인정을 정지시킬 수 있다.

132 다음은 철도안전법상 정비교육훈련기관의 지정기준 및 절차에 관한 내용이다. 옳지 않은 것은?

㉮ 정비교육훈련기관으로 지정을 받으려는 자는 제1항에 따른 지정기준을 갖추어 국토교통부장관에게 정비교육훈련기관 지정 신청을 해야 한다.
㉯ 국토교통부장관은 정비교육훈련기관이 정비교육훈련기관의 지정기준에 적합한지의 여부를 1년마다 심사해야 한다.
㉰ 국토교통부장관은 정비교육훈련기관 지정 신청을 받으면 지정기준을 갖추었는지 여부 및 철도차량정비기술자의 수급 상황 등을 종합적으로 심사한 후 그 지정 여부를 결정해야 한다.
㉱ 정비교육훈련기관의 지정기준 및 절차 등에 관한 세부적인 사항은 국토교통부령으로 정한다.

정답 131 ㉰ 132 ㉯

133 철도안전법상 정비교육훈련기관 세부지정기준에서 검사인력의 자격기준 중 책임교수의 자격자가 아닌 것은?
㉮ 1등급 철도차량정비경력증 소지자로서 철도교통에 관한 업무에 10년 이상 또는 철도차량정비에 관한 업무에 5년 이상 근무한 경력이 있는 사람
㉯ 철도 관련 4급 이상의 공무원 경력 또는 이와 같은 수준 이상의 자격 및 경력이 있는 사람
㉰ 2등급 철도차량정비경력증 소지자로서 철도교통에 관한 업무에 15년 이상 또는 철도차량정비에 관한 업무에 8년 이상 근무한 경력이 있는 사람
㉱ 교수 경력이 3년 이상 있는 사람

134 철도안전법상 정비교육훈련기관 세부지정기준에서 검사인력 자격기준 및 보유기준으로 옳지 않은 것은?
㉮ 책임교수의 경우 철도차량정비에 관한 업무를 5년 이상, 선임교수의 경우 철도차량정비에 관한 업무를 3년 이상 수행한 경력이 있어야 한다.
㉯ "철도차량정비에 관한 업무"란 철도차량 정비업무의 수행, 철도차량 정비계획의 수립·관리, 철도차량 정비에 관한 안전관리·지도교육 및 관리·감독 업무를 말한다.
㉰ 1회 교육생 30명을 기준으로 상시적으로 철도차량정비에 관한 교육을 전담하는 책임교수와 선임교수 및 교수를 각각 1명 이상 확보해야 하며, 교육인원이 15명 추가될 때마다 교수 1명 이상을 추가로 확보해야 한다.
㉱ 1회 교육생이 30명 미만인 경우 책임교수 또는 선임교수 1명 이상을 확보해야 한다.

135 철도안전법상 교육훈련기관의 세부지정기준에서 시설기준으로 옳지 않은 것은?
㉮ 이론교육장은 기준인원 30명 기준으로 면적 60제곱미터 이상의 강의실을 갖추어야 하며, 기준인원 초과 시 1명마다 3제곱미터씩 면적을 추가로 확보해야 한다.
㉯ 이론교육장은 1회 교육생이 30명 미만인 경우 교육생 1명마다 2제곱미터 이상의 면적을 확보해야 한다.
㉰ 실기교육장은 교육생 1명마다 3제곱미터 이상의 면적을 확보해야 한다. 다만, 교육훈련기관 외의 장소에서 철도차량 등을 직접 활용하여 실습하는 경우에는 제외한다.
㉱ 교육훈련에 필요한 사무실·편의시설 및 설비를 갖추어야 한다.

정답 133 ㉱ 134 ㉮ 135 ㉮

136 다음은 철도안전법상 정비교육훈련기관의 지정취소 및 업무정지 기준에 대한 내용이다. 옳지 않은 것은?

㉮ 거짓이나 그 밖의 부정한 방법으로 지정을 받은 경우 – 지정취소
㉯ 업무정지 명령을 위반하여 그 정지기간 중 정비교육훈련업무를 한 경우 – 지정취소
㉰ 철도안전법상 지정기준에 맞지 아니한 경우 – 1차 : 경고 또는 보안명령, 2차 : 업무정지 1개월, 3차 : 업무정지 3개월, 4차 : 지정취소
㉱ 거짓이나 그 밖의 부정한 방법으로 정비교육훈련 수료증을 발급한 경우 – 1차 : 업무정지 1개월, 2차 : 업무정지 2개월, 3차 : 업무정지 2개월, 4차 : 지정취소

정답 136 ㉱

제4장 철도시설 및 철도차량의 안전관리

001 다음 중 철도안전법상 승하차용 출입문 설비의 설치와 관련하여 옳지 않은 것은?

㉮ 철도시설관리자는 선로로부터의 수직거리가 국토교통부로부터 정하는 기준(1,135밀리미터) 이상인 승강장에 열차의 출입문과 연동되어 열리고 닫히는 승하차용 출입문 설비를 설치하여야 한다.

㉯ 여러 종류의 철도차량이 함께 사용하는 승강장으로서 열차 출입문의 위치가 서로 달라 승강장안전문을 설치하기 곤란한 경우에는 승하차용 출입문 설비를 설치하지 않아도 된다.

㉰ 열차가 정차하지 않는 선로 쪽 승강장으로는 승하차용 출입문 설비를 설치하지 않아도 된다.

㉱ 여객의 승하차 인원, 열차의 운행 횟수 등을 고려하였을 때 승강장안전문을 설치할 필요가 없다고 인정되는 경우에는 승하차용 출입문 설비를 설치하지 않아도 된다.

> **해설** 열차가 정차하지 않는 선로 쪽 승강장으로서 승객의 선로 추락 방지를 위해 안전난간 등의 안전시설을 설치한 경우 승하차용 출입문 설비를 설치하지 않아도 된다.

002 철도안전법상 철도기술심의위원회의 심의사항으로 옳지 않은 것은?

㉮ 품질인증기준 및 절차의 제정·개정
㉯ 형식승인 대상 철도용품의 선정·변경 및 취소
㉰ 철도차량·철도용품 표준규격의 제정·개정 또는 폐지
㉱ 그 밖에 국토교통부장관이 필요로 하는 사항

> **해설 철도기술심의위원회의 설치**(시행규칙 제44조)
> 국토교통부장관은 다음 각 호의 사항을 심의하게 하기 위하여 철도기술심의위원회(이하 "기술위원회"라 한다)를 설치한다.
> 1. 법 제7조 제5항·제25조 제1항·제26조 제3항·제26조의3 제2항·제27조 제2항 및 제27조의2 제2항에 따른 기술기준의 제정·개정 또는 폐지
> 2. 법 제27조 제1항에 따른 형식승인 대상 철도용품의 선정·변경 및 취소
> 3. 법 제34조 제1항에 따른 철도차량·철도용품 표준규격의 제정·개정 또는 폐지
> 4. 영 제63조 제4항에 따른 철도안전에 관한 전문기관이나 단체의 지정
> 5. 그 밖에 국토교통부장관이 필요로 하는 사항

정답 001 ㉰ 002 ㉮

003 철도안전법상 철도기술심의위원회의 구성·운영 등에 대한 설명으로 옳지 않은 것은?

㉮ 기술위원회는 위원장을 포함한 15인 이내의 위원으로 구성하며 위원장은 국토교통부차관으로 한다.
㉯ 기술위원회에 기술분과별 전문위원회를 둘 수 있다.
㉰ 기술분과별 전문위원회는 기술위원회에 상정할 안건을 미리 검토하고 기술위원회가 위임한 안건을 심의한다.
㉱ 기술위원회 및 전문위원회의 구성·운영 등에 관하여 규칙에서 정한 것 외의 필요한 사항은 국토교통부장관이 정한다.

> 해설 **철도기술심의위원회의 구성·운영 등**(시행규칙 제45조)
> ① 기술위원회는 위원장을 포함한 15인 이내의 위원으로 구성하며 위원장은 위원 중에서 호선한다.
> ② 기술위원회에 상정할 안건을 미리 검토하고 기술위원회가 위임한 안건을 심의하기 위하여 기술위원회에 기술분과별 전문위원회(이하 "전문위원회"라 한다)를 둘 수 있다.
> ③ 이 규칙에서 정한 것 외에 기술위원회 및 전문위원회의 구성·운영 등에 관하여 필요한 사항은 국토교통부장관이 정한다.

004 철도안전법상 철도기술심의위원회의 구성·운영에 관한 설명으로 옳지 않은 것은?

㉮ 기술위원회는 위원장 및 대리인을 포함한 15인 이내의 위원으로 구성한다.
㉯ 전문위원회는 기술위원회에 상정할 안건을 미리 검토할 수 있다.
㉰ 기술위원회가 위임한 안건을 심의하기 위하여 기술분과별 전문위원회를 둘 수 있다.
㉱ 기술위원회의 위원장은 위원 중에서 호선한다.

005 철도안전법상 철도차량의 설계에 관하여 받아야 할 형식승인의 내용으로 옳지 않은 것은?

㉮ 국토교통부장관의 형식승인을 받아야 한다.
㉯ 국내에서 운행하는 철도차량을 제작하는 경우에만 받는다.
㉰ 형식승인을 받은 자가 승인받은 사항을 변경하려는 경우에는 변경승인을 받아야 한다.
㉱ 형식승인 또는 변경승인을 하는 경우에는 해당 철도차량이 국토교통부장관이 정하여 고시하는 철도차량의 기술기준에 적합한지에 대하여 형식승인검사를 하여야 한다.

정답 003 ㉮ 004 ㉮ 005 ㉯

> [해설] **철도차량 형식승인**(법 제26조)
> ① 국내에서 운행하는 철도차량을 제작하거나 수입하려는 자는 국토교통부령으로 정하는 바에 따라 해당 철도차량의 설계에 관하여 국토교통부장관의 형식승인을 받아야 한다.
> ② 제1항에 따라 형식승인을 받은 자가 승인받은 사항을 변경하려는 경우에는 국토교통부장관의 변경승인을 받아야 한다. 다만, 국토교통부령으로 정하는 경미한 사항을 변경하려는 경우에는 국토교통부장관에게 신고하여야 한다.
> ③ 국토교통부장관은 제1항에 따른 형식승인 또는 제2항 본문에 따른 변경승인을 하는 경우에는 해당 철도차량이 국토교통부장관이 정하여 고시하는 철도차량의 기술기준에 적합한지에 대하여 형식승인검사를 하여야 한다.

006 철도안전법상 형식승인검사의 전부를 면제할 수 있는 철도차량인 경우는?

㉮ 철도시설의 유지·보수의 특수한 목적을 위하여 제작되는 철도차량

㉯ 철도차량의 사고복구 등 특수한 목적을 위하여 수입되는 철도차량

㉰ 수입되는 철도차량으로서 여객 운송에 사용되어지는 철도차량

㉱ 시험·연구·개발 목적으로 제작되는 철도차량으로서 화물 운송에 사용되지 아니하는 철도차량

> [해설] **철도차량별로 형식승인검사를 면제할 수 있는 범위**(법 제26조 제4항, 시행령 제22조)
> 다음 각 호의 어느 하나에 해당하는 경우에는 형식승인검사의 전부 또는 일부를 면제할 수 있다.
> 1. 시험·연구·개발 목적으로 제작 또는 수입되는 철도차량으로서 여객 및 화물 운송에 사용되지 아니하는 철도차량에 해당하는 경우 : 형식승인검사의 전부
> 2. 수출 목적으로 제작 또는 수입되는 철도차량으로서 국내에서 철도운영에 사용되지 아니하는 철도차량에 해당하는 경우 : 형식승인검사의 전부
> 3. 대한민국이 체결한 협정 또는 대한민국이 가입한 협약에 따라 형식승인검사가 면제되는 철도차량의 경우 : 대한민국이 체결한 협정 또는 대한민국이 가입한 협약에서 정한 면제의 범위
> 4. 그 밖에 철도시설의 유지·보수 또는 철도차량의 사고복구 등 특수한 목적을 위하여 제작 또는 수입되는 철도차량으로서 국토교통부장관이 정하여 고시하는 경우 : 형식승인검사 중 철도차량의 시운전단계에서 실시하는 검사를 제외한 검사로서 국토교통부령으로 정하는 검사

007 철도안전법상 철도차량의 형식승인과 관련한 내용으로 옳지 않은 것은?

㉮ 형식승인을 받은 자가 승인받은 사항을 국토교통부령으로 정하는 경미한 사항을 변경하려는 경우에는 국토교통부장관에게 신고하여야 한다.

㉯ 형식승인에 따른 승인절차, 승인방법, 신고절차, 검사절차 및 면제절차 등에 관하여 필요한 사항은 국토교통부령으로 정한다.

㉰ 누구든지 형식승인을 받지 아니한 철도차량을 운행하여서는 아니 된다.

㉱ 국토교통부장관은 철도차량 형식승인 또는 변경승인 신청을 받은 경우에 30일 이내에 승인 또는 변경승인에 필요한 검사 등의 계획서를 작성하여 신청인에게 통보하여야 한다.

해설 국토교통부장관은 철도차량 형식승인 또는 변경승인 신청을 받은 경우에 15일 이내에 승인 또는 변경승인에 필요한 검사 등의 계획서를 작성하여 신청인에게 통보하여야 한다.

008 철도안전법상 철도차량 형식승인 신청 절차시에 제출해야 될 서류가 아닌 것은?

㉮ 철도차량의 기술기준에 대한 적합성 입증계획서 및 입증자료
㉯ 철도차량의 설계도면, 설계 명세서 및 설명서
㉰ 변경 전후의 대비표 및 해설서
㉱ 차량형식 시험 절차서

해설 ㉰의 변경 전후의 대비표 및 해설서는 철도차량 형식승인을 받은 사항을 변경하려는 경우에 첨부해야 할 서류이다.
철도차량 형식승인 신청 절차 등(시행규칙 제46조)
① 법 제26조 제1항에 따라 철도차량 형식승인을 받으려는 자는 철도차량 형식승인신청서에 다음 각 호의 서류를 첨부하여 국토교통부장관에게 제출하여야 한다.
1. 법 제26조 제3항에 따른 철도차량의 기술기준에 대한 적합성 입증계획서 및 입증자료
2. 철도차량의 설계도면, 설계 명세서 및 설명서(적합성 입증을 위하여 필요한 부분에 한정한다)
3. 법 제26조 제4항에 따른 형식승인검사의 면제 대상에 해당하는 경우 그 입증서류
4. 제48조 제1항 제3호에 따른 차량형식 시험 절차서
5. 그 밖에 철도차량기술기준에 적합함을 입증하기 위하여 국토교통부장관이 필요하다고 인정하여 고시하는 서류
② 법 제26조 제2항 본문에 따라 철도차량 형식승인을 받은 사항을 변경하려는 경우에는 철도차량 형식 변경승인신청서에 다음 각 호의 서류를 첨부하여 국토교통부장관에게 제출하여야 한다.
1. 해당 철도차량의 철도차량 형식승인증명서
2. 제1항 각 호의 서류(변경되는 부분 및 그와 연관되는 부분에 한정한다)
3. 변경 전후의 대비표 및 해설서
③ 국토교통부장관은 제1항 및 제2항에 따라 철도차량 형식승인 또는 변경승인 신청을 받은 경우에 15일 이내에 승인 또는 변경승인에 필요한 검사 등의 계획서를 작성하여 신청인에게 통보하여야 한다.

009 다음은 철도안전법상 철도차량의 형식승인 신청절차 등에 관한 내용이다. 옳지 않은 것은?

㉮ 철도차량 형식승인을 받으려는 자는 철도차량 형식승인 신청서에 서류를 첨부하여 국토교통부장관에게 제출하여야 한다.
㉯ 철도차량의 설계도면, 설계 명세서 및 설명서(적합성 입증을 위하여 필요한 부분에 한정한다)를 첨부한다.
㉰ 철도차량기술기준에 적합함을 입증하기 위하여 국토교통부장관이 필요하다고 인정하여 고시하는 서류를 첨부한다.
㉱ 철도차량의 기술기준(이하 "철도차량기술기준"이라 한다)에 대한 적합성 입증계획서 및 입증자료는 대통령령으로 면제된다.

정답 008 ㉰ 009 ㉱

010 철도안전법상 철도차량의 형식승인 변경 신청절차 등에 관한 내용이다. 옳지 않은 것은?

㉮ 해당 철도차량의 철도차량 형식승인 증명서를 제출하여야 한다.

㉯ 변경 전후의 대비표 및 해설서를 제출하여야 한다.

㉰ 국토교통부장관은 철도차량 형식승인 또는 변경승인 신청을 받은 경우에 15일 이내에 승인 또는 변경승인에 필요한 검사 등의 계획서를 작성하여 신청인에게 통보하여야 한다.

㉱ 변경되는 부분에 연관되는 부분에 한정하지 않고 전체의 설계도면을 제출한다.

011 철도안전법상 철도차량 형식승인의 경미한 사항 변경이라고 볼 수 없는 것은?

㉮ 철도차량의 구조안전 및 성능에 영향을 미치지 아니하는 차체 형상의 변경

㉯ 실내 전체 내장설비의 변경

㉰ 중량분포에 영향을 미치지 아니하는 장치 또는 부품의 배치 변경

㉱ 동일 성능으로 입증할 수 있는 부품의 규격 변경

해설 ㉯ 간단한 실내 내장설비의 변경은 경미한 사항 변경이라 할 수 있지만 실내 전체 내장설비의 변경은 중량분포에 영향을 미치는 장치 또는 부품의 배치 변경이라 할 수 있고, 철도차량의 구조안전에 영향을 미치는 변경이라고 볼 수 있다.

철도차량 형식승인의 경미한 사항 변경(시행규칙 제47조 제1항)
법 제26조 제2항 단서에서 "국토교통부령으로 정하는 경미한 사항을 변경하려는 경우"란 다음 각 호의 어느 하나에 해당하는 변경을 말한다.
1. 철도차량의 구조안전 및 성능에 영향을 미치지 아니하는 차체 형상의 변경
2. 철도차량의 안전에 영향을 미치지 아니하는 설비의 변경
3. 중량분포에 영향을 미치지 아니하는 장치 또는 부품의 배치 변경
4. 동일 성능으로 입증할 수 있는 부품의 규격 변경
5. 그 밖에 철도차량의 안전 및 성능에 영향을 미치지 아니한다고 국토교통부장관이 인정하는 사항의 변경

012 다음은 철도안전법상 철도차량 형식승인의 경미한 변경에 대한 내용이다. 경미한 변경에 해당되지 않는 것은?

㉮ 철도차량의 안전 및 성능에 영향을 미치지 아니한다고 국토교통부장관이 인정하지 않는 사항의 변경

㉯ 중량분포에 영향을 미치지 아니하는 장치 또는 부품의 배치 변경과 동일 성능으로 입증할 수 있는 부품의 규격 변경

㉰ 철도차량의 구조안전 및 성능에 영향을 미치지 아니하는 차체 형상의 변경

㉱ 철도차량의 안전에 영향을 미치지 아니하는 설비의 변경

정답 010 ㉱ 011 ㉯ 012 ㉮

013 철도안전법상 철도차량의 경미한 사항을 변경하려는 경우 철도차량 형식변경신고서에 첨부할 서류가 아닌 것은?

㉮ 해당 철도차량의 철도차량 형식승인증명서
㉯ 변경 전후의 대비표 및 해설서
㉰ 변경 전후의 주요 제원
㉱ 변경되는 부분의 철도차량 기술기준에 대한 적합성 입증자료

> **해설** 법 제26조 제2항 단서에 따라 경미한 사항을 변경하려는 경우에는 철도차량 형식변경신고서에 다음 각 호의 서류를 첨부하여 국토교통부장관에게 제출하여야 한다(시행규칙 제47조 제2항).
> 1. 해당 철도차량의 철도차량 형식승인증명서
> 2. 제1항 각 호에 해당함을 증명하는 서류
> 3. 변경 전후의 대비표 및 해설서
> 4. 변경 후의 주요 제원
> 5. 철도차량 기술기준에 대한 적합성 입증자료(변경되는 부분 및 그와 연관되는 부분에 한정한다)

014 철도안전법상 철도차량의 형식승인검사의 종류로 옳은 것은?

㉮ 완성차량검사
㉯ 품질관리체계 적합성검사
㉰ 제작검사
㉱ 합치성 검사

> **해설** **철도차량 형식승인검사의 방법**(시행규칙 제48조 제1항)
> 법 제26조 제3항에 따른 철도차량 형식승인검사는 다음 각 호의 구분에 따라 실시한다.
> 1. 설계적합성 검사 : 철도차량의 설계가 철도차량기술기준에 적합한지 여부에 대한 검사
> 2. 합치성 검사 : 철도차량이 부품단계, 구성품단계, 완성차단계에서 제1호에 따른 설계와 합치하게 제작되었는지 여부에 대한 검사
> 3. 차량형식 시험 : 철도차량이 부품단계, 구성품단계, 완성차단계, 시운전단계에서 철도차량기술기준에 적합한지 여부에 대한 시험

015 철도안전법상 철도차량 형식승인검사의 방법이 아닌 것은?

㉮ 합치성 검사
㉯ 설계적합성 검사
㉰ 차량형식 시험
㉱ 차량 내구성 시험

정답 013 ㉰ 014 ㉱ 015 ㉱

016 철도안전법상 철도차량 형식승인검사 중 철도차량이 부품단계, 구성품단계, 완성차단계, 시운전단계에서 철도차량기술기준에 적합한지 여부에 대한 검사의 방법은?
㉮ 합치성 검사
㉯ 설계적합성 검사
㉰ 차량형식 시험
㉱ 차량 내구성 시험

017 철도안전법상 철도차량이 부품단계, 구성품단계, 완성차단계에서 설계에 맞게 제작되었는지 여부에 대한 검사의 방법은?
㉮ 합치성 검사
㉯ 설계적합성 검사
㉰ 차량형식 시험
㉱ 차량 내구성 시험

018 철도안전법상 철도차량 형식 변경승인의 명령을 받은 자는 명령을 통보받은 날부터 어느 기간 이내에 철도차량 형식승인의 변경승인을 신청하여야 하는가?
㉮ 15일
㉯ 20일
㉰ 30일
㉱ 2개월

019 철도안전법상 국토교통부장관이 철도차량 형식승인검사와 관련하여 신청인에게 통보할 사안이 아닌 것은?
㉮ 철도차량 형식승인 또는 변경승인 신청을 받은 경우
㉯ 형식승인검사 결과 철도차량기술기준에 적합하다고 인정하는 경우
㉰ 서류의 검토 결과 해당 철도차량이 형식승인검사의 면제 대상에 해당된다고 인정하는 경우
㉱ 철도차량 형식 변경승인을 받을 것을 명하려는 경우

해설
㉮ 국토교통부장관은 철도차량 형식승인 또는 변경승인 신청을 받은 경우에 15일 이내에 승인 또는 변경승인에 필요한 검사 등의 계획서를 작성하여 신청인에게 통보하여야 한다(시행규칙 제46조 제3항).
㉯ 국토교통부장관은 형식승인검사 결과 철도차량기술기준에 적합하다고 인정하는 경우에는 철도차량 형식승인증명서 또는 철도차량 형식변경승인증명서에 형식승인자료집을 첨부하여 신청인에게 발급하여야 한다(시행규칙 제48조 제2항).
㉰ 국토교통부장관은 제46조 제1항 제3호에 따른 서류의 검토 결과 해당 철도차량이 형식승인검사의 면제 대상에 해당된다고 인정하는 경우에는 신청인에게 면제사실과 내용을 통보하여야 한다(시행규칙 제49조 제2항).
㉱ 국토교통부장관은 변경승인을 받을 것을 명하려는 경우에는 그 사유를 명시하여 철도차량 형식승인을 받은 자에게 통보하여야 한다(시행규칙 제50조 제1항).

정답 016 ㉰ 017 ㉮ 018 ㉰ 019 ㉯

020 철도안전법상 철도차량 제작자승인의 요건이라고 볼 수 없는 것은?

㉮ 철도차량 형식승인을 받았을 것
㉯ 철도차량의 제작을 위한 기술을 갖고 있을 것
㉰ 해당 철도차량 품질관리체계가 국토교통부장관이 정하여 고시하는 철도차량의 제작관리 및 품질유지에 필요한 기술기준에 적합할 것
㉱ 제작자승인검사를 받았을 것

해설 ㉮㉰㉱ 외에 철도차량의 제작을 위한 인력, 설비, 장비, 기술 및 제작검사 등 철도차량의 적합한 제작을 위한 유기적 체계를 갖추고 있을 것이 필요하다.

021 철도안전법상 철도차량 품질관리체계의 구성부분이라 할 수 없는 것은?

㉮ 인력
㉯ 자본
㉰ 설비, 장비
㉱ 기술 및 제작검사

해설 **철도차량 제작자승인**(법 제26조의3)
① 제26조에 따라 형식승인을 받은 철도차량을 제작(외국에서 대한민국에 수출할 목적으로 제작하는 경우를 포함한다)하려는 자는 국토교통부령으로 정하는 바에 따라 철도차량의 제작을 위한 인력, 설비, 장비, 기술 및 제작검사 등 철도차량의 적합한 제작을 위한 유기적 체계(이하 "철도차량 품질관리체계"라 한다)를 갖추고 있는지에 대하여 국토교통부장관의 제작자승인을 받아야 한다.
② 국토교통부장관은 제1항에 따른 제작자승인을 하는 경우에는 해당 철도차량 품질관리체계가 국토교통부장관이 정하여 고시하는 철도차량의 제작관리 및 품질유지에 필요한 기술기준에 적합한지에 대하여 국토교통부령으로 정하는 바에 따라 제작자승인검사를 하여야 한다.

022 철도안전법상 철도차량 제작자승인 등을 면제할 수 있는 경우의 설명으로 옳지 않은 것은?

㉮ 대한민국이 체결한 협정 또는 대한민국이 가입한 협약에 따라 제작자승인이 면제되는 경우 면제된다.
㉯ 대한민국이 체결한 협정 또는 대한민국이 가입한 협약에 따라 제작자승인검사의 전부 또는 일부가 면제되는 경우 그 면제 범위에 따른다.
㉰ 철도시설의 유지·보수의 특수한 목적을 위하여 제작 또는 수입되는 철도차량으로서 국토교통부장관이 정하여 고시하는 철도차량에 해당하는 경우 제작자승인이 면제된다.
㉱ 철도차량의 사고복구 등 제작 또는 수입되는 철도차량으로서 국토교통부장관이 정하여 고시하는 철도차량에 해당하는 경우 제작자승인검사의 전부가 면제된다.

정답 020 ㉯ 021 ㉯ 022 ㉰

> **해설** **철도차량 제작자승인 등을 면제할 수 있는 경우 등**(시행령 제23조)
> ① 법 제26조의3 제3항에서 "대한민국이 체결한 협정 또는 대한민국이 가입한 협약에 따라 제작자승인이 면제되는 경우 등 대통령령으로 정하는 경우"란 다음 각 호의 어느 하나에 해당하는 경우를 말한다.
> 1. 대한민국이 체결한 협정 또는 대한민국이 가입한 협약에 따라 제작자승인이 면제되거나 제작자승인검사의 전부 또는 일부가 면제되는 경우
> 2. 철도시설의 유지·보수 또는 철도차량의 사고복구 등 특수한 목적을 위하여 제작 또는 수입되는 철도차량으로서 국토교통부장관이 정하여 고시하는 철도차량에 해당하는 경우
> ② 법 제26조의3 제3항에 따라 제작자승인 또는 제작자승인검사를 면제할 수 있는 범위는 다음 각 호의 구분과 같다.
> 1. 제1항 제1호에 해당하는 경우 : 대한민국이 체결한 협정 또는 대한민국이 가입한 협약에서 정한 제작자승인 또는 제작자승인검사의 면제 범위
> 2. 제1항 제2호에 해당하는 경우 : 제작자승인검사의 전부

023 철도안전법상 철도차량 제작자승인의 신청 시 철도차량 제작자승인신청서에 첨부해야 할 서류가 아닌 것은?

㉮ 철도차량의 제작관리 및 품질유지에 필요한 기술기준(철도차량 제작자승인기준)에 대한 적합성 입증계획서 및 입증자료

㉯ 철도차량 품질관리체계서 및 설명서

㉰ 철도차량 제작 명세서 및 설명서

㉱ 법인 등기사항증명서

> **해설** **철도차량 제작자승인의 신청 등**(시행규칙 제51조)
> ① 법 제26조의3 제1항에 따라 철도차량 제작자승인을 받으려는 자는 철도차량 제작자승인신청서에 다음 각 호의 서류를 첨부하여 국토교통부장관에게 제출하여야 한다. 다만, 영 제23조 제1항 제1호에 따라 제작자승인이 면제되는 경우에는 제4호의 서류만 첨부한다.
> 1. 법 제26조의3 제2항에 따른 철도차량의 제작관리 및 품질유지에 필요한 기술기준(이하 "철도차량제작자승인기준"이라 한다)에 대한 적합성 입증계획서 및 입증자료
> 2. 철도차량 품질관리체계서 및 설명서
> 3. 철도차량 제작 명세서 및 설명서
> 4. 법 제26조의3 제3항에 따라 제작자승인 또는 제작자승인검사의 면제 대상에 해당하는 경우 그 입증서류
> 5. 그 밖에 철도차량제작자승인기준에 적합함을 입증하기 위하여 국토교통부장관이 필요하다고 인정하여 고시하는 서류

정답 023 ㉱

024 철도안전법상 철도차량 제작자승인의 경미한 사항 변경에 속하지 않은 것은?

㉮ 철도차량 제작자의 조직변경에 따른 품질관리조직 또는 품질관리책임자에 관한 사항의 변경
㉯ 행정구역의 변경 등으로 인한 품질관리규정의 세부내용 변경
㉰ 서류간 불일치 사항으로서 그 변경근거가 분명한 사항의 변경
㉱ 법령의 개정으로 인한 품질관리규정의 기본방향에 영향을 미치는 사항의 변경

> **해설** **철도차량 제작자승인의 경미한 사항 변경**(시행규칙 제52조)
> ① 법 제26조의8에서 준용하는 법 제7조 제3항 단서에서 "국토교통부령으로 정하는 경미한 사항을 변경하려는 경우"란 다음 각 호의 어느 하나에 해당하는 변경을 말한다.
> 1. 철도차량 제작자의 조직변경에 따른 품질관리조직 또는 품질관리책임자에 관한 사항의 변경
> 2. 법령 또는 행정구역의 변경 등으로 인한 품질관리규정의 세부내용 변경
> 3. 서류간 불일치 사항 및 품질관리규정의 기본방향에 영향을 미치지 아니하는 사항으로서 그 변경근거가 분명한 사항의 변경

025 철도안전법상 철도차량 제작자승인검사의 방법 및 증명서 발급 등에 관한 설명으로 바르지 않은 것은?

㉮ 품질관리체계 적합성검사는 해당 철도차량의 품질관리체계가 철도차량제작자승인기준에 적합한지 여부에 대한 검사이다.
㉯ 제작검사는 제작할 수 있는 철도차량의 형식에 대한 목록을 확인하는 검사이다.
㉰ 철도차량 제작자승인증명서는 철도차량 제작자승인검사 결과 철도차량제작자승인기준에 적합하다고 인정하는 경우에 발급한다.
㉱ 제작자승인지정서는 제작할 수 있는 철도차량의 형식에 대한 목록을 적은 것이다.

> **해설** 제작검사는 해당 철도차량에 대한 품질관리체계의 적용 및 유지 여부 등을 확인하는 검사이다.

026 철도안전법상 철도차량 제작자승인을 받을 수 없는 결격사유가 아닌 것은?

㉮ 피성년후견인
㉯ 파산선고를 받고 복권되지 아니한 사람
㉰ 대통령령으로 정하는 철도 관계 법령을 위반하여 징역형의 실형을 선고받고 그 집행이 종료되거나 집행이 면제된 날부터 2년이 지나지 아니한 사람
㉱ 제작자승인이 취소된 후 3년이 지나지 아니한 자

정답 024 ㉱ 025 ㉯ 026 ㉱

> **해설** **결격사유**(법 제26조의4)
> 다음 각 호의 어느 하나에 해당하는 자는 철도차량 제작자승인을 받을 수 없다.
> 1. 피성년후견인
> 2. 파산선고를 받고 복권되지 아니한 사람
> 3. 이 법 또는 대통령령으로 정하는 철도 관계 법령을 위반하여 징역형의 실형을 선고받고 그 집행이 종료(집행이 종료된 것으로 보는 경우를 포함한다)되거나 집행이 면제된 날부터 2년이 지나지 아니한 사람
> 4. 이 법 또는 대통령령으로 정하는 철도 관계 법령을 위반하여 징역형의 집행유예를 선고받고 그 유예기간 중에 있는 사람
> 5. 제작자승인이 취소된 후 2년이 지나지 아니한 자
> 6. 임원 중에 제1호부터 제5호까지의 어느 하나에 해당하는 사람이 있는 법인

027 철도안전법령상 제작자 승인의 결격사유에서 대통령령으로 정하는 철도 관계 법령이 아닌 것은?

㉮ 한국철도공사법
㉯ 건널목 개량촉진법
㉰ 교통안전법
㉱ 항공・철도 사고조사에 관한 법률

> **해설** 교통안전법은 교통안전에 관한 국가 또는 지방자치단체의 의무・추진체계 및 시책 등을 규정하고 이를 종합적・계획적으로 추진함으로써 교통안전 증진에 이바지함을 목적으로 하는 법으로, 철도안전법령상 대통령령으로 정하는 철도 관계 법령이 아니다.
> **철도 관계 법령의 범위**(시행령 제24조)
> 법 제26조의4 제3호 및 제4호에서 "대통령령으로 정하는 철도 관계 법령"이란 각각 다음 각 호의 어느 하나에 해당하는 법령을 말한다.
> 1. 「건널목 개량촉진법」
> 2. 「도시철도법」
> 3. 「철도건설법」
> 4. 「철도사업법」
> 5. 「철도산업발전 기본법」
> 6. 「한국철도공사법」
> 7. 「국가철도공단법」
> 8. 「항공・철도 사고조사에 관한 법률」

028 철도안전법상 철도차량 제작자승인의 지위를 승계하는 경우로 옳지 않은 것은?

㉮ 사업의 양도
㉯ 사업의 상속
㉰ 사업의 합병
㉱ 사업의 재설립

> **해설** 제26조의3에 따라 철도차량 제작자승인을 받은 자가 그 사업을 양도하거나 사망한 때 또는 법인의 합병이 있는 때에는 양수인, 상속인 또는 합병 후 존속하는 법인이나 합병에 의하여 설립되는 법인은 제작자승인을 받은 자의 지위를 승계한다(법 제26조의5 제1항).

정답 027 ㉰ 028 ㉱

029 철도안전법상 철도차량 제작자승인의 지위를 승계하는 자는 승계일부터 어느 기간 이내에 국토교통부령으로 정하는 바에 따라 그 승계사실을 국토교통부장관에게 신고하여야 하는가?

㉮ 15일
㉯ 1개월
㉰ 2개월
㉱ 3개월

해설 철도차량 제작자승인의 지위를 승계하는 자는 승계일부터 1개월 이내에 국토교통부령으로 정하는 바에 따라 그 승계사실을 국토교통부장관에게 신고하여야 한다(법 제26조의5 제2항).

030 철도안전법상 철도차량 완성검사에 관한 설명으로 옳지 않은 것은?

㉮ 철도차량 제작자승인을 받은 자는 제작한 철도차량을 판매하기 전에 완성검사를 받아야 한다.
㉯ 철도차량 완성검사는 철도기술심의위원회가 시행한다.
㉰ 완성검사는 철도차량이 형식승인을 받은대로 제작되었는지를 확인하기 위한 검사이다.
㉱ 국토교통부장관은 완성검사에 합격한 경우에는 철도차량제작자에게 완성검사증명서를 발급하여야 한다.

해설 **철도차량 완성검사**(법 제26조의6)
① 제26조의3에 따라 철도차량 제작자승인을 받은 자는 제작한 철도차량을 판매하기 전에 해당 철도차량이 제26조에 따른 형식승인을 받은대로 제작되었는지를 확인하기 위하여 국토교통부장관이 시행하는 완성검사를 받아야 한다.
② 국토교통부장관은 철도차량이 제1항에 따른 완성검사에 합격한 경우에는 철도차량제작자에게 국토교통부령으로 정하는 완성검사증명서를 발급하여야 한다.

031 철도안전법상 국토교통부장관은 완성검사 신청을 받은 경우에 어느 기간 이내에 완성검사의 계획서를 작성하여 신청인에게 통보하여야 하는가?

㉮ 7일
㉯ 10일
㉰ 15일
㉱ 30일

해설 국토교통부장관은 완성검사 신청을 받은 경우에 15일 이내에 완성검사의 계획서를 작성하여 신청인에게 통보하여야 한다(시행규칙 제56조 제2항).

정답 029 ㉯ 030 ㉯ 031 ㉰

032 철도안전법상 철도차량 완성검사의 실시 방법으로 가장 거리가 먼 것은?

㉮ 주요 부품이 제대로 사용되었는지를 확인
㉯ 형식승인을 받은 설계대로 제작되었는지를 확인
㉰ 철도차량기술기준에 적합하게 제작되었는지를 확인
㉱ 형식승인 받은대로 성능과 안전성을 확보하였는지 확인

해설 **철도차량 완성검사의 방법 및 검사증명서 발급 등**(시행규칙 제57조)
① 법 제26조의6 제1항에 따른 철도차량 완성검사는 다음 각 호의 구분에 따라 실시한다.
1. 완성차량검사 : 안전과 직결된 주요 부품의 안전성 확보 등 철도차량이 철도차량기술기준에 적합하고 형식승인 받은 설계대로 제작되었는지를 확인하는 검사
2. 주행시험 : 철도차량이 형식승인 받은 대로 성능과 안전성을 확보하였는지 운행선로 시운전 등을 통하여 최종 확인하는 검사

033 철도안전법상 다음의 〈보기〉에 해당하는 내용끼리 바르게 묶인 것은?

〈보기〉
(ㄱ) : 철도차량 형식승인검사의 방법
(ㄴ) : 철도차량 제작자승인검사의 방법
(ㄷ) : 철도차량 완성검사의 방법

㉮ 차량형식 시험 / 제작검사 / 주행시험
㉯ 설계적합성 검사 / 합치성 검사 / 완성자량검사
㉰ 제작검사 / 품질관리체계 적합성검사 / 주행시험
㉱ 합치성 검사 / 품질관리체계 적합성검사 / 차량형식 시험

해설 철도차량 형식승인검사 방법 : 설계적합성 검사, 합치성 검사, 차량형식 시험
철도차량 제작자승인검사 방법 : 품질관리체계 적합성검사, 제작검사
철도차량 완성검사 방법 : 완성차량 검사, 주행시험

034 철도안전법상 철도차량이 형식승인 받은대로 성능과 안전성을 확보하였는지를 확인하는 방법은?

㉮ 부품 검사
㉯ 철도용품 내구성 시험
㉰ 완성차량검사
㉱ 주행시험

정답 032 ㉮ 033 ㉮ 034 ㉱

035 철도안전법상 철도차량 제작자승인을 받은 자의 제작자승인을 반드시 취소하여야 하는 경우는?

㉮ 업무정지 기간 중에 철도차량을 제작한 경우
㉯ 철도차량의 제작 중지 명령을 이행하지 아니하는 경우
㉰ 변경승인을 받지 아니하거나 변경신고를 하지 아니하고 철도차량을 제작한 경우
㉱ 검사 결과 철도차량 품질관리체계의 유지 위반에 따른 시정조치명령을 정당한 사유 없이 이행하지 아니한 경우

해설 제작자승인을 반드시 취소하여야 하는 경우는 거짓이나 그 밖의 부정한 방법으로 제작자승인을 받은 경우 및 업무정지 기간 중에 철도차량을 제작한 경우이다.

철도차량 제작자승인의 취소 등(법 제26조의7)
① 국토교통부장관은 제26조의3에 따라 철도차량 제작자승인을 받은 자가 다음 각 호의 어느 하나에 해당하는 경우에는 그 승인을 취소하거나 6개월 이내의 기간을 정하여 업무의 제한이나 정지를 명할 수 있다. 다만, 제1호 또는 제5호에 해당하는 경우에는 제작자승인을 취소하여야 한다.
1. 거짓이나 그 밖의 부정한 방법으로 제작자승인을 받은 경우
2. 제26조의8에서 준용하는 제7조 제3항을 위반하여 변경승인을 받지 아니하거나 변경신고를 하지 아니하고 철도차량을 제작한 경우
3. 제26조의8에서 준용하는 제8조 제3항에 따른 시정조치명령을 정당한 사유 없이 이행하지 아니한 경우
4. 제32조 제1항에 따른 명령을 이행하지 아니하는 경우
5. 업무정지 기간 중에 철도차량을 제작한 경우
② 제1항에 따른 철도차량 제작자승인의 취소, 업무의 제한 또는 정지의 기준 및 절차 등에 관하여 필요한 사항은 국토교통부령으로 정한다.

036 철도안전법상 철도차량 제작자승인의 변경승인을 받지 않고 철도차량을 제작한 경우 몇 차례 위반하면 승인취소가 되는가?

㉮ 1차 위반
㉯ 2차 위반
㉰ 3차 위반
㉱ 4차 위반

해설 철도차량 제작자승인의 변경승인을 받지 않고 철도차량을 제작한 경우 1차 위반 시 업무정지 3개월, 2차 위반 시 업무정지 6개월, 3차 위반 시 승인취소가 된다.

037 철도안전법상 철도차량 제작자승인의 변경신고를 하지 않고 철도차량을 제작한 경우로 1차 위반 시 처분은?

㉮ 경고
㉯ 업무정지 1개월
㉰ 업무정지 3개월
㉱ 업무정지 6개월

해설 이 문제는 '변경승인을 받지 않고'와 '변경신고를 하지 않고'를 구분해야 한다. 경미한 사항의 제작자승인의 변경은 변경신고로 족하므로 1차 위반 시 처분은 경고에 그친다. 그러나 2차 위반 시에는 업무정지 3개월, 4차 위반 시에는 승인취소가 된다.

정답 035 ㉮ 036 ㉰ 037 ㉮

038 철도안전법상 철도차량의 제작·수입·판매 또는 사용 중지 명령을 1차 위반한 경우의 처분은?

㉮ 경고
㉯ 업무정지 1개월
㉰ 업무정지 3개월
㉱ 업무정지 6개월

해설 철도차량의 제작·수입·판매 또는 사용 중지 명령을 1차 위반한 경우 업무정지 3개월, 2차 위반한 경우 업무정지 6개월, 3차 위반한 경우 승인취소가 된다.

039 철도안전법상 철도차량 제작자승인 관련 처분기준의 일반기준 설명으로 틀린 것은?

㉮ 위반행위가 둘 이상인 경우로서 그에 해당하는 각각의 처분기준이 다른 경우에는 그 중 무거운 처분기준에 따른다.
㉯ 둘 이상의 처분기준이 같은 업무제한·정지인 경우에는 무거운 처분기준의 2분의 1의 범위에서 가중할 수 있되, 각 처분기준을 합산한 기간을 초과할 수 없다.
㉰ 위반행위의 횟수에 따른 행정처분 기준은 최근 2년간 같은 위반행위로 업무정지 처분을 받은 경우에 적용한다. 이 경우 위반횟수는 같은 위반행위에 대하여 최초로 처분을 한 날과 다시 같은 위반행위를 적발한 날을 기준으로 한다.
㉱ 처분권자는 감경사유에 해당하는 경우에는 업무제한·정지 처분의 3분의 1의 범위에서 감경할 수 있다. 그러나 가중사유 규정이 없어 가중할 수는 없다.

해설 **철도차량 제작자승인 관련 처분기준**(시행규칙 제58조 제1항 관련 별표 14)
다. 부과권자는 다음의 어느 하나에 해당하는 경우에는 제2호에 따른 과태료 금액의 2분의 1 범위에서 그 금액을 줄일 수 있다. 다만, 과태료를 체납하고 있는 위반행위자의 경우에는 그러하지 아니하다.
  1) 위반행위가 고의나 중대한 과실이 아닌 사소한 부주의나 오류로 인한 것으로 인정되는 경우
  2) 위반상태를 시정하거나 해소하기 위해 노력한 것이 인정되는 경우
  3) 그 밖에 위반행위의 정도, 위반행위의 동기와 그 결과 등을 고려하여 업무제한·정지 기간을 줄일 필요가 있다고 인정되는 경우
라. 처분권자는 다음 각 목의 어느 하나에 해당하는 경우에는 업무제한·정지 처분의 2분의 1의 범위에서 가중할 수 있다. 다만, 각 업무정지를 합산한 기간이 법 제9조 제1항에서 정한 기간을 초과할 수 없다.
  1) 위반의 내용·정도가 중대하여 공중에게 미치는 피해가 크다고 인정되는 경우
  2) 그 밖에 위반행위의 정도, 위반행위의 동기와 그 결과 등을 고려하여 가중할 필요가 있다고 인정되는 경우

정답 038 ㉰ 039 ㉱

040 철도안전법상 철도차량 품질관리체계에 대한 검사와 관련한 설명이 잘못된 것은?

㉮ 철도차량 품질관리체계에 대하여 2년마다 1회의 정기검사를 실시한다.

㉯ 철도차량의 안전 및 품질 확보 등을 위하여 필요하다고 인정하는 경우에는 수시로 검사할 수 있다.

㉰ 국토교통부장관은 정기검사 또는 수시검사를 시행하려는 경우에는 검사 시행일 15일 전까지 검사계획을 철도차량 제작자승인을 받은 자에게 통보하여야 한다.

㉱ 국토교통부장관은 정기검사 또는 수시검사를 마친 경우에는 검사 결과보고서를 작성하여야 한다.

> 해설 **철도차량 품질관리체계의 유지 등**(시행규칙 제59조)
> ① 국토교통부장관은 법 제26조의8에서 준용하는 법 제8조 제2항에 따라 철도차량 품질관리체계에 대하여 1년마다 1회의 정기검사를 실시하고, 철도차량의 안전 및 품질 확보 등을 위하여 필요하다고 인정하는 경우에는 수시로 검사할 수 있다.
> ② 국토교통부장관은 제1항에 따라 정기검사 또는 수시검사를 시행하려는 경우에는 검사 시행일 15일 전까지 검사계획을 철도차량 제작자승인을 받은 자에게 통보하여야 한다.
> ③ 국토교통부장관은 정기검사 또는 수시검사를 마친 경우에는 다음 각 호의 사항이 포함된 검사 결과보고서를 작성하여야 한다.
> 1. 철도차량 품질관리체계의 검사 개요 및 현황
> 2. 철도차량 품질관리체계의 검사 과정 및 내용
> 3. 법 제26조의8에서 준용하는 제8조 제3항에 따른 시정조치 사항

041 철도안전법상 국토교통부장관이 철도차량 품질관리체계에 대한 정기검사 또는 수시검사를 시행하려는 경우 철도차량 제작자승인을 받은 자에게 통보하여야 할 검사계획의 내용에 포함되지 않는 것은?

㉮ 검사반의 구성
㉯ 검사 일정 및 장소
㉰ 검사 수행 분야 및 검사 항목
㉱ 검사 과정 및 내용

> 해설 ㉱의 검사 과정 및 내용은 정기검사 또는 수시검사를 마친 경우의 검사 결과보고서 내용 중 하나이다. 국토교통부장관은 정기검사 또는 수시검사를 시행하려는 경우에는 검사 시행일 15일 전까지 다음 각 호의 내용이 포함된 검사계획을 철도차량 제작자승인을 받은 자에게 통보하여야 한다(시행규칙 제59조 제2항).
> 1. 검사반의 구성
> 2. 검사 일정 및 장소
> 3. 검사 수행 분야 및 검사 항목
> 4. 중점 검사 사항
> 5. 그 밖에 검사에 필요한 사항

정답 040 ㉮ 041 ㉱

042 철도안전법상 국토교통부장관이 철도차량 품질관리체계에 대한 정기검사 또는 수시검사를 마친 경우 작성하는 검사 결과보고서 내용에 포함되지 않는 것은?

㉮ 철도차량 품질관리체계의 검사 개요 및 현황
㉯ 철도차량 품질관리체계의 검사 과정 및 내용
㉰ 철도차량 품질관리체계의 검사자의 의견
㉱ 철도차량 품질관리체계의 유지 위반에 따른 시정조치 사항

해설 ㉰의 내용은 포함되지 않는다.

043 철도안전법상 철도용품 형식승인과 관련하여 옳지 않게 설명한 것은?

㉮ 철도용품 형식승인을 받아야 할 사람은 철도용품을 제작하거나 수입하려는 자이다.
㉯ 해당 철도용품의 설계에 대해서는 형식승인을 받지 않는다.
㉰ 형식승인을 하는 경우에는 해당 철도용품이 철도용품의 기술기준에 적합한지에 대하여 형식승인검사를 하여야 한다.
㉱ 형식승인을 받지 아니한 철도용품(국토교통부장관이 정하여 고시하는 철도용품만 해당)을 철도시설 또는 철도차량 등에 사용하여서는 아니 된다.

해설 **철도용품 형식승인**(법 제27조)
① 국토교통부장관이 정하여 고시하는 철도용품을 제작하거나 수입하려는 자는 국토교통부령으로 정하는 바에 따라 해당 철도용품의 설계에 대하여 국토교통부장관의 형식승인을 받아야 한다.
② 국토교통부장관은 제1항에 따른 형식승인을 하는 경우에는 해당 철도용품이 국토교통부장관이 정하여 고시하는 철도용품의 기술기준에 적합한지에 대하여 국토교통부령으로 정하는 바에 따라 형식승인검사를 하여야 한다.
③ 누구든지 제1항에 따른 형식승인을 받지 아니한 철도용품(국토교통부장관이 정하여 고시하는 철도용품만 해당한다)을 철도시설 또는 철도차량 등에 사용하여서는 아니 된다.

044 다음은 철도안전법상 철도용품 형식승인에 관한 내용이다. 틀린 것은?

㉮ 국토교통부장관이 정하여 고시하는 철도용품을 제작하거나 수입하려는 자는 국토교통부령으로 정하는 바에 따라 해당 철도용품의 설계에 대하여 국토교통부장관의 형식승인을 받아야 한다.
㉯ 누구든지 형식승인을 받지 아니한 철도용품(국토교통부장관이 정하여 고시하는 철도용품만 해당한다)을 철도시설 또는 철도차량 등에 사용하여서는 아니 된다.
㉰ 철도용품 형식승인의 변경, 형식승인검사의 면제, 형식승인의 취소, 변경승인명령 및 형식승인의 금지기간 등에 관하여는 대통령령으로 정한다.
㉱ 국토교통부장관은 형식승인을 하는 경우에는 해당 철도용품이 국토교통부장관이 정하여 고시하는 철도용품의 기술기준에 적합한지에 대하여 국토교통부령으로 정하는 바에 따라 형식승인검사를 하여야 한다.

045 철도안전법상 형식승인검사를 면제할 수 있는 철도용품이 아닌 것은?

㉮ 시험·연구·개발 목적으로 제작되는 철도용품으로서 철도차량에는 사용되나 철도시설에는 사용되지 아니하는 철도용품에 해당하는 경우
㉯ 시험·연구·개발 목적으로 수입되는 철도용품으로서 철도시설에 사용되지 아니하는 철도용품에 해당하는 경우
㉰ 수출 목적으로 제작 또는 수입되는 철도용품으로서 국내에서 철도운영에 사용되지 아니하는 철도용품에 해당하는 경우
㉱ 대한민국이 체결한 협정 또는 대한민국이 가입한 협약에 따라 형식승인검사가 면제되는 철도용품의 경우

> **해설** 시험·연구·개발 목적으로 제작 또는 수입되는 철도용품으로서 철도차량 또는 철도시설에 사용되지 아니하는 철도용품에 해당하는 경우에는 형식승인검사의 전부를 면제한다.

046 철도안전법상 철도용품별로 형식승인검사를 면제할 수 있는 범위에 대한 설명으로 옳지 않은 것은?

㉮ 시험·연구·개발 목적으로 제작되는 철도용품으로서 철도차량 또는 철도시설에 사용되지 아니하는 철도용품에 해당하는 경우에는 형식승인검사의 전부를 면제한다.
㉯ 시험·연구·개발 목적으로 수입되는 철도용품으로서 철도차량에 사용되지 아니하는 철도용품에 해당하는 경우에는 설계적합성 검사만 면제하고 철도시설에 사용되지 아니하는 철도용품에 해당하는 경우에는 형식승인검사의 전부를 면제한다.
㉰ 수출 목적으로 제작 또는 수입되는 철도용품으로서 국내에서 철도운영에 사용되지 아니하는 철도용품에 해당하는 경우에는 형식승인검사의 전부를 면제한다.
㉱ 대한민국이 체결한 협정 또는 대한민국이 가입한 협약에 따라 형식승인검사가 면제되는 철도용품의 경우에는 협정·협약에서 정한 면제의 범위에서 면제한다.

> **해설** **형식승인검사를 면제할 수 있는 철도용품**(시행령 제26조 제1항)
> 법 제27조 제4항에서 준용하는 법 제26조 제4항에 따라 형식승인검사를 면제할 수 있는 철도용품은 법 제26조 제4항 제1호부터 제3호까지의 어느 하나에 해당하는 경우로 한다. 정리하면 다음과 같다.
> 1. 시험·연구·개발 목적으로 제작 또는 수입되는 철도용품으로서 철도차량 또는 철도시설에 사용되지 아니하는 철도용품에 해당하는 경우 – 형식승인검사의 전부 면제
> 2. 수출 목적으로 제작 또는 수입되는 철도용품으로서 국내에서 철도운영에 사용되지 아니하는 철도용품에 해당하는 경우 – 형식승인검사의 전부 면제
> 3. 대한민국이 체결한 협정 또는 대한민국이 가입한 협약에 따라 형식승인검사가 면제되는 철도용품의 경우 – 협정·협약에서 정한 면제의 범위에서 면제

정답 045 ㉮ 046 ㉯

047 철도안전법상 국토교통부장관은 철도용품 형식승인 또는 변경승인 신청을 받은 경우에 어느 기간 이내에 승인 또는 변경승인에 필요한 검사 등의 계획서를 작성하여 신청인에게 통보해야 하는가?

㉮ 7일
㉯ 10일
㉰ 15일
㉱ 30일

048 철도안전법상 국토교통부장관이 철도용품 형식승인·제작자승인과 관련하여 신청인에게 통보할 사안으로 옳지 않은 것은?

㉮ 서류의 검토 결과 해당 철도용품이 형식승인검사의 면제 대상에 해당된다고 인정하는 경우
㉯ 철도용품 형식승인 또는 변경승인 신청을 받은 경우
㉰ 검사 결과 철도용품기술기준에 적합하다고 인정하는 경우
㉱ 철도용품 제작자승인 또는 변경승인 신청을 받은 경우

해설 ㉮ 국토교통부장관은 서류의 검토 결과 해당 철도용품이 형식승인검사의 면제 대상에 해당된다고 인정하는 경우에는 신청인에게 면제사실과 내용을 통보하여야 한다(시행규칙 제63조).
㉯ 국토교통부장관은 제1항 및 제2항에 따라 철도용품 형식승인 또는 변경승인 신청을 받은 경우에 15일 이내에 승인 또는 변경승인에 필요한 검사 등의 계획서를 작성하여 신청인에게 통보하여야 한다(시행규칙 제60조 제3항).
㉰ 국토교통부장관은 제1항에 따른 검사 결과 철도용품기술기준에 적합하다고 인정하는 경우에는 철도용품 형식승인증명서 또는 철도용품 형식변경승인증명서에 형식승인자료집을 첨부하여 신청인에게 발급하여야 한다(시행규칙 제62조 제2항).
㉱ 국토교통부장관은 철도용품 제작자승인 또는 변경승인 신청을 받은 경우에 15일 이내에 승인 또는 변경승인에 필요한 검사 등의 계획서를 작성하여 신청인에게 통보하여야 한다(시행규칙 제64조 제3항).

049 철도안전법상 철도용품 형식승인 신청절차에서 제출해야 될 서류가 아닌 것은?

㉮ 철도용품의 기술기준에 대한 적합성 입증계획서 및 입증자료
㉯ 철도용품의 설계도면, 설계 명세서 및 설명서
㉰ 변경 전후의 대비표 및 해설서
㉱ 용품형식 시험 절차서

해설 ㉰의 변경 전후의 대비표 및 해설서는 철도용품 형식승인을 받은 사항을 변경하려는 경우에 첨부해야 할 서류이다.

정답 047 ㉰ 048 ㉯ 049 ㉰

050 철도안전법상 철도용품 형식승인의 경미한 사항의 변경이라 볼 수 없는 것은?

㉮ 철도용품의 안전 및 성능에 영향을 미치지 아니하는 형상 변경
㉯ 철도용품의 안전에 영향을 미치지 아니하는 설비의 변경
㉰ 중량분포 및 크기에 영향을 미치지 아니하는 장치 또는 부품의 배치 변경
㉱ 동일 형상의 부품의 규격 변경

> 해설 법 제27조 제4항에서 준용하는 법 제26조 제2항 단서에서 "국토교통부령으로 정하는 경미한 사항을 변경하려는 경우"란 다음 각 호의 어느 하나에 해당하는 변경을 말한다(시행규칙 제61조 제1항).
> 1. 철도용품의 안전 및 성능에 영향을 미치지 아니하는 형상 변경
> 2. 철도용품의 안전에 영향을 미치지 아니하는 설비의 변경
> 3. 중량분포 및 크기에 영향을 미치지 아니하는 장치 또는 부품의 배치 변경
> 4. 동일 성능으로 입증할 수 있는 부품의 규격 변경
> 5. 그 밖에 철도용품의 안전 및 성능에 영향을 미치지 아니한다고 국토교통부장관이 인정하는 사항의 변경

051 철도안전법상 철도용품 형식승인검사의 검사 방법이 아닌 것은?

㉮ 설계적합성 검사
㉯ 용품 내구성 시험
㉰ 합치성 검사
㉱ 용품형식 시험

> 해설 **철도용품 형식승인검사의 방법**(시행규칙 제62조)
> ① 법 제27조 제2항에 따른 철도용품 형식승인검사는 다음 각 호의 구분에 따라 실시한다.
> 1. 설계적합성 검사 : 철도용품의 설계가 철도용품기술기준에 적합한지 여부에 대한 검사
> 2. 합치성 검사 : 철도용품이 부품단계, 구성품단계, 완성품단계에서 제1호에 따른 설계와 합치하게 제작되었는지 여부에 대한 검사
> 3. 용품형식 시험 : 철도용품이 부품단계, 구성품단계, 완성품단계, 시운전단계에서 철도용품기술기준에 적합한지 여부에 대한 시험

052 철도안전법상 철도용품 형식승인검사 중 철도차량이 부품단계, 구성품단계, 완성차단계, 시운전단계에서 철도차량기술기준에 적합한지 여부에 대한 검사의 방법은?

㉮ 합치성 검사
㉯ 용품형식 시험
㉰ 설계적합성 검사
㉱ 용품 내구성 시험

053 철도안전법상 철도용품이 부품단계, 구성품단계, 완성차단계에서 설계에 맞게 제작되었는지 여부에 대한 검사의 방법은?

㉮ 합치성 검사
㉯ 설계적합성 검사
㉰ 용품형식 시험
㉱ 용품 내구성 시험

정답 050 ㉱ 051 ㉯ 052 ㉯ 053 ㉮

054 철도안전법상 형식승인이 취소된 경우 그 취소된 날부터 2년간 동일한 형식의 철도차량에 대하여 새로 형식승인을 받을 수 없는 경우는?

㉮ 거짓이나 그 밖의 부정한 방법으로 형식승인을 받은 경우
㉯ 변경승인을 하는 경우에 형식승인검사에 따른 기술기준에 중대하게 위반되는 경우
㉰ 국내에서 운행하는 철도차량을 제작하거나 수입하려는 자의 해당 철도차량의 설계에 관한 형식승인이 형식승인검사에 따른 기술기준에 위반된다고 인정하는 경우에 그 형식승인을 받은 자에게 변경승인을 받을 것을 명하였으나 변경승인명령을 이행하지 아니한 경우
㉱ 형식승인을 받지 아니한 철도용품을 철도시설 또는 철도차량 등에 사용한 경우

> **해설** **형식승인 취소 등**(법 제26조의2)
> ① 국토교통부장관은 제26조에 따라 형식승인을 받은 자가 다음 각 호의 어느 하나에 해당하는 경우에는 그 형식승인을 취소할 수 있다. 다만, 제1호에 해당하는 경우에는 그 형식승인을 취소하여야 한다.
> 1. 거짓이나 그 밖의 부정한 방법으로 형식승인을 받은 경우
> 2. 제26조 제3항에 따른 기술기준에 중대하게 위반되는 경우
> 3. 제2항에 따른 변경승인명령을 이행하지 아니한 경우
> ③ 제1항 제1호에 해당되는 사유로 형식승인이 취소된 경우에는 그 취소된 날부터 2년간 동일한 형식의 철도차량에 대하여 새로 형식승인을 받을 수 없다.

055 철도안전법상 철도용품 품질관리체계라고 볼 수 없는 것은?

㉮ 기술인력 ㉯ 예비 전담조직
㉰ 설비, 장비 ㉱ 기술 및 제작검사

056 철도안전법상 철도용품 제작자승인을 위한 요건으로 적당하지 않은 것은?

㉮ 형식승인을 받은 철도용품을 제작하려는 자일 것
㉯ 철도용품의 적합한 제작을 위한 품질관리체계를 갖추고 있을 것
㉰ 업무규정에 외국에 수출할 목적으로 제작하는 경우를 포함하고 있을 것
㉱ 철도용품 품질관리체계가 철도용품의 제작관리 및 품질유지에 필요한 기술기준에 적합할 것

> **해설** 제27조에 따라 형식승인을 받은 철도용품을 제작(외국에서 대한민국에 수출할 목적으로 제작하는 경우를 포함한다)하려는 자는 국토교통부령으로 정하는 바에 따라 철도용품의 제작을 위한 인력, 설비, 장비, 기술 및 제작검사 등 철도용품의 적합한 제작을 위한 유기적 체계(철도용품 품질관리체계)를 갖추고 있는지에 대하여 국토교통부장관으로부터 제작자승인을 받아야 한다(법 제27조의2 제1항).

정답 054 ㉮ 055 ㉯ 056 ㉰

057 철도안전법상 철도용품 형식승인 및 제작자승인과 관련하여 틀리게 설명한 것은?

㉮ 국토교통부장관은 철도용품 형식승인증명서 또는 철도용품 형식변경승인증명서를 발급할 때에는 해당 철도용품이 장착될 철도차량 또는 철도시설을 지정할 수 있다.
㉯ 철도용품 제작자승인검사는 제작자승인을 하는 경우에 해당 철도용품의 적합한 제작을 위한 품질관리체계를 갖추고 있는지에 대한 검사이다.
㉰ 제작자승인을 받은 자는 해당 철도용품에 대하여 국토교통부령으로 정하는 바에 따라 형식승인을 받은 철도용품임을 나타내는 형식승인표시를 하여야 한다.
㉱ 철도용품 제작자승인을 받으려는 자가 제작자승인이 면제되는 경우에는 철도용품 제작자승인신청서에 그 입증서류만 첨부하면 된다.

> **해설** ㉯ 철도용품 제작자승인검사는 제작자승인을 하는 경우에 해당 철도용품 품질관리체계가 국토교통부장관이 정하여 고시하는 철도용품의 제작관리 및 품질유지에 필요한 기술기준에 적합한지에 대한 검사이다 (법 제27조의2 제2항).
> ㉮ 시행규칙 제62조 제3항
> ㉰ 법 제27조의2 제3항
> ㉱ 시행규칙 제64조 제1항 단서

058 철도안전법상 철도용품 제작자승인을 받은 자가 철도용품 제작자승인 받은 사항을 변경하려는 경우 제출하지 않아도 될 서류는?

㉮ 변경 전후의 대비표 및 해설서
㉯ 철도용품 제작 명세서 및 설명서
㉰ 변경되는 부분 및 그와 연관되는 부분의 서류
㉱ 해당 철도용품 제작자승인증명서

> **해설** ㉯는 철도용품 제작자승인신청시에 제출하는 서류이다.

059 철도안전법상 철도용품 제작자승인의 경미한 사항 변경이라고 볼 수 없는 것은?

㉮ 법령 또는 행정구역의 변경 등으로 인한 품질관리규정의 세부내용의 변경
㉯ 철도용품 제작자의 조직변경에 따른 품질관리조직에 관한 사항의 변경
㉰ 철도용품 제작자의 조직변경에 따른 품질관리책임자에 관한 사항의 변경
㉱ 서류간 불일치 사항으로써 그 변경근거가 분명하지 않은 사항의 변경

정답 057 ㉯ 058 ㉯ 059 ㉱

> **해설** 법 제7조 제3항의 단서에서 "국토교통부령으로 정하는 경미한 사항을 변경하는 경우"란 다음 각 호의 어느 하나에 해당하는 경우를 말한다(시행규칙 제65조 제1항).
> 1. 철도용품 제작자의 조직변경에 따른 품질관리조직 또는 품질관리책임자에 관한 사항의 변경
> 2. 법령 또는 행정구역의 변경 등으로 인한 품질관리규정의 세부내용의 변경
> 3. 서류간 불일치 사항 및 품질관리규정의 기본방향에 영향을 미치지 아니하는 사항으로써 그 변경근거가 분명한 사항의 변경

060 철도안전법상 철도용품 제작자승인지정서의 설명으로 옳지 않은 것은?

㉮ 제작자승인 또는 제작자변경승인 신청인이 발급 대상이다.
㉯ 국토교통부장관이 검사 결과 철도용품제작자승인기준에 적합하다고 인정하는 경우에 발급한다.
㉰ 철도용품제작의 종류와 성능을 적은 목록서이다.
㉱ 철도용품 제작자승인증명서와는 그 성격이 다르다.

> **해설** 제작자승인지정서는 제작할 수 있는 철도용품의 형식에 대한 목록을 적은 지정서이다.

061 철도안전법상 철도용품 제작자승인검사에 대한 설명으로 옳은 것은?

㉮ 철도용품 제작자승인검사의 방법으로는 품질관리체계의 적합성검사, 제작검사, 내구성검사가 있다.
㉯ 해당 철도용품에 대한 품질관리체계 적용 및 유지 여부 등을 확인하는 검사는 품질관리체계의 적합성검사이다.
㉰ 국토교통부장관은 검사 결과 철도용품제작자승인기준에 적합하다고 인정하는 경우에는 철도용품 제작자승인증명서 및 제작자승인지정서를 신청인에게 발급하여야 한다.
㉱ 철도용품 제작자승인검사는 철도용품 제작자승인 신청시에만 해당하고 철도용품 제작자변경승인시에는 해당되지 않는다.

> **해설** **철도용품 제작자승인검사의 방법 및 증명서 발급 등**(시행규칙 제66조)
> ① 법 제27조의2 제2항에 따른 철도용품 제작자승인검사는 다음 각 호의 구분에 따라 실시한다.
> 1. 품질관리체계의 적합성검사 : 해당 철도용품의 품질관리체계가 철도용품제작자승인기준에 적합한지 여부에 대한 검사
> 2. 제작검사 : 해당 철도용품에 대한 품질관리체계 적용 및 유지 여부 등을 확인하는 검사
> ② 국토교통부장관은 제1항에 따른 검사 결과 철도용품제작자승인기준에 적합하다고 인정하는 경우에는 다음 각 호의 서류를 신청인에게 발급하여야 한다.
> 1. 철도용품 제작자승인증명서 또는 철도용품 제작자변경승인증명서
> 2. 제작할 수 있는 철도용품의 형식에 대한 목록을 적은 제작자승인지정서

정답 060 ㉰ 061 ㉰

062 철도안전법상 형식승인을 받은 철도용품의 표시 사항이 아닌 것은?

㉮ 형식승인품명 및 형식승인번호
㉯ 형식승인품명의 제조일
㉰ 형식승인품의 제조자명
㉱ 형식승인품명의 사용기간

> **해설** **형식승인을 받은 철도용품의 표시**(시행규칙 제68조)
> ① 법 제27조의2 제3항에 따라 철도용품 제작자승인을 받은 자는 해당 철도용품에 다음 각 호의 사항을 포함하여 형식승인을 받은 철도용품(이하 "형식승인품"이라 한다)임을 나타내는 표시를 하여야 한다.
> 1. 형식승인품명 및 형식승인번호
> 2. 형식승인품명의 제조일
> 3. 형식승인품의 제조자명(제조자임을 나타내는 마크 또는 약호를 포함한다)
> 4. 형식승인기관의 명칭
> ② 제1항에 따른 형식승인품의 표시는 국토교통부장관이 정하여 고시하는 표준도안에 따른다.

063 철도안전법상 철도용품 제작자승인을 반드시 취소해야 하는 경우는?

㉮ 철도용품 제작자승인의 변경승인을 받지 않고 철도용품을 제작한 경우
㉯ 철도용품 품질관리체계의 시정조치명령을 정당한 사유 없이 이행하지 않은 경우
㉰ 업무정지 기간 중에 철도용품을 제작한 경우
㉱ 철도용품의 제작·수입·판매 또는 사용의 중지에 따른 명령을 이행하지 않은 경우

> **해설** 철도용품 제작자승인을 반드시 취소하여야 하는 경우는 거짓이나 그 밖의 부정한 방법으로 제작자승인을 받은 경우 및 업무정지 기간 중에 철도용품을 제작한 경우이다.

064 철도안전법상 철도용품의 제작·수입·판매 또는 사용 중지 명령을 이행하지 않은 경우 승인취소 되는 위반 횟수는?

㉮ 1차 위반   ㉯ 2차 위반
㉰ 3차 위반   ㉱ 4차 위반

> **해설** 철도용품의 제작·수입·판매 또는 사용 중지 명령을 1차 위반한 경우 업무정지 3개월, 2차 위반한 경우 업무정지 6개월, 3차 위반한 경우 승인취소가 된다.

065 철도안전법상 철도용품 제작자승인의 변경승인을 받지 않고 철도용품을 제작한 경우 1차 위반했을 때의 처분은?

㉮ 경고   ㉯ 업무정지 1개월
㉰ 업무정지 3개월   ㉱ 업무정지 6개월

정답 062 ㉱ 063 ㉰ 064 ㉰ 065 ㉰

해설 철도용품 제작자승인의 변경승인을 받지 않고 철도용품을 제작한 경우 1차 위반 시 업무정지 3개월, 2차 위반 시 업무정지 6개월, 3차 위반 시 승인취소가 된다.

066 철도안전법상 철도용품 제작자승인의 변경신고를 하지 않고 철도용품을 제작한 경우로 2차 위반 시 처분은?

㉮ 경고
㉯ 업무정지 1개월
㉰ 업무정지 3개월
㉱ 업무정지 6개월

해설 이 문제는 '변경승인을 받지 않고'와 '변경신고를 하지 않고'를 구분해야 한다. 경미한 사항의 제작자승인의 변경은 변경신고로 족하므로 1차 위반 시 처분은 경고에 그친다. 그러나 2차 위반 시에는 업무정지 3개월, 4차 위반 시에는 승인취소가 된다.

067 철도안전법상 철도용품의 제작·수입·판매 또는 사용 중지 명령을 1차 위반한 경우의 처분은?

㉮ 경고
㉯ 업무정지 1개월
㉰ 업무정지 3개월
㉱ 업무정지 6개월

해설 철도용품의 제작·수입·판매 또는 사용 중지 명령을 1차 위반한 경우 업무정지 3개월, 2차 위반한 경우 업무정지 6개월, 3차 위반한 경우 승인취소가 된다.

068 철도안전법상 철도용품 품질관리체계의 유지 위반에 따른 시정조치명령을 정당한 사유 없이 3회 이행하지 않은 경우의 처분은?

㉮ 업무정지 1개월
㉯ 업무정지 3개월
㉰ 업무정지 6개월
㉱ 승인취소

해설 검사 결과 철도용품 품질관리체계의 유지 위반에 따른 시정조치명령을 정당한 사유 없이 이행하지 아니한 경우 1차 위반 시 경고, 2차 위반 시 업무정지 3개월, 3차 위반 시 업무정지 6개월, 4차 위반 시 승인취소가 된다.

정답 066 ㉰ 067 ㉰ 068 ㉰

069 철도안전법상 철도차량 제작자승인 관련 처분기준의 가중, 감경 내용으로 틀린 것은?

㉮ 위반행위가 고의나 중대한 과실이 아닌 사소한 부주의나 오류로 인한 것으로 인정되는 경우 업무제한·정지 처분의 2분의 1의 범위에서 감경할 수 있다.
㉯ 둘 이상의 처분기준이 같은 업무제한·정지인 경우에는 무거운 처분기준의 2분의 1의 범위에서 가중할 수 있되, 각 처분기준을 합산한 기간을 초과할 수 없다.
㉰ 위반의 내용·정도가 중대하여 공중에게 미치는 피해가 크다고 인정되는 경우 업무제한·정지 처분의 2분의 1의 범위에서 가중할 수 있다. 이 경우 각 업무정지를 합산한 기간이 법 제9조 제1항에서 정한 기간을 초과할 수 있다.
㉱ 위반상태를 시정하거나 해소하기 위해 노력한 것이 인정되는 경우 업무제한·정지 처분의 2분의 1의 범위에서 감경할 수 있다.

해설 ㉰ 처분권자는 다음 각 목의 어느 하나에 해당하는 경우에는 업무제한·정지 처분의 2분의 1의 범위에서 가중할 수 있다. 다만, 각 업무정지를 합산한 기간이 법 제9조 제1항에서 정한 기간을 초과할 수 없다 (시행규칙 제70조 관련 별표 15).
1) 위반의 내용·정도가 중대하여 공중에게 미치는 피해가 크다고 인정되는 경우
2) 그 밖에 위반행위의 정도, 위반행위의 동기와 그 결과 등을 고려하여 가중할 필요가 있다고 인정되는 경우

070 철도안전법상 철도용품 품질관리체계에 대한 검사와 관련한 설명이 잘못된 것은?

㉮ 철도용품 품질관리체계에 대하여 1년마다 1회의 정기검사를 실시한다.
㉯ 철도용품의 안전 및 품질 확보 등을 위하여 필요하다고 인정하는 경우에는 수시로 검사할 수 있다.
㉰ 국토교통부장관은 정기검사 또는 수시검사를 시행하려는 경우에는 검사 시행일 30일 전까지 검사계획을 철도용품 제작자승인을 받은 자에게 통보하여야 한다.
㉱ 국토교통부장관은 정기검사 또는 수시검사를 마친 경우에는 검사 결과보고서를 작성하여야 한다.

해설 **철도용품 품질관리체계의 유지 등**(시행규칙 제71조)
① 국토교통부장관은 법 제27조의2 제4항에서 준용하는 법 제8조 제2항에 따라 철도용품 품질관리체계에 대하여 1년마다 1회의 정기검사를 실시하고, 철도용품의 안전 및 품질 확보 등을 위하여 필요하다고 인정하는 경우에는 수시로 검사할 수 있다.
② 국토교통부장관은 제1항에 따라 정기검사 또는 수시검사를 시행하려는 경우에는 검사 시행일 15일 전까지 검사계획을 철도용품 제작자승인을 받은 자에게 통보하여야 한다.

정답 069 ㉰ 070 ㉰

071 철도안전법상 국토교통부장관이 철도용품 품질관리체계에 대한 정기검사 또는 수시검사를 시행하려는 경우 철도용품 제작자승인을 받은 자에게 통보하여야 할 검사계획의 내용에 포함되지 않는 것은?

㉮ 검사반의 구성
㉯ 검사 일정 및 장소
㉰ 검사 수행 분야 및 검사 항목
㉱ 검사 과정 및 내용

해설 ㉱의 검사 과정 및 내용은 정기검사 또는 수시검사를 마친 경우의 검사 결과보고서 내용 중 하나이다.
국토교통부장관은 정기검사 또는 수시검사를 시행하려는 경우에는 검사 시행일 15일 전까지 다음 각 호의 내용이 포함된 검사계획을 철도용품 제작자승인을 받은 자에게 통보하여야 한다(시행규칙 제71조 제2항).
1. 검사반의 구성
2. 검사 일정 및 장소
3. 검사 수행 분야 및 검사 항목
4. 중점 검사 사항
5. 그 밖에 검사에 필요한 사항

072 철도안전법상 국토교통부장관이 철도용품 품질관리체계에 대한 정기검사 또는 수시검사를 마친 경우 작성하는 검사 결과보고서 내용에 포함되지 않는 것은?

㉮ 철도용품 품질관리체계의 검사 개요 및 현황
㉯ 철도용품 품질관리체계의 검사 과정 및 내용
㉰ 철도용품 품질관리체계의 검사자의 의견
㉱ 철도용품 품질관리체계의 유지 위반에 따른 시정조치 사항

해설 ㉰의 내용은 포함되지 않는다.

073 철도안전법상 형식승인을 받은 철도차량 또는 철도용품의 안전 및 품질의 확인·점검을 위한 소속 공무원으로 하여금 조치하게 할 사항으로 옳지 않은 내용은?

㉮ 철도차량 또는 철도용품이 철도용품 형식승인 및 제작자승인을 받았는지에 대한 조사
㉯ 철도차량 또는 철도용품이 기술기준에 적합한지에 대한 조사
㉰ 철도차량 또는 철도용품 형식승인 및 제작자승인을 받은 자의 관계 장부 또는 서류의 열람·제출
㉱ 철도차량 또는 철도용품에 대한 수거·검사

정답 071 ㉱ 072 ㉰ 073 ㉮

| 해설 | **형식승인 등의 사후관리**(법 제31조 제1항)
① 국토교통부장관은 제26조 또는 제27조에 따라 형식승인을 받은 철도차량 또는 철도용품의 안전 및 품질의 확인·점검을 위하여 필요하다고 인정하는 경우에는 소속 공무원으로 하여금 다음 각 호의 조치를 하게 할 수 있다.
1. 철도차량 또는 철도용품이 제26조 제3항 또는 제27조 제2항에 따른 기술기준에 적합한지에 대한 조사
2. 철도차량 또는 철도용품 형식승인 및 제작자승인을 받은 자의 관계 장부 또는 서류의 열람·제출
3. 철도차량 또는 철도용품에 대한 수거·검사
4. 철도차량 또는 철도용품의 안전 및 품질에 대한 전문연구기관에의 시험·분석 의뢰
5. 그 밖에 철도차량 또는 철도용품의 안전 및 품질에 대한 긴급한 조사를 위하여 국토교통부령으로 정하는 사항

074 철도안전법상 형식승인을 받은 철도차량 또는 철도용품의 안전 및 품질의 확인·점검을 위한 소속 공무원의 조사·열람·수거 등을 정당한 사유 없이 거부·방해·기피해서는 아니 되는 자로 포함되지 않은 자는?

㉮ 형식승인 및 제작자승인을 받은 자

㉯ 철도차량 또는 철도용품의 소유자 및 점유자

㉰ 철도차량 또는 철도용품의 사용자

㉱ 철도차량 또는 철도용품의 관리인

| 해설 | 철도차량 또는 철도용품 형식승인 및 제작자승인을 받은 자와 철도차량 또는 철도용품의 소유자·점유자·관리인 등은 정당한 사유 없이 제1항에 따른 조사·열람·수거 등을 거부·방해·기피하여서는 아니 된다(법 제31조 제2항).

075 철도안전법상 철도차량 또는 철도용품의 안전 및 품질에 대한 긴급한 조사를 위하여 국토교통부령으로 정하는 사항에 해당하지 않는 것은?

㉮ 사고가 발생한 철도차량 또는 철도용품에 대한 철도운영 적합성 조사

㉯ 장기 운행한 철도차량 또는 철도용품에 대한 철도운영 적합성 조사

㉰ 철도차량 또는 철도용품에 결함이 있는지의 여부에 대한 조사

㉱ 철도차량 또는 철도용품의 제작 사양에 대한 조사

| 해설 | 철도차량 또는 철도용품의 안전 및 품질에 대한 긴급한 조사를 위한 "국토교통부령으로 정하는 사항"이란 다음 각 호의 어느 하나에 해당하는 사항을 말한다(시행규칙 제72조 제1항).
1. 사고가 발생한 철도차량 또는 철도용품에 대한 철도운영 적합성 조사
2. 장기 운행한 철도차량 또는 철도용품에 대한 철도운영 적합성 조사
3. 철도차량 또는 철도용품에 결함이 있는지의 여부에 대한 조사
4. 그 밖에 철도차량 또는 철도용품의 안전 및 품질에 관하여 국토교통부장관이 필요하다고 인정하여 고시하는 사항

정답 074 ㉰ 075 ㉱

076 철도안전법상 국토교통부장관은 형식승인을 받은 철도차량 또는 철도용품의 제작·수입·판매 또는 사용의 중지를 명할 수 있다. 제작·수입·판매 또는 사용의 중지를 명할 수 있는 사유로 옳지 않은 것은?

㉮ 형식승인이 취소된 경우
㉯ 형식승인을 받은 내용과 다르게 철도차량 또는 철도용품을 제작·수입·판매한 경우
㉰ 변경승인 이행명령을 받은 경우
㉱ 제작검사를 받지 아니한 철도차량을 판매한 경우

077 철도안전법상 철도차량 또는 철도용품의 제작·수입·판매 또는 사용의 중지를 반드시 명하여야 하는 경우는?

㉮ 형식승인이 취소된 경우
㉯ 변경승인 이행명령을 받은 경우
㉰ 완성검사를 받지 아니한 철도차량을 판매한 경우
㉱ 형식승인을 받은 내용과 다르게 철도차량 또는 철도용품을 제작·수입·판매한 경우

해설 **제작 또는 판매 중지 등**(법 제32조 제1항)
① 국토교통부장관은 제26조 또는 제27조에 따라 형식승인을 받은 철도차량 또는 철도용품이 다음 각 호의 어느 하나에 해당하는 경우에는 그 철도차량 또는 철도용품의 제작·수입·판매 또는 사용의 중지를 명할 수 있다. 다만, 제1호에 해당하는 경우에는 제작·수입·판매 또는 사용의 중지를 명하여야 한다.
1. 제26조의2 제1항(제27조 제4항에서 준용하는 경우를 포함한다)에 따라 형식승인이 취소된 경우
2. 제26조의2 제2항(제27조 제4항에서 준용하는 경우를 포함한다)에 따라 변경승인 이행명령을 받은 경우
3. 제26조의6에 따른 완성검사를 받지 아니한 철도차량을 판매한 경우(판매 또는 사용의 중지명령만 해당한다)
4. 형식승인을 받은 내용과 다르게 철도차량 또는 철도용품을 제작·수입·판매한 경우

정답 076 ㉱ 077 ㉮

078 철도안전법상 철도차량 또는 철도용품의 제작·수입·판매 또는 사용의 중지명령을 받은 제작자의 시정조치의 면제에 관한 설명으로 옳지 않은 것은?

㉮ 변경승인 이행명령을 받은 경우이거나 완성검사를 받지 아니한 철도차량을 판매한 경우로 판매 또는 사용의 중지명령만 받은 경우가 시정조치의 면제 대상의 1차적 요건에 해당된다.

㉯ 시정조치의 면제 대상이 되려면 그 위반경위, 위반정도 및 위반효과 등이 국토교통부령으로 정하는 경미한 경우여야 한다.

㉰ 시정조치의 면제를 받으려는 제작자는 대통령령으로 정하는 바에 따라 국토교통부장관에게 그 시정조치의 면제를 신청하여야 한다.

㉱ 시정조치의 면제를 받으려는 제작자는 중지명령을 받은 날부터 30일 이내에 경미한 경우에 해당함을 증명하는 서류를 국토교통부장관에게 제출하여야 한다.

해설　㉮㉯ 법 제32조 제2항 단서
㉰ 법 제32조 제3항
㉱ 시정조치의 면제를 받으려는 제작자는 중지명령을 받은 날부터 15일 이내에 경미한 경우에 해당함을 증명하는 서류를 국토교통부장관에게 제출하여야 한다(시행령 제29조 제1항).

079 철도안전법상 중지명령을 받은 철도차량 또는 철도용품의 제작자가 시정조치의 면제를 받으려면 그 위반경위, 위반정도 및 위반효과 등이 경미해야 하는데 다음 중 국토교통부령으로 정하는 경미한 경우에 속하지 않은 것은?

㉮ 안전에 영향을 미치지 아니하는 설비의 변경 위반
㉯ 동일 성능으로 입증할 수 없는 부품의 규격 변경 위반
㉰ 중량분포에 영향을 미치지 아니하는 장치 또는 부품의 배치 변경 위반
㉱ 안전, 성능 및 품질에 영향을 미치지 아니하는 제작과정의 변경 위반

해설　법 제32조 제2항 단서에서 "국토교통부령으로 정하는 경미한 경우"란 다음 각 호의 어느 하나에 해당하는 경우를 말한다(시행규칙 제73조 제2항).
1. 구조안전 및 성능에 영향을 미치지 아니하는 형상의 변경 위반
2. 안전에 영향을 미치지 아니하는 설비의 변경 위반
3. 중량분포에 영향을 미치지 아니하는 장치 또는 부품의 배치 변경 위반
4. 동일 성능으로 입증할 수 있는 부품의 규격 변경 위반
5. 안전, 성능 및 품질에 영향을 미치지 아니하는 제작과정의 변경 위반
6. 그 밖에 철도차량 또는 철도용품의 안전 및 성능에 영향을 미치지 아니한다고 국토교통부장관이 인정하여 고시하는 경우

정답　078 ㉱　079 ㉯

080 철도안전법상 철도의 안전과 호환성의 확보 등을 위하여 차량제작자등에게 권고하기 위하여 국토교통부장관이 정한 것은?

㉮ 제작검사기준 ㉯ 철도표준규격
㉰ 사용내구연한 ㉱ 품질인증기준

해설 **표준화**(법 제34조)
국토교통부장관은 철도의 안전과 호환성의 확보 등을 위하여 차량 및 철도용품의 표준규격을 정하여 철도운영자등 또는 철도차량을 제작·조립 또는 수입하려는 자등에게 권고할 수 있다. 다만, 「산업표준화법」에 따른 한국산업표준이 제정되어 있는 사항에 대하여는 그 표준에 따른다.

081 다음은 철도안전법상 철도표준규격의 제정에 관한 내용이다. 옳지 않은 것은?

㉮ 국토교통부장관은 철도차량이나 철도용품의 표준규격(이하 "철도표준규격"이라 한다)을 제정·개정하거나 폐지하려는 경우에는 기술위원회의 심의를 거쳐야 한다.
㉯ 국토교통부장관은 철도표준규격을 고시한 날부터 3년마다 타당성을 확인하여 필요한 경우에는 철도표준규격을 개정하거나 폐지할 수 있다. 다만, 철도기술의 향상 등으로 인하여 철도표준규격을 개정하거나 폐지할 필요가 있다고 인정하는 때에는 2년 이내에는 철도표준규격을 개정하거나 폐지할 수 없다.
㉰ 국토교통부장관은 철도표준규격을 제정한 경우에는 해당 철도표준규격의 명칭·번호 및 제정 연월일 등을 관보에 고시하여야 한다. 고시한 철도표준규격을 개정하거나 폐지한 경우에도 또한 같다.
㉱ 국토교통부장관은 철도표준규격을 제정·개정하거나 폐지하는 경우에 필요한 경우에는 공청회 등을 개최하여 이해관계인의 의견을 들을 수 있다.

082 철도안전법상 철도표준규격에 대한 제정 또는 개정 심의를 하는 기구로 옳은 것은?

㉮ 철도산업위원회 ㉯ 종합안전심사평가위원회
㉰ 철도사고조사위원회 ㉱ 철도기술심의위원회

해설 **철도표준규격의 제정 등**(시행규칙 제74조 제1항)
국토교통부장관은 법 제34조에 따른 철도차량이나 철도용품의 표준규격을 제정·개정하거나 폐지하려는 경우에는 기술위원회의 심의를 거쳐야 한다.

정답 080 ㉯ 081 ㉯ 082 ㉱

083 철도안전법상 철도표준규격을 제정·개정·폐지시킬 수 있는 주기는?

㉮ 1년
㉯ 2년
㉰ 3년
㉱ 수시

해설 **철도표준규격의 제정 등**(시행규칙 제74조 제4항)
국토교통부장관은 철도표준규격을 고시한 날부터 3년마다 타당성을 확인하여 필요한 경우에는 철도표준규격을 개정하거나 폐지할 수 있다. 다만, 철도기술의 향상 등으로 인하여 철도표준규격을 개정하거나 폐지할 필요가 있다고 인정하는 때에는 3년 이내에도 철도표준규격을 개정하거나 폐지할 수 있다.

084 철도안전법상 철도표준규격의 제정·개정 또는 폐지 시에 이해관계인이 의견서를 제출할 수 있는 기관으로 옳은 것은?

㉮ 국토교통부
㉯ 한국교통안전공단
㉰ 한국철도공사(KORAIL)
㉱ 한국철도기술연구원

085 철도안전법상 종합시험운행의 주체로 옳은 것은?

㉮ 국토교통부
㉯ 한국교통안전공단
㉰ 여객승무원
㉱ 철도운영자

해설 철도운영자등은 철도노선을 새로 건설하거나 기존노선을 개량하여 운영하려는 경우에는 정상운행을 하기 전에 종합시험운행을 실시한 후 그 결과를 국토교통부장관에게 보고하여야 한다(법 제38조 제1항).

086 철도안전법상 종합시험운행의 목적으로 옳지 않은 것은?

㉮ 기술기준에의 적합 여부 검토
㉯ 정상운행 준비의 적절성 여부 검토
㉰ 열차운행체계의 안전성 여부 검토
㉱ 열차운행계획의 적합 여부 검토

해설 국토교통부장관은 제1항에 따른 보고를 받은 경우에는 제25조 제1항에 따른 기술기준에의 적합 여부, 철도시설 및 열차운행체계의 안전성 여부, 정상운행 준비의 적절성 여부 등을 검토하여 필요하다고 인정하는 경우에는 개선·시정할 것을 명할 수 있다(법 제38조 제2항).

정답 083 ㉰ 084 ㉱ 085 ㉱ 086 ㉱

087 철도안전법상 종합시험운행에 대한 설명이다. 옳지 않은 것은?

㉮ 철도운영자가 종합시험운행계획을 수립한다.

㉯ 철도시설관리자가 철도운영자와 합동으로 실시한다.

㉰ 철도시설관리자가 철도운영자와 협의하여 실시한다.

㉱ 해당 철도노선의 영업을 개시하기 전에 실시한다.

> **해설** **종합시험운행의 시기·절차 등**(시행규칙 제75조)
> ① 철도운영자등이 법 제38조 제1항에 따라 실시하는 종합시험운행은 해당 철도노선의 영업을 개시하기 전에 실시한다.
> ② 종합시험운행은 철도운영자와 합동으로 실시한다. 이 경우 철도운영자는 종합시험운행의 원활한 실시를 위하여 철도시설관리자로부터 철도차량, 소요인력 등의 지원 요청이 있는 경우 특별한 사유가 없는 한 이에 응하여야 한다.
> ③ 철도시설관리자는 종합시험운행을 실시하기 전에 철도운영자와 협의하여 종합시험운행계획을 수립하여야 한다.

088 철도안전법상 철도시설관리자의 종합시험운행계획 수립 사항이 아닌 것은?

㉮ 종합시험운행의 평가항목 및 평가기준

㉯ 종합시험운행의 일정

㉰ 종합시험운행의 결과에 대한 검토

㉱ 비상대응계획

> **해설** 철도시설관리자는 종합시험운행을 실시하기 전에 철도운영자와 협의하여 다음 각 호의 사항이 포함된 종합시험운행계획을 수립하여야 한다(시행규칙 제75조 제3항).
> 1. 종합시험운행의 방법 및 절차
> 2. 평가항목 및 평가기준 등
> 3. 종합시험운행의 일정
> 4. 종합시험운행의 실시 조직 및 소요인원
> 5. 종합시험운행에 사용되는 시험기기 및 장비
> 6. 종합시험운행을 실시하는 사람에 대한 교육훈련계획
> 7. 안전관리조직 및 안전관리계획
> 8. 비상대응계획
> 9. 그 밖에 종합시험운행의 효율적인 실시와 안전 확보를 위하여 필요한 사항

정답 087 ㉮ 088 ㉰

089 철도안전법상 허용되는 최고속도까지 단계적으로 속도를 향상시키면서 철도시설의 안전상태, 철도차량의 운행적합성, 시설물의 정상작동여부 등을 확인·점검하는 시험은?

㉮ 영업시운전
㉯ 시설물검증시험
㉰ 완성차시험
㉱ 구성품 시험

해설 **종합시험운행의 구분 및 순서**(시행규칙 제75조 제5항)
종합시험운행은 다음 각 호의 절차로 구분하여 순서대로 실시한다.
1. 시설물검증시험 : 해당 철도노선에서 허용되는 최고속도까지 단계적으로 철도차량의 속도를 증가시키면서 철도시설의 안전상태, 철도차량의 운행적합성이나 철도시설물과의 연계성(Interface), 철도시설물의 정상 작동 여부 등을 확인·점검하는 시험
2. 영업시운전 : 시설물검증시험이 끝난 후 영업 개시에 대비하기 위하여 열차운행계획에 따른 실제 영업상태를 가정하고 열차운행체계 및 철도종사자의 업무숙달 등을 점검하는 시험

090 철도안전법상 영업개시에 대비하기 위하여 열차운행계획에 따른 실제 영업상태를 가정하고 열차운행체계 및 철도종사자의 업무숙달 등을 점검하는 시험은?

㉮ 영업시운전
㉯ 시설물검증시험
㉰ 성능시험
㉱ 정밀진단

091 철도안전법상 철도운영자등이 종합시험운행을 실시하는 때에는 안전관리책임자를 지정하여야 한다. 그 안전관리책임자의 업무와 관련 없는 것은?

㉮ 종합시험운행 실시 전 안전계획 수립
㉯ 종합시험운행 실시 전 안전점검
㉰ 종합시험운행 중 안전관리 감독
㉱ 종합시험운행에 사용되는 안전장비의 점검·확인

해설 철도운영자등이 종합시험운행을 실시하는 때에는 안전관리책임자를 지정하여 다음 각 호의 업무를 수행하도록 하여야 한다(시행규칙 제75조 제9항).
1. 「산업안전보건법」 등 관련 법령에서 정한 안전조치사항의 점검·확인
2. 종합시험운행을 실시하기 전의 안전점검 및 종합시험운행 중 안전관리 감독
3. 종합시험운행에 사용되는 철도차량에 대한 안전 통제
4. 종합시험운행에 사용되는 안전장비의 점검·확인
5. 종합시험운행 참여자에 대한 안전교육

정답 089 ㉯ 090 ㉮ 091 ㉮

092 다음은 철도안전법상 철도운영자등이 종합시험운행을 실시하는 때에는 안전관리책임자를 지정하여 점검 확인하여야 하는 항목에 해당되지 않는 것은?

㉮ 「산업안전보건법」 등 관련 법령에서 정한 안전 조치사항의 점검·확인
㉯ 종합시험운행을 실시하기 전의 안전점검 및 종합시험운행 중 안전관리 감독
㉰ 종합시험운행에 사용되는 철도차량에 대한 안전 통제
㉱ 종합시험운행 참여자에 대한 안전교육은 생략 가능

093 철도안전법상 종합시험운행의 결과에 대한 검토 사항이 아닌 것은?

㉮ 기술기준에의 적합여부 검토
㉯ 철도시설의 안전성 여부 검토
㉰ 정상운행 준비의 적절성 여부 검토
㉱ 열차운행체계의 종합적 검토

해설 **종합시험운행 결과의 검토 및 개선명령 등**(시행규칙 제75조의2)
① 법 제38조 제2항에 따라 실시되는 종합시험운행의 결과에 대한 검토는 다음 각 호의 절차로 구분하여 순서대로 실시한다.
1. 「철도의 건설 및 철도시설 유지관리에 관한 법률」 제19조 제1항 및 제2항에 따른 기술기준에의 적합여부 검토
2. 철도시설 및 열차운행체계의 안전성 여부 검토
3. 정상운행 준비의 적절성 여부 검토

094 철도안전법에서 철도차량의 개조에 관한 다음의 설명 중 옳지 않은 것은?

㉮ 소유자등은 철도차량을 최초 제작 당시와 다르게 임의로 개조하고 운행하여서는 아니 된다.
㉯ 소유자등이 철도차량을 개조하여 운행하려면 국토교통부령으로 정하는 경미한 사항에 대해서도 개조승인을 받아야 한다.
㉰ 소유자등이 철도차량을 개조하여 개조승인을 받으려는 경우에는 국토교통부령으로 정하는 바에 따라 적정 개조능력이 있다고 인정되는 자가 개조 작업을 수행하도록 하여야 한다.
㉱ 국토교통부장관은 개조승인을 하려는 경우에 개조승인검사를 하여야 한다.

해설 소유자등이 철도차량을 개조하여 운행하려면 제26조 제3항에 따른 철도차량의 기술기준에 적합한지에 대하여 국토교통부령으로 정하는 바에 따라 국토교통부장관의 승인(이하 "개조승인"이라 한다)을 받아야 한다. 다만, 국토교통부령으로 정하는 경미한 사항을 개조하는 경우에는 국토교통부장관에게 신고(이하 "개조신고"라 한다)하여야 한다(법 제38조의2 제2항).

정답 092 ㉱ 093 ㉱ 094 ㉯

095 철도안전법상 국토교통부령으로 정하는 경미한 사항을 개조하는 경우에는 국토교통부장관에게 신고하여야 한다. 다음 중 경미한 개조사항이 아닌 것은?

㉮ 차체구조 등 철도차량 구조체의 개조로 인하여 해당 철도차량의 허용 적재하중 등 철도차량의 강도가 100분의 5 미만으로 변동되는 경우
㉯ 국토교통부장관으로부터 철도용품 제작자승인을 받은 용품으로 변경하는 경우
㉰ 철도차량 제작자와의 계약에 따른 성능개선 등을 위한 장치 또는 부품의 변경
㉱ 철도차량의 장치 또는 부품을 개조한 이후 개조 전의 장치 또는 부품과 비교하여 철도차량의 고장 또는 운행장애가 증가하여 개조 전의 장치 또는 부품으로 긴급히 교체하는 경우

해설 국토교통부장관으로부터 철도용품 형식승인을 받은 용품으로 변경하는 경우(시행규칙 제75조의4 제1항 제4호).

096 다음 중 철도안전법상 철도차량의 경미한 개조사항이 아닌 것은?

㉮ 고속철도차량 및 일반철도차량의 동력차(기관차)의 중량 및 중량분포가 100분의 2 이하로 변동되는 경우
㉯ 고속철도차량 및 일반철도차량의 차·화차·전기동차·디젤동차 중량 및 중량분포가 100분의 4 이하로 변동되는 경우
㉰ 도시철도차량의 중량 및 중량분포가 100분의 5 이하로 변동되는 경우
㉱ 노면전차의 중량 및 중량분포가 100분의 3 이하로 변동되는 경우

097 철도안전법 시행규칙에서 철도차량의 개조로 보지 않는 것을 〈보기〉에서 모두 고른 것은?

〈보기〉
ㄱ. 차량 내·외부 도색 등 미관이나 내구성 향상을 위하여 시행하는 경우
ㄴ. 차체 형상의 개선 및 차내 설비의 개선
ㄷ. 견인장치, 제동장치, 신호 및 통신 장치의 소프트웨어 수정
ㄹ. 전용철도 노선에서만 운행하는 철도차량에 대한 개조

㉮ ㄱ, ㄷ
㉯ ㄱ, ㄴ
㉰ ㄴ, ㄷ, ㄹ
㉱ ㄱ, ㄴ, ㄷ

정답 095 ㉯ 096 ㉱ 097 ㉱

098 철도안전법상 철도차량의 개조능력이 있다고 인정되는 자가 아닌 것은?

㉮ 개조 대상 철도차량 또는 그와 유사한 성능의 철도차량을 제작한 경험이 있는 자

㉯ 개조 대상 부품 또는 장치 등을 제작하여 납품한 실적이 있는 자

㉰ 개조 대상 부품·장치 또는 그와 유사한 성능의 부품·장치 등을 2년 이상 정비한 실적이 있는 자

㉱ 인증정비조직

해설 개조 대상 부품·장치 또는 그와 유사한 성능의 부품·장치 등을 1년 이상 정비한 실적이 있는 자(시행규칙 제75조의5 제3호)

099 다음은 철도안전법상 철도차량의 개조 등에 관한 내용에서 철도차량 개조승인 검사가 아닌 것은?

㉮ 개조적합성 검사
㉯ 개조합치성 검사
㉰ 개조운행시험
㉱ 개조형식시험

100 철도안전법상 소유자등이 개조승인을 받지 않고 임의로 철도차량을 개조하여 운행하는 경우 4차 위반 시 과징금은 얼마인가? (단위 : 백만원)

㉮ 5　　㉯ 15　　㉰ 30　　㉱ 50

101 철도안전법상 소유자 등이 개조승인을 받지 않고 임의로 철도차량을 개조하여 운행하는 경우 3차 위반 시 처분기준은?

㉮ 해당 철도차량 운행정지 1개월

㉯ 해당 철도차량 운행정지 3개월

㉰ 해당 철도차량 운행정지 4개월

㉱ 해당 철도차량 운행정지 6개월

정답 098 ㉰　099 ㉰　100 ㉱　101 ㉰

102 철도차량의 운행제한에 대한 설명으로 옳지 않은 것은?

㉮ 소유자등이 개조승인을 받지 아니하고 임의로 철도차량을 개조하여 운행하는 경우 국토교통부장관은 철도차량의 운행제한을 명할 수 있다.
㉯ 철도차량이 국토교통부장관이 정하여 고시하는 철도차량의 기술기준에 적합하지 아니한 경우 국토교통부장관은 철도차량의 운행제한을 명할 수 있다.
㉰ 국토교통부장관은 운행제한을 명하는 경우 사전에 그 목적, 기간, 지역, 제한내용 및 대상 철도차량의 종류와 그 밖에 필요한 사항을 여객에게 통보하여야 한다.
㉱ 소유자등이 개조승인을 받지 않고 임의로 철도차량을 개조하여 운행하는 경우 1차 위반 시 과징금의 부과금액은 5백만원이다.

> **해설** 국토교통부장관은 운행제한을 명하는 경우 사전에 그 목적, 기간, 지역, 제한내용 및 대상 철도차량의 종류와 그 밖에 필요한 사항을 해당 소유자등에게 통보하여야 한다(법 제38조의3 제2항).

103 철도차량의 운행제한 관련 과징금의 부과기준에 대한 설명으로 옳지 않은 것은?

㉮ 위반행위의 횟수에 따른 과징금의 가중된 부과기준은 최근 1년간 같은 위반행위로 과징금 부과처분을 받은 경우에 적용한다.
㉯ 위반행위가 둘 이상인 경우로서 각 처분내용이 모두 운행제한인 경우에는 각 처분기준에 따른 과징금을 합산한 금액을 넘지 않는 범위에서 무거운 처분기준에 해당하는 과징금 금액의 2분의 1의 범위에서 가중할 수 있다.
㉰ 위반행위가 사소한 부주의나 오류로 인한 것으로 인정되는 경우 국토교통부장관은 과징금 금액의 2분의 1 범위에서 그 금액을 줄일 수 있다.
㉱ 법 위반상태의 기간이 6개월 이상인 경우 국토교통부장관은 과징금 금액의 2분의 1 범위에서 그 금액을 늘릴 수 있다.

> **해설** 위반행위의 횟수에 따른 과징금의 가중된 부과기준은 최근 2년간 같은 위반행위로 과징금 부과처분을 받은 경우에 적용한다. 이 경우 기간의 계산은 위반행위에 대하여 과징금 부과처분을 받은 날과 그 처분 후 다시 같은 위반행위를 하여 적발된 날을 기준으로 한다(시행령 별표 4).

정답 102 ㉰ 103 ㉮

104 다음은 철도안전법상 철도차량의 이력관리 관한 내용이다. 옳지 않은 것은?

㉮ 소유자등은 보유 또는 운영하고 있는 철도차량과 관련한 제작, 운용, 철도차량정비 및 폐차 등 이력을 관리하여야 한다.
㉯ 이력을 관리하여야 할 철도차량, 이력관리 항목, 전산망 등 관리체계, 방법 및 절차 등에 필요한 사항은 철도운영자가 정하여 고시한다.
㉰ 소유자등은 이력을 국토교통부장관에게 정기적으로 보고하여야 한다.
㉱ 국토교통부장관은 보고된 철도차량과 관련한 제작, 운용, 철도차량정비 및 폐차 등 이력을 체계적으로 관리하여야 한다.

해설 이력을 관리하여야 할 철도차량, 이력관리 항목, 전산망 등 관리체계, 방법 및 절차 등에 필요한 사항은 국토교통부장관이 정하여 고시한다(법 제38조의5 제2항).

105 다음은 철도안전법상 철도차량정비에 관한 내용이다. 옳지 않은 것은?

㉮ 철도운영자등은 운행하려는 철도차량의 부품, 장치 및 차량성능 등이 안전한 상태로 유지될 수 있도록 철도차량정비가 된 철도차량을 운행하여야 한다.
㉯ 국토교통부장관은 철도차량을 운행하기 위하여 철도차량을 정비하는 때에 준수하여야 할 항목, 주기, 방법 및 절차 등에 관한 기술기준을 정하여 고시하여야 한다.
㉰ 소유자등이 개조승인을 받지 아니하고 철도차량을 개조한 경우 국토교통부장관은 철도운영자등에게 철도차량정비 또는 원상복구를 명하여야 한다.
㉱ 대통령령으로 정하는 철도사고 또는 운행장애 등이 발생한 경우 국토교통부장관은 철도운영자등에게 철도차량정비 또는 원상복구를 명하여야 한다.

해설 국토교통부령으로 정하는 철도사고 또는 운행장애 등이 발생한 경우 국토교통부장관은 철도운영자등에게 철도차량정비 또는 원상복구를 명하여야 한다(법 제38조의6 제3항).

정답 104 ㉯ 105 ㉱

106 다음은 철도안전법상 철도차량 정비조직인증에 관한 내용이다. 옳지 않은 것은?

㉮ 철도차량정비를 하려는 자는 철도차량정비에 필요한 인력, 설비 및 검사체계 등에 관한 기준을 갖추어 국토교통부장관으로부터 인증을 받아야 한다.
㉯ 정비조직의 인증을 받은 자가 인증받은 사항을 변경하려는 경우에는 국토교통부장관에게 신고하여야 한다.
㉰ 국토교통부장관은 정비조직을 인증하려는 경우에는 국토교통부령으로 정하는 바에 따라 철도차량정비의 종류·범위·방법 및 품질관리절차 등을 정한 세부 운영기준을 해당 정비조직에 발급하여야 한다.
㉱ 정비조직인증기준, 인증절차, 변경인증절차 및 정비조직운영기준 등에 필요한 사항은 국토교통부령으로 정한다.

> 해설 정비조직의 인증을 받은 자가 인증받은 사항을 변경하려는 경우에는 국토교통부장관의 변경인증을 받아야 한다(법 제38조의7 제2항).

107 철도안전법상 정비조직의 인증을 받은 자가 국토교통부령으로 정하는 경미한 사항을 변경하는 경우에는 국토교통부장관에게 신고하여야 하는데 다음 중 경미한 사항이 아닌 것은?

㉮ 철도차량 정비를 위한 사업장을 기준으로 철도차량 정비와 관련된 업무를 수행하는 인력의 100분의 10 이하 범위에서의 변경
㉯ 철도차량 정비를 위한 사업장을 기준으로 철도차량 정비에 직접 사용되는 토지 면적의 1만제곱미터 이하 범위에서의 변경
㉰ 철도차량 정비의 안전 및 품질 등에 중대한 영향을 초래하지 않는 설비 또는 장비 등의 변경
㉱ 전용철도노선의 철도차량 정비를 위한 설비 또는 장비 등의 교체 또는 개량

108 다음 중 철도안전법에서 정비조직의 인증을 받을 수 없는 자가 아닌 것은?

㉮ 피성년후견인 및 피한정후견인
㉯ 파산선고를 받은 자로서 복권되지 아니한 자
㉰ 정비조직의 인증이 취소된 후 1년이 지나지 아니한 자
㉱ 철도안전법을 위반하여 징역 이상의 실형을 선고받고 그 집행이 끝나거나 그 집행이 면제된 날부터 2년이 지나지 아니한 사람

정답 106 ㉯ 107 ㉱ 108 ㉰

109 철도안전법상 국토교통부장관은 인증정비조직의 인증을 취소하거나 6개월 이내의 기간을 정하여 업무의 제한이나 정지를 명할 수 있는데 다음 중 그 경우가 아닌 것은?

㉮ 거짓이나 그 밖의 부정한 방법으로 인증을 받은 경우
㉯ 고의 또는 중대한 과실로 대통령령으로 정하는 철도사고 및 중대한 운행장애를 발생시킨 경우
㉰ 변경인증을 받지 아니하거나 인증받은 사항을 변경한 경우
㉱ 변경신고를 하지 아니하고 인증받은 사항을 변경한 경우

해설   고의 또는 중대한 과실로 국토교통부령으로 정하는 철도사고 및 중대한 운행장애를 발생시킨 경우(법 제38조의10 제2호)

110 철도안전법상 국토교통부장관은 인증정비조직이 고의 또는 중대한 과실로 국토교통부령으로 정하는 철도사고 및 중대한 운행장애를 발생시킨 경우 인증을 취소하거나 업무의 제한이나 정지를 명할 수 있는데 다음 중 국토교통부령으로 정하는 철도사고 및 중대한 운행장애가 아닌 것은?

㉮ 철도사고로 사망자가 발생한 경우
㉯ 철도사고로 5억원 이상의 재산피해가 발생한 경우
㉰ 운행장애로 5억원 이상의 재산피해가 발생한 경우
㉱ 철도사고로 5명 이상의 중상자가 발생한 경우

111 철도안전법상 인증정비조직이 변경인증을 받지 않거나 변경신고를 하지 않고 인증받은 사항을 변경한 경우에 3차 위반인 때의 처분은?

㉮ 업무정지 1개월 ㉯ 업무정지 2개월
㉰ 업무정지 4개월 ㉱ 업무정지 6개월

112 철도안전법상 인증정비조직의 고의에 따른 철도사고로 사망자가 발생하거나 운행장애로 5억원 이상의 재산피해가 발생한 경우일 때의 처분은?

㉮ 업무정지 2개월 ㉯ 업무정지 4개월
㉰ 업무정지 6개월 ㉱ 인증취소

정답 109 ㉯ 110 ㉱ 111 ㉰ 112 ㉱

113 철도안전법에서 인증정비조직의 중대한 과실로 철도사고 및 운행장애를 발생시킨 경우에 철도사고로 인한 재산피해액이 5억원 이상 10억원 미만인 경우 처분은?

㉮ 업무정지 15일
㉯ 업무정지 1개월
㉰ 업무정지 2개월
㉱ 업무정지 4개월

114 다음은 철도안전법상 철도차량의 정밀안전진단에 관한 내용이다. 옳지 않은 것은?

㉮ 소유자등은 철도차량이 제작된 시점부터 국토교통부령으로 정하는 일정기간 또는 일정주행거리가 지나 노후된 철도차량을 운행하려는 경우 일정기간마다 물리적 사용가능 여부 및 차령기간 등에 대한 진단을 받아야 한다.
㉯ 국토교통부장관은 철도사고 및 중대한 운행장애 등이 발생된 철도차량에 대하여는 소유자등에게 정밀안전진단을 받을 것을 명할 수 있다.
㉰ 국토교통부장관은 정밀안전진단 대상이 특정 시기에 집중되는 경우나 그 밖의 부득이한 사유로 소유자등이 정밀안전진단을 받을 수 없다고 인정될 때에는 그 기간을 연장하거나 유예할 수 있다.
㉱ 소유자등은 국토교통부장관이 지정한 전문기관으로부터 정밀안전진단을 받아야 한다.

> **해설** 소유자등은 철도차량이 제작된 시점(제26조의6 제2항에 따라 완성검사증명서를 발급받은 날부터 기산한다)부터 국토교통부령으로 정하는 일정기간 또는 일정주행거리가 지나 노후된 철도차량을 운행하려는 경우 일정기간마다 물리적 사용가능 여부 및 안전성능 등에 대한 진단(이하 "정밀안전진단"이라 한다)을 받아야 한다(법 제38조의12 제1항).

115 다음 〈보기〉의 철도안전법 내용 중 ( )에 들어갈 내용으로 옳은 것은?

> 〈보기〉
> 최초 정밀안전진단 또는 정기 정밀안전진단 후 전기·전자장치 또는 그 부품의 전기특성·기계적 특성에 따른 반복적 고장이 (ㄱ)회 이상 발생한 철도차량은 반복적 고장이 (ㄴ)회 발생한 날부터 (ㄷ)년 이내에 해당 철도차량의 고장특성에 따른 상태 평가 및 안전성 평가를 시행해야 한다.

㉮ ㄱ : 3회, ㄴ : 3회, ㄷ : 1년
㉯ ㄱ : 2회, ㄴ : 3회, ㄷ : 2년
㉰ ㄱ : 3회, ㄴ : 2회, ㄷ : 1년
㉱ ㄱ : 5회, ㄴ : 5회, ㄷ : 2년

> **해설** 최초 정밀안전진단 또는 정기 정밀안전진단 후 전기·전자장치 또는 그 부품의 전기특성·기계적 특성에 따른 반복적 고장이 3회 이상 발생(실제 운행편성 단위를 기준으로 한다)한 철도차량은 반복적 고장이 3회 발생한 날부터 1년 이내에 해당 철도차량의 고장특성에 따른 상태 평가 및 안전성 평가를 시행해야 한다(시행규칙 제75조의13 제5항).

정답 113 ㉮ 114 ㉮ 115 ㉮

116 다음 〈보기〉의 철도안전법 내용 중 ( )에 들어갈 내용으로 옳은 것은?

〈보기〉
국토교통부장관으로부터 철도차량 정밀안전진단 기간의 연장 또는 유예를 받고자 하는 경우 정밀안전진단 시기가 도래하기 (ㄱ)년 전까지 정밀안전진단 기간의 연장 또는 유예를 받고자 하는 철도차량의 종류, 수량, 연장 또는 유예하고자 하는 기간 및 그 사유를 명시하여 국토교통부장관에게 신청해야 한다. 다만, 긴급한 사유 등이 있는 경우 정밀안전진단 기간이 도래하기 (ㄴ)년 이전에 신청할 수 있다.

㉮ ㄱ : 2년, ㄴ : 1년
㉯ ㄱ : 3년, ㄴ : 2년
㉰ ㄱ : 5년, ㄴ : 1년
㉱ ㄱ : 5년, ㄴ : 2년

해설 소유자등은 정밀안전진단 대상 철도차량이 특정 시기에 집중되거나 그 밖의 부득이한 사유로 국토교통부장관으로부터 철도차량 정밀안전진단 기간의 연장 또는 유예를 받고자 하는 경우 정밀안전진단 시기가 도래하기 5년 전까지 정밀안전진단 기간의 연장 또는 유예를 받고자 하는 철도차량의 종류, 수량, 연장 또는 유예하고자 하는 기간 및 그 사유를 명시하여 국토교통부장관에게 신청해야 한다. 다만, 긴급한 사유 등이 있는 경우 정밀안전진단 기간이 도래하기 1년 이전에 신청할 수 있다(시행규칙 제75조의15 제1항).

117 다음 중 철도안전법상 철도차량 정밀안전진단 방법이 아닌 것은?

㉮ 상태 평가
㉯ 안전성 평가
㉰ 성능 평가
㉱ 차량형식 평가

해설 정밀안전진단은 다음 각 호의 구분에 따라 시행한다(시행규칙 제75조의16 제1항).
1. 상태 평가 : 철도차량의 치수 및 외관검사
2. 안전성 평가 : 결함검사, 전기특성검사 및 전선열화검사
3. 성능 평가 : 역행시험, 제동시험, 진동시험 및 승차감시험

118 다음 중 철도안전법상 철도차량 정밀안전진단 방법에서 안전성 평가 검사항목이 아닌 것은?

㉮ 역행검사
㉯ 결함검사
㉰ 전기특성검사
㉱ 전선열화검사

119 다음 중 철도안전법상 철도차량 정밀안전진단 방법에서 성능 평가 시험항목이 아닌 것은?

㉮ 제동시험
㉯ 철도차량의 치수 및 외관시험
㉰ 역행시험
㉱ 진동시험 및 승차감시험

정답 116 ㉰ 117 ㉱ 118 ㉮ 119 ㉯

120 다음은 철도안전법상 정밀안전진단기관에 관한 내용이다. 옳지 않은 것은?

㉮ 국토교통부장관은 원활한 정밀안전진단 업무 수행을 위하여 정밀안전진단기관을 지정하여야 한다.
㉯ 정밀안전진단기관의 지정기준, 지정절차 등에 필요한 사항은 대통령령으로 정한다.
㉰ 국토교통부장관은 정밀안전진단기관이 성능검사 등을 받지 아니한 검사용 기계·기구를 사용하여 정밀안전진단을 한 경우에 그 지정을 취소하거나 6개월 이내의 기간을 정하여 그 업무의 전부 또는 일부의 정지를 명할 수 있다.
㉱ 정밀안전진단 업무와 관련하여 부정한 금품을 수수하거나 그 밖의 부정한 행위를 한 경우 그 지정을 취소하여야 한다.

121 철도안전법상 소유자등은 정밀안전진단 대상 철도차량의 정밀안전진단 완료 시기가 도래하기 몇 일 전까지 철도차량 정밀안전진단 신청서를 제출해야 하나?

㉮ 10일   ㉯ 20일
㉰ 30일   ㉱ 60일

122 철도안전법상 정밀안전진단기관의 업무 범위가 아닌 것은?

㉮ 해당 업무분야의 철도차량에 대한 정밀안전진단 시행
㉯ 정밀안전진단의 항목 및 기준에 대한 조사·검토
㉰ 정밀안전진단의 항목 및 기준에 대한 제정·개정 시행
㉱ 정밀안전진단의 기록 보존 및 보호에 관한 업무

> **해설** 정밀안전진단기관의 업무 범위는 다음 각 호와 같다(시행규칙 제75조의18).
> 1. 해당 업무분야의 철도차량에 대한 정밀안전진단 시행
> 2. 정밀안전진단의 항목 및 기준에 대한 조사·검토
> 3. 정밀안전진단의 항목 및 기준에 대한 제정·개정 요청
> 4. 정밀안전진단의 기록 보존 및 보호에 관한 업무
> 5. 그 밖에 국토교통부장관이 필요하다고 인정하는 업무

정답 120 ㉯ 121 ㉱ 122 ㉰

123 철도안전법상 정밀안전진단 결과를 조작한 경우 2차 위반인 때의 처분은?

㉮ 업무정지 1개월 ㉯ 업무정지 2개월
㉰ 업무정지 4개월 ㉱ 업무정지 6개월

124 철도안전법상 성능검사 등을 받지 않은 검사용 기계·기구를 사용하여 정밀안전진단을 한 경우 2차 위반 시 과징금은 얼마인가? (단위 : 백만원)

㉮ 5 ㉯ 15 ㉰ 30 ㉱ 50

정답 123 ㉱ 124 ㉯

제5장 철도차량 운행안전 및 철도보호

001 철도안전법상 열차의 편성, 철도차량운전 및 신호방식 등 철도차량의 안전운행에 필요한 사항을 정하고 있는 것으로 옳은 것은?

㉮ 국토교통부령 ㉯ 대통령령
㉰ 국무총리령 ㉱ 국토교통부 고시

해설 **철도차량의 운행**(법 제39조)
열차의 편성, 철도차량 운전 및 신호방식 등 철도차량의 안전운행에 필요한 사항은 국토교통부령으로 정한다.

002 철도안전법상 국토교통부령에 정하도록 위임된 사항이 아닌 것은?

㉮ 열차의 편성에 관한 사항
㉯ 열차 일시중지에 관한 사항
㉰ 철도차량 운전에 관한 사항
㉱ 철도차량 신호방식에 관한 사항

003 국토교통부장관이 행하는 철도교통관제업무의 제외 대상이 아닌 것은?

㉮ 정상운행을 하기 전 신설선에서 철도차량을 운행하는 경우
㉯ 정상운행을 하기 전 개량선에서 철도차량을 운행하는 경우
㉰ 철도차량을 보수·정비하기 위해 차량정비기지에서 철도차량을 운행하는 경우
㉱ 철도차량을 유도하여 서행으로 진입 운행하는 경우

해설 ㉱는 철도차량의 동시 진·출입 금지의 제외 대상일 뿐(철도차량운전규칙 제28조) 철도교통관제업무의 제외 대상이 아니다.
철도교통관제업무의 대상(시행규칙 제76조 제1항)
다음 각 호의 어느 하나에 해당하는 경우에는 법 제39조의2에 따라 국토교통부장관이 행하는 철도교통관제업무의 대상에서 제외한다.
1. 정상운행을 하기 전의 신설선 또는 개량선에서 철도차량을 운행하는 경우
2. 「철도산업발전 기본법」 제3조 제2호 나목에 따른 철도차량을 보수·정비하기 위한 차량정비기지 및 차량유치시설에서 철도차량을 운행하는 경우

정답 001 ㉮ 002 ㉯ 003 ㉱

004 철도안전법의 철도교통관제에 관한 내용이다. 〈보기〉의 빈칸에 들어갈 내용으로 옳지 않은 것은?

> 〈보기〉
> 철도차량을 운행하는 자는 국토교통부장관이 지시하는 (　　) · (　　) · (　　) 등의 명령과 운행 기준 · 방법 · 절차 및 순서 등에 따라야 한다.

㉮ 출발
㉯ 이동
㉰ 주의
㉱ 정지

해설 철도교통 관제(법 제39조의2 제1항)
철도차량을 운행하는 자는 국토교통부장관이 지시하는 이동 · 출발 · 정지 등의 명령과 운행 기준 · 방법 · 절차 및 순서 등에 따라야 한다.

005 철도교통관제업무의 내용으로 옳지 않은 것은?

㉮ 철도차량의 운행에 대한 집중 제어 · 통제 및 감시
㉯ 차량유치시설에서의 철도차량 운행 통제 및 감시
㉰ 철도차량의 운행과 관련된 조언과 정보의 제공 업무
㉱ 철도사고등의 발생시 사고복구, 긴급구조 · 구호 지시 및 관계기관에 대한 상황 보고

해설 법 제39조의2 제4항에 따라 국토교통부장관이 행하는 관제업무의 내용은 다음 각 호와 같다(시행규칙 제76조 제2항).
1. 철도차량의 운행에 대한 집중 제어 · 통제 및 감시
2. 철도시설의 운용상태 등 철도차량의 운행과 관련된 조언과 정보의 제공 업무
3. 철도보호지구에서 법 제45조 제1항 각호의 어느 하나에 해당하는 행위를 할 경우 열차운행 통제 업무
4. 철도사고등의 발생시 사고복구, 긴급구조 · 구호 지시 및 관계 기관에 대한 상황 보고 · 전파 업무
5. 그 밖에 국토교통부장관이 철도차량의 안전운행 등을 위하여 지시한 사항

006 철도안전법상 영상기록장치의 설치 · 운영 등에 관한 내용이다. 다음 〈보기〉의 빈칸에 들어갈 말을 순서대로 나열한 것은?

> 〈보기〉
> (　　)등은 철도차량의 운행상황 기록, 교통사고 상황 파악, 안전사고 방지, 범죄예방 등을 위하여 철도차량 중 (　　)으로 정하는 동력차 및 객차 또는 철도시설에 영상기록장치를 설치 · 운영하여야 한다. 이 경우 영상기록장치의 설치 기준, 방법 등은 (　　)으로 정한다.

㉮ 철도운영자 / 대통령령 / 대통령령
㉯ 철도운영자 / 대통령령 / 국토교통부령
㉰ 철도운영자 / 국토교통부령 / 대통령령
㉱ 철도운영자 / 국토교통부령 / 국토교통부령

정답 004 ㉰　005 ㉯　006 ㉮

해설 **영상기록장치의 설치·운영 등**(법 제39조의3 제1항)
철도운영자등은 철도차량의 운행상황 기록, 교통사고 상황 파악, 안전사고 방지, 범죄예방 등을 위하여 철도차량 중 대통령령으로 정하는 동력차 및 객차 또는 철도시설에 영상기록장치를 설치·운영하여야 한다. 이 경우 영상기록장치의 설치 기준, 방법 등은 대통령령으로 정한다.

007 철도안전법상 영상기록장치의 설치·관리 및 영상기록의 이용·제공 등을 할 때 따라야 할 법은 무엇인가?

㉮ 공공기록물 관리에 관한 법률
㉯ 철도안전법
㉰ 한국철도공사법
㉱ 개인정보 보호법

해설 **영상기록장치의 설치·운영 등**(법 제39조의3 제6항)
영상기록장치의 설치·관리 및 영상기록의 이용·제공 등은 「개인정보 보호법」에 따라야 한다.

008 철도안전법에서 열차운행을 일시 중지할 수 있는 경우가 아닌 것은?

㉮ 여객이 급격히 감소하여 이용객이 적을 경우
㉯ 지진이나 태풍으로 재해가 발생한 경우
㉰ 폭우나 폭설로 인하여 재해가 발생할 것으로 예상되는 경우
㉱ 열차운행에 중대한 장애가 발생할 것으로 예상되는 경우

해설 **열차운행의 일시중지**(법 제40조 제1항)
철도운영자는 다음 각 호에 해당하는 경우로서 열차의 안전운행에 지장이 있다고 인정하는 때에는 열차운행을 일시 중지할 수 있다.
1. 지진·태풍·폭우·폭설 등 천재지변 또는 악천후로 인하여 재해가 발생하였거나 재해가 발생할 것으로 예상되는 경우
2. 그 밖의 열차운행에 중대한 장애가 발생하였거나 발생할 것으로 예상되는 경우

009 다음 중 철도안전법상 철도운영자가 열차 운행을 일시 중지할 수 있는 천재지변에 해당하지 않는 것은?

㉮ 지진
㉯ 낙뢰
㉰ 태풍
㉱ 폭우

정답 007 ㉱ 008 ㉮ 009 ㉯

010 다음 중 철도운영자가 열차운행을 일시 중지시킬 수 있는 경우가 아닌 것은?

㉮ 지진 등 천재지변으로 인하여 재해가 발생하여 열차의 안전운행에 지장이 있다고 인정되는 경우
㉯ 태풍 등 악천후로 인하여 재해가 발생할 것으로 예상되어 열차의 안전운행에 지장이 있다고 인정되는 경우
㉰ 열차운행에 중대한 장애가 발생하여 안전운행에 지장이 있다고 인정되는 경우
㉱ 신호보안장치 등 시설물에 장애가 발생하여 열차의 운행에 지장이 있다고 예상되는 경우

011 다음 중 열차운행을 일시 중지시킬 수 있는 경우가 아닌 것은?

㉮ 지진으로 재해가 발생한 경우
㉯ 태풍으로 재해가 발생할 것으로 예상되는 경우
㉰ 초속 10m의 강풍이 발생한 경우
㉱ 열차운행에 중대한 장애가 발생한 경우

012 철도차량이 차량정비기지에서 출발하는 경우 이상 여부를 확인해야 하는 기능이 아닌 것은?

㉮ 운전제어와 관련된 장지의 기능
㉯ 통신장치의 기능
㉰ 제동장치의 기능
㉱ 운전 시 사용하는 각종 계기판의 기능

해설 **운전업무종사자의 준수사항**(시행규칙 제76조의4)
① 법 제40조의2 제1항 제1호에서 "철도차량 출발 전 국토교통부령으로 정하는 조치사항"이란 다음 각 호를 말한다.
1. 철도차량이「철도산업발전기본법」제3조 제2호 나목에 따른 차량정비기지에서 출발하는 경우 다음 각목의 기능에 대하여 이상 여부를 확인할 것
   가. 운전제어와 관련된 장치의 기능
   나. 제동장치 기능
   다. 그 밖에 운전 시 사용하는 각종 계기판의 기능
2. 철도차량이 역시설에서 출발하는 경우 여객의 승하차 여부를 확인할 것. 다만, 여객승무원이 대신하여 확인하는 경우에는 그러하지 아니하다.

정답 010 ㉱ 011 ㉰ 012 ㉯

013 철도안전법령에서 정한 '음주 제한 철도종사자'로 가장 거리가 먼 것은?

㉮ 여객승무원

㉯ 여객역무원

㉰ 철도운행안전관리자

㉱ 정거장에서 철도신호기·선로전환기 및 조작판 등을 취급하는 사람

해설 **철도종사자의 음주 제한 등**(법 제41조 제1항)
다음 각 호의 어느 하나에 해당하는 철도종사자(실무수습 중인 사람을 포함한다)는 술(「주세법」 제3조 제1호에 따른 주류를 말한다. 이하 같다)을 마시거나 약물을 사용한 상태에서 업무를 하여서는 아니 된다.
1. 운전업무종사자
2. 관제업무종사자
3. 여객승무원
4. 작업책임자
5. 철도운행안전관리자
6. 정거장에서 철도신호기·선로전환기 및 조작판 등을 취급하거나 열차의 조성(組成 : 철도차량을 연결하거나 분리하는 작업을 말한다)업무를 수행하는 사람
7. 철도차량 및 철도시설의 점검·정비 업무에 종사하는 사람

014 철도안전법에서 정한 음주 또는 마약류를 사용한 상태에서 업무를 할 수 없는 철도종사자가 아닌 것은?

㉮ 운전업무종사자

㉯ 철도에 공급되는 전력의 원격장치를 공급하는 사람

㉰ 철도차량 및 철도시설의 점검·정비 업무에 종사하는 사람

㉱ 여객승무원

015 철도안전법상 업무를 수행할 수 없는 상태의 기준인 혈중 알코올농도는?

㉮ 0.01%   ㉯ 0.02%

㉰ 0.05%   ㉱ 0.1%

해설 **철도종사자의 음주 제한 등**(법 제41조)
③ 제2항에 따른 확인 또는 검사 결과 철도종사자가 술을 마시거나 약물을 사용하였다고 판단하는 기준은 다음 각 호의 구분과 같다.
1. 술 : 혈중 알코올농도가 0.02퍼센트(제1항 제4호부터 제6호까지의 철도종사자는 0.03퍼센트) 이상인 경우
2. 약물 : 양성으로 판정된 경우
④ 제2항에 따른 확인 또는 검사의 방법·절차 등에 관하여 필요한 사항은 대통령령으로 정한다.

정답 013 ㉯ 014 ㉯ 015 ㉯

016 철도안전법에서 정하고 있는 열차 안에서 휴대하거나 적재할 수 있는 위해물품이 아닌 것은?

㉮ 무기
㉯ 화학솜
㉰ 유해화학물질
㉱ 화약류

해설 **위해물품의 휴대금지**(법 제42조)
① 누구든지 무기, 화약류, 유해화학물질 또는 인화성이 높은 물질 등 공중(公衆)이나 여객에게 위해를 끼치거나 끼칠 우려가 있는 물건 또는 물질(이하 "위해물품"이라 한다)을 열차에서 휴대하거나 적재(積載)할 수 없다. 다만, 국토교통부장관 또는 시·도지사의 허가를 받은 경우 또는 국토교통부령으로 정하는 특정한 직무를 수행하기 위한 경우에는 그러하지 아니하다.
② 위해물품의 종류, 휴대 또는 적재 허가를 받은 경우의 안전조치 등에 관하여 필요한 세부사항은 국토교통부령으로 정한다.

017 철도안전법상 위해물품을 열차 안에서 휴대하거나 적재할 수 있는 사람으로 틀린 것은?

㉮ 경찰관직무집행법 제2조의 경찰관 직무를 행하는 사람
㉯ 철도사업법 제2조에 따른 철도운수종사자
㉰ 위험물품을 운송하는 군용열차를 호송하는 군인
㉱ 경비업법 제2조에 따른 경비원

해설 **위해물품의 휴대금지 예외**(시행규칙 제77조)
법 제42조 제1항 단서에서 "국토교통부령으로 정하는 특정한 직무를 수행하기 위한 경우"란 다음 각 호의 사람이 직무를 수행하기 위하여 위해물품을 휴대·적재하는 경우를 말한다.
1. 「사법경찰관리의 직무를 수행할 자와 그 직무범위에 관한 법률」 제5조 제11호에 따른 철도공안 사무에 종사하는 국가공무원
2. 「경찰관직무집행법」 제2조의 경찰관 직무를 수행하는 사람
3. 「경비업법」 제2조에 따른 경비원
4. 위험물품을 운송하는 군용열차를 호송하는 군인

018 국토교통부장관이 정하는 특정한 직무를 수행하는 경우에는 열차 안에서 「위해물품」을 휴대할 수 있다. 다음 중 특정한 직무를 수행하는 자가 아닌 것은?

㉮ 철도공안 사무에 종사하는 국가공무원
㉯ 경찰관 직무를 수행하는 사람
㉰ 위험물품을 운송하는 군용열차 호송군인
㉱ 법인에 소속되어 있지 않은 경비원

019 철도안전법에서 정한 열차 안에서 위해물품의 휴대금지에 대한 내용으로 옳지 않은 것은?

㉮ 화약류로서 여객에게 위해를 끼칠 우려가 있는 물질을 휴대할 수 없다.
㉯ 인화성이 높은 물질로 공중에게 위해를 끼칠 우려가 있는 물건을 휴대할 수 없다.
㉰ 여객이 위해물품을 휴대할 경우에는 국토교통부장관에게 신고하여야 한다.
㉱ 위해물품의 종류, 휴대 등에 관하여 필요한 사항은 국토교통부령으로 정한다.

020 철도안전법령에서 정하고 있는 위해물품 휴대금지와 관련된 설명으로 틀린 것은?

㉮ 누구든지 무기·화약류·유해화학물질 또는 인화성이 높은 물질 등 공중이나 여객에게 위해를 끼치거나 끼칠 우려가 있는 위해물품을 열차에서 휴대하거나 적재할 수 없다.
㉯ 국토교통부장관 또는 시·도지사의 허가를 받은 경우에는 위해물품을 열차에서 휴대하거나 적재할 수 있다.
㉰ 국토교통부령이 정하는 특정한 직무를 수행하기 위한 경우의 철도공안 사무에 종사하는 국가공무원도 위해물품을 휴대할 수 없다.
㉱ 위험물품을 운송하는 군용열차를 호송하는 군인이 직무를 수행하기 위한 경우에는 위해물품을 휴대할 수 있다.

021 다음 중 철도안전법 시행규칙에서 규정하고 있는 위해물품에 대한 설명으로 옳지 않은 것은?

㉮ 고압가스 : 섭씨 50도 이상의 임계온도를 가진 물질
㉯ 인화성 액체 : 개방식 인화점 측정법에 따른 인화점이 섭씨 65.6도 이하인 액체
㉰ 자연발화성 물질 : 통상적인 운송상태에서 마찰·습기흡수·화학변화 등으로 인하여 자연발열 또는 자연발화하기 쉬운 물질
㉱ 산화성 물질 : 다른 물질을 산화시키는 성질을 가진 물질로서 유기과산화물 외의 것

해설 **위해물품의 종류**(시행규칙 제78조)
① 법 제42조 제2항에 따른 위해물품의 종류는 다음 각 호와 같다.
1. 화약류 : 「총포·도검·화약류 등의 안전관리에 관한 법률」에 따른 화약·폭약·화공품과 그 밖에 폭발성이 있는 물질
2. 고압가스 : 섭씨 50도 미만의 임계온도를 가진 물질, 섭씨 50도에서 300킬로파스칼을 초과하는 절대압력(진공을 0으로 하는 압력을 말한다. 이하 같다)을 가진 물질, 섭씨 21.1도에서 280킬로파스칼을 초과하거나 섭씨 54.4도에서 730킬로파스칼을 초과하는 절대압력을 가진 물질이나, 섭씨 37.8도에서 280

정답 019 ㉰ 020 ㉰ 021 ㉮

킬로파스칼을 초과하는 절대가스압력(진공을 0으로 하는 가스압력을 말한다)을 가진 액체상태의 인화성 물질
3. 인화성 액체 : 밀폐식 인화점 측정법에 따른 인화점이 섭씨 60.5도 이하인 액체나 개방식 인화점 측정법에 따른 인화점이 섭씨 65.6도 이하인 액체
4. 가연성 물질류 : 다음 각 목에서 정하는 물질
   가. 가연성 고체 : 화기 등에 의하여 용이하게 점화되며 화재를 조장할 수 있는 가연성 고체
   나. 자연발화성 물질 : 통상적인 운송상태에서 마찰·습기흡수·화학변화 등으로 인하여 자연발열하거나 자연발화하기 쉬운 물질
   다. 그 밖의 가연성 물질 : 물과 작용하여 인화성 가스를 발생하는 물질
5. 산화성 물질류 : 다음 각 목에서 정하는 물질
   가. 산화성 물질 : 다른 물질을 산화시키는 성질을 가진 물질로서 유기과산화물 외의 것
   나. 유기과산화물 : 다른 물질을 산화시키는 성질을 가진 유기물질
6. 독물류 : 다음 각 목에서 정하는 물질
   가. 독물 : 사람이 흡입·접촉하거나 체내에 섭취한 경우에 강력한 독작용이나 자극을 일으키는 물질
   나. 병독을 옮기기 쉬운 물질 : 살아 있는 병원체 및 살아 있는 병원체를 함유하거나 병원체가 부착되어 있다고 인정되는 물질
7. 방사성 물질 : 「원자력안전법」 제2조에 따른 핵물질 및 방사성물질이나 이로 인하여 오염된 물질로서 방사능의 농도가 킬로그램당 74킬로베크렐(그램당 0.002마이크로큐리) 이상인 것
8. 부식성 물질 : 생물체의 조직에 접촉한 경우 화학반응에 의하여 조직에 심한 위해를 주는 물질이나 열차의 차체·적하물 등에 접촉한 경우 물질적 손상을 주는 물질
9. 마취성 물질 : 객실승무원이 정상근무를 할 수 없도록 극도의 고통이나 불편함을 발생시키는 마취성이 있는 물질이나 그와 유사한 성질을 가진 물질
10. 총포·도검류 등 : 「총포·도검·화약류 등의 안전관리에 관한 법률」에 따른 총포·도검 및 이에 준하는 흉기류
11. 그 밖의 유해물질 : 제1호부터 제10호까지 외의 것으로서 화학변화 등에 의하여 사람에게 위해를 주거나 열차 안에 적재된 물건에 물질적인 손상을 줄 수 있는 물질
② 철도운영자등은 제1항에 따른 위해물품에 대하여 휴대나 적재의 적정성, 포장 및 안전조치의 적정성 등을 검토하여 휴대나 적재를 허가할 수 있다. 이 경우 해당 위해물품이 위해물품임을 나타낼 수 있는 표지를 포장 바깥면 등 잘 보이는 곳에 붙여야 한다.

022 철도안전법 시행규칙에서 규정하고 있는 위해물품에 대한 설명 중 고압가스에 대한 설명으로 옳지 않은 것은?

㉮ 섭씨 50도 미만의 임계온도를 가진 물질
㉯ 섭씨 21.1도에서 260킬로파스칼을 초과하는 절대압력을 가진 물질
㉰ 섭씨 50도에서 300킬로파스칼을 초과하는 절대압력을 가진 물질
㉱ 섭씨 37.8도에서 280킬로파스칼을 초과하는 절대압력을 가진 액체상태의 인화성 물질

정답 022 ㉯

023 철도안전법 시행규칙에서 규정하고 있는 위해물품에 대한 설명으로 가장 적절하지 않은 것은?

㉮ 고압가스로서 섭씨 50도 미만의 임계온도를 가진 물질
㉯ 인화성 액체는 밀폐식 인화점 측정법에 따른 인화점이 섭씨 60.5도 이하인 액체
㉰ 가연성 물질로서 화기 등에 의하여 용이하게 점화되며 화재를 조장할 수 있는 가연성 고체
㉱ 산화성 물질은 다른 물질을 산화시키는 성질을 가진 물질로서 유기과산화물인 것

024 다음 중 「총포·도검·화약류 등의 안전관리에 관한 법률」에 의한 화약류의 분류에 속하지 않는 것은?

㉮ 화약
㉯ 화공품
㉰ 폭약
㉱ 작약

025 다음 중 철도안전법 시행규칙에 의한 위해물품의 종류에 포함되지 않는 것은?

㉮ 고압가스
㉯ 인화성 액체
㉰ 불연성 물질류
㉱ 독물류

026 철도안전법령상 위험물의 운송에 대한 설명으로 옳지 않은 것은?

㉮ 점화, 점폭약류를 붙인 폭약, 니트로글리세린 등은 철도운송 금지품목이다.
㉯ 위험물의 운송을 위탁하여 철도로 운송하려는 자는 위험물을 안전하게 운송하기 위하여 철도운영자의 안전조치 등에 따라야 한다.
㉰ 철도운영자는 대통령령으로 정하는 위험물을 철도로 운송하고자 할 때에는 대통령령으로 정하는 바에 따라 운송 중의 위험방지 및 인명 보호를 위하여 안전하게 포장, 적재하고 운송하여야 한다.
㉱ 위해물품의 종류, 휴대 또는 적재허가를 받은 경우의 안전조치 등에 관하여 필요한 세부사항은 국토교통부령으로 정한다.

해설 **위험품의 운송위탁 및 운송 금지**(법 제43조)
누구든지 점화류 또는 점폭약류를 붙인 폭약, 니트로글리세린과 건조한 기폭약, 뇌홍질화연에 속하는 것 등 대통령령으로 정하는 위험물의 운송을 위탁할 수 없으며, 철도운영자는 이를 철도로 운송할 수 없다.

정답 023 ㉱ 024 ㉱ 025 ㉰ 026 ㉰

027 대통령령으로 정하고 있는 운송위탁 및 운송 금지 위험물이 아닌 것은?

㉮ 점화 또는 점폭약류를 붙인 폭약
㉯ 글리세린
㉰ 건조한 기폭약
㉱ 뇌홍질화연에 속하는 것

해설 **운송위탁 및 운송 금지 위험물 등**(시행령 제44조)
법 제43조에서 "대통령령으로 정하는 위험물"이라 함은 다음 각 호의 위험물을 말한다.
1. 점화(點火) 또는 점폭약류(點爆藥類)를 붙인 폭약
2. 니트로글리세린
3. 건조한 기폭약(起爆藥)
4. 뇌홍질화연(雷汞窒化鉛)에 속하는 것
5. 그 밖에 사람에게 위해를 주거나 물건에 손상을 줄 수 있는 물질로서 국토교통부장관이 정하여 고시하는 위험물

028 철도안전법상 철도로 운송할 수 없는 위험물로 옳지 않은 것은?

㉮ 점화 또는 점폭약류를 붙인 폭약
㉯ 니트로글리세린
㉰ 뇌홍질화연에 속하는 것
㉱ 불연성 고체

029 철도안전법에서 규정하고 있는 위험물 운송에 관한 설명으로 가장 적절한 것은?

㉮ 대통령령으로 정하는 위험물을 철도로 운송하려는 화주는 대통령령으로 정하는 바에 따라 위험방지 및 인명보호를 위하여 안전하게 포장, 적재하고 운송을 신청하여야 한다.
㉯ 위험물의 운송을 위탁하여 철도로 운송하려는 자는 위험물을 안전하게 운송하기 위하여 철도운영자의 안전조치 등에 따라야 한다.
㉰ 대통령령으로 정하는 위험물이라 함은 마찰·충격·흡습 등 화물 자체의 상황으로 인하여 발화할 우려가 있는 것 등으로서 국토교통부령으로 정하는 것을 말한다.
㉱ 대통령령으로 정하는 특정한 직무를 수행하기 위한 경우에는 위해물품을 열차 안에서 휴대할 수 있다.

정답 027 ㉯ 028 ㉱ 029 ㉯

> **해설**
>
> **위험물의 운송**(법 제44조)
> ① 대통령령으로 정하는 위험물을 철도로 운송하려는 철도운영자는 국토교통부령으로 정하는 바에 따라 운송 중의 위험 방지 및 인명(人命) 보호를 위하여 안전하게 포장, 적재하고 운송해야 한다.
> ② 위험물의 운송을 위탁하여 철도로 운송하려는 자는 위험물을 안전하게 운송하기 위하여 철도운영자의 안전조치 등에 따라야 한다.
>
> **운송취급주의 위험물**(시행령 제45조)
> 철도안전법 제44조 제1항에서 "대통령령으로 정하는 위험물"이라 함은 다음 각 호의 어느 하나에 해당하는 것으로서 국토교통부령으로 정하는 것을 말한다.
> 1. 철도운송 중 폭발할 우려가 있는 것
> 2. 마찰·충격·흡습(吸濕) 등 주위의 상황으로 인하여 발화할 우려가 있는 것
> 3. 인화성·산화성 등이 강하여 그 물질 자체의 성질에 따라 발화할 우려가 있는 것
> 4. 용기가 파손될 경우 내용물이 누출되어 철도차량·레일·기구 또는 다른 화물 등을 부식시키거나 침해할 우려가 있는 것
> 5. 유독성 가스를 발생시킬 우려가 있는 것
> 6. 그 밖에 화물의 성질상 철도시설·철도차량·철도종사자·여객 등에 위해나 손상을 끼칠 우려가 있는 것

030 철도안전법에서 규정하고 있는 위험물 운송에 관한 설명으로 옳은 것은?

㉮ 누구든지 점화류 또는 점폭약류를 붙인 폭약, 니트로글리세린과 건조한 기폭약, 뇌홍 질화연에 속하는 것 등 국토교통부령이 정하는 위험물의 운송을 위탁할 수 없다.
㉯ 위험물의 운송을 위탁하여 철도를 운송하려는 자는 위험물을 안전하게 운송을 위하여 대통령령으로 정한 안전조치 등에 따라야 한다.
㉰ 철도운영자는 철도안전법에서 정하고 있는 운송위탁 및 운송금지 품목에 대하여 관할 경찰서장의 허가가 있을 경우 철도로 운송할 수 있다.
㉱ 대통령령으로 정하는 위험물을 철도로 운송하려는 철도운영자는 국토교통부령으로 정하는 바에 따라 운송 중의 위험방지 및 인명보호를 위하여 안전하게 포장·적재하고 운송하여야 한다.

031 철도안전법 시행령에서 규정하고 있는 운송취급주의 위험물로 가장 거리가 먼 것은?

㉮ 불에 타기 쉬운 위험물로서 화기의 접근을 피해야 하는 것
㉯ 마찰·충격 등 주위의 상황으로 인하여 발화할 우려가 있는 것
㉰ 인화성·산화성 등이 강하여 그 물질 자체의 성질에 따라 발화할 우려가 있는 것
㉱ 용기가 파손될 경우 내용물이 누출되어 다른 화물 등을 침해할 우려가 있는 것

정답 030 ㉱ 031 ㉮

032 철도안전법에서 정하고 있는 위험물 운송위탁 및 운송에 대한 설명으로 옳지 않은 것은?

㉮ 위험물의 운송을 위탁하여 철도로 운용하려는 자는 위험물을 안전하게 운송하기 위하여 철도운영자의 안전조치에 따라야 한다.
㉯ 철도운영자는 철도안전법에서 정하는 위험물을 철도로 운송하고자 할 때에는 대통령령이 정하는 바에 따라 운송 중의 위험방지 및 인명보호를 위하여 안전하게 포장·적재하고 운송하여야 한다.
㉰ 누구든지 점화류, 점폭약류를 붙인 폭약, 니트로글리세린과 건조한 기폭약, 뇌홍질화연에 속하는 것 등 대통령령으로 정하는 위험물의 운송을 위탁할 수 없다.
㉱ 철도운영자는 점화류 또는 점폭약류를 붙인 폭약, 니트로글리세린, 건조한 기폭약, 뇌홍질화연에 속하는 것 등 대통령령으로 정하는 위험물을 철도로 운송할 수 없다.

033 국토교통부령으로 정하는 특정한 직무를 수행하기 위한 경우 철도차량에 위해물품을 휴대·적재할 수 있다. 그에 해당하는 위해물품이라고 볼 수 없는 것은?

㉮ 부식성 물질
㉯ 자연발화성 물질
㉰ 병원체를 함유한 물질
㉱ 인화점이 섭씨 65.6도가 넘는 액체

해설 인화성 액체는 밀폐식 인화점 측정법에 따른 인화점이 섭씨 60.5도 이하인 액체나 개방식 인화점 측정법에 따른 인화점이 섭씨 65.6도 이하인 액체가 위해물품에 속한다.

034 철도안전법령에서 정하고 있는 위험물의 운송위탁 및 운송금지, 휴대금지에 대한 내용으로 옳은 것은?

㉮ 국토교통부령이 정하는 특정한 직무를 수행하기 위한 경우에도 위해물품을 휴대할 수 없다.
㉯ 위험물의 운송을 위하여 철도로 운송하려는 자는 위험물의 안전한 운송을 위하여 국토교통부장관의 안전조치에 따라야 한다.
㉰ 위해물품의 종류, 휴대 또는 적재허가를 받은 경우의 안전조치 등에 관하여 필요한 세부사항은 국토교통부령으로 정한다.
㉱ 철도운영자의 특별승인이 있는 경우에는 점화, 점폭약류를 붙인 폭약, 니트로글리세린과 건조한 기폭약, 뇌홍질화연에 속하는 것 등 위험물의 운송을 위탁할 수 있다.

정답 032 ㉯ 033 ㉱ 034 ㉰

035 철도안전법령에서 정하고 있는 위해물품 휴대금지와 관련된 내용에 대한 설명으로 옳지 않은 것은?

㉮ 누구든지 무기·화약류·유해화학물질 또는 인화성이 높은 물질 등 공중 또는 여객에게 위해를 끼치거나 끼칠 우려가 있는 위해물품을 원칙적으로 열차 안에서 휴대하거나 적재할 수 없다.
㉯ 국토교통부장관의 허가를 받은 경우에는 위해물품을 열차 안에서 휴대하거나 적재할 수 있다.
㉰ 국토교통부령이 정하는 특정한 직무를 수행하기 위한 경우의 철도공안 사무에 종사하는 국가공무원도 위해물품은 휴대할 수 없다.
㉱ 위험물품을 운송하는 군용열차를 호송하는 군인이 직무를 수행하기 위한 경우에는 위해물품을 휴대할 수 있다.

036 철도안전법상 위험물을 철도로 운송하고자 하는 경우의 조치로 옳지 않은 것은?

㉮ 운송 중 폭발할 우려가 있는 위험물은 절대 철도로 운송할 수 없다.
㉯ 운송 중의 위험방지 조치를 하고 운송하여야 한다.
㉰ 인명의 안전에 적합하도록 포장·적재하여야 한다.
㉱ 위험물의 운송을 위탁하려는 자는 철도운영자의 안전조치에 따라야 한다.

037 철도경계선으로부터 30미터(노면전차의 경우에는 10m) 이내의 지역을 무엇이라 하는가?

㉮ 철도보호구역 ㉯ 철도보호지역
㉰ 철도보호지구 ㉱ 철도보호범위

> **해설** **철도보호지구에서의 행위제한 등**(법 제45조)
> ① 철도경계선(가장 바깥쪽 궤도의 끝선을 말한다)으로부터 30미터 이내(노면전차의 경우에는 10m 이내)의 지역(이하 "철도보호지구"라 한다)에서 다음 각 호의 어느 하나에 해당하는 행위를 하려는 자는 대통령령으로 정하는 바에 따라 국토교통부장관 또는 시·도지사에게 신고하여야 한다.
> 1. 토지의 형질변경 및 굴착
> 2. 토석, 자갈 및 모래의 채취
> 3. 건축물의 신축·개축·증축 또는 인공구조물의 설치
> 4. 나무의 식재(대통령령으로 정하는 경우만 해당한다)
> 5. 그 밖에 철도시설을 파손하거나 철도차량의 안전운행을 방해할 우려가 있는 행위로서 대통령령으로 정하는 행위

정답 035 ㉰ 036 ㉮ 037 ㉰

038 철도안전법에서 철도보호지구 안에서의 행위제한에 대한 내용으로 옳지 않은 것은?

㉮ 토지의 형질변경 및 굴착

㉯ 토석·자갈 및 모래의 채취

㉰ 건출물의 신축·개축·증축 또는 인공구조물의 설치

㉱ 국토교통부령으로 정한 경우로 나무의 식재

039 철도보호지구에서 국토교통부장관에게 신고 없이 행할 수 있는 행위로 옳은 것은?

㉮ 토지의 형질변경 및 굴착

㉯ 토석, 자갈 및 모래의 채취

㉰ 건축물의 신축·개축·증축 또는 인공구조물의 설치

㉱ 나무의 식재(대통령령으로 정하지 않는 경우)

040 철도차량의 안전운행 및 철도보호를 위하여 필요하다고 인정할 때에는 국토교통부장관 또는 시·도지사는 시설등의 소유자나 점유자에게 조치 명령을 할 수 있다. 그 내용으로 옳지 않은 것은?

㉮ 나무 등이 시야에 장애를 주면 그 장애물을 제거할 것

㉯ 공작물 등이 붕괴하여 철도에 위해를 끼치거나 끼칠 우려가 있으면 그 위해를 제거하고 필요하면 방지시설을 할 것

㉰ 철도 주변의 공장으로 인해 위해 먼지가 날리거나 날릴 우려가 있는 경우 방지시설을 할 것

㉱ 철도에 토사 등이 쌓이거나 쌓일 우려가 있으면 그 토사 등을 제거하거나 방지시설을 할 것

> 해설 **철도보호지구에서의 행위제한 등**(법 제45조 제4항)
> ④ 국토교통부장관 또는 시·도지사는 철도차량의 안전운행 및 철도 보호를 위하여 필요하다고 인정할 때에는 토지, 나무, 시설, 건축물, 그 밖의 공작물의 소유자나 점유자에게 다음 각 호의 조치를 하도록 명령할 수 있다.
> 1. 시설등이 시야에 장애를 주면 그 장애물을 제거할 것
> 2. 시설등이 붕괴하여 철도에 위해(危害)를 끼치거나 끼칠 우려가 있으면 그 위해를 제거하고 필요하면 방지시설을 할 것
> 3. 철도에 토사 등이 쌓이거나 쌓일 우려가 있으면 그 토사 등을 제거하거나 방지시설을 할 것
> ⑤ 철도운영자등은 철도차량의 안전운행 및 철도 보호를 위하여 필요한 경우 국토교통부장관 또는 시·도지사에게 제3항 또는 제4항에 따른 해당 행위 금지·제한 또는 조치 명령을 할 것을 요청할 수 있다.

정답 038 ㉱   039 ㉱   040 ㉰

041 철도안전법상 대통령령으로 정하는 철도보호지구에서의 안전운행 저해행위로 옳지 않은 것은?

㉮ 철도신호등으로 오인할 우려가 있는 시설물 또는 조명 설비를 설치하는 행위
㉯ 전차선로에 의하여 감전될 우려가 있는 시설이나 설비를 설치하는 행위
㉰ 폭발물이나 인화물질 등 위험물을 제조·저장 또는 전시하는 행위
㉱ 철도운전자 전방 시야 확보에 지장을 주는 나무의 식제

042 철도보호지구에서 나무를 심는 경우 국토교통부장관에게 신고하여야 하는 경우로 옳지 않은 것은?

㉮ 철도차량 운전자의 전방 시야 확보에 지장을 주는 경우
㉯ 조경을 위하여 철도차량 운전에 지장이 없는 관상수를 심는 경우
㉰ 나뭇가지가 전차선 또는 신호기 등을 침범하거나 침범할 우려가 있는 경우
㉱ 호우나 태풍 등으로 나무가 쓰러져 철도시설물을 훼손시킬 우려가 있는 경우

> **해설** **철도보호지구에서의 나무의 식재**(시행령 제47조)
> 법 제45조 제1항 제4호에서 "대통령령으로 정하는 경우"란 다음 각 호의 어느 하나에 해당하는 경우를 말한다.
> 1. 철도차량 운전자의 전방 시야 확보에 지장을 주는 경우
> 2. 나뭇가지가 전차선 또는 신호기 등을 침범하거나 침범할 우려가 있는 경우
> 3. 호우나 태풍 등으로 나무가 쓰러져 철도시설물을 훼손시키거나 열차의 운행에 지장을 줄 우려가 있는 경우

043 철도보호지구에서의 대통령령으로 정한 안전운행 저해행위에 대한 내용 중 옳지 않은 것은?

㉮ 폭발물이나 인화물질 등 위험물을 제조·저장하거나 전시하는 행위
㉯ 철도차량 운전자 등이 선로나 신호기를 확인하는데 지장을 주거나 줄 우려가 있는 시설이나 설비를 설치하는 행위
㉰ 시설 또는 설비가 선로의 위나 밑으로 횡단하거나 선로와 나란히 되도록 설치하는 행위
㉱ 열차의 안전운행과 철도보호를 위하여 필요하다고 인정하여 철도공사 사장이 정하여 고시하는 행위

해설 **철도보호지구에서의 안전운행 저해행위 등**(시행령 제48조)
철도안전법 제45조 제1항 제5호에서 "대통령령으로 정하는 행위"라 함은 다음 각 호의 어느 하나에 해당하는 행위를 말한다.
1. 폭발물이나 인화물질 등 위험물을 제조·저장 또는 전시하는 행위
2. 철도차량 운전자 등이 선로 또는 신호기를 확인하는 데 지장을 주거나 줄 우려가 있는 시설이나 설비를 설치하는 행위
3. 철도신호등으로 오인할 우려가 있는 시설물 또는 조명 설비를 설치하는 행위
4. 전차선로에 의하여 감전될 우려가 있는 시설이나 설비를 설치하는 행위
5. 시설 또는 설비가 선로의 위나 밑으로 횡단하거나 선로와 나란히 되도록 설치하는 행위
6. 그 밖에 열차의 안전운행과 철도보호를 위하여 필요하다고 인정하여 국토교통부장관이 정하여 고시하는 행위

044 철도보호지구에서의 안전운행 저해행위가 아닌 것은?

㉮ 폭발물을 제조·저장하거나 전시하는 행위
㉯ 선로나 신호기의 확인에 지장을 주는 시설을 설치하는 행위
㉰ 철도신호등으로 오인할 수 있는 시설물 또는 조명설비의 설치행위
㉱ 전차선로의 설치 또는 보수행위

045 철도안전법에서 국토교통부장관은 철도차량의 안전운행 및 철도보호를 위하여 필요하다고 인정할 때에는 안전조치를 위해 철도보호지구에서의 제한되는 행위를 하는 자에게 대통령령으로 정하는 필요한 조치를 하도록 명령할 수 있다. 그 조치사항에 해당되는 내용으로 옳지 않은 것은?

㉮ 먼지나 티끌 등이 발생하는 시설·설비나 장비를 운용하는 경우 방진막, 물을 뿌리는 설비 등 분진 방지시설 설치
㉯ 공사로 인하여 약해질 우려가 있는 지반에 대한 보강대책 수립·시행
㉰ 시설물의 구조 검토·보강
㉱ 선로변 수목의 식재작업이나 오인될 신호기의 철거 조치

해설 **철도 보호를 위한 안전조치**(시행령 제49조)
철도안전법 제45조 제2항에서 "대통령령으로 정하는 필요한 조치"란 다음 각 호의 어느 하나에 해당하는 조치를 말한다.
1. 공사로 인하여 약해질 우려가 있는 지반에 대한 보강대책 수립·시행
2. 선로 옆의 제방 등에 대한 흙막이공사 시행
3. 굴착공사에 사용되는 장비나 공법 등의 변경
4. 지하수나 지표수 처리대책의 수립·시행
5. 시설물의 구조 검토·보강
6. 먼지나 티끌 등이 발생하는 시설·설비나 장비를 운용하는 경우 방진막, 물을 뿌리는 설비 등 분진방지시설 설치
7. 신호기를 가리거나 신호기를 보는데 지장을 주는 시설이나 설비 등의 철거

정답 044 ㉱ 045 ㉱

8. 안전울타리나 안전통로 등 안전시설의 설치
9. 그 밖에 철도시설의 보호 또는 철도차량의 안전운행을 위하여 필요한 안전조치

046 철도안전법에서 여객열차에서의 금지행위로 가장 거리가 먼 것은?

㉮ 대통령령으로 정하는 금지장소에 출입하는 행위
㉯ 열차운행 중에 비상정지버튼을 누르거나 철도차량의 옆면에 있는 승강용 출입문을 여는 등 철도차량의 장치 또는 기구 등을 조작하는 행위
㉰ 흡연하는 행위
㉱ 철도종사자와 여객 등에게 성적(性的) 수치심을 일으키는 행위

> **해설** **여객열차에서의 금지행위**(법 제47조)
> 여객은 여객열차에서 다음 각 호의 어느 하나에 해당하는 행위를 하여서는 아니 된다.
> 1. 정당한 사유 없이 국토교통부령으로 정하는 여객출입 금지장소에 출입하는 행위
> 2. 정당한 사유 없이 운행 중에 비상정지버튼을 누르거나 철도차량의 옆면에 있는 승강용 출입문을 여는 등 철도차량의 장치 또는 기구 등을 조작하는 행위
> 3. 여객열차 밖에 있는 사람을 위험하게 할 우려가 있는 물건을 여객열차 밖으로 던지는 행위
> 4. 흡연하는 행위
> 5. 철도종사자와 여객 등에게 성적(性的) 수치심을 일으키는 행위
> 6. 술을 마시거나 약물을 복용하고 다른 사람에게 위해를 주는 행위
> 7. 그 밖에 공중이나 여객에게 위해를 끼치는 행위로서 국토교통부령으로 정하는 행위

047 철도안전법에서 여객열차에서의 금지행위로 옳지 않은 것은?

㉮ 정당한 사유 없이 국토교통부령으로 정하는 여객출입 금지장소에 출입하는 행위
㉯ 정당한 사유 없이 운행 중에 비상정지버튼을 누르는 행위
㉰ 정당한 사유 없이 철도차량의 옆면에 있는 승강용 출입문을 여는 등 철도차량의 장치 또는 기구 등을 조작하는 행위
㉱ 공중이나 여객에게 위해를 끼치는 행위로서 대통령령으로 정하는 행위

048 철도안전법상 여객열차에서의 금지행위로 옳지 않은 것은?

㉮ 정당한 사유 없이 국토교통부령으로 정하는 여객출입 금지장소에 출입하는 행위
㉯ 정당한 사유 없이 운행 중에 비상정지버튼을 누르는 행위
㉰ 여객열차 밖에 있는 사람을 위험하게 할 우려가 있는 물건을 여객열차 밖으로 던지는 행위
㉱ 정당한 사유 없이 열차 승강장의 비상정지버튼을 작동시켜 열차운행에 지장을 주는 행위

정답 046 ㉮ 047 ㉱ 048 ㉱

049 철도안전법에서 여객열차에서의 금지행위 중 옳지 않은 것은?

㉮ 정당한 사유 없이 대통령령으로 정하는 여객출입 금지장소에 출입하는 행위
㉯ 흡연하는 행위
㉰ 정당한 사유 없이 철도차량의 장치 또는 기구 등을 조작하는 행위
㉱ 공중이나 여객에게 위해를 끼치는 행위로서 국토교통부령으로 정하는 행위

050 철도안전법상 여객열차에서의 여객의 금지행위가 아닌 것은?

㉮ 정당한 사유 없이 여객출입 금지장소에 출입하는 행위
㉯ 응급사태 발생으로 비상정지버튼을 누르는 행위
㉰ 여객열차 밖에 있는 사람에게 위험한 물건을 던지는 행위
㉱ 정당한 사유 없이 승강용 출입문을 여는 행위

051 철도안전법상 운전업무종사자, 여객승무원 또는 여객역무원이 여객열차에서의 금지행위를 한 사람에 대한 취할 수 있는 조치가 아닌 것은?

㉮ 금지행위의 제지
㉯ 금지행위를 위한 보안검색
㉰ 금지행위의 녹음
㉱ 금지행위의 촬영

052 철도안전법 시행규칙에서 정한 여객출입 금지장소에 해당하는 곳은?

㉮ 방송실
㉯ 승무원 휴게실
㉰ 식당차
㉱ 침대차

해설 **여객출입 금지장소**(시행규칙 제79조)
철도안전법 제47조 제1호에서 "국토교통부령으로 정하는 여객출입 금지장소"라 함은 다음 각 호의 장소를 말한다.
1. 운전실 2. 기관실 3. 발전실 4. 방송실

053 다음 중 철도안전법에서 정한 여객출입 금지장소가 아닌 것은?

㉮ 운전실
㉯ 기관실
㉰ 발전실
㉱ 승무원실

정답 049 ㉮ 050 ㉯ 051 ㉯ 052 ㉮ 053 ㉱

054 철도안전법에서 국토교통부령으로 정한 여객열차에서의 금지행위로 옳지 않은 것은?

㉮ 여객에게 위해를 끼칠 우려가 있는 동식물을 안전조치 없이 여객열차에 동승하거나 휴대하는 행위
㉯ 타인에게 전염의 우려가 없는 사람이 철도종사자의 허락 없이 여객열차에 타는 행위
㉰ 철도종사자의 허락 없이 여객에게 기부를 부탁하는 행위
㉱ 철도종사자의 허락 없이 물품을 판매·배부하거나 연설·권유 등을 하여 여객에게 불편을 끼치는 행위

> **해설** **여객열차에서의 금지행위**(시행규칙 제80조)
> 법 제47조 제6호에서 "국토교통부령으로 정하는 행위"란 다음 각 호의 행위를 말한다.
> 1. 여객에게 위해를 끼칠 우려가 있는 동식물을 안전조치 없이 여객열차에 동승하거나 휴대하는 행위
> 2. 타인에게 전염의 우려가 있는 법정 감염병자가 철도종사자의 허락 없이 여객열차에 타는 행위
> 3. 철도종사자의 허락 없이 여객에게 기부를 부탁하거나 물품을 판매·배부하거나 연설·권유 등을 하여 여객에게 불편을 끼치는 행위

055 철도안전법에서 철도보호 및 질서유지를 위한 금지행위로 가장 거리가 먼 것은?

㉮ 역시설 등 공중이 이용하는 철도시설 또는 철도차량에서 폭언 또는 고성방가 등 소란을 피우는 행위
㉯ 열차운행 중에 타고 내리거나 정당한 사유 없이 승강용 출입문의 개폐를 방해하여 열차운행에 지장을 주는 행위
㉰ 철도시설에 열차운행에 지장을 줄 수 있는 유해물 또는 오물을 버리는 행위
㉱ 역시설 또는 철도차량 주변에서 노숙하는 행위

> **해설** **철도보호 및 질서유지를 위한 금지행위**(법 제48조)
> 누구든지 정당한 사유 없이 철도보호 및 질서유지를 해치는 다음 각 호의 어느 하나에 해당하는 행위를 하여서는 아니 된다.
> 1. 철도시설 또는 철도차량을 파손하여 철도차량 운행에 위험을 발생하게 하는 행위
> 2. 철도차량을 향하여 돌이나 그 밖의 위험한 물건을 던져 철도차량 운행에 위험을 발생하게 하는 행위
> 3. 궤도의 중심으로부터 양측으로 폭 3미터 이내의 장소에 철도차량의 안전운행에 지장을 주는 물건을 방치하는 행위
> 4. 철도교량 등 국토교통부령으로 정하는 시설 또는 구역에 국토교통부령으로 정하는 폭발물 또는 인화성이 높은 물건 등을 쌓아 놓는 행위
> 5. 선로(철도와 교차된 도로는 제외한다) 또는 국토교통부령으로 정하는 철도시설에 철도운영자등의 승낙 없이 출입하거나 통행하는 행위
> 6. 역시설 등 공중이 이용하는 철도시설 또는 철도차량에서 폭언 또는 고성방가 등 소란을 피우는 행위
> 7. 철도시설에 국토교통부령으로 정하는 유해물 또는 열차운행에 지장을 줄 수 있는 오물을 버리는 행위
> 8. 역시설 또는 철도차량에서 노숙하는 행위
> 9. 열차운행 중에 타고 내리거나 정당한 사유 없이 승강용 출입문의 개폐를 방해하여 열차운행에 지장을 주는 행위

정답 054 ㉯ 055 ㉱

10. 정당한 사유 없이 열차 승강장의 비상정지버튼을 작동시켜 열차운행에 지장을 주는 행위
11. 그 밖에 철도시설 또는 철도차량에서 공중의 안전을 위하여 질서유지가 필요하다고 인정되어 국토교통부령으로 정하는 금지행위

056 철도안전법에서 철도보호 및 질서유지를 위한 금지행위로 정한 내용으로 가장 거리가 먼 것은?

㉮ 철도차량을 향하여 돌이나 그 밖의 위험한 물건을 던져 철도차량 운행에 위험을 발생하게 하는 행위
㉯ 역시설 등 공중이 이용하는 철도시설 또는 철도차량에서 폭언 또는 고성방가 등 소란을 피우는 행위
㉰ 궤도의 중심으로부터 양측으로 폭 5미터 이내의 장소에 철도차량의 안전운행에 지장을 주는 물건을 방치하는 행위
㉱ 역시설 또는 철도차량에서 노숙하는 행위

057 철도안전법상 철도보호 및 질서유지를 위한 금지행위로 옳지 않은 것은?

㉮ 열차를 향해 돌 등을 던지는 행위
㉯ 철도차량을 손괴하는 행위
㉰ 선로에 철도운영자의 승인 없이 출입하는 행위
㉱ 정당한 이유 없이 여객출입 금지장소에 출입하는 행위

058 철도안전법상 철도보호 및 질서유지를 위하여 금지하는 행위가 아닌 것은?

㉮ 역시설에서 노숙하는 행위
㉯ 열차가 운행 중 타고 내리는 행위
㉰ 철도 차량에서 고성방가 등 소란을 피우는 행위
㉱ 철도와 교차된 도로를 철도운영자의 승낙 없이 통행하는 행위

059 철도안전법 시행규칙에서 폭발물 등의 적치금지 구역으로 국토교통부령이 정하는 구역 또는 시설이 아닌 것은?

㉮ 철도역사 ㉯ 철도차량
㉰ 철도터널 ㉱ 정거장 및 선로

정답 056 ㉰ 057 ㉱ 058 ㉱ 059 ㉯

> **[해설] 폭발물 등 적치금지 구역**(시행규칙 제81조)
> 철도안전법 제48조 제4항에서 "국토교통부령으로 정하는 구역 또는 시설"이란 다음 각 호의 구역 또는 시설을 말한다.
> 1. 정거장 및 선로(정거장 또는 선로를 지지하는 구조물 및 그 주변지역을 포함한다)
> 2. 철도역사
> 3. 철도교량
> 4. 철도터널

060 철도안전법상 폭발물 또는 인화성이 높은 물건 등을 적치할 수 없는 장소로서 국토교통부령으로 정하는 구역이 아닌 것은?

㉮ 정거장 및 선로
㉯ 철도터널
㉰ 철도차량 정비시설
㉱ 철도교량 및 역사

061 철도안전법상 철도운영자의 승낙 없이 통행하거나 출입할 수 있는 장소는?

㉮ 철도역사
㉯ 철도차량 정비시설
㉰ 신호·통신기기 설치장소
㉱ 급유시설물이 있는 장소

> **[해설] 출입금지 철도시설**(시행규칙 제83조)
> 철도안전법 제48조 제5항에서 "국토교통부령으로 정하는 철도시설"이란 다음 각 호의 철도시설을 말한다.
> 1. 위험물을 적하하거나 보관하는 장소
> 2. 신호·통신기기 설치장소 및 전력기기·관제설비 설치장소
> 3. 철도운전용 급유시설물이 있는 장소
> 4. 철도차량 정비시설

062 철도안전법상 철도운영자의 승낙 없이 통행하거나 출입할 수 없는 장소로 국토교통부령으로 정한 철도시설이 아닌 것은?

㉮ 관제설비 설치장소
㉯ 정거장
㉰ 위험물을 보관하는 장소
㉱ 급유시설이 있는 장소

063 철도안전법상 국토교통부령으로 정한 질서유지를 위한 금지행위로 옳지 않은 것은?

㉮ 철도차량 안에서 흡연행위
㉯ 선로변에서 총포를 휴대하는 행위
㉰ 철도시설에 불법광고물 부착행위
㉱ 철도종사자의 허락 없이 기부를 부탁하는 행위

정답 060 ㉰ 061 ㉮ 062 ㉯ 063 ㉯

해설 **질서유지를 위한 금지행위**(시행규칙 제85조)
법 제48조 제11호에서 "국토교통부령으로 정하는 금지행위"란 다음 각 호의 행위를 말한다.
1. 흡연이 금지된 철도시설 또는 철도차량 안에서 흡연하는 행위
2. 철도종사자의 허락 없이 철도시설 또는 철도차량에서 광고물을 부착하거나 배포하는 행위
3. 역시설에서 철도종사자의 허락 없이 기부를 부탁하거나 물품을 판매·배부 또는 연설·권유를 하는 행위
4. 철도종사자의 허락 없이 선로변에서 총포를 이용하여 수렵하는 행위

064 철도안전법상 공중의 안전을 위하여 질서유지가 필요하다고 인정하여 국토교통부령이 정하는 금지행위가 아닌 것은?
㉮ 흡연이 금지된 철도시설에서 흡연하는 행위
㉯ 철도차량 안에서 흡연하는 행위
㉰ 역시설에서 철도종사자의 허락 없이 기부를 부탁하는 행위
㉱ 역시설에서 철도종사자의 허락 하에 물품을 판매하는 행위

065 철도안전법상 철도차량의 안전운행 및 철도시설의 보호를 위하여 필요한 경우 보안검색을 실시할 수 있다. 다음 중 보안검색의 대상이 아닌 것은?
㉮ 여객의 신체   ㉯ 휴대물품
㉰ 동반한 애완견   ㉱ 수하물

066 철도안전법상 철도차량의 안전운행 및 철도시설의 보호를 위한 보안검색과 관련한 설명으로 옳지 않은 것은?
㉮ 철도특별사법경찰관리가 보안검색을 실시한다.
㉯ 휴대·적재 금지 위해물품을 탐지하기 위한 보안검색은 전부검색이다.
㉰ 위해물품을 탐지하기 위한 보안검색은 보안검색장비를 사용하여 검색한다.
㉱ 철도특별사법경찰관리는 이 법 및 사법경찰관리의 직무를 수행할 자와 그 직무범위에 관한 법률」제6조 제9호에 따른 직무를 수행하기 위하여 필요하다고 인정되는 상당한 이유가 있을 때에는 합리적으로 판단하여 필요한 한도에서 직무장비를 사용할 수 있다.

정답 064 ㉱ 065 ㉰ 066 ㉯

> **해설** ㉯의 경우는 일부검색에 속한다.
> **보안검색의 실시 방법 및 절차 등**(시행규칙 제85조의2)
> ① 법 제48조의2 제1항에 따라 실시하는 보안검색의 실시 범위는 다음 각 호의 구분에 따른다.
> 1. 전부검색 : 국가의 중요 행사 기간이거나 국가 정보기관으로부터 테러 위험 등의 정보를 통보받은 경우 등 국토교통부장관이 보안검색을 강화하여야 할 필요가 있다고 판단하는 경우에 국토교통부장관이 지정한 보안검색 대상 역에서 보안검색 대상 전부에 대하여 실시
> 2. 일부검색 : 법 제42조에 따른 휴대·적재 금지 위해물품을 휴대·적재하였다고 판단되는 사람과 물건에 대하여 실시하거나 제1호에 따른 전부검색으로 시행하는 것이 부적합하다고 판단되는 경우에 실시
> ② 위해물품을 탐지하기 위한 보안검색은 제48조의2 제1항에 따른 보안검색장비(이하 "보안검색장비"라 한다)를 사용하여 검색한다.

067 위해물품을 탐지하기 위한 보안검색에서 여객의 동의를 받아 직접 신체나 물건을 검색하거나 특정 장소로 이동하여 검색을 할 수 없는 경우는?

㉮ 보안검색장비의 경보음이 울리는 경우
㉯ 위해물품을 휴대하거나 숨기고 있다고 의심되는 경우
㉰ 보안검색장비를 통한 검색 결과 그 내용물을 판독할 수 없는 경우
㉱ 위해물품을 운송위탁하거나 운송한 경우

> **해설** 위해물품을 탐지하기 위한 보안검색에서 여객의 동의를 받아 직접 신체나 물건을 검색하거나 특정 장소로 이동하여 검색을 할 수 있는 경우는 ㉮㉯㉰ 외에 보안검색장비의 오류 등으로 제대로 작동하지 아니하는 경우, 보안의 위협과 관련한 정보의 입수에 따라 필요하다고 인정되는 경우이다(시행규칙 제85조의2 제2항).

068 철도안전법상 철도특별사법경찰관리가 직무 수행시 안전을 위하여 착용·휴대하는 장비가 아닌 것은?

㉮ 방검복 ㉯ 방탄복
㉰ 전자충격기 ㉱ 방폭 담요

> **해설** 법 제48조의2 제1항에 따른 보안검색장비의 종류는 다음 각 호의 구분에 따른다(시행규칙 제85조의3 제1항).
> 1. 위해물품을 검색·탐지·분석하기 위한 장비 : 엑스선 검색장비, 금속탐지장비(문형 금속탐지장비와 휴대용 금속탐지장비를 포함한다), 폭발물 탐지장비, 폭발물흔적탐지장비, 액체폭발물탐지장비 등
> 2. 보안검색 시 안전을 위하여 착용·휴대하는 장비 : 방검복, 방탄복, 방폭 담요 등

정답 067 ㉱ 068 ㉰

069 다음은 철도안전법상 보안검색장비의 성능 인증 등에 관한 내용이다. 옳지 않은 것은?

㉮ 보안검색을 하는 경우에는 국토교통부장관으로부터 성능인증을 받은 보안검색장비를 사용하여야 한다.
㉯ 보안검색장비의 성능인증을 위한 기준·방법·절차 등 운영에 필요한 사항은 국토교통부령으로 정한다.
㉰ 국토교통부장관은 따른 성능인증을 받은 보안검색장비의 운영, 유지관리 등에 관한 기준을 정하여 고시하여야 한다.
㉱ 국토교통부장관은 성능인증을 받은 보안검색장비가 운영 중에 계속하여 성능을 유지하고 있는지를 확인하기 위하여 국토교통부령으로 정하는 바에 따라 매년 점검을 실시하여야 한다.

070 다음 〈보기〉는 철도안전법에 관한 내용이다. 빈칸에 들어갈 말로 옳은 것은?

〈보기〉
열차 또는 철도시설을 이용하는 사람은 철도의 안전·보호와 질서유지를 위하여 하는 (   )의 직무상 지시에 따라야 한다.

㉮ 여객승무원
㉯ 철도운영자
㉰ 철도종사자
㉱ 국토교통부장관

해설 **철도종사자의 직무상 지시 준수**(법 제49조)
① 열차 또는 철도시설을 이용하는 사람은 이 법에 따라 철도의 안전·보호와 질서유지를 위하여 하는 철도종사자의 직무상 지시에 따라야 한다.
② 누구든지 폭행·협박으로 철도종사자의 직무집행을 방해하여서는 아니 된다.

071 철도안전법령상 철도종사자의 권한표시 방법이 아닌 것은?

㉮ 복장
㉯ 명찰
㉰ 완장
㉱ 증표

해설 법 제49조에 따른 철도종사자는 복장·모자·완장·증표 등으로 그가 직무상 지시를 할 수 있는 사람임을 표시하여야 한다(시행령 제51조 제1항).

정답 069 ㉱ 070 ㉰ 071 ㉯

072 철도안전법상 철도종사자가 여객을 열차 밖으로 퇴거조치할 수 있는 경우로 틀린 것은?

㉮ 여객열차 안에서 위해물품을 휴대한 사람

㉯ 운송금지 위험물을 운송위탁 또는 운송하는 사람

㉰ 철도종사자의 직무집행을 방해하는 사람

㉱ 애완견을 동반한 사람

> **해설** **사람 또는 물건에 대한 퇴거조치**(법 제50조)
> 철도종사자는 다음 각 호의 어느 하나에 해당하는 사람 또는 물건을 열차 밖이나 대통령령으로 정하는 지역 밖으로 퇴거시키거나 철거할 수 있다.
> 1. 여객 열차 안에서 위해물품을 휴대한 사람 및 그 위해물품
> 2. 운송 금지 위험물을 운송위탁하거나 운송하는 사람 및 그 위험물
> 3. 국토교통부장관 또는 시·도지사의 행위 금지·제한 또는 조치명령에 따르지 아니하는 사람 및 그 물건
> 4. 여객열차에서의 금지행위를 한 사람 및 그 물건
> 5. 철도보호 및 질서유지를 위한 금지행위를 한 사람 및 그 물건
> 6. 보안검색에 따르지 아니한 사람
> 7. 철도종사자의 직무상 지시를 따르지 아니하거나 직무집행을 방해하는 사람

073 철도안전법상 철도종사자가 사람 또는 물건을 열차 밖이나 지정한 지역의 밖으로 퇴거조치를 할 수 있는 경우로 옳지 않은 것은?

㉮ 철도종사자의 허락 없이 기부를 부탁하는 자

㉯ 애완견을 보호장구에 넣어서 여객열차에 승차한 자

㉰ 정당한 사유 없이 운전실에 승차한 자

㉱ 철도종사자의 직무집행을 방해하는 자

074 다음 중 철도안전법상 사람 또는 물건에 대한 퇴거지역 범위에 속하지 않는 지역은?

㉮ 정거장

㉯ 철도신호기·철도차량정비소·통신기기·전력설비 등의 설비가 설치되어 있는 장소의 담장이나 경계선 안의 지역

㉰ 화물을 적하하는 장소의 담장 또는 경계선 안의 지역

㉱ 철도 건널목에서 30m 이상 떨어진 지역

정답 072 ㉱ 073 ㉯ 074 ㉱

제6장 철도사고조사 · 처리

001 철도안전법상 철도사고등이 발생 시 조치 등에 관한 내용으로 옳지 않은 것은?

㉮ 철도운영자등은 철도사고등이 발생하였을 때에는 사상자 구호, 유류품 관리, 여객 수송 및 철도시설 복구 등 인명피해 및 재산피해를 최소화하고 열차를 정상적으로 운행할 수 있도록 필요한 조치를 하여야 한다.
㉯ 철도사고등이 발생하였을 때의 사상자 구호, 여객 수송 및 철도시설 복구 등에 필요한 사항은 국토교통부령으로 정한다.
㉰ 철도운영자등은 사상자가 많은 사고 등 대통령령으로 정하는 철도사고등이 발생하였을 때에는 국토교통부령으로 정하는 바에 따라 즉시 국토교통부장관에게 보고하여야 한다.
㉱ 국토교통부장관은 사고 보고를 받은 후 필요하다고 인정하는 경우에는 철도운영자등에게 사고 수습 등에 관하여 필요한 지시를 할 수 있다. 이 경우 지시를 받은 철도운영자 등은 특별한 사유가 없으면 지시에 따라야 한다.

> **해설** **철도사고등의 발생시 조치**(법 제60조)
> ① 철도운영자등은 철도사고등이 발생하였을 때에는 사상자 구호, 유류품(遺留品) 관리, 여객 수송 및 철도시설 복구 등 인명피해 및 재산피해를 최소화하고 열차를 정상적으로 운행할 수 있도록 필요한 조치를 하여야 한다.
> ② 철도사고등이 발생하였을 때의 사상자 구호, 여객 수송 및 철도시설 복구 등에 필요한 사항은 대통령령으로 정한다.
> ③ 국토교통부장관은 제61조에 따라 사고 보고를 받은 후 필요하다고 인정하는 경우에는 철도운영자등에게 사고 수습 등에 관하여 필요한 지시를 할 수 있다. 이 경우 지시를 받은 철도운영자등은 특별한 사유가 없으면 지시에 따라야 한다.
>
> **철도사고등의 발생시 조치사항**(시행령 제56조)
> 철도안전법 제60조 제2항에 따라 철도사고등이 발생한 경우 철도운영자등이 준수하여야 하는 사항은 다음 각 호와 같다.
> 1. 사고수습이나 복구작업을 하는 경우에는 인명의 구조와 보호에 가장 우선순위를 둘 것
> 2. 사상자가 발생한 경우에는 법 제7조 제1항에 따른 안전관리체계에 포함된 비상대응계획에서 정한 절차(이하 "비상대응절차"라 한다)에 따라 응급처치, 의료기관으로 긴급이송, 유관기관과의 협조 등 필요한 조치를 신속히 할 것
> 3. 철도차량 운행이 곤란한 경우에는 비상대응절차에 따라 대체교통수단을 마련하는 등 필요한 조치를 할 것

정답 001 ㉯

002 철도안전법상 철도사고등이 발생하였을 때의 사상자 구호, 여객 수송 및 철도시설 복구 등에 관하여 필요한 사항을 정하고 있는 것은?
㉮ 국토교통부령 ㉯ 대통령령
㉰ 국무총리령 ㉱ 국토교통부 고시

003 철도안전법상 다음의 철도사고와 관련된 내용 중 옳지 않은 것은?
㉮ 철도운영자등은 사고수습이나 복구작업을 하는 경우에는 인명의 구조와 보호에 가장 우선순위를 둔다.
㉯ 철도운영자등은 철도차량 운행이 곤란한 경우에는 비상대응절차에 따라 대체교통수단을 마련하는 등 필요한 조치를 한다.
㉰ 철도운영자등은 사상자가 발생한 경우에는 비상대응계획에서 정한 절차에 따라 응급처치, 의료기관으로 긴급이송, 유관기관과의 협조 등 필요한 조치를 신속히 한다.
㉱ 철도운영자등은 사상자가 많은 사고 등 대통령령으로 정하는 철도사고등을 제외한 철도사고등이 발생하였을 때에는 대통령령으로 정하는 바에 따라 사고 내용을 조사하여 그 결과를 국토교통부장관에게 보고하여야 한다.

004 철도안전법상 철도사고등이 발생한 경우 철도운영자등이 준수하여야 하는 사항으로 옳지 않은 것은?
㉮ 사상자가 발생한 경우에는 안전관리체계에 포함된 비상대응계획에서 정한 절차에 따라 응급처치, 의료기관으로 긴급이송, 유관기관과의 협조 등 필요한 조치를 신속히 할 것
㉯ 사고수습이나 복구작업을 하는 경우에는 인명의 구조와 보호에 가장 우선순위를 둘 것
㉰ 사망자가 발생한 경우 신속 정확하게 시신을 레일 밖으로 안치하고 감시자를 하차시킨 후 열차지연을 최소화하도록 적극 노력할 것
㉱ 철도차량 운행이 곤란한 경우에는 비상대응절차에 따라 대체교통수단을 마련하는 등 필요한 조치를 할 것

정답 002 ㉯ 003 ㉱ 004 ㉰

005 철도안전법상 철도사고 발생 시 사고수습 또는 복구작업을 하는 때에 가장 우선순위를 두어야 하는 것은?
　㉮ 인명의 구조 및 보호　　　　　㉯ 본선의 개통
　㉰ 민간재산의 보호　　　　　　　㉱ 철도시설의 복구

006 철도안전법상 철도사고 발생 시 철도운영자의 조치로서 가장 거리가 먼 것은?
　㉮ 사상자 구호 및 유류품 관리
　㉯ 여객수송 및 철도시설 복구
　㉰ 열차의 정상운행을 위해 필요한 조치
　㉱ 다수의 사상자가 발생한 경우 사고조사위원회 구성 및 조사

007 철도안전법상 대통령령으로 정하는 철도사고 중에서 국토교통부장관에게 즉시 보고하여야 하는 철도사고가 아닌 것은?
　㉮ 열차의 충돌이나 탈선사고
　㉯ 철도차량이나 열차에서 화재가 발생하여 운행을 중지시킨 사고
　㉰ 철도차량이나 열차의 운행과 관련하여 2명 이상의 사상자가 발생한 사고
　㉱ 철도차량이나 열차의 운행과 관련하여 5천만원 이상의 재산피해가 발생한 사고

> **해설** 국토교통부장관에게 즉시 보고하여야 하는 철도사고등(시행령 제57조)
> 철도안전법 제61조 제1항에서 "사상자가 많은 사고 등 대통령령으로 정하는 철도사고등"이란 다음 각 호의 어느 하나에 해당하는 사고를 말한다.
> 1. 열차의 충돌이나 탈선사고
> 2. 철도차량이나 열차에서 화재가 발생하여 운행을 중지시킨 사고
> 3. 철도차량이나 열차의 운행과 관련하여 3명 이상 사상자가 발생한 사고
> 4. 철도차량이나 열차의 운행과 관련하여 5천만원 이상의 재산피해가 발생한 사고

008 철도안전법상 국토교통부장관에게 즉시 보고하여야 할 사고가 아닌 것은?
　㉮ 열차의 충돌이나 탈선사고
　㉯ 열차에서 대형화재가 발생한 사고
　㉰ 열차운행과 관련하여 3명 이상의 사상자가 발생한 사고
　㉱ 철도차량과 관련하여 5천만원 이상의 재산피해가 발생한 사고

정답 005 ㉮ 006 ㉱ 007 ㉰ 008 ㉯

009 철도안전법에서 대통령이 정하는 철도사고 중에서 국토교통부장관에게 즉시 보고하여야 하는 철도사고가 아닌 것은?

㉮ 열차의 충돌이나 분리사고
㉯ 철도차량이나 열차에서 화재가 발생하여 운행을 중지시킨 사고
㉰ 철도차량이나 열차의 운행과 관련하여 3명 이상의 사상자가 발생한 사고
㉱ 철도차량이나 열차의 운행과 관련하여 5천만원 이상의 재산피해가 발생한 사고

010 철도안전법상 대통령령이 정하는 철도사고 발생시 국토교통부장관에게 즉시 보고하는 내용으로 옳지 않은 것은?

㉮ 사고의 조사내용
㉯ 사상자 등 피해사항
㉰ 사고 발생 일시 및 장소
㉱ 사고 수습 및 복구 계획

해설 **철도사고등의 의무보고**(시행규칙 제86조 제1항)
철도운영자등은 법 제61조 제1항에 따른 철도사고등이 발생한 때에는 다음 각 호의 사항을 국토교통부장관에게 즉시 보고하여야 한다.
1. 사고 발생 일시 및 장소
2. 사상자 등 피해사항
3. 사고 발생 경위
4. 사고 수습 및 복구 계획 등

011 철도안전법에서 대통령령으로 정한 철도사고 발생 시 국토교통부장관에게 즉시 보고해야 할 내용을 〈보기〉에서 모두 고른 것은?

〈보기〉
ㄱ. 사고 발생 일시 및 장소
ㄴ. 사상자 등 피해사항
ㄷ. 사고 발생 경위
ㄹ. 사고 수습 및 복구 계획

㉮ ㄱ, ㄴ
㉯ ㄴ, ㄷ, ㄹ
㉰ ㄱ, ㄹ
㉱ ㄱ, ㄴ, ㄷ, ㄹ

012 철도안전법상 사상자가 많은 사고 등 대통령령으로 정하는 철도사고등을 제외한 철도사고가 발생하였을 때에는 그 결과를 누구에게 보호해야 하나?

㉮ 대통령
㉯ 국토교통부장관
㉰ 철도운영자
㉱ 화주 및 유족

정답 009 ㉮ 101 ㉮ 011 ㉱ 012 ㉯

013 철도안전법상 철도운영자 등은 사상자가 많은 사고 등 대통령령으로 정하는 철도사고 등을 제외한 철도사고 등이 발생하였을 때에는 국토교통부령으로 정하는 바에 따라 사고 내용을 조사하여 그 결과를 국토교통부장관에게 보고하여야 하는데 그 내용 중 틀린 것은?

㉮ 초기보고 : 사고발생현황 등
㉯ 중간보고 : 사고수습·복구상황 등
㉰ 종결보고 : 사고수습·복구결과 등
㉱ 최종보고 : 사고의 피해상황과 복구결과 등

정답 013 ㉱

제7장 철도안전기반 구축

001 철도안전법상 철도안전기반 구축에 대한 내용으로 옳지 않은 것은?

㉮ 국토교통부장관은 철도안전에 관한 기술의 진흥을 위하여 연구·개발의 촉진 및 그 성과의 보급 등 필요한 시책을 마련하여 추진하여야 한다.
㉯ 국토교통부장관은 철도안전에 관한 전문기관 또는 단체를 지도·육성하여야 한다.
㉰ 철도안전 전문인력의 분야별 자격기준, 자격부여 절차 및 자격을 받기 위한 안전교육훈련 등에 관하여 필요한 사항은 대통령령으로 정한다.
㉱ 안전전문기관의 지정기준, 지정절차 등에 관하여 필요한 사항은 국토교통부령으로 정한다.

002 다음 중 철도안전법상 대통령령으로 정하는 철도안전업무에 종사하는 전문인력의 자격분야로 옳지 않은 것은?

㉮ 철도전기 분야 ㉯ 철도차량 분야
㉰ 철도신호 분야 ㉱ 철도궤도 분야

해설 **철도안전 전문인력의 구분**(시행령 제59조 제1항)
법 제69조 제2항에서 "대통령령으로 정하는 철도안전업무에 종사하는 전문인력"이란 다음 각 호의 어느 하나에 해당하는 인력을 말한다.
1. 철도운행안전관리자
2. 철도안전전문기술자
   가. 전기철도 분야 철도안전전문기술자
   나. 철도신호 분야 철도안전전문기술자
   다. 철도궤도 분야 철도안전전문기술자
   라. 철도차량 분야 철도안전전문기술자

003 철도안전법에서 정한 철도안전 전문인력 중 철도안전전문기술자가 아닌 것은?

㉮ 철도차량 분야 철도안전전문기술자
㉯ 철도건설 분야 철도안전전문기술자
㉰ 철도신호 분야 철도안전전문기술자
㉱ 철도궤도 분야 철도안전전문기술자

정답 001 ㉱ 002 ㉮ 003 ㉯

004 철도안전법상 철도안전전문기술자의 자격기준에 의한 구분방법이 아닌 것은?
  ㉮ 초급   ㉯ 중급
  ㉰ 상급   ㉱ 특급

005 철도안전법상 철도운행안전관리자의 업무가 아닌 것은?
  ㉮ 철도차량의 운행선로에서 철도시설의 건설 또는 관리와 관련한 작업을 수행하는 경우에 작업일정의 조정 또는 작업에 필요한 안전장비·안전시설 등의 점검
  ㉯ 열차접근경보시설이나 열차접근감시인의 배치에 관한 계획수립·시행과 확인
  ㉰ 철도시설의 건설이나 관리와 관련된 설계·시공·감리·안전점검 등
  ㉱ 철도차량 운전자나 관제업무종사자와 연락체계 구축

> **해설** **철도안전 전문인력의 구분**(시행령 제59조 제2항)
> 철도안전 전문인력의 업무 범위는 다음 각 호와 같다.
> 1. 철도운행안전관리자의 업무
>   가. 철도차량의 운행선로나 그 인근에서 철도시설의 건설 또는 관리와 관련한 작업을 수행하는 경우에 작업일정의 조정 또는 작업에 필요한 안전장비·안전시설 등의 점검
>   나. 가목에 따른 작업이 수행되는 선로를 운행하는 열차가 있는 경우 해당 열차의 운행일정 조정
>   다. 열차접근경보시설이나 열차접근감시인의 배치에 관한 계획 수립·시행과 확인
>   라. 철도차량 운전자나 관제업무종사자와 연락체계 구축 등
> 2. 철도안전전문기술자의 업무
>   가. 제1항 제2호 가목부터 다목까지의 철도안전전문기술자 : 해당 철도시설의 건설이나 관리와 관련된 설계·시공·감리·안전점검 업무나 레일용접 등의 업무
>   나. 제1항 제2호 라목의 철도안전전문기술자 : 철도차량의 설계·제작·개조·시험검사·정밀안전진단·안전점검 등에 관한 품질관리 및 감리 등의 업무

006 다음 중 철도안전법상 철도운행안전관리자의 업무에 해당되지 않는 것은?
  ㉮ 철도차량의 운행선로나 그 인근에서 철도시설의 건설 또는 관리와 관련한 작업을 수행하는 경우에 작업일정의 조정 또는 작업에 필요한 안전장비·안전시설 등의 설치
  ㉯ 철도차량 운전자나 관제업무종사자와 연락체계 구축
  ㉰ 철도차량의 운행선로에서 철도시설의 건설 또는 관리와 관련한 작업을 수행하는 경우에 작업이 수행되는 선로를 운행하는 열차가 있는 경우 해당 열차의 운행일정 조정
  ㉱ 열차접근경보시설이나 열차접근감시인의 배치에 관한 계획 수립·시행과 확인

정답 004 ㉰ 005 ㉰ 006 ㉮

007 다음 중 철도안전법상 안전전문기관으로 지정을 받을 수 있는 기관이나 단체에 속하지 않는 것은?

㉮ 철도안전과 관련된 업무를 수행하는 기관

㉯ 철도안전과 관련된 업무를 수행하는 학회

㉰ 철도안전과 관련된 업무를 수행하는 「철도안전법」 제32조에 따라 국토교통부장관의 허가를 받아 설립된 비영리법인

㉱ 철도안전과 관련된 업무를 수행하는 단체

> 해설 **안전전문기관 지정기준**(시행령 제60조의3)
> ① 법 제69조 제6항에 따른 안전전문기관으로 지정받을 수 있는 기관이나 단체는 다음 각 호의 어느 하나와 같다.
> 1. 삭제 〈2020. 5. 26.〉
> 2. 철도안전과 관련된 업무를 수행하는 학회·기관이나 단체
> 3. 철도안전과 관련된 업무를 수행하는 「민법」 제32조에 따라 국토교통부장관의 허가를 받아 설립된 비영리법인

008 철도안전법상 철도안전 전문인력의 교육훈련 중 철도운행안전관리자로 인정받으려는 경우의 교육내용이 아닌 것은?

㉮ 기초전문 직무교육

㉯ 열차운행의 통제와 조정

㉰ 안전관리 일반

㉱ 관계법령

> 해설 철도안전 전문인력의 교육훈련 중 철도운행안전관리자로 인정받으려는 경우의 교육내용은 열차운행의 통제와 조정, 안전관리 일반, 관계법령, 비상 시 조치 등이다.

009 철도안전법상 철도안전 전문인력의 교육훈련 중 철도안전 전문기술자(초급)로 인정받으려는 경우의 교육내용이 아닌 것은?

㉮ 기초전문 직무교육 ㉯ 안전관리 일반

㉰ 실무실습 ㉱ 비상 시 조치

> 해설 철도안전 전문인력의 교육훈련 중 철도안전 전문기술자(초급)로 인정받으려는 경우의 교육내용은 기초전문 직무교육, 안전관리 일반, 관계법령, 실무실습 등이다.

정답 007 ㉰ 008 ㉮ 009 ㉱

010 철도안전법상 철도안전전문기관 세부지정기준에서 기술인력의 자격기준 중 교육책임자의 기술자격자가 아닌 것은?

㉮ 철도 관련 해당 분야 기술사 또는 이와 같은 수준 이상의 자격을 취득한 사람으로서 10년 이상 철도 관련 분야에 근무한 경력이 있는 사람
㉯ 철도 관련 해당 분야 기사 자격을 취득한 사람으로서 15년 이상 철도 관련 분야에 근무한 경력이 있는 사람
㉰ 철도 관련 해당 분야 산업기사 자격을 취득한 사람으로서 20년 이상 철도 관련분야에 근무한 경력이 있는 사람
㉱ 「근로자직업능력 개발법」 제33조에 따라 직업능력개발훈련교사자격증을 취득한 사람으로서 철도 관련 분야 재직경력이 15년 이상인 사람

011 철도안전법상 적성검사기관, 교육훈련기관, 철도안전전문기관의 세부지정기준에서 강의실 등의 면적으로 옳은 것은? (단, 적성검사기관은 검사장, 교육훈련기관은 강의실, 철도안전전문기관은 실습실을 기준으로 한다.)

㉮ 70m² 이상 / 60m² 이상 / 125m² 이상
㉯ 60m² 이상 / 70m² 이상 / 60m² 이상
㉰ 90m² 이상 / 60m² 이상 / 60m² 이상
㉱ 60m² 이상 / 90m² 이상 / 125m² 이상

해설 적성검사기관의 검사장은 70m² 이상(시행규칙 별표 5 참조), 교육훈련기관의 강의실은 60m² 이상(시행규칙 별표 8 참조), 철도안전전문기관의 실습실은 125m²(다만, 철도운행안전관리자의 경우 60m²) 이상(시행규칙 별표 25 참조)이어야 한다.

012 철도안전법상 정부의 보조 등 재정적 지원을 받을 수 있는 기관이 아닌 것은?

㉮ 운전적성검사기관, 관제적성검사기관 또는 정밀안전진단기관
㉯ 운전교육훈련기관, 관제교육훈련기관 또는 정비교육훈련기관
㉰ 인증기관, 시험기관, 안전전문기관 및 철도안전에 관한 단체
㉱ 철도운영기관 및 철도시설기관

해설 **재정지원**(법 제72조)
정부는 다음 각 호의 기관 또는 단체에 보조 등 재정적 지원을 할 수 있다
1. 운전적성검사기관, 관제적성검사기관 또는 정밀안전진단기관
2. 운전교육훈련기관, 관제교육훈련기관 또는 정비교육훈련기관
3. 인증기관, 시험기관, 안전전문기관 및 철도안전에 관한 단체
4. 제77조 제2항에 따라 업무를 위탁받은 기관 또는 단체 .

정답 010 ㉱ 011 ㉮ 012 ㉱

013 철도안전법상 분야별로 구분하여 철도안전전문기관을 지정할 수 있는데 옳은 것은?

㉮ 철도안전 분야, 철도신호 분야, 철도궤도 분야, 철도전기 분야, 철도차량 분야
㉯ 철도운행안전 분야, 철도신호 분야, 전기철도 분야, 철도궤도 분야, 철도차량 분야
㉰ 철도운행안전 분야, 철도신호 분야, 철도전기 분야, 철도궤도 분야, 철도차량 분야
㉱ 철도안전 분야, 철도신호 분야, 전기철도 분야, 철도궤도 분야, 철도차량 분야

014 철도안전법상 안전전문기관이 정당한 사유 없이 안전교육훈련업무를 거부한 경우 2차 위반인 때의 처분은?

㉮ 업무정지 1개월　　㉯ 업무정지 2개월
㉰ 업무정지 4개월　　㉱ 업무정지 6개월

정답　013 ㉯　014 ㉮

제8장 보 칙

001 철도안전법상 청문을 실시하여야 하는 처분으로 옳지 않은 것은?

㉮ 제작자승인의 효력정지
㉯ 운전면허의 취소 및 효력정지
㉰ 운전적성검사기관의 지정취소
㉱ 철도차량정비기술자의 인정 취소

> **해설** 국토교통부장관은 다음 각 호의 어느 하나에 해당하는 처분을 하는 경우에는 청문을 하여야 한다(법 제75조).
> 1. 제9조 제1항에 따른 안전관리체계의 승인 취소
> 2. 제15조의2에 따른 운전적성검사기관의 지정취소(제16조 제5항, 제21조의6 제5항, 제21조의7 제5항, 제24조의4 제5항 또는 제69조 제7항에서 준용하는 경우를 포함한다)
> 3. 삭제
> 4. 제20조 제1항에 따른 운전면허의 취소 및 효력정지
> 4의2. 제21조의11 제1항에 따른 관제자격증명의 취소 또는 효력정지
> 4의3. 제24조의5 제1항에 따른 철도차량정비기술자의 인정 취소
> 5. 제26조의2 제1항(제27조 제4항에서 준용하는 경우를 포함한다)에 따른 형식승인의 취소
> 6. 제26조의7(제27조의2 제4항에서 준용하는 경우를 포함한다)에 따른 제작자승인의 취소
> 7. 제38조의10 제1항에 따른 인증정비조직의 인증 취소
> 8. 제38조의13 제3항에 따른 정밀안전진단기관의 지정 취소
> 9. 제48조의4 제3항에 따른 시험기관의 지정 취소
> 10. 제69조의5 제1항에 따른 철도운행안전관리자의 자격 취소
> 11. 제69조의5 제2항에 따른 철도안전전문기술자의 자격 취소

002 철도안전법상 국토교통부장관이나 관계 지방자치단체의 장은 철도관계기관에 대하여 필요한 사항의 보고 또는 자료의 제출을 명하는 경우 주어야 하는 기간은?

㉮ 5일 이상
㉯ 7일 이상
㉰ 14일 이상
㉱ 30일 이상

003 철도안전법상 벌칙 적용에 있어서의 공무원으로 보는 자에 포함되지 않는 자는?

㉮ 성능시험 업무에 종사하는 시험기관의 임직원 및 성능인증·점검 업무에 종사하는 인증기관의 임직원
㉯ 운전교육훈련 업무에 종사하는 운전교육훈련기관의 임직원 또는 관제교육훈련 업무에 종사하는 관제교육훈련기관의 임직원
㉰ 정밀안전진단 업무에 종사하는 정밀안전진단기관의 임직원
㉱ 신체검사업무에 종사하는 신체검사지정병원의 임직원

정답 001 ㉮ 002 ㉯ 003 ㉱

004 철도안전법상 국토교통부장관의 권한을 철도특별사법경찰대장에게 위임한 내용으로 옳은 것은?

㉮ 술을 마셨거나 약물을 사용하였는지에 대한 확인 또는 검사

㉯ 직무 수행 시 안전을 위하여 착용·휴대하는 장비의 종류 지정

㉰ 보안검색 대상 역과 보안검색 대상의 지정

㉱ 휴대·적재 금지 위해물품의 지정

해설 **권한의 위임**(시행령 제62조 제2항)
② 국토교통부장관은 법 제77조 제1항에 따라 다음 각 호의 권한을 「국토교통부와 그 소속기관의 직제」 제40조에 따른 철도특별사법경찰대장에게 위임한다.
1. 법 제41조 제2항에 따른 술을 마셨거나 약물을 사용하였는지에 대한 확인 또는 검사
2. 법 제48조의2 제2항에 따른 철도보안정보체계의 구축·운영
3. 법 제82조 제1항 제14호, 같은 조 제2항 제7호·제8호·제9호·제10호 같은 조 제4항 및 같은 조 제5항 제2호에 따른 과태료의 부과·징수

005 철도안전법상 국토교통부장관이 한국교통안전공단에 위탁한 업무 내용으로 옳지 않은 것은?

㉮ 안전관리체계에 대한 정기검사 또는 수시검사

㉯ 철도운영 및 철도시설의 안전관리에 필요한 기술기준의 제정 또는 개정

㉰ 철도차량정비기술자 인정의 취소 및 정지에 관한 사항

㉱ 종합시험운행 결과의 검토

해설 **업무의 위탁**(시행령 제63조 제1항)
① 국토교통부장관은 법 제77조 제2항에 따라 다음 각 호의 업무를 한국교통안전공단에 위탁한다.
1. 법 제7조 제4항에 따른 안전관리기준에 대한 적합 여부 검사
1의2. 법 제7조 제5항에 따른 기술기준의 제정 또는 개정을 위한 연구·개발
1의3. 법 제8조 제2항에 따른 안전관리체계에 대한 정기검사 또는 수시검사
1의4. 법 제9조의3 제1항에 따른 철도운영자등에 대한 안전관리 수준평가
2. 법 제17조 제1항에 따른 운전면허시험의 실시
3. 법 제18조 제1항에 따른 운전면허 또는 관제자격증서의 발급과 법 제18조 제2항에 따른 운전면허 또는 관제자격증명의 재발급이나 기재사항의 변경
4. 법 제19조 제3항에 따른 운전면허 또는 관제자격증명 갱신 발급과 법 제19조 제6항에 따른 운전면허 또는 관제자격증명 갱신에 관한 내용 통지
5. 법 제20조 제3항과 제4항에 따른 운전면허증 또는 관제자격증명 반납 및 보관
6. 법 제20조 제6항에 따른 운전면허 또는 관제자격증명 발급·갱신·취소 등에 관한 자료 유지·관리
6의2. 법 제21조의8 제1항에 따른 관제자격증명시험의 실시
6의3. 법 제24조의2 제1항부터 제3항까지에 따른 철도차량정비기술자의 인정 및 철도차량정비경력증의 발급·관리

정답 004 ㉮ 004 ㉯

6의4. 법 제24조의5 제1항 및 제2항에 따른 철도차량정비기술자 인정의 취소 및 정지에 관한 사항
6의5. 법 제38조 제2항에 따른 종합시험운행 결과의 검토
6의6. 법 제38조의5 제5항에 따른 철도차량의 이력관리에 관한 사항
6의7. 법 제38조의7 제1항 및 제2항에 따른 철도차량 정비조직의 인증 및 변경인증의 적합 여부에 관한 확인
6의8. 법 제38조의7 제3항에 따른 정비조직운영기준의 작성
6의9. 법 제61조의3 제1항에 따른 철도안전 자율보고의 접수
7. 법 제70조에 따른 철도안전에 관한 지식 보급과 법 제71조에 따른 철도안전에 관한 정보의 종합관리를 위한 정보체계 구축 및 관리
7의2 법 제75조 제4호의3에 따른 철도차량정비기술자의 인정 취소에 관한 청문

006 철도안전법상 국토교통부장관이 안전관리기준에 대한 적합 여부 검사 업무를 위탁한 기관은?

㉮ 국가철도공단
㉯ 한국철도기술연구원
㉰ 철도기술심의위원회
㉱ 한국교통안전공단

007 철도안전법상 한국교통안전공단이 국토교통부장관으로부터 위탁받은 업무가 아닌 것은?

㉮ 운전면허증 반납 및 보관
㉯ 운전면허시험의 실시
㉰ 철도안전에 관한 지식 보급
㉱ 표준규격서의 기록 및 보관

008 철도안전법상 국토교통부장관이 한국교통안전공단법에 따라 한국교통안전공단에 업무를 위탁하는 업무로 옳지 않은 것은?

㉮ 형식승인검사
㉯ 안전관리체계에 대한 정기검사 또는 수시검사와 안전관리기준에 대한 적합 여부 검사
㉰ 종합시험운행 결과의 검토와 기술기준의 제정 또는 개정을 위한 연구・개발
㉱ 철도차량 정비조직의 인증 및 변경인증의 적합 여부에 관한 확인

009 철도안전법상 국토교통부장관으로부터 위탁받은 한국철도기술연구원의 업무가 아닌 것은?

㉮ 철도시설의 기술기준의 제정 또는 개정을 위한 연구・개발
㉯ 철도차량 개조승인검사
㉰ 철도차량의 이력관리에 관한 사항
㉱ 철도차량 표준규격의 제정・개정・폐지 및 확인 대상의 검토

정답 006 ㉱ 007 ㉱ 008 ㉮ 009 ㉰

해설 철도차량의 이력관리에 관한 사항은 제외된다.

업무의 위탁(시행령 제63조 제2항)

② 국토교통부장관은 법 제77조 제2항에 따라 다음 각 호의 업무를 한국철도기술연구원에 위탁한다.
1. 법 제25조 제1항, 제26조 제3항, 제26조의3 제2항, 제27조 제2항 및 제27조의2 제2항에 따른 기술기준의 제정 또는 개정을 위한 연구·개발
2. 삭제 〈2020. 10. 8.〉
3. 삭제 〈2020. 10. 8.〉
4. 삭제 〈2020. 10. 8.〉
5. 법 제26조의8 및 제27조의2 제4항에서 준용하는 법 제8조 제2항에 따른 정기검사 또는 수시검사
6. 삭제 〈2020. 10. 8.〉
7. 삭제 〈2020. 10. 8.〉
8. 법 제34조 제1항에 따른 철도차량·철도용품 표준규격의 제정·개정 등에 관한 업무 중 다음 각 목의 업무
    가. 표준규격의 제정·개정·폐지에 관한 신청의 접수
    나. 표준규격의 제정·개정·폐지 및 확인 대상의 검토
    다. 표준규격의 제정·개정·폐지 및 확인에 대한 처리결과 통보
    라. 표준규격서의 작성
    마. 표준규격서의 기록 및 보관
9. 법 제38조의2 제4항에 따른 철도차량 개조승인검사

010 철도안전법상 국토교통부장관이 한국철도기술연구원에 위탁하는 업무로 옳은 것은?

㉮ 철도용품 표준규격의 제정·개정·폐지에 관한 신청의 접수
㉯ 종합시험운행 결과의 검토
㉰ 안전관리체계에 대한 정기검사 또는 수시검사
㉱ 철도운영자등에 대한 안전관리 수준평가

011 철도안전법상 국가철도공단이 국토교통부장관으로부터 위탁받은 업무가 아닌 것은?

㉮ 철도보호지구에서의 행위의 신고 수리
㉯ 철도보호지구에서의 행위 금지·제한이나 필요한 조치명령
㉰ 철도보호지구에서의 행위 금지·제한에 따른 손실보상과 손실보상에 관한 협의
㉱ 철도안전에 관한 정보의 종합관리를 위한 정보체계 구축 및 관리

해설 ㉱는 한국교통안전공단이 국토교통부장관으로부터 위탁받은 업무이다.

업무의 위탁(시행령 제63조 제3항)

③ 국토교통부장관은 법 제77조 제2항에 따라 철도보호지구 등의 관리에 관한 다음 각 호의 업무를 「국가철도공단법」에 따른 국가철도공단에 위탁한다.
1. 법 제45조 제1항에 따른 철도보호지구에서의 행위의 신고 수리, 같은 조 제2항에 따른 노면전차 철도보호지구의 바깥쪽 경계선으로부터 20미터 이내의 지역에서의 행위의 신고 수리 및 같은 조 제3항에 따른 행위 금지·제한이나 필요한 조치 명령
2. 법 제46조에 따른 손실보상과 손실보상에 관한 협의

정답 010 ㉮   011 ㉱

012 철도안전법상 국토교통부장관이 지정하여 고시하는 철도안전에 관한 전문기관이나 단체에 위탁하는 업무 내용으로 맞는 것은?

㉮ 철도차량·철도용품 표준규격의 제정·개정 등에 관한 업무
㉯ 철도안전전문인력의 자격부여에 관한 자료의 유지·관리 업무
㉰ 종합시험운행 결과의 검토
㉱ 술을 마셨거나 약물을 사용하였는지에 대한 확인 또는 검사

> **해설** **업무의 위탁**(시행령 제63조 제4항)
> ④ 국토교통부장관은 법 제77조 제2항에 따라 다음 각 호의 업무를 국토교통부장관이 지정하여 고시하는 철도안전에 관한 전문기관이나 단체에 위탁한다.
> 1. 삭제 〈2020. 10. 8.〉
> 2. 법 제69조 제4항에 따른 자격부여 등에 관한 업무 중 제60조의2에 따른 자격부여 신청 접수, 자격증서 발급, 관계 자료 제출 요청 및 자격부여에 관한 자료의 유지·관리 업무

013 철도안전법상 3년마다 그 타당성을 검토하여 개선 등의 조치를 하여야 하는 경우로 옳지 않은 것은?

㉮ 적성검사 방법·절차 및 합격기준
㉯ 신체검사 방법·절차·합격기준
㉰ 위해물품의 종류
㉱ 안전전문 기관의 지정 기준 및 절차

정답 012 ㉯ 013 ㉱

제9장 벌 칙

001 사람이 탑승하여 운행 중인 철도차량을 탈선 또는 충돌하게 하거나 파괴, 사람이 탑승하여 운행 중인 철도차량에 불을 놓아 소훼한 사람에 대한 철도안전법상 벌칙으로 옳은 것은?

㉮ 5년 이하의 징역 또는 5천만원 이하의 벌금
㉯ 무기징역 또는 5년 이상의 징역
㉰ 3년 이하의 징역 또는 3천만원 이하의 벌금
㉱ 1년 이하의 징역 또는 1천만원 이하의 벌금

> **해설** **벌칙**(법 제78조)
> ① 다음 각 호의 어느 하나에 해당하는 사람은 무기징역 또는 5년 이상의 징역에 처한다.
>   1. 사람이 탑승하여 운행 중인 철도차량에 불을 놓아 소훼(燒毀)한 사람
>   2. 사람이 탑승하여 운행 중인 철도차량을 탈선 또는 충돌하게 하거나 파괴한 사람
> ② 제48조 제1호를 위반하여 철도시설 또는 철도차량을 파손하여 철도차량 운행에 위험을 발생하게 한 사람은 10년 이하의 징역 또는 1억원 이하의 벌금에 처한다.
> ③ 과실로 제1항의 죄를 지은 사람은 1년 이하의 징역 또는 1천만원 이하의 벌금에 처한다.
> ④ 과실로 제2항의 죄를 지은 사람은 1천만원 이하의 벌금에 처한다.
> ⑤ 업무상 과실이나 중대한 과실로 제1항의 죄를 지은 사람은 3년 이하의 징역 또는 3천만원 이하의 벌금에 처한다.
> ⑥ 업무상 과실이나 중대한 과실로 제2항의 죄를 지은 사람은 2년 이하의 징역 또는 2천만원 이하의 벌금에 처한다.
> ⑦ 제1항 및 제2항의 미수범은 처벌한다.

002 철도안전법상 10년 이하의 징역 1억원 이하의 벌금에 해당하는 위반사항은?

㉮ 철도시설 또는 철도차량을 손괴하여 철도차량 운행에 위험을 발생하게 하는 행위
㉯ 관제업무종사자가 관제업무 수행 중 철도사고 발생 시 국토교통부령으로 정하는 조치 사항을 이행하지 않아 사람을 사상에 이르게 한 경우
㉰ 궤도의 중심으로부터 양측으로 폭 3미터 이내의 장소에 철도차량의 안전운행에 지장을 주는 물건을 방치하는 행위
㉱ 정당한 사유 없이 철도시설 또는 철도차량을 파손하여 철도차량 운행에 위험을 발생하게 한 사람

정답 001 ㉯ 002 ㉱

003 철도안전법에서 폭행·협박으로 철도종사자의 직무집행을 방해하는 경우 벌칙으로 옳은 것은?

㉮ 1년 이하의 징역 또는 1천만원 이하의 벌금
㉯ 2년 이하의 징역 또는 2천만원 이하의 벌금
㉰ 3년 이하의 징역 또는 3천만원 이하의 벌금
㉱ 5년 이하의 징역 또는 5천만원 이하의 벌금

해설 **벌칙**(법 제79조 제1항)
철도안전법 제49조 제2항을 위반하여 폭행·협박으로 철도종사자의 직무집행을 방해한 자는 5년 이하의 징역 또는 5천만원 이하의 벌금에 처한다.

004 철도안전법에 규정하고 있는 사항을 위반하여 운송금지 위험물의 운송을 위탁하거나 그 위험물을 운송한 자에 대한 벌칙은?

㉮ 1년 이하의 징역 또는 1천만원 이하의 벌금
㉯ 3년 이하의 징역 또는 3천만원 이하의 벌금
㉰ 2년 이하의 징역 또는 2천만원 이하의 벌금
㉱ 5년 이하의 징역 또는 5천만원 이하의 벌금

해설 **벌칙**(법 제79조 제2항)
② 다음 각 호의 어느 하나에 해당하는 자는 3년 이하의 징역 또는 3천만원 이하의 벌금에 처한다.
1. 제7조 제1항을 위반하여 안전관리체계의 승인을 받지 아니하고 철도운영을 하거나 철도시설을 관리한 자
2. 제26조의3 제1항을 위반하여 철도차량 제작자승인을 받지 아니하고 철도차량을 제작한 자
3. 제27조의2 제1항을 위반하여 철도용품 제작자승인을 받지 아니하고 철도용품을 제작한 자
3의2. 제38조의2 제2항을 위반하여 개조승인을 받지 아니하고 철도차량을 임의로 개조하여 운행한 자
3의3. 제38조의2 제3항을 위반하여 적정 개조능력이 있다고 인정되지 아니한 자에게 철도차량 개조 작업을 수행하게 한 자
3의4. 제38조의3 제1항을 위반하여 국토교통부장관의 운행제한 명령을 따르지 아니하고 철도차량을 운행한 자
4. 철도사고등 발생 시 제40조의2 제2항 제2호 또는 제5항을 위반하여 사람을 사상(死傷)에 이르게 하거나 철도차량 또는 철도시설을 파손에 이르게 한 자
5. 제41조 제1항을 위반하여 술을 마시거나 약물을 사용한 상태에서 업무를 한 사람
6. 제43조를 위반하여 운송 금지 위험물의 운송을 위탁하거나 그 위험물을 운송한 자
7. 제44조 제1항을 위반하여 위험물을 운송한 자
8. 제48조 제2호부터 제4호까지의 규정에 따른 금지행위를 한 자

정답 003 ㉱ 004 ㉯

005 철도안전법상 철도차량을 향하여 돌이나 그 밖의 위험한 물건을 던져 철도차량 운행에 위험을 발생하게 하는 행위를 한 자에 대한 벌칙은?

㉮ 1년 이하의 징역 또는 1천만원의 벌금
㉯ 2년 이하의 징역 또는 2천만원의 벌금
㉰ 3년 이하의 징역 또는 3천만원의 벌금
㉱ 5년 이하의 징역 또는 5천만원의 벌금

006 철도안전법상 위험물을 철도로 운송하려는 철도운영자는 운송 중의 위험방지 및 인명을 보호하기 위하여 안전하게 포장·적재하지 않고 위험물을 운송한 자에 대한 벌칙으로 옳은 것은?

㉮ 1년 이하의 징역 또는 1천만원 이하의 벌금
㉯ 2년 이하의 징역 또는 2천만원 이하의 벌금
㉰ 3년 이하의 징역 또는 3천만원 이하의 벌금
㉱ 5년 이하의 징역 또는 5천만원 이하의 벌금

007 철도안전법에서 3년 이하의 징역 또는 3천만원 이하의 벌금에 해당하는 벌칙으로 옳지 않은 것은?

㉮ 궤도의 중심으로부터 양측으로 폭 3미터 이내의 장소에 철도차량의 안전 운행에 지장을 주는 물건을 방치하는 행위
㉯ 개조승인을 받지 아니하고 철도차량을 임의로 개조하여 운행한 자
㉰ 철도차량을 향하여 돌이나 그 밖의 위험한 물건을 던져 철도차량 운행에 위험을 발생하게 하는 행위
㉱ 정당한 사유 없이 열차운행 중 비상정지버튼을 누르거나 승강용 출입문을 여는 행위

008 철도안전법에서 적정 개조능력이 있다고 인정되지 아니한 자에게 철도차량 개조 작업을 수행하게 한 자에 대한 벌칙으로 옳은 것은?

㉮ 1년 이하의 징역 또는 1천만원의 벌금
㉯ 2년 이하의 징역 또는 2천만원의 벌금
㉰ 3년 이하의 징역 또는 3천만원의 벌금
㉱ 5년 이하의 징역 또는 5천만원의 벌금

정답 005 ㉰ 006 ㉰ 007 ㉱ 008 ㉰

009 철도안전법에서 철도교량 등 국토교통부령으로 정하는 시설 또는 구역에 국토교통부령으로 정하는 폭발물 또는 인화성이 높은 물건 등을 쌓아 놓는 행위를 할 때의 벌칙은?

㉮ 1년 이하의 징역 또는 1천만원 이하의 벌금
㉯ 2년 이하의 징역 또는 2천만원 이하의 벌금
㉰ 3년 이하의 징역 또는 3천만원 이하의 벌금
㉱ 5년 이하의 징역 또는 5천만원 이하의 벌금

010 철도안전법상 위해물품을 휴대하고 열차에 승차한 여객에 대한 벌칙은?

㉮ 500만원 이하의 과태료
㉯ 1년 이하의 징역 또는 1천만원 이하의 벌금
㉰ 2년 이하의 징역 또는 2천만원 이하의 벌금
㉱ 3년 이하의 징역 또는 3천만원 이하의 벌금

해설 **벌칙(법 제79조 제3항)**
③ 다음 각 호의 어느 하나에 해당하는 자는 2년 이하의 징역 또는 2천만원 이하의 벌금에 처한다.
1. 거짓이나 그 밖의 부정한 방법으로 제7조 제1항에 따른 안전관리체계의 승인을 받은 자
2. 제8조 제1항을 위반하여 철도운영이나 철도시설의 관리에 중대하고 명백한 지장을 초래한 자
3. 거짓이나 그 밖의 부정한 방법으로 제15조 제4항, 제16조 제3항, 제21조의6 제3항, 제21조의7 제3항, 제24조의4 제2항, 제38조의13 제1항 또는 제69조 제5항에 따른 지정을 받은 자
4. 제15조의2(제16조 제5항, 제21조의6 제5항, 제21조의7 제5항, 제24조의4 제5항 또는 제69조 제7항에서 준용하는 경우를 포함한다)에 따른 업무정지 기간 중에 해당 업무를 한 자
5. 거짓이나 그 밖의 부정한 방법으로 제26조 제1항 또는 제27조 제1항에 따른 (철도차량 및 철도용품) 형식승인을 받은 자
6. 제26조 제5항을 위반하여 형식승인을 받지 아니한 철도차량을 운행한 자
7. 거짓이나 그 밖의 부정한 방법으로 제26조의3 제1항 또는 제27조의2 제1항에 따른 (철도차량 및 철도용품) 제작자승인을 받은 자
8. 거짓이나 그 밖의 부정한 방법으로 제26조의3 제3항(제27조의2 제4항에서 준용하는 경우를 포함한다)에 따른 (철도차량 및 철도용품) 제작자승인의 면제를 받은 자
9. 제26조의6 제1항을 위반하여 완성검사를 받지 아니하고 철도차량을 판매한 자
10. 제26조의7 제1항 제5호(제27조의2 제4항에서 준용하는 경우를 포함한다)에 따른 업무정지 기간 중에 철도차량 또는 철도용품을 제작한 자
11. 제27조 제3항을 위반하여 형식승인을 받지 아니한 철도용품을 철도시설 또는 철도차량 등에 사용한 자
11의2. 거짓이나 그 밖의 부정한 방법으로 제27조의3에 따라 위탁받은 검사 업무를 수행한 자
12. 제32조 제1항에 따른 (철도차량 또는 철도용품의 제작·수입·판매 또는 사용의) 중지명령에 따르지 아니한 자
13. 제38조 제1항을 위반하여 종합시험운행을 실시하지 아니하거나 실시한 결과를 국토교통부장관에게 보고하지 아니하고 철도노선을 정상운행한 자
13의2. 제38조의6 제1항을 위반하여 철도차량정비가 되지 않은 철도차량임을 알면서 운행한 자
13의3. 제38조의6 제3항에 따른 철도차량정비 또는 원상복구 명령에 따르지 아니한 자

13의4. 거짓이나 그 밖의 부정한 방법으로 제38조의7 제1항에 따른 철도차량 정비조직의 인증을 받은 자
13의5. 제38조의10 제1항 제2호에 해당하는 경우로서 고의 또는 중대한 과실로 철도사고 또는 중대한 운행장애를 발생시킨 자
13의6. 제38조의12 제4항을 위반하여 정밀안전진단을 받지 아니하거나 정밀안전진단 결과 계속 사용이 적합하지 아니하다고 인정된 철도차량을 운행한 자
13의7. 제40조 제2항 후단을 위반하여 특별한 사유 없이 열차운행을 중지하지 아니한 자
13의8. 제40조 제4항을 위반하여 철도종사자에게 불이익한 조치를 한 자
14. 삭제 〈2017. 8. 9.〉
15. 제41조 제2항에 따른 (술을 마시거나 약물을 사용한 상태의) 확인 또는 검사에 불응한 자
16. 정당한 사유 없이 제42조 제1항을 위반하여 위해물품을 휴대하거나 적재한 사람
17. 제45조 제1항에 따른 (철도보호지구에서의 행위의) 신고를 하지 아니하거나 같은 조 제2항에 따른 (행위의 금지 또는 제한의) 명령에 따르지 아니한 자
18. 제47조 제1항 제2호를 위반하여 운행 중 비상정지버튼을 누르거나 승강용 출입문을 여는 행위를 한 사람
19. 제61조의3 제3항을 위반하여 철도안전 자율보고를 한 사람에게 불이익한 조치를 한 자

011 철도안전법에서의 벌칙 중 2년 이하의 징역 또는 2천만원 이하의 벌금에 처하는 경우는?

㉮ 부정한 방법으로 안전관리체계의 승인을 받은 자
㉯ 폭행·협박으로 철도종사자의 직무집행을 방해한 자
㉰ 대통령령으로 정한 위험물의 운송을 위탁하거나 그 위험물을 운송한 자
㉱ 운전면허를 받지 아니하고 철도차량을 운전한 자 및 그로 하여금 철도차량의 운전업무를 하게 한 자

012 철도안전법상 거짓이나 그밖의 부정한 방법으로 교육훈련기관 등의 지정을 받았을 경우 벌칙은?

㉮ 1년 이하의 징역 또는 1천만원 이하의 벌금
㉯ 2년 이하의 징역 또는 2천만원 이하의 벌금
㉰ 3년 이하의 징역 또는 3천만원 이하의 벌금
㉱ 5년 이하의 징역 또는 5천만원 이하의 벌금

013 철도안전법상 철도차량정비가 되지 않은 철도차량임을 알면서 운행한 자의 벌칙으로 옳은 것은?

㉮ 1년 이하의 징역 또는 1천만원 이하의 벌금
㉯ 2년 이하의 징역 또는 2천만원 이하의 벌금
㉰ 3년 이하의 징역 또는 3천만원 이하의 벌금
㉱ 5년 이하의 징역 또는 5천만원 이하의 벌금

정답 011 ㉮ 012 ㉯ 013 ㉯

014 철도안전법상 거짓이나 그 밖의 부정한 방법으로 철도차량 형식승인을 받은 자에 대한 벌칙은?

㉮ 1년 이하의 징역 또는 1천만원 이하의 벌금
㉯ 2년 이하의 징역 또는 2천만원 이하의 벌금
㉰ 3년 이하의 징역 또는 3천만원 이하의 벌금
㉱ 5년 이하의 징역 또는 5천만원 이하의 벌금

015 철도안전법상 정밀안전진단을 받지 아니하거나 정밀안전진단 결과 계속 사용이 적합하지 아니하다고 인정된 철도차량을 운행한 자에 대한 벌칙은?

㉮ 1년 이하의 징역 또는 1천만원 이하의 벌금
㉯ 2년 이하의 징역 또는 2천만원 이하의 벌금
㉰ 3년 이하의 징역 또는 3천만원 이하의 벌금
㉱ 5년 이하의 징역 또는 5천만원 이하의 벌금

016 철도안전법상 종합시험운행을 실시하지 않고 철도노선을 정상운행한 자에 대한 벌칙으로 옳은 것은?

㉮ 1년 이하의 징역 또는 1천만원 이하의 벌금
㉯ 2년 이하의 징역 또는 2천만원 이하의 벌금
㉰ 3년 이하의 징역 또는 3천만원 이하의 벌금
㉱ 5년 이하의 징역 또는 5천만원 이하의 벌금

017 철도안전법상 형식승인을 받은 내용과 다르게 철도차량 또는 철도용품을 제작·수입·판매하여 제작·수입·판매의 중지를 명하였다. 중지명령에 따르지 아니한 자의 벌칙으로 옳은 것은?

㉮ 1년 이하의 징역 또는 1천만원 이하의 벌금
㉯ 2년 이하의 징역 또는 2천만원 이하의 벌금
㉰ 3년 이하의 징역 또는 3천만원 이하의 벌금
㉱ 5년 이하의 징역 또는 5천만원 이하의 벌금

정답 014 ㉯ 015 ㉯ 016 ㉯ 017 ㉯

018 철도안전법상 술을 마시거나 약물을 사용한 상태에서 업무를 한 자에 대한 벌칙으로 옳은 것은?

㉮ 1년 이하의 징역 또는 1천만원 이하의 벌금
㉯ 2년 이하의 징역 또는 2천만원 이하의 벌금
㉰ 3년 이하의 징역 또는 3천만원 이하의 벌금
㉱ 5년 이하의 징역 또는 5천만원 이하의 벌금

019 철도안전법상 음주 또는 약물 사용에 대한 확인 또는 검사에 불응한 자에 대한 벌칙으로 옳은 것은?

㉮ 1년 이하의 징역 또는 1천만원 이하의 벌금
㉯ 2년 이하의 징역 또는 2천만원 이하의 벌금
㉰ 3년 이하의 징역 또는 3천만원 이하의 벌금
㉱ 5년 이하의 징역 또는 5천만원 이하의 벌금

020 철도안전법상 철도보호지구에서 국토교통부장관에게 신고 없이 토석, 자갈 및 모래의 채취를 한 경우 철도안전법상 벌칙은?

㉮ 2년 이하의 징역 또는 2천만원 이하의 벌금
㉯ 1년 이하의 징역 또는 1천만원 이하의 벌금
㉰ 500만원 이하의 벌금
㉱ 100만원의 과태료

021 철도안전법상 철도보호지구에서 행위제한에 해당하는 행위를 하려는 자가 신고를 하지 아니하거나 행위의 금지 등 명령에 따르지 아니한 자에 대한 벌칙은?

㉮ 1년 이하의 징역 또는 1천만원 이하의 벌금
㉯ 2년 이하의 징역 또는 2천만원 이하의 벌금
㉰ 3년 이하의 징역 또는 3천만원 이하의 벌금
㉱ 5년 이하의 징역 또는 5천만원 이하의 벌금

정답 018 ㉰   019 ㉯   020 ㉮   021 ㉯

022 다음 중 철도안전법상 2년 이하의 징역 2천만원 이하의 벌금에 해당하는 것은?
㉮ 운전면허를 받지 아니하고 철도차량을 운전한 경우
㉯ 운전면허가 없는 자로 하여금 운전업무를 하게 한 경우
㉰ 종합시험운행 결과를 허위로 보고한 경우
㉱ 철도종사자로서 규정에 의한 음주확인 및 검사에 불응한 경우

023 철도안전법상 2년 이하의 징역 2천만원 이하의 벌금에 해당되지 않는 것은?
㉮ 운행 중 비상정지버튼을 누르거나 승강용 출입문을 여는 행위를 한 사람
㉯ 완성검사를 받지 아니하고 철도차량을 판매한 자
㉰ 철도차량 운전업무 종사자로서 신체검사를 받지 아니하고 업무를 수행한 자
㉱ 거짓이나 그 밖의 부정한 방법으로 제작자승인의 면제를 받은 자

024 철도안전법에서의 벌칙 중 1년 이하의 징역 또는 1천만원 이하의 벌금에 처하는 경우로 옳지 않는 것은?
㉮ 철도차량의 운전업무 수행에 필요한 요건을 갖추지 아니하고 철도차량의 운전업무에 종사한 사람 및 그로 하여금 철도차량의 운전업무를 하게 한 자
㉯ 안전성 확보에 필요한 조치를 하지 아니하여 영상기록장치에 기록된 영상정보를 분실·도난·유출·변조 또는 훼손당한 자
㉰ 철도사고와 관련된 관계불선의 세출이나 세출한 물건의 유치를 거부 또는 방해한 자
㉱ 종합시험운행 결과를 허위로 보고한 자

해설 **벌칙**(법 제79조 제4항)
④ 다음 각 호의 어느 하나에 해당하는 자는 1년 이하의 징역 또는 1천만원 이하의 벌금에 처한다.
1. 제10조 제1항을 위반하여 운전면허를 받지 아니하고(제20조에 따라 운전면허가 취소되거나 그 효력이 정지된 경우를 포함한다) 철도차량을 운전한 사람
2. 거짓이나 그 밖의 부정한 방법으로 운전면허를 받은 사람
2의2. 거짓이나 그 밖의 부정한 방법으로 관제자격증명을 받은 사람
2의3. 거짓이나 그 밖의 부정한 방법으로 철도차량정비기술자로 인정받은 사람
2의4. 제19조의2를 위반하여 운전면허증을 다른 사람에게 빌려주거나 빌리거나 이를 알선한 사람
3. 제21조를 위반하여 실무수습을 이수하지 아니하고 철도차량의 운전업무에 종사한 사람
3의2. 제21조의2를 위반하여 운전면허를 받지 아니하거나(제20조에 따라 운전면허가 취소되거나 그 효력이 정지된 경우를 포함한다) 실무수습을 이수하지 아니한 사람을 철도차량의 운전업무에 종사하게 한 철도운영자등
3의3. 제21조의3을 위반하여 관제자격증명을 받지 아니하고(제21조의11에 따라 관제자격증명이 취소되거나 그 효력이 정지된 경우를 포함한다) 관제업무에 종사한 사람
3의4. 제21조의10을 위반하여 관제자격증명서를 다른 사람에게 빌려주거나 빌리거나 이를 알선한 사람
4. 제22조를 위반하여 실무수습을 이수하지 아니하고 관제업무에 종사한 사람

정답 022 ㉱ 023 ㉰ 024 ㉰

4의2. 제22조의2를 위반하여 관제자격증명을 받지 아니하거나(제21조의11에 따라 관제자격증명이 취소되거나 그 효력이 정지된 경우를 포함한다) 실무수습을 이수하지 아니한 사람을 관제업무에 종사하게 한 철도운영자등

5. 제23조 제1항을 위반하여 신체검사와 적성검사를 받지 아니하거나 같은 조 제3항을 위반하여 신체검사와 적성검사에 합격하지 아니하고 같은 조 제1항에 따른 업무를 한 사람 및 그로 하여금 그 업무에 종사하게 한 자

5의2. 제24조의3을 위반한 다음 각 목의 어느 하나에 해당하는 사람
   가. 다른 사람에게 자기의 성명을 사용하여 철도차량정비 업무를 수행하게 하거나 자신의 철도차량정비경력증을 빌려 준 사람
   나. 다른 사람의 성명을 사용하여 철도차량정비 업무를 수행하거나 다른 사람의 철도차량정비경력증을 빌린 사람
   다. 가목 및 나목의 행위를 알선한 사람

6. 제26조 제1항 또는 제27조 제1항에 따른 형식승인을 받지 아니한 철도차량 또는 철도용품을 판매한 자
6의2. 제31조 제6항에 따른 이행 명령에 따르지 아니한 자
7. 제38조 제1항을 위반하여 종합시험운행 결과를 허위로 보고한 자
7의2. 제38조의7 제1항을 위반하여 정비조직의 인증을 받지 아니하고 철도차량정비를 한 자
8. 제39조의2 제1항에 따른 지시를 따르지 아니한 자
9. 제39조의3 제3항을 위반하여 설치 목적과 다른 목적으로 영상기록장치를 임의로 조작하거나 다른 곳을 비춘 자 또는 운행기간 외에 영상기록을 한 자
10. 제39조의3 제4항을 위반하여 영상기록을 목적 외의 용도로 이용하거나 다른 자에게 제공한 자
11. 제39조의3 제5항을 위반하여 안전성 확보에 필요한 조치를 하지 아니하여 영상기록장치에 기록된 영상정보를 분실·도난·유출·변조 또는 훼손당한 자
12. 제47조 제6호를 위반하여 술을 마시거나 약물을 복용하고 다른 사람에게 위해를 주는 행위를 한 사람
13. 거짓이나 부정한 방법으로 철도운행안전관리자 자격을 받은 사람
14. 제69조의2 제1항을 위반하여 철도운행안전관리자를 배치하지 아니하고 철도시설의 건설 또는 관리와 관련한 작업을 시행한 철도운영자
15. 제69조의3 제1항 및 제2항을 위반하여 정기교육을 받지 아니하고 업무를 한 사람 및 그로 하여금 그 업무에 종사하게 한 자
16. 제69조의4를 위반하여 철도안전 전문인력의 분야별 자격을 다른 사람에게 빌려주거나 빌리거나 이를 알선한 사람

025 철도안전법상 운전면허를 받지 않고 철도차량을 운전한 자에 대한 벌칙은?

㉮ 1년 이하의 징역 또는 1천만원 이하의 벌금
㉯ 2년 이하의 징역 또는 2천만원 이하의 벌금
㉰ 3년 이하의 징역 또는 3천만원 이하의 벌금
㉱ 5년 이하의 징역 또는 5천만원 이하의 벌금

026 철도안전법상 운전면허가 없는 자를 철도차량의 운전업무에 종사하게 한 자에 대한 벌칙은?

㉮ 1년 이하의 징역 또는 1천만원 이하의 벌금
㉯ 2년 이하의 징역 또는 2천만원 이하의 벌금
㉰ 3년 이하의 징역 또는 3천만원 이하의 벌금
㉱ 5년 이하의 징역 또는 5천만원 이하의 벌금

정답 025 ㉮ 026 ㉮

027 철도안전법상 거짓이나 그 밖의 부정한 방법으로 운전면허를 받은 자에 대한 벌칙으로 옳은 것은?

㉮ 1년 이하의 징역 또는 1천만원 이하의 벌금
㉯ 2년 이하의 징역 또는 2천만원 이하의 벌금
㉰ 3년 이하의 징역 또는 3천만원 이하의 벌금
㉱ 5년 이하의 징역 또는 5천만원 이하의 벌금

028 철도안전법상 운전실무수습을 받지 않고 철도차량을 운전한 자에 대한 벌칙으로 옳은 것은?

㉮ 1년 이하의 징역 또는 1천만원 이하의 벌금
㉯ 2년 이하의 징역 또는 2천만원 이하의 벌금
㉰ 3년 이하의 징역 또는 3천만원 이하의 벌금
㉱ 5년 이하의 징역 또는 5천만원 이하의 벌금

029 철도안전법상 관제자격증명을 받지 아니하고 관제업무에 종사한 자에 대한 벌칙으로 옳은 것은?

㉮ 1년 이하의 징역 또는 1천만원 이하의 벌금
㉯ 2년 이하의 징역 또는 2천만원 이하의 벌금
㉰ 3년 이하의 징역 또는 3천만원 이하의 벌금
㉱ 5년 이하의 징역 또는 5천만원 이하의 벌금

030 철도안전법상 거짓이나 그 밖의 부정한 방법으로 철도차량정비기술자로 인정받은 사람에 대한 벌칙으로 옳은 것은?

㉮ 1년 이하의 징역 또는 1천만원 이하의 벌금
㉯ 2년 이하의 징역 또는 2천만원 이하의 벌금
㉰ 3년 이하의 징역 또는 3천만원 이하의 벌금
㉱ 5년 이하의 징역 또는 5천만원 이하의 벌금

정답 027 ㉮ 028 ㉮ 029 ㉮ 030 ㉮

031 철도안전법상 철도차량을 운행하는 자가 국토교통부장관이 지시하는 이동·출발·정지 등의 명령과 운행 기준·방법·절차 및 순서 등의 지시를 따르지 아니한 자의 벌칙으로 옳은 것은?

㉮ 1년 이하의 징역 또는 1천만원 이하의 벌금
㉯ 2년 이하의 징역 또는 2천만원 이하의 벌금
㉰ 3년 이하의 징역 또는 3천만원 이하의 벌금
㉱ 5년 이하의 징역 또는 5천만원 이하의 벌금

032 철도안전법상 신체검사와 적성검사를 받지 아니하거나 신체검사와 적성검사에 합격하지 아니하고 업무를 한 사람 및 그로 하여금 그 업무에 종사하게 한자에 대한 벌칙은?

㉮ 1년 이하의 징역 또는 1천만원 이하의 벌금
㉯ 2년 이하의 징역 또는 2천만원 이하의 벌금
㉰ 3년 이하의 징역 또는 3천만원 이하의 벌금
㉱ 5년 이하의 징역 또는 5천만원 이하의 벌금

033 철도안전법상 여객열차에서 철도종사자와 여객 등에게 성적 수치심을 일으키는 행위를 한 경우의 벌칙으로 옳은 것은?

㉮ 1년 이하의 징역 또는 1천만원 이하의 벌금
㉯ 6개월 이하의 징역 또는 500만원 이하의 벌금
㉰ 500만원 이하의 벌금
㉱ 100만원의 과태료

해설 제47조 제1항 제5호(철도종사자와 여객 등에게 성적 수치심을 일으키는 행위)를 위반한 자는 500만원 이하의 벌금에 처한다(법 제79조 제5항).

034 철도안전법 벌칙 중 형의 2분의 1까지 가중 처벌할 수 있는 경우는?

㉮ 폭행·협박으로 철도종사자의 직무집행을 방해하여 열차운행에 지장을 준 자
㉯ 대통령령으로 정한 위험물의 운송을 위탁하거나 그 위험물을 운송한 자
㉰ 철도사고등에 관하여 보고를 하지 아니하거나 허위로 보고를 한 자 또는 정당한 사유 없이 자료의 제출을 거부·기피 또는 방해한 자
㉱ 철도사고등의 현장 그 밖의 필요하다고 인정되는 장소의 출입 또는 관계 물건의 검사를 거부 또는 방해한 자

정답 031 ㉮ 032 ㉮ 033 ㉰ 034 ㉮

> [해설] **형의 가중**(법 제80조)
> ① 제78조 제1항의 죄를 지어 사람을 사망에 이르게 한 자는 사형, 무기징역 또는 7년 이상의 징역에 처한다.
> ② 철도안전법 제79조 제1항(폭행·협박으로 철도종사자의 직무집행을 방해한 자), 동조 제3항 제16호(위해물품을 휴대하거나 적재한 사람) 및 제17호(철도보호지구에서의 행위제한에 해당하는 행위를 하려는 자가 신고를 하지 아니하거나 명령에 따르지 아니한 자)의 죄를 범하여 열차운행에 지장을 준 자는 그 죄에 규정된 형의 2분의 1까지 가중한다.

035 철도안전법의 벌칙 중 형의 2분의 1까지 가중 처벌할 수 있는 조항이 아닌 것은?

㉮ 폭행·협박으로 철도종사자의 직무집행을 방해한 자
㉯ 대통령으로 정한 위험물의 운송을 위탁하거나 그 위험물을 운송한 자
㉰ 정당한 사유 없이 규정을 위반하여 위해물품을 휴대하거나 적재한 사람
㉱ 철도보호지구에서의 제한행위에 해당하는 행위를 하려는 자가 신고를 하지 아니하거나 국토교통부장관의 명령을 따르지 아니한 자

036 철도안전법상 정당한 사유 없이 국토교통부장관의 허가를 받지 않고 위해물품을 휴대하여 사람을 사상에 이르게 한 자에 대한 벌칙은?

㉮ 1년 이하의 징역 또는 1천만원 이하의 벌금
㉯ 2년 이하의 징역 또는 2천만원 이하의 벌금
㉰ 3년 이하의 징역 또는 3천만원 이하의 벌금
㉱ 5년 이하의 징역 또는 5천만원 이하의 벌금

037 다음 철도안전법의 내용 중 잘못 설명하고 있는 것은?

㉮ 철도시설 또는 철도차량을 파손하여 철도차량 운행에 위험을 발생하게 한 사람은 10년 이하의 징역 또는 1억원 이하의 벌금에 처한다.
㉯ 정당한 사유 없이 위해물품을 휴대하거나 적재한 자가 죄를 범하여 사람을 사상에 이르게 한 자는 5년 이하의 징역 5천만원 이하의 벌금에 처한다.
㉰ 철도보호지구의 행위제한의 규정에 의한 신고를 하지 아니하여 사람을 사상에 이르게 한 자는 5년 이하의 징역 5천만원 이하의 벌금에 처한다.
㉱ 대통령령으로 정한 위험물의 운송을 위탁하여 열차운행에 지장을 일으키게 한 자는 그 죄에 규정된 형의 2분의 1까지 가중한다.

정답 035 ㉯ 036 ㉱ 037 ㉱

038 철도안전법상 1천만원 이하의 과태료를 부과하는 경우는?

㉮ 관제업무 수행에 필요한 요건을 갖추지 아니한 사람을 관제업무에 종사하게 한 자
㉯ 형식승인을 받지 아니한 철도차량 또는 철도용품을 판매한 자
㉰ 안전관리체계의 변경승인을 받지 아니하고 안전관리체계를 변경한 자
㉱ 거짓이나 그 밖의 부정한 방법으로 운전면허를 받은 사람

해설 ㉮㉯㉱는 1년 이하의 징역 또는 1천만원 이하의 벌금에 처하는 경우이다.

과태료(법 제82조)
① 다음 각 호의 어느 하나에 해당하는 자에게는 1천만원 이하의 과태료를 부과한다.
1. 제7조 제3항(제26조의8 및 제27조의2 제4항에서 준용하는 경우를 포함한다)을 위반하여 안전관리체계의 변경승인을 받지 아니하고 안전관리체계를 변경한 자
2. 제8조 제3항(제26조의8 및 제27조의2 제4항에서 준용하는 경우를 포함한다)을 위반하여 정당한 사유 없이 시정조치 명령에 따르지 아니한 자
2의2. 제9조의4 제4항을 위반하여 시정조치 명령을 따르지 아니한 자
3. 삭제 〈2020. 6. 9.〉
4. 제26조 제2항(제27조 제4항에서 준용하는 경우를 포함한다)을 위반하여 변경승인을 받지 아니한 자
5. 제26조의5 제2항(제27조의2 제4항에서 준용하는 경우를 포함한다)에 따른 신고를 하지 아니한 자
6. 제27조의2 제3항을 위반하여 형식승인표시를 하지 아니한 자
7. 제31조 제2항을 위반하여 조사・열람・수거 등을 거부, 방해 또는 기피한 자
8. 제32조 제2항 또는 제4항을 위반하여 시정조치계획을 제출하지 아니하거나 시정조치의 진행 상황을 보고하지 아니한 자
9. 제38조 제2항에 따른 개선・시정 명령을 따르지 아니한 자
9의2. 제38조의5 제3항을 위반한 다음 각 목의 어느 하나에 해당하는 자
　가. 이력사항을 고의로 입력하지 아니한 자
　나. 이력사항을 위조・변조하거나 고의로 훼손한 자
　다. 이력사항을 무단으로 외부에 제공한 자
9의3. 제38조의7 제2항을 위반하여 변경인증을 받지 아니하거나 변경신고를 하지 아니하고 변경한 자
9의4. 제38조의9에 따른 준수사항을 지키지 아니한 자
9의5. 제38조의12 제2항에 따른 정밀안전진단 명령을 따르지 아니한 자
10. 제39조의2 제3항에 따른 안전조치를 따르지 아니한 자
11. 삭제 〈2020. 6. 9.〉
12. 삭제 〈2020. 6. 9.〉
13. 삭제 〈2020. 6. 9.〉
13의2. 제48조의3 제1항을 위반하여 국토교통부장관의 성능인증을 받은 보안검색장비를 사용하지 아니한 자
13의3. 삭제 〈2020. 6. 9.〉
14. 제49조 제1항을 위반하여 철도종사자의 직무상 지시에 따르지 아니한 사람
15. 제61조 제1항 및 제61조의2 제1항・제2항에 따른 보고를 하지 아니하거나 거짓으로 보고한 자
15의2. 삭제 〈2020. 6. 9.〉
16. 제73조 제1항에 따른 보고를 하지 아니하거나 거짓으로 보고한 자
17. 제73조 제1항에 따른 자료제출을 거부, 방해 또는 기피한 자
18. 제73조 제2항에 따른 소속 공무원의 출입・검사를 거부, 방해 또는 기피한 자

정답 038 ㉰

039 철도안전법에서 과태료의 상한액은?

㉮ 1천만원 ㉯ 2천만원
㉰ 3천만원 ㉱ 4천만원

040 철도안전법에서 1천만원 이하의 과태료를 부과하는 경우로 옳지 않은 것은?

㉮ 정밀안전진단 명령을 따르지 아니한 자
㉯ 종합시험운행실시 결과에 따른 개선·시정 명령을 따르지 아니한 자
㉰ 철도종사자의 직무상 지시에 따르지 아니한 사람
㉱ 술을 마시거나 약물을 사용한 상태에서 업무를 한 사람

041 철도안전법상 과태료의 부과·징수권자는?

㉮ 한국철도공사 사장 ㉯ 국가철도공단 이사장
㉰ 한국교통안전공단 이사장 ㉱ 국토교통부장관

042 철도안전법상 철도시설에 유해물 또는 오물을 버리거나 열차운행에 지장을 준 사람의 1회 위반 시 과태료는?

㉮ 100만원 ㉯ 150만원 ㉰ 200만원 ㉱ 300만원

043 철도안전법상 안전관리체계의 변경승인을 받지 않고 안전관리체계를 변경한 경우의 2회 위반 시 과태료는?

㉮ 150만원 ㉯ 300만원 ㉰ 600만원 ㉱ 900만원

044 철도안전법상 정당한 사유 없이 안전관리체계의 시정조치 명령에 따르지 아니한 자의 과태료 최고금액은?

㉮ 150만원 ㉯ 300만원 ㉰ 600만원 ㉱ 900만원

정답 039 ㉮ 040 ㉱ 041 ㉱ 042 ㉯ 043 ㉰ 044 ㉱

해설 3회 위반 시가 최고금액으로 과태료 900만원이다.

045 철도안전법상 중지명령을 받은 철도차량 또는 철도용품의 제작자가 국토교통부령으로 정하는 바에 따라 해당 철도차량 또는 철도용품의 회수 및 환불 등에 관한 시정조치계획을 제출하지 아니하거나 시정조치의 진행 상황을 보고하지 아니한 경우 1회 위반 시 부과되는 과태료는?

㉮ 150만원   ㉯ 300만원   ㉰ 600만원   ㉱ 900만원

046 다음 중 철도안전법상 1회 위반 시 과태료 금액이 가장 낮게 부과되는 경우는?

㉮ 운전면허증을 반납하지 아니한 경우
㉯ 국토교통부 소속 공무원의 형식승인을 받은 철도차량 또는 철도용품의 안전 및 품질의 확인·점검을 위한 조사·열람·수거 등을 거부하거나 방해한 경우
㉰ 철도시설(선로는 제외)에 승낙 없이 출입하거나 통행한 경우
㉱ 정당한 사유 없이 국토교통부령으로 정하는 여객출입 금지장소에 출입하는 행위

해설 ㉮는 90만원, ㉯는 300만원, ㉰는 150만원, ㉱는 150만원

047 철도안전법상 여객열차에서의 금지행위 중 과태료 금액이 가장 높게 부과되는 경우는?

㉮ 흡연하는 행위
㉯ 타인에게 전염의 우려가 있는 법정 감염병자가 철도종사자의 허락 없이 여객열차에 타는 행위
㉰ 여객에게 위해를 끼칠 우려가 있는 동식물을 안전조치 없이 여객열차에 동승하거나 휴대하는 행위
㉱ 철도종사자의 허락 없이 여객에게 기부를 부탁하거나 물품을 판매·배부하거나 연설·권유 등을 하여 여객에게 불편을 끼치는 행위

해설 ㉯㉰㉱는 공중이나 여객에게 위해를 끼치는 행위로서 국토교통부령으로 정하는 행위로서(시행규칙 제80조) 1회 위반 시 과태료가 15만원이나, ㉮의 흡연행위는 1회 위반 시 과태료가 30만원이다.

정답 045 ㉯ 046 ㉮ 047 ㉮

048 철도안전법상 여객열차 밖에 있는 사람을 위험하게 할 우려가 있는 물건을 여객열차 밖으로 던지는 행위의 1회 위반 시 부과되는 과태료는?

㉮ 50만원　　㉯ 150만원　　㉰ 300만원　　㉱ 600만원

049 철도안전법상 철도시설 내에서 사람, 자동차 및 철도차량의 운행제한 등 철도교통관제의 안전조치를 따르지 아니한 경우의 2차 위반 시 과태료는?

㉮ 150만원　　㉯ 300만원　　㉰ 600만원　　㉱ 900만원

050 철도안전법상 사상자가 많은 철도사고 등이 발생하였을 때에는 즉시 국토교통부장관에게 보고 하여야 하나 보고를 하지 아니하거나 거짓으로 보고한 경우의 1회 위반 시 부과되는 과태료는?

㉮ 100만원　　㉯ 250만원　　㉰ 300만원　　㉱ 500만원

051 철도안전법상 사상자가 많은 철도사고등 외의 철도사고 등이 발생하였을 때에는 국토교통부령으로 정하는 바에 따라 사고 내용을 조사하여 그 결과를 국토교통부장관에게 보고하여야 하나 보고를 하지 아니하거나 거짓으로 보고한 경우의 2회 위반 시 부과되는 과태료는?

㉮ 150만원　　㉯ 300만원　　㉰ 450만원　　㉱ 600만원

052 철도안전법상 형식승인을 받은 철도용품임을 나타내는 형식승인표시를 하지 아니한 경우의 1회 위반 시 부과되는 과태료는?

㉮ 150만원　　㉯ 300만원　　㉰ 600만원　　㉱ 900만원

053 철도안전법상 철도차량 운전면허가 취소 또는 효력이 정지된 자가 그 통지를 받는 날부터 15일 이내에 운전면허증을 국토교통부장관에게 반납하지 않았을 경우 과태료는?

㉮ 1백만원 이하　　㉯ 3백만원 이하
㉰ 1천만원 이하　　㉱ 2천만원 이하

정답　048 ㉯　049 ㉯　050 ㉰　051 ㉯　052 ㉯　053 ㉯

054 철도안전법상 철도차량 운전면허의 취소 또는 효력정지 통지를 받은 운전면허 취득자는 그 통지를 받은 날부터 15일 이내에 운전면허증을 국토교통부장관에게 반납하여야 한다. 만약 그 기간에 반납하지 못했을 경우의 과태료는?

㉮ 90만원 ㉯ 180만원
㉰ 270만원 ㉱ 540만원

055 철도안전법상 국토교통부장관이나 관계 지방자치단체의 장이 필요하다고 인정되어 철도 관계기관 등에 대하여 필요한 사항을 보고하게 하고 자료의 제출을 명하였으나 거부·기피 또는 방해한 경우 1회 위반 시의 부과 과태료는?

㉮ 200만원 ㉯ 300만원 ㉰ 600만원 ㉱ 900만원

056 철도안전법상 철도운영자등의 승락 없이 선로에 통행하거나 출입한 경우의 2차 위반 시 부과되는 과태료는?

㉮ 30만원 ㉯ 50만원 ㉰ 60만원 ㉱ 90만원

057 철도안전법상 철도종사자의 직무상 지시에 따르지 않는 경우 1차 위반 시 부과되는 과태료는?

㉮ 150만원 ㉯ 300만원 ㉰ 600만원 ㉱ 900만원

058 철도안전법상 국토교통부 소속 공무원은 철도관계기관 등의 사무소 또는 사업장에 출입하여 관계인에게 질문하거나 서류를 검사할 수 있으나 출입·검사를 거부·방해 또는 기피한 경우의 2차 위반 시 과태료는?

㉮ 100만원 ㉯ 150만원 ㉰ 300만원 ㉱ 600만원

정답 054 ㉮ 055 ㉯ 056 ㉰ 057 ㉯ 058 ㉱

059 철도안전법상 여객에게 위해를 끼칠 우려 있는 동물을 안전조치 없이 여객열차에 동승하는 경우의 3회 위반 시 과태료는?

㉮ 10만원   ㉯ 15만원   ㉰ 30만원   ㉱ 45만원

해설 **과태료**(법 제82조·제47조, 시행령 별표 6)
여객열차에서의 금지행위(시행규칙 제80조)
1. 여객에게 위해를 끼칠 우려가 있는 동·식물을 안전조치 없이 여객열차에 동승하거나 휴대하는 행위
2. 타인에게 전염의 우려가 있는 법정 감염병자가 철도종사자의 허락 없이 여객열차에 타는 행위
3. 철도종사자의 허락 없이 여객에게 기부를 청하거나 물품을 판매·배부하거나 연설·권유 등을 하여 여객에게 불편을 끼치는 행위

060 철도안전법상 철도시설에 열차운행에 지장을 줄 수 있는 오물을 버리는 경우 부과되는 과태료는?

㉮ 1회 : 50만원   ㉯ 2회 : 100만원
㉰ 3회 : 450만원   ㉱ 3회 : 300만원

061 다음은 철도안전법상 과태료에 대한 내용이다. 그 금액이 가장 적은 것은?

㉮ 안전관리체계의 변경승인을 받지 아니하고 안전관리체계를 변경한 자
㉯ 시정조치계획을 제출하지 아니하거나 시정조치의 시행 상황을 보고하지 아니한 자
㉰ 운전면허증을 반납하지 아니한 사람
㉱ 안전관리체계의 변경신고를 하지 않고 안전관리체계를 변경한 자

062 철도안전법상 과태료의 금액이 다른 것은?

㉮ 소속 공무원의 철도관계기관등에의 출입·검사를 거부, 방해 또는 기피한 경우
㉯ 여객출입 금지장소에 출입하거나 물건을 여객열차 밖으로 던지는 행위를 한 경우
㉰ 형식승인의 변경승인을 받지 아니한 경우
㉱ 종합시험운행 결과 개선·시정 명령을 따르지 아니한 경우

정답 059 ㉱ 060 ㉰ 061 ㉰ 062 ㉯

063 철도안전법에서 정한 과태료 및 벌칙에 대한 설명으로 옳지 않은 것은?

㉮ 여객열차 안에서 정당한 사유 없이 운행 중에 철도차량의 옆면에 있는 승강용 출입문을 여는 등 철도차량의 장치 또는 기구 등을 조작하는 자는 1천만원 이하의 과태료를 부과한다.
㉯ 철도보호 및 질서유지를 위해 궤도의 중심으로부터 양측으로 폭 3미터 이내의 장소에 철도차량의 안전 운행에 지장을 주는 물건을 방치한 자는 3년 이하의 징역 또는 3천만원 이하의 벌금에 처한다.
㉰ 철도차량운전·관제업무에 종사하는 자가 규정을 위반하여 술을 마시거나 약물을 사용한 상태에서 업무를 하였을 때 2년 이하의 징역 또는 2천만원 이하의 벌금에 처한다.
㉱ 폭행·협박으로 철도종사자의 직무집행을 방해한 자는 5년 이하의 징역 또는 5천만원 이하의 벌금에 처한다.

064 철도안전법상 다음 〈보기〉의 위반사항 중 1회 위반 시 과태료가 많은 순서에서 적은 순으로 나열한 것은?

〈보기〉
ㄱ. 형식승인표시를 하지 않은 경우
ㄴ. 안전관리체계의 변경신고를 하지 않고 안전관리체계를 변경한 경우
ㄷ. 여객열차에서 흡연하는 행위를 한 경우
ㄹ. 운전면허 취소 또는 효력정지를 통지받고 운전면허증을 반납하지 않은 경우

㉮ ㄱ→ㄴ→ㄹ→ㄷ
㉯ ㄹ→ㄱ→ㄷ→ㄴ
㉰ ㄷ→ㄹ→ㄴ→ㄱ
㉱ ㄴ→ㄱ→ㄹ→ㄷ

정답 063 ㉮ 064 ㉰

065 철도안전법에서 정한 벌칙 및 과태료에 대한 설명으로 옳지 않은 것은?

㉮ 폭행·협박으로 철도종사자의 직무집행을 방해하여 열차운행에 지장을 준 자는 그 죄에 규정된 형의 2분의 1까지 가중한다.
㉯ 정당한 사유 없이 위해물품을 휴대하거나 적재한 사람으로서 열차운행에 지장을 준 자는 그 죄에 규정된 형의 2분의 1까지 가중한다.
㉰ 철도보호지구에서의 토석, 자갈 및 모래의 채취의 신고를 하지 아니한 경우 2년 이하의 징역 또는 2천만원 이하의 벌금에 처한다.
㉱ 여객열차 안에서 정당한 사유 없이 국토교통부령으로 정하는 여객출입 금지장소에 출입한 자는 2천만원 이하의 벌금에 처한다.

066 철도안전법에서 정한 벌칙 및 과태료에 대한 설명으로 옳은 것은?

㉮ 철도차량운전·관제업무 등에 종사하는 철도종사자가 술을 마시거나 약물을 사용한 상태에서 업무를 수행한 자는 2년 이하의 징역 또는 2천만원 이하의 벌금에 처한다.
㉯ 폭행·협박으로 철도종사자의 직무집행을 방해하여 열차운행에 지장을 일으키게 한 자는 3년 이하의 징역 또는 3천만원 이하의 벌금에 처한다.
㉰ 여객열차 안에서 정당한 사유 없이 국토교통부령이 정하는 여객출입금지장소에 출입한 자는 1천만원 이하의 벌금에 처한다.
㉱ 여객열차 안에서 정당한 사유 없이 운행 중에 비상정지 버튼을 누른 경우 2년 이하의 징역 또는 2천만원 이하의 벌금에 처한다.

정답 065 ㉱ 066 ㉱

제 2 편

철도관련법 **철도차량운전규칙**

제1장 총 칙
제2장 철도종사자
제3장 적재제한 등
제4장 열차의 운전
제5장 열차간의 안전 확보
제6장 철도신호
예상문제

제 2 편 철도차량운전규칙

국토교통부령 제907호, 2021. 10. 26, 타법개정

제 1 장 총칙

제1조(목적)

이 규칙은 「철도안전법」 제39조의 규정에 의하여 열차의 편성, 철도차량의 운전 및 신호방식 등 철도차량의 안전운행에 관하여 필요한 사항을 정함을 목적으로 한다.

제2조(정의)

이 규칙에서 사용하는 용어의 정의는 다음과 같다.
1. "정거장"이라 함은 여객의 승강(여객 이용시설 및 편의시설을 포함한다), 화물의 적하(積荷), 열차의 조성(組成, 철도차량을 연결하거나 분리하는 작업을 말한다), 열차의 교행(交行) 또는 대피를 목적으로 사용되는 장소를 말한다.
2. "본선"이라 함은 열차의 운전에 상용하는 선로를 말한다.
3. "측선"이라 함은 본선이 아닌 선로를 말한다.
4. 삭제 〈2021. 10. 26.〉
5. 삭제 〈2021. 10. 26.〉
6. "차량"이라 함은 열차의 구성부분이 되는 1량의 철도차량을 말한다.
7. "전차선로"라 함은 전차선 및 이를 지지하는 공작물을 말한다.
8. "완급차(緩急車)"라 함은 관통제동기용 제동통·압력계·차장변(車掌弁) 및 수(手)제동기를 장치한 차량으로서 열차승무원이 집무할 수 있는 차실이 설비된 객차 또는 화차를 말한다.
9. "철도신호"라 함은 제76조의 규정에 의한 신호·전호(傳號) 및 표지를 말한다.
10. "진행지시신호"라 함은 진행신호·감속신호·주의신호·경계신호·유도신호 및 차내신호(정지신호를 제외한다) 등 차량의 진행을 지시하는 신호를 말한다.
11. "폐색"이라 함은 일정 구간에 동시에 2 이상의 열차를 운전시키지 아니하기 위하여 그 구간을 하나의 열차의 운전에만 점용시키는 것을 말한다.

12. "구내운전"이라 함은 정거장내 또는 차량기지 내에서 입환신호에 의하여 열차 또는 차량을 운전하는 것을 말한다.
13. "입환(入換)"이라 함은 사람의 힘에 의하거나 동력차를 사용하여 차량을 이동·연결 또는 분리하는 작업을 말한다.
14. "조차장(操車場)"이라 함은 차량의 입환 또는 열차의 조성을 위하여 사용되는 장소를 말한다.
15. "신호소"라 함은 상치신호기 등 열차제어시스템을 조작·취급하기 위하여 설치한 장소를 말한다.
16. "동력차"라 함은 기관차(機關車), 전동차(電動車), 동차(動車) 등 동력발생장치에 의하여 선로를 이동하는 것을 목적으로 제조한 철도차량을 말한다.
17. "위험물"이라 함은 「철도안전법」 제44조 제1항의 규정에 의한 위험물을 말한다.
18. "무인운전"이란 사람이 열차 안에서 직접 운전하지 아니하고 관제실에서의 원격조종에 따라 열차가 자동으로 운행되는 방식을 말한다.
19. "운전취급담당자"란 철도 신호기·선로전환기 또는 조작판을 취급하는 사람을 말한다.

제3조(적용범위)

철도에서의 철도차량의 운행에 관하여는 다른 법령에 특별한 규정이 있는 경우를 제외하고는 이 규칙이 정하는 바에 의한다.

제4조(업무규정의 제정·개정 등)

① 철도운영자 및 철도시설관리자(이하 "철도운영자 등"이라 한다)는 이 규칙에서 정하지 아니한 사항이나 지역별로 상이한 사항 등 열차운행의 안전관리 및 운영에 필요한 세부 기준 및 절차(이하 이 조에서 "업무규정"이라 한다)를 이 규칙의 범위 안에서 따로 정할 수 있다.
② 철도운영자 등은 다음 각 호의 경우에는 이와 관련된 다른 철도운영자 등과 사전에 협의해야 한다. 〈개정 2021. 10. 26.〉
  1. 다른 철도운영자 등이 관리하는 구간에서 열차를 운행하려는 경우
  2. 제1호에 따른 열차 운행과 관련하여 업무규정을 제정·개정하는 경우

제5조(철도운영자 등의 책무)

철도운영자 등은 열차 또는 차량을 운행함에 있어 철도사고를 예방하고 여객과 화물을 안전하고 원활하게 운송할 수 있도록 필요한 조치를 하여야 한다.

제 2 장　철도종사자

제6조(교육 및 훈련 등)

① 철도운영자 등은 다음 각 호의 어느 하나에 해당하는 사람에게「철도안전법」등 관계 법령에 따라 필요한 교육을 실시해야 하고, 해당 철도종사자 등이 업무 수행에 필요한 지식과 기능을 보유한 것을 확인한 후 업무를 수행하도록 해야 한다.
  1. 「철도안전법」제2조 제10호 가목에 따른 철도차량의 운전업무에 종사하는 사람(이하 "운전업무종사자"라 한다)
  2. 철도차량운전업무를 보조하는 사람(이하 "운전업무보조자"라 한다)
  3. 「철도안전법」제2조 제10호 나목에 따라 철도차량의 운행을 집중 제어·통제·감시하는 업무에 종사하는 사람(이하 "관제업무종사자"라 한다)
  4. 「철도안전법」제2조 제10호 다목에 따른 여객에게 승무 서비스를 제공하는 사람(이하 "여객승무원"이라 한다)
  5. 운전취급담당자
  6. 철도차량을 연결·분리하는 업무를 수행하는 사람
  7. 원격제어가 가능한 장치로 입환 작업을 수행하는 사람
② 철도운영자 등은 운전업무종사자, 운전업무보조자 및 여객승무원이 철도차량에 탑승하기 전 또는 철도차량의 운행 중에 필요한 사항에 대한 보고·지시 또는 감독 등을 적절히 수행할 수 있도록 안전관리체계를 갖추어야 한다.
③ 철도운영자 등은 제2항의 규정에 의한 업무를 수행하는 자가 과로 등으로 인하여 당해 업무를 적절히 수행하기 어렵다고 판단되는 경우에는 그 업무를 수행하도록 하여서는 아니 된다.

제7조(열차에 탑승하여야 하는 철도종사자)

① 열차에는 운전업무종사자와 여객승무원을 탑승시켜야 한다. 다만, 해당 선로의 상태, 열차에 연결되는 차량의 종류, 철도차량의 구조 및 장치의 수준 등을 고려하여 열차운행의 안전에 지장이 없다고 인정되는 경우에는 운전업무종사자 외의 다른 철도종사자를 탑승시키지 않거나 인원을 조정할 수 있다.
② 제1항에도 불구하고 무인운전의 경우에는 운전업무종사자를 탑승시키지 않을 수 있다.

제3장　적재제한 등

제8조(차량의 적재 제한 등)

① 차량에 화물을 적재할 경우에는 차량의 구조와 설계 강도 등을 고려하여 허용할 수 있는 최대적재량을 초과하지 않도록 해야 한다.
② 차량에 화물을 적재할 경우에는 중량의 부담이 균등히 해야 하며, 운전 중의 흔들림으로 인하여 무너지거나 넘어질 우려가 없도록 해야 한다.
③ 차량에는 차량한계(차량의 길이, 너비 및 높이의 한계를 말한다. 이하 이 조에서 같다)를 초과하여 화물을 적재·운송해서는 안 된다. 다만, 열차의 안전운행에 필요한 조치를 하는 경우에는 차량한계를 초과하는 화물(이하 "특대화물"이라 한다)을 운송할 수 있다.
④ 제1항부터 제3항까지의 규정에 따른 차량의 화물 적재 제한 등에 필요한 세부사항은 국토교통부장관이 정하여 고시한다.

제9조(특대화물의 수송)

철도운영자 등은 제8조 제3항 단서에 따라 특대화물 등을 운송하려는 경우에는 사전에 해당 구간에 열차운행에 지장을 초래하는 장애물이 있는지 등을 조사·검토한 후 운송해야 한다.

제4장 열차의 운전

제1절 열차의 조성

제10조(열차의 최대 연결 차량수 등)
열차의 최대 연결차량 수는 이를 조성하는 동력차의 견인력, 차량의 성능·차체(Frame) 등 차량의 구조 및 연결 장치의 강도와 운행선로의 시설현황에 따라 이를 정하여야 한다.

제11조(동력차의 연결위치)
열차의 운전에 사용하는 동력차는 열차의 맨 앞에 연결하여야 한다. 다만, 다음 각 호의 어느 하나에 해당하는 경우에는 그러하지 아니하다.
1. 기관차를 2 이상 연결한 경우로서 열차의 맨 앞에 위치한 기관차에서 열차를 제어하는 경우
2. 보조기관차를 사용하는 경우
3. 선로 또는 열차에 고장이 있는 경우
4. 구원열차·제설열차·공사열차 또는 시험운전열차를 운전하는 경우
5. 정거장과 그 정거장 외의 본선 도중에서 분기하는 측선과의 사이를 운전하는 경우
6. 그 밖에 특별한 사유가 있는 경우

제12조(여객열차의 연결제한)
① 여객열차에는 화차를 연결할 수 없다. 다만, 회송의 경우와 그 밖에 특별한 사유가 있는 경우에는 그러하지 아니하다.
② 제1항 단서의 규정에 의하여 화차를 연결하는 경우에는 화차를 객차의 중간에 연결하여서는 아니 된다.
③ 파손차량, 동력을 사용하지 아니하는 기관차 또는 2차량 이상에 무게를 부담시킨 화물을 적재한 화차는 이를 여객열차에 연결하여서는 아니 된다.

제13조(열차의 운전위치)
① 열차는 운전방향 맨 앞 차량의 운전실에서 운전하여야 한다.
② 제1항에도 불구하고 다음 각 호의 어느 하나에 해당하는 경우에는 운전방향 맨 앞 차량의 운전실 외에서도 열차를 운전할 수 있다.

1. 철도종사자가 차량의 맨 앞에서 전호를 하는 경우로서 그 전호에 의하여 열차를 운전하는 경우
2. 선로·전차선로 또는 차량에 고장이 있는 경우
3. 공사열차·구원열차 또는 제설열차를 운전하는 경우
4. 정거장과 그 정거장 외의 본선 도중에서 분기하는 측선과의 사이를 운전하는 경우
5. 철도시설 또는 철도차량을 시험하기 위하여 운전하는 경우
6. 사전에 정한 특정한 구간을 운전하는 경우
6의2. 무인운전을 하는 경우
7. 그 밖에 부득이한 경우로서 운전방향 맨 앞 차량의 운전실에서 운전하지 아니하여도 열차의 안전한 운전에 지장이 없는 경우

제14조(열차의 제동장치)

2량 이상의 차량으로 조성하는 열차에는 모든 차량에 연동하여 작용하고 차량이 분리되었을 때 자동으로 차량을 정차시킬 수 있는 제동장치를 구비하여야 한다. 다만, 다음 각 호의 어느 하나에 해당하는 경우에는 그러하지 아니하다.

1. 정거장에서 차량을 연결·분리하는 작업을 하는 경우
2. 차량을 정지시킬 수 있는 인력을 배치한 구원열차 및 공사열차의 경우
3. 그 밖에 차량이 분리된 경우에도 다른 차량에 충격을 주지 아니하도록 안전조치를 취한 경우

제15조(열차의 제동력)

① 열차는 선로의 굴곡정도 및 운전속도에 따라 충분한 제동능력을 갖추어야 한다.
② 철도운영자 등은 연결축수(연결된 차량의 차축 총수를 말한다)에 대한 제동축수(소요 제동력을 작용시킬 수 있는 차축의 총수를 말한다)의 비율(이하 "제동축 비율"이라 한다)이 100이 되도록 열차를 조성하여야 한다. 다만, 긴급 상황 발생 등으로 인하여 열차를 조성하는 경우 등 부득이한 사유가 있는 경우에는 그러하지 아니하다.
③ 열차를 조성하는 경우에는 모든 차량의 제동력이 균등하도록 차량을 배치하여야 한다. 다만, 고장 등으로 인하여 일부 차량의 제동력이 작용하지 아니하는 경우에는 제동축 비율에 따라 운전속도를 감속하여야 한다.

제16조(완급차의 연결)

① 관통제동기를 사용하는 열차의 맨 뒤(추진운전의 경우에는 맨 앞)에는 완급차를 연결하여야 한다. 다만, 화물열차에는 완급차를 연결하지 아니할 수 있다.
② 제1항 단서의 규정에 불구하고 군 전용열차 또는 위험물을 운송하는 열차 등 열차 승무원이 반드시 탑승하여야 할 필요가 있는 열차에는 완급차를 연결하여야 한다.

제17조(제동장치의 시험)

열차를 조성하거나 열차의 조성을 변경한 경우에는 당해 열차를 운행하기 전에 제동장치를 시험하여 정상작동여부를 확인하여야 한다.

제2절 열차의 운전

제18조(철도신호와 운전의 관계)

철도차량은 신호·전호 및 표지가 표시하는 조건에 따라 운전하여야 한다.

제19조(정거장의 경계)

철도운영자 등은 정거장 내·외에서 운전취급을 달리하는 경우 이를 내·외로 구분하여 운영하고 그 경계지점과 표시방식을 지정하여야 한다.

제20조(열차의 운전방향 지정 등)

① 철도운영자 등은 상행선·하행선 등으로 노선이 구분되는 선로의 경우에는 열차의 운행방향을 미리 지정하여야 한다.
② 다음 각 호의 어느 하나에 해당되는 경우에는 제1항의 규정에 의하여 지정된 선로의 반대선로로 열차를 운행할 수 있다.
  1. 제4조 제2항의 규정에 의하여 철도운영자 등과 상호 협의된 방법에 따라 열차를 운행하는 경우
  2. 정거장 내의 선로를 운전하는 경우
  3. 공사열차·구원열차 또는 제설열차를 운전하는 경우

4. 정거장과 그 정거장 외의 본선 도중에서 분기하는 측선과의 사이를 운전하는 경우
5. 입환운전을 하는 경우
6. 선로 또는 열차의 시험을 위하여 운전하는 경우
7. 퇴행(退行)운전을 하는 경우
8. 양방향 신호설비가 설치된 구간에서 열차를 운전하는 경우
9. 철도사고 또는 운행장애(이하 "철도사고 등"이라 한다)의 수습 또는 선로보수공사 등으로 인하여 부득이하게 지정된 선로방향을 운행할 수 없는 경우

③ 철도운영자 등은 제2항의 규정에 의하여 반대선로로 운전하는 열차가 있는 경우 후속열차에 대한 운행통제 등 필요한 안전조치를 하여야 한다.

제21조(정거장 외 본선의 운전)

차량은 이를 열차로 하지 아니하면 정거장 외의 본선을 운전할 수 없다. 다만, 입환작업을 하는 경우에는 그러하지 아니하다.

제22조(열차의 정거장 외 정차금지)

열차는 정거장 외에서는 정차하여서는 아니 된다. 다만, 다음 각 호의 어느 하나에 해당하는 경우에는 그러하지 아니하다.
1. 경사도가 1000분의 30 이상인 급경사 구간에 진입하기 전의 경우
2. 정지신호의 현시(現示)가 있는 경우
3. 철도사고 등이 발생하거나 철도사고 등의 발생 우려가 있는 경우
4. 그 밖에 철도안전을 위하여 부득이 정차하여야 하는 경우

제23조(열차의 운행시각)

철도운영자 등은 정거장에서의 열차의 출발·통과 및 도착의 시각을 정하고 이에 따라 열차를 운행하여야 한다. 다만, 긴급하게 임시열차를 편성하여 운행하는 경우 등 부득이한 경우에는 그러하지 아니한다.

제24조(운전정리)

철도사고 등의 발생 등으로 인하여 열차가 지연되어 열차의 운행일정의 변경이 발생하여 열차운행상 혼란이 발생한 때에는 열차의 종류·등급·목적지 및 연계수송 등을 고려하여 운전정리를 행하고, 정상운전으로 복귀되도록 하여야 한다.

제25조(열차 출발시의 사고방지)

철도운영자 등은 열차를 출발시키는 경우 여객이 객차의 출입문에 끼었는지의 여부, 출입문의 닫힘 상태 등을 확인하는 등 여객의 안전을 확보할 수 있는 조치를 하여야 한다.

제26조(열차의 퇴행 운전)

① 열차는 퇴행하여서는 아니 된다. 다만, 다음 각 호의 어느 하나에 해당하는 경우에는 그러하지 아니하다.
　1. 선로·전차선로 또는 차량에 고장이 있는 경우
　2. 공사열차·구원열차 또는 제설열차가 작업상 퇴행할 필요가 있는 경우
　3. 뒤의 보조기관차를 활용하여 퇴행하는 경우
　4. 철도사고 등의 발생 등 특별한 사유가 있는 경우
② 제1항 단서의 규정에 의하여 퇴행하는 경우에는 다른 열차 또는 차량의 운전에 지장이 없도록 조치를 취하여야 한다.

제27조(열차의 재난방지)

철도운영자 등은 폭풍우·폭설·홍수·지진·해일 등으로 열차에 재난 또는 위험이 발생할 우려가 있는 경우에는 그 상황을 고려하여 열차운전을 일시 중지하거나 운전속도를 제한하는 등의 재난·위험방지 조치를 강구해야 한다.

제28조(열차의 동시 진출 · 입 금지)

2이상의 열차가 정거장에 진입하거나 정거장으로부터 진출하는 경우로서 열차 상호간 그 진로에 지장을 줄 염려가 있는 경우에는 2 이상의 열차를 동시에 정거장에 진입시키거나 진출시킬 수 없다. 다만, 다음 각 호의 어느 하나에 해당하는 경우에는 그러하지 아니하다.
1. 안전측선·탈선선로전환기·탈선기가 설치되어 있는 경우
2. 열차를 유도하여 서행으로 진입시키는 경우
3. 단행기관차로 운행하는 열차를 진입시키는 경우
4. 다른 방향에서 진입하는 열차들이 출발신호기 또는 정차위치로부터 200미터(동차·전동차의 경우에는 150미터) 이상의 여유거리가 있는 경우
5. 동일방향에서 진입하는 열차들이 각 정차위치에서 100미터 이상의 여유거리가 있는 경우

제29조(열차의 긴급정지 등)

철도사고 등이 발생하여 열차를 급히 정지시킬 필요가 있는 경우에는 지체 없이 정지신호를 표시하는 등 열차정지에 필요한 조치를 취하여야 한다.

제30조(선로의 일시 사용중지)

① 선로의 개량 또는 보수 등으로 열차의 운행에 지장을 주는 작업이나 공사가 진행 중인 구간에는 작업이나 공사 관계 차량 외의 열차 또는 철도차량을 진입시켜서는 안 된다.
② 제1항의 규정에 의한 작업 또는 공사가 완료된 경우에는 열차의 운행에 지장이 없는지를 확인하고 열차를 운행시켜야 한다.

제31조(구원열차 요구 후 이동금지)

① 철도사고 등의 발생으로 인하여 정거장외에서 열차가 정차하여 구원열차를 요구하였거나 구원열차 운전의 통보가 있는 경우에는 당해 열차를 이동하여서는 아니 된다. 다만, 다음 각 호의 어느 하나에 해당하는 경우에는 그러하지 아니하다.
  1. 철도사고 등이 확대될 염려가 있는 경우
  2. 응급작업을 수행하기 위하여 다른 장소로 이동이 필요한 경우
② 철도종사자는 제1항 단서에 따라 열차 또는 철도차량을 이동시키는 경우에는 지체 없이 구원열차의 운전업무종사자와 관제업무종사자 또는 운전취급담당자에게 그 이동 내용과 이동 사유를 통보하고, 열차의 방호를 위한 정지수신호 등 안전조치를 취해야 한다.

제32조(화재발생시의 운전)

① 열차에 화재가 발생한 경우에는 조속히 소화의 조치를 하고 여객을 대피시키거나 화재가 발생한 차량을 다른 차량에서 격리시키는 등의 필요한 조치를 하여야 한다.
② 열차에 화재가 발생한 장소가 교량 또는 터널 안인 경우에는 우선 철도차량을 교량 또는 터널 밖으로 운전하는 것을 원칙으로 하고, 지하구간인 경우에는 가장 가까운 역 또는 지하구간 밖으로 운전하는 것을 원칙으로 한다.

제32조의2(무인운전시의 안전 확보 등)

열차를 무인운전하는 경우에는 다음 각 호의 사항을 준수해야 한다.
1. 철도운영자 등이 지정한 철도종사자는 차량을 차고에서 출고하기 전 또는 무인운전 구간으로 진입하기 전에 운전방식을 무인운전 모드(mode)로 전환하고, 관제업무종사자로부터 무인운전 기능을 확인받을 것
2. 관제업무종사자는 열차의 운행상태를 실시간으로 감시하고 필요한 조치를 할 것
3. 관제업무종사자는 열차가 정거장의 정지선을 지나쳐서 정차한 경우 다음 각 목의 조치를 할 것
   가. 후속 열차의 해당 정거장 진입 차단
   나. 철도운영자 등이 지정한 철도종사자를 해당 열차에 탑승시켜 수동으로 열차를 정지선으로 이동
   다. 나목의 조치가 어려운 경우 해당 열차를 다음 정거장으로 재출발
4. 철도운영자 등은 여객의 승하차시 안전을 확보하고 시스템 고장 등 긴급 상황에 신속하게 대처하기 위하여 정거장 등에 안전요원을 배치하거나 순회하도록 할 것

제33조(특수목적열차의 운전)

철도운영자 등은 특수한 목적으로 열차의 운행이 필요한 경우에는 당해 특수목적열차의 운행계획을 수립·시행하여야 한다.

제3절 열차의 운전속도

제34조(열차의 운전 속도)

① 열차는 선로 및 전차선로의 상태, 차량의 성능, 운전 방법, 신호의 조건 등에 따라 안전한 속도로 운전하여야 한다.
② 철도운영자 등은 다음 각 호를 고려하여 선로의 노선별 및 차량의 종류별로 열차의 최고속도를 정하여 운용하여야 한다.
  1. 선로에 대하여는 선로의 굴곡의 정도 및 선로전환기의 종류와 구조
  2. 전차선에 대하여는 가설방법별 제한속도

제35조(운전방법 등에 의한 속도제한)

철도운영자 등은 다음 각 호의 어느 하나에 해당하는 경우에는 열차 또는 차량의 운전제한 속도를 따로 정하여 시행하여야 한다.
1. 서행신호 현시구간을 운전하는 경우
2. 추진운전을 하는 경우(총괄제어법에 따라 열차의 맨 앞에서 제어하는 경우를 제외한다)
3. 열차를 퇴행운전을 하는 경우
4. 쇄정(鎖錠)되지 않은 선로전환기를 대향(對向)으로 운전하는 경우
5. 입환 운전을 하는 경우
6. 제74조에 따른 전령법(傳令法)에 의하여 열차를 운전하는 경우
7. 수신호 현시구간을 운전하는 경우
8. 지령운전을 하는 경우
9. 무인운전 구간에서 운전업무종사자가 탑승하여 운전하는 경우
10. 그 밖에 철도안전을 위하여 필요하다고 인정되는 경우

제36조(열차 또는 차량의 정지)

① 열차 또는 차량은 정지신호가 현시된 경우에는 그 현시지점을 넘어서 진행할 수 없다. 다만, 다음 각 호의 어느 하나에 해당하는 경우에는 그러하지 아니하다.
1. 삭제 〈2021. 10. 26.〉
2. 수신호에 의하여 정지신호의 현시가 있는 경우
3. 신호기 고장 등으로 인하여 정지가 불가능한 거리에서 정지신호의 현시가 있는 경우

② 제1항의 규정에 불구하고 자동폐색신호기의 정지신호에 의하여 일단 정지한 열차 또는 차량은 정지신호 현시중이라도 운전속도의 제한 등 안전조치에 따라 서행하여 그 현시지점을 넘어서 진행할 수 있다.

③ 서행허용표지를 추가하여 부설한 자동폐색신호기가 정지신호를 현시하는 때에는 정지신호 현시중이라도 정지하지 아니하고 운전속도의 제한 등 안전조치에 따라 서행하여 그 현시지점을 넘어서 진행할 수 있다.

제37조(열차 또는 차량의 진행)

열차 또는 차량은 진행을 지시하는 신호가 현시된 때에는 신호종류별 지시에 따라 지정속도 이하로 그 지점을 지나 다음 신호가 있는 지점까지 진행할 수 있다.

제38조(열차 또는 차량의 서행)

① 열차 또는 차량은 서행신호의 현시가 있을 때에는 그 속도를 감속하여야 한다.
② 열차 또는 차량이 서행해제신호가 있는 지점을 통과한 때에는 정상속도로 운전할 수 있다.

제4절 입 환

제39조(입환)

① 철도운영자등은 입환작업을 하려면 다음 각 호의 사항을 포함한 입환작업계획서를 작성하여 기관사, 운전취급담당자, 입환작업자에게 배부하고 입환작업에 대한 교육을 실시하여야 한다. 다만, 단순히 선로를 변경하기 위하여 이동하는 입환의 경우에는 입환작업계획서를 작성하지 아니할 수 있다.
  1. 작업 내용
  2. 대상 차량
  3. 입환 작업 순서
  4. 작업자별 역할
  5. 입환전호 방식
  6. 입환 시 사용할 무선채널의 지정
  7. 그 밖에 안전조치사항
② 입환작업자(기관사를 포함한다)는 차량과 열차를 입환하는 경우 다음 각 호의 기준에 따라야 한다.
  1. 차량과 열차가 이동하는 때에는 차량을 분리하는 입환작업을 하지 말 것
  2. 입환 시 다른 열차의 운행에 지장을 주지 않도록 할 것
  3. 여객이 승차한 차량이나 화약류 등 위험물을 적재한 차량에 대하여는 충격을 주지 않도록 할 것

제40조(선로전환기의 쇄정 및 정위치 유지)

① 본선의 선로전환기는 이와 관계된 신호기와 그 진로내의 선로전환기를 연동쇄정하여 사용하여야 한다. 다만, 상시 쇄정되어 있는 선로전환기 또는 취급회수가 극히 적은 배향(背向)의 선로전환기의 경우에는 그러하지 아니하다.
② 쇄정되지 아니한 선로전환기를 대향으로 통과할 때에는 쇄정기구를 사용하여 텅레일(Tongue Rail)을 쇄정하여야 한다.
③ 선로전환기를 사용한 후에는 지체 없이 미리 정하여진 위치에 두어야 한다.

제41조(차량의 정차 시 조치)

차량을 측선 등에 정차시켜 두는 경우에는 차량이 움직이지 아니하도록 필요한 조치를 하여야 한다.

제42조(열차의 진입과 입환)

① 다른 열차가 정거장에 진입할 시각이 임박한 때에는 다른 열차에 지장을 줄 수 있는 입환을 할 수 없다. 다만, 다른 열차가 진입할 수 없는 경우 등 긴급하거나 부득이한 경우에는 그러하지 아니하다.
② 열차의 도착 시각이 임박한 때에는 그 열차가 정차 예정인 선로에서는 입환을 할 수 없다. 다만, 열차의 운전에 지장을 주지 아니하도록 안전조치를 한 후에는 그러하지 아니하다.

제43조(정거장외 입환)

다른 열차가 인접정거장 또는 신호소를 출발한 후에는 그 열차에 대한 장내신호기의 바깥쪽에 걸친 입환을 할 수 없다. 다만, 특별한 사유가 있는 경우로서 충분한 안전조치를 한 때에는 그러하지 아니하다.

제44조(돌방입환 금지) 삭제 〈2018. 7. 18.〉

제45조(인력입환)

본선을 이용하는 입력입환은 관제업무종사자 또는 운전취급담당자의 승인을 받아야 하며, 운전취급담당자는 그 작업을 감시해야 한다.

제 5 장　열차간의 안전 확보

제1절 총 칙

제46조(열차 간의 안전 확보)

① 열차는 열차 간의 안전을 확보할 수 있도록 다음 각 호의 어느 하나의 방법으로 운전해야 한다. 다만, 정거장 내에서 철도신호의 현시·표시 또는 그 정거장의 운전을 관리하는 사람의 지시에 따라 운전하는 경우에는 그렇지 않다.
  1. 폐색에 의한 방법
  2. 열차 간의 간격을 확보하는 장치(이하 "열차제어장치"라 한다)에 의한 방법
  3. 시계(視界)운전에 의한 방법
② 단선(單線)구간에서 폐색을 한 경우 상대역의 열차가 동시에 당해 구간에 진입하도록 하여서는 아니 된다.
③ 구원열차를 운전하는 경우 또는 공사열차가 있는 구간에서 다른 공사열차를 운전하는 등의 특수한 경우로서 열차운행의 안전을 확보할 수 있는 조치를 취한 경우에는 제1항 및 제2항의 규정에 의하지 아니할 수 있다.

제47조(진행지시신호의 금지)

열차 또는 차량의 진로에 지장이 있는 경우에는 이에 대하여 진행을 지시하는 신호를 현시할 수 없다.

제47조의2(열차의 방호)

① 철도운영자 등은 철도사고 등이 발생하여 인접 선로의 열차운행에 지장을 주는 등 다른 열차의 정차가 필요한 경우에는 방호 조치를 해야 한다.
② 운전업무종사자는 다른 열차의 방호 조치를 확인한 경우 즉시 열차를 정차해야 한다.

제2절 폐색에 의한 방법

제48조(폐색에 의한 방법)

폐색에 의한 방법을 사용하는 경우에는 당해 열차의 진로 상에 있는 폐색구간의 조건에 따라 신호를 현시하거나 다른 열차의 진입을 방지할 수 있어야 한다.

제49조(폐색에 의한 열차 운행)

① 폐색에 의한 방법으로 열차를 운행하는 경우에는 본선을 폐색구간으로 분할하여야 한다. 다만, 정거장 내의 본선은 이를 폐색구간으로 하지 아니할 수 있다.
② 하나의 폐색구간에는 둘 이상의 열차를 동시에 운행할 수 없다. 다만, 다음 각 호에 해당하는 경우에는 그렇지 않다.
  1. 제36조 제2항 및 제3항에 따라 열차를 진입시키려는 경우
  2. 고장열차가 있는 폐색구간에 구원열차를 운전하는 경우
  3. 선로가 불통된 구간에 공사열차를 운전하는 경우
  4. 폐색구간에서 뒤의 보조기관차를 열차로부터 떼었을 경우
  5. 열차가 정차되어 있는 폐색구간으로 다른 열차를 유도하는 경우
  6. 폐색에 의한 방법으로 운전을 하고 있는 열차를 열차제어장치로 운전하거나 시계운전이 가능한 노선에서 열차를 서행하여 운전하는 경우
  7. 그 밖에 특별한 사유가 있는 경우

제50조(폐색방식의 구분)

폐색방식은 각 호와 같이 구분한다.
  1. 상용(常用)폐색방식 : 자동폐색식・연동폐색식・차내신호폐색식・통표폐색식
  2. 대용(代用)폐색방식 : 통신식・지도통신식・지도식・지령식

제51조(자동폐색장치의 기능)

자동폐색식을 시행하는 폐색구간의 폐색신호기·장내신호기 및 출발신호기는 다음 각 호의 기능을 갖추어야 한다.
1. 폐색구간에 열차 또는 차량이 있을 때에는 자동으로 정지신호를 현시할 것
2. 폐색구간에 있는 선로전환기가 정당한 방향으로 개통되지 아니한 때 또는 분기선 및 교차점에 있는 차량이 폐색구간에 지장을 줄 때에는 자동으로 정지신호를 현시할 것
3. 폐색장치에 고장이 있을 때에는 자동으로 정지신호를 현시할 것
4. 단선구간에 있어서는 하나의 방향에 대하여 진행을 지시하는 신호를 현시한 때에는 그 반대방향의 신호기는 자동으로 정지신호를 현시할 것

제52조(연동폐색장치의 구비조건)

연동폐색식을 시행하는 폐색구간 양끝의 정거장 또는 신호소에는 다음 각 호의 기능을 갖춘 연동폐색기를 설치해야 한다.
1. 신호기와 연동하여 자동으로 다음 각 목의 표시를 할 수 있을 것
   가. 폐색구간에 열차 있음
   나. 폐색구간에 열차 없음
2. 열차가 폐색구간에 있을 때에는 그 구간의 신호기에 진행을 지시하는 신호를 현시할 수 없을 것
3. 폐색구간에 진입한 열차가 그 구간을 통과한 후가 아니면 제1호 가목의 표시를 변경할 수 없을 것
4. 단선구간에 있어서 하나의 방향에 대하여 폐색이 이루어지면 그 반대방향의 신호기는 자동으로 정지신호를 현시할 것

제53조(열차를 연동폐색구간에 진입시킬 경우의 취급)

① 열차를 폐색구간에 진입시키려는 경우에는 제52조 제1호 나목의 표시를 확인하고 전방의 정거장 또는 신호소의 승인을 받아야 한다.
② 제1항에 따른 승인은 제52조 제1호 가목의 표시로 해야 한다.
③ 폐색구간에 열차 또는 차량이 있을 때에는 제1항의 규정에 의한 승인을 할 수 없다.

제54조(차내신호폐색장치의 기능)

차내신호폐색식을 시행하는 구간의 차내 신호는 다음 각 호의 경우에는 자동으로 정지신호를 현시하는 기능을 갖추어야 한다.
1. 폐색구간에 열차 또는 다른 차량이 있는 경우
2. 폐색구간에 있는 선로전환기가 정당한 방향에 있지 아니한 경우
3. 다른 선로에 있는 열차 또는 차량이 폐색구간을 진입하고 있는 경우
4. 열차제어장치의 지상장치에 고장이 있는 경우
5. 열차 정상운행선로의 방향이 다른 경우

제55조(통표폐색장치의 기능 등)

① 통표폐색식을 시행하는 폐색구간 양끝의 정거장 또는 신호소에는 다음 각 호의 기능을 갖춘 통표폐색장치를 설치해야 한다.
1. 통표는 폐색구간 양끝의 정거장 또는 신호소에서 협동하여 취급하지 아니하면 이를 꺼낼 수 없을 것
2. 폐색구간 양끝에 있는 통표폐색기에 넣은 통표는 1개에 한하여 꺼낼 수 있으며, 꺼낸 통표를 통표폐색기에 넣은 후가 아니면 다른 통표를 꺼내지 못하는 것일 것
3. 인접 폐색구간의 통표는 넣을 수 없는 것일 것

② 제1항의 규정에 의한 통표폐색기에는 그 구간 전용의 통표만을 넣어야 한다.
③ 인접폐색구간의 통표는 그 모양을 달리하여야 한다.
④ 열차는 당해 구간의 통표를 휴대하지 아니하면 그 구간을 운전할 수 없다. 다만, 특별한 사유가 있는 경우에는 그러하지 아니하다.

제56조(열차를 통표폐색구간에 진입시킬 경우의 취급)

① 열차를 통표폐색구간에 진입시키려는 경우에는 폐색구간에 열차가 없는 것을 확인하고 운행하려는 방향의 정거장 또는 신호소 운전취급담당자의 승인을 받아야 한다.
② 열차의 운전에 사용하는 통표는 통표 폐색기에 넣은 후가 아니면 이를 다른 열차의 운전에 사용할 수 없다. 다만, 고장열차가 있는 폐색구간에 구원열차를 운전하는 경우 등 특별한 사유가 있는 경우에는 그러하지 아니하다.

제57조(통신식 대용폐색 방식의 통신장치)

통신식을 시행하는 구간에는 전용의 통신설비를 설치하여야 한다. 다만, 다음 각 호의 어느 하나에 해당하는 경우에는 다른 통신설비로서 이를 대신할 수 있다.
1. 운전이 한산한 구간인 경우
2. 전용의 통신설비에 고장이 있는 경우
3. 철도사고 등의 발생 그 밖에 부득이한 사유로 인하여 전용의 통신설비를 설치할 수 없는 경우

제58조(열차를 통신식 폐색구간에 진입시킬 경우의 취급)

① 열차를 통신식 폐색구간에 진입시키려는 경우에는 관제업무종사자 또는 운전취급담당자의 승인을 받아야 한다.
② 관제업무종사자 또는 운전취급담당자는 폐색구간에 열차 또는 차량이 없음을 확인한 경우에만 열차의 진입을 승인할 수 있다.

제59조(지도통신식의 시행)

① 지도통신식을 시행하는 구간에는 폐색구간 양끝의 정거장 또는 신호소의 통신설비를 사용하여 서로 협의한 후 시행한다.
② 지도통신식을 시행하는 경우 폐색구간 양끝의 정거장 또는 신호소가 서로 협의한 후 지도표를 발행하여야 한다.
③ 제2항의 규정에 의한 지도표는 1폐색구간에 1매로 한다.

제60조(지도표와 지도권의 사용구별)

① 지도통신식을 시행하는 구간에서 동일방향의 폐색구간으로 진입시키고자 하는 열차가 하나뿐인 경우에는 지도표를 교부하고, 연속하여 2 이상의 열차를 동일방향의 폐색구간으로 진입시키고자 하는 경우에는 최후의 열차에 대하여는 지도표를, 나머지 열차에 대하여는 지도권을 교부한다.
② 지도권은 지도표를 가지고 있는 정거장 또는 신호소에서 서로 협의를 한 후 발행하여야 한다.

제61조(열차를 지도통신식 폐색구간에 진입시킬 경우의 취급)

열차는 당해구간의 지도표 또는 지도권을 휴대하지 아니하면 그 구간을 운전할 수 없다. 다만, 고장열차가 있는 폐색구간에 구원열차를 운전하는 경우 등 특별한 사유가 있는 경우에는 그러하지 아니하다.

제62조(지도표·지도권의 기입사항)

① 지도표에는 그 구간 양끝의 정거장명·발행일자 및 사용열차번호를 기입하여야 한다.
② 지도권에는 사용구간·사용열차·발행일자 및 지도표 번호를 기입하여야 한다.

제63조(지도식의 시행)

지도식은 철도사고 등의 수습 또는 선로보수공사 등으로 현장과 가장 가까운 정거장 또는 신호소간을 1폐색구간으로 하여 열차를 운전하는 경우에 후속열차를 운전할 필요가 없을 때에 한하여 시행한다.

제64조(지도표의 발행)

① 지도식을 시행하는 구간에는 지도표를 발행하여야 한다.
② 지도표는 1폐색구간에 1매로 하며, 열차는 당해구간의 지도표를 휴대하지 아니하면 그 구간을 운전할 수 없다.

제64조의2(지령식의 시행)

① 지령식은 폐색구간이 다음 각 호의 요건을 모두 갖춘 경우 관제업무종사자의 승인에 따라 시행한다.
  1. 관제업무종사자가 열차 운행을 감시할 수 있을 것
  2. 운전용 통신장치 기능이 정상일 것
② 관제업무종사자는 지령식을 시행하는 경우 다음 각 호의 사항을 준수해야 한다.
  1. 지령식을 시행할 폐색구간의 경계를 정할 것
  2. 지령식을 시행할 폐색구간에 열차나 철도차량이 없음을 확인할 것
  3. 지령식을 시행하는 폐색구간에 진입하는 열차의 기관사에게 승인번호, 시행구간, 운전속도 등 주의사항을 통보할 것

제3절 자동열차제어장치에 의한 방법

제65조(열차제어장치에 의한 방법)

열차 간의 간격을 자동으로 확보하는 열차제어장치는 운행하는 열차와 동일 진로상의 다른 열차와의 간격 및 선로 등의 조건에 따라 자동으로 해당 열차를 감속시키거나 정지시킬 수 있어야 한다.

제66조(열차제어장치의 종류)

열차제어장치는 다음 각 호와 같이 구분한다.
1. 열차자동정지장치(ATS, Automatic Train Stop)
2. 열차자동제어장치(ATC, Automatic Train Control)
3. 열차자동방호장치(ATP, Automatic Train Protection)

제67조(열차제어장치의 기능)

① 열차자동정지장치는 열차의 속도가 지상에 설치된 신호기의 현시 속도를 초과하는 경우 열차를 자동으로 정지시킬 수 있어야 한다.
② 열차자동제어장치 및 열차자동방호장치는 다음 각 호의 기능을 갖추어야 한다.
 1. 운행 중인 열차를 선행열차와의 간격, 선로의 굴곡, 선로전환기 등 운행 조건에 따라 제어정보가 지시하는 속도로 자동으로 감속시키거나 정지시킬 수 있을 것
 2. 장치의 조작 화면에 열차제어정보에 따른 운전 속도와 열차의 실제 속도를 실시간으로 나타내 줄 것
 3. 열차를 정지시켜야 하는 경우 자동으로 제동장치를 작동하여 정지목표에 정지할 수 있을 것

제68조 삭제 〈2021. 10. 26〉

제69조 삭제 〈2021. 10. 26〉

제4절 시계운전에 의한 방법

제70조(시계운전에 의한 방법)

① 시계운전에 의한 방법은 신호기 또는 통신장치의 고장 등으로 제50조 제1호 및 제2호 외의 방법으로 열차를 운전할 필요가 있는 경우에 한하여 시행하여야 한다.
② 철도차량의 운전속도는 전방 가시거리 범위 내에서 열차를 정지시킬 수 있는 속도 이하로 운전하여야 한다.
③ 동일 방향으로 운전하는 열차는 선행 열차와 충분한 간격을 두고 운전하여야 한다.

제71조(단선구간에서의 시계운전)

단선구간에서는 하나의 방향으로 열차를 운전하는 때에 반대방향의 열차를 운전시키지 아니하는 등 사고예방을 위한 안전조치를 하여야 한다.

제72조(시계운전에 의한 열차의 운전)

시계운전에 의한 열차운전은 다음 각 호의 어느 하나의 방법으로 시행해야 한다. 다만, 협의용 단행기관차의 운행 등 철도운영자 등이 특별히 따로 정한 경우에는 그렇지 않다.
　1. 복선운전을 하는 경우
　　　가. 격시법
　　　나. 전령법
　2. 단선운전을 하는 경우
　　　가. 지도격시법(指導隔時法)
　　　나. 전령법

제73조(격시법 또는 지도격시법의 시행)

① 격시법 또는 지도격시법을 시행하는 경우에는 최초의 열차를 운전시키기 전에 폐색구간에 열차 또는 차량이 없음을 확인하여야 한다.
② 격시법은 폐색구간의 한끝에 있는 정거장 또는 신호소의 운전취급담당자가 시행한다.
③ 지도격시법은 폐색구간의 한끝에 있는 정거장 또는 신호소의 운전취급담당자가 적임자를 파견하여 상대의 정거장 또는 신호소 운전취급담당자와 협의한 후 시행해야 한다. 다만, 지도통신식을 시행 중인 구간에서 통신두절이 된 경우 지도표를 가지고 있는 정거장 또는 신호소에서 최초의 열차에 대해서는 적임자를 파견하지 않고 시행할 수 있다.

제74조(전령법의 시행)

① 열차 또는 차량이 정차되어 있는 폐색구간에 다른 열차를 진입시킬 때에는 전령법에 의하여 운전하여야 한다.
② 전령법은 그 폐색구간 양끝에 있는 정거장 또는 신호소의 운전취급담당자가 협의하여 이를 시행해야 한다. 다만, 다음 각 호의 어느 하나에 해당하는 경우에는 협의하지 않고 시행할 수 있다.
  1. 선로고장 등으로 지도식을 시행하는 폐색구간에 전령법을 시행하는 경우
  2. 제1호 외의 경우로서 전화불통으로 협의를 할 수 없는 경우
③ 제2항 제2호에 해당하는 경우에는 당해 열차 또는 차량이 정차되어 있는 곳을 넘어서 열차 또는 차량을 운전할 수 없다.

제75조(전령자)

① 전령법을 시행하는 구간에는 전령자를 선정하여야 한다.
② 제1항의 규정에 의한 전령자는 1폐색구간 1인에 한한다.
③ 삭제 〈2021. 10. 26.〉
④ 전령법을 시행하는 구간에서는 당해구간의 전령자가 동승하지 아니하고는 열차를 운전할 수 없다.

제 6 장　철도신호

제1절 총 칙

제76조(철도신호)

철도의 신호는 다음 각 호와 같이 구분하여 시행한다.
1. 신호는 모양·색 또는 소리 등으로 열차나 차량에 대하여 운행의 조건을 지시하는 것으로 할 것
2. 전호는 모양·색 또는 소리 등으로 관계직원 상호간에 의사를 표시하는 것으로 할 것
3. 표지는 모양 또는 색 등으로 물체의 위치·방향·조건 등을 표시하는 것으로 할 것

제77조(주간 또는 야간의 신호 등)

주간과 야간의 현시방식을 달리하는 신호·전호 및 표지의 경우 일출 후부터 일몰 전까지는 주간 방식으로, 일몰 후부터 다음 날 일출 전까지는 야간 방식으로 한다. 다만, 일출 후부터 일몰 전까지의 경우에도 주간 방식에 따른 신호·전호 또는 표지를 확인하기 곤란한 경우에는 야간 방식에 따른다.

제78조(지하구간 및 터널 안의 신호)

지하구간 및 터널 안의 신호·전호 및 표지는 야간의 방식에 의하여야 한다. 다만, 길이가 짧아 빛이 통하는 지하구간 또는 조명 시설이 설치된 터널 안 또는 지하 정거장 구내의 경우에는 그러하지 아니하다.

제79조(제한신호의 추정)

① 신호를 현시할 소정의 장소에 신호의 현시가 없거나 그 현시가 정확하지 아니할 때에는 정지신호의 현시가 있는 것으로 본다.
② 상치신호기 또는 임시신호기와 수신호가 각각 다른 신호를 현시한 때에는 그 운전을 최대로 제한하는 신호의 현시에 의하여야 한다. 다만, 사전에 통보가 있을 때에는 통보된 신호에 의한다.

제80조(신호의 겸용금지)

하나의 신호는 하나의 선로에서 하나의 목적으로 사용되어야 한다. 다만, 진로표시기를 부설한 신호기는 그러하지 아니하다.

제2절 상치신호기

제81조(상치신호기)

상치신호기는 일정한 장소에서 색등(色燈) 또는 등열(燈列)에 의하여 열차 또는 차량의 운전조건을 지시하는 신호기를 말한다.

제82조(상치신호기의 종류)

상치신호기의 종류와 용도는 다음 각 호와 같다.
1. 주신호기
    가. 장내신호기 : 정거장에 진입하려는 열차에 대하여 신호를 현시하는 것
    나. 출발신호기 : 정거장을 진출하려는 열차에 대하여 신호를 현시하는 것
    다. 폐색신호기 : 폐색구간에 진입하려는 열차에 대하여 신호를 현시하는 것
    라. 엄호신호기 : 특히 방호를 요하는 지점을 통과하려는 열차에 대하여 신호를 현시하는 것
    마. 유도신호기 : 장내신호기에 정지신호의 현시가 있는 경우 유도를 받을 열차에 대하여 신호를 현시하는 것
    바. 입환신호기 : 입환차량 또는 차내신호폐색식을 시행하는 구간의 열차에 대하여 신호를 현시하는 것
2. 종속신호기
    가. 원방신호기 : 장내신호기·출발신호기·폐색신호기 및 엄호신호기에 종속하여 열차에 주 신호기가 현시하는 신호의 예고 신호를 현시하는 것
    나. 통과신호기 : 출발신호기에 종속하여 정거장에 진입하는 열차에 신호기가 현시하는 신호를 예고하며, 정거장을 통과할 수 있는지의 대한 신호를 현시하는 것
    다. 중계신호기 : 장내신호기·출발신호기·폐색신호기 및 엄호신호기에 종속하여 열차에 대하여 주 신호기가 현시하는 신호의 중계 신호를 현시하는 것
3. 신호부속기
    가. 진로표시기 : 장내신호기·출발신호기·진로개통표시기 및 입환신호기에 부속하여 열차 또는 차량에 대하여 그 진로를 표시하는 것
    나. 진로예고기 : 장내신호기·출발신호기에 종속하여 다음 장내신호기 또는 출발신호기에 현시하는 진로를 열차에 대하여 예고하는 것
    다. 진로개통표시기 : 차내신호를 사용하는 열차가 운행하는 본선의 분기부에 설치하여 진로의 개통상태를 표시하는 것
4. 차내신호 : 동력차 내에 설치하여 신호를 현시하는 것

제83조(차내신호)

차내신호의 종류 및 그 제한속도는 다음 각 호와 같다.
1. 정지신호 : 열차운행에 지장이 있는 구간으로 운행하는 열차에 대하여 정지하도록 하는 것
2. 15신호 : 정지신호에 의하여 정지한 열차에 대한 신호로서 1시간에 15킬로미터 이하의 속도로 운전하게 하는 것
3. 야드신호 : 입환 차량에 대한 신호로서 1시간에 25킬로미터 이하의 속도로 운전하게 하는 것
4. 진행신호 : 열차를 지정된 속도 이하로 운전하게 하는 것

제84조(신호현시방식)

상치신호기의 현시방식은 다음 각 호와 같다.

1. 장내신호기·출발신호기·폐색신호기 및 엄호신호기

종류	신호현시방식					
	5현시	4현시	3현시	2현시			
	색등식	색등식	색등식	색등식	완목식	
					주간	야간
정지신호	적색등	적색등	적색등	적색등	완·수평	적색등
경계신호	상위 : 등황색등 하위 : 등황색등					
주의신호	등황색등	등황색등	등황색등			
감속신호	상위 : 등황색등 하위 : 녹색등	상위 : 등황색등 하위 : 녹색등				
진행신호	녹색등	녹색등	녹색등	녹색등	완·좌하향 45도	녹색등

2. 유도신호기(등열식) : 백색 등열 좌·하향 45도

3. 입환신호기

종류	신호현시방식		
	등열식	색등식	
		차내신호폐색구간	그 밖의 구간
정지신호	백색등열 수평 무유도등 소등	적색등	적색등
진행신호	백색 등열 좌하향 45도 무유도등 점등	등황색등	청색등 무유도등 점등

4 원방신호기(통과신호기를 포함한다)

종류		신호현시방식		
		색등식	완목식	
			주간	야간
주신호기가 정지신호를 할 경우	주의신호	등황색등	완·수평	등황색등
주신호기가 진행을 지시하는 신호를 할 경우	진행신호	녹색등	완·좌하향 45도	녹색등

5 중계신호기

종류		등열식	색등식
주신호기가 정지신호를 할 경우	정지중계	백색등열(3등)수평	적색등
주신호기가 진행을 지시하는 신호를 할 경우	제한중계	백색등열(3등) 좌하향 45도	주신호기가 진행을 지시하는 색등
	진행중계	백색등열(3등) 수직	

6 차내신호기

종류	신호현시방식
정지신호	적색 사각형등 점등
15신호	적색원형등 점등("15" 지시)
야드신호	노란색 직사각형등과 적색원형등(25등신호) 점등
진행신호	적색원형등(해낭신호등) 섬등

제85조(신호현시의 기본원칙)

① 별도의 작동이 없는 상태에서의 상치신호기의 기본원칙는 다음 각 호와 같다.
  1. 장내신호기 : 정지신호
  2. 출발신호기 : 정지신호
  3. 폐색신호기(자동폐색신호기를 제외한다) : 정지신호
  4. 엄호신호기 : 정지신호
  5. 유도신호기 : 신호를 현시하지 아니한다.
  6. 입환신호기 : 정지신호
  7. 원방신호기 : 주의신호
② 자동폐색신호기 및 반자동폐색신호기는 진행을 지시하는 신호를 현시함을 기본으로 한다. 다만, 단선구간의 경우에는 정지신호를 현시함을 기본으로 한다.
③ 차내신호는 진행신호를 현시함을 기본으로 한다.

제86조(배면광 설비)

상치신호기의 현시를 후면에서 식별할 필요가 있는 경우에는 배면광(背面光)을 설비하여야 한다.

제87조(신호의 배열)

기둥 하나에 같은 종류의 신호 2 이상을 현시할 때에는 맨 위에 있는 것을 맨 왼쪽의 선로에 대한 것으로 하고, 순차적으로 오른쪽의 선로에 대한 것으로 한다.

제88조(신호현시의 순위)

원방신호기는 그 주된 신호기가 진행신호를 현시하거나, 3위식 신호기는 그 신호기의 배면쪽 제1의 신호기에 주의 또는 진행신호를 현시하기 전에 이에 앞서 진행신호를 현시할 수 없다.

제89조(신호의 복위)

열차가 상치신호기의 설치지점을 통과한 때에는 그 지점을 통과한 때마다 유도신호기는 신호를 현시하지 아니하며 원방신호기는 주의신호를, 그 밖의 신호기는 정지신호를 현시하여야 한다.

제3절 임시신호기

제90조(임시신호기)

선로의 상태가 일시 정상운전을 할 수 없는 상태인 경우에는 그 구역의 바깥쪽에 임시신호기를 설치하여야 한다.

제91조(임시신호기의 종류)

임시신호기의 종류와 용도는 다음 각 호와 같다.
  1. 서행신호기 : 서행운전할 필요가 있는 구간에 진입하려는 열차 또는 차량에 대하여 당해구간을 서행할 것을 지시하는 것

2. 서행예고신호기 : 서행신호기를 향하여 진행하려는 열차에 대하여 그 전방에 서행신호의 현시 있음을 예고하는 것
3. 서행해제신호기 : 서행구역을 진출하려는 열차에 대하여 서행을 해제할 것을 지시하는 것
4. 서행발리스(Balise) : 서행운전할 필요가 있는 구간의 전방에 설치하는 송·수신용 안테나로 지상 정보를 열차로 보내 자동으로 열차의 감속을 유도하는 것

제92조(신호현시방식)

① 임시신호기의 신호현시방식은 다음과 같다.

종류	신호현시방식	
	주간	야간
서행신호	백색테두리를 한 등황색 원판	등황색등 또는 반사재
서행예고신호	흑색삼각형 3개를 그린 백색삼각형	흑색삼각형 3개를 그린 백색등 또는 반사재
서행해제신호	백색테두리를 한 녹색원판	녹색등 또는 반사재

② 서행신호기 및 서행예고신호기에는 서행속도를 표시하여야 한다.

제4절 수신호

제93조(수신호의 현시방법)

신호기를 설치하지 아니하거나 이를 사용하지 못하는 경우에 사용하는 수신호는 다음 각 호와 같이 현시한다.

1. 정지신호
   가. 주간 : 적색기. 다만, 적색기가 없을 때에는 양팔을 높이 들거나 또는 녹색기 외의 것을 급히 흔든다.
   나. 야간 : 적색등. 다만, 적색등이 없을 때에는 녹색등 외의 것을 급히 흔든다.
2. 서행신호
   가. 주간 : 적색기와 녹색기를 모아쥐고 머리 위에 높이 교차한다.
   나. 야간 : 깜박이는 녹색등
3. 진행신호
   가. 주간 : 녹색기. 다만, 녹색기가 없을 때는 한 팔을 높이 든다.
   나. 야간 : 녹색등

제94조(선로에서 정상 운행이 어려운 경우의 조치)

선로에서 정상적인 운행이 어려워 열차를 정지하거나 서행시켜야 하는 경우로서 임시신호기를 설치할 수 없는 경우에는 다음 각 호의 구분에 따른 조치를 해야 한다. 다만, 열차의 무선전화로 열차를 정지하거나 서행시키는 조치를 한 경우에는 다음 각 호의 구분에 따른 조치를 생략할 수 있다.
1. 열차를 정지시켜야 하는 경우 : 철도사고 등이 발생한 지점으로부터 200미터 이상의 앞 지점에서 정지 수신호를 현시할 것
2. 열차를 서행시켜야 하는 경우 : 서행구역의 시작지점에서 서행수신호를 현시하고 서행구역이 끝나는 지점에서 진행수신호를 현시할 것

제5절 특수신호

제95조 삭제 〈2021. 10. 26.〉

제96조 삭제 〈2021. 10. 26.〉

제97조 삭제 〈2021. 10. 26.〉

제6절 전 호

제98조(전호현시)

열차 또는 차량에 대한 전호는 전호기로 현시하여야 한다. 다만, 전호기가 설치되어 있지 아니하거나 고장이 난 경우에는 수전호 또는 무선전화기로 현시할 수 있다.

제99조(출발전호)

열차를 출발시키고자 할 때에는 출발전호를 하여야 한다.

제100조(기적전호)

다음 각 호의 어느 하나에 해당하는 경우에는 기관사는 기적전호를 하여야 한다.
1. 위험을 경고하는 경우
2. 비상사태가 발생한 경우

제101조(입환전호 방법)

① 입환작업자(기관사를 포함한다)는 서로 맨눈으로 확인할 수 있도록 다음 각 호의 방법으로 입환전호해야 한다.
  1. 오너라전호
     가. 주간 : 녹색기를 좌우로 흔든다. 다만, 부득이 한 경우에는 한 팔을 좌우로 움직임으로써 이를 대신할 수 있다.
     나. 야간 : 녹색등을 좌·우로 흔든다.
  2. 가거라전호
     가. 주간 : 녹색기를 위·아래로 흔든다. 다만, 부득이 한 경우에는 한 팔을 위·아래로 움직임으로써 이를 대신할 수 있다.
     나. 야간 : 녹색등을 위·아래로 흔든다.
  3. 정지전호
     가. 주간 : 적색기. 다만, 부득이 한 경우에는 두 팔을 높이 들어 이를 대신할 수 있다.
     나. 야간 : 적색등
② 제1항에도 불구하고 다음 각 호의 어느 하나에 해당하는 경우에는 무선전화를 사용하여 입환전호를 할 수 있다.
  1. 무인역 또는 1인이 근무하는 역에서 입환하는 경우
  2. 1인이 승무하는 동력차로 입환하는 경우
  3. 신호를 원격으로 제어하여 단순히 선로를 변경하기 위하여 입환하는 경우
  4. 지형 및 선로여건 등을 고려할 때 입환전호하는 작업자를 배치하기가 어려운 경우
  5. 원격제어가 가능한 장치를 사용하여 입환하는 경우

제102조(작업전호)

다음 각 호의 어느 하나에 해당하는 때에는 전호의 방식을 정하여 그 전호에 따라 작업을 하여야 한다.
1. 여객 또는 화물의 취급을 위하여 정지위치를 지시할 때
2. 퇴행 또는 추진 운전 시 열차의 맨 앞 차량에 승무한 직원이 철도차량운전자에 대하여 운전상 필요한 연락을 할 때
3. 검사·수선연결 또는 해방을 하는 경우에 당해 차량의 이동을 금지시킬 때
4. 신호기 취급직원 또는 입환 전호를 하는 직원과 선로전환기취급 직원간에 선로전환기의 취급에 관한 연락을 할 때
5. 열차의 관통제동기의 시험을 할 때

제7절 표 지

제103조(열차의 표지)

열차 또는 입환 중인 동력차는 표지를 게시하여야 한다.

제104조(안전표지)

열차 또는 차량의 안전운전을 위하여 안전표지를 설치하여야 한다.

부 칙 〈국토교통부령 제882호, 2021. 8. 27.〉
(어려운 법령용어 정비를 위한 80개 국토교통부령 일부개정령)

이 규칙은 공포한 날부터 시행한다.〈단서 생략〉

부 칙 〈국토교통부령 제907호, 2021. 10. 26.〉

이 규칙은 공포한 날부터 시행한다.

제 2 편 예상문제

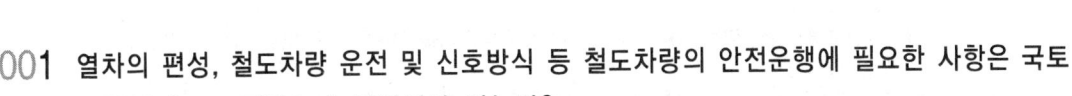

001 열차의 편성, 철도차량 운전 및 신호방식 등 철도차량의 안전운행에 필요한 사항은 국토교통부령으로 정하는데 무엇이라 하는가?

㉮ 철도안전법
㉯ 철도안전법 시행령
㉰ 철도차량운전규칙
㉱ 철도안전법 시행규칙

해설 철도차량운전규칙은 「철도안전법」 제39조의 규정에 의하여 열차의 편성, 철도차량의 운전 및 신호방식 등 철도차량의 안전운행에 관하여 필요한 사항을 정함을 목적으로 한다.

002 철도차량운전규칙에서 정하고 있는 용어의 정의로 옳지 않은 것은?

㉮ "폐색"이라 함은 일정 구간에 동시에 2 이상의 열차를 운전시키지 아니하기 위하여 그 구간을 하나의 열차의 운전에만 점용시키는 것을 말한다.
㉯ "구내운전"이라 함은 정거장 내 또는 차량기지 내에서 입환신호에 의하여 열차 또는 차량을 운전하는 것을 말한다.
㉰ "진행지시신호"라 함은 진행신호·감속신호·주의신호·경계신호·유도신호 및 차내신호(정지신호를 제외한다) 등 차량의 진행을 지시하는 신호를 말한다.
㉱ "완급차"라 함은 공기압력계·비상변 및 수용제동기를 장치한 차량으로서 열차승무원 및 호송인이 승차할 수 있는 화차(차장차를 포함)를 말한다.

해설 **정의**(철도차량운전규칙 제2조)
이 규칙에서 사용하는 용어의 정의는 다음과 같다.
1. "정거장"이라 함은 여객의 승강(여객 이용시설 및 편의시설을 포함한다), 화물의 적하, 열차의 조성(철도차량을 연결하거나 분리하는 작업을 말한다), 열차의 교행 또는 대피를 목적으로 사용되는 장소를 말한다.
2. "본선"이라 함은 열차의 운전에 상용하는 선로를 말한다.
3. "측선"이라 함은 본선이 아닌 선로를 말한다.
4. 삭제 〈2021. 10. 26.〉
5. 삭제 〈2021. 10. 26.〉
6. "차량"이라 함은 열차의 구성부분이 되는 1량의 철도차량을 말한다.
7. "전차선로"라 함은 전차선 및 이를 지지하는 공작물을 말한다.

정답 001 ㉰ 002 ㉱

8. "완급차(緩急車)"라 함은 관통제동기용 제동통·압력계·차장변(車掌弁) 및 수(手)제동기를 장치한 차량으로서 열차승무원이 집무할 수 있는 차실이 설비된 객차 또는 화차를 말한다.
9. "철도신호"라 함은 제76조의 규정에 의한 신호·전호(傳號) 및 표지를 말한다.
10. "진행지시신호"라 함은 진행신호·감속신호·주의신호·경계신호·유도신호 및 차내신호(정지신호를 제외한다) 등 차량의 진행을 지시하는 신호를 말한다.
11. "폐색"이라 함은 일정 구간에 동시에 2 이상의 열차를 운전시키지 아니하기 의하여 그 구간을 하나의 열차의 운전에만 점용시키는 것을 말한다.
12. "구내운전"이라 함은 정거장 내 또는 차량기지 내에서 입환신호에 의하여 열차 또는 차량을 운전하는 것을 말한다.
13. "입환(入換)"이라 함은 사람의 힘에 의하거나 동력차를 사용하여 차량을 이동·연결 또는 분리하는 작업을 말한다.
14. "조차장(操車場)"이라 함은 차량의 입환 또는 열차의 조성을 위하여 사용되는 장소를 말한다.
15. "신호소"라 함은 상치신호기 등 열차제어시스템을 조작·취급하기 위하여 설치한 장소를 말한다.
16. "동력차"라 함은 기관차(機關車), 전동차(電動車), 동차(動車) 등 동력발생장치에 의하여 선로를 이동하는 것을 목적으로 제조한 철도차량을 말한다.
17. "위험물"이라 함은 「철도안전법」 제44조 제1항의 규정에 의한 위험물을 말한다.
18. "무인운전"이란 사람이 열차 안에서 직접 운전하지 아니하고 관제실에서의 원격조종에 따라 열차가 자동으로 운행되는 방식을 말한다.
19. "운전취급담당자"란 철도 신호기·선로전환기 또는 조작판을 취급하는 사람을 말한다.

003 철도차량운전규칙상 "정거장"에 해당되지 않는 것은?

㉮ 여객의 승강(여객 이용시설 및 편의시설을 포함한다)을 목적으로 사용되는 장소를 말한다.
㉯ 화물의 적하를 목적으로 사용되는 장소를 말한다.
㉰ 열차의 조성, 열차의 교행 또는 대피를 목적으로 사용되는 장소를 말한다.
㉱ 상치신호기 등 열차제어시스템을 조작·취급하기 위하여 설치한 장소를 말한다.

004 철도차량운전규칙상 용어에 대한 설명으로 옳지 않은 것은?

㉮ "완급차"라 함은 관통제동기용 제동통, 압력계, 차장변 및 수제동기를 장치한 차량으로서 열차승무원이 집무할 수 있는 차실이 설비된 객차 또는 화차를 말한다.
㉯ "구내운전"이라 함은 정거장 내 또는 차량기지 내에서 입환신호에 의하여 차량을 운전하는 것을 말한다.
㉰ "신호소"라 함은 상치신호기 등 열차제어시스템을 조작·취급하고 교행 등을 위한 장소를 말한다.
㉱ "조차장"이라 함은 차량의 입환 또는 열차의 조성을 위하여 사용되는 장소를 말한다.

정답 003 ㉱ 004 ㉰

005 철도차량운전규칙에 정하고 있는 용어의 설명으로 가장 적절하지 않은 것은?

㉮ "측선"이라 함은 열차의 운전에 상용하는 선로를 말한다.
㉯ "신호소"라 함은 상치신호기 등 열차제어시스템을 조작·취급하기 위하여 설치한 장소를 말한다.
㉰ "동력차"라 함은 기관차, 전동차, 동차 등 동력발생장치에 의하여 선로를 이동하는것을 목적으로 제조한 철도차량을 말한다.
㉱ "무인운전"이란 사람이 열차 안에서 직접 운전하지 아니하고 관제실에서의 원격조종에 따라 열차가 자동으로 운행되는 방식을 말한다.

006 다음 중 철도차량운전규칙에 정하고 있는 철도신호의 종류 중 옳지 않은 것은?

㉮ 방호 ㉯ 전호 ㉰ 신호 ㉱ 표지

007 철도차량운전규칙에서 정한 신호소에 대한 설명으로 옳은 것은?

㉮ 상치신호기 등 열차제어시스템을 조작·취급하기 위하여 설치한 장소
㉯ 차량의 입환을 하기 위하여 사용되는 장소
㉰ 열차의 교행 또는 대피를 목적으로 사용되는 장소
㉱ 열차의 조성을 위하여 사용되는 장소

008 철도차량운전규칙에 정한 완급차에 장치되어야 할 설비로 옳지 않은 것은?

㉮ 관통제동기용 제동통 ㉯ 후부방호장치
㉰ 압력계 ㉱ 수제동기

009 다음 철도차량운전규칙에서 용어에 대한 설명으로 옳지 않은 것은?

㉮ 본선이라 함은 열차의 운전에 상용하는 선로를 말한다.
㉯ 차량이라 함은 열차의 구성 부분이 되는 1량의 철도차량을 말한다.
㉰ 관제사란 철도 신호기·선로전환기 또는 조작판을 취급하는 사람을 말한다.
㉱ 철도신호라 함은 신호, 전호 및 표지를 말한다.

정답 005 ㉮ 006 ㉮ 007 ㉮ 008 ㉯ 009 ㉰

010 철도차량운전규칙에서 정한 용어의 정의에 대한 설명으로 옳지 않은 것은?
㉮ 신호소 : 상치신호기 등 열차제어시스템을 조작·취급하기 위하여 설치한 장소를 말한다.
㉯ 신호장 : 임시신호기 등 열차제어시스템을 조작·취급하기 위하여 설치한 장소를 말한다.
㉰ 운전취급담당자 : 철도 신호기·선로전환기 또는 조작판을 취급하는 사람을 말한다.
㉱ 동력차 : 기관차, 전동차, 동차 등 동력발생장치에 의하여 선로를 이동하는 것을 목적으로 제조한 철도차량을 말한다.

011 다음의 철도차량운전규칙 용어의 정의에 대한 설명 중 옳지 않은 것은?
㉮ 입환신호에 의하여 차량을 운전하는 것을 구내운전이라 한다.
㉯ 차량의 운전에 상용하는 선로를 본선이라 한다.
㉰ 열차의 조성을 위하여 설치한 장소를 조차장이라 한다.
㉱ 위험물이라 함은 「철도안전법」 제44조 제1항의 규정에 의한 위험물을 말한다.

012 철도차량운전규칙상 철도운영자가 「철도안전법」 등 관계법령에 따라 필요한 교육 및 훈련을 실시하여 필요한 기능을 보유한 것을 확인하여 해당 업무를 수행하도록 하여야 하는 철도종사자에 해당하지 않는 자는?
㉮ 철도차량운전업무를 보조하는 사람
㉯ 철도차량을 연결·분리하는 업무를 수행하는 사람
㉰ 열차에 승무하여 여객을 안내하고 차내 발매업무를 하는 사람
㉱ 운전취급담당자

해설 **교육 및 훈련 등**(철도차량운전규칙 제6조)
① 철도운영자 등은 다음 각 호의 어느 하나에 해당하는 사람에게 「철도안전법」 등 관계 법령에 따라 필요한 교육을 실시해야 하고, 해당 철도종사자 등이 업무 수행에 필요한 지식과 기능을 보유한 것을 확인한 후 업무를 수행하도록 해야 한다.
1. 「철도안전법」 제2조 제10호 가목에 따른 철도차량의 운전업무에 종사하는 사람(이하 "운전업무종사자"라 한다)
2. 철도차량운전업무를 보조하는 사람(이하 "운전업무보조자"라 한다)
3. 「철도안전법」 제2조 제10호 나목에 따라 철도차량의 운행을 집중 제어·통제·감시하는 업무에 종사하는 사람(이하 "관제업무종사자"라 한다)
4. 「철도안전법」 제2조 제10호 다목에 따른 여객에게 승무 서비스를 제공하는 사람(이하 "여객승무원"이라 한다)
5. 운전취급담당자
6. 철도차량을 연결·분리하는 업무를 수행하는 사람
7. 원격제어가 가능한 장치로 입환 작업을 수행하는 사람
② 철도운영자 등은 운전업무종사자, 운전업무보조자 및 여객승무원이 철도차량에 탑승하기 전 또는 철도차량의 운행 중에 필요한 사항에 대한 보고·지시 또는 감독 등을 적절히 수행할 수 있도록 안전관리 체계를 갖추어야 한다.

013 철도차량운전규칙상 철도운영자가 「철도안전법」 등 관계법령에 따라 필요한 교육을 실시해야 하고 필요한 기능을 보유한 것을 확인하여 해당 업무를 수행하도록 하여야 하는 철도종사자에 해당하지 않는 자는?

㉮ 정거장에서 열차의 출발·도착에 관한 업무를 수행하는 사람
㉯ 철도차량을 연결·분리하는 업무를 수행하는 사람
㉰ 철도차량운전업무를 보조하는 사람
㉱ 원격제어가 가능한 장치로 입환 작업을 수행하는 사람

014 철도차량운전규칙상 열차에 탑승하여야 하는 철도종사자에 대한 설명으로 옳지 않은 것은?

㉮ 철도차량의 구조 및 장치의 수준 등을 고려할 때 열차운행의 안전에 지장은 있으나 파업 등으로 부득이한 경우에는 철도차량운전자와 다른 철도종사자의 탑승인원을 조정할 수 있다.
㉯ 해당 선로의 상태, 열차에 연결되는 차량의 종류 등을 고려할 때 열차운행의 안전에 지장이 없다고 인정되는 경우에는 운전업무종사자 외의 다른 철도종사자를 탑승시키지 아니할 수 있다.
㉰ 열차에는 운전업무종사자와 여객승무원을 탑승시켜야 한다.
㉱ 무인운전의 경우에는 운전업무종사자를 탑승시키지 않을 수 있다.

015 철도차량운전규칙에서 「철도안전법」 등 관계법령에 따라 필요한 교육을 실시해야 해당 업무 수행에 필요한 지식과 기능을 보유한 것을 확인한 후 업무를 수행하도록 하여야 하는 철도종사자로 옳지 않은 것은?

㉮ 철도사고가 발생한 현장에서 사고수습 및 복구 등의 업무를 수행하는 사람
㉯ 철도차량운전업무를 보조하는 사람
㉰ 철도차량의 운행을 집중 제어·통제·감시하는 업무에 종사하는 사람
㉱ 원격제어가 가능한 장치로 입환 작업을 수행하는 사람

정답 013 ㉮   014 ㉮   015 ㉮

016 다음은 철도차량운전규칙에서 철도차량의 적재 제한에 대한 설명으로 옳지 않은 것은?

㉮ 차량에 화물을 적재할 경우에는 차량의 구조와 설계강도 등을 고려하여 허용할 수 있는 최대적재량을 초과하지 않도록 해야 한다.
㉯ 차량에 화물을 적재할 경우에는 중량의 부담이 균등히 해야 하며, 운전 중의 흔들림으로 인하여 무너지거나 넘어질 우려가 없도록 해야 한다.
㉰ 차량에는 차량한계(차량의 길이, 너비 및 높이의 한계를 말한다)를 초과하여 화물을 적재·운송해서는 안 된다.
㉱ 열차의 안전운행에 필요한 조치를 하는 경우에는 건축한계를 초과하는 화물을 운송할 수 있다.

> **해설** **차량의 적재 제한 등**(법 제8조)
> ① 차량에 화물을 적재할 경우에는 차량의 구조와 설계 강도 등을 고려하여 허용할 수 있는 최대적재량을 초과하지 않도록 해야 한다.
> ② 차량에 화물을 적재할 경우에는 중량의 부담이 균등히 해야 하며, 운전 중의 흔들림으로 인하여 무너지거나 넘어질 우려가 없도록 해야 한다.
> ③ 차량에는 차량한계(차량의 길이, 너비 및 높이의 한계를 말한다. 이하 이 조에서 같다)를 초과하여 화물을 적재·운송해서는 안 된다. 다만, 열차의 안전운행에 필요한 조치를 하는 경우에는 차량한계를 초과하는 화물(이하 "특대화물"이라 한다)을 운송할 수 있다.
> ④ 제1항부터 제3항까지의 규정에 따른 차량의 화물 적재제한 등에 필요한 세부사항은 국토교통부장관이 정하여 고시한다.

017 철도차량운전규칙상에서 차량의 길이와 너비 및 높이의 한계를 무엇이라 하는가?

㉮ 차량한계 ㉯ 건축한계
㉰ 안전한계 ㉱ 설계한계

018 철도차량운전규칙에서 차량의 화물 적재 제한 등에 필요한 세부사항을 정하여 고시하는 사람으로 옳은 것은?

㉮ 철도운영자 ㉯ 국토교통부장관
㉰ 대통령 ㉱ 관계역장

정답 016 ㉱ 017 ㉮ 018 ㉯

019 철도차량운전규칙에서 차량의 적재제한 등에 관한 설명 중 다음 〈보기〉의 빈칸에 들어갈 적절한 단어로 순서대로 짝지어진 것은?

〈보기〉
차량에는 철도차량의 길이와 너비 및 높이의 한계(ⓐ)를 초과하여 화물을 적재·운송하여서는 안 된다. 다만, 열차의 안전운행에 필요한 조치를 하는 경우에는 (ⓑ)를 초과하는 화물(이하 "(ⓒ)"이라 한다)을 운송할 수 있다.

㉮ 차량한계 / 차량한계 / 긴급화물
㉯ 차량한계 / 건축한계 / 구호화물
㉰ 차량한계 / 차량한계 / 특대화물
㉱ 건축한계 / 건축한계 / 특별화물

020 철도차량운전규칙상 열차의 최대 연결차량수를 결정하는 요소가 아닌 것은?

㉮ 열차의 등급 및 속도종별
㉯ 연결장치의 강도와 운행선로의 시설현황
㉰ 차량의 성능·차체(Frame) 등 차량의 구조
㉱ 동력차의 견인력

해설 **열차의 최대 연결차량수**(철도차량운전규칙 제10조)
열차의 최대 연결차량수는 이를 조성하는 동력차의 견인력, 차량의 성능·차체(Frame) 등 차량의 구조 및 연결장치의 강도와 운행선로의 시설현황에 따라 이를 정하여야 한다.

021 철도차량운전규칙상 열차의 최대 연결차량수의 제한 조건으로 옳지 않은 것은?

㉮ 조성하는 동력차의 견인력   ㉯ 운행선로의 신호 현황
㉰ 연결장치의 강도   ㉱ 차량의 구조

정답 019 ㉰   020 ㉮   021 ㉯

022 철도차량운전규칙에서 정한 사항으로 열차의 운전에 사용하는 동력차는 열차의 맨 앞에 연결하지 않을 수 있다. 이에 해당하지 않는 것은?

㉮ 시험운전열차를 운전하는 경우
㉯ 구원열차·제설열차·공사열차를 운전하는 경우
㉰ 응급출동의 긴급열차를 운전하는 경우
㉱ 정거장과 그 정거장 외의 본선 도중에서 분기하는 측선과의 사이를 운전하는 경우

> **해설** **동력차의 연결위치**(철도차량운전규칙 제11조)
> 열차의 운전에 사용하는 동력차는 열차의 맨 앞에 연결하여야 한다. 다만, 다음 각 호의 어느 하나에 해당하는 경우에는 그러하지 아니하다.
> 1. 기관차를 2 이상 연결한 경우로서 열차의 맨 앞에 위치한 기관차에서 열차를 제어하는 경우
> 2. 보조기관차를 사용하는 경우
> 3. 선로 또는 열차에 고장이 있는 경우
> 4. 구원열차·제설열차·공사열차 또는 시험운전열차를 운전하는 경우
> 5. 정거장과 그 정거장 외의 본선 도중에서 분기하는 측선과의 사이를 운전하는 경우
> 6. 그 밖에 특별한 사유가 있는 경우

023 철도차량운전규칙상 열차의 운전에 사용하는 동력차를 맨 앞에 연결하지 않아도 되는 경우 중 옳지 않은 것은?

㉮ 보조기관차를 사용하는 경우
㉯ 회송열차를 운전하는 경우
㉰ 선로 또는 열차에 고장이 있는 경우
㉱ 기관차를 2 이상 연결한 경우로서 열차의 맨 앞에 위치한 기관차에서 열차를 제어하는 경우

024 철도차량운전규칙상 여객열차의 연결제한에 관한 사항으로 옳지 않은 것은?

㉮ 여객열차에는 화차를 연결할 수 없으나 회송의 경우에는 연결이 가능하다.
㉯ 회송의 경우와 그 밖에 특별한 사유가 있는 경우에도 화차를 연결할 수 없다.
㉰ 파손차량, 동력을 사용하지 아니하는 기관차는 여객열차에 연결하여서는 아니 된다.
㉱ 특대화물로써 2차량 이상에 무게를 부담시킨 화물을 적재한 화차는 여객열차에 연결하여서는 아니 된다.

> **해설** **여객열차의 연결제한**(철도차량운전규칙 제12조)
> ① 여객열차에는 화차를 연결할 수 없다. 다만, 회송의 경우와 그 밖에 특별한 사유가 있는 경우에는 그러하지 아니하다.
> ② 제1항 단서의 규정에 의하여 화차를 연결하는 경우에는 화차를 객차의 중간에 연결하여서는 아니 된다.
> ③ 파손차량, 동력을 사용하지 아니하는 기관차 또는 2차량 이상에 무게를 부담시킨 화물을 적재한 화차는 이를 여객열차에 연결하여서는 아니 된다.

정답 022 ㉰ 023 ㉯ 024 ㉯

025 철도차량운전규칙상 여객열차의 연결제한에 관한 사항으로 옳지 않은 것은?

㉮ 여객열차에는 화차를 연결할 수 없다. 다만, 회송의 경우와 그 밖에 특별한 경우에는 그러하지 아니하다.
㉯ 회송의 경우와 그 밖의 특별한 경우에 화차를 연결하는 경우에는 화차를 객차의 중간에 연결할 수 있다.
㉰ 파손차량, 동력을 사용하지 아니하는 기관차는 여객열차에 연결하여서는 아니 된다.
㉱ 2차량 이상에 무게를 부담시킨 화물을 적재한 화차는 여객열차에 연결하여서는 아니 된다.

026 철도차량운전규칙상 여객열차의 연결제한에 관한 사항으로 옳지 않은 것은?

㉮ 여객열차에는 화차를 연결할 수 있다. 다만, 회송의 경우와 그 밖에 특별한 경우에는 그러하지 아니하다.
㉯ 회송의 경우와 그 밖의 특별한 경우라도 화차를 객차의 중간에 연결할 수 없다.
㉰ 파손차량, 동력을 사용하지 아니하는 기관차는 여객열차에 연결하여서는 아니 된다.
㉱ 2차량 이상에 무게를 부담시킨 화물을 적재한 화차는 여객열차에 연결하여서는 아니 된다.

027 철도차량운전규칙상 열차의 운전위치에 관한 사항으로 옳지 않은 것은?

㉮ 선로·전차선로 또는 차량에 고장이 있는 경우 운전방향 맨 앞 차량의 운전실 외에서도 열차를 운전할 수 있다.
㉯ 철도시설 또는 철도차량을 시험하기 위하여 운전하는 경우 운전방향 맨 앞 차량의 운전실 외에서도 열차를 운전할 수 있다.
㉰ 사전에 정한 특정한 구간을 운전하는 경우 운전방향 맨 앞 차량의 운전실 외에서도 열차를 운전할 수 있다.
㉱ 철도종사자가 차량의 맨 뒤에서 전호를 하는 경우로서 그 전호에 의하여 열차를 운전할 때에는 운전방향 맨 앞 차량의 운전실 외에는 열차를 운전할 수 없다.

정답 025 ㉯ 026 ㉮ 027 ㉱

> **해설** 열차는 운전방향 맨 앞 차량의 운전실에서 운전하여야 하나 철도종사자가 차량의 맨 뒤에서 전호를 하는 경우로서 그 전호에 의하여 열차를 운전하는 경우 운전방향 맨 앞 차량의 운전실 외에서도 열차를 운전할 수 있다.
>
> **열차의 운전위치**(철도차량운전규칙 제13조)
> ① 열차는 운전방향 맨 앞 차량의 운전실에서 운전하여야 한다.
> ② 제1항에도 불구하고 다음 각 호의 어느 하나에 해당하는 경우에는 운전방향 맨 앞 차량의 운전실 외에서도 열차를 운전할 수 있다.
>   1. 철도종사자가 차량의 맨 앞에서 전호를 하는 경우로서 그 전호에 의하여 열차를 운전하는 경우
>   2. 선로·전차선로 또는 차량에 고장이 있는 경우
>   3. 공사열차·구원열차 또는 제설열차를 운전하는 경우
>   4. 정거장과 그 정거장 외의 본선 도중에서 분기하는 측선과의 사이를 운전하는 경우
>   5. 철도시설 또는 철도차량을 시험하기 위하여 운전하는 경우
>   6. 사전에 정한 특정한 구간을 운전하는 경우
>   6의2. 무인운전을 하는 경우
>   7. 그 밖에 부득이한 경우로서 운전방향 맨 앞 차량의 운전실에서 운전하지 아니하여도 열차의 안전한 운전에 지장이 없는 경우

028 철도차량운전규칙에서 열차의 운전방향 맨 앞 차량의 운전실 외에서도 열차를 운전할 수 있는 경우로 옳지 않은 것은?

㉮ 철도종사자가 차량의 맨 앞에서 전호를 하는 경우로서 그 전호에 의하여 열차를 운전하는 경우
㉯ 무인운전을 하는 경우
㉰ 철도시설 또는 철도차량을 시험하기 위하여 운전하는 경우
㉱ 양방향 신호설비가 설치된 구간에서 열차를 운전하는 경우

029 철도차량운전규칙상 다음 중 열차의 맨 앞 운전실에서 운전하지 않아도 되는 경우로 옳지 않은 것은?

㉮ 철도종사자가 차량의 맨 앞에서 전호를 하는 경우로서 그 전호에 의하여 열차를 운전하는 경우
㉯ 사전에 정한 특정한 구간을 운전하는 경우
㉰ 철도시설을 시험하기 위하여 운전하는 경우
㉱ 보조기관차를 운전하는 경우

정답 028 ㉱ 029 ㉱

030 철도차량운전규칙에서 열차의 조성과 운전위치에 대한 설명으로 가장 옳지 않은 것은?

㉮ 공사열차를 운전하는 경우에는 동력차를 열차의 맨 앞에 연결하지 않을 수 있다.
㉯ 동력을 사용하지 아니하는 기관차는 여객열차에 연결하여서는 아니 된다.
㉰ 철도종사자가 차량의 맨 앞에서 전호를 하는 경우로서 그 전호에 의하여 열차를 운전하는 경우 운전방향 맨 앞 차량의 운전실 외에서도 열차를 운전할 수 있다.
㉱ 파손차량을 여객열차에 연결할 경우에는 맨 뒤에 연결할 수 있다.

031 철도차량운전규칙에서 철도차량 2량 이상의 차량으로 조성하는 열차에는 모든 차량에 연동하여 작용하고 차량이 분리되었을 때 자동으로 차량을 정차시킬 수 있는 제동장치를 구비하여야 하지만 생략해도 되는 것이 아닌 경우는?

㉮ 정거장에서 차량을 연결·분리하는 작업을 하는 경우
㉯ 차량을 정지시킬 수 있는 인력을 배치한 구원열차 및 공사열차의 경우
㉰ 차량이 분리된 경우에도 다른 차량에 충격을 주지 아니하도록 안전조치를 취한 경우
㉱ 정거장 외 본선을 운전할 목적으로 조성한 차량

032 철도차량운전규칙상 열차의 제동력에 관한 사항으로 옳지 않은 것은?

㉮ 열차는 선로의 굴곡정도 및 운전속도에 따라 충분한 제동능력을 갖추어야 한다.
㉯ 철도운영자등은 연결축수에 대한 제동축수의 비율이 100이 되도록 열차를 조성하여야 한다.
㉰ 열차를 조성하는 경우에는 모든 차량의 제동력이 균등하도록 차량을 배치하여야 한다.
㉱ 고장 등으로 인하여 일부 차량의 제동력이 작용하지 아니하는 경우에는 선로에 따라 운전속도를 감속하여야 한다.

해설 **열차의 제동력**(철도차량운전규칙 제15조)
① 열차는 선로의 굴곡정도 및 운전속도에 따라 충분한 제동능력을 갖추어야 한다.
② 철도운영자등은 연결축수(연결된 차량의 차축 총수를 말한다)에 대한 제동축수(소요 제동력을 작용시킬 수 있는 차축의 총수를 말한다)의 비율(이하 "제동축 비율"이라 한다)이 100이 되도록 열차를 조성하여야 한다. 다만, 긴급상황 발생 등으로 인하여 열차를 조성하는 경우 등 부득이한 사유가 있는 경우에는 그러하지 아니하다.
③ 열차를 조성하는 경우에는 모든 차량의 제동력이 균등하도록 차량을 배치하여야 한다. 다만, 고장 등으로 인하여 일부 차량의 제동력이 작용하지 아니하는 경우에는 제동축 비율에 따라 운전속도를 감속하여야 한다.

정답 030 ㉱ 031 ㉱ 032 ㉯

033 다음은 철도차량운전규칙에서 열차의 제동력에 관한 내용으로 옳지 않은 것은?

㉮ 열차는 선로의 굴곡정도 및 운전속도에 따라 충분한 제동능력을 갖추어야 한다.
㉯ 철도운영자등은 제동축수(연결된 차량의 차축 총수를 말한다)에 대한 연결축수(소요 제동력을 작용시킬 수 있는 차축의 총수를 말한다)의 비율이 100이 되도록 열차를 조성하여야 한다.
㉰ 열차를 조성하는 경우에는 모든 차량의 제동력 균등하도록 차량을 배치하여야 한다.
㉱ 고장 등으로 인하여 일부 차량의 제동력이 작용하지 아니하는 경우에는 제동축 비율에 따라 운전속도를 감속하여야 한다.

034 철도차량운전규칙상 열차의 제동력에 관한 다음 설명으로 옳은 것은?

> 철도운영자등은 연결축수(ⓐ : 연결된 차량의 축당 차축수를 말한다)에 대한 제동축수(ⓑ : 소요 제동력을 작용시킬 수 있는 차축의 총수를 말한다)의 비율(ⓒ : 이하 "제동률"이라 한다)이 ⓓ : 80이 되도록 열차를 조성해야 한다. 다만, 긴급 상황 발생 등으로 인하여 열차를 조성하는 경우 등 부득이한 사유가 있는 경우에는 그러하지 아니하다.

㉮ ⓐ
㉯ ⓑ
㉰ ⓒ
㉱ ⓓ

035 철도차량운전규칙상 열차의 조성에 관한 사항으로 옳지 않은 것은?

㉮ 관통제동기를 사용하는 열차의 맨 뒤(추진운전의 경우에는 맨 앞)에는 완급차를 연결하여야 한다. 다만, 화물열차에는 완급차를 연결하지 아니할 수 있다.
㉯ 군 전용열차 또는 위험물을 운송하는 열차 등 열차 승무원이 반드시 탑승하여야 할 필요가 있는 열차에는 완급차를 연결하여야 한다.
㉰ 열차는 선로의 굴곡정도 및 운전속도에 따라 충분한 제동능력을 갖추어야 한다.
㉱ 열차를 조성하거나 열차의 조성을 변경한 경우에는 당해 열차를 운행한 후에 제동장치를 시험하여 정상작동 여부를 확인하여야 한다.

> **해설** **완급차의 연결**(철도차량운전규칙 제16조)
> ① 관통제동기를 사용하는 열차의 맨 뒤(추진운전의 경우에는 맨 앞)에는 완급차를 연결하여야 한다. 다만, 화물열차에는 완급차를 연결하지 아니할 수 있다.
> ② 제1항 단서의 규정에 불구하고 군 전용열차 또는 위험물을 운송하는 열차 등 열차승무원이 반드시 탑승하여야 할 필요가 있는 열차에는 완급차를 연결하여야 한다.

정답 033 ㉯ 034 ㉯ 035 ㉱

036 철도차량운전규칙에 의한 열차의 운전방향 지정에 대한 사항 중 옳지 않은 것은?

㉮ 철도운영자 등은 상행선, 하행선 등으로 노선이 구분되는 선로의 경우에는 열차의 운행방향을 미리 지정하여야 한다.
㉯ 열차의 시험을 위하여 운전하는 경우라도 지정된 선로의 반대선로로 운행할 수 없다.
㉰ 공사열차를 운전하는 경우 지정된 선로의 반대선로로 운행할 수 있다.
㉱ 퇴행운전을 하는 경우 지정된 선로의 반대선로로 운행할 수 있다.

해설 **열차의 운전방향 지정 등**(철도차량운전규칙 제20조)
① 철도운영자 등은 상행선·하행선 등으로 노선이 구분되는 선로의 경우에는 열차의 운행방향을 미리 지정하여야 한다.
② 다음 각 호의 어느 하나에 해당되는 경우에는 제1항의 규정에 의하여 지정된 선로의 반대선로로 열차를 운행할 수 있다.
 1. 제4조 제2항의 규정에 의하여 철도운영자등과 상호 협의된 방법에 따라 열차를 운행하는 경우
 2. 정거장 내의 선로를 운전하는 경우
 3. 공사열차·구원열차 또는 제설열차를 운전하는 경우
 4. 정거장과 그 정거장 외의 본선 도중에서 분기하는 측선과의 사이를 운전하는 경우
 5. 입환운전을 하는 경우
 6. 선로 또는 열차의 시험을 위하여 운전하는 경우
 7. 퇴행(退行)운전을 하는 경우
 8. 양방향 신호설비가 설치된 구간에서 열차를 운전하는 경우
 9. 철도사고 또는 운행장애("철도사고등"이라 한다)의 수습 또는 선로보수공사 등으로 인하여 부득이하게 지정된 선로방향을 운행할 수 없는 경우

037 철도차량운전규칙상 노선이 구분되는 경우에는 열차의 운행방향을 미리 지정하여야 한다. 다음 중 지정된 선로의 반대선로로 운전할 수 없는 열차는?

㉮ 시험운전열차   ㉯ 단행열차   ㉰ 구원열차   ㉱ 공사열차

038 다음 열차는 지정된 운전방향으로 운전하여야 하나 이례적인 경우 반대선로로 운전할 경우가 있는데 이에 해당되지 않는 것은?

㉮ 철도운영자 등과 상호 협의된 방법에 따라 열차를 운행하는 경우
㉯ 정거장과 그 정거장 외의 측선 도중에서 분기하는 본선과의 사이를 운전하는 경우
㉰ 양방향 신호설비가 설치된 구간에서 열차를 운전하는 경우
㉱ 철도사고 또는 운행장애의 수습 또는 선로보수공사 등으로 인하여 부득이하게 지정된 선로방향을 운행할 수 없는 경우

정답 036 ㉯ 037 ㉯ 038 ㉯

039 철도차량운전규칙상 열차의 운전에 관한 사항으로 옳지 않은 것은?

㉮ 차량은 이를 열차로 하지 아니하면 입환작업을 하는 경우에도 정거장 외의 본선을 운전할 수 없다.
㉯ 철도운영자등은 정거장에서의 열차의 출발·통과 및 도착의 시각을 정하고 이에 따라 열차를 운행하여야 한다.
㉰ 철도사고 등의 발생 등으로 인하여 열차가 지연되어 열차의 운행일정의 변경이 발생하여 열차운행상 혼란이 발생한 때에는 열차의 종류·등급·목적지 및 연계수송 등을 고려하여 운전정리를 행하고, 정상운전으로 복귀되도록 하여야 한다.
㉱ 철도운영자등은 열차를 출발시키는 경우 여객이 객차의 출입문에 끼었는지의 여부, 출입문의 닫힘 상태 등을 확인하는 등 여객의 안전을 확보할 수 있는 조치를 하여야 한다.

> **해설** **정거장 외 본선의 운전**(철도차량운전규칙 제21조)
> 차량은 이를 열차로 하지 아니하면 정거장 외의 본선을 운전할 수 없다. 다만, 입환작업을 하는 경우에는 그러하지 아니하다.

040 철도차량운전규칙상 열차가 정거장 외 정차할 수 있는 경우로 옳지 않은 것은?

㉮ 경사도가 1000분의 20 이상인 경사 구간에 진입하기 전의 경우
㉯ 정지신호의 현시가 있는 경우
㉰ 철도사고 등이 발생하거나 철도사고 등의 발생 우려가 있는 경우
㉱ 철도안전을 위하여 부득이 정차하여야 하는 경우

> **해설** **열차의 정거장 외 정차금지**(철도차량운전규칙 제22조)
> 열차는 정거장 외에서는 정차하여서는 아니 된다. 다만, 다음 각 호의 어느 하나에 해당하는 경우에는 그러하지 아니하다.
> 1. 경사도가 1000분의 30 이상인 급경사 구간에 진입하기 전의 경우
> 2. 정지신호의 현시(現示)가 있는 경우
> 3. 철도사고등이 발생하거나 철도사고등의 발생 우려가 있는 경우
> 4. 그 밖에 철도안전을 위하여 부득이 정차하여야 하는 경우

041 철도사고 등의 발생 등으로 인하여 열차가 지연되어 열차의 운행일정의 변경이 발생하여 열차운행상 혼란이 발생한 때에는 운전정리를 하여야 하는데 이때 고려할 사항으로 옳지 않은 것은?

㉮ 열차의 종류·등급
㉯ 목적지
㉰ 연계수송
㉱ 열차의 속도

정답 039 ㉮ 040 ㉮ 041 ㉱

042 철도차량운전규칙에서 열차가 퇴행할 수 있는 경우에 해당되지 않는 것은?

㉮ 전차선로에 고장이 있는 경우
㉯ 공사열차가 작업상 필요가 있는 경우
㉰ 제설열차가 작업상 필요한 경우
㉱ 시운전열차가 작업상 필요한 경우

해설 **열차의 퇴행 운전**(철도차량운전규칙 제26조)
열차는 퇴행(退行)하여서는 아니 된다. 다만, 다음 각 호의 어느 하나에 해당하는 경우에는 그러하지 아니하다.
1. 선로·전차선로 또는 차량에 고장이 있는 경우
2. 공사열차·구원열차 또는 제설열차가 작업상 퇴행할 필요가 있는 경우
3. 뒤의 보조기관차를 활용하여 퇴행하는 경우
4. 철도사고등의 발생 등 특별한 사유가 있는 경우

043 철도차량운전규칙상 열차가 퇴행할 수 있는 경우로 옳지 않은 것은?

㉮ 전차선로에 고장이 있는 경우
㉯ 차량에 고장이 있는 경우
㉰ 공사열차가 작업상 퇴행할 필요가 있는 경우
㉱ 열차 운행 중 운행장애가 발생한 경우

044 철도차량운전규칙상 열차는 퇴행하여서는 아니 되시만 다른 열차 또는 차량의 운진에 지장이 없도록 조치를 취하고 퇴행운전이 가능한 경우로 거리가 먼 것은?

㉮ 공사열차가 작업상 퇴행할 필요가 있는 경우
㉯ 제설열차가 작업상 퇴행할 필요가 있는 경우
㉰ 보조기관차가 중련으로 연결되어 있는 경우
㉱ 철도사고 등이 발생한 경우

045 철도차량운전규칙상 2 이상의 열차를 동시 진입, 진출시킬 수 있는 경우로 옳지 않은 것은?

㉮ 안전측선·탈선선로전환기·탈선기가 설치되어 있는 경우
㉯ 열차를 서행으로 진출시키는 경우
㉰ 단행기관차로 운행하는 열차를 진입시키는 경우
㉱ 다른 방향에서 진입하는 열차들이 출발신호기로부터 200미터 이상의 여유거리가 있는 경우

정답 042 ㉱ 043 ㉱ 044 ㉰ 045 ㉯

해설 **열차의 동시 진출·입 금지**(철도차량운전규칙 제28조)
2 이상의 열차가 정거장에 진입하거나 정거장으로부터 진출하는 경우로서 열차 상호간 그 진로에 지장을 줄 염려가 있는 경우에는 2 이상의 열차를 동시에 정거장에 진입시키거나 진출시킬 수 없다. 다만, 다음 각 호의 어느 하나에 해당하는 경우에는 그러하지 아니하다.
1. 안전측선·탈선선로전환기·탈선기가 설치되어 있는 경우
2. 열차를 유도하여 서행으로 진입시키는 경우
3. 단행기관차로 운행하는 열차를 진입시키는 경우
4. 다른 방향에서 진입하는 열차들이 출발신호기 또는 정차위치로부터 200미터(동차·전동차의 경우에는 150미터) 이상의 여유거리가 있는 경우
5. 동일방향에서 진입하는 열차들이 각 정차위치에서 100미터 이상의 여유거리가 있는 경우

046 철도차량운전규칙상 정거장에 열차의 동시 진출·입을 금지할 수 있는 경우로 옳지 않은 것은?

㉮ 안전측선·탈선선로전환기·탈선기가 설치되어 있는 경우
㉯ 열차를 유도하여 서행으로 진입시키는 경우
㉰ 동일방향에서 진입하는 열차들이 각 정차위치에서 200미터 이상의 여유거리가 있는 경우
㉱ 다른 방향에서 진입하는 전동차의 경우 출발신호기 또는 정차위치로부터 150미터 이상의 여유거리가 있는 경우

047 다음 〈보기〉는 철도차량운전규칙 열차의 동시 진출·입 금지에 관한 설명이다. 빈칸에 들어갈 알맞은 말로 순서대로 짝지어 진 것은 무엇인가?

〈보기〉
• 다른 방향에서 진입하는 열차들이 (ⓐ) 또는 정차위치로부터 (ⓑ)미터[동차·전동차의 경우에는 (ⓒ)미터] 이상의 여유거리가 있는 경우
• 동일 방향에서 진입하는 열차들이 각 정차위치에서 (ⓓ)미터 이상의 여유거리가 있는 경우

㉮ 장내신호기 / 150 / 100 / 50
㉯ 출발신호기 / 200 / 100 / 50
㉰ 출발신호기 / 200 / 150 / 100
㉱ 장내신호기 / 250 / 150 / 100

정답 046 ㉰ 047 ㉰

048 철도차량운전규칙에서 정하고 있는 열차운전에 관한 설명 중 가장 적절하지 않은 것은?

㉮ 철도종사자는 구원열차 요구 후 열차 또는 철도차량을 이동시키는 경우에는 지체 없이 구원열차의 운전업무종사자와 관제업무종사자 또는 운전취급담당자에게 그 이동내용과 이동사유를 통보하고, 열차의 방호를 위한 정지수신호 등 안전조치를 취해야 한다.

㉯ 구원열차 요구 후 응급작업을 수행하기 위해 다른 장소로 이동이 필요한 경우에도 구원열차 운전의 통보가 있는 경우에는 당해 열차를 이동시킬 수 없다.

㉰ 철도사고 등의 발생으로 인하여 정거장 외에서 열차가 정차하여 구원열차를 요구하였거나 구원열차 운전의 통보가 있는 경우에는 당해 열차를 이동하여서는 아니 된다.

㉱ 열차에 화재가 발생한 장소가 교량 또는 터널 안인 경우에는 우선 철도차량을 교량 또는 터널 밖으로 운전하는 것을 원칙으로 하고, 지하구간인 경우에는 지하구간 밖으로 운전하는 것을 원칙으로 한다.

해설 **구원열차 요구 후 이동금지**(철도차량운전규칙 제31조)
① 철도사고 등의 발생으로 인하여 정거장 외에서 열차가 정차하여 구원열차를 요구하였거나 구원열차 운전의 통보가 있는 경우에는 당해 열차를 이동하여서는 아니 된다. 다만, 다음 각 호의 어느 하나에 해당하는 경우에는 그러하지 아니하다.
1. 철도사고 등이 확대될 염려가 있는 경우
2. 응급작업을 수행하기 위하여 다른 장소로 이동이 필요한 경우
② 철도종사자는 제1항 단서에 따라 열차 또는 철도차량을 이동시키는 경우에는 지체 없이 구원열차의 운전업무종사자와 관제업무종사자 또는 운전취급담당자에게 그 이동 내용과 이동 사유를 통보하고, 열차의 방호를 위한 정지수신호 등 안전조치를 취해야 한다.

화재발생시의 운전(철도차량운전규칙 제32조)
① 열차에 화재가 발생한 경우에는 조속히 소화의 조치를 하고 여객을 대피시키거나 화재가 발생한 차량을 다른 차량에서 격리시키는 등의 필요한 조치를 하여야 한다.
② 열차에 화재가 발생한 장소가 교량 또는 터널 안인 경우에는 우선 철도차량을 교량 또는 터널 밖으로 운전하는 것을 원칙으로 하고, 지하구간인 경우에는 가장 가까운 역 또는 지하구간 밖으로 운전하는 것을 원칙으로 한다.

정답 048 ㉯

049 철도차량운전규칙에서 정하고 있는 열차운전에 관한 설명 중 가장 적절하지 않은 것은?

㉮ 열차에 화재가 발생한 경우에는 조속히 소화의 조치를 하고 여객을 대피시키거나 화재가 발생한 차량을 다른 차량에서 격리시키는 등의 필요한 조치를 하여야 한다.
㉯ 철도사고 등의 발생으로 인하여 정거장 외에서 열차가 정차하여 구원열차를 요구하였거나 구원열차 운전의 통보가 있는 경우에는 당해 열차를 이동하여서는 아니 된다.
㉰ 열차에 화재가 발생한 장소가 터널 안인 경우 우선 철도차량을 터널 밖으로 운전하는 것을 원칙으로 하고, 지하구간인 경우 가장 가까운 역 또는 지하구간 밖으로 운전하는 것을 원칙으로 한다.
㉱ 철도종사자는 구원열차 요구 후 열차 또는 차량을 이동시키는 경우에는 지체 없이 구원열차의 운전자와 관제업무종사자 또는 관계역장에게 그 이동내용과 이동사유를 통보하고, 정지수신호 등 안전조치를 취하여야 한다.

050 철도차량운전규칙에서 열차를 무인운전하는 경우 안전확보 등을 위한 준수사항으로 옳지 않은 것은?

㉮ 철도운영자 등이 지정한 철도종사자는 차량을 차고에서 출고하기 전에 운전방식을 무인운전 모드(mode)로 전환하고, 관제업무종사자로부터 무인운전 기능을 확인받을 것
㉯ 관제업무종사자는 열차의 운행상태를 실시간으로 감시하고 필요한 조치를 할 것
㉰ 관제업무종사자는 열차가 정거장의 정지선을 지나쳐서 정차한 경우 후속 열차의 해당 정거장 진입을 차단시키고, 철도운영자 등이 지정한 철도종사자를 해당 열차에 탑승시켜 수동으로 열차를 정지선으로 이동시킬 것
㉱ 철도운영자 등은 여객의 승하차시 안전을 확보하고 시스템 고장 등 긴급 상황에 신속하게 대처하기 위하여 정거장 등에 운전요원을 배치하거나 순회하도록 할 것

> 해설 **무인운전시의 안전확보 등**(철도차량운전규칙 제32조의2)
> ① 열차를 무인운전 하는 경우에는 다음 각 호의 사항을 준수해야 한다.
> 1. 철도운영자 등이 지정한 철도종사자는 차량을 차고에서 출고하기 전 또는 무인운전 구간으로 진입하기 전에 운전방식을 무인운전 모드(mode)로 전환하고, 관제업무종사자로부터 무인운전 기능을 확인받을 것
> 2. 관제업무종사자는 열차의 운행상태를 실시간으로 감시하고 필요한 조치를 할 것
> 3. 관제업무종사자는 열차가 정거장의 정지선을 지나쳐서 정차한 경우 다음 각 목의 조치를 할 것
>   가. 후속 열차의 해당 정거장 진입 차단
>   나. 철도운영자 등이 지정한 철도종사자를 해당 열차에 탑승시켜 수동으로 열차를 정지선으로 이동
>   다. 나목의 조치가 어려운 경우 해당 열차를 다음 정거장으로 재출발
> 4. 철도운영자 등은 여객의 승하차시 안전을 확보하고 시스템 고장 등 긴급 상황에 신속하게 대처하기 위하여 정거장 등에 안전요원을 배치하거나 순회하도록 할 것

정답 049 ㉱ 050 ㉱

051 철도차량운전규칙상 열차의 운전속도에 대한 설명으로 옳지 않은 것은?

㉮ 열차는 선로 및 전차선로의 상태, 차량의 성능, 운전방법, 신호의 조건 등에 따라 안전한 속도로 운전하여야 한다.

㉯ 철도운영자등은 선로의 굴곡 정도 및 선로전환기의 종류와 구조를 고려하여 선로의 노선별 및 차량의 종류별로 열차의 최고속도를 정하여 운용하여야 한다.

㉰ 철도운영자등은 전차선 가설방법별 제한속도를 고려하여 선로의 노선별 및 차량의 종류별로 열차의 최고속도를 정하여 운용하여야 한다.

㉱ 열차의 운전속도는 국토교통부령으로 정한다.

> **해설** **열차의 운전속도**(철도차량운전규칙 제34조)
> ① 열차를 무인운전 하는 경우에는 다음 각 호의 사항을 준수해야 한다.
>   1. 철도운영자 등이 지정한 철도종사자는 차량을 차고에서 출고하기 전 또는 무인운전 구간으로 진입하기 전에 운전방식을 무인운전 모드(mode)로 전환하고, 관제업무종사자로부터 무인운전 기능을 확인받을 것
>   2. 관제업무종사자는 열차의 운행상태를 실시간으로 감시하고 필요한 조치를 할 것
>   3. 관제업무종사자는 열차가 정거장의 정지선을 지나쳐서 정차한 경우 다음 각 목의 조치를 할 것
>   가. 후속 열차의 해당 정거장 진입 차단
>   나. 철도운영자 등이 지정한 철도종사자를 해당 열차에 탑승시켜 수동으로 열차를 정지선으로 이동
>   다. 나목의 조치가 어려운 경우 해당 열차를 다음 정거장으로 재출발
>   4. 철도운영자 등은 여객의 승하차시 안전을 확보하고 시스템 고장 등 긴급 상황에 신속하게 대처하기 위하여 정거장 등에 안전요원을 배치하거나 순회하도록 할 것

052 철도차량운전규칙에서 정하고 있는 열차의 운전속도를 결정하는 요소가 아닌 것은?

㉮ 운전방법 ㉯ 신호의 조건
㉰ 차량의 성능 ㉱ 폐색의 방식

053 철도차량운전규칙상 열차의 운전속도를 결정하는 요소로서 가장 거리가 먼 것은?

㉮ 선로 및 전차선로 상태
㉯ 차량의 성능 및 운전방법
㉰ 전차선 가설여부 및 폐색방식
㉱ 신호의 조건

정답 051 ㉱ 052 ㉱ 053 ㉰

054 철도차량운전규칙상 철도운영자등이 열차 또는 차량의 운전제한속도를 따로 정하여 시행할 수 있는 경우로 옳지 않은 것은?

㉮ 쇄정되지 않은 선로전환기를 대향으로 운전하는 경우
㉯ 서행신호 현시구간을 운전하는 경우
㉰ 총괄제어법에 따라 추진운전을 할 때 열차의 맨 앞에서 제어되는 경우
㉱ 지령운전을 하는 경우

해설 **운전방법 등에 따른 속도제한**(철도차량운전규칙 제35조)
① 철도운영자 등은 다음 각 호의 어느 하나에 해당하는 경우에는 열차 또는 차량의 운전제한속도를 따로 정하여 시행하여야 한다.
 1. 서행신호 현시구간을 운전하는 경우
 2. 추진운전을 하는 경우(총괄제어법에 따라 열차의 맨 앞에서 제어하는 경우를 제외한다)
 3. 열차를 퇴행운전을 하는 경우
 4. 쇄정(鎖錠)되지 않은 선로전환기를 대향(對向)으로 운전하는 경우
 5. 입환 운전을 하는 경우
 6. 제74조에 따른 전령법(傳令法)에 의하여 열차를 운전하는 경우
 7. 수신호 현시구간을 운전하는 경우
 8. 지령운전을 하는 경우
 9. 무인운전 구간에서 운전업무종사자가 탑승하여 운전하는 경우
 10. 그 밖에 철도안전을 위하여 필요하다고 인정되는 경우

055 철도차량운전규칙상 철도운영자가 열차 또는 차량의 운전제한속도를 따로 정하여 시행하여야 하는 경우로 적절하지 않은 것은?

㉮ 수신호 현시구간을 운전하는 경우
㉯ 총괄제어법에 따라 열차의 맨 앞에서 제어되는 경우를 제외하고 추진운전을 하는 경우
㉰ 입환운전을 하는 경우
㉱ 쇄정되지 않은 선로전환기를 배향으로 운전하는 경우

056 다음은 철도차량운전규칙에서 철도운영자가 열차의 운전속도를 제한하여야 하는 경우이다. 옳지 않은 것은?

㉮ 서행신호 현시구간을 운전하는 경우
㉯ 지령운전을 하는 경우
㉰ 입환운전을 하는 경우
㉱ 상용폐색방식에 의하여 운전하는 경우

정답 054 ㉰ 055 ㉱ 056 ㉱

057 철도차량운전규칙상 열차 또는 차량의 운전제한속도를 따로 정하여 시행해야 한다. 옳지 않은 것은?

㉮ 쇄정되지 않은 선로전환기를 대향으로 운전하는 경우
㉯ 무인운전 구간에서 운전업무종사자가 탑승하여 운전하는 경우
㉰ 구내운전을 하는 경우
㉱ 열차를 퇴행운전을 하는 경우

058 철도차량운전규칙에서 정하고 있는 열차 또는 차량의 정지에 관한 설명 중 가장 적절하지 않은 것은?

㉮ 열차 또는 차량은 정지신호가 현시된 경우에는 그 현시지점을 넘어서 진행할 수 없다.
㉯ 자동폐색신호기의 정지신호에 의하여 일단 정지한 열차 또는 차량은 정지신호 현시중이라도 운전속도의 제한 등 안전조치에 따라 서행하여 그 현시지점을 넘어서 진행할 수 있다.
㉰ 서행허용표지를 추가하여 부설한 자동폐색신호기가 정지신호를 현시하는 때에는 정지신호 현시중이라도 정지하지 아니하고 운전속도의 제한 등 안전조치에 따라 서행하여 그 현시지점을 넘어서 진행할 수 있다.
㉱ 신호기 고장 등으로 인하여 정지가 불가능한 거리에서 정지신호의 현시가 있는 경우에도 그 현시지점을 넘어서 진행할 수 없다.

해설 **열차 또는 차량의 정지**(철도차량운전규칙 제36조)
① 열차 또는 차량은 정지신호가 현시된 경우에는 그 현시지점을 넘어서 진행할 수 없다. 다만, 다음 각 호의 어느 하나에 해당하는 경우에는 그러하지 아니하다.
1. 삭제 〈2021. 10. 26.〉
2. 수신호에 의하여 정지신호의 현시가 있는 경우
3. 신호기 고장 등으로 인하여 정지가 불가능한 거리에서 정지신호의 현시가 있는 경우
② 제1항의 규정에 불구하고 자동폐색신호기의 정지신호에 의하여 일단 정지한 열차 또는 차량은 정지신호 현시중이라도 운전속도의 제한 등 안전조치에 따라 서행하여 그 현시지점을 넘어서 진행할 수 있다.
③ 서행허용표지를 추가하여 부설한 자동폐색신호기가 정지신호를 현시하는 때에는 정지신호 현시중이라도 정지하지 아니하고 운전속도의 제한 등 안전조치에 따라 서행하여 그 현시지점을 넘어서 진행할 수 있다.

정답 057 ㉰ 058 ㉱

059 다음은 철도차량운전규칙에서 정하고 있는 선로전환기의 쇄정 및 정위치 유지에 관한 내용이다. 옳지 않은 것은?

㉮ 본선의 선로전환기는 이와 관계된 신호기와 그 진로 내의 선로전환기를 연동쇄정하여 사용하여야 한다.
㉯ 상시 쇄정되어 있는 선로전환기 또는 취급회수가 극히 적은 대향의 선로전환기의 경우에는 본선의 선로전환기는 이와 관계된 신호기와 그 진로 내의 선로전환기를 연동쇄정하여 사용하지 않아도 된다.
㉰ 선로전환기를 사용한 후에는 지체 없이 미리 정하여진 위치에 두어야 한다.
㉱ 쇄정되지 아니한 선로전환기를 대향으로 통과할 때에는 쇄정기구를 사용하여 텅레일을 쇄정하여야 한다.

> **해설** **선로전환기의 쇄정 및 정위치 유지**(철도차량운전규칙 제40조)
> ① 본선의 선로전환기는 이와 관계된 신호기와 그 진로 내의 선로전환기를 연동쇄정하여 사용하여야 한다. 다만, 상시 쇄정되어 있는 선로전환기 또는 취급회수가 극히 적은 배향(背向)의 선로전환기의 경우에는 그러하지 아니하다.
> ② 쇄정되지 아니한 선로전환기를 대향으로 통과할 때에는 쇄정기구를 사용하여 텅레일(Tongue Rail)을 쇄정하여야 한다.
> ③ 선로전환기를 사용한 후에는 지체 없이 미리 정하여진 위치에 두어야 한다.

060 철도차량운전규칙상 열차가 쇄정되지 아니한 선로전환기를 대향으로 통과할 때 도중 전환방지 및 탈선사고를 예방하기 위하여 쇄정기구를 사용하여 무엇을 쇄정하여야 하는가?

㉮ 쇄정간 ㉯ 텅레일
㉰ 밀착 조정간 ㉱ 게이지 타이롯드

061 철도차량운전규칙상 입환에 대한 설명 중 옳지 않은 것은?

㉮ 다른 열차가 인접정거장 또는 신호소를 출발한 후에는 그 열차에 대한 장내신호기의 바깥쪽에 걸친 입환을 할 수 없다.
㉯ 열차의 도착 시각이 임박한 때에는 그 열차가 정차 예정인 선로에서는 입환을 할 수 없다.
㉰ 차량을 측선 등에 정차시켜 두는 경우에는 차량이 움직이지 아니하도록 필요한 조치를 하여야 한다.
㉱ 본선을 이용하는 인력입환은 관제업무종사자 또는 역장의 승인을 받아야 하며, 운전취급담당자는 그 작업을 감시하여야 한다.

정답 059 ㉯ 060 ㉯ 061 ㉱

> **해설** **인력입환**(철도차량운전규칙 제45조)
> 본선을 이용하는 입력입환은 관제업무종사자 또는 운전취급담당자의 승인을 받아야 하며, 운전취급담당자는 그 작업을 감시해야 한다.

062 철도차량운전규칙상 입환에 대한 설명으로 옳지 않은 것은?

㉮ 다른 열차가 정거장에 진입할 시각이 임박한 때에는 다른 열차에 지장을 줄 수 있는 입환을 할 수 없다.
㉯ 열차의 도착 시각이 임박한 때에는 그 열차가 정차 예정인 선로에서는 입환을 할 수 없다.
㉰ 철도운영자등은 입환작업을 하려면 입환작업계획서를 작성하여 기관사, 운전취급담당자, 입환작업자에게 배부하고 입환작업에 대한 교육을 실시하여야 한다.
㉱ 다른 열차가 인접정거장 또는 신호소를 출발한 후에는 그 열차에 대한 출발신호기의 바깥쪽에 걸친 입환을 할 수 없다.

063 철도차량운전규칙상 입환작업계획서에 포함할 내용으로 옳지 않은 것은?

㉮ 대상 차량 ㉯ 입환작업 순서
㉰ 작업자별 역할 ㉱ 입환신호 방식

064 철도차량운전규칙상 입환에 관한 내용 중 옳은 것은?

㉮ 열차가 정거장에서 출발 시각이 임박한 때에는 다른 열차에 지장을 줄 수 있는 입환을 할 수 없다.
㉯ 본선의 선로전환기는 이와 관계된 신호기와 그 진로 내의 선로전환기를 수동 쇄정하여 사용하여야 한다.
㉰ 다른 열차가 인접정거장 또는 신호소를 출발한 후에는 그 열차에 대한 장내신호기의 바깥쪽에 걸친 입환을 할 수 없다.
㉱ 본선을 이용하는 입력입환은 관제업무종사자 또는 운전취급담당자의 승인을 받아야 하며, 관제업무종사자는 그 작업을 감시해야 한다.

정답 062 ㉱ 063 ㉱ 064 ㉰

065 철도차량운전규칙상 열차간의 안전을 확보할 수 있는 방법으로 운전해야 하는데 적절하지 않은 것은?

㉮ 폐색에 의한 방법
㉯ 열차제어장치에 의한 방법
㉰ 시계운전에 의한 방법
㉱ 표지에 의한 방법

> **해설** **열차 간의 안전 확보**(철도차량운전규칙 제46조)
> ① 열차는 열차 간의 안전을 확보할 수 있도록 다음 각 호의 어느 하나의 방법으로 운전해야 한다. 다만, 정거장 내에서 철도신호의 현시·표시 또는 그 정거장의 운전을 관리하는 사람의 지시에 따라 운전하는 경우에는 그렇지 않다.
> 1. 폐색에 의한 방법
> 2. 열차 간의 간격을 확보하는 장치(이하 "열차제어장치"라 한다)에 의한 방법
> 3. 시계(視界)운전에 의한 방법
> ② 단선(單線)구간에서 폐색을 한 경우 상대역의 열차가 동시에 당해 구간에 진입하도록 하여서는 아니 된다.
> ③ 구원열차를 운전하는 경우 또는 공사열차가 있는 구간에서 다른 공사열차를 운전하는 등의 특수한 경우로서 열차운행의 안전을 확보할 수 있는 조치를 취한 경우에는 제1항 및 제2항의 규정에 의하지 아니할 수 있다.

066 다음 중 철도차량운전규칙상 열차운전 시 열차 간의 안전을 확보하기 위한 방법으로 옳지 않은 것은?

㉮ 열차간의 간격을 확보하는 장치에 의한 방법
㉯ 자동열차정지장치에 의한 방법
㉰ 시계운전에 의한 방법
㉱ 폐색에 의한 방법

067 다음은 철도차량운전규칙상 폐색에 대한 설명이다. 옳은 것은?

㉮ 사람의 힘에 의하거나 동력차를 사용하여 차량을 이동·연결 또는 분리하는 작업
㉯ 일정 구간에 동시에 2 이상의 열차를 운전시키지 아니하기 위하여 그 구간을 하나의 열차의 운전에만 점용하는 것
㉰ 모양·색 또는 소리 등으로 관계직원 상호간에 의사를 표시하는 것
㉱ 모양 또는 색 등으로 물체의 위치·방향·조건 등을 표시하는 것

정답 065 ㉱ 066 ㉯ 067 ㉯

068 철도차량운전규칙상 하나의 폐색구간에 둘 이상의 열차를 동시에 운행할 수 있는 경우로 옳지 않은 것은?

㉮ 고장열차가 있는 폐색구간에 구원열차를 운전하는 경우
㉯ 선로가 불통된 구간에 회송열차를 운전하는 경우
㉰ 폐색구간에서 뒤의 보조기관차를 열차로부터 떼었을 경우
㉱ 열차가 정차되어 있는 폐색구간으로 다른 열차를 유도하는 경우

> [해설] **폐색에 의한 열차운행**(철도차량운전규칙 제49조)
> ① 폐색에 의한 방법으로 열차를 운행하는 경우에는 본선을 폐색구간으로 분할하여야 한다. 다만, 정거장 내의 본선은 이를 폐색구간으로 하지 아니할 수 있다.
> ② 하나의 폐색구간에는 둘 이상의 열차를 동시에 운행할 수 없다. 다만, 다음 각 호에 해당하는 경우에는 그렇지 않다.
> 1. 제36조 제2항 및 제3항에 따라 열차를 진입시키려는 경우
> 2. 고장열차가 있는 폐색구간에 구원열차를 운전하는 경우
> 3. 선로가 불통된 구간에 공사열차를 운전하는 경우
> 4. 폐색구간에서 뒤의 보조기관차를 열차로부터 떼었을 경우
> 5. 열차가 정차되어 있는 폐색구간으로 다른 열차를 유도하는 경우
> 6. 폐색에 의한 방법으로 운전을 하고 있는 열차를 자동열차제어장치에 의한 방법 또는 시계운전이 가능한 노선에서 열차를 서행하여 운전하는 경우
> 7. 그 밖에 특별한 사유가 있는 경우

069 철도차량운전규칙에서 다음 하나의 폐색구간에는 둘 이상의 열차를 동시에 운행할 수 없다. 이 규칙의 예외사항에 포함되지 않는 것은?

㉮ 열차가 정차되어 있는 폐색구간 시험운전열차를 운행하는 경우
㉯ 열차가 정차되어 있는 폐색구간으로 다른 열차를 유도하는 경우
㉰ 폐색에 의한 방법으로 운전을 하고 있는 열차를 자동열차제어장치에 의한 방법 또는 시계운전이 가능한 노선에서 열차를 서행하여 운전하는 경우
㉱ 고장열차가 있는 폐색구간에 구원열차를 운전하는 경우

070 철도차량운전규칙상 폐색방식 중 상용폐색방식으로 옳은 것은?

㉮ 통표폐색식 ㉯ 지도식
㉰ 지도통신식 ㉱ 통신식

> [해설] **폐색방식의 구분**(철도차량운전규칙 제50조)
> 폐색방식은 각 호와 같이 구분한다.
> 1. 상용(常用)폐색방식 : 자동폐색식 · 연동폐색식 · 차내신호폐색식 · 통표폐색식
> 2. 대용(代用)폐색방식 : 통신식 · 지도통신식 · 지도식 · 지령식

정답 068 ㉯ 069 ㉮ 070 ㉮

071 철도차량운전규칙에서 정하고 있는 대용폐색방식으로 옳은 것은?
㉮ 전령법
㉯ 지도식
㉰ 연동폐색식
㉱ 차내신호폐색식

072 철도차량운전규칙상 상용폐색방식이 옳지 않은 것은?
㉮ 자동폐색식
㉯ 지도통신식
㉰ 통표폐색식
㉱ 연동폐색식

073 다음 중 철도차량운전규칙상 상용폐색방식에 해당되지 않는 것은?
㉮ 지도식
㉯ 차내신호폐색식
㉰ 연동폐색식
㉱ 자동폐색식

074 철도차량운전규칙상 자동폐색신호기 장치의 기능에 해당하지 않는 것은?
㉮ 단선구간에 있어서는 하나의 방향에 대하여 진행을 지시하는 신호를 현시한 때에는 그 반대방향의 신호기는 자동으로 정지신호를 현시할 것
㉯ 폐색구간에 열차 또는 차량이 있을 때에는 자동으로 주의신호를 현시할 것
㉰ 폐색장치에 고장이 있을 때에는 자동으로 정지신호를 현시할 것
㉱ 폐색구간에 있는 선로전환기가 정당한 방향으로 개통되지 아니한 때 또는 분기선 및 교차점에 있는 차량이 폐색구간에 지장을 줄 때에는 자동으로 정지신호를 현시할 것

075 철도차량운전규칙상 자동폐색식을 시행하는 폐색구간의 장내신호기, 출발신호기, 폐색신호기에 자동으로 정지신호를 현시해야 되는 경우로 옳지 않은 것은?
㉮ 폐색구간에 차량이 있을 때
㉯ 폐색구간에 있는 선로전환기가 정당한 방향으로 개통되지 아니한 때
㉰ 정거장을 출발한 열차가 다음 정거장에 도착하지 않았을 때
㉱ 분기선 및 교차점에 있는 차량이 폐색구간에 지장을 줄 때

정답 071 ㉯ 072 ㉯ 073 ㉮ 074 ㉯ 075 ㉰

해설 **자동폐색장치의 기능**(철도차량운전규칙 제51조)
자동폐색식을 시행하는 폐색구간의 폐색신호기·장내신호기 및 출발신호기는 다음 각 호의 조건을 구비하여야 한다.
1. 폐색구간에 열차 또는 차량이 있을 때에는 자동으로 정지신호를 현시할 것
2. 폐색구간에 있는 선로전환기가 정당한 방향으로 개통되지 아니한 때 또는 분기선 및 교차점에 있는 차량이 폐색구간에 지장을 줄 때에는 자동으로 정지신호를 현시할 것
3. 폐색장치에 고장이 있을 때에는 자동으로 정지신호를 현시할 것
4. 단선구간에 있어서는 하나의 방향에 대하여 진행을 지시하는 신호를 현시한 때에는 그 반대방향의 신호기는 자동으로 정지신호를 현시할 것

076 철도차량운전규칙상 연동폐색장치의 구비조건에 해당되지 않는 것은?

㉮ 신호기와 연동하여 자동으로 '폐색구간에 열차 있음' '폐색구간에 열차 없음'의 표시를 할 수 있을 것
㉯ 단선구간에 있어서 하나의 방향에 대하여 폐색이 이루어지면 그 반대방향의 신호기는 자동으로 정지신호를 현시할 것
㉰ 폐색구간에 진입한 열차가 그 구간을 통과한 후가 아니면 "폐색구간에 열차 없음"의 표시를 변경할 수 없을 것
㉱ 열차가 폐색구간에 있을 때에는 그 구간의 신호기에 진행을 지시하는 신호를 현시할 수 없을 것

077 철도차량운전규칙상 연동폐색식을 시행하는 폐색구간 양끝의 정거장 또는 신호소에는 연동폐색기를 설치하되 기능을 갖추어야 한다. 그 기능으로 옳지 않은 것은?

㉮ 신호기와 연동하여 자동으로 '폐색구간에 열차 있음' '폐색구간에 열차 없음'의 표시를 할 수 있어야 한다.
㉯ 열차가 폐색구간에 있을 때에는 그 구간의 신호기에 진행을 지시하는 신호를 현시할 수 없어야 한다.
㉰ 폐색구간에 진입한 열차가 그 구간을 통과한 후가 아니면 '폐색구간에 열차 있음'의 표시를 변경할 수 없어야 한다.
㉱ 단선구간에 있어서 하나의 방향에 대하여 폐색이 이루어지면 그 반대방향의 신호기는 수동으로 정지신호를 현시해야 한다.

정답 076 ㉰ 077 ㉱

> **해설** **연동폐색장치의 구비조건**(철도차량운전규칙 제52조 제4호)
> 단선구간에 있어서 하나의 방향에 대하여 폐색이 이루어지면 그 반대방향의 신호기는 자동으로 정지신호를 현시해야 한다.

078 철도차량운전규칙상 차내신호폐색식을 시행하는 구간에서 차내신호에 자동으로 정지신호를 현시하는 경우로 옳지 않은 것은?

㉮ 폐색구간에 열차 또는 다른 차량이 있는 경우
㉯ 열차제어장치의 지상장치에 고장이 있는 경우
㉰ 폐색구간에 있는 선로전환기가 정당한 방향에 있지 아니한 경우
㉱ 열차 정상운행선로의 방향이 같은 경우

> **해설** **차내신호폐색장치의 기능**(철도차량운전규칙 제54조)
> 차내신호폐색식을 시행하는 구간의 차내신호는 다음 각 호의 경우에는 자동으로 정지신호를 현시하는 기능을 갖추어야 한다.
> 1. 폐색구간에 열차 또는 다른 차량이 있는 경우
> 2. 폐색구간에 있는 선로전환기가 정당한 방향에 있지 아니한 경우
> 3. 다른 선로에 있는 열차 또는 차량이 폐색구간을 진입하고 있는 경우
> 4. 열차제어장치의 지상장치에 고장이 있는 경우
> 5. 열차 정상운행선로의 방향이 다른 경우

079 철도차량운전규칙상 차내신호폐색장치의 기능 중 자동으로 정지신호를 현시하여야 하는 경우로 옳지 않은 것은?

㉮ 폐색구간에 다른 차량이 있는 경우
㉯ 열차제어장치의 지하장치에 고장이 있는 경우
㉰ 열차 정상운행선로의 방향이 다른 경우
㉱ 다른 선로에 있는 열차 또는 차량이 폐색구간을 진입하고 있는 경우

080 철도차량운전규칙상 통표폐색장치의 기능으로 옳지 않은 것은?

㉮ 통표폐색식을 시행하는 폐색구간 양끝의 정거장 또는 신호소에는 기능을 갖춘 통표폐색장치를 설치해야 한다.
㉯ 통표폐색기에는 그 구간 전용의 통표만을 넣어야 한다.
㉰ 인접폐색구간의 통표는 그 모양을 같이 할 수 있다.
㉱ 열차는 당해 구간의 통표를 휴대하지 아니하면 그 구간을 운전할 수 없다.

정답 078 ㉱ 079 ㉯ 080 ㉰

해설 **통표폐색장치의 기능**(철도차량운전규칙 제55조)
① 통표폐색식을 시행하는 폐색구간 양끝의 정거장 또는 신호소에는 다음 각 호의 기능을 갖춘 통표폐색장치를 설치하여야 한다.
1. 통표는 폐색구간 양끝의 정거장 또는 신호소에서 협동하여 취급하지 아니하면 이를 꺼낼 수 없을 것
2. 폐색구간 양끝에 있는 통표폐색기에 넣은 통표는 1개에 한하여 꺼낼 수 있으며, 꺼낸 통표를 통표폐색기에 넣은 후가 아니면 다른 통표를 꺼내지 못하는 것일 것
3. 인접 폐색구간의 통표는 넣을 수 없는 것일 것
② 제1항의 규정에 의한 통표폐색기에는 그 구간 전용의 통표만을 넣어야 한다.
③ 인접폐색구간의 통표는 그 모양을 달리하여야 한다.
④ 열차는 당해 구간의 통표를 휴대하지 아니하면 그 구간을 운전할 수 없다. 다만, 특별한 사유가 있는 경우에는 그러하지 아니하다.

081 철도차량운전규칙상 폐색구간 양끝의 정거장 또는 신호소에 설치하는 통표폐색장치의 기능으로 옳지 않은 것은?

㉮ 통표는 폐색구간 양끝의 정거장 또는 신호소에서 협동하여 취급하지 아니하면 이를 꺼낼 수 없을 것
㉯ 폐색구간 양끝에 있는 통표폐색기에 넣은 통표는 1개에 한하여 꺼낼 수 있으며, 꺼낸 통표를 통표폐색기에 넣은 후가 아니면 다른 통표를 꺼내지 못하는 것일 것
㉰ 인접 폐색구간의 통표는 넣을 수 없는 것일 것
㉱ 열차는 당해 구간의 통표를 휴대하지 아니하면 그 구간을 운전할 수 없다. 특별한 사유가 있는 경우에도 그러하다.

082 철도차량운전규칙에서 통신식을 시행하는 구간에는 전용의 통신설비를 설치하여야 한다. 다음 중 다른 통신설비로서 이를 대신할 수 있는 경우로 옳지 않은 것은?

㉮ 운전이 한산한 구간인 경우
㉯ 전용의 통신설비에 고장이 있는 경우
㉰ 철도사고 등의 발생 그 밖에 부득이한 사유로 인하여 전용의 통신설비를 설치할 수 없는 경우
㉱ 경부선 복복선 구간의 경우

해설 **통신식 대용폐색 방식의 통신장치**(철도차량운전규칙 제57조)
통신식을 시행하는 구간에는 전용의 통신설비를 설치하여야 한다. 다만 다음 각호의 경우에는 다른 통신설비로 대신할 수 있다.
1. 운전이 한산한 구간인 경우
2. 전용의 통신설비에 고장이 있는 경우
3. 철도사고 등의 발생 그 밖에 부득이한 사유로 인하여 전용의 통신설비를 설치할 수 없는 경우

정답 081 ㉱ 082 ㉱

083 철도차량운전규칙상 통신식을 시행하는 구간에는 전용의 통신설비를 설치하여야 하는데, 다른 통신설비로서 이를 대신할 수 있는 경우가 아닌 것은?

㉮ 운전이 급한 고속구간인 경우
㉯ 전용의 통신설비에 고장이 있는 경우
㉰ 철도사고 등의 발생
㉱ 부득이한 사유로 인하여 전용의 통신설비를 설치할 수 없는 경우

084 철도차량운전규칙상 지도통신식을 시행에 대한 설명으로 옳지 않은 것은?

㉮ 지도통신식을 시행하는 구간에는 폐색구간 양끝의 정거장 또는 신호소의 통신설비를 사용하여 서로 협의한 후 시행한다.
㉯ 지도통신식을 시행하는 경우 폐색구간 양끝의 정거장 또는 신호소가 서로 협의한 후 지도표를 발행하여야 한다.
㉰ 지도표는 1폐색구간에 1매로 한다.
㉱ 지도표는 지도권을 가지고 있는 정거장 또는 신호소에서 서로 협의를 한 후 발행하여야 한다.

> **해설** **지도통신식의 시행**(철도차량운전규칙 제59조)
> ① 지도통신식을 시행하는 구간에는 폐색구간 양끝의 정거장 또는 신호소의 통신설비를 사용하여 서로 협의한 후 시행한다.
> ② 지도통신식을 시행하는 경우 폐색구간 양끝의 정거장 또는 신호소가 서로 협의한 후 지도표를 발행하여야 한다.
> ③ 제2항의 규정에 의한 지도표는 1폐색구간에 1매로 한다.
> **지도표와 지도권의 사용구별**(철도차량운전규칙 제60조)
> ① 지도통신식을 시행하는 구간에서 동일방향의 폐색구간으로 진입시키고자 하는 열차가 하나뿐인 경우에는 지도표를 교부하고, 연속하여 2 이상의 열차를 동일방향의 폐색구간으로 진입시키고자 하는 경우에는 최후의 열차에 대하여는 지도표를, 나머지 열차에 대하여는 지도권을 교부한다.
> ② 지도권은 지도표를 가지고 있는 정거장 또는 신호소에서 서로 협의를 한 후 발행하여야 한다.
> **지도표·지도권의 기입사항**(철도차량운전규칙 제62조)
> ① 지도표에는 그 구간 양끝의 정거장명·발행일자 및 사용열차번호를 기입하여야 한다.
> ② 지도권에는 사용구간·사용열차·발행일자 및 지도표 번호를 기입하여야 한다.

정답 083 ㉮ 084 ㉱

085 철도차량운전규칙상 지도통신식을 시행에 대한 설명으로 옳지 않은 것은?

㉮ 지도통신식을 시행하는 구간에서 동일방향의 폐색구간으로 진입시키고자 하는 열차가 하나뿐인 경우에는 지도표를 교부하고, 연속하여 2 이상의 열차를 동일방향의 폐색구간으로 진입시키고자 하는 경우에는 최후의 열차에 대하여는 지도권을, 나머지 열차에 대하여는 지도표를 교부한다.
㉯ 지도권은 지도표를 가지고 있는 정거장 또는 신호소에서 서로 협의를 한 후 발행하여야 한다.
㉰ 지도표에는 그 구간 양끝의 정거장명·발행일자 및 사용열차번호를 기입하여야 한다.
㉱ 지도권에는 사용구간·사용열차·발행일자 및 지도표 번호를 기입하여야 한다.

086 철도차량운전규칙상 지도통신식에 관한 설명으로 가장 적절하지 않은 것은?

㉮ 열차는 당해구간의 지도표 또는 지도권을 휴대하지 아니하면 그 구간을 운전할 수 없다. 다만, 고장열차가 있는 폐색구간에 공사열차를 운전하는 경우 등 특별한 사유가 있는 경우에는 그러하지 아니하다.
㉯ 지도표에는 그 구간 양끝의 정거장명·발행일자 및 사용열차번호를 기입하여야 한다.
㉰ 지도권에는 사용구간·사용열차·발행일자 및 지도표 번호를 기입하여야 한다.
㉱ 지도통신식을 시행하는 구간에서 동일방향의 폐색구간으로 진입시키고자 하는 열차가 하나뿐인 경우에는 지도표를 교부하고, 연속하여 2 이상의 열차를 동일방향의 폐색구간으로 진입시키고자 하는 경우에는 최후의 열차에 대하여는 지도표를, 나머지 열차에 대하여는 지도권을 교부한다.

087 철도차량운전규칙상 지도통신식에 관한 설명으로 가장 적절하지 않은 것은?

㉮ 폐색구간 양끝의 정거장 또는 신호소의 통신설비를 사용하여 서로 협의한 후 지도통신식을 시행한다.
㉯ 지도통신식을 시행하는 경우 폐색구간 양끝의 정거장 또는 신호소가 서로 협의한 후 지도표와 지도권을 발행하여야 한다.
㉰ 지도표는 1폐색구간에 1매를 발행한다.
㉱ 동일방향의 폐색구간으로 진입시키고자 하는 열차가 하나뿐인 경우에는 지도표를 교부한다.

정답 085 ㉮ 086 ㉮ 087 ㉯

088 철도차량운전규칙상 지도통신식에 대한 내용 중 적절하지 않은 것은?
㉮ 열차는 당해구간의 지도표 또는 지도권을 휴대하지 아니하면 그 구간을 운전할 수 없다.
㉯ 지도표에는 그 구간 양끝의 정거장명·발행일자 및 사용열차번호를 기입하여야 한다.
㉰ 동일방향의 폐색구간으로 진입시키려는 열차가 하나뿐인 경우에는 지도권을 발급한다.
㉱ 열차는 당해구간의 지도표 또는 지도권을 휴대하지 아니하면 그 구간을 운전할 수 없다. 다만, 고장열차가 있는 폐색구간에 구원열차를 운전하는 경우 등 특별한 사유가 있는 경우에는 그러하지 아니하다.

089 철도차량운전규칙상 열차를 지도통신식 폐색구간에 진입시킬 경우의 지도표 기입사항으로 적절하지 않은 것은?
㉮ 그 구간 양 끝의 정거장명
㉯ 발행일자
㉰ 사용열차번호
㉱ 지도권 번호

090 철도차량운전규칙상 열차를 지도통신식 폐색구간에 진입시킬 경우의 지도권 기입사항으로 옳지 않은 것은?
㉮ 사용구간
㉯ 발행일자
㉰ 발행일과 시각
㉱ 지도표 번호

091 다음은 철도차량운전규칙상 지도권 기입사항으로 옳지 않은 것은?
㉮ 지도표 번호
㉯ 사용구간
㉰ 사용열차
㉱ 그 구간 양 끝의 정거장명

092 철도차량운전규칙상 선로보수공사로 현장과 가까운 정거장간을 1폐색구간으로 열차를 운전하는 경우에 후속열차의 운전이 더 이상 필요 없을 때 시행하는 폐색방식은?
㉮ 지도식   ㉯ 통신식   ㉰ 격시법   ㉱ 전령법

정답 088 ㉰ 089 ㉱ 090 ㉰ 091 ㉱ 092 ㉮

093 철도차량운전규칙에서 열차제어장치의 구분으로 옳지 않은 것은?

㉮ 열차자동정지장치(ATS, Automatic Train Stop)

㉯ 열차자동제어장치(ATC, Automatic Train Control)

㉰ 열차자동운전장치(ATO, Automatic Train Operation)

㉱ 열차자동방호장치(ATP, Automatic Train Protection)

> **해설** **열차제어장치에 의한 방법**(철도차량운전규칙 제65조)
> 열차 간의 간격을 자동으로 확보하는 열차제어장치는 운행하는 열차와 동일 진로상의 다른 열차와의 간격 및 선로 등의 조건에 따라 자동으로 해당 열차를 감속시키거나 정지시킬 수 있어야 한다.
> **열차제어장치의 종류**(철도차량운전규칙 제66조)
> 열차제어장치는 다음 각 호와 같이 구분한다.
> 1. 열차자동정지장치(ATS, Automatic Train Stop)
> 2. 열차자동제어장치(ATC, Automatic Train Control)
> 3. 열차자동방호장치(ATP, Automatic Train Protection)

094 철도차량운전규칙에서 열차제어장치의 구분으로 옳지 않은 것은?

㉮ 열차자동제어장치(ATC, Automatic Train Control)

㉯ 열차자동정지장치(ATS, Automatic Train Stop)

㉰ 열차자동방호장치(ATP, Automatic Train Protection)

㉱ 열차집중제어장치(CTC, Centralized traffic control)

095 철도차량운전규칙상 열차제어장치의 구분 중 옳지 않은 것은?

㉮ 열차자동정지장치(ATC, Automatic Train Stop)

㉯ 열차자동제어장치(ATC, Automatic Train Control)

㉰ 열차자동방호장치(ATP, Automatic Train Protection)

㉱ 오토(Auto) 제동제어식(Uni-Breaking)

정답 093 ㉰ 094 ㉱ 095 ㉱

096 철도차량운전규칙에 정하고 있는 열차제어장치에 대한 설명으로 옳지 않은 것은?

㉮ 열차 간의 간격을 자동으로 확보하는 열차제어장치는 운행하는 열차와 동일 진로상의 다른 열차와의 간격 및 선로 등의 조건에 따라 자동적으로 해당 열차를 감속시키거나 정지시킬 수 있어야 한다.
㉯ 열차제어장치는 열차자동정지장치, 열차자동제어장치, 열차자동방호장치로 구분된다.
㉰ 열차자동정지장치는 열차의 속도가 지상에 설치된 신호기의 현시 속도를 초과하는 경우 열차를 자동으로 정지시킬 수 있어야 한다.
㉱ 열차자동제어장치의 지상설비는 선로 굴곡, 선로전환기 등 선로의 조건에 따라 운전속도를 지시하는 제어정보를 일정한 시각 간격으로 전송하여 열차의 운전속도를 자동적으로 25km/h 이하로 감속할 수 있어야 한다.

해설 **열차제어장치의 기능(철도차량운전규칙 제67조)**
① 열차자동정지장치는 열차의 속도가 지상에 설치된 신호기의 현시 속도를 초과하는 경우 열차를 자동으로 정지시킬 수 있어야 한다.
② 열차자동제어장치 및 열차자동방호장치는 다음 각 호의 기능을 갖추어야 한다.
1. 운행 중인 열차를 선행열차와의 간격, 선로의 굴곡, 선로전환기 등 운행 조건에 따라 제어정보가 지시하는 속도로 자동으로 감속시키거나 정지시킬 수 있을 것
2. 장치의 조작 화면에 열차제어정보에 따른 운전 속도와 열차의 실제 속도를 실시간으로 나타내 줄 것
3. 열차를 정지시켜야 하는 경우 자동으로 제동장치를 작동하여 정지목표에 정지할 수 있을 것

097 철도차량운전규칙상 관제업무종사자는 지령식을 시행하는 경우 준수해야 할 사항으로 옳지 않은 것은?

㉮ 지령식을 시행할 폐색구간의 경계를 정할 것
㉯ 지령식을 시행할 폐색구간에 열차나 철도차량이 없음을 확인할 것
㉰ 규칙적인 시간 간격으로 통보할 것
㉱ 지령식을 시행하는 폐색구간에 진입하는 열차의 기관사에게 승인번호, 시행구간, 운전속도 등 주의사항을 통보할 것

해설 **지령식의 시행(철도차량운전규칙 제64조의2)**
① 지령식은 폐색 구간이 다음 각 호의 요건을 모두 갖춘 경우 관제업무종사자의 승인에 따라 시행한다.
1. 관제업무종사자가 열차운행을 감시할 수 있을 것
2. 운전용 통신장치 기능이 정상일 것
② 관제업무종사자는 지령식을 시행하는 경우 다음 각 호의 사항을 준수해야 한다.
1. 지령식을 시행할 폐색구간의 경계를 정할 것
2. 지령식을 시행할 폐색구간에 열차나 철도차량이 없음을 확인할 것
3. 지령식을 시행하는 폐색구간에 진입하는 열차의 기관사에게 승인번호, 시행구간, 운전속도 등 주의사항을 통보할 것

정답 096 ㉱ 097 ㉰

098 철도차량운전규칙상 열차자동제어장치 및 열차자동방호장치가 갖추어야 할 기능으로 옳은 것은?

㉮ 제어정보에 따라서 열차의 운전속도와 제어정보를 실시간으로 나타낼 수 있을 것
㉯ 제어정보에 따라 단계적으로 충격 없이 부드럽게 제동속도 가감이 가능할 것
㉰ 열차를 정지시켜야 하는 경우 자동으로 제동장치를 작동하여 정지목표에 정지할 수 있을 것
㉱ 제어정보에 따라 자동으로 제동장치를 작동하여 정지목표에 열차를 1단으로 정지 시킬 수 있을 것

099 철도차량운전규칙상 열차자동제어장치 및 열차자동방호장치가 갖추어야 할 기능으로 옳은 것은?

㉮ 열차자동제어장치의 지상설비는 열차에 대하여 당해 열차를 진입시킬 수 있는 구간의 종점(정지목표)을 나타내는 제어정보를 연속하여 전송할 것
㉯ 장치의 조작 화면에 열차제어정보에 따른 운전 속도와 열차의 실제 속도를 실시간으로 나타내 줄 것
㉰ 열차자동방호장치의 차상설비는 지상설비의 제어정보와 열차의 속도를 실시간으로 나타내 줄 것
㉱ 열차자동정지장치의 차상설비는 열차의 제어정보가 지시하는 운전속도로 자동 및 수동으로 제동장치를 작용시켜 열차의 속도를 감속시킬 것

100 철도차량운전규칙상 열차 간의 안전 확보에 대한 설명으로 옳지 않은 것은?

㉮ 열차 또는 차량의 진로에 지장이 있는 경우에는 이에 대하여 진행을 지시하는 신호를 현시할 수 없다.
㉯ 선로의 굴곡·선로전환기 등 선로의 조건에 따라 운전속도가 제한되는 구간의 시점에서 구간의 제어정보가 지시하는 운전속도로 열차의 속도를 자동적으로 감속시킬 것
㉰ 철도운영자 등은 철도사고 등이 발생하여 인접 선로의 열차운행에 지장을 주는 등 다른 열차의 정차가 필요한 경우에는 방호 조치를 해야 한다.
㉱ 운전업무종사자는 다른 열차의 방호 조치를 확인한 경우 즉시 열차를 정차해야 한다.

정답 098 ㉰ 099 ㉯ 100 ㉯

101 철도차량운전규칙상 열차 간의 안전 확보에 대한 설명으로 옳지 않은 것은?

㉮ 단선(單線)구간에서 폐색을 한 경우 상대역의 열차가 동시에 당해 구간에 진입하도록 하여서는 아니 된다.
㉯ 열차 또는 차량의 진로에 지장이 있는 경우에는 이에 대하여 진행을 지시하는 신호를 현시할 수 없다.
㉰ 열차를 통표 폐색구간에 진입시키려는 경우에는 폐색구간에 열차가 없는 것을 확인하고 운행하려는 방향의 정거장 또는 신호소 역장의 승인을 받아야 한다.
㉱ 철도운영자 등은 철도사고 등이 발생하여 인접 선로의 열차운행에 지장을 주는 등 다른 열차의 정차가 필요한 경우에는 방호 조치를 해야 한다.

102 철도차량운전규칙상 신호기 또는 통신장치의 고장 등으로 상용폐색이나 대용폐색방식 외의 방법으로 열차를 운전할 필요가 있는 경우에 한하여 시행하는 방식은?

㉮ 시계운전　　　　　　　　　㉯ 통신운전
㉰ 상용운전　　　　　　　　　㉱ 대용운전

> **해설** **시계운전에 의한 방법**(철도차량운전규칙 제70조)
> ① 신호기 또는 통신장치의 고장 등으로 상용폐색방식 및 대용폐색방식 외의 방법으로 열차를 운전할 필요가 있는 경우에 한하여 시계운전에 의한 방법에 의하여야 한다.

103 철도차량운전규칙상 시계운전에 의한 열차운전방법에 대한 설명으로 옳지 않은 것은?

㉮ 열차를 폐색구간에 진입시키고자 할 때 상용폐색방식으로 운전할 수 없을 때는 시계운전에 의하여야 한다.
㉯ 신호기 또는 통신장치의 고장이 발생하였을 때 시행한다.
㉰ 철도차량의 운전속도는 전방 가시거리 범위 내에서 열차를 정지시킬 수 있는 속도 이하로 운전하여야 한다.
㉱ 동일 방향으로 운전하는 열차는 선행 열차와 충분한 간격을 두고 운전하여야 한다.

정답 101 ㉰　102 ㉮　103 ㉮

104 철도차량운전규칙상 시계운전에 의한 열차운전방법으로 옳지 않은 것은?

㉮ 격시법 ㉯ 전령법
㉰ 지도통신법 ㉱ 지도격시법

해설 **시계운전에 의한 열차의 운전**(철도차량운전규칙 제72조)
시계운전에 의한 열차운전은 다음 각 호의 어느 하나의 방법으로 시행하여야 한다. 다만, 협의용 단행기관차의 운행 등 철도운영자등이 특별히 따로 정한 경우에는 그러하지 아니하다.
1. 복선운전을 하는 경우
　가. 격시법
　나. 전령법
2. 단선운전을 하는 경우
　가. 지도격시법
　나. 전령법

105 철도차량운전규칙상 시계운전을 시행할 때 단·복선에서의 열차운전방법으로 옳지 않은 것은?

㉮ 격시법 ㉯ 통신법
㉰ 전령법 ㉱ 지도격시법

106 철도차량운전규칙상 폐색방식에서 시계운전의 방식으로 옳지 않은 것은?

㉮ 단선 - 전령법 ㉯ 복선 - 전령법
㉰ 단선 - 격시법 ㉱ 복선 - 격시법

107 철도차량운전규칙상 폐색방식 중 단선구간의 시계운전 방식으로 옳은 것은?

㉮ 지도격시법 ㉯ 지도법
㉰ 격시법 ㉱ 통신식

정답 104 ㉰ 105 ㉯ 106 ㉰ 107 ㉮

108 철도차량운전규칙에서 정하고 있는 시계운전에 의한 방법으로 적절하지 않은 것은?

㉮ 복선운전을 하는 경우 지도격시법과 전령법으로 시행하여야 한다.
㉯ 지도격시법은 폐색구간의 한 끝에 있는 정거장 또는 신호소의 차량운전취급책임자가 적임자를 파견하여 상대의 정거장 또는 신호소 차량운전취급책임자와 협의한 후 이를 시행하여야 한다.
㉰ 시계운전에 의한 열차운전은 단선운전 구간에서는 지도격시법과 전령법으로 시행하여야 한다.
㉱ 철도차량의 운전속도는 전방 가시거리 범위 내에서 열차를 정지시킬 수 있는 속도이하로 운전하여야 한다.

109 철도차량운전규칙상 격시법 및 지도격시법에 대한 설명으로 옳지 않은 것은?

㉮ 격시법 또는 지도격시법을 시행하는 경우에는 최초의 열차를 운전시키기 전에 폐색구간에 열차 또는 차량이 없음을 확인하여야 한다.
㉯ 격시법은 폐색구간의 한끝에 있는 정거장 또는 신호소의 운전취급담당자가 시행한다.
㉰ 지도격시법은 폐색구간의 한끝에 있는 정거장 또는 신호소의 운전취급담당자가 적임자를 파견하여 상대의 정거장 또는 신호소 운전취급담당자와 협의한 후 이를 시행하여야 한다.
㉱ 지도격시법은 지도통신식 시행중의 구간에서 전화불통이 된 경우 지도표를 가지고 있는 정거장 또는 신호소에서 최초의 열차를 운행하는 때에도 적임자를 파견하여 상대의 정거장 또는 신호소 운전취급담당자와 협의한 후 이를 시행하여야 한다.

> **해설** **격시법 또는 지도격시법의 시행**(철도차량운전규칙 제73조)
> ① 격시법 또는 지도격시법을 시행하는 경우에는 최초의 열차를 운전시키기 전에 폐색구간에 열차 또는 차량이 없음을 확인하여야 한다.
> ② 격시법은 폐색구간의 한끝에 있는 정거장 또는 신호소의 운전취급담당자가 시행한다.
> ③ 지도격시법은 폐색구간의 한끝에 있는 정거장 또는 신호소의 운전취급담당자가 적임자를 파견하여 상대의 정거장 또는 신호소 차량운전취급책임자와 협의한 후 이를 시행해야 한다. 다만, 지도통신식 시행중의 구간에서 통신두절이 된 경우 지도표를 가지고 있는 정거장 또는 신호소에서 최초의 열차에 대해서는 적임자를 파견하지 않고 시행할 수 있다.

정답 108 ㉮ 109 ㉱

110 철도차량운전규칙에서 열차 또는 차량이 정차되어 있는 폐색구간에 다른 열차를 진입시킬 때 시행하는 방식은?

㉮ 지도격시법　　㉯ 지도법　　㉰ 격시법　　㉱ 전령법

> **해설** **전령법의 시행**(철도차량운전규칙 제74조)
> ① 열차 또는 차량이 정차되어 있는 폐색구간에 다른 열차를 진입시킬 때에는 전령법에 의하여 운전하여야 한다.
> ② 전령법은 그 폐색구간 양끝에 있는 정거장 또는 신호소의 운전취급담당자가 협의하여 이를 시행하여야 한다. 다만, 다음 각 호의 어느 하나에 해당하는 경우에는 그러하지 아니하다.
> 1. 선로고장 등으로 지도식을 시행하는 폐색구간에 전령법을 시행하는 경우
> 2. 제1호 외의 경우로서 전화불통으로 협의를 할 수 없는 경우
>
> **전령자**(철도차량운전규칙 제75조)
> ① 전령법을 시행하는 구간에는 전령자를 선정하여야 한다.
> ② 제1항의 규정에 의한 전령자는 1폐색구간 1인에 한한다.
> ③ 삭제 〈2021. 10. 26〉
> ④ 전령법을 시행하는 구간에서는 당해 구간의 전령자가 동승하지 아니하고는 열차를 운전할 수 없다.

111 다음은 철도차량운전규칙상 전령법에 대한 설명이다. 옳지 않은 것은?

㉮ 열차 또는 차량이 정차되어 있는 폐색구간에 다른 열차를 진입시킬 때에는 전령법에 의하여 운전하여야 한다.

㉯ 전령법은 그 폐색구간 양끝에 있는 정거장 또는 신호소의 운전취급담당자가 관제사와 협의하여 이를 시행하여야 한다.

㉰ 전령법을 시행하는 구간에는 전령자를 선정하여야 한다.

㉱ 전령법을 시행하는 구간에서는 당해 구간의 전령자가 동승하지 아니하고는 열차를 운전할 수 없다.

112 철도차량운전규칙상 전령법에 대한 설명으로 옳지 않은 것은?

㉮ 열차 또는 차량이 정차되어 있는 폐색구간에 다른 열차를 진입시킬 때 사용한다.

㉯ 전령자는 1폐색구간 1인에 한한다.

㉰ 선로고장 이외의 사항으로 전화불통으로 폐색구간에 전령법을 시행하는 경우라도 그 폐색구간 양끝에 있는 정거장 또는 신호소의 운전취급담당자가 관제사와 협의하여 이를 시행하여야 한다.

㉱ 폐색구간 양끝에 있는 정거장 또는 신호소의 운전취급담당자가 협의하여 시행한다.

113 철도차량운전규칙상 전령법에 대한 설명으로 옳지 않은 것은?

㉮ 전령법을 시행하는 구간에는 전령자를 선정하여야 한다.
㉯ 전령법을 시행하는 구간에서는 당해 구간의 전령자가 동승하지 아니하고는 열차를 운전할 수 없다.
㉰ 선로고장 등으로 지도식을 시행하는 폐색구간에 전령법을 시행하는 경우에는 폐색구간 양끝에 있는 정거장 또는 신호소의 운전취급담당자가 협의하여 이를 시행하여야 한다.
㉱ 전화불통으로 협의를 할 수 없는 경우에는 폐색구간 양끝에 있는 정거장 또는 신호소의 운전취급담당자의 협의 없이 시행할 수 있다.

114 철도차량운전규칙상 폐색방식에 관한 설명으로 옳은 것은?

㉮ 지도표에는 폐색구간 양쪽의 정거장, 관제사 명령번호, 차량번호를 적어야 한다.
㉯ 지도권에는 폐색구간 양쪽의 소 이름, 관제사, 사용열차번호를 적어야 한다.
㉰ 통표폐색식은 상용폐색방식이다.
㉱ 통표폐색구간에서는 반드시 통표를 휴대하여야 한다.

115 철도차량운전규칙상 철도신호의 종류로 옳지 않은 것은?

㉮ 입환   ㉯ 신호   ㉰ 표지   ㉱ 전호

> **해설**   **철도신호**(철도차량운전규칙 제76조)
> 철도의 신호는 다음 각 호와 같이 구분하여 시행한다.
> 1. 신호는 모양·색 또는 소리 등으로 열차나 차량에 대하여 운행의 조건을 지시하는 것으로 할 것
> 2. 전호는 모양·색 또는 소리 등으로 관계직원 상호간에 의사를 표시하는 것으로 할 것
> 3. 표지는 모양 또는 색 등으로 물체의 위치·방향·조건 등을 표시하는 것으로 할 것

116 철도차량운전규칙상 신호에 대하여 바르게 설명하고 있는 것은?

㉮ 모양·색 또는 소리 등으로 물체의 위치방향·조건 등을 지시하는 것
㉯ 모양·색 또는 소리 등으로 의사표시를 하는 것
㉰ 모양 또는 색 등으로 물체의 위치·방향·조건 등을 표시하는 것
㉱ 모양·색 또는 소리 등으로 열차나 차량에 대하여 운행의 조건을 지시하는 것으로 할 것

정답 113 ㉰ 114 ㉱ 115 ㉮ 116 ㉱

117 철도차량운전규칙상 철도신호에 대한 설명으로 옳지 않은 것은?

㉮ 주간과 야간의 현시방식을 달리하는 신호·전호 및 표지는 일출 후부터 일몰 전까지는 주간 방식, 일몰 후부터 다음날 일출 전까지는 야간 방식으로 한다.
㉯ 지하구간 및 터널 안의 신호·전호 및 표지는 야간의 방식에 의하여야 한다.
㉰ 신호를 현시할 소정의 장소에 신호의 현시가 없거나 그 현시가 정확하지 아니할 때에는 정지신호의 현시가 있는 것으로 본다.
㉱ 하나의 신호는 하나의 선로에서 하나의 목적으로 사용되어야 한다. 다만, 진로개통표시기를 부설한 신호기는 그러하지 아니하다.

> **해설**
> **주간 또는 야간의 신호**(철도차량운전규칙 제77조)
> 주간과 야간의 현시방식을 달리하는 신호·전호 및 표지의 경우 일출 후부터 일몰 전까지는 주간 방식으로, 일몰 후부터 다음 날 일출 전까지는 야간 방식으로 한다. 다만, 일출 후부터 일몰 전까지의 경우에도 주간 방식에 따른 신호·전호 또는 표지를 확인하기 곤란한 경우에는 야간 방식에 따른다.
> **지하구간 및 터널 안의 신호**(철도차량운전규칙 제78조)
> 지하구간 및 터널 안의 신호·전호 및 표지는 야간의 방식에 의하여야 한다. 다만, 길이가 짧아 빛이 통하는 지하구간 또는 조명시설이 설치된 터널 안 또는 지하 정거장 구내의 경우에는 그러하지 아니하다.
> **제한신호의 추정**(철도차량운전규칙 제79조)
> ① 신호를 현시할 소정의 장소에 신호의 현시가 없거나 그 현시가 정확하지 아니할 때에는 정지신호의 현시가 있는 것으로 본다.
> ② 상치신호기 또는 임시신호기와 수신호가 각각 다른 신호를 현시한 때에는 그 운전을 최대로 제한하는 신호의 현시에 의하여야 한다. 다만, 사전에 통보가 있을 때에는 통보된 신호에 의한다.
> **신호의 겸용금지**(철도차량운전규칙 제80조)
> 하나의 신호는 하나의 선로에서 하나의 목적으로 사용되어야 한다. 다만, 진로표시기를 부설한 신호기는 그러하지 아니하다.

118 철도차량운전규칙상 철도신호에 대한 설명으로 옳지 않은 것은?

㉮ 주간과 야간의 현시방식을 달리하는 신호·전호 및 표지는 일출 후부터 일몰 전까지는 주간 방식, 일몰 후부터 다음날 일출 전까지는 야간 방식으로 한다.
㉯ 지하구간 및 터널 안의 신호·전호 및 표지는 야간의 방식에 의하여야 한다. 다만, 길이가 짧아 빛이 통하는 지하구간 또는 조명시설이 설치된 터널 안 또는 지하 정거장 구내의 경우에는 그러하지 아니하다.
㉰ 일출 후부터 일몰 전까지의 경우에도 주간 방식에 따른 신호·전호 또는 표지를 확인하기 곤란할 때에는 주·야간의 방식에 의한다.
㉱ 상치신호기 또는 임시신호기와 수신호가 각각 다른 신호를 현시한 때에는 그 운전을 최대로 제한하는 신호의 현시에 의하여야 한다.

정답 117 ㉱ 118 ㉰

119 철도차량운전규칙상 상치신호기 또는 임시신호기와 수신호가 각각 다른 신호를 현시한 경우 신호기 고장통보를 받지 못한 경우의 운전취급방법으로 옳은 것은?

㉮ 상치신호기의 신호현시를 따른다.
㉯ 그 운전을 최대로 제한하는 신호의 현시에 따른다.
㉰ 일단 정차 후 주의운전으로 운행한다.
㉱ 진입선로에 이상이 없음을 확인할 수 있을 시는 진행수신호에 따른다.

120 다음은 철도차량운전규칙상 상치신호기에 대한 설명이다. 옳지 않은 것은?

㉮ 상치신호기는 일정한 장소에서 색등 또는 등열에 의하여 열차 또는 차량의 운전조건을 지시하는 신호기를 말한다.
㉯ 상치신호기의 종류는 주신호기, 종속신호기, 신호부속기가 있다.
㉰ 주신호기에는 장내신호기, 출발신호기, 폐색신호기, 엄호신호기, 유도신호기, 입환신호기가 있다.
㉱ 종속신호기에는 원방신호기, 통과신호기, 입환신호기, 차내신호기가 있다.

> 해설 **상치신호기의 종류**(철도차량운전규칙 제82조)
> 1. 주신호기 : 가. 장내신호기, 나. 출발신호기, 다. 폐색신호기, 라. 엄호신호기, 마. 유도신호기, 바. 입환신호기
> 2. 종속신호기 : 가. 원방신호기, 나. 통과신호기, 다. 중계신호기
> 3. 신호부속기 : 가. 진로표시기, 나. 진로예고기, 다. 진로개통표시기

121 철도차량운전규칙의 상치신호기의 종류 중 주신호기에 속하지 않는 것은?

㉮ 장내신호기   ㉯ 엄호신호기   ㉰ 입환신호기   ㉱ 중계신호기

122 철도차량운전규칙에서 상치신호기 중 주신호기가 아닌 것은?

㉮ 폐색신호기   ㉯ 통과신호기   ㉰ 유도신호기   ㉱ 엄호신호기

정답 119 ㉯ 120 ㉱ 121 ㉱ 122 ㉯

123 철도차량운전규칙에서 특히 방호를 요하는 지점을 통과하려는 열차에 대하여 신호를 현시하는 신호기는?

㉮ 장내신호기　　㉯ 엄호신호기　　㉰ 유도신호기　　㉱ 원방신호기

124 철도차량운전규칙에서 상치신호기 중 종속신호기는?

㉮ 입환신호기　　㉯ 원방신호기　　㉰ 유도신호기　　㉱ 엄호신호기

125 철도차량운전규칙에서 상치신호기 중 종속신호기가 아닌 것은?

㉮ 중계신호기　　㉯ 원방신호기　　㉰ 입환신호기　　㉱ 통과신호기

126 철도차량운전규칙에 정한 상치신호기 중 신호부속기가 아닌 것은?

㉮ 진로예고기　　㉯ 진로중계기　　㉰ 진로개통표시기　　㉱ 진로표시기

해설 **신호부속기**(철도차량운전규칙 제82조 제3호)
　가. 진로표시기 : 장내신호기·출발신호기·진로개통표시기 및 입환신호기에 부속하여 열차 또는 차량에 대하여 그 진로를 표시하는 것
　나. 진로예고기 : 장내신호기·출발신호기에 종속하여 다음 장내신호기 또는 출발신호기에 현시하는 진로를 열차에 대하여 예고하는 것
　다. 진로개통표시기 : 차내신호기를 사용하는 본 선로의 분기부에 설치하여 진로의 개통상태를 표시하는 것

127 철도차량운전규칙에서 차내신호기를 사용하는 본 선로의 분기부에 설치하여 진로의 개통상태를 표시하는 신호부속기는?

㉮ 진로개통표시기　　㉯ 진로표시기
㉰ 진로예고기　　㉱ 진로선별등

정답 123 ㉯　124 ㉯　125 ㉰　126 ㉯　127 ㉮

128 철도차량운전규칙상 다음 신호의 종류 중 차내신호(ADU)의 종류에 없는 것은?

㉮ 진행신호　　㉯ 절대신호　　㉰ 15신호　　㉱ 야드신호

> **해설**　**차내신호**(철도차량운전규칙 제83조)
> 차내신호의 종류 및 그 제한속도는 다음 각 호와 같다.
> 1. 정지신호 : 열차운행에 지장이 있는 구간으로 운행하는 열차에 대하여 정지하도록 하는 것
> 2. 15신호 : 정지신호에 의하여 정지한 열차에 대한 신호로서 1시간에 15킬로미터 이하의 속도로 운전하게 하는 것
> 3. 야드신호 : 입환차량에 대한 신호로서 1시간에 25킬로미터 이하의 속도로 운전하게 하는 것
> 4. 진행신호 : 열차를 지정된 속도 이하로 운전하게 하는 것

129 철도차량운전규칙상 상치신호기는 일정한 장소에서 색등 또는 등열에 의하여 열차 또는 차량의 운전조건을 지시하는 신호기를 말하는데 종류의 용도 설명으로 옳지 않은 것은?

㉮ 엄호신호기 : 특히 방호를 요하는 지점을 통과하려는 열차에 대하여 신호를 현시하는 것

㉯ 원방신호기 : 장내신호기·출발신호기·폐색신호기 및 엄호신호기에 종속하여 열차에 주 신호기가 현시하는 신호의 예고 신호를 현시하는 것

㉰ 중계신호기 : 장내신호기·출발신호기·폐색신호기 및 엄호신호기에 종속하여 열차에 주 신호기가 현시하는 신호의 중계 신호를 현시하는 것

㉱ 입환신호기 : 입환차량 또는 상용폐색방식을 시행하는 구간의 열차에 대하여 신호를 현시하는 것

130 철도차량운전규칙상 차내신호의 종류와 제한속도에 대한 설명으로 옳지 않은 것은?

㉮ 정지신호 : 열차운행에 지장이 있는 구간으로 운행하는 열차에 대하여 정지하도록 하는 것

㉯ 야드신호 : 입환차량에 대한 신호로서 1시간에 25킬로미터 이하의 속도로 운전하게 하는 것

㉰ 15신호 : 정지신호에 의하여 정지한 열차에 대한 신호로서 1시간에 15킬로미터 이하의 속도로 운전하게 하는 것

㉱ 감속신호 : 열차를 1시간에 10킬로미터 이하의 속도로 운전하게 하는 것

정답　128 ㉯　129 ㉱　130 ㉱

131 철도차량운전규칙상 차내신호의 종류에 해당되지 않는 것은?

㉮ 진행신호　　㉯ 야드신호　　㉰ 15신호　　㉱ 주의신호

132 다음은 철도차량운전규칙상 차내신호기의 신호현시방식에 대한 설명이다. 옳지 않은 것은?

㉮ 정지신호 - 적색 사각형등 점등
㉯ 15신호 - 적색 사각등 점등("15" 지시)
㉰ 야드신호 - 노란색 직사각형등과 적색 원형등(25등신호) 점등
㉱ 진행신호 - 적색 원형등(해당 신호등) 점등

133 철도차량운전규칙상 차내신호기 신호현시방식에 대한 설명 중 옳지 않은 것은?

㉮ 정지신호 - 적색 사각형등 점등
㉯ 15신호 - 적색 원형등 점등("15" 지시)
㉰ 야드신호 - 적색 직사각형등과 적색 원형등(25등 신호) 점등
㉱ 진행신호 - 적색 원형등(해당 신호등) 점등

해설　**신호현시방식**(철도차량운전규칙 제84조)

종류	현시방식
정지신호	적색 사각형등 점등
15신호	적색 원형등 점등("15" 지시)
야드신호	노란색 직사각형등과 적색 원형등(25등 신호) 점등
진행신호	적색 원형등(해당 신호등) 점등

134 철도차량운전규칙상 차내신호기에 적색 사각형등 점등 시의 운전취급 방법으로 옳은 것은?

㉮ 차량을 정지
㉯ 15킬로미터 이하로 진입
㉰ 25킬로미터 이하로 진입
㉱ 차량을 진행

정답　131 ㉱　132 ㉯　133 ㉰　134 ㉮

135 다음은 철도차량운전규칙에서 5현시 신호현시방식에 대한 내용이다. 옳지 않은 것은?

㉮ 경계신호 : (상위 : 등황색등, 하위 : 등황색등)
㉯ 주의신호 : (상위 : 녹색등, 하위 : 등황색등)
㉰ 감속신호 : (상위 : 등황색등, 하위 : 녹색등)
㉱ 진행신호 : (녹색등)

136 다음은 철도차량운전규칙에서 차내신호 신호현시방식에 대한 내용이다. 옳지 않은 것은?

㉮ 야드신호는 노란색 직사각형등과 적색 원형등(25등 신호) 점등
㉯ 진행신호는 녹색 원형등(해당 신호등) 점등
㉰ 15신호는 적색 원형등("15"지시) 점등
㉱ 정지신호는 적색 사각형등 점등

137 철도차량운전규칙상 상치신호기의 현시방식 중 5현시 출발신호기의 주의신호 현시방식은?

㉮ 적색등   ㉯ 청색등   ㉰ 등황색등   ㉱ 녹색등

138 철도차량운전규칙상 상치신호기의 현시방식 중 입환신호기의 차내신호폐색구간에서 진행신호 현시방식은?

㉮ 적색등   ㉯ 청색등   ㉰ 등황색등   ㉱ 녹색등

139 철도차량운전규칙상 상치신호기의 현시방식 중 유도신호기(등열식)의 현시방식은?

㉮ 백색등열 좌·하향 45도   ㉯ 무유도등 점등
㉰ 등황색등   ㉱ 무유도등 소등

정답 135 ㉯ 136 ㉰ 137 ㉰ 138 ㉰ 139 ㉮

140 철도차량운전규칙에서 별도의 작동이 없는 상태에서 상치신호기의 신호현시의 기본원칙으로 옳지 않은 것은?

㉮ 차내신호기 : 진행신호　　㉯ 단선자동폐색신호기 : 진행신호
㉰ 원방신호기 : 주의신호　　㉱ 반자동폐색신호기(복선) : 진행신호

> **해설** **신호현시의 정위**(철도차량운전규칙 제85조)
> ① 별도의 작동이 없는 상태에서의 상치신호기의 기본원칙은 다음 각 호와 같다.
>   1. 장내신호기 : 정지신호
>   2. 출발신호기 : 정지신호
>   3. 폐색신호기(자동폐색신호기를 제외한다) : 정지신호
>   4. 엄호신호기 : 정지신호
>   5. 유도신호기 : 신호를 현시하지 아니한다.
>   6. 입환신호기 : 정지신호
>   7. 원방신호기 : 주의신호
> ② 자동폐색신호기 및 반자동폐색신호기는 진행을 지시하는 신호를 현시함을 기본으로 한다. 다만, 단선구간의 경우에는 정지신호를 현시함을 기본으로 한다.
> ③ 차내신호는 진행신호를 현시함을 기본으로 한다.

141 다음은 철도차량운전규칙상 별도의 작동이 없는 상태에서 상치신호기의 신호현시의 기본원칙 대한 설명이다. 옳지 않은 것은?

㉮ 장내신호기 : 정지신호
㉯ 엄호신호기 : 주의신호
㉰ 폐색신호기(자동폐색신호기를 제외한다) : 정지신호
㉱ 유도신호기 : 신호를 현시하지 아니한다.

142 철도차량운전규칙상 상치신호기의 기본원칙에서 정지신호가 정위인 신호기로 옳지 않은 것은?

㉮ 입환신호기　　㉯ 엄호신호기
㉰ 장내신호기　　㉱ 원방신호기

143 철도차량운전규칙상 상치신호기의 기본원칙에서 신호를 현시하지 않는 신호기는?

㉮ 폐색신호기　　㉯ 엄호신호기
㉰ 장내신호기　　㉱ 유도신호기

정답 140 ㉯　141 ㉯　142 ㉱　143 ㉱

144 철도차량운전규칙상 상치신호기 중 진행신호를 현시함을 기본원칙으로 하는 신호기는?

㉮ 출발신호기
㉯ 차내신호기
㉰ 입환신호기
㉱ 단선구간에서의 자동폐색신호기

145 철도차량운전규칙에서 정하고 있는 철도신호에 대한 내용 중 옳지 않은 것은?

㉮ 상치신호기의 현시를 후면에서 식별할 필요가 있는 경우에는 배면광을 설비하여야 한다.
㉯ 기둥 하나에 같은 종류의 신호 2 이상을 현시할 때에는 맨 위에 있는 것을 맨 왼쪽의 선로에 대한 것으로 하고, 순차적으로 오른쪽의 선로에 대한 것으로 한다.
㉰ 원방신호기는 그 주된 신호기가 진행신호를 현시하거나, 3위식 신호기는 그 신호기의 배면쪽 제1의 신호기에 주의 또는 진행신호를 현시하기 전에 이에 앞서 진행신호를 현시할 수 없다.
㉱ 열차가 상치신호기의 설치지점을 통과한 때에는 그 지점을 통과한 때마다 유도신호기는 신호를 현시하지 아니하며 원방신호기는 주의신호를, 그 밖의 신호기는 진행신호를 현시하여야 한다.

> **해설**　**배면광 설비**(철도차량운전규칙 제86조)
> 상치신호기의 현시를 후면에서 식별할 필요가 있는 경우에는 배면광(背面光)을 설비하여야 한다.
> **신호의 배열**(철도차량운전규칙 제87조)
> 기둥 하나에 같은 종류의 신호 2 이상을 현시할 때에는 맨 위에 있는 것을 맨 왼쪽의 선로에 대한 것으로 하고, 순차적으로 오른쪽의 선로에 대한 것으로 한다.
> **신호현시의 순위**(철도차량운전규칙 제88조)
> 원방신호기는 그 주된 신호기가 진행신호를 현시하거나, 3위식 신호기는 그 신호기의 배면쪽 제1의 신호기에 주의 또는 진행신호를 현시하기 전에 이에 앞서 진행신호를 현시할 수 없다.
> **신호의 복위**(철도차량운전규칙 제89조)
> 열차가 상치신호기의 설치지점을 통과한 때에는 그 지점을 통과한 때마다 유도신호기는 신호를 현시하지 아니하며 원방신호기는 주의신호를, 그 밖의 신호기는 정지신호를 현시하여야 한다.

146 철도차량운전규칙상 동일한 신호기 기둥 하나에 여러 개의 신호가 설치되어 있을 경우 그 중 맨 위의 신호에 진행을 지시하는 신호가 현시되었을 경우 진입하여야 할 선로는?

㉮ 맨 왼쪽의 선로
㉯ 맨 오른쪽의 선로
㉰ 가장 중요한 본선로
㉱ 가운데 선로

정답　144 ㉯　145 ㉱　146 ㉮

147 철도차량운전규칙상 선로의 상태가 일시 정상운전을 할 수 없는 상태인 경우에는 그 구역의 바깥쪽에 임시신호기를 설치하여야 하는데 그 종류로 옳지 않은 것은?

㉮ 서행발리스(Balise) ㉯ 서행진행신호기
㉰ 서행예고신호기 ㉱ 서행해제신호기

해설　**임시신호기의 종류**(철도차량운전규칙 제91조)
임시신호기의 종류와 용도는 다음 각 호와 같다.
1. 서행신호기 : 서행운전할 필요가 있는 구간에 진입하려는 열차 또는 차량에 대하여 당해 구간을 서행할 것을 지시하는 것
2. 서행예고신호기 : 서행신호기를 향하여 진행하려는 열차에 대하여 그 전방에 서행신호의 현시 있음을 예고하는 것
3. 서행해제신호기 : 서행구역을 진출하려는 열차에 대하여 서행을 해제할 것을 지시하는 것
4. 서행발리스(Balise) : 서행운전할 필요가 있는 구간의 전방에 설치하는 송·수신용 안테나로 지상 정보를 열차로 보내 자동으로 열차의 감속을 유도하는 것

148 철도차량운전규칙상 임시신호기에 대한 설명으로 옳지 않은 것은?

㉮ 선로의 상태가 일시 정상운전을 할 수 없을 때 임시신호기를 설치한다.
㉯ 야간의 서행신호의 현시는 등황색등으로 한다.
㉰ 주간의 서행예고신호의 현시는 흑색삼각형 3개를 그린 백색삼각형으로 한다.
㉱ 서행신호기 및 서행예고신호기는 제한속도를 표시하여야 한다.

해설　**신호현시방식**(철도차량운전규칙 제92조 제2항)
서행신호기 및 서행예고신호기에는 서행속도를 표시하여야 한다.

149 철도차량운전규칙상 임시신호기 중 서행예고신호의 야간신호 현시방식으로 옳은 것은?

㉮ 황색삼각형 3개를 그린 백색등 현시
㉯ 흑색삼각형 3개를 그린 백색등 현시
㉰ 등황색등 현시
㉱ 백색삼각형 3개를 그린 황색등 현시

해설　① 임시신호기의 신호현시방식은 다음과 같다.
1. 서행신호 : 주간(백색테두리를 한 등황색 원판), 야간(등황색등 또는 반사재)
2. 서행예고신호 : 주간(흑색삼각형 3개를 그린 백색삼각형), 야간(흑색삼각형 3개를 그린 백색등 또는 반사재)
3. 서행해제신호 : 주간(백색테두리를 한 녹색 원판), 야간(녹색등 또는 반사재)
② 서행신호기 및 서행예고신호기에는 서행속도를 표시하여야 한다.

정답　147 ㉯　148 ㉱　149 ㉯

150 철도차량운전규칙에 의거 임시신호기의 신호현시방식에 관한 설명으로 옳은 것은?

㉮ 주간의 서행신호는 녹색테두리를 한 등황색 원판을 현시한다.
㉯ 야간의 서행예고신호는 흑색삼각형 3개를 그린 황색등을 현시한다.
㉰ 주간의 서행해제신호는 백색테두리를 한 녹색 원판을 현시한다.
㉱ 서행신호기에는 서행속도를 표시하여야 하지만 서행예고신호기에는 표시하지 않는다.

151 철도차량운전규칙상 신호기를 설치하지 아니하거나 이를 사용하지 못하는 경우에 수신호를 하여야 하는데 다음 중 주간 정지신호 현시방식으로 옳은 것은?

㉮ 적색기. 다만, 적색기가 없을 때에는 양팔을 높이 들거나 또는 녹색기 외의 것을 급히 흔든다.
㉯ 적색기와 녹색기를 모아쥐고 머리 위에 높이 교차한다.
㉰ 녹색기. 다만, 녹색기가 없을 때는 한 팔을 높이 든다.
㉱ 적색기와 녹색기를 머리 위에 높이 교차한다.

> **해설** **수신호의 현시방법**(철도차량운전규칙 제93조)
> 신호기를 설치하지 아니하거나 이를 사용하지 못하는 경우에 사용하는 수신호는 다음 각 호와 같이 현시한다.
> 1. 정지신호
>   가. 주간 : 적색기. 다만, 적색기가 없을 때에는 양팔을 높이 들거나 또는 녹색기 외의 것을 급히 흔든다.
>   나. 야간 : 적색등. 다만, 적색등이 없을 때에는 녹색등 외의 것을 급히 흔든다.
> 2. 서행신호
>   가. 주간 : 적색기와 녹색기를 모아쥐고 머리 위에 높이 교차한다.
>   나. 야간 : 깜박이는 녹색등
> 3. 진행신호
>   가. 주간 : 녹색기. 다만, 녹색기가 없을 때는 한 팔을 높이 든다.
>   나. 야간 : 녹색등

152 철도차량운전규칙상 야간에 깜박이는 녹색등을 현시하는 수신호는 무엇인가?

㉮ 정지신호　㉯ 서행신호　㉰ 진행신호　㉱ 비상신호

153 철도차량운전규칙상 적색기와 녹색기를 모아쥐고 머리 위에 높이 교차하는 수신호는?

㉮ 주간의 정지신호　　　㉯ 주간의 진행신호
㉰ 주간의 서행신호　　　㉱ 주간의 비상신호

정답　150 ㉰　151 ㉮　152 ㉯　153 ㉰

154 다음은 철도차량운전규칙에서 수신호 방식에 대한 내용이다. 옳지 않은 것은?

㉮ 정지신호(주간) : 적색기. 다만, 적색기가 없을 때에는 양팔을 높이 들거나 또는 녹색기 외의 것을 급히 흔든다.
㉯ 정지신호(야간) : 적색등. 다만, 적색등이 없을 때에는 녹색등 외의 것을 급히 흔든다.
㉰ 진행신호(주간) : 녹색기. 다만, 녹색기가 없을 때는 한 팔을 높이 든다.
㉱ 서행신호(야간) : 깜박이는 적색등

155 철도차량운전규칙상 적색등도 녹색등도 아닌 다른 색의 등을 급히 흔들었다면 이러한 수신호는?

㉮ 야간의 정지신호 ㉯ 야간의 서행신호
㉰ 야간의 비상신호 ㉱ 주간의 비상신호

156 철도차량운전규칙상 선로에서의 정상 운행이 어려워 열차를 정지하거나 서행시켜야 하는 경우로서 임시신호기를 설치할 수 없을 때의 조치 사항으로 옳은 것은?

㉮ 열차를 정지시켜야 하는 경우에 철도사고 등이 발생한 지점으로부터 300미터 이상의 앞 지점에 정지수신호를 현시할 것
㉯ 열차 고장으로 인하여 도중에 열차가 정지하여 다른 열차를 정지시켜야 할 경우에는 이에 대한 폭음신호·정지수신호 등 상당한 방호조치를 할 것
㉰ 열차를 서행시켜야 하는 경우에는 서행구역의 시작지점에서 서행수신호를 현시하고 서행구역이 끝나는 지점에서 진행수신호를 현시할 것
㉱ 수신호를 미리 통고하지 못한 때에는 서행수신호를 현시한 지점의 외방으로부터 상당한 거리에 신호뇌관을 장치할 것

> **해설** **선로에서 정상 운행이 어려운 경우의 조치(철도차량운전규칙 제94조)**
> 선로에서 정상적인 운행이 어려워 열차를 정지하거나 서행시켜야 하는 경우로서 임시신호기를 설치할 수 없는 경우에는 다음 각 호의 구분에 따른 조치를 해야 한다. 다만, 열차의 무선전화로 열차를 정지하거나 서행시키는 조치를 한 경우에는 다음 각 호의 구분에 따른 조치를 생략할 수 있다.
> 1. 열차를 정지시켜야 하는 경우 : 철도사고 등이 발생한 지점으로부터 200미터 이상의 앞 지점에서 정지수신호를 현시할 것
> 2. 열차를 서행시켜야 하는 경우 : 서행구역의 시작지점에서 서행수신호를 현시하고 서행구역이 끝나는 지점에서 진행수신호를 현시할 것

정답 154 ㉱ 155 ㉮ 156 ㉰

157 철도차량운전규칙상 선로에서의 정상 운행이 어려워 열차를 정지하거나 서행시켜야 하는 경우 중 임시신호기를 설치할 수 없을 때 조치 중 옳은 것은?

㉮ 열차를 서행시켜야 하는 경우 - 서행구역의 시작지점에 진행수신호를 현시하고 서행구역이 끝나는 지점에 정지수신호를 현시할 것

㉯ 열차를 서행시켜야 하는 경우 - 신호를 미리 통고하지 못한 때에는 서행수신호를 현시한 지점의 외방으로부터 상당한 거리에 신호뇌관을 장치할 것

㉰ 열차를 정지시켜야 하는 경우 - 철도사고 등이 발생한 지점으로부터 200미터 이상의 앞 지점에서 정지수신호를 현시할 것

㉱ 열차를 정지시켜야 하는 경우 - 열차 고장으로 인하여 도중에 열차가 정지하여 다른 열차를 정지시켜야 할 경우에는 이에 대한 폭음신호・정지수신호 등 상당한 방호조치를 할 것

158 철도차량규칙에서 선로에서의 정상 운행이 어려워 열차를 정지하거나 서행시켜야 하는 경우로서 임시신호기를 설치할 수 없을 때에는 조치를 하여야 한다. 정지시켜야 하는 경우 철도사고 등이 발생한 지점 몇 미터 이상의 앞지점에 정지수신호를 현시하여야 하나?

㉮ 100미터 ㉯ 200미터
㉰ 300미터 ㉱ 400미터

> **해설** 선로에서 정상 운행이 어려운 경우의 조치(철도차량운전규칙 제94조)
> 선로에서 정상적인 운행이 어려워 열차를 정지하거나 서행시켜야 하는 경우로서 임시신호기를 설치할 수 없는 경우에는 다음 각호의 구분에 따른 조치를 해야 한다. 다만, 열차의 무선전화로 열차를 정지하거나 서행시키는 조치를 한 경우에는 다음 각 호의 구분에 따른 조치를 생략할 수 있다.
> 1. 열차를 정지시켜야 하는 경우 : 철도사고 등이 발생한 지점으로부터 200미터 이상의 앞 지점에서 정지수신호를 현시할 것
> 2. 열차를 서행시켜야 하는 경우 : 서행구역의 시작지점에서 서행수신호를 현시하고 서행구역이 끝나는 지점에서 진행수신호를 현시할 것

정답 157 ㉰ 158 ㉯

159 철도차량운전규칙상 무선전화를 사용하여 입환전호를 할 수 있는 경우로 옳지 않은 것은?

㉮ 무인역 또는 1인이 근무하는 역에서 입환하는 경우
㉯ 2인이 승무하는 동력차로 입환하는 경우
㉰ 신호를 원격으로 제어하여 단순히 선로를 변경하기 위하여 입환하는 경우
㉱ 지형 및 선로여건 등을 고려할 때 입환전호하는 작업자를 배치하기가 어려운 경우

해설 입환전호 방법(철도차량운전규칙 제101조)
② 제1항에도 불구하고 다음 각 호의 어느 하나에 해당하는 경우에는 무선전화를 사용하여 입환전호를 할 수 있다.
1. 무인역 또는 1인이 근무하는 역에서 입환하는 경우
2. 1인이 승무하는 동력차로 입환하는 경우
3. 신호를 원격으로 제어하여 단순히 선로를 변경하기 위하여 입환하는 경우
4. 지형 및 선로여건 등을 고려할 때 입환전호하는 작업자를 배치하기가 어려운 경우
5. 원격제어가 가능한 장치를 사용하여 입환 전호를 할 수 있다. 〈신설〉

160 철도차량운전규칙상 임시신호기에 해당되지 않는 것은?

㉮ 서행신호기 ㉯ 서행예고신호기
㉰ 서행발리스 ㉱ 서행정지신호

161 철도차량운전규칙에 정한 철도신호의 설명으로 옳지 않은 것은?

㉮ 자동폐색신호기 및 반자동폐색신호기는 진행을 지시하는 신호를 현시함을 기본으로 한다. 다만, 단선구간의 경우에는 정지신호를 현시함을 기본으로 한다.
㉯ 차내신호의 종류에는 정지신호, 야드신호, 25신호, 진행신호가 있다.
㉰ 선로의 상태가 일시 정상운전을 할 수 없는 상태인 경우에는 그 구역의 바깥쪽에 임시신호기를 설치하여야 한다.
㉱ 열차가 상치신호기의 설치지점을 통과한 때에는 그 지점을 통과한 때마다 유도신호기는 신호를 현시하지 아니하며 원방신호기는 주의신호를, 그 밖의 신호기는 정지신호를 현시하여야 한다.

정답 159 ㉯ 160 ㉱ 161 ㉯

162 철도차량운전규칙상 전호현시에 대한 설명으로 옳지 않은 것은?

㉮ 열차 또는 차량에 대한 전호는 전호기로 현시해야 하나, 전호기가 설치되어 있지 아니하거나 고장이 난 경우에는 수전호로 현시할 수 있다.
㉯ 기관사가 기적전호를 하였다면 위험을 경고하는 경우나 비상사태가 발생한 경우이다.
㉰ 입환전호를 하는 경우 부득히 한 팔을 좌우로 움직임으로써 이를 대신하였다면 가거라전호의 현시이다.
㉱ 입환전호를 하는 경우 부득이 두 팔을 높이 들어 이를 대신하였다면 정지전호의 현시이다.

163 다음 중 철도차량운전규칙에 정한 입환전호방식으로 옳지 않은 것은?

㉮ 오너라전호
㉯ 가거라전호
㉰ 정지전호
㉱ 기적전호

> **해설 입환전호방식**(철도차량운전규칙 제101조)
> 입환작업자(기관사를 포함한다)는 서로 육안으로 확인할 수 있도록 다음 각 호의 방법으로 입환전호하여야 한다.
> 1. 오너라전호
>   가. 주간 : 녹색기를 좌·우로 흔든다. 다만, 부득이한 경우에는 한 팔을 좌우로 움직임으로써 이를 대신할 수 있다.
>   나. 야간 : 녹색등을 좌·우로 흔든다.
> 2. 가거라전호
>   가. 주간 : 녹색기를 위·아래로 흔든다. 다만, 부득이한 경우에는 한 팔을 위·아래로 움직임으로써 이를 대신할 수 있다.
>   나. 야간 : 녹색등을 위·아래로 흔든다.
> 3. 정지전호
>   가. 주간 : 적색기. 다만, 부득이한 경우에는 두 팔을 높이 들어 이를 대신할 수 있다.
>   나. 야간 : 적색등

164 철도차량운전규칙상 입환전호방식의 연결로 옳지 않은 것은?

㉮ 오너라전호 - 주간 : 녹색기 좌우로 흔든다, 야간 : 녹색등 좌우로 흔든다.
㉯ 가거라전호 - 주간 : 두 팔을 위·아래로 움직임, 야간 : 녹색등 위·아래로 흔든다.
㉰ 정지전호 - 주간 : 두 팔을 높이 든다, 야간 : 적색등
㉱ 오너라전호 - 주간 : 한 팔을 좌우로 움직임, 야간 : 녹색등 좌우로 흔든다.

정답 162 ㉰ 163 ㉱ 164 ㉯

165 철도차량운전규칙상 작업전호의 방식에 의하는 경우가 아닌 것은?

㉮ 여객 또는 화물의 취급을 위하여 정지위치를 지시할 때

㉯ 검사·수선연결 또는 해방을 하는 경우에 당해 차량의 이동을 금지시킬 때

㉰ 열차의 관통제동기의 시험을 할 때

㉱ 관제업무종사자와 선로전환기취급 직원간에 선로전환기의 취급에 관한 연락을 할 때

해설 **작업전호**(철도차량운전규칙 제102조)
다음 각 호의 어느 하나에 해당하는 때에는 전호의 방식을 정하여 그 전호에 따라 작업을 하여야 한다.
1. 여객 또는 화물의 취급을 위하여 정지위치를 지시할 때
2. 퇴행 또는 추진운전시 열차의 맨 앞 차량에 승무한 직원이 철도차량운전자에 대하여 운전상 필요한 연락을 할 때
3. 검사·수선연결 또는 해방을 하는 경우에 당해 차량의 이동을 금지시킬 때
4. 신호기 취급직원 또는 입환전호를 하는 직원과 선로전환기취급 직원간에 선로전환기의 취급에 관한 연락을 할 때
5. 열차의 관통제동기의 시험을 할 때

166 철도차량운전규칙상 '표지'에 대한 설명으로 옳지 않은 것은?

㉮ 열차는 표지를 게시하여야 한다.

㉯ 열차의 안전운전을 위하여 안전표지를 설치하여야 한다.

㉰ 차량의 안전운전을 위하여 안전표지를 설치하여야 한다.

㉱ 입환 승인 동력차는 표지를 게시하지 않아도 된다.

해설 **열차의 표지**(철도차량운전규칙 제103조)
열차 또는 입환 중인 동력차는 표지를 게시하여야 한다.
안전표지(철도차량운전규칙 제104조)
열차 또는 차량의 안전운전을 위하여 안전표지를 설치하여야 한다.

정답 165 ㉱ 166 ㉱

제 3 편

철도관련법 | **도시철도운전규칙**

제1장 총 칙

제2장 선로 및 설비의 보전

제3장 열차 등의 보전

제4장 운 전

제5장 폐색방식

제6장 신 호

예상문제

제3편 도시철도운전규칙

[시행 2021.8.27] [국토교통부령 제882호, 2021.8.27, 타법개정]

제1장 총칙

제1조(목적)
이 규칙은 「도시철도법」 제18조에 따라 도시철도의 운전과 차량 및 시설의 유지·보전에 필요한 사항을 정하여 도시철도의 안전운전을 도모함을 목적으로 한다.

제2조(적용범위)
도시철도의 운전에 관하여 이 규칙에서 정하지 아니한 사항이나 도시교통권역별로 서로 다른 사항은 법령의 범위에서 도시철도운영자가 따로 정할 수 있다.

제3조(정의)
이 규칙에서 사용하는 용어의 뜻은 다음과 같다.
1. "정거장"이란 여객의 승차·하차, 열차의 편성, 차량의 입환(入換) 등을 위한 장소를 말한다.
2. "선로"란 궤도 및 이를 지지하는 인공구조물을 말하며, 열차의 운전에 상용(常用)되는 본선(本線)과 그 외의 측선(側線)으로 구분된다.
3. "열차"란 본선에서 운전할 목적으로 편성되어 열차번호를 부여받은 차량을 말한다.
4. "차량"이란 선로에서 운전하는 열차 외의 전동차·궤도시험차·전기시험차 등을 말한다.
5. "운전보안장치"란 열차 및 차량(이하 "열차 등"이라 한다)의 안전운전을 확보하기 위한 장치로서 폐색장치, 신호장치, 연동장치, 선로전환장치, 경보장치, 열차자동정지장치, 열차자동제어장치, 열차자동운전장치, 열차종합제어장치 등을 말한다.
6. "폐색(閉塞)"이란 선로의 일정구간에 둘 이상의 열차를 동시에 운전시키지 아니하는 것을 말한다.

7. "전차선로"란 전차선 및 이를 지지하는 인공구조물을 말한다.
8. "운전사고"란 열차 등의 운전으로 인하여 사상자(死傷者)가 발생하거나 도시철도시설이 파손된 것을 말한다.
9. "운전장애"란 열차 등의 운전으로 인하여 그 열차 등의 운전에 지장을 주는 것 중 운전사고에 해당하지 아니하는 것을 말한다.
10. "노면전차"란 도로면의 궤도를 이용하여 운행되는 열차를 말한다.
11. "무인운전"이란 사람이 열차 안에서 직접 운전하지 아니하고 관제실에서의 원격조종에 따라 열차가 자동으로 운행되는 방식을 말한다.
12. "시계운전(視界運轉)"이란 사람의 맨눈에 의존하여 운전하는 것을 말한다.

제4조(직원 교육)

① 도시철도운영자는 도시철도의 안전과 관련된 업무에 종사하는 직원에 대하여 적성검사와 정해진 교육을 하여 도시철도 운전 지식과 기능을 습득한 것을 확인한 후 그 업무에 종사하도록 하여야 한다. 다만, 해당 업무와 관련이 있는 자격을 갖춘 사람에 대해서는 적성검사나 교육의 전부 또는 일부를 면제할 수 있다.

② 도시철도운영자는 소속직원의 자질 향상을 위하여 적절한 국내연수 또는 국외연수 교육을 실시할 수 있다.

제5조(안전조치 및 유지·보수 등)

① 도시철도운영자는 열차 등을 안전하게 운전할 수 있도록 필요한 조치를 하여야 한다.
② 도시철도운영자는 재해를 예방하고 안전성을 확보하기 위하여 「시설물의 안전 및 유지관리에 관한 특별법」에 따라 도시철도시설의 안전점검 등 안전조치를 하여야 한다.

제6조(응급복구용 기구 및 자재 등의 정비)

도시철도운영자는 차량, 선로, 전력설비, 운전보안장치, 그 밖에 열차운전을 위한 시설에 재해·고장·운전사고 또는 운전장애가 발생할 경우에 대비하여 응급복구에 필요한 기구 및 자재를 항상 적당한 장소에 보관하고 정비하여야 한다.

제7조 삭제 〈2006. 6. 21.〉

제8조(안전운전계획의 수립 등)

도시철도운영자는 안전운전과 이용승객의 편의 증진을 위하여 장기·단기계획을 수립하여 시행하여야 한다.

제9조(신설구간 등에서의 시험운전)

도시철도운영자는 선로·전차선로 또는 운전보안장치를 신설·이설(移設) 또는 개조한 경우 그 설치상태 또는 운전체계의 점검과 종사자의 업무 숙달을 위하여 정상운전을 하기 전에 60일 이상 시험운전을 하여야 한다. 다만, 이미 운영하고 있는 구간을 확장·이설 또는 개조한 경우에는 관계 전문가의 안전진단을 거쳐 시험운전 기간을 줄일 수 있다.

제2장 선로 및 설비의 보전

제1절 선 로

제10조(선로의 보전)

선로는 열차 등이 도시철도운영자가 정하는 속도(이하 "지정속도"라 한다)로 안전하게 운전할 수 있는 상태로 보전(保全)하여야 한다.

제11조(선로의 점검·정비)

① 선로는 매일 한 번 이상 순회점검 하여야 하며, 필요한 경우에는 정비하여야 한다.
② 선로는 정기적으로 안전점검을 하여 안전운전에 지장이 없도록 유지·보수하여야 한다.

제12조(공사 후의 선로 사용)

선로를 신설·개조 또는 이설하거나 일시적으로 사용을 중지한 경우에는 이를 검사하고 시험운전을 하기 전에는 사용할 수 없다. 다만, 경미한 정도의 개조를 한 경우에는 그러하지 아니하다.

제2절 전력설비

제13조(전력설비의 보전)

전력설비는 열차 등이 지정속도로 안전하게 운전할 수 있는 상태로 보전하여야 한다.

제14조(전차선로의 점검)

전차선로는 매일 한 번 이상 순회점검을 하여야 한다.

제15조(전력설비의 검사)

전력설비의 각 부분은 도시철도운영자가 정하는 주기에 따라 검사를 하고 안전운전에 지장이 없도록 정비하여야 한다.

제16조(공사 후의 전력설비 사용)

전력설비를 신설·이설·개조 또는 수리하거나 일시적으로 사용을 중지한 경우에는 이를 검사하고 시험운전을 하기 전에는 사용할 수 없다. 다만, 경미한 정도의 개조 또는 수리를 한 경우에는 그러하지 아니하다.

제3절 통신설비

제17조(통신설비의 보전)

통신설비는 항상 통신할 수 있는 상태로 보전하여야 한다.

제18조(통신설비의 검사 및 사용)

① 통신설비의 각 부분은 일정한 주기에 따라 검사를 하고 안전운전에 지장이 없도록 정비하여야 한다.
② 신설·이설·개조 또는 수리한 통신설비는 검사하여 기능을 확인하기 전에는 사용할 수 없다.

제4절 운전보안장치

제19조(운전보안장치의 보전)

운전보안장치는 완전한 상태로 보전하여야 한다.

제20조(운전보안장치의 검사 및 사용)

① 운전보안장치의 각 부분은 일정한 주기에 따라 검사를 하고 안전운전에 지장이 없도록 정비하여야 한다.
② 신설·이설·개조 또는 수리한 운전보안장치는 검사하여 기능을 확인하기 전에는 사용할 수 없다.

제5절 건축한계안의 물품유치금지

제21조(물품유치 금지)

차량 운전에 지장이 없도록 궤도상에 설정한 건축한계 안에는 열차 등 외의 다른 물건을 둘 수 없다. 다만, 열차 등을 운전하지 아니하는 시간에 작업을 하는 경우에는 그러하지 아니하다.

제22조(선로 등 검사에 관한 기록보존)

선로·전력설비·통신설비 또는 운전보안장치의 검사를 하였을 때에는 검사자의 성명·검사상태 및 검사일시 등을 기록하여 일정 기간 보존하여야 한다.

제3장 열차 등의 보전

제23조(열차 등의 보전)
열차 등은 안전하게 운전할 수 있는 상태로 보전하여야 한다.

제24조(차량의 검사 및 시험운전)
① 제작·개조·수선 또는 분해검사를 한 차량과 일시적으로 사용을 중지한 차량은 검사하고 시험운전을 하기 전에는 사용할 수 없다. 다만, 경미한 정도의 개조 또는 수선을 한 경우에는 그러하지 아니하다.
② 차량의 각 부분은 일정한 기간 또는 주행거리를 기준으로 하여 그 상태와 작용에 대한 검사와 분해검사를 하여야 한다.
③ 제1항 및 제2항에 따른 검사를 할 때 차량의 전기장치에 대해서는 절연저항시험 및 절연내력시험을 하여야 한다.

제25조(편성차량의 검사)
열차로 편성한 차량의 각 부분은 검사하여 안전운전에 지장이 없도록 하여야 한다.

제26조 삭제 〈2004. 12. 4.〉

제27조(검사 및 시험의 기록)
제24조 및 제25조에 따라 검사 또는 시험을 하였을 때에는 검사 종류, 검사자의 성명, 검사 상태 및 검사일 등을 기록하여 일정 기간 보존하여야 한다.

제4장 운전

제1절 열차의 편성

제28조(열차의 편성)

열차는 차량의 특성 및 선로 구간의 시설 상태 등을 고려하여 안전운전에 지장이 없도록 편성하여야 한다.

제29조(열차의 비상제동거리)

열차의 비상제동거리는 600미터 이하로 하여야 한다.

제30조(열차의 제동장치)

열차에 편성되는 각 차량에는 제동력이 균일하게 작용하고 분리시에 자동으로 정차할 수 있는 제동장치를 구비하여야 한다.

제31조(열차의 제동장치시험)

열차를 편성하거나 편성을 변경할 때에는 운전하기 전에 제동장치의 기능을 시험하여야 한다.

제2절 열차의 운전

제32조(열차 등의 운전)

① 열차 등의 운전은 열차 등의 종류에 따라 「철도안전법」 제10조 제1항에 따른 운전면허를 소지한 사람이 하여야 한다. 다만, 제32조의2에 따른 무인운전의 경우에는 그러하지 아니하다.
② 차량은 열차에 함께 편성되기 전에는 정거장 외의 본선을 운전할 수 없다. 다만, 차량을 결합·해체하거나 차선을 바꾸는 경우 또는 그 밖에 특별한 사유가 있는 경우에는 그러하지 아니하다.

제32조의2(무인운전시의 안전 확보 등)

도시철도운영자가 열차를 무인운전으로 운행하려는 경우에는 다음 각 호의 사항을 준수하여야 한다.

1. 관제실에서 열차의 운행상태를 실시간으로 감시 및 조치할 수 있을 것
2. 열차 내의 간이운전대에는 승객이 임의로 다룰 수 없도록 잠금장치가 설치되어 있을 것
3. 간이운전대의 개방이나 운전 모드(mode)의 변경은 관제실의 사전 승인을 받을 것
4. 운전 모드를 변경하여 수동운전을 하려는 경우에는 관제실과의 통신에 이상이 없음을 먼저 확인할 것
5. 승차·하차 시 승객의 안전 감시나 시스템 고장 등 긴급상황에 대한 신속한 대처를 위하여 필요한 경우에는 열차와 정거장 등에 안전요원을 배치하거나 안전요원이 순회하도록 할 것
6. 무인운전이 적용되는 구간과 무인운전이 적용되지 아니하는 구간의 경계 구역에서의 운전 모드 전환을 안전하게 하기 위한 규정을 마련해 놓을 것
7. 열차 운행 중 다음 각 목의 긴급상황이 발생하는 경우 승객의 안전을 확보하기 위한 조치 규정을 마련해 놓을 것
   가. 열차에 고장이나 화재가 발생하는 경우
   나. 선로 안에서 사람이나 장애물이 발견된 경우
   다. 그 밖에 승객의 안전에 위험한 상황이 발생하는 경우

제33조(열차의 운전위치)

열차는 맨 앞의 차량에서 운전하여야 한다. 다만, 추진운전, 퇴행운전 또는 무인운전을 하는 경우에는 그러하지 아니하다.

제34조(열차의 운전 시각)

열차는 도시철도운영자가 정하는 열차시간표에 따라 운전하여야 한다. 다만, 운전사고, 운전장애 등 특별한 사유가 있는 경우에는 그러하지 아니하다.

제35조(운전 정리)

도시철도운영자는 운전사고, 운전장애 등으로 열차를 정상적으로 운전할 수 없을 때에는 열차의 종류, 도착지, 접속 등을 고려하여 열차가 정상운전이 되도록 운전 정리를 하여야 한다.

제36조(운전 진로)

① 열차의 운전방향을 구별하여 운전하는 한 쌍의 선로에서 열차의 운전 진로는 우측으로 한다. 다만, 좌측으로 운전하는 기존의 선로에 직통으로 연결하여 운전하는 경우에는 좌측으로 할 수 있다.
② 다음 각 호의 어느 하나에 해당하는 경우에는 제1항에도 불구하고 운전 진로를 달리할 수 있다.
  1. 선로 또는 열차에 고장이 발생하여 퇴행운전을 하는 경우
  2. 구원열차(救援列車)나 공사열차(工事列車)를 운전하는 경우
  3. 차량을 결합·해체하거나 차선을 바꾸는 경우
  4. 구내운전(構內運轉)을 하는 경우
  5. 시험운전을 하는 경우
  6. 운전사고 등으로 인하여 일시적으로 단선운전(單線運轉)을 하는 경우
  7. 그 밖에 특별한 사유가 있는 경우

제37조(폐색구간)

① 본선은 폐색구간으로 분할하여야 한다. 다만, 정거장 안의 본선은 그러하지 아니하다.
② 폐색구간에서는 둘 이상의 열차를 동시에 운전할 수 없다. 다만, 다음 각 호의 어느 하나에 해당하는 경우에는 그러하지 아니하다.
  1. 고장 난 열차가 있는 폐색구간에서 구원열차를 운전하는 경우
  2. 선로 불통으로 폐색구간에서 공사열차를 운전하는 경우
  3. 다른 열차의 차선 바꾸기 지시에 따라 차선을 바꾸기 위하여 운전하는 경우
  4. 하나의 열차를 분할하여 운전하는 경우

제38조(추진운전과 퇴행운전)

① 열차는 추진운전이나 퇴행운전을 하여서는 아니 된다. 다만, 다음 각 호의 어느 하나에 해당하는 경우에는 그러하지 아니하다.
  1. 선로나 열차에 고장이 발생한 경우
  2. 공사열차나 구원열차를 운전하는 경우
  3. 차량을 결합·해체하거나 차선을 바꾸는 경우
  4. 구내운전을 하는 경우
  5. 시설 또는 차량의 시험을 위하여 시험운전을 하는 경우
  6. 그 밖에 특별한 사유가 있는 경우
② 노면전차를 퇴행 운전하는 경우에는 주변 차량 및 보행자들의 안전을 확보하기 위한 대책을 마련하여야 한다.

제39조(열차의 동시출발 및 도착의 금지)

둘 이상의 열차는 동시에 출발시키거나 도착시켜서는 아니 된다. 다만, 열차의 안전운전에 지장이 없도록 신호 또는 제어설비 등을 완전하게 갖춘 경우에는 그러하지 아니하다.

제40조(정거장 외의 승차·하차 금지)

정거장 외의 본선에서는 승객을 승차·하차시키기 위하여 열차를 정지시킬 수 없다. 다만, 운전사고 등 특별한 사유가 있을 때에는 그러하지 아니하다.

제41조(선로의 차단)

도시철도운영자는 공사나 그 밖의 사유로 선로를 차단할 필요가 있을 때에는 미리 계획을 수립한 후 그 계획에 따라야 한다. 다만, 긴급한 조치가 필요한 경우에는 운전업무를 총괄하는 사람(이하 "관제사"라 한다)의 지시에 따라 선로를 차단할 수 있다.

제42조(열차 등의 정지)

① 열차 등은 정지신호가 있을 때에는 즉시 정지시켜야 한다.
② 제1항에 따라 정차한 열차 등은 진행을 지시하는 신호가 있을 때까지는 진행할 수 없다. 다만, 특별한 사유가 있는 경우 관제사의 속도제한 및 안전조치에 따라 진행할 수 있다.

제43조(열차 등의 서행)

① 열차 등은 서행신호가 있을 때에는 지정속도 이하로 운전하여야 한다.
② 열차 등이 서행해제신호가 있는 지점을 통과한 후에는 정상속도로 운전할 수 있다.

제44조(열차 등의 진행)

열차 등은 진행을 지시하는 신호가 있을 때에는 지정속도로 그 표시지점을 지나 다음 신호기까지 진행할 수 있다.

제44조의2(노면전차의 시계운전)

시계운전을 하는 노면전차의 경우에는 다음 각 호의 사항을 준수하여야 한다.
 1. 운전자의 가시거리 범위에서 신호 등 주변상황에 따라 열차를 정지시킬 수 있도록 적정 속도로 운전할 것
 2. 앞서가는 열차와 안전거리를 충분히 유지할 것
 3. 교차로에서 앞서가는 열차를 따라서 동시에 통과하지 않을 것

제3절 차량의 결합 · 해체 등

제45조(차량의 결합 · 해체 등)

① 차량을 결합 · 해체하거나 차량의 차선을 바꿀 때에는 신호에 따라 하여야 한다.
② 본선을 이용하여 차량을 결합 · 해체하거나 열차 등의 차선을 바꾸는 경우에는 다른 열차 등과의 충돌을 방지하기 위한 안전조치를 하여야 한다.

제46조(차량결합 등의 장소)

정거장이 아닌 곳에서 본선을 이용하여 차량을 결합 · 해체하거나 차선을 바꾸어서는 아니 된다. 다만, 충돌방지 등 안전조치를 하였을 때에는 그러하지 아니하다.

제4절 선로전환기의 취급

제47조(선로전환기의 쇄정 및 정위치 유지)

① 본선의 선로전환기는 이와 관계있는 신호장치와 연동쇄정(聯動鎖錠)을 하여 사용하여야 한다.
② 선로전환기를 사용한 후에는 지체 없이 미리 정하여진 위치에 두어야 한다.
③ 노면전차의 경우 도로에 설치하는 선로전환기는 보행자 안전을 위해 열차가 충분히 접근하였을 때에 작동하여야 하며, 운전자가 선로전환기의 개통 방향을 확인할 수 있어야 한다.

제5절 운전속도

제48조(운전속도)

① 도시철도운영자는 열차 등의 특성, 선로 및 전차선로의 구조와 강도 등을 고려하여 열차의 운전속도를 정하여야 한다.
② 내리막이나 곡선선로에서는 제동거리 및 열차 등의 안전도를 고려하여 그 속도를 제한하여야 한다.
③ 노면전차의 경우 도로교통과 주행선로를 공유하는 구간에서는 「도로교통법」 제17조에 따른 최고속도를 초과하지 않도록 열차의 운전속도를 정하여야 한다.

제49조(속도제한)

도시철도운영자는 다음 각 호의 어느 하나에 해당하는 경우에는 운전속도를 제한하여야 한다.
 1. 서행신호를 하는 경우
 2. 추진운전이나 퇴행운전을 하는 경우
 3. 차량을 결합·해체하거나 차선을 바꾸는 경우
 4. 쇄정(鎖錠)되지 아니한 선로전환기를 향하여 진행하는 경우
 5. 대용폐색방식으로 운전하는 경우
 6. 자동폐색신호의 정지신호가 있는 지점을 지나서 진행하는 경우
 7. 차내 신호의 "0" 신호가 있은 후 진행하는 경우
 8. 감속·주의·경계 등의 신호가 있는 지점을 지나서 진행하는 경우
 9. 그 밖에 안전운전을 위하여 운전속도제한이 필요한 경우

제6절 차량의 유치

제50조(차량의 구름 방지)
① 차량을 선로에 두는 경우에는 저절로 구르지 않도록 필요한 조치를 하여야 한다.
② 동력을 가진 차량을 선로에 두는 경우에는 그 동력으로 움직이는 것을 방지하기 위한 조치를 마련하여야 하며, 동력을 가진 동안에는 차량의 움직임을 감시하여야 한다.

제 5 장 폐색방식

제1절 통 칙

제51조(폐색방식의 구분)

① 열차를 운전하는 경우의 폐색방식은 일상적으로 사용하는 폐색방식(이하 "상용폐색방식"이라 한다)과 폐색장치의 고장이나 그 밖의 사유로 상용폐색방식에 따를 수 없을 때 사용하는 폐색방식(이하 "대용폐색방식"이라 한다)에 따른다.
② 제1항에 따른 폐색방식에 따를 수 없을 때에는 전령법(傳令法)에 따르거나 무폐색운전을 한다.

제2절 상용폐색방식

제52조(상용폐색방식)

상용폐색방식은 자동폐색식 또는 차내신호폐색식에 따른다.

제53조(자동폐색식)

자동폐색구간의 장내신호기, 출발신호기 및 폐색신호기에는 다음 각 호의 구분에 따른 신호를 할 수 있는 장치를 갖추어야 한다.
  1. 폐색구간에 열차 등이 있을 때 : 정지신호
  2. 폐색구간에 있는 선로전환기가 올바른 방향으로 되어 있지 아니할 때 또는 분기선 및 교차점에 있는 다른 열차 등이 폐색구간에 지장을 줄 때 : 정지신호
  3. 폐색장치에 고장이 있을 때 : 정지신호

제54조(차내신호폐색식)

차내신호 폐색식에 따르려는 경우에는 폐색구간에 있는 열차 등의 운전상태를 그 폐색구간에 진입하려는 열차의 운전실에서 알 수 있는 장치를 갖추어야 한다.

제3절 대용폐색방식

제55조(대용폐색방식)

대용폐색방식은 다음 각 호의 구분에 따른다.
 1. 복선운전을 하는 경우 : 지령식 또는 통신식
 2. 단선운전을 하는 경우 : 지도통신식

제56조(지령식 및 통신식)

① 폐색장치 및 차내신호장치의 고장으로 열차의 정상적인 운전이 불가능할 때에는 관제사가 폐색구간에 열차의 진입을 지시하는 지령식에 따른다.
② 상용폐색방식 또는 지령식에 따를 수 없을 때에는 폐색구간에 열차를 진입시키려는 역장 또는 소장이 상대 역장 또는 소장 및 관제사와 협의하여 폐색구간에 열차의 진입을 지시하는 통신식에 따른다.
③ 제1항 또는 제2항에 따른 지령식 또는 통신식에 따르는 경우에는 관제사 및 폐색구간 양쪽의 역장 또는 소장은 전용전화기를 설치·운용하여야 한다. 다만, 부득이한 사유로 전용전화기를 설치할 수 없거나 전용전화기에 고장이 발생하였을 때에는 다른 전화기를 이용할 수 있다.

제57조(지도통신식)

① 지도통신식에 따르는 경우에는 지도표 또는 지도권을 발급받은 열차만 해당 폐색구간을 운전할 수 있다.
② 지도표와 지도권은 폐색구간에 열차를 진입시키려는 역장 또는 소장이 상대 역장 또는 소장 및 관제사와 협의하여 발행한다.
③ 역장이나 소장은 같은 방향의 폐색구간으로 진입시키려는 열차가 하나뿐인 경우에는 지도표를 발급하고, 연속하여 둘 이상의 열차를 같은 방향의 폐색구간으로 진입시키려는 경우에는 맨 마지막 열차에 대해서는 지도표를, 나머지 열차에 대해서는 지도권을 발급한다.
④ 지도표와 지도권에는 폐색구간 양쪽의 역 이름 또는 소(所) 이름, 관제사, 명령번호, 열차번호 및 발행일과 시각을 적어야 한다.
⑤ 열차의 기관사는 제3항에 따라 발급받은 지도표 또는 지도권을 폐색구간을 통과한 후 도착지의 역장 또는 소장에게 반납하여야 한다.

제4절 전령법

제58조(전령법의 시행)

① 열차 등이 있는 폐색구간에 다른 열차를 운전시킬 때에는 그 열차에 대하여 전령법을 시행한다.
② 제1항에 따른 전령법을 시행할 경우에는 이미 폐색구간에 있는 열차 등은 그 위치를 이동할 수 없다.

제59조(전령자의 선정 등)

① 전령법을 시행하는 구간에는 한 명의 전령자를 선정하여야 한다.
② 제1항에 따른 전령자는 백색 완장을 착용하여야 한다.
③ 전령법을 시행하는 구간에서는 그 구간의 전령자가 탑승하여야 열차를 운전할 수 있다. 다만, 관제사가 취급하는 경우에는 전령자를 탑승시키지 아니할 수 있다.

제6장 신 호

제1절 통 칙

제60조(신호의 종류)

도시철도의 신호의 종류는 다음 각 호와 같다.
1. 신호 : 형태·색·음 등으로 열차 등에 대하여 운전의 조건을 지시하는 것
2. 전호(傳號) : 형태·색·음 등으로 직원 상호간에 의사를 표시하는 것
3. 표지 : 형태·색 등으로 물체의 위치·방향·조건을 표시하는 것

제61조(주간 또는 야간의 신호)

① 주간과 야간의 신호방식을 달리하는 경우에는 일출부터 일몰까지는 주간의 방식, 일몰부터 다음날 일출까지는 야간방식에 따라야 한다. 다만, 일출부터 일몰까지의 사이에 기상상태로 인하여 상당한 거리로부터 주간방식에 따른 신호를 확인하기 곤란할 때에는 야간방식에 따른다.
② 차내신호방식 및 지하구간에서의 신호방식은 야간방식에 따른다.

제62조(제한신호의 추정)

① 신호가 필요한 장소에 신호가 없을 때 또는 그 신호가 분명하지 아니할 때에는 정지신호가 있는 것으로 본다.
② 상설신호기 또는 임시신호기의 신호와 수신호가 각각 다를 때에는 열차 등에 가장 많은 제한을 붙인 신호에 따라야 한다. 다만, 사전에 통보가 있었을 때에는 통보된 신호에 따른다.

제63조(신호의 겸용금지)

하나의 신호는 하나의 선로에서 하나의 목적으로 사용되어야 한다. 다만, 진로표시기를 부설한 신호기는 그러하지 아니하다.

제2절 상설신호기

제64조(상설신호기)

상설신호기는 일정한 장소에서 색등 또는 등열에 의하여 열차 등의 운전조건을 지시하는 신호기를 말한다.

제65조(상설신호기의 종류)

상설신호기의 종류와 기능은 다음 각 호와 같다.
1. 주신호기
   가. 차내신호기 : 열차 등의 가장 앞쪽의 운전실에 설치하여 운전조건을 지시하는 신호기
   나. 장내신호기 : 정거장에 진입하려는 열차 등에 대하여 신호기 뒷방향으로의 진입이 가능한지를 지시하는 신호기
   다. 출발신호기 : 정거장에서 출발하려는 열차 등에 대하여 신호기 뒷방향으로의 진입이 가능한지를 지시하는 신호기
   라. 폐색신호기 : 폐색구간에 진입하려는 열차 등에 대하여 운전조건을 지시하는 신호기
   마. 입환신호기 : 차량을 결합·해체하거나 차선을 바꾸려는 차량에 대하여 신호기 뒷방향으로의 진입이 가능한지를 지시하는 신호기
2. 종속신호기
   가. 원방신호기 : 장내신호기 및 폐색신호기에 종속되어 그 신호상태를 예고하는 신호기
   나. 중계신호기 : 주신호기에 종속되어 그 신호상태를 중계하는 신호기
3. 신호부속기
   가. 진로표시기 : 장내신호기, 출발신호기, 진로개통표시기 또는 입환신호기에 부속되어 열차 등에 대하여 그 진로를 표시하는 것
   나. 진로개통표시기 : 차내신호기를 사용하는 본선로의 분기부에 설치하여 진로의 개통상태를 표시하는 것

제66조(상설신호기의 종류 및 신호 방식)

상설신호기는 계기·색등 또는 등열(燈列)로써 다음 각 호의 방식으로 신호하여야 한다.

1. 주신호기

    가. 차내신호기

주간·야간별 \ 신호의 종류	정지신호	진행신호
주간 및 야간	"0" 속도를 표시	지령속도를 표시

    나. 장내신호기, 출발신호기 및 폐색신호기

방식	주간·야간별 \ 신호의 종류	정지신호	경계신호	주의신호	감속신호	진행신호
색등식	주간 및 야간	적색등	상하위 등황색등	등황색등	상위는 등황색등 하위는 녹색등	녹색등

    다. 입환신호기

방식	주간·야간별 \ 신호의 종류	정지신호	진행신호
색등식	주간 및 야간	적색등	등황색등

2. 종속신호기

    가. 원방신호기

방식	주간·야간별 \ 신호의 종류	주신호기가 정지신호를 할 경우	주신호기가 진행을 지시하는 신호를 할 경우
색등식	주간 및 야간	등황색등	녹색등

    나. 중계신호기

방식	주간·야간별 \ 신호의 종류	주신호기가 정지신호를 할 경우	주신호기가 진행을 지시하는 신호를 할 경우
색등식	주간 및 야간	적색등	주신호기가 한 진행을 지시하는 색등

3. 신호부속기
   가. 진로표시기

방식	신호의 종류 / 주간·야간별	좌측진로	중앙진로	우측진로
색등식	주간 및 야간	흑색바탕에 좌측방향 백색화살표←	흑색바탕에 수직방향 백색화살표↑	흑색바탕에 우측방향 백색화살표→
문자식	주간 및 야간	4각 흑색바탕에 문자 A 1		

나. 진로개통표시기

방식	신호의 종류 / 주간·야간별	진로가 개통되었을 경우	진로가 개통되지 아니한 경우
색등식	주간 및 야간	등황색등 ● ○	적색등 ○ ●

제3절 임시신호기

제67조(임시신호기의 설치)

선로가 일시 정상운전을 하지 못하는 상태일 때에는 그 구역의 앞쪽에 임시신호기를 설치하여야 한다.

제68조(임시신호기의 종류)

임시신호기의 종류는 다음 각 호와 같다.
1. 서행신호기 : 서행운전을 필요로 하는 구역에 진입하는 열차 등에 대하여 그 구간을 서행할 것을 지시하는 신호기
2. 서행예고신호기 : 서행신호기가 있을 것임을 예고하는 신호기
3. 서행해제신호기 : 서행운전구역을 지나 운전하는 열차 등에 대하여 서행 해제를 지시하는 신호기

제69조(임시신호기의 신호방식)

① 임시신호기의 형태·색 및 신호방식은 다음과 같다.

신호의 종류 주간·야간별	서행신호	서행예고신호	서행해제신호
주간	백색 테두리의 황색 원판	흑색 삼각형 무늬 3개를 그린 3각형판	백색 테두리의 녹색 원판
야간	등황색등	흑색 삼각형 무늬 3개를 그린 백색등	녹색등

② 임시신호기 표지의 배면(背面)과 배면광(背面光)은 백색으로 하고, 서행신호기에는 지정 속도를 표시하여야 한다.

제4절 수신호

제70조(수신호방식)

신호기를 설치하지 아니한 경우 또는 신호기를 사용하지 못할 경우에는 다음 각 호의 방식으로 수신호를 하여야 한다.

1. 정지신호
   가. 주간 : 적색기. 다만, 부득이한 경우에는 두 팔을 높이 들거나 또는 녹색기 외의 물체를 급격히 흔드는 것으로 대신할 수 있다.
   나. 야간 : 적색등. 다만, 부득이한 경우에는 녹색등 외의 등을 급격히 흔드는 것으로 대신할 수 있다.
2. 진행신호
   가. 주간 : 녹색기. 다만, 부득이한 경우에는 한 팔을 높이 드는 것으로 대신할 수 있다.
   나. 야간 : 녹색등
3. 서행신호
   가. 주간 : 적색기와 녹색기를 머리 위로 높이 교차한다. 다만, 부득이한 경우에는 양 팔을 머리 위로 높이 교차하는 것으로 대신할 수 있다.
   나. 야간 : 명멸(明滅)하는 녹색등

제71조(선로 지장시의 방호신호)

선로의 지장으로 인하여 열차 등을 정지시키거나 서행시킬 경우, 임시신호기에 따를 수 없을 때에는 지장지점으로부터 200미터 이상의 앞 지점에서 정지수신호를 하여야 한다.

제5절 전 호

제72조(출발전호)

열차를 출발시키려 할 때에는 출발전호를 하여야 한다. 다만, 승객안전설비를 갖추고 차장을 승무(乘務)시키지 아니한 경우에는 그러하지 아니하다.

제73조(기적전호)

다음 각 호의 어느 하나에 해당하는 경우에는 기적전호를 하여야 한다.
1. 비상사고가 발생한 경우
2. 위험을 경고할 경우

제74조(입환전호)

입환전호방식은 다음과 같다.
1. 접근전호
    가. 주간 : 녹색기를 좌우로 흔든다. 다만, 부득이한 경우에는 한 팔을 좌우로 움직이는 것으로 대신할 수 있다.
    나. 야간 : 녹색등을 좌우로 흔든다.
2. 퇴거전호
    가. 주간 : 녹색기를 상하로 흔든다. 다만, 부득이한 경우에는 한 팔을 상하로 움직이는 것으로 대신할 수 있다.
    나. 야간 : 녹색등을 상하로 흔든다.
3. 정지전호
    가. 주간 : 적색기를 흔든다. 다만, 부득이한 경우에는 두 팔을 높이 드는 것으로 대신할 수 있다.
    나. 야간 : 적색등을 흔든다.

제6절 표 지

제75조(표지의 설치)
도시철도운영자는 열차 등의 안전운전에 지장이 없도록 운전관계표지를 설치하여야 한다.

제7절 노면전차 신호

제76조(노면전차 신호기의 설계)
노면전차의 신호기는 다음 각 호의 요건에 맞게 설계하여야 한다.
1 도로교통 신호기와 혼동되지 않을 것
2 크기와 형태가 눈으로 볼 수 있도록 뚜렷하고 분명하게 인식될 것

부 칙 〈국토교통부령 제483호, 2018. 1. 18.〉
(시설물의 안전 및 유지관리에 관한 특별법 시행규칙)

제1조(시행일) 이 규칙은 2018년 1월 18일부터 시행한다.
제2조부터 **제5조**까지 생략
제6조(다른 법령의 개정) ①부터 ⑥까지 생략
  ⑦ 도시철도운전규칙 일부를 다음과 같이 개정한다.
  제5조 제2항 중 "「시설물의 안전관리에 관한 특별법」"을 "「시설물의 안전 및 유지관리에 관한 특별법」"으로 한다.
  ⑧ 생략
제7조 생략

부 칙 〈국토교통부령 제882호, 2021. 8. 27.〉
(어려운 법령용어 정비를 위한 80개 국토교통부령 일부개정령)

이 규칙은 공포한 날부터 시행한다. 〈단서 생략〉

제 3 편 예상문제

도시철도운전규칙

001 도시철도운전규칙의 목적으로 옳은 것은?

㉮ 도시철도의 운전과 차량 및 시설의 유지·보전에 필요한 사항을 정하여 도시철도의 안전운전을 도모함을 목적으로 한다.
㉯ 도시철도의 건설에 관하여 안전을 도모함을 목적으로 한다.
㉰ 도시철도의 유지보수에 관하여 안전을 도모함을 목적으로 한다.
㉱ 도시철도의 운전에 대하여 안전한 고장 수리를 도모함을 목적으로 한다.

> **해설** **목적**(도시철도운전규칙 제1조)
> 이 규칙은 「도시철도법」 제18조에 따라 도시철도의 운전과 차량 및 시설의 유지·보전에 필요한 사항을 정하여 도시철도의 안전운전을 도모함을 목적으로 한다.

002 도시철도운전규칙에 정하지 아니한 사항이나 도시교통권역별로 서로 다른 사항을 법령의 범위에서 따로 정할 수 있는 자는?

㉮ 국무총리
㉯ 국토교통부장관
㉰ 국토교통부 담당공무원
㉱ 도시철도운영자

> **해설** **적용범위**(도시철도운전규칙 제2조)
> 도시철도의 운전에 관하여 이 규칙에서 정하지 아니한 사항이나 도시교통권역별로 서로 다른 사항은 법령의 범위에서 도시철도운영자가 따로 정할 수 있다.

정답 001 ㉮ 002 ㉱

003 도시철도운전규칙에서 사용하는 용어의 정의에 대한 설명으로 옳지 않은 것은?

㉮ "차량"이란 선로에서 운전하는 열차 외의 전동차·궤도시험차·전기시험차 등을 말한다.
㉯ "열차"란 본선에서 운전할 목적으로 편성되어 열차번호를 부여받은 차량을 말한다.
㉰ "운전사고"란 열차 등의 운전으로 인하여 사상자가 발생하거나 도시철도시설이 파손된 것을 말한다.
㉱ "운전보안장치"란 열차 및 노면전차의 안전운전을 확보하기 위한 장치로서 폐색장치, 신호장치, 차동장치, 선로전환장치, 경보장치, 열차자동정지장치, 열차자동제어장치, 열차자동운전장치, 열차종합제어장치 등을 말한다.

해설 **정의**(도시철도운전규칙 제3조)
이 규칙에서 사용하는 용어의 뜻은 다음과 같다.
1. "정거장"이란 여객의 승차·하차, 열차의 편성, 차량의 입환(入換) 등을 위한 장소를 말한다.
2. "선로"란 궤도 및 이를 지지하는 인공구조물을 말하며, 열차의 운전에 상용(常用)되는 본선(本線)과 그 외의 측선(側線)으로 구분된다.
3. "열차"란 본선에서 운전할 목적으로 편성되어 열차번호를 부여받은 차량을 말한다.
4. "차량"이란 선로에서 운전하는 열차 외의 전동차·궤도시험차·전기시험차 등을 말한다.
5. "운전보안장치"란 열차 및 차량의 안전운전을 확보하기 위한 장치로서 폐색장치, 신호장치, 연동장치, 선로전환장치, 경보장치, 열차자동정지장치, 열차자동제어장치, 열차자동운전장치, 열차종합제어장치 등을 말한다.
6. "폐색(閉塞)"이란 선로의 일정구간에 둘 이상의 열차를 동시에 운전시키지 아니하는 것을 말한다.
7. "전차선로"란 전차선 및 이를 지지하는 인공구조물을 말한다.
8. "운전사고"란 열차 등의 운전으로 인하여 사상자(死傷者)가 발생하거나 도시철도시설이 파손된 것을 말한다.
9. "운전장애"란 열차 등의 운전으로 인하여 그 열차 등의 운전에 지장을 주는 것 중 운전사고에 해당하지 아니하는 것을 말한다.
10. "노면전차"란 도로면의 궤도를 이용하여 운행되는 열차를 말한다.
11. "무인운전"이란 사람이 열차 안에서 직접 운전하지 아니하고 관제실에서의 원격조종에 따라 열차가 자동으로 운행되는 방식을 말한다.
12. "시계운전(視界運轉)"이란 사람의 맨눈에 의존하여 운전하는 것을 말한다.

004 도시철도운전규칙에서 정하고 있는 용어의 정의로 옳지 않은 것은?

㉮ "운전사고"란 열차 등의 운전으로 인하여 사상자(死傷者)가 발생하거나 도시철도시설이 파손된 것을 말한다.
㉯ "운전장애"란 열차 등의 운전으로 인하여 그 열차 등의 운전에 지장을 주는 것 중 운전사고에 해당하지 아니하는 것을 말한다.
㉰ "무인운전"이란 사람이 열차 안에서 직접 운전하지 아니하고 관제실에서 원격조종에 따라 열차가 자동으로 운행되는 방식을 말한다.
㉱ "시계운전"이란 사람의 맨눈에 의존하여 운전하는 복선구간의 대용폐색방식을 말한다.

정답 003 ㉱ 004 ㉱

005 도시철도운전규칙상 용어의 정의로 옳지 않은 것은?

㉮ "선로"란 궤도 및 이를 지지하는 인공구조물을 말하며, 열차의 운전에 상용되는 본선과 그 외의 측선으로 구분된다.
㉯ "노면전차"란 도로면의 궤도를 이용하여 운행되는 열차를 말한다.
㉰ "운전보안장치"란 열차 및 차량의 안전운전을 확보하기 위한 장치로서 폐색장치, 신호장치, 연동장치, 선로전환장치, 경보장치, 열차자동정지장치, 열차자동제어장치, 열차자동운전장치, 열차종합제어장치 등을 말한다.
㉱ "차량"이란 선로에서 운전하는 열차를 포함하여 전동차·궤도시험차·전기시험차 등을 말한다.

006 다음 중 도시철도운전규칙에서 용어의 뜻에 대한 설명으로 옳지 않은 것은?

㉮ "폐색(閉塞)"이란 선로의 일정구간에 둘 이상의 열차를 동시에 운전시키는 것을 말한다.
㉯ "운전보안장치"란 열차 및 차량의 안전운전을 확보하기 위한 장치로서 폐색장치, 신호장치, 연동장치, 선로전환장치, 경보장치, 열차자동정지장치, 열차자동제어장치, 열차자동운전장치, 열차종합제어장치 등을 말한다.
㉰ "운전사고"란 열차 등이 운전으로 인하여 사상자가 발생하거나 도시철도시설이 파손된 것을 말한다.
㉱ "운전장애"란 열차 등의 운전으로 인하여 그 열차 등의 운전에 지장을 주는 것 중 운전사고에 해당하지 아니하는 것을 말한다.

007 다음 중 도시철도운전규칙에서 정한 운전보안장치로 옳지 않은 것은?

㉮ 열차자동운전장치　　　　㉯ 열차종합제어장치
㉰ 신호장치　　　　　　　　㉱ 무인운전장치

정답　005 ㉱　006 ㉮　007 ㉱

008 도시철도운전규칙에서 정하는 용어의 정의에서 정한 운전보안장치와 관계없는 것은?
㉮ 폐색장치, 신호장치, 연동장치
㉯ 열차자동방호장치, 자동경보장치
㉰ 열차자동정지장치, 열차자동제어장치
㉱ 열차자동운전장치 열차종합제어장치

009 다음 중 도시철도운전규칙에서 정의하고 있는 운전보안장치의 내용으로 옳지 않은 것은?
㉮ 열차 및 차량의 안전운전을 확보하기 위한 장치이다.
㉯ 폐색장치, 신호장치, 경보장치 등은 운전보안장치에 해당한다.
㉰ 건널목차단장치도 운전보안장치이다.
㉱ 열차자동제어장치, 열차자동운전장치, 열차종합제어장치도 운전보안장치이다.

010 다음은 도시철도운전규칙의 내용이다. 옳지 않은 것은?
㉮ 도시철도운영자는 도시철도의 안전과 관련된 업무에 종사하는 직원에 대하여 적성검사와 정해진 교육을 하여 도시철도 운전 지식과 기능을 습득한 것을 확인한 후 그 업무에 종사하도록 하여야 한다.
㉯ 도시철도운영자는 재해를 예방하고 안전성을 확보하기 위하여 「도시철도의 안전관리에 관한 특별법」에 따라 도시철도시설의 안전점검 등 안전조치를 하여야 한다.
㉰ 도시철도운영자는 차량, 선로, 전력설비, 운전보안장치, 그 밖에 열차운전을 위한 시설에 재해·고장·운전사고 또는 운전장애가 발생할 경우에 대비하여 응급복구에 필요한 기구 및 자재를 항상 적당한 장소에 보관하고 정비하여야 한다.
㉱ 도시철도운영자는 안전운전과 이용승객의 편의 증진을 위하여 장기·단기계획을 수립하여 시행하여야 한다.

정답 008 ㉯ 009 ㉰ 010 ㉯

011 도시철도운전규칙에서 선로 및 전차선로를 이설 또는 개조한 경우 정상운전을 하기 전 설치상태에 대한 점검을 위한 시험운전의 기간으로 옳은 것은?

㉮ 15일 이상   ㉯ 30일 이상   ㉰ 60일 이상   ㉱ 90일 이상

해설 **신설구간 등에서의 시험운전**(도시철도운전규칙 제9조)
도시철도운영자는 선로·전차선로 또는 운전보안장치를 신설·이설(移設) 또는 개조한 경우 그 설치상태 또는 운전체계의 점검과 종사자의 업무 숙달을 위하여 정상운전을 하기 전에 60일 이상 시험운전을 하여야 한다. 다만, 이미 운영하고 있는 구간을 확장·이설 또는 개조한 경우에는 관계 전문가의 안전진단을 거쳐 시험운전 기간을 줄일 수 있다.

012 도시철도운전규칙상 도시철도운영자가 신설구간 등에서의 시험운전에 관한 설명으로 옳지 않은 것은?

㉮ 정상운전을 하기 전에 60일 이상 시험운전을 하여야 한다.
㉯ 운전보안장치를 신설 또는 개조한 경우에 시험운전을 하여야 한다.
㉰ 최종시험운전을 하기 전에 최소 90일 이상 시설물검증에 대한 시험운전을 하여야 한다.
㉱ 선로·전차선로를 신설·이설한 경우에 시험운전을 하여야 한다.

013 다음은 도시철도운전규칙에서 신설구간 등에서의 시험운전에 관한 내용이다. 옳지 않은 것은?

㉮ 도시철도운영자는 선로·전차선로 또는 운전보안장치를 신설한 경우 그 설치상태 또는 운전체계의 점검과 종사자의 업무 숙달을 위하여 정상운전을 하기 전에 60일 이상 시험운전을 하여야 한다.
㉯ 도시철도운영자는 선로·전차선로 또는 운전보안장치를 이설한 경우 그 설치상태 또는 운전체계의 점검과 종사자의 업무 숙달을 위하여 정상운전을 하기 전에 60일 이상 시험운전을 하여야 한다.
㉰ 도시철도운영자는 선로·전차선로 또는 운전보안장치를 개조한 경우 그 설치상태 또는 운전체계의 점검과 종사자의 업무 숙달을 위하여 정상운전을 하기 전에 15일 이상 시험운전을 하여야 한다.
㉱ 이미 운영하고 있는 구간을 확장·이설 또는 개조한 경우에는 관계 전문가의 안전진단을 거쳐 시험운전 기간을 줄일 수 있다.

정답 011 ㉰ 012 ㉰ 013 ㉰

014 도시철도운전규칙에서 정하고 있는 선로의 순회점검주기로 옳은 것은?

㉮ 매일 1회 이상 ㉯ 매일 2회 이상
㉰ 매주 1회 이상 ㉱ 매주 2회 이상

해설 **선로의 점검·정비**(도시철도운전규칙 제11조)
① 선로는 매일 한 번 이상 순회점검하여야 하며, 필요한 경우에는 정비하여야 한다.
② 선로는 정기적으로 안전점검을 하여 안전운전에 지장이 없도록 유지·보수하여야 한다.

015 다음은 도시철도운전규칙에서 선로에 관한 사항이다. 옳은 것은?

㉮ 선로는 열차 등이 도시철도경영자가 정하는 속도 이상으로 운전할 수 있는 상태로 이를 보전하여야 한다.
㉯ 선로를 경미한 정도의 개조를 위해 일시적으로 사용을 중지한 경우에도 이를 검사하고 시험운전을 하기 전에는 사용할 수 없다.
㉰ 선로는 매월 1회 이상 안전점검을 실시하여 안전운전에 지장이 없도록 이를 유지·보수하여야 한다.
㉱ 선로를 검사하였을 때에는 검사자의 성명·검사상태 및 검사일시 등을 기록하여 일정 기간 보존하여야 한다.

해설 ㉮ 선로는 열차 등이 도시철도운영자가 정하는 속도(이하 "지정속도"라 한다)로 안전하게 운전할 수 있는 상태로 보전(保全)하여야 한다(도시철도운전규칙 제10조).
㉯ 선로를 신설·개조 또는 이설하거나 일시적으로 사용을 중지한 경우에는 이를 검사하고 시험운전을 하기 전에는 사용할 수 없다. 다만, 경미한 정도의 개조를 한 경우에는 그러하지 아니하다(도시철도운전규칙 제12조).
㉰ 선로는 정기적으로 안전점검을 하여 안전운전에 지장이 없도록 유지·보수하여야 한다(도시철도운전규칙 제11조).
㉱ 선로·전력설비·통신설비 또는 운전보안장치의 검사를 하였을 때에는 검사자의 성명·검사상태 및 검사일시 등을 기록하여 일정 기간 보존하여야 한다(도시철도운전규칙 제22조).

016 다음은 도시철도운전규칙상 선로설비에 관한 내용이다. 옳지 않은 것은?

㉮ 선로는 열차 등이 도시철도운영자가 정하는 속도로 안전하게 운전할 수 있는 상태로 보전하여야 한다.
㉯ 선로는 매일 한 번 이상 순회점검하여야 하며, 필요한 경우에는 정비하여야 한다.
㉰ 선로는 정기적으로 안전점검을 하여 안전운전에 지장이 없도록 유지·보수하여야 한다.
㉱ 선로를 신설·개조 또는 이설하거나 일시적으로 사용을 중지한 경우에는 이를 검사하고 시험운전을 하기 전에는 절대 사용할 수 없다.

정답 014 ㉮ 015 ㉱ 016 ㉱

017 다음은 도시철도운전규칙에서 전력설비에 관한 사항이다. 옳지 않은 것은?

㉮ 전력설비는 열차 등이 지정속도로 안전하게 운전할 수 있는 상태로 이를 보전하여야 한다.

㉯ 전력설비를 경미한 정도의 개조 또는 수리를 위해 일시적으로 사용을 중지한 경우에는 이를 검사하고 시험운전을 하기 전에 사용할 수 있다.

㉰ 전력설비의 각 부분은 도시철도운영자는 매월 1회 검사하고 안전운전에 지장이 없도록 정비하여야 한다.

㉱ 전력설비를 신설·이설·개조 또는 수리하거나 일시적으로 사용을 중지한 경우에는 이를 검사하고 시험운전을 하기 전에는 사용할 수 없다.

해설 **전력설비의 검사**(도시철도운전규칙 제15조)
전력설비의 각 부분은 도시철도운영자가 정하는 주기에 따라 검사를 하고 안전운전에 지장이 없도록 정비하여야 한다.
공사 후의 전력설비 사용(도시철도운전규칙 제16조)
전력설비를 신설·이설·개조 또는 수리하거나 일시적으로 사용을 중지한 경우에는 이를 검사하고 시험운전을 하기 전에는 사용할 수 없다. 다만, 경미한 정도의 개조 또는 수리를 한 경우에는 그러하지 아니하다.

018 도시철도운전규칙에서 정하고 있는 전차선로의 순회점검 주기로 옳은 것은?

㉮ 매일 1회 이상
㉯ 매일 2회 이상
㉰ 매주 1회 이상
㉱ 매주 2회 이상

019 도시철도운전규칙상 통신설비, 운전보안장치에 관한 설명으로 옳지 않은 것은?

㉮ 통신설비의 각 부분은 일정한 주기에 따라 검사를 하고 안전운전에 지장이 없도록 정비하여야 한다.

㉯ 운전보안장치의 각 부분은 일정한 주기에 따라 검사를 하고 안전운전에 지장이 없도록 정비하여야 한다.

㉰ 차량 운전에 지장이 없도록 궤도상에 설정한 차량한계 안에는 열차 등 외의 다른 물건을 둘 수 없다. 다만, 열차 등을 운전하지 아니하는 시간에 작업을 하는 경우에는 그러하지 아니하다.

㉱ 선로·전력설비·통신설비 또는 운전보안장치의 검사를 하였을 때에는 검사자의 성명·검사상태 및 검사일시 등을 기록하여 일정 기간 보존하여야 한다.

정답 017 ㉰ 018 ㉮ 019 ㉰

020 도시철도운전규칙에서 선로·전력설비·통신설비 또는 운전보안장치의 검사를 하였을 때 기록하여 일정기간 보존하여야 하는 사항으로 옳지 않은 것은?

㉮ 검사장소　　㉯ 검사자의 성명　　㉰ 검사 상태　　㉱ 검사일

> **해설**　검사 및 시험의 기록(도시철도운전규칙 제27조)
> 검사 또는 시험을 하였을 때에는 검사 종류, 검사자의 성명, 검사 상태 및 검사일 등을 기록하여 일정 기간 보존하여야 한다.

021 다음 중 도시철도운전규칙에서 반드시 시험운전 후에 차량을 사용해야 하는 경우로 옳지 않은 것은?

㉮ 일시적으로 사용을 중지한 차량
㉯ 제작·개조·수선한 차량
㉰ 분해검사한 차량
㉱ 일상검사 후 본선 투입 직전 차량

022 다음 중 도시철도운전규칙에서 반드시 시험운전 후에 차량을 사용해야 하는 경우로 옳지 않은 것은?

㉮ 분해검사를 한 차량
㉯ 제작·개조·수선한 차량
㉰ 일시적으로 사용을 중지한 차량
㉱ 경미한 개조 또는 수선을 한 차량

023 도시철도운전규칙상 열차 등의 보전에 관한 내용으로 옳지 않은 것은?

㉮ 차량의 검사를 할 때 차량의 전기장치에 대해서는 절연저항시험 및 절연내력시험을 하여야 한다.
㉯ 제작·개조·수선 또는 정밀검사를 한 차량과 일시적으로 사용을 중지한 차량은 검사하고 시험운전을 하기 전에는 사용할 수 없다
㉰ 차량의 각 부분은 일정한 기간 또는 주행거리를 기준으로 하여 그 상태와 작용에 대한 검사와 분해검사를 하여야 한다.
㉱ 검사 또는 시험을 하였을 때에는 검사 종류, 검사자의 성명, 검사상태 및 검사일 등을 기록하여 일정 기간 보존하여야 한다.

정답 020 ㉮　021 ㉱　022 ㉱　023 ㉯

024 도시철도운전규칙상 선로 및 설비의 보전에 대한 설명으로 옳지 않은 것은?

㉮ 전력설비는 열차 등이 지정속도로 안전하게 운전할 수 있는 상태로 보전하여야 한다.
㉯ 통신설비의 각 부분은 매일 한 번 이상 검사를 하고 안전운전에 지장이 없도록 정비하여야 한다.
㉰ 차량 운전에 지장이 없도록 궤도상에 설정한 건축한계 안에는 열차 등 외의 다른 물건을 둘 수 없다.
㉱ 선로·전력설비·통신설비 또는 운전보안장치의 검사를 하였을 때에는 검사자의 성명·검사상태 및 검사일시 등을 기록하여 일정 기간 보존하여야 한다.

025 도시철도운전규칙의 열차의 편성에 대한 설명이 옳지 않은 것은?

㉮ 차량의 특성 및 선로 구간의 시설상태 등을 고려하여 안전운전에 지장이 없도록 편성하여야 한다.
㉯ 열차에 편성되는 각 차량에는 제동력이 균일하게 작용하고 분리 시에 자동으로 정차할 수 있는 제동장치를 구비하여야 한다.
㉰ 차량을 편성하거나 편성을 변경할 때에는 운전 중 제동장치의 기능을 시험하여야 한다.
㉱ 열차의 비상제동거리는 600미터 이하로 하여야 한다.

> **해설** **열차의 편성**(도시철도운전규칙 제28조)
> 열차는 차량의 특성 및 선로 구간의 시설 상태 등을 고려하여 안전운전에 지장이 없도록 편성하여야 한다.
> **열차의 비상제동거리**(도시철도운전규칙 제29조)
> 열차의 비상제동거리는 600미터 이하로 하여야 한다.
> **열차의 제동장치**(도시철도운전규칙 제30조)
> 열차에 편성되는 각 차량에는 제동력이 균일하게 작용하고 분리 시에 자동으로 정차할 수 있는 제동장치를 구비하여야 한다.
> **열차의 제동장치시험**(도시철도운전규칙 제31조)
> 열차를 편성하거나 편성을 변경할 때에는 운전하기 전에 제동장치의 기능을 시험하여야 한다.

026 도시철도운전규칙상 열차를 편성할 때 열차의 비상제동거리는 얼마 이하로 하여야 하는가?

㉮ 400m ㉯ 500m ㉰ 600m ㉱ 700m

정답 024 ㉯ 025 ㉰ 026 ㉰

027 도시철도운전규칙상 무인운전 시의 준수사항으로 옳지 않은 것은?

㉮ 관제실에서 열차의 운행상태를 실시간으로 감시 및 조치할 수 있을 것
㉯ 운전 모드를 변경하여 수동운전을 하려는 경우에는 관제실과의 통신에 이상이 없음을 먼저 확인할 것
㉰ 열차 내의 간이운전대에는 승객이 임의로 다룰 수 없도록 잠금장치가 설치되어 있을 것
㉱ 간이운전대의 개방이나 운전 모드(mode)의 변경은 도시철도운영자의 사전 승인을 받을 것

해설 **무인운전 시의 안전 확보 등**(도시철도운전규칙 제32조의2)
도시철도운영자가 열차를 무인운전으로 운행하려는 경우에는 다음 각 호의 사항을 준수하여야 한다.
1. 관제실에서 열차의 운행상태를 실시간으로 감시 및 조치할 수 있을 것
2. 열차 내의 간이운전대에는 승객이 임의로 다룰 수 없도록 잠금장치가 설치되어 있을 것
3. 간이운전대의 개방이나 운전 모드(mode)의 변경은 관제실의 사전 승인을 받을 것
4. 운전 모드를 변경하여 수동운전을 하려는 경우에는 관제실과의 통신에 이상이 없음을 먼저 확인할 것
5. 승차・하차 시 승객의 안전 감시나 시스템 고장 등 긴급상황에 대한 신속한 대처를 위하여 필요한 경우에는 열차와 정거장 등에 안전요원을 배치하거나 안전요원이 순회하도록 할 것
6. 무인운전이 적용되는 구간과 무인운전이 적용되지 아니하는 구간의 경계 구역에서의 운전 모드 전환을 안전하게 하기 위한 규정을 마련해 놓을 것
7. 열차 운행 중 다음 각 목의 긴급상황이 발생하는 경우 승객의 안전을 확보하기 위한 조치 규정을 마련해 놓을 것
  가. 열차에 고장이나 화재가 발생하는 경우
  나. 선로 안에서 사람이나 장애물이 발견된 경우
  다. 그 밖에 승객의 안전에 위험한 상황이 발생하는 경우

028 다음은 도시철도운전규칙상 도시철도운영자가 열차를 무인운전으로 운행하려는 경우의 준수사항 내용이다. 옳지 않은 것은?

㉮ 운전 모드를 변경하여 수동운전을 하려는 경우에는 운전실과의 통신에 이상이 없음을 먼저 확인할 것
㉯ 간이운전대의 개방이나 운전 모드(mode)의 변경은 관제실의 사전 승인을 받을 것
㉰ 승차・하차 시 승객의 안전 감시나 시스템 고장 등 긴급 상황에 대한 신속한 대처를 위하여 필요한 경우에는 열차와 정거장 등에 안전요원을 배치하거나 안전요원이 순회하도록 할 것
㉱ 무인운전이 적용되는 구간과 무인운전이 적용되지 아니하는 구간의 경계구역에서의 운전 모드 전환을 안전하게 하기 위한 규정을 마련해 놓을 것

정답 027 ㉱ 028 ㉮

029 도시철도운전규칙상 도시철도운영자가 열차를 무인운전으로 운행하려는 경우 열차 운행 중 긴급상황이 발생하는 경우를 대비해 승객의 안전을 확보하기 위한 조치 규정을 마련해 놓아야 하는데 긴급사항의 내용으로 옳지 않은 것은?

㉮ 주회로 차단기가 작동되지 않아 제동에 문제가 생긴 경우
㉯ 선로 안에서 사람이나 장애물이 발견된 경우
㉰ 열차에 고장이나 화재가 발생하는 경우
㉱ 승객의 안전에 위험한 상황이 발생하는 경우

030 도시철도운전규칙상 맨 앞의 차량에서 운전하지 않아도 되는 경우로 옳은 것은?

㉮ 무인운전 ㉯ 구원운전 ㉰ 추진운전 ㉱ 퇴행운전

031 도시철도운영자는 운전사고, 운전 장애 등으로 열차를 정상적으로 운전할 수 없을 때에 운전정리를 하여야 하는데 고려사항으로 옳지 않은 것은?

㉮ 열차의 종류 ㉯ 종착역 ㉰ 도착지 ㉱ 접속

032 도시철도운전규칙에서 열차의 운전 진로에 대한 설명이다. 옳지 않은 것은?

㉮ 열차의 운전방향을 구별하여 운전하는 한 쌍의 선로에서 열차의 운전 진로는 우측으로 한다.
㉯ 좌측으로 운전하는 기존의 선로에 직통으로 연결하여 운전하는 경우에는 운전진로를 좌측으로 할 수 있다.
㉰ 구내운전 시에는 운전진로를 달리할 수 있다.
㉱ 시험운전을 하는 경우에는 운전진로를 달리할 수 없다.

해설 **운전 진로**(도시철도운전규칙 제36조)
① 열차의 운전방향을 구별하여 운전하는 한 쌍의 선로에서 열차의 운전 진로는 우측으로 한다. 다만, 좌측으로 운전하는 기존의 선로에 직통으로 연결하여 운전하는 경우에는 좌측으로 할 수 있다.
② 다음 각 호의 어느 하나에 해당하는 경우에는 제1항에도 불구하고 운전 진로를 달리할 수 있다.
1. 선로 또는 열차에 고장이 발생하여 퇴행운전을 하는 경우
2. 구원열차(救援列車)나 공사열차(工事列車)를 운전하는 경우
3. 차량을 결합·해체하거나 차선을 바꾸는 경우
4. 구내운전(構內運轉)을 하는 경우
5. 시험운전을 하는 경우
6. 운전사고 등으로 인하여 일시적으로 단선운전(單線運轉)을 하는 경우
7. 그 밖에 특별한 사유가 있는 경우

정답 029 ㉮ 030 ㉯ 031 ㉯ 032 ㉱

033 도시철도운전규칙상 운전 진로를 달리할 수 있는 경우로서 옳지 않은 것은?

㉮ 선로 또는 열차에 고장이 발생하여 퇴행운전을 하는 경우
㉯ 구원열차나 공사열차 운전하는 경우
㉰ 구내운전을 하는 경우
㉱ 운전사고 등으로 일시적으로 복선운전을 하는 경우

034 도시철도운전규칙상 운전 진로를 달리할 수 있는 경우로서 옳지 않은 것은?

㉮ 차량을 결합·해체하거나 차선을 바꾸는 경우
㉯ 시험운전을 하는 경우
㉰ 구원열차나 공사열차를 운전하는 경우
㉱ 선로 또는 열차에 고장이 발생하여 회송운전을 하는 경우

035 도시철도운전규칙상 1폐색구간에 2개 이상의 열차를 동시에 운전시킬 수 있는 경우로 옳지 않은 것은?

㉮ 두 개의 열차를 결합하여 운전하는 경우
㉯ 고장난 열차가 있는 폐색구간에서 구원열차를 운전하는 경우
㉰ 다른 열차의 차선 바꾸기 지시에 따라 차선을 바꾸기 위하여 운전하는 경우
㉱ 선로 불통으로 폐색구간에서 공사열차를 운전하는 경우

> **해설** **폐색구간**(도시철도운전규칙 제37조)
> ① 본선은 폐색구간으로 분할하여야 한다. 다만, 정거장 안의 본선은 그러하지 아니하다.
> ② 폐색구간에서는 둘 이상의 열차를 동시에 운전할 수 없다. 다만, 다음 각 호의 어느 하나에 해당하는 경우에는 그러하지 아니하다.
> 1. 고장난 열차가 있는 폐색구간에서 구원열차를 운전하는 경우
> 2. 선로 불통으로 폐색구간에서 공사열차를 운전하는 경우
> 3. 다른 열차의 차선 바꾸기 지시에 따라 차선을 바꾸기 위하여 운전하는 경우
> 4. 하나의 열차를 분할하여 운전하는 경우

정답 033 ㉱ 034 ㉱ 035 ㉮

036 도시철도운전규칙에서 1폐색구간에 2개 이상의 열차를 동시에 운전시킬 수 있는 경우로 옳지 않은 것은?

㉮ 다른 열차의 차선 바꾸기 지시에 따라 차선을 바꾸기 위하여 운전하는 경우
㉯ 고장열차가 있는 폐색구간에서 구원열차를 운전하는 경우
㉰ 시험운전하기 위하여 두 개의 열차를 운전하는 경우
㉱ 선로 불통으로 폐색구간에서 공사열차를 운전하는 경우

037 다음 중 도시철도운전규칙에서 동일 폐색구간에 2 이상의 열차를 동시에 운행할 수 없는 경우로 옳지 않은 것은?

㉮ 고장난 열차가 있는 폐색구간에서 구원열차를 운전하는 경우
㉯ 선로 불통으로 폐색구간에서 시험열차를 운전하는 경우
㉰ 다른 열차의 차선 바꾸기 지시에 따라 차선을 바꾸기 위하여 운전하는 경우
㉱ 하나의 열차를 분할하여 운전하는 경우

038 다음은 도시철도운전규칙상 추진운전이나 퇴행운전을 할 수 있는 경우이다. 옳지 않은 것은?

㉮ 구내운전을 하는 경우
㉯ 시설 또는 차량의 시험을 위하여 시험운전을 하는 경우
㉰ 차량을 결합·해체하거나 차선을 바꾸는 경우
㉱ 운전사고 등으로 인하여 일시적으로 단선운전을 하는 경우

해설 **추진운전과 퇴행운전**(도시철도운전규칙 제38조)
① 열차는 추진운전이나 퇴행운전을 하여서는 아니된다. 다만, 다음 각 호의 어느 하나에 해당하는 경우에는 그러하지 아니하다.
1. 선로나 열차에 고장이 발생한 경우
2. 공사열차나 구원열차를 운전하는 경우
3. 차량을 결합·해체하거나 차선을 바꾸는 경우
4. 구내운전을 하는 경우
5. 시설 또는 차량의 시험을 위하여 시험운전을 하는 경우
6. 그 밖에 특별한 사유가 있는 경우
② 노면전차를 퇴행운전하는 경우에는 주변 차량 및 보행자들의 안전을 확보하기 위한 대책을 마련하여야 한다.

정답 036 ㉰ 037 ㉯ 038 ㉱

039 다음은 도시철도운전규칙상 추진운전이나 퇴행운전을 할 수 있는 경우이다. 옳지 않은 것은?

㉮ 선로나 열차에 고장이 발생한 경우
㉯ 공사열차나 구원열차를 운전하는 경우
㉰ 회송열차를 운전하는 경우
㉱ 구내운전을 하는 경우

040 도시철도운전규칙상 퇴행운전할 수 있는 경우로 옳지 않은 것은?

㉮ 선로나 열차에 고장이 발생한 경우
㉯ 공사열차나 구원열차를 운전하는 경우
㉰ 구내운전을 하는 경우
㉱ 지령운전을 하는 경우

041 다음은 도시철도운전규칙에 관한 내용이다. 옳지 않은 것은?

㉮ 본선은 폐색구간으로 분할하여야 한다. 다만, 정거장 안의 측선은 그러하지 아니하다.
㉯ 둘 이상의 열차는 동시에 출발시키거나 도착시켜서는 아니 된다.
㉰ 정거장 외의 본선에서는 승객을 승차·하차시키기 위하여 열차를 정지시킬 수 없다.
㉱ 도시철도운영자는 공사나 그 밖의 사유로 선로를 차단할 필요가 있을 때에는 미리 계획을 수립한 후 그 계획에 따라야 한다.

042 다음은 도시철도운전규칙에 관한 내용이다. 옳지 않은 것은?

㉮ 정거장 외의 본선에서는 승객을 승차·하차시키기 위하여 열차를 정지시킬 수 없다.
㉯ 긴급한 조치가 필요해 선로를 차단할 경우에는 도시철도운영자의 지시에 따라 이를 행한다.
㉰ 둘 이상의 열차는 동시에 출발시키거나 도착시켜서는 아니 된다. 다만, 열차의 안전운전에 지장이 없도록 신호 또는 제어설비 등을 완전하게 갖춘 경우에는 그러하지 아니하다.
㉱ 열차 등은 진행을 지시하는 신호가 있을 때에는 지정속도로 그 표시지점을 지나 다음 신호기까지 진행할 수 있다.

정답 039 ㉰ 040 ㉱ 041 ㉮ 042 ㉯

해설 **선로의 차단**(도시철도운전규칙 제41조)
도시철도운영자는 공사나 그 밖의 사유로 선로를 차단할 필요가 있을 때에는 미리 계획을 수립한 후 그 계획에 따라야 한다. 다만, 긴급한 조치가 필요한 경우에는 운전업무를 총괄하는 사람(이하 "관제사"라 한다)의 지시에 따라 선로를 차단할 수 있다.

043 도시철도운전규칙에서 노면전차에 관한 설명으로 옳지 않은 것은?

㉮ 시계운전 시 교차로에서 앞서가는 열차를 따라서 동시에 통과하지 않아야 한다.
㉯ 노면전차의 경우 도로교통과 주행선로를 공유하는 구간에서 「도시철도운전규칙」에 따른 최고속도를 초과하지 않도록 열차의 운전속도를 정해야 한다.
㉰ 도로에 설치하는 선로전환기는 보행자의 안전을 위해 열차가 충분히 접근하였을 때에 작동해야 한다.
㉱ 도로에 설치하는 선로전환기는 운전자가 선로전환기의 개통 방향을 확인할 수 있어야 한다.

044 도시철도운전규칙상 차량의 결합·해체 등에 관한 내용이다. 옳지 않은 것은?

㉮ 차량을 결합·해체할 때에는 신호에 따라 하여야 한다.
㉯ 차량의 차선을 바꿀 때에는 역장의 지시에 따라 행하여야 한다.
㉰ 본선을 이용하여 차량을 결합·해체하거나 열차 등의 차선을 바꾸는 경우에는 다른 열차 등과의 충돌을 방지하기 위한 안전조치를 하여야 한다.
㉱ 정거장이 아닌 곳에서 본선을 이용하여 차량을 결합·해체하거나 차선을 바꾸어서는 아니 된다.

해설 **차량의 결합·해제 등**(도시철도운전규칙 제45조)
① 차량을 결합·해체하거나 차량의 차선을 바꿀 때에는 신호에 따라 하여야 한다.
② 본선을 이용하여 차량을 결합·해체하거나 열차 등의 차선을 바꾸는 경우에는 다른 열차 등과의 충돌을 방지하기 위한 안전조치를 하여야 한다.
차량결합 등의 장소(도시철도운전규칙 제46조)
정거장이 아닌 곳에서 본선을 이용하여 차량을 결합·해체하거나 차선을 바꾸어서는 아니 된다. 다만, 충돌방지 등 안전조치를 하였을 때에는 그러하지 아니하다.

정답 043 ㉯ 044 ㉯

045 도시철도운전규칙상 선로전환기의 쇄정 및 정위치 유지의 설명으로 옳지 않은 것은?

㉮ 본선의 선로전환기는 이와 관계있는 신호장치와 연동쇄정을 하여 사용하여야 한다.

㉯ 선로전환기를 사용한 후에는 지체 없이 미리 정하여진 위치에 두어야 한다.

㉰ 노면전차의 경우 도로에 설치하는 선로전환기는 열차가 접근하기 전에 작동하여야 한다.

㉱ 노면전차의 경우 도로에 설치하는 선로전환기는 운전자가 선로전환기의 개통 방향을 확인할 수 있어야 한다.

> **해설** **선로전환기의 쇄정 및 정위치 유지**(도시철도운전규칙 제47조)
> 1. 본선의 선로전환기는 이와 관계있는 신호장치와 연동쇄정(聯動鎖錠)을 하여 사용하여야 한다.
> 2. 선로전환기를 사용한 후에는 지체 없이 미리 정하여진 위치에 두어야 한다.
> 3. 노면전차의 경우 도로에 설치하는 선로전환기는 보행자 안전을 위해 열차가 충분히 접근하였을 때에 작동하여야 하며, 운전자가 선로전환기의 개통 방향을 확인할 수 있어야 한다.

046 도시철도운전규칙상 열차의 운전에 대한 설명이다. 옳지 않은 것은?

㉮ 열차 등의 운전은 열차 등의 종류에 따라「철도안전법」제10조 제1항에 따른 운전면허를 소지한 사람이 하여야 한다.

㉯ 차량을 결합·해체하거나 차선을 바꾸는 경우 또는 그 밖에 특별한 사유가 있는 경우에는 열차에 함께 편성되기 전에는 정거장 외의 본선을 운전할 수 있다.

㉰ 열차는 맨 앞의 차량에서 운전하여야 한다. 다만, 추진운전, 퇴행운전 또는 자동운전을 하는 경우에는 그러하지 아니하다.

㉱ 열차는 도시철도운영자가 정하는 열차시간표에 따라 운전하여야 한다. 다만, 운전사고, 운전장애 등 특별한 사유가 있는 경우에는 그러하지 아니하다.

047 도시철도운전규칙상 열차의 운전속도에 대한 설명으로 옳지 않은 것은?

㉮ 도시철도운영자는 열차 등의 특성, 선로 및 전차선로의 구조와 강도 등을 고려하여 열차의 운전속도를 정하여야 한다.

㉯ 내리막에서는 제동거리 및 열차 등의 안전도를 고려하여 그 속도를 제한하여야 한다.

㉰ 노면전차의 경우 도로교통과 주행선로를 공유하는 구간에서는「철도안전법」제17조에 따른 최고속도를 초과하지 않도록 열차의 운전속도를 정하여야 한다.

㉱ 곡선선로에서는 제동거리 및 열차 등의 안전도를 고려하여 그 속도를 제한하여야 한다.

정답 045 ㉰ 046 ㉯ 047 ㉱

> **해설** **운전속도**(도시철도운전규칙 제48조)
> ① 도시철도운영자는 열차 등의 특성, 선로 및 전차선로의 구조와 강도 등을 고려하여 열차의 운전속도를 정하여야 한다.
> ② 내리막이나 곡선선로에서는 제동거리 및 열차 등의 안전도를 고려하여 그 속도를 제한하여야 한다.
> ③ 노면전차의 경우 도로교통과 주행선로를 공유하는 구간에서는 「도로교통법」 제17조에 따른 최고속도를 초과하지 않도록 열차의 운전속도를 정하여야 한다.

048 도시철도운전규칙상 도시철도운영자가 열차의 운전속도를 정할 때 고려하여야 하는 것으로 옳은 것은?

㉮ 내리막, 곡선선로
㉯ 열차 등의 특성, 선로 및 전차선로의 구조와 강도
㉰ 열차의 길이, 정거장의 유효장
㉱ 기관사의 경력 및 열차의 제동거리

049 도시철도운전규칙상 도시철도운영자가 운전속도를 제한하는 경우로 옳지 않은 것은?

㉮ 서행신호를 하는 경우
㉯ 추진운전이나 퇴행운전을 하는 경우
㉰ 차량을 결합·해체하거나 차선을 바꾸는 경우
㉱ 쇄정된 선로전환기를 향하여 진행하는 경우

> **해설** **속도제한**(도시철도운전규칙 제49조)
> 도시철도운영자는 다음 각 호의 어느 하나에 해당하는 경우에는 운전속도를 제한하여야 한다.
> 1. 서행신호를 하는 경우
> 2. 추진운전이나 퇴행운전을 하는 경우
> 3. 차량을 결합·해체하거나 차선을 바꾸는 경우
> 4. 쇄정(鎖錠)되지 아니한 선로전환기를 향하여 진행하는 경우
> 5. 대용폐색방식으로 운전하는 경우
> 6. 자동폐색신호의 정지신호가 있는 지점을 지나서 진행하는 경우
> 7. 차내 신호의 "0" 신호가 있은 후 진행하는 경우
> 8. 감속·주의·경계 등의 신호가 있는 지점을 지나서 진행하는 경우
> 9. 그 밖에 안전운전을 위하여 운전속도제한이 필요한 경우

050 도시철도운전규칙상 도시철도운영자가 운전속도를 제한하는 경우로 옳지 않은 것은?

㉮ 대용폐색방식으로 운전하는 경우
㉯ 자동폐색신호의 정지신호가 있는 지점을 지나서 진행하는 경우
㉰ 차내 신호의 "0" 신호가 있은 후 진행하는 경우
㉱ 서행허용표지를 지나서 진행하는 경우

정답 048 ㉯ 049 ㉱ 050 ㉱

051 도시철도운전규칙상 도시철도경영자가 운전속도를 제한하여야 하는 경우가 옳지 않은 것은?

㉮ 서행신호를 하는 경우
㉯ 차량을 결합·해체하거나 차선을 바꾸는 경우
㉰ 차내 신호의 "15" 신호가 있은 후 진행하는 경우
㉱ 대용폐색방식으로 운전하는 경우

052 도시철도운전규칙에서 도시철도경영자가 운전속도를 제한하여야 하는 경우로 적절하지 않은 것은?

㉮ 차내신호의 "0" 신호가 있은 후 진행하는 경우
㉯ 자동폐색신호의 정지신호가 있는 지점을 지나서 진행하는 경우
㉰ 열차지연으로 인한 회복운전을 지시하는 경우
㉱ 감속·주의·경계 등의 신호가 있는 지점을 지나서 진행하는 경우

053 도시철도운전규칙상 도시철도운영자가 운전속도를 제한하여야 하는 경우로 옳지 않은 것은?

㉮ 추진운전이나 퇴행운전을 하는 경우
㉯ 차량을 결합·해체하거나 차선을 바꾸는 경우
㉰ 감속·주의·경계·정지 등의 신호가 있는 지점을 지나서 진행하는 경우
㉱ 대용폐색방식에 의하여 운전하는 경우

054 도시철도운전규칙에서 정하고 있는 운전속도를 제한하여야 하는 경우로 거리가 먼 것은?

㉮ 차선을 바꾸는 경우
㉯ 차내신호의 "0"신호가 있은 후 진행하는 경우
㉰ 열차의 시험운전을 하는 경우
㉱ 자동폐색신호의 정지신호가 있는 지점을 지나서 진행하는 경우

055 다음 중 도시철도운전규칙에서 속도제한에 대한 설명으로 옳지 않은 것은?

㉮ 쇄정되지 아니한 선로전환기를 향하여 진행하는 경우에 서행운전하여야 한다.
㉯ 감속·주의·경계 등의 신호가 설치된 지점을 지나서 운전하는 경우에 서행운전하여야 한다.
㉰ 차선을 바꾸는 경우 서행운전하여야 한다.
㉱ 차내신호폐색으로 운전하는 경우에 서행운전하여야 한다.

정답 051 ㉰ 052 ㉰ 053 ㉰ 054 ㉰ 055 ㉱

056 도시철도운전규칙상 폐색방식에 대한 설명으로 옳지 않은 것은?

㉮ 열차를 운전하는 경우의 폐색방식은 일상적으로 사용하는 폐색방식(상용폐색)과 폐색장치의 고장이나 그 밖의 사유로 상용폐색방식에 따를 수 없을 때 사용하는 폐색방식(대용폐색)에 따른다.

㉯ 상용폐색방식이나 대용폐색방식을 따를 수 없을 때에는 시계운전을 한다.

㉰ 상용폐색방식이나 대용폐색방식을 따를 수 없을 때에는 전령법을 따르거나 무폐색운전을 한다.

㉱ 상용폐색방식은 자동폐색식 또는 차내신호폐색식에 따른다.

> **해설** **폐색방식의 구분**(도시철도운전규칙 제51조)
> ① 열차를 운전하는 경우의 폐색방식은 일상적으로 사용하는 폐색방식(이하 "상용폐색방식"이라 한다)과 폐색장치의 고장이나 그 밖의 사유로 상용폐색방식에 따를 수 없을 때 사용하는 폐색방식(이하 "대용폐색방식"이라 한다)에 따른다.
> ② 제1항에 따른 폐색방식에 따를 수 없을 때에는 전령법(傳令法)에 따르거나 무폐색운전을 한다.

057 도시철도운전규칙에서 사용하는 상용폐색방식으로 옳은 것은?

㉮ 차내신호폐색식 ㉯ 지령식
㉰ 통신식 ㉱ 지도통신식

> **해설** **상용폐색방식**(도시철도운전규칙 제52조)
> 상용폐색방식은 자동폐색식 또는 차내신호폐색식에 따른다.

058 도시철도운전규칙상 자동폐색구간의 장내신호기, 출발신호기 및 폐색신호기에 정지신호를 할 수 있는 장치를 갖추어야 하는 경우로 옳지 않은 것은?

㉮ 폐색구간에 열차 등이 있을 때

㉯ 폐색구간에 있는 선로전환기가 올바른 방향으로 되어 있지 아니할 때

㉰ 분기선 및 교차점에 있는 다른 열차 등이 폐색구간에 지장을 줄 때

㉱ 선로전환기가 고장났을 때

> **해설** **자동폐색식**(도시철도운전규칙 제53조)
> 자동폐색구간의 장내신호기, 출발신호기 및 폐색신호기에는 다음 각 호의 구분에 따른 신호를 할 수 있는 장치를 갖추어야 한다.
> 1. 폐색구간에 열차 등이 있을 때 : 정지신호
> 2. 폐색구간에 있는 선로전환기가 올바른 방향으로 되어 있지 아니할 때 또는 분기선 및 교차점에 있는 다른 열차 등이 폐색구간에 지장을 줄 때 : 정지신호
> 3. 폐색장치에 고장이 있을 때 : 정지신호

정답 056 ㉯ 057 ㉮ 058 ㉱

059 도시철도운전규칙상 대용폐색방식의 종류로 옳지 않은 것은?

㉮ 지도식
㉯ 지령식
㉰ 통신식
㉱ 지도통신식

> **해설** **대용폐색방식**(도시철도운전규칙 제55조)
> 대용폐색방식은 다음 각 호의 구분에 따른다.
> 1. 복선운전을 하는 경우 : 지령식 또는 통신식
> 2. 단선운전을 하는 경우 : 지도통신식

060 도시철도운전규칙상 폐색장치 및 차내신호장치의 고장으로 열차의 정상적인 운전이 불가능할 때 실시해야 하는 폐색방식은?

㉮ 지령식
㉯ 통신식
㉰ 차내신호폐색식
㉱ 지도통신식

061 도시철도운전규칙상 복선구간에서 상용폐색방식 또는 지령식에 의할 수 없을 때에 사용하여야 하는 폐색방식은?

㉮ 전령법
㉯ 통신식
㉰ 차내신호폐색식
㉱ 지도통신식

062 도시철도운전규칙상 대용폐색방식 중 지령식 및 통신식의 설명으로 옳지 않은 것은?

㉮ 폐색장치 및 차내신호장치의 고장으로 열차의 정상적인 운전이 불가능할 때에는 관제사가 폐색구간에 열차의 진입을 지시하는 지령식에 따른다.
㉯ 상용폐색방식 또는 지령식에 따를 수 없을 때에는 폐색구간에 열차를 진입시키려는 역장 또는 소장이 상대 역장 또는 소장 및 관제사와 협의하여 폐색구간에 열차의 진입을 지시하는 통신식에 따른다.
㉰ 지령식 또는 통신식에 따르는 경우에는 관제사 및 폐색구간 양쪽의 역장 또는 소장은 전용전화기를 설치·운용하여야 한다.
㉱ 통신식에 따르는 경우 부득이한 사유로 전용전화기를 설치할 수 없거나 전용전화기에 고장이 발생하였을 때에는 전령법을 시행한다.

> **해설** **지령식 및 통신식**(도시철도운전규칙 제56조)
> 지령식 또는 통신식에 따르는 경우에는 관제사 및 폐색구간 양쪽의 역장 또는 소장은 전용전화기를 설치·운용하여야 한다. 다만, 부득이한 사유로 전용전화기를 설치할 수 없거나 전용전화기에 고장이 발생하였을 때에는 다른 전화기를 이용할 수 있다.

정답 059 ㉮ 060 ㉮ 061 ㉯ 062 ㉱

063 도시철도운전규칙에서 정하고 있는 지도통신식에 대한 설명으로 옳지 않은 것은?

㉮ 지도통신식에 따르는 경우에는 지도표 또는 지도권을 발급받은 열차만 해당 폐색구간을 운전할 수 있다.

㉯ 지도표와 지도권은 폐색구간에 열차를 진입시키려는 역장 또는 소장이 상대 역장 또는 소장 및 관제사와 협의하여 발행한다.

㉰ 열차의 기관사는 발급받은 지도표 또는 지도권을 폐색구간을 통과하기 전에 도착지의 역장 또는 소장에게 반납하여야 한다.

㉱ 지도표와 지도권에는 폐색구간 양쪽의 역 이름 또는 소 이름, 관제사, 명령번호, 열차번호 및 발행일과 시각을 적어야 한다.

해설 **지도통신식**(도시철도운전규칙 제57조)
① 지도통신식에 따르는 경우에는 지도표 또는 지도권을 발급받은 열차만 해당 폐색구간을 운전할 수 있다.
② 지도표와 지도권은 폐색구간에 열차를 진입시키려는 역장 또는 소장이 상대 역장 또는 소장 및 관제사와 협의하여 발행한다.
③ 역장이나 소장은 같은 방향의 폐색구간으로 진입시키려는 열차가 하나뿐인 경우에는 지도표를 발급하고, 연속하여 둘 이상의 열차를 같은 방향의 폐색구간으로 진입시키려는 경우에는 맨 마지막 열차에 대해서는 지도표를, 나머지 열차에 대해서는 지도권을 발급한다.
④ 지도표와 지도권에는 폐색구간 양쪽의 역 이름 또는 소(所) 이름, 관제사, 명령번호, 열차번호 및 발행일과 시각을 적어야 한다.
⑤ 열차의 기관사는 제3항에 따라 발급받은 지도표 또는 지도권을 폐색구간을 통과한 후 도착지의 역장 또는 소장에게 반납하여야 한다.

064 도시철도운전규칙에서 지도통신식에 대한 설명이다. 옳은 것은?

㉮ 지도표와 지도권은 폐색구간에 열차를 진입시키려는 역장 또는 소장이 상대 역장 또는 소장 및 운전사령과 협의하여 발행한다.

㉯ 같은 방향의 폐색구간으로 진입시키려는 열차가 연속하여 둘 이상의 열차를 같은 방향으로 폐색구간으로 진입하고자 하는 경우에는 맨 마지막 열차에 대해서는 지도권을, 나머지 열차에 대해서는 지도표를 발급한다.

㉰ 지도통신식에 따르는 경우에는 지도표 또는 지도권을 발급받은 열차만 해당 폐색구간을 운전할 수 있다.

㉱ 열차의 기관사는 발급받은 지도표 또는 지도권을 폐색구간을 통과하기 전에 도착지의 역장 또는 소장에게 반납하여야 한다.

정답 063 ㉰ 064 ㉰

065 도시철도운전규칙상 지도통신식 시행 시 연속하여 둘 이상의 열차를 같은 방향으로 진입시킬 때 맨 마지막 열차가 소지하여야 하는 것은?

㉮ 지도권 ㉯ 지도표 ㉰ 통표 ㉱ 전령자

066 도시철도운전규칙상 지도표와 지도권에 적어야 하는 것으로 옳지 않은 것은?

㉮ 양쪽의 역 이름 또는 소 이름
㉯ 관제사, 명령번호
㉰ 열차번호 및 열차 조성 수
㉱ 발행일과 시각

067 도시철도운전규칙상 열차 등이 있는 폐색구간에 다른 열차를 운전시킬 때 사용하는 대용폐색방식은?

㉮ 전령법 ㉯ 통신식
㉰ 차내신호폐색식 ㉱ 지도통신식

해설 **전령법의 시행**(도시철도운전규칙 제58조)
① 열차 등이 있는 폐색구간에 다른 열차를 운전시킬 때에는 그 열차에 대하여 전령법을 시행한다.
② 제1항에 따른 전령법을 시행할 경우에는 이미 폐색구간에 있는 열차 등은 그 위치를 이동할 수 없다.
전령자의 선정(도시철도운전규칙 제59조)
① 전령법을 시행하는 구간에는 한 명의 전령자를 선정하여야 한다.
② 제1항에 따른 전령자는 백색 완장을 착용하여야 한다.
③ 전령법을 시행하는 구간에서는 그 구간의 전령자가 탑승하여야 열차를 운전할 수 있다. 다만, 관제사가 취급하는 경우에는 전령자를 탑승시키지 아니할 수 있다.

068 도시철도운전규칙에서 정하는 전령법에 대한 설명으로 옳지 않은 것은?

㉮ 열차 등이 있는 폐색구간에 다른 열차를 운전시킬 때 그 열차에 대하여 전령법을 시행한다.
㉯ 전령자는 적색 완장을 착용하여야 한다.
㉰ 전령법을 시행할 경우에는 이미 폐색구간에 있는 열차 등은 그 위치를 이동할 수 없다.
㉱ 전령법을 시행하는 구간에는 한 명의 전령자를 선정하여야 한다.

정답 065 ㉯ 066 ㉰ 067 ㉮ 068 ㉯

069 도시철도운전규칙에서 정하고 있는 전령법 시행에 관한 설명으로 거리가 먼 것은?

㉮ 전령법 시행의 경우 이미 폐색구간에 있는 열차 등은 최근 역까지 운행 종료 후 시행한다.
㉯ 전령법을 시행하는 구간에는 한 명의 전령자를 선정하여야 한다.
㉰ 열차 등이 있는 폐색구간에 다른 열차를 운전시킬 때에는 그 열차에 대하여 전령법을 시행한다.
㉱ 전령법을 시행하는 구간에서 관제사가 취급하는 경우에는 전령자를 탑승시키지 아니할 수 있다.

070 도시철도운전규칙에서 전령자에 관한 설명이다. 옳지 않은 것은?

㉮ 전령법을 시행하는 구간에는 한 명의 전령자를 선정하여야 한다.
㉯ 전령자는 백색의 완장을 착용하여야 한다.
㉰ 전령법을 시행하는 구간에서는 그 구간의 전령자가 탑승하지 아니하고는 열차를 운전할 수 없다.
㉱ 전령법을 시행하는 구간에서 관제사가 취급하는 경우라도 그 구간의 전령자가 탑승하지 아니하고는 열차를 운전할 수 없다.

071 도시철도운전규칙상 폐색방식에 속하지 않는 것은?

㉮ 차내신호폐색식   ㉯ 통표식
㉰ 통신식   ㉱ 지령식

072 도시철도운전규칙상 폐색방식에 대한 설명으로 옳지 않은 것은?

㉮ 차내신호폐색식에 따르려는 경우에는 폐색구간에 있는 열차 등의 운전상태를 그 폐색구간에 진입하려는 열차의 운전실에서 알 수 있는 장치를 갖추어야 한다.
㉯ 대용폐색방식으로 복선운전을 하는 경우 지령식 또는 통신식을 따른다.
㉰ 대용폐색방식으로 단선운전을 하는 경우 지도식을 따른다
㉱ 상용폐색방식이나 대용폐색방식을 따를 수 없을 때에는 전령법을 따르거나 무폐색운전을 한다.

정답 069 ㉮ 070 ㉱ 071 ㉯ 072 ㉰

073 도시철도운전규칙에서 정하고 있는 폐색방식에 관한 설명 중 가장 적절하지 않은 것은?

㉮ 열차를 운전하는 경우의 폐색방식은 일상적으로 사용하는 상용폐색방식과 폐색장치의 고장이나 그 밖의 사유로 상용폐색방식에 따를 수 없을 때 사용하는 대용폐색방식에 따른다.
㉯ 상용폐색방식은 자동폐색식 또는 차내신호폐색식에 따른다.
㉰ 차내신호폐색식에 따르려는 경우에는 폐색구간에 있는 열차 등의 운전상태를 그 폐색구간에 진입하려는 열차의 운전실에서 알 수 있는 장치를 갖추어야 한다.
㉱ 상용폐색방식이나 대용폐색방식에 따를 수 없을 때에는 통신식에 따르거나 폐색운전을 한다.

074 도시철도운전규칙에서 정하는 대용폐색과 관련된 설명으로 옳지 않은 것은?

㉮ 폐색장치 및 차내신호장치의 고장으로 열차의 정상적인 운전이 불가능할 때에는 관제사가 폐색구간에 열차의 진입을 지시하는 지령식에 따른다.
㉯ 상용폐색방식 또는 지령식에 따를 수 없을 때에는 폐색구간에 열차를 진입시키려는 역장 또는 소장이 상대 역장 또는 소장 및 관제사와 협의하여 폐색구간에 열차의 진입을 지시하는 통신식에 따른다.
㉰ 지도통신식에 따르는 경우에는 지도표를 발급받은 열차만 해당 폐색구간을 운전할 수 있다.
㉱ 열차의 기관사는 발급받은 지도표 또는 지도권을 폐색구간을 통과한 후 도착지의 역장 또는 소장에게 반납하여야 한다.

075 도시철도운전규칙에서 형태, 색, 음 등으로 열차 등에 대하여 운전의 조건을 지시하는 것을 무엇이라 하는가?

㉮ 신호 ㉯ 전호 ㉰ 표지 ㉱ 통신

해설 **신호의 종류**(도시철도운전규칙 제60조)
도시철도의 신호의 종류는 다음 각 호와 같다.
1. 신호 : 형태·색·음 등으로 열차 등에 대하여 운전의 조건을 지시하는 것
2. 전호(傳號) : 형태·색·음 등으로 직원 상호간에 의사를 표시하는 것
3. 표지 : 형태·색 등으로 물체의 위치·방향·조건을 표시하는 것

정답 073 ㉱ 074 ㉰ 075 ㉮

076 다음 중 도시철도운전규칙에서 신호의 방식에 대한 설명으로 옳지 않은 것은?

㉮ 주간과 야간의 신호방식을 달리하는 경우에는 일출부터 일몰까지는 주간의 방식, 일몰부터 다음날 일출까지는 야간방식에 따라야 한다.
㉯ 차내신호방식 및 지하구간에서의 신호방식은 야간방식에 따른다.
㉰ 신호가 필요한 장소에 신호가 없을 때 또는 그 신호가 분명하지 아니할 때에는 정지신호가 있는 것으로 본다.
㉱ 상설신호기 또는 임시신호기의 신호와 수신호가 각각 다를 때에는 열차 등에 가장 적은 제한을 붙인 신호에 따라야 한다.

077 다음 중 도시철도운전규칙에서 신호의 방식에 대한 설명으로 옳지 않은 것은?

㉮ 차내신호방식에서의 신호방식은 주간방식에 따른다.
㉯ 일출부터 일몰까지의 사이에 기상상태로 인하여 상당한 거리로부터 주간방식에 따른 신호를 확인하기 곤란할 때에는 야간방식에 따른다.
㉰ 지하구간에서의 신호는 야간방식에 따른다.
㉱ 하나의 신호는 하나의 선로에서 하나의 목적으로 사용되어야 한다. 다만, 진로표시기를 부설한 신호기는 그러하지 아니하다.

078 다음 중 도시철도운전규칙에서 신호에 대한 설명으로 옳지 않은 것은?

㉮ 진로표시기를 부설한 신호기는 하나의 목적으로 사용하지 않아도 된다.
㉯ 신호가 필요한 장소에 신호가 없을 때 또는 그 신호가 분명하지 아니할 때에는 정지신호가 있는 것으로 본다.
㉰ 상설신호기는 일정한 장소에서 색등 또는 신호에 의하여 열차 등의 운전조건을 지시하는 신호기를 말한다.
㉱ 상설신호기의 신호와 임시신호기의 신호가 각각 다른 경우로 사전에 통보가 있었을 때에는 통보된 신호에 따른다.

정답 076 ㉱ 077 ㉮ 078 ㉰

079 다음 중 도시철도운전규칙에서 정하는 상설신호기의 종류에 해당하지 않는 것은?

㉮ 주신호기 ㉯ 종속신호기
㉰ 신호부속기 ㉱ 임시신호기

해설 **상설신호기의 종류**(도시철도운전규칙 제65조)
상설신호기의 종류와 기능은 다음 각 호와 같다.
1. 주신호기
   가. 차내신호기 : 열차 등의 가장 앞쪽의 운전실에 설치하여 운전조건을 지시하는 신호기
   나. 장내신호기 : 정거장에 진입하려는 열차 등에 대하여 신호기 뒷방향으로의 진입이 가능한지를 지시하는 신호기
   다. 출발신호기 : 정거장에서 출발하려는 열차 등에 대하여 신호기 뒷방향으로의 진입이 가능한지를 지시하는 신호기
   라. 폐색신호기 : 폐색구간에 진입하려는 열차 등에 대하여 운전조건을 지시하는 신호기
   마. 입환신호기 : 차량을 결합·해체하거나 차선을 바꾸려는 차량에 대하여 신호기 뒷방향으로의 진입이 가능한지를 지시하는 신호기
2. 종속신호기
   가. 원방신호기 : 장내신호기 및 폐색신호기에 종속되어 그 신호상태를 예고하는 신호기
   나. 중계신호기 : 주신호기에 종속되어 그 신호상태를 중계하는 신호기
3. 신호부속기
   가. 진로표시기 : 장내신호기, 출발신호기, 진로개통표시기 또는 입환신호기에 부속되어 열차 등에 대하여 그 진로를 표시하는 것
   나. 진로개통표시기 : 차내신호기를 사용하는 본선로의 분기부에 설치하여 진로의 개통상태를 표시하는 것

080 다음 중 도시철도운전규칙에서 정하는 상설신호기 중 주신호기에 해당하지 않는 것은?

㉮ 차내신호기 ㉯ 입환신호기
㉰ 원방신호기 ㉱ 폐색신호기

081 다음 중 도시철도운전규칙에서 정하는 상설신호기 중 종속신호기에 해당하는 것은?

㉮ 출발신호기 ㉯ 장내신호기
㉰ 중계신호기 ㉱ 폐색신호기

082 도시철도운전규칙에서 정하는 종속신호기와 신호부속기로 옳지 않은 것은?

㉮ 진로표시기 ㉯ 중계신호기
㉰ 진로개통표시기 ㉱ 진로예고기

정답 079 ㉱ 080 ㉰ 081 ㉰ 082 ㉱

083 다음 중 도시철도운전규칙에서 상설신호기에 대한 설명으로 옳지 않은 것은?

㉮ 차내신호기는 열차 등의 가장 앞쪽의 운전실에 설치하여 운전조건을 지시하는 신호기
㉯ 중계신호기는 주신호기에 종속되어 그 신호상태를 중계하는 신호기
㉰ 진로표시기는 선로의 개통상태를 표시하는 신호기
㉱ 원방신호기는 장내 및 폐색신호기에 종속되어 그 신호상태를 예고하는 신호기

084 도시철도규칙에서 상설신호기에 대한 설명으로 옳지 않은 것은?

㉮ 원방신호기 : 장내신호기 및 폐색신호기에 종속되어 그 신호상태를 예고하는 신호기
㉯ 중계신호기 : 주신호기에 종속되어 그 신호상태를 중계하는 신호기
㉰ 진로개통표시기 : 장내신호기, 출발신호기 또는 폐색신호기에 부속되어 열차 등에 대하여 그 진로를 표시하는 것.
㉱ 출발신호기 : 정거장에서 출발하려는 열차 등에 대하여 신호기 뒷 방향으로의 진입이 가능한지를 지시하는 신호기

085 도시철도운전규칙에서 정해진 상설신호기의 신호방식으로 옳지 않은 것은?

㉮ 차내신호기·진행신호는 지령속도를 표시
㉯ 폐색(색등식)신호기 : 진행신호는 녹색등
㉰ 장내(색등식)신호기 : 주의신호는 등황색등
㉱ 입환(색등식)신호기 : 진행신호는 녹색등

086 도시철도운전규칙에서 정해진 상설신호기의 신호방식으로 옳지 않은 것은?

㉮ 차내신호기 : 정지신호는 "0" 속도를 표시
㉯ 폐색(색등식)신호기 : 진행신호는 녹색등
㉰ 장내(색등식)신호기 : 주의신호는 등황색등
㉱ 출발(색등식)신호기 : 감속신호는 상하위 등황색등

정답 083 ㉰ 084 ㉰ 085 ㉱ 086 ㉱

087 다음 중 도시철도운전규칙에서 상설신호기의 신호현시 방식에 대한 설명으로 옳지 않은 것은?

㉮ 폐색신호기의 감속신호는 상위 등황색등, 하위 녹색등을 현시한다.
㉯ 신호부속기인 진로개통표시기는 진로가 개통되었을 경우 등황색등을 현시한다.
㉰ 원방신호기는 주신호기가 정지신호를 할 경우 등황색등을 현시한다.
㉱ 장내신호기가 적색등을 현시할 경우 종속신호기인 중계신호기는 등황색등을 현시 한다.

088 다음 중 도시철도운전규칙에서 임시신호기의 종류로 옳지 않은 것은?

㉮ 서행신호기
㉯ 서행예고신호기
㉰ 서행완료신호기
㉱ 서행해제신호기

해설 **임시신호기의 종류**(도시철도운전규칙 제68조)
임시신호기의 종류는 다음 각 호와 같다.
1. 서행신호기 : 서행운전을 필요로 하는 구역에 진입하는 열차 등에 대하여 그 구간을 서행할 것을 지시하는 신호기
2. 서행예고신호기 : 서행신호기가 있을 것임을 예고하는 신호기
3. 서행해제신호기 : 서행운전구역을 지나 운전하는 열차 등에 대하여 서행 해제를 지시하는 신호기

089 다음 중 도시철도운전규칙에서 임시신호기에 대한 설명으로 옳지 않은 것은?

㉮ 서행신호기는 서행운전을 필요로 하는 구역에 진입하는 열차 등에 대하여 그 구간을 서행할 것을 지시하는 신호기이다.
㉯ 선로가 일시 정상운전을 하지 못하는 상태일 때에는 그 구역의 앞쪽에 임시신호기를 설치하여야 한다.
㉰ 서행예고신호기는 서행신호기가 있을 것임을 예고하는 신호기이다.
㉱ 서행해제신호기는 서행운전구역에 운전 중인 열차 등에 대해 서행 해제를 지시하는 신호기이다.

정답 087 ㉱ 088 ㉰ 089 ㉱

090 다음 중 도시철도운전규칙에서 임시신호기에 대한 설명이다. 옳지 않은 것은?

㉮ 임시신호기의 표지의 배면과 배면광은 백색으로 하고, 서행신호기에는 지정속도를 표시하여야 한다.
㉯ 서행신호기는 서행운전을 필요로 하는 구역에 진입하는 열차 등에 대하여 그 구간을 서행할 것을 지시하는 신호기로 주간에는 백색 태두리의 황색 원판이다.
㉰ 서행예고신호기는 서행신호기가 있을 것임을 예고하는 신호기로 주간에는 백색 삼각형무늬 3개를 그린 3각형판이다.
㉱ 서행해제신호기는 서행운전구역을 지나 운전하는 열차 등에 대하여 서행 해제를 지시하는 신호기로 주간에는 백색 태두리의 녹색 원판이다.

091 도시철도운전규칙에서 주간에 부득이한 경우 두 팔을 높이 들거나 녹색기 외의 물체를 급격히 흔드는 것으로 대신하는 수신호 방식은?

㉮ 비상신호   ㉯ 정지신호   ㉰ 서행신호   ㉱ 퇴거신호

092 도시철도운전규칙에서 적색기와 녹색기를 머리 위로 높이 교차하는 수신호 방식은?

㉮ 접근신호   ㉯ 정지신호   ㉰ 서행신호   ㉱ 퇴거신호

093 도시철도운전규칙상 다음 중 야간에 실시하는 수신호의 서행신호 방식은?

㉮ 적색등
㉯ 녹색등
㉰ 명멸하는 적색등
㉱ 명멸하는 녹색등

094 도시철도운전규칙에서 전호의 종류에 해당되지 않는 것은?

㉮ 출발전호   ㉯ 기적전호   ㉰ 입환전호   ㉱ 연결전호

정답 090 ㉰ 091 ㉯ 092 ㉰ 093 ㉱ 094 ㉱

095 다음 중 도시철도운전규칙에서 입환전호 방식의 설명으로 옳은 것은?

㉮ 접근전호 : 주간에는 녹색기, 야간에는 백색등을 좌우로 흔든다.
㉯ 서행전호 : 주간에는 녹색기, 야간에는 깜빡이는 백색등을 흔든다.
㉰ 퇴거전호 : 주간에는 녹색기, 야간에는 녹색등을 상하로 흔든다.
㉱ 근소접근전호 : 주간에는 주황색기, 야간에는 적색등을 전후로 흔든다.

096 다음 중 도시철도운전규칙에서 전호의 설명으로 옳은 것은?

㉮ 승객안전설비를 갖추고 차장을 승무시키지 아니한 경우에는 출발전호를 하지 않아도 된다.
㉯ 비상사고가 발생한 경우 및 위험을 경고할 경우의 전호는 불꽃전호에 의한다.
㉰ 야간에 녹색등을 좌우로 흔드는 것은 입환전호 중 서행전호이다.
㉱ 부득이 주간에 한 팔을 상하로 움직이는 것으로 대신하는 것은 입환전호 중 접근전호이다.

097 도시철도운전규칙상 신호에 대한 설명이 옳지 않은 것은?

㉮ 선로의 지장으로 인하여 열차 등을 정지시키거나 서행시킬 경우, 임시신호기에 따를 수 없을 때에는 지장지점으로부터 200미터 이상의 앞 지점에서 정지수신호를 하여야 한다.
㉯ 도시철도운영자는 열차 등의 안전운전에 지장이 없도록 운전관계 표지를 설치하여야 한다.
㉰ 입환신호기는 차량을 결합·해체하거나 차선을 바꾸려는 차량에 대하여 신호기 뒷방향으로의 진입이 가능한지를 지시하는 신호기이다.
㉱ 신호부속기 종류에는 진로표시기, 진로개통표시기, 진로예고기가 있다.

정답 095 ㉰ 096 ㉮ 097 ㉱

098 도시철도운전규칙에서 수신호 및 표지의 설명으로 옳지 않은 것은?

㉮ 수신호는 신호기를 설치하지 아니한 경우 또는 신호기를 사용하지 못할 경우에 한다.
㉯ 야간에 명멸하는 녹색등의 수신호는 진행신호이다.
㉰ 선로의 지장으로 인하여 열차 등을 정지시키거나 서행시킬 경우, 임시신호기에 따를 수 없을 때에는 지장지점으로부터 200미터 이상의 앞 지점에서 정지수신호를 하여야 한다.
㉱ 도시철도운영자는 열차 등의 안전운전에 지장이 없도록 운전관계 표지를 설치하여야 한다.

099 도시철도운전규칙에서 다음 〈보기〉의 빈칸에 들어갈 말로 알맞게 짝지어진 것은?

〈보기〉
- 도시철도운영자는 선로·전차선로 또는 운전보안장치를 신설·이설 또는 개조한 경우 그 설치상태 또는 운전체계의 점검과 종사자의 업무 숙달을 위하여 정상운전을 하기 전에 (   )일 이상 시험운전을 하여야 한다.
- 열차의 비상제동거리는 (   )미터 이하로 하여야 한다.
- 선로의 지장으로 인하여 열차 등을 정지시키거나 서행시킬 경우, 임시신호기에 따를 수 없을 때에는 지장지점으로부터 (   )미터 이상의 앞 지점에서 정지수신호를 하여야 한다.

㉮ 30 / 400 / 400
㉯ 30 / 600 / 200
㉰ 60 / 600 / 200
㉱ 90 / 600 / 400

정답 098 ㉯ 099 ㉰

부록

철도관련법 기출문제

2019년 제2회 철도차량운전면허 기출문제(철도관련법)
2019년 제3회 철도차량운전면허 기출문제(철도관련법)
2020년 제1회 철도차량운전면허 기출문제(철도관련법)
2020년 제2회 철도차량운전면허 기출문제(철도관련법)
2020년 제3회 철도차량운전면허 기출문제(철도관련법)
2021년 10월 CBT 제2종 철도차량운전면허 기출문제(철도관련법)
2021년 11월 CBT 제2종 철도차량운전면허 기출문제(철도관련법)
2021년 12월 CBT 제2종 철도차량운전면허 기출문제(철도관련법)

※ 이 기출문제는 시험 당시의 기준으로 복원되었기에 법령에 차이가 있을 수 있습니다.

2019년 제2회 철도차량운전면허 기출문제(철도관련법)

01 철도안전법상 고속철도차량 운전면허 필기시험 과목으로 옳지 않은 것은?

㉮ 철도관련법
㉯ 고속철도차량의 구조 및 기능
㉰ 고속철도 운전 관련 규정
㉱ 비상시 조치 등

02 철도안전법에서 제2종 전기차량 운전면허 면허 소지자가 디젤 차량 운전면허 취득 시 필요한 교육시간은?

㉮ 50시간　　㉯ 70시간　　㉰ 105시간　　㉱ 130시간

03 철도안전법상 안전관리체계 승인 신청절차에 관한 사항으로 옳지 않은 것은?

㉮ 철도운영자가 안전관리체계를 승인받으려는 경우에는 철도운용 또는 철도시설 관리 개시예정일 90일 전까지 승인신청서에 서류를 첨부하여 국토교통부장관에게 제출하여야 한다.
㉯ 철도안전관리시스템에 관한 서류는 철도안전경영, 문서화, 위험관리 등 11가지이다.
㉰ 열차운행체계에 관한 서류는 철도운영 개요, 열차 운행계획, 철도운전면허, 철도관제 업무 등 10가지이다.
㉱ 유지관리체계에 관한 서류는 유지관리 개요, 유지관리 이행계획, 철도차량 제작감독 등 9가지이다.

정답 01 ㉮　02 ㉱　03 ㉰

04 철도안전법상 철도차량 운전면허의 취소 또는 효력 정지 사유로 옳은 것은?

㉮ 한쪽 귀의 청력을 잃은 사람
㉯ 술을 마신 상태의 기준(혈중 알코올 농도 0.02 퍼센트 이상 0.1 퍼센트 미만)에서 운전하다 적발되고 최근 1년 이내에 재차 적발된 경우
㉰ 한쪽 눈의 시력을 상실한 경우
㉱ 술을 마신 상태의 기준(혈중 알코올 농도 0.02퍼센트 이상 0.1퍼센트 미만)에서 운전하다가 철도사고를 일으킨 경우

05 철도안전법상 운전교육훈련기관의 지정취소 및 업무 정지기준으로 옳은 것은?

㉮ 거짓이나 그 밖의 부정한 방법으로 지정을 받은 경우 : 1차는 업무정지 1개월
㉯ 정당한 사유 없이 운전교육훈련 업무를 거부한 경우 : 2차는 경고
㉰ 운전교육훈련에 필요한 강의실 등 시설 내역서가 지정기준에 맞지 아니한 경우 : 1차는 경고 또는 보완명령
㉱ 업무정지 기간 중 교육훈련 업무를 한 경우 : 1차는 업무정지 3개월

06 철도안전법상 철도차량 운전면허 갱신에 관한 사항으로 옳지 않은 것은?

㉮ 운전면허의 유효기간은 10년(50세 이상은 5년)으로 한다.
㉯ 운전면허의 갱신을 받지 아니하면 운전면허의 유효기간이 만료되는 날의 다음 날부터 그 운전면허의 효력이 정지된다.
㉰ 국토교통부장관은 운전면허 취득자에게 그 운전면허의 유효기간이 만료되기 전에 국토교통부령으로 정하는 바에 따라 운전면허 갱신에 관한 내용을 통지하여야 한다.
㉱ 운전면허의 효력이 정지된 사람이 6개월의 범위에서 대통령령으로 정하는 기간 내에 운전면허의 갱신을 신청하여 운전면허의 갱신을 받지 아니하면 그 기간이 만료되는 날의 다음 날부터 그 운전면허는 효력을 잃는다.

정답 04 ㉯ 05 ㉰ 06 ㉮

07 철도안전법상 과태료 금액으로 옳지 않은 것은?

㉮ 변경승인을 받지 않고 안전관리체계를 변경한 경우(1회 위반) : 300만원
㉯ 여객열차에서 흡연행위를 한 경우(1회 위반) : 5만원
㉰ 선로 또는 국토교통부령으로 정하는 철도시설에 철도운영자의 승낙 없이 출입한 사람(1회 위반) : 30만원
㉱ 철도종사자의 직무상 지시에 따르지 않은 경우(2회 위반) : 600만원

08 철도안전법상 종합시험운행에 관한 내용으로 옳지 않은 것은?

㉮ 종합시험운행의 실시 시기·방법·기준과 개선·시정명령 등에 필요한 사항은 국토교통부령으로 정한다.
㉯ 철도운영자는 종합시험운행을 실시하기 전에 철도시설관리자와 협의하여 종합시험운행계획을 수립하여야 한다.
㉰ 철도운영자는 종합시험운행의 원활한 실시를 위하여 철도시설관리자로부터 철도차량, 소요인력 등의 지원요청이 있는 경우 특별한 사유가 없는 한 이에 응해야 한다.
㉱ 종합시험운행은 해당 철도노선의 영업을 개시하기 전에 실시한다.

09 철도안전법상 영상기록장치의 설치·운영 등에 관한 내용으로 옳은 것은?

㉮ 철도운영자 등은 영상기록장치를 설치하는 경우 운전업무종사자 등이 쉽게 인식할 수 있도록 국토교통부령으로 정하는 바에 따라 안내판 설치 등 필요한 조치를 하여야 한다.
㉯ 철도운영자 등은 필요한 경우 영상기록장치를 재편집할 수 있으며 정보를 제공할 수 있다.
㉰ 영상기록의 제공과 그 밖에 영상기록보관에 필요한 사항은 대통령령으로 정한다.
㉱ 철도운영자 등은 영상기록의 촬영시간, 보관기간, 보관장소 및 처리방법 등이 포함된 영상기록장치운영·관리지침을 마련하여야 한다.

정답 07 ㉯ 08 ㉯ 09 ㉱

10 다음 중 철도안전법에 관한 설명으로 틀린 것은?

㉮ 철도안전법은 철도안전을 확보하기 위하여 필요한 사항을 규정하고 철도안전 관리체계를 확립함으로써 공공복리의 증진에 이바지함을 목적으로 한다.
㉯ 철도안전법 시행령은 국토교통부령으로 철도안전법에 위임된 사항과 그 시행에 필요한 사항을 규정함을 목적으로 한다.
㉰ 철도안전에 관하여 다른 법률에 특별한 규정이 있는 경우를 제외하고는 철도안전법에서 정하는 바에 따른다.
㉱ 철도안전법 시행규칙은 철도안전법 및 동법 시행령에서 위임된 사항과 그 시행에 필요한 사항을 규정함을 목적으로 한다.

11 철도안전법상 철도보호지구에서의 철도차량의 안전운행을 방해할 우려가 있는 행위로서 대통령령으로 정하는 행위에 포함되지 않는 것은?

㉮ 정당한 사유 없이 여객출입금지 장소에 출입하는 행위
㉯ 전차선로에 의하여 감전될 우려가 있는 시설이나 설비를 설치하는 행위
㉰ 시설 또는 설비가 선로의 위나 밑으로 횡단하거나 선로와 나란히 되도록 설치하는 행위
㉱ 폭발물이나 인화물질 등 위험물을 제조·저장하거나 전시하는 행위

12 철도안전법상 국토교통부장관에게 즉시 보고하여야 하는 철도사고로 옳지 않은 것은?

㉮ 열차의 충돌이나 탈선사고
㉯ 철도차량이나 열차의 운행과 관련하여 3명 이상 사상자가 발생한 사고
㉰ 철도차량이나 열차의 운행과 관련하여 4천만원 이상의 재산피해가 발생한 사고
㉱ 철도차량이나 열차에서 화재가 발생하여 운행을 중지시킨 사고

13 철도안전법상 철도안전전문기술자의 구분으로 틀린 것은?

㉮ 철도신호 분야 철도안전전문기술자
㉯ 철도차량 분야 철도안전전문기술자
㉰ 전기철도 분야 철도안전전문기술자
㉱ 철도시설 분야 철도안전전문기술자

정답 10 ㉯ 11 ㉮ 12 ㉰ 13 ㉱

14 철도안전법에서 거짓이나 그 밖의 부정한 방법으로 안전관리체계의 승인을 받은 자의 벌칙으로 옳은 것은?

㉮ 5년 이하의 징역이나 5천만원 이하의 벌금
㉯ 3년 이하의 징역이나 3천만원 이하의 벌금
㉰ 2년 이하의 징역이나 2천만원 이하의 벌금
㉱ 1년 이하의 징역이나 1천만원 이하의 벌금

15 철도차량운전규칙의 정의에 대한 설명으로 옳지 않은 것은?

㉮ "열차"라 함은 본선을 운행할 목적으로 조성된 철도차량을 말한다.
㉯ "구내운전"이라 함은 정거장 내 또는 차량기지 내에서 입환신호에 의하여 열차 또는 차량을 운전하는 것을 말한다.
㉰ "조차장"이라 함은 차량의 입환 또는 열차의 조성을 위하여 사용되는 장소를 말한다.
㉱ "신호장"이라 함은 상치신호기 등 열차제어시스템을 조작, 취급하기 위하여 설치한 장소를 말한다.

16 철도차량운전규칙에서 열차의 운전방향 맨 앞 차량 운전실 외에서 운전하지 않아도 되는 경우로 옳지 않은 것은?

㉮ 선로·전차선로 또는 차량에 고장이 있는 경우
㉯ 대용폐색방식인 지도통신식으로 운전하는 경우
㉰ 철도시설 또는 철도차량을 시험하기 위하여 운전하는 경우
㉱ 정거장과 그 정거장 외의 본선 도중에서 분기하는 측선과의 사이를 운전하는 경우

17 철도차량운전규칙에서 시계운전에 의한 방법으로 복선운전 구간이나 단선운전 구간에서 모두 사용할 수 있는 것은?

㉮ 격시법   ㉯ 전령법
㉰ 지도격시법   ㉱ 지도통신식

정답 14 ㉰ 15 ㉱ 16 ㉯ 17 ㉯

18 철도차량운전규칙의 지도표와 지도권에 관한 설명으로 옳은 것은?

㉮ 지도표는 1폐색구간에 1열차당 1매로 발행한다.
㉯ 지도표는 지도권을 가지고 있는 정거장에서 서로 협의한 후 발행하여야 한다.
㉰ 지도권에는 사용구간·사용열차·발행일자 및 지도표 번호를 기입하여야 한다.
㉱ 지도식을 시행하는 구간에는 지도권을 발행하여야 한다.

19 도시철도운전규칙에서 폐색구간에 둘 이상의 열차를 동시에 운전할 수 있는 경우로 옳지 않은 것은?

㉮ 고장난 열차가 있는 폐색구간에서 구원열차를 운전하는 경우
㉯ 선로불통으로 폐색구간에서 공사열차를 운전하는 경우
㉰ 하나의 열차를 분할하여 운전하는 경우
㉱ 재해 발생 등으로 임시열차를 운전하는 경우

20 도시철도운전규칙의 입환전호 방식에서 주간의 퇴거전호로 옳은 것은?

㉮ 녹색기를 좌·우로 흔든다.
㉯ 부득이한 경우 두 팔을 높이 드는 것을 반복하는 것으로 대신할 수 있다.
㉰ 녹색기를 상·하로 흔든다.
㉱ 부득이한 경우 한 팔을 좌·우로 움직이는 것으로 대신할 수 있다.

정답 18 ㉰ 19 ㉱ 20 ㉰

2019년 제3회 철도차량운전면허 기출문제(철도관련법)

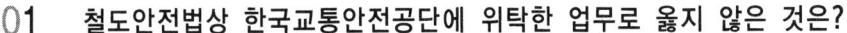

01 철도안전법상 한국교통안전공단에 위탁한 업무로 옳지 않은 것은?

㉮ 법에 따른 정비조직운영기준의 작성
㉯ 법에 따른 철도종사자의 준수사항을 위반한 자에 따른 과태료 부과, 징수
㉰ 법에 따른 운전면허시험과 관제자격증명시험의 실시
㉱ 법에 따른 안전관리체계에 대한 정기검사 또는 수시검사

02 다음 중 철도안전법상 안전관리체계의 승인에 대한 설명으로 옳지 않은 것은?

㉮ 안전관리체계를 승인받으려는 경우에는 철도운용 또는 철도시설 관리 개시예정일 90일 전까지 승인신청서에 서류를 첨부하여 국토교통부장관에게 제출한다.
㉯ 열차운행체계에 관한 서류는 철도안전관리시스템 개요, 철도운영 개요, 철도사업면허, 철도보호 및 질서유지 등 11개 서류를 제출하여야 한다.
㉰ 국토교통부장관은 법에 따른 검사 결과 안전관리체계가 지속적으로 유지되지 아니하거나 그 밖에 철도안전을 위하여 긴급히 필요하다고 인정하는 경우에는 국토교통부령으로 정하는 바에 따라 시정조치를 명할 수 있다.
㉱ 안전관리체계를 승인 신청하는 경우 종합시험운행 실시 결과보고서에 관한 서류는 철도운용 또는 철도시설 관리 개시예정일 14일 전까지 제출할 수 있다.

03 철도차량운전규칙상 운전방향 맨 앞 차량의 운전실 외에서도 열차를 운전할 수 있는 경우로 옳지 않은 것은?

㉮ 철도종사자가 차량의 맨 앞에서 전호를 하는 경우로서 그 전호에 의하여 열차를 운전하는 경우
㉯ 선로·전차선로 또는 차량에 고장이 있는 경우
㉰ 무인운전을 하는 경우
㉱ 뒤의 보조 기관차를 해체하여 운행하는 경우

정답 01 ㉯ 02 ㉯ 03 ㉱

04 철도안전법상 철도안전 종합계획에 포함되는 사항이 아닌 것은?

㉮ 철도안전 종합계획의 추진 목표 및 방향
㉯ 철도안전에 관한 시설의 확충, 개량 및 점검 등에 관한 사항
㉰ 철도차량의 정비 및 점검 등에 관한 사항
㉱ 철도안전 종합계획의 지속적인 유지에 관한 사항

05 다음 중 철도안전법령에 대한 설명 중 옳지 않은 것은?

㉮ 국토교통부장관은 철도안전관리체계를 위반할 경우 그 승인을 취소하거나 6개월 이내 기간을 정하여 업무의 제한이나 정지를 명할 수 있다.
㉯ 철도시설관리자는 사고분야, 철도안전투자분야, 안전관리분야에 대해서 안전관리수준 평가를 실시한다.
㉰ 시·도지사 및 철도운영자 등은 전년도 철도안전 종합계획의 단계적 시행에 필요한 시행계획의 추진실적을 매년 2월 말까지 국토교통부장관에게 제출하여야 한다.
㉱ 시·도지사 및 철도운영자 등은 다음 연도 철도안전 종합계획의 단계적 시행에 필요한 시행계획은 10월 말까지 국토교통부장관에게 제출하여야 한다.

06 다음 〈보기〉 중 철도안전법상 벌금의 금액이 같은 것을 올바르게 나열한 것은?

〈보기〉
ㄱ : 운송위탁금지 물품을 운송한 사람
ㄴ : 철도종사자에게 성적 수치심을 일으키는 행위를 한 자
ㄷ : 음주 제한 철도종사자가 음주 확인 또는 약물검사에 불응한 자
ㄹ : 휴대금지 위해물품을 휴대하거나 적재한 사람
ㅁ : 실무수습을 이수하지 않고 철도차량의 운전업무에 종사한 사람

㉮ ㄱ, ㄴ
㉯ ㄴ, ㄷ
㉰ ㄷ, ㄹ
㉱ ㄷ, ㅁ

정답 04 ㉱ 05 ㉯ 06 ㉰

07 다음 위반행위 중 철도안전법상 500만원 이하의 과태료를 부과하는 사항으로 옳은 것은?
    ㉮ 여객열차에서 흡연한 사람
    ㉯ 철도종사자 안전교육을 정기적으로 시행하지 아니한 철도운영자 등
    ㉰ 면허증을 15일 이내 반납을 하지 아니한 사람
    ㉱ 철도종사자의 직무상 지시사항을 따르지 아니한 사람

08 철도안전법상 대통령령으로 정하는 업무에 종사하는 운전업무종사자 등의 적성검사 및 신체검사에 대한 설명으로 옳은 것은?
    ㉮ 정기검사의 유효기간은 신체검사 유효기간 만료일부터 기산한다.
    ㉯ 특별검사는 철도사고 등을 일으키거나 질병 등의 사유로 해당 업무를 적절히 수행하기가 어렵다고 철도종사자가 인정하는 경우에 실시한다.
    ㉰ 정거장에서 철도신호기, 선로전환기 또는 조작판 등을 취급하거나 열차의 조성업무를 수행하는 사람은 신체검사를 받아야 한다.
    ㉱ 적성검사는 적성검사 유효기간 만료일 전 12개월 이내에, 신체검사는 신체검사 유효기간 만료일 전 6개월 이내에 실시한다.

09 철도안전법상 운전업무종사자의 준수사항으로 옳지 않은 것은?
    ㉮ 철도차량이 철도산업발전기본법에 따른 차량정비기지에서 출발하는 경우 운전제어와 관련된 장치의 기능, 제동장치기능, 그 밖에 운전 시 사용하는 각종 계기판의 기능에 대하여 이상 여부를 확인하여야 한다.
    ㉯ 정지신호의 준수를 위하여 정거장 외에 정차할 수 있다.
    ㉰ 철도차량이 운행하는 선로 주변의 공사, 작업의 변경정보, 철도사고 등에 관련된 정보, 재난 관련정보, 테러 발생 등 그 밖의 비상상황에 관한 정보를 관제사에게 제공하여야 한다.
    ㉱ 운행구간에 이상이 발견된 경우 관제업무종사자에게 즉시 보고하여야 한다.

정답 07 ㉯ 08 ㉰ 09 ㉰

10 철도안전법상 철도보호 및 질서유지를 위한 금지행위로 옳은 것은?

㉮ 선로의 중심으로부터 양측으로 폭 3미터 이내의 장소에 철도차량의 안전운행에 지장을 주는 물건을 방치하는 행위
㉯ 역시설 또는 철도차량에서 노숙하는 행위와 음주하는 행위
㉰ 전차선로에 의하여 감전될 우려가 있는 시설이나 설비를 설치하는 행위
㉱ 정당한 사유 없이 열차 승강장의 비상정지버튼을 작동시켜 열차운행에 지장을 주는 행위

11 철도차량운전규칙의 신호현시방식으로 옳지 않은 것은?

㉮ 입환신호기 진행신호 등열식은 백색등열 좌하향 45도, 무유도등 점등이다.
㉯ 차내신호 야드신호는 노란색 직사각형등과 적색원형등(25등신호) 점등이다.
㉰ 장내신호기 감속신호는 상위 등황색등, 하위 녹색등이다.
㉱ 임시신호기 표지의 배면과 배면광은 백색으로 하고, 서행신호기에는 지정속도를 표시하여야 한다.

12 철도차량운전규칙의 신호에 대한 내용으로 옳지 않은 것은?

㉮ 선로 지장 시 수신호로 정지시켜야 할 경우 지장 지점의 외방 200미터 이상 지점에서 정지 수신호를 현시할 것
㉯ 특별신호에 의한 정지신호의 현시가 있을 때에는 즉시 열차 또는 차량을 정지하여야 한다.
㉰ 위험을 경고하는 경우, 비상사태가 발생한 경우 기관사는 기적전호를 하여야 한다.
㉱ 입환전호 방식에는 접근전호, 정지전호, 출발전호가 있다.

13 다음 중 철도차량운전규칙에서 철도운영자 등이 속도를 제한하는 경우로 옳은 것은?

㉮ 쇄정되지 아니한 선로전환기를 대향으로 운전하는 때
㉯ 총괄제어법에 의하여 열차의 맨 앞에서 제어되는 경우
㉰ 서행운전을 하는 경우
㉱ 대용폐색방식을 시행하는 경우

정답 10 ㉱ 11 ㉱ 12 ㉱ 13 ㉮

14 다음 중 철도안전법상 운전업무 또는 관제업무 실무수습에 대하여 옳지 않은 것은?

㉮ 철도차량의 운전업무에 종사하려는 사람은 국토교통부령으로 정하는 바에 따라 실무수습을 하여야 한다.
㉯ 관제업무종사자의 총 실무수습 시간은 100시간 이상으로 하여야 한다.
㉰ 운전업무종사자가 운전업무 수행경력이 없는 구간을 운전하려는 때에는 30시간 이상 또는 600킬로미터 이상의 실무수습·교육을 받아야 한다.
㉱ 관제업무 실무수습의 방법·평가 등에 관해서 필요한 사항은 국토교통부장관이 정하여 고시한다.

15 철도안전법상 철도보호지구에서의 행위 제한 등에 대하여 옳지 않은 것은?

㉮ 철도보호지구는 철도경계선으로부터 30미터 이내(노면전차는 10미터 이내)로 한다.
㉯ 토지의 형질변경 및 굴착을 하기 위해서는 대통령령으로 정하는 바에 따라 국토교통부장관 또는 시·도지사에게 신고하여야 한다.
㉰ 토석, 자갈 및 모래의 채취 등의 행위를 하려는 자에게 국토교통부장관 또는 시·도지사는 행위의 금지 또는 제한을 명령하거나 대통령령으로 정하는 필요한 조치를 하도록 명령할 수 있다.
㉱ 철도운영자 등은 철도차량의 안전운행 및 철도 보호를 위하여 필요한 경우 법에 따른해당 행위 금지·제한 또는 조치 명령을 할 수 있다.

16 다음 중 철도안전법상 보안검색에 대한 내용으로 옳은 것은?

㉮ 휴대·적재 금지 위해물품 휴대·적재하였다고 판단되는 사람과 물건에 대하여서는 전부검색을 실시한다.
㉯ 보안검색 실시방법과 절차 및 보안검색장비의 종류 등에 필요한 사항은 대통령령으로 정한다.
㉰ 철도특별사법경찰관리는 보안검색 장소의 안내문 등을 통하여 사전에 보안검색 실시계획을 안내한 경우 사전 설명 없이 검색할 수 있다.
㉱ 철도운영자 등은 철도보안, 치안 관리에 필요한 정보를 효율적으로 활용하기 위하여 철도안전정보체계를 구축·운영하여야 한다.

17 철도안전법상 철도사고 등의 보고 및 발생 시 조치에 대한 설명으로 옳은 것은?

㉮ 철도운영자 등은 열차의 충돌이나 탈선사고, 열차에서 화재가 발생한 경우 국토교통부장관에게 즉시 보고하여야 한다.
㉯ 철도사고 등이 발생하였을 때의 사상자 구호, 여객 수송 및 철도시설 복구 등에 필요한 사항은 국토교통부령으로 정한다.
㉰ 철도운영자 등은 사고 보고를 받은 후 필요하다고 인정하는 경우에는 철도종사자에게 사고 수습 등에 관하여 지시를 할 수 있다.
㉱ 철도운영자 등은 철도사고로 철도차량 운행이 곤란한 경우에는 비상대응절차에 따라 대체교통수단을 마련하는 등 필요한 조치를 하여야 한다.

18 철도차량운전규칙의 입환에 대한 내용으로 옳은 것은?

㉮ 입환작업자는 차량과 열차가 이동하는 때에는 차량을 연결하는 입환작업을 하지 말 것
㉯ 입환작업계획서에는 작업 내용, 입환운전 방식, 입환 시 사용할 무선채널의 지정 등을 포함하여야 한다.
㉰ 열차의 출발 시각이 임박한 때에는 그 열차가 출발 예정인 선로에서는 입환을 할 수 없다. 다만, 열차의 운전에 지장을 주지 아니하도록 안전조치를 한 후에는 그러하지 아니하다.
㉱ 본선을 이용하는 인력입환은 관제업무종사자 또는 차량운전취급책임자의 승인을 얻어야 하며, 차량운전취급책임자는 그 작업을 감시하여야 한다.

19 도시철도운전규칙상 신호에 대한 내용으로 옳은 것은?

㉮ 임시신호기 표지의 배면과 배면광은 백색으로 하고, 서행예고신호기에는 지정속도를 표시하여야 한다.
㉯ 상설신호기는 차내, 장내, 출발, 폐색신호기 등 4가지 종류가 있다.
㉰ 신호가 필요한 장소에 신호가 없을 때 또는 그 신호가 분명하지 아니할 때에는 주의신호가 있는 것으로 본다.
㉱ 진로표시기를 부설한 신호기는 하나의 선로에서 하나의 목적 이상으로 사용할 수 있다.

정답 17 ㉱ 18 ㉱ 19 ㉱

20 도시철도운전규칙에서 퇴행운전할 수 있는 경우로 옳지 않은 것은?

㉮ 선로나 열차에 고장이 발생한 경우
㉯ 공사열차나 구원열차 또는 제설열차를 운전하는 경우
㉰ 구내운전을 하는 경우
㉱ 시설 또는 차량의 시험을 위하여 시험운전을 하는 경우

정답 20 ㉯

2020년 제1회 철도차량운전면허 기출문제(철도관련법)

01 다음 중 철도안전법상 철도종사자에 대한 안전교육의 내용으로 옳지 않은 것은?

㉮ 근로자의 건강관리 등 안전·보건관리에 관한 사항
㉯ 안전관리의 중요성 등 정신교육
㉰ 인적 오류의 중요성에 대한 정신교육
㉱ 철도안전관리체계 및 철도안전관리시스템

02 철도안전법상 철도안전 종합계획에 포함되는 사항이 아닌 것은?

㉮ 철도안전관리체계의 승인 및 유지에 관한 사항
㉯ 철도안전 관련 전문인력의 양성 및 수급관리에 관한 사항
㉰ 철도안전 관련 연구 및 기술개발에 관한 사항
㉱ 철도안전 종합계획의 추진 목표 및 방향

03 철도안전법에서 대통령령으로 정하는 안전운행 또는 질서유지 철도종사자가 아닌 사람은?

㉮ 철도사고가 발생한 현장에서 조사·수습·복구 등의 업무를 수행하는 사람
㉯ 철도에 공급되는 전력의 원격제어장치를 운영하는 사람
㉰ 정거장에서 열차의 조성업무를 감독하는 사람
㉱ 철도차량 및 철도시설의 점검·정비 업무에 종사하는 사람

04 철도안전법상 고압가스 위해물품의 종류로 옳지 않은 것은?

㉮ 섭씨 50도 미만의 임계온도를 가진 물질
㉯ 섭씨 50도에서 300킬로파스칼을 초과하는 절대압력을 가진 물질
㉰ 섭씨 21.1도에서 260킬로파스칼을 초과하는 절대압력을 가진 물질
㉱ 섭씨 37.8도에서 280킬로파스칼을 초과하는 절대가스압력을 가진 액체상태의 인화성 물질

정답 01 ㉰ 02 ㉮ 03 ㉰ 04 ㉰

05 철도안전법상 철도차량 제작자승인의 경미한 사항 변경 시 제작자승인변경신고서에 첨부하여 국토교통부장관에게 제출해야 할 서류가 아닌 것은?
  ㉮ 해당 철도차량의 철도차량 제작자승인증명서
  ㉯ 변경 후의 철도차량 품질관리체계
  ㉰ 철도차량 제작 명세서 및 설명서(변경되는 부분 및 그와 연관되는 부분에 한정한다)
  ㉱ 철도차량제작자승인기준에 대한 적합성 입증자료(변경되는 부분 및 그와 연관되는 부분에 한정한다)

06 철도안전법에서 대통령령으로 정하는 철도사고 등을 제외한 철도사고 등이 발생하였을 때 철도운영자 등이 국토교통부장관에게 보고하여야 되는 내용으로 옳은 것은?
  ㉮ 중간보고 : 사고발생 개요 등
  ㉯ 초기보고 : 사고발생 현황 등
  ㉰ 최종보고 : 사고수습·복구계획 등
  ㉱ 종결보고 : 사고수습·복구상황 등

07 철도안전법상 철도장비 운전업무 종사자 문답형 적성검사 항목으로 옳은 것은?
  ㉮ 인식 및 기억력   ㉯ 주의력
  ㉰ 인성   ㉱ 판단 및 행동력

08 철도안전법상 교육훈련 철도차량 등의 표지와 운전면허 없이 운전할 수 있는 경우로 옳은 것은?
  ㉮ 교육훈련 철도차량 표지는 바탕은 파란색, 글씨는 노란색의 표지 부착
  ㉯ 교육훈련 철도차량 기능교육 표지를 유리 왼쪽 바깥쪽에 부착
  ㉰ 교육훈련차량의 표지의 규격은 가로 60cm×세로 20cm이다.
  ㉱ 철도차량 제작·조립·정비하기 위한 차량정비기지에서 철도차량을 운전하는 경우

정답 05 ㉰ 06 ㉯ 07 ㉰ 08 ㉮

09 철도안전법상 운전업무종사자의 준수사항으로 옳지 않은 것은?

㉮ 철도차량이 철도산업발전기본법에 따른 차량정비기지에서 출발하는 경우 운전제어와 관련된 장치, 제동장치 기능, 운전 시 사용하는 각종 계기판의 기능을 확인할 것
㉯ 철도차량운행 중에는 정거장 외에는 정차를 하지 아니할 것
㉰ 철도차량운행 중에 운행구간의 이상이 발견된 경우 관제사업무종사자에게 즉시 보고할 것
㉱ 철도사고 등이 발생한 경우 여객 대피 및 철도차량 보호조지 여부 등 사고현장 상황을 파악할 것

10 철도차량운전규칙에서 열차가 퇴행운전하여도 되는 경우로 옳지 않은 것은?

㉮ 선로에 고장이 있는 경우
㉯ 제설열차가 작업상 퇴행할 필요가 있는 경우
㉰ 뒤의 보조기관차를 활용하여 퇴행하는 경우
㉱ 구내운전을 하는 경우

11 철도차량운전규칙에서 정지신호가 정위인 상치신호기를 짝지은 것으로 옳은 것은?

㉮ 유도신호기, 입환신호기
㉯ 엄호신호기, 원방신호기
㉰ 엄호신호기, 입환신호기
㉱ 원방신호기, 유도신호기

12 도시철도운전규칙에서 주신호기가 정지신호를 하는 경우 등황색등을 현시하여야 하는 신호기로 옳은 것은?

㉮ 입환신호기
㉯ 원방신호기
㉰ 중계신호기
㉱ 출발신호기

정답 09 ㉱ 10 ㉱ 11 ㉰ 12 ㉯

13 도시철도운전규칙에 대한 설명으로 옳지 않은 것은?

㉮ 차량의 각 부분은 주행기간 또는 주행거리를 기준으로 하여 그 상태와 작용에 대한 검사와 분해검사를 하여야 한다.
㉯ 선로는 매일 한 번 이상 점검해야 하며 필요한 경우에는 정비하여야 한다.
㉰ 통신설비의 각 부분은 일정한 주기에 따라 검사를 하여야 한다.
㉱ 도시철도운영자는 안전운전과 이용승객의 편의 증진을 위하여 장기·단기계획을 수립하여 시행하여야 한다.

14 도시철도운전규칙상 차량의 검사 및 시험운전에 대한 설명으로 옳지 않은 것은?

㉮ 일시적으로 사용을 중지한 차량은 검사하고 시험운전을 하기 전에는 사용할 수 없다.
㉯ 경미한 정도의 수선을 한 경우에는 시험운전을 하지 않을 수 있다.
㉰ 차량의 각 부분은 일정한 기간 또는 주행거리를 기준으로 하여 그 상태와 작용에 대한 검사와 분해검사를 하여야 한다.
㉱ 차량의 검사와 분해검사를 할 때 차량의 전기장치에 대해서는 통전시험을 하여야 한다.

15 철도안전법상 보안검색에 대한 설명으로 옳은 것은?

㉮ 휴대·적재 금지 위해물품을 휴대·적재하였다고 판단되는 사람과 물건에 대하여는 전부검색을 실시한다.
㉯ 철도운영자는 보안검색 정보 및 그 밖의 철도보안·치안 관리에 필요한 정보를 효율적으로 활용하기 위하여 철도보안정보체계를 구축·운영하여야 한다.
㉰ 위해물품을 검색·탐지·분석하기 위한 장비는 방검복, 방탄복, 방폭 담요 등이다.
㉱ 보안검색 장소의 안내문 등을 통하여 사전에 보안검색 실시계획을 안내한 경우 철도특별사법경찰관리가 사전 설명 없이 보안검색을 할 수 있다.

정답 13 ㉮ 14 ㉱ 15 ㉱

16 철도안전법상 철도차량 운전·관제업무 등 대통령령으로 정하는 업무의 종사자 등의 관리에 대한 설명으로 옳은 것은?

㉮ 정거장에서 신호기를 취급하는 업무를 수행하는 사람은 정기적으로 적성검사와 신체검사를 받아야 한다.
㉯ 신체검사·적성검사의 시기, 방법 및 합격기준 등에 관하여 필요한 사항은 대통령령으로 정한다.
㉰ 정거장에서 조작판을 취급하는 업무에 종사하는 사람은 정기적으로 신체검사를 받아야 한다.
㉱ 최초검사나 특별검사를 받은 날부터 2년이 되는 날을 "신체검사 유효기간 만료일"이라 한다.

17 철도차량운전규칙에서 야드신호 현시방식으로 옳은 것은?

㉮ 노란색 직사각형등과 적색원형등("25" 지시) 점등
㉯ 노란색 직사각형등과 적색사각형등("25" 지시) 점등
㉰ 노란색 직사각형등과 적색원형등(25등신호) 점등
㉱ 적색 사각형등과 노란색 원형등(25등신호) 점등

18 철도안전법상 운전업무종사자의 실무수습 관리대장에 기록하여야 되는 사항으로 옳지 않은 것은?

㉮ 면허종류 및 소속기관
㉯ 운전시간 및 운전거리
㉰ 평가자의 성명 및 날인
㉱ 수습구간 및 수습차량

정답 16 ㉰ 17 ㉰ 18 ㉯

19 철도안전법상 안전관리체계에 대한 설명으로 옳지 않은 것은?

㉮ 철도운영자가 안전관리체계를 승인받으려는 경우에는 철도운용 또는 철도시설 관리 개시예정일 90일 전까지 철도안전관리체계 승인신청서를 국토교통부장관에게 제출하여야 한다.

㉯ 철도운영자는 철도노선의 신설 또는 개량의 경우 90일 전까지 철도안전관리체계 변경승인신청서를 국토교통부장관에게 제출하여야 한다.

㉰ 철도운영자 등이 안전관리체계의 승인 또는 변경승인을 신청하는 경우 종합시험운행 실시 결과 보고서에 관한 서류는 철도운용 또는 철도시설 관리 개시예정일 30일 전까지 제출할 수 있다.

㉱ 국토교통부장관은 안전관리체계의 승인 또는 변경승인 신청을 받은 경우에는 15일 이내에 승인 또는 변경승인에 필요한 검사 등의 계획서를 작성하여 신청인에게 통보하여야 한다.

20 철도차량운전규칙에서 자동폐색장치의 구비조건으로 옳지 않은 것은?

㉮ 폐색구간에 있는 선로전환기가 정당한 방향으로 개통되지 아니한 때 또는 분기선 및 교차점에 있는 차량이 폐색구간에 지장을 줄 때에는 자동으로 정지할 것

㉯ 폐색구간에 열차 또는 차량이 있을 때에는 자동으로 정지신호를 현시할 것

㉰ 폐색장치에 고장이 있을 때에는 자동으로 정지신호를 현시할 것

㉱ 단선구간에 있어서는 하나의 방향에 대하여 진행을 지시하는 신호를 현시한 때에는 그 반대방향의 신호기는 자동으로 정지신호를 현시할 것

정답 19 ㉰ 20 ㉮

2020년 제2회 철도차량운전면허 기출문제(철도관련법)

01 도시철도운전규칙상 수신호 방식 및 입환전호에 대한 설명으로 옳지 않은 것은?

㉮ 수신호 : 서행전호 야간인 경우 명멸하는 녹색등
㉯ 입환전호 : 정지전호 야간인 경우 적색등을 흔든다.
㉰ 입환전호 : 퇴거전호 야간인 경우 녹색등을 좌·우로 흔든다.
㉱ 수신호 : 진행신호 야간인 경우 녹색등

02 철도안전법에서 안전관리체계 승인 신청절차에 대한 설명으로 옳지 않은 것은?

㉮ 철도운영자 등이 안전관리체계를 승인받으려는 경우에는 철도운용 또는 철도시설 관리 개시예정일 90일 전까지 승인신청서에 관련 서류를 첨부하여 국토교통부장관에게 제출하여야 한다.
㉯ 철도안전관리시스템에 관한 서류는 철도안전경영, 문서화, 위험관리 등 11가지이다.
㉰ 열차운행체계에 관한 서류는 철도운영 개요, 열차 비상계획, 철도운전면허, 철도관제 업무 등 10가지이다.
㉱ 유지관리체계에 관한 서류는 유지관리 이행계획, 유지관리 개요, 철도차량 제작 감독 등 9가지이다.

03 다음은 철도안전법상 안전관리체계 승인에 관한 내용이다. ( ) 속에 들어갈 내용은?

> 국토교통부장관은 철도안전경영, 위험관리, 사고 조사 및 보고, 내부점검, 비상대응계획, 비상대응훈련, 교육훈련, 안전정보관리, 운행안전관리, 차량·시설의 유지관리(차량의 기대수명에 관한 사항을 포함한다) 등 철도운영 및 철도시설의 안전관리에 필요한 ( )을 정하여 고시하여야 한다.

㉮ 기술기준   ㉯ 승인기준
㉰ 확인기준   ㉱ 검사기준

정답 01 ㉰ 02 ㉰ 03 ㉮

04 철도안전법상 대통령령으로 정하는 안전운행 또는 질서유지 철도종사자가 아닌 것은?
   ㉮ 철도사고 또는 운행장애가 발생한 현장에서 조사·수습·복구 등의 업무를 수행하는 사람
   ㉯ 철도차량의 운행선로 또는 그 인근에서 철도시설의 건설 또는 관리와 관련된 시설의 경비업무를 하는 사람
   ㉰ 철도시설 또는 철도차량을 보호하기 위한 순회점검업무 또는 경비업무를 수행하는 사람
   ㉱ 정거장에서 철도신호기·선로전환기 또는 조작판 등을 취급하거나 열차의 조성업무를 수행하는 사람

05 철도차량운전규칙상 철도운영자가 「철도안전법」 등 관계법령에 따라 필요한 교육 및 훈련을 실시하여 필요한 기능을 보유한 것을 확인하여 해당 업무를 수행하도록 하여야 하는 철도종사자에 해당하지 않는 자는?
   ㉮ 철도차량운전업무에 종사하는 운전업무보조자
   ㉯ 정거장에서 신호와 선로전환기 또는 조작판을 취급하는 자
   ㉰ 열차에 승무하여 여객을 안내하고 차내 발매업무를 하는 자
   ㉱ 정거장에서 열차의 출발·도착에 관한 업무를 수행하는 자

06 철도안전법에서 정한 술을 마시거나 또는 약물을 사용한 상태에서 업무를 할 수 없는 종사자가 아닌 사람은?
   ㉮ 철도운행안전관리자   ㉯ 여객역무원
   ㉰ 작업책임자   ㉱ 관제업무종사자

07 철도안전법상 철도보호 및 질서유지를 위한 금지행위로 옳지 않은 것은?
   ㉮ 철도시설 또는 철도차량을 파손하여 철도차량 운행에 위험을 발생하게 하는 행위
   ㉯ 철도차량을 향하여 돌이나 그 밖의 위험한 물건을 던져 철도차량 운행에 위험을 발생하게 하는 행위
   ㉰ 궤도의 중심으로부터 양측으로 폭 3미터 이내의 장소에 철도차량의 안전운행에 지장을 주는 물건을 방치하는 행위
   ㉱ 전차선로에 의하여 감전될 우려가 있는 시설이나 설비를 설치하는 행위

정답 04 ㉯ 05 ㉰ 06 ㉯ 07 ㉱

08 철도차량운전규칙상 여객열차에 연결할 수 있는 차량은?
   ㉮ 파손차량
   ㉯ 동력을 사용하지 않는 기관차
   ㉰ 회송하는 화차
   ㉱ 2차량 이상에 무게를 부담시킨 화물을 적재한 화차

09 철도차량운전규칙에서 열차의 최대연결차량수를 결정하는 요소가 아닌 것은?
   ㉮ 폐색의 방식
   ㉯ 차량의 구조 및 연결 장치의 강도와 운행선로의 시설현황
   ㉰ 차량의 성능·차체(Frame) 등 차량의 구조
   ㉱ 동력차의 견인력

10 철도차량운전규칙상 폐색 및 시계운전에 대한 설명으로 옳은 것은?
   ㉮ 지도통신식을 시행하는 구간에서 연속하여 2 이상의 열차를 동일방향의 폐색구간으로 진입시키고자 하는 경우에는 최후의 열차에 대하여는 지도권을, 나머지 열차에 대하여는 지도표를 교부한다.
   ㉯ 전령자는 붉은 바탕에 흰 글씨로 전령자임을 표시한 완장을 착용하여야 한다.
   ㉰ 지도통신식 시행구간에서 구원열차 운전 시에는 지도표를 휴대하지 아니하고 운전할 수 있다.
   ㉱ 지도식은 선로보수공사 등으로 현장과 가장 가까운 정거장 또는 신호소간을 1폐색구간으로 하여 열차를 운전하는 경우에 후속열차를 운전할 필요가 없을 때에 한하여 시행한다.

11 철도차량운전규칙에서 시계운전에 의한 열차의 운전방법으로 옳은 것은?
   ㉮ 단선운전 : 격시법, 전령법
   ㉯ 복선운전 : 격시법, 전령법
   ㉰ 단선운전 : 지도격시법, 격시법
   ㉱ 복선운전 : 지도격시법, 지도법

정답 08 ㉰ 09 ㉮ 10 ㉱ 11 ㉯

12 도시철도운전규칙에서 운전속도를 제한하는 경우로 옳지 않은 것은?

㉮ 서행신호를 하는 경우
㉯ 지도격시법이나 지도통신식으로 운전하는 경우
㉰ 추진운전이나 퇴행운전을 하는 경우
㉱ 차량을 결합·해체하거나 차선을 바꾸는 경우

13 철도차량운전규칙상 운전방향 맨 앞 차량의 운전실 외에서도 열차를 운전할 수 있는 경우로 옳은 것은?

㉮ 무인운전을 하는 경우　　㉯ 회송운전을 하는 경우
㉰ 서행운전을 하는 경우　　㉱ 비상운전을 하는 경우

14 도시철도운전규칙에서 "등황색등"을 명멸하는 경우로 옳지 않은 것은?

㉮ 진로개통표시기의 진로가 개통되었을 경우
㉯ 입환신호기가 정지신호를 할 경우
㉰ 임시신호기의 진행신호 야간일 때
㉱ 원방신호기의 주신호기가 정지신호를 할 경우

15 철도안전법상 폭발물 또는 인화성이 높은 물건 등을 쌓아 놓는 행위를 할 수 없는 장소로서 국토교통부령으로 정하는 구역으로 옳은 것은?

㉮ 철도 역사
㉯ 신호·통신기기 설치장소 및 전력기기·관제설비 설치장소
㉰ 철도차량 정비시설
㉱ 위험물을 적하하거나 보관하는 장소

정답　12 ㉯　13 ㉮　14 ㉯　15 ㉮

16 철도안전법상 철도운행안전관리자에 대한 설명으로 옳지 않은 것은?

㉮ 철도운영자 등은 철도차량의 운행선로 또는 그 인근에서 철도시설의 건설 또는 관리와 관련한 작업을 시행할 경우 철도운행안전관리자를 배치하여야 한다.
㉯ 철도운영자 등이 자체적으로 작업 또는 공사 등을 시행하는 경우 등 대통령령으로 정하는 경우에는 철도운행안전관리자를 배치하지 않을 수 있다.
㉰ 철도운행관리자의 자격을 받으려는 사람은 국토교통부장관이 인정한 교육훈련기관에서 대통령령으로 정하는 교육훈련을 수료하여야 한다.
㉱ 철도운행안전관리자의 배치기준, 방법 등에 관하여 필요한 사항은 국토교통부령으로 정한다.

17 철도안전법에서 관제업무 수행 중 고의 또는 중과실로 철도사고의 원인을 제공하여 부상자가 발생한 경우 2차 위반의 처분기준은?

㉮ 효력정지 1개월 ㉯ 자격증명 취소
㉰ 효력정지 3개월 ㉱ 효력정지 6개월

18 철도차량운전규칙상 신호의 복위에 관한 내용이다. ( ) 속에 들어갈 내용은?

> 열차가 상치신호기의 설치지점을 통과한 때에는, 그 지점을 통과한 때마다 ( )는 신호를 현시하지 아니하며 ( )는 주의신호를, 그 밖의 신호는 정지신호를 현시하여야 한다.

㉮ 유도신호기 / 원방신호기
㉯ 입환신호기 / 엄호신호기
㉰ 입환신호기 / 원방신호기
㉱ 유도신호기 / 엄호신호기

19 철도안전법상 정부에서 재정 지원을 할 수 없는 단체는?

㉮ 정밀안전진단기관 ㉯ 정비교육훈련기관
㉰ 안전연구기관   ㉱ 관제교육훈련기관

정답 16 ㉰ 17 ㉯ 18 ㉮ 19 ㉰

20 철도안전법상 운전교육훈련기관의 지정취소 및 업무정지 기준으로 옳은 것은?

㉮ 거짓이나 그 밖의 부정한 방법으로 지정을 받은 경우 : 1차 위반 시 업무정지 1개월

㉯ 정당한 사유 없이 운전교육훈련 업무를 거부한 경우 : 2차 위반 시 경고

㉰ 운전교육훈련에 필요한 강의실 등 시설 내역서가 지정기준에 맞지 아니한 경우 : 1차 위반 시 경고 또는 보완명령

㉱ 업무정지 기간 중 운전교육훈련 업무를 한 경우 : 1차 위반 시 업무정지 3개월

정답 20 ㉰

2020년 제3회 철도차량운전면허 기출문제(철도관련법)

01. 철도운영 및 철도시설관리와 관련하여 철도차량의 안전운행 및 질서유지와 철도차량 및 철도시설의 점검·정비 등에 관한 업무에 종사하는 사람으로서 대통령령으로 정하는 사람이 아닌 것은?

   ㉮ 철도사고, 철도준사고 및 운행장애가 발생한 현장에서 조사·수습·복구 등의 업무를 수행하는 사람
   ㉯ 철도에 공급되는 전력의 원격제어장치를 운영하는 사람
   ㉰ 철도차량의 운행선로 또는 그 인근에서 철도시설의 건설 또는 관리와 관련한 작업의 협의·지휘·감독·안전관리 등의 업무에 종사하도록 철도운영자 또는 철도시설관리자가 지정한 사람
   ㉱ 정거장에서 철도신호기·선로전환기 또는 조작판을 취급하는 사람

02. 철도차량운전규칙에서 열차의 운전방향 맨 앞 차량의 운전실 외에서도 열차를 운전할 수 있는 경우로 옳지 않은 것은?

   ㉮ 사전에 정한 특정한 구간을 운전하는 경우
   ㉯ 무인운전을 하는 경우
   ㉰ 철도시설 또는 철도차량을 시험하기 위하여 운전하는 경우
   ㉱ 구내운전을 하는 경우

03. 철도안전법상 운전업무종사자는 철도차량의 운전업무 수행 중 "국토교통부령으로 정하는 철도차량 운행에 관한 안전 수칙"을 준수해야 하는데 그 내용이 아닌 것은?

   ㉮ 철도신호에 따라 철도차량을 운행할 것
   ㉯ 열차를 후진하지 아니할 것
   ㉰ 운행구간의 이상이 발견된 경우 철도운영자에게 즉시 보고할 것
   ㉱ 철도운영자가 정하는 구간별 제한속도에 따라 운행할 것

정답 01 ㉯ 02 ㉱ 03 ㉰

04 철도안전법상 대통령령으로 정하는 철도보호지구에서의 안전운행 저해행위로 옳지 않은 것은?

㉮ 폭발물이나 인화물질 등 위험물을 제조·저장하거나 전시하는 행위
㉯ 철도차량 운전자 등이 전방 시야 확보에 지장을 주는 굴착 행위
㉰ 전차선로에 의하여 감전될 우려가 있는 시설이나 설비를 설치하는 행위
㉱ 철도신호등으로 오인할 우려가 있는 시설물이나 조명설비를 설치하는 행위

05 철도안전법에서 관제업무종사자는 관제업무 수행 중 국토교통부령으로 정하는 바에 따라 운전업무종사자 등에게 열차운행에 관한 정보를 제공해야 하는데 다음 중 옳지 않은 것은?

㉮ 열차의 출발, 정차 및 노선변경 등 열차운행의 변경에 관한 정보
㉯ 열차운행에 영향을 줄 수 있는 재난 관련 정보
㉰ 열차운행에 영향을 줄 수 있는 철도사고 등에 관한 정보
㉱ 지장물 작업으로 인한 열차운행 지장 여부 확인 정보

06 철도안전법상 위해물품 및 위험물 운송에 관한 내용으로 옳지 않은 것은?

㉮ 누구든지 무기, 화약류, 유해화학물질 또는 인화성이 높은 물질 등 공중이나 여객에게 위해를 끼치거나 끼칠 우려가 있는 물건 또는 물질을 열차에서 휴대하거나 적재할 수 없다.
㉯ 위해물품의 종류, 휴대 또는 적재 허가를 받은 경우의 안전조치 등에 관하여 필요한 세부사항은 대통령령으로 정한다.
㉰ 대통령령으로 정하는 위험물을 철도로 운송하려는 철도운영자는 국토교통부령으로 정하는 바에 따라 운송 중의 위험 방지 및 인명보호를 위하여 안전하게 포장·적재하고 운송하여야 한다.
㉱ 철도로 위험물의 운송을 위탁하거나 운송하려는 자는 위험물을 안전하게 운송하기 위하여 철도운영자의 안전조치 등에 따라야 한다.

정답 04 ㉯ 05 ㉱ 06 ㉯

07 다음은 철도안전법상 안전관리체계 승인에 관한 내용이다. ( ) 속에 들어갈 내용은?

> 국토교통부장관은 철도안전경영, 위험관리, 사고 조사 및 보고, 내부점검, 비상대응계획, 비상대응훈련, 교육훈련, 안전정보관리, 운행안전관리, ( ) 등 철도운영 및 철도시설의 안전관리에 필요한 기술기준을 정하여 고시하여야 한다.

㉮ 철도시설의 안전관리에 관한 유기적 체계
㉯ 차량·시설의 유지관리(차량의 기대수명에 관한 사항을 포함한다)
㉰ 승인절차(검사관리 방법 포함)
㉱ 경미한 사항 변경

08 다음은 철도차량운전규칙상 신호기의 정위에 대한 설명이다. 옳지 않은 것은?

㉮ 장내신호기 : 정지신호
㉯ 원방신호기 : 정지신호
㉰ 반자동폐색신호기(복선) : 진행신호
㉱ 차내신호기 : 진행신호

09 철도운영자 등은 자신이 고용하고 있는 철도종사자에 대하여 정기적으로 철도안전교육을 강의 및 실습의 방법으로 매 분기마다 몇 시간 이상 실시하여야 하나?

㉮ 6시간 ㉯ 10시간
㉰ 20시간 ㉱ 40시간

10 도시철도운전규칙에서 진로표시기에 대한 설명으로 옳지 않은 것은?

㉮ 색등식 좌측진로는 흑색바탕에 좌측방향 백색 화살표
㉯ 색등식 중앙진로는 흑색바탕에 수직방향 백색 화살표
㉰ 색등식 우측진로는 흑색바탕에 우측방향 백색 화살표
㉱ 문자식은 4각 백색바탕에 문자로 표기

정답 07 ㉯ 08 ㉯ 09 ㉮ 10 ㉱

11 도시철도철도운전규칙 신호에 대한 설명으로 옳지 않은 것은?

㉮ 차내신호방식 및 지하구간에서의 신호방식은 야간방식에 따른다.
㉯ 신호가 필요한 장소에 신호가 없을 때 또는 그 신호가 분명하지 아니할 때에는 정지신호가 있는 것으로 본다.
㉰ 하나의 신호는 하나의 선로에서 하나의 목적으로 사용되어야 한다. 다만, 진로표시기를 부설한 신호기는 그러하지 아니하다.
㉱ 임시신호기의 종류는 서행예고신호기, 서행지시신호기, 서행해제신호기이다.

12 철도안전법상 철도운영자의 승낙 없이 통행하거나 출입할 수 없는 장소로 국토교통부령으로 정한 철도시설이 아닌 것은?

㉮ 신호·통신기기 설치장소
㉯ 폭발물을 적하하거나 보관하는 장소
㉰ 전력기기·관제설비 설치장소
㉱ 철도운전용 급유시설물이 있는 장소

13 도시철도운전규칙상 폐색방식에 대한 설명으로 옳지 않은 것은?

㉮ 차내신호폐색식에 따르려는 경우에는 폐색구간에 있는 열차 등의 운전상태를 그 폐색구간에 진입하려는 열차의 운전실에서 알 수 있는 장치를 갖추어야 한다.
㉯ 대용폐색방식으로 복선운전을 하는 경우 지령식 또는 통신식을 따른다.
㉰ 대용폐색방식으로 단선운전을 하는 경우 지도식을 따른다.
㉱ 상용폐색방식이나 대용폐색방식을 따를 수 없을 때에는 전령법을 따르거나 무폐색운전을 한다.

14 철도차량운전규칙상 철도신호에 대한 설명으로 옳지 않은 것은?

㉮ 주간과 야간의 현시방식을 달리하는 신호·전호 및 표지는 일출부터 일몰까지는 주간의 방식, 일몰부터 일출까지는 야간의 방식에 의하여야 한다.
㉯ 지하구간 및 터널 안의 신호·전호 및 표지는 야간의 방식에 의하여야 한다.
㉰ 일출부터 일몰까지의 사이에도 기상상태에 의하여 상당한 거리로부터 주간의 방식에 의한 신호·전호 또는 표지를 확인하기 곤란할 때에는 야간의 방식에 의한다.
㉱ 상치신호기 또는 임시신호기와 수신호가 각각 다른 신호를 현시한 때에는 수신호의 현시에 의하여야 한다.

정답 11 ㉱ 12 ㉯ 13 ㉰ 14 ㉱

15 철도차량운전규칙상 신호현시방법에 대한 설명으로 옳지 않은 것은?

㉠ 입환신호기 정지신호일 경우 색등식 차내신호폐색구간은 적색등이다.
㉡ 주신호기가 정지신호를 할 경우 중계신호기 등열식은 백색등열(3등) 수직이다.
㉢ 유도신호기 등열식은 백색등열 좌·하향 45도이다.
㉣ 입환신호기 정지신호일 경우 등열식은 백색등열 수평, 무유도등 소등이다.

16 도시철도운전규칙의 열차의 편성에 대한 설명으로 옳지 않은 것은?

㉠ 차량의 특성 및 선로 구간의 시설 상태 등을 고려하여 안전운전에 지장이 없도록 편성하여야 한다.
㉡ 열차에 편성되는 각 차량에는 제동력이 균일하게 작용하고 분리 시에 자동으로 정차할 수 있는 제동장치를 구비하여야 한다.
㉢ 차량을 편성하거나 편성을 변경할 때에는 운전 중 제동장치의 기능을 시험하여야 한다.
㉣ 열차의 비상제동거리는 600미터 이하로 하여야 한다.

17 철도안전법상 철도안전전문기술자에 대한 설명으로 옳은 것은?

㉠ 대통령령으로 정하는 철도안전업무에 종사하는 전문인력은 철도시설관리자, 철도운행관리자이다.
㉡ 철도안전전문기술자의 업무는 열차접근경보시설이나 열차접근감시인의 배치에 관한 계획 수립·시행과 확인이다.
㉢ 철도운행안전관리자의 자격을 부여받으려는 사람은 국토교통부장관이 인정한 교육훈련기관에서 국토교통부령으로 정하는 교육훈련을 수료하여야 한다.
㉣ 철도안전전문기술자 중급의 자격기준은 관계 법령에 따른 고급기술자·고급기술인·고급감리원·감리사로서 1년 6개월 이상 철도의 해당 기술 분야에 종사한 경력이 있는 사람이다.

정답 15 ㉡ 16 ㉢ 17 ㉢

18. 철도사고 등이 발생하는 경우 해당 철도차량의 운전업무종사자와 여객승무원은 철도사고 등의 현장을 이탈하여서는 아니 되며, 국토교통부령으로 정하는 후속조치를 이행하여야 하는데 후속조치 내용으로 옳지 않은 것은?

㉮ 여객의 안전을 확보하기 위하여 필요한 경우 철도차량의 비상문을 개방할 것
㉯ 사상자 발생 시 응급환자를 응급처치하거나 동행하여 의료기관에 긴급히 이송할 것
㉰ 철도차량 내 안내방송을 실시할 것
㉱ 2차 사고 예방을 위하여 철도차량이 구르지 아니하도록 하는 조치를 할 것

19. 철도안전법에서 국토교통부장관이 행하는 관제업무의 범위에 속하지 않는 것은?

㉮ 철도차량의 운행에 대한 집중 제어·통제 및 감시
㉯ 철도시설의 운용상태 등 철도차량의 운행과 관련된 조언과 정보의 제공 업무
㉰ 철도사고 등의 발생 시 사고복구, 긴급구조·구호 지시 및 관계 기관에 대한 상황보고·전파업무
㉱ 열차의 출발, 정차 및 노선변경 등 열차운행변경에 관한 조언

20. 철도안전법상 작업책임자는 작업 수행 전에 작업원을 대상으로 안전교육을 실시해야 하는데 그 내용이 아닌 것은?

㉮ 안전장비 착용 등 작업원 보호에 관한 사항
㉯ 작업책임자와 작업원의 의사소통 방법, 작업통제 방법 및 그 준수에 관한 사항
㉰ 작업특성 및 현장여건에 따른 위험요인에 대한 안전조치 방법
㉱ 작업시간 내 작업현장 이탈 금지에 관한 조치사항

정답 18 ㉯ 19 ㉱ 20 ㉱

2021년 10월 CBT 제2종 철도차량운전면허 기출문제(철도관련법)

01 철도안전법상 변경승인을 받지 않고 안전관리체계를 변경한 경우 처분기준으로 옳은 것은?

㉮ 1차 위반 : 업무정지(업무제한) 15일
㉯ 2차 위반 : 업무정지(업무제한) 30일
㉰ 3차 위반 : 업무정지(업무제한) 40일
㉱ 4차 위반 : 업무정지(업무제한) 60일

02 철도차량운전규칙에서 지도권 기입 사항으로 옳지 않은 것은?

㉮ 양 끝의 정거장명
㉯ 발행일자
㉰ 사용열차
㉱ 지도표 번호

03 다음 중 철도차량운전규칙상 철도신호에 대한 설명으로 옳은 것은?

㉮ 진로표시기를 부설한 신호기는 설치한 경우 하나 이상의 목적으로 사용할 수 있다.
㉯ 상치신호기 또는 임시신호기와 수신호가 각각 다른 신호를 현시한 때는 임시신호기의 신호의 현시에 의하여야 한다.
㉰ 신호는 형태, 색, 음 등으로 열차 등에 대하여 운행의 조건을 지시한다.
㉱ 지하구간 및 터널 안의 신호, 전호, 표지는 주간의 방식에 의하여야 한다.

정답 01 ㉰ 02 ㉮ 03 ㉮

04 광역철도운전취급세칙 용어의 정의에서 고장처리지침에 대한 설명으로 옳은 것은?

㉮ 고장처리지침이란 차량고장 및 각종 이례상황 시 조치절차를 제시한 운전실단말기, 광역전철 업무매뉴얼(기관사, 전철차장), 응급조치매뉴얼(차종별, 사고유형별)을 말한다.

㉯ 고장처리지침이란 차량고장 및 각종 이례상황 시 조치절차를 제시한 운전실단말기, 도시전철 업무매뉴얼(기관사, 전철차장), 응급조치매뉴얼(차종별, 사고유형별)을 말한다.

㉰ 고장처리지침이란 차량고장 및 각종 이례상황 시조치절차를 제시한 운전실단말기, 응급조치 업무매뉴얼(기관사, 전철차장), 광역전철매뉴얼(차종별, 사고유형별)을 말한다.

㉱ 고장처리지침이란 차량고장 및 각종 이례상황 시 조치절차를 제시한 운전실단말기, 응급조치 업무매뉴얼(기관사, 전철차장), 방호운전매뉴얼(차종별, 사고유형별)을 말한다.

05 철도차량운전규칙상 용어의 정의로 옳지 않은 것은?

㉮ 열차라 함은 본선을 운행할 목적으로 조성된 철도차량을 말한다.

㉯ 철도차량이라 함은 동력차, 객차, 화차 및 특수차(제설차, 궤도시험차, 전기시험차, 사고구원차 그 밖에 특별한 구조 또는 설비를 갖춘 철도차량을 말한다)를 말한다.

㉰ 신호장이라 함은 상치신호기 등 열차제어시스템을 조작·취급하기 위하여 설치한 장소를 말한다.

㉱ 조차장이라 함은 차량의 입환 또는 열차의 조성을 위하여 사용되는 장소를 말한다.

06 철도안전법에서 대통령이 정하는 철도사고 중에서 국토교통부장관에게 즉시 보고하여야 하는 철도사고로 옳지 않은 것은?

㉮ 열차의 충돌이나 분리사고
㉯ 철도차량이나 열차에서 화재가 발생하여 운행을 중지시킨 사고
㉰ 철도차량이나 열차의 운행과 관련하여 3명 이상의 사상자가 발생한 사고
㉱ 철도차량이나 열차의 운행과 관련하여 5천만원 이상의 재산피해가 발생한 사고

정답 04 ㉮ 05 ㉰ 06 ㉮

07 철도안전법에서 거짓이나 부정한 방법으로 안전관리체계 승인을 받았을 경우 처벌로 옳은 것은?

㉮ 2년 이하의 징역 2천만원 이하의 벌금
㉯ 3년 이하의 징역 3천만원 이하의 벌금
㉰ 1년 이하의 징역 1천만원 이하의 벌금
㉱ 5년 이하의 징역 5천만원 이하의 벌금

08 다음 중 철도안전법에서 국가 등의 책무 등에 대한 설명으로 옳은 것은?

㉮ 국가와 지방자치단체는 국민의 생명·신체 및 재산을 보호하기 위하여 철도안전시책을 마련하여 성실히 추진하여야 한다.
㉯ 국가와 지방자치단체는 국민의 생명·신체 및 재산을 보호하기 위하여 철도안전계획을 마련하여 성실히 추진하여야 한다.
㉰ 국가와 지방자치단체는 국민의 생명·신체 및 재산을 보호하기 위하여 철도안전 종합계획을 마련하여 성실히 추진하여야 한다.
㉱ 국가와 지방자치단체는 국민의 생명·신체 및 재산을 보호하기 위하여 철도안전 세부계획을 마련하여 성실히 추진하여야 한다.

09 광역철도운전취급세칙에서 복선구간에서 일시 단선운전의 경우 및 단선구간에서 상용폐색방식을 변경하여 대용폐색방식을 시행할 경우로 옳은 것은?

㉮ 관제사가 CTC표시반에 의해 운행상황을 확인할 수 있고 해당 기관사와 열차무선전화기로 직접통화 또는 관계역장으로 하여금 통보할 수 있을 때에는 통신식
㉯ 관제사가 CTC표시반에 의해 운행상황을 확인할 수 있고 해당 기관사와 열차무선전화기로 직접통화 또는 관계역장으로 하여금 통보할 수 있을 때에는 지도통신식
㉰ 관제사가 CTC표시반에 의해 운행상황을 확인할 수 없고 해당 기관사와 열차무선전화기로 직접통화 또는 관계역장으로 하여금 통보할 수 없을 때에는 지령식
㉱ 관제사가 CTC표시반에 의해 운행상황을 확인할 수 있고 해당 기관사와 열차무선전화기로 직접통화 또는 관계역장으로 하여금 통보할 수 있을 때에는 지령식

정답 07 ㉮ 08 ㉮ 09 ㉱

철도관련법

10 철도안전법상 철도차량 운전면허 없이 운전할 수 있는 경우로 옳은 것은?

㉮ 철도차량 운전에 관한 전문 교육훈련기관에서 실시하는 운전교육훈련을 받기 위하여 철도차량을 운전하는 경우나 운전면허시험을 치르기 위하여 철도차량을 운전하는 경우

㉯ 철도차량을 제작, 조립, 정비하기 위한 공장 안의 선로에서 해당 차량의 운전면허를 가지고 운전하여 이동하는 경우

㉰ 철도사고 등을 복구하기 위하여 열차운행이 중지된 선로에서 철도장비 운전면허를 가지고 사고복구용 특수차량을 운전하여 이동하는 경우

㉱ 운전면허 없이 운전할 수 있는 경우는 국토교통부령으로 정한다.

11 철도안전법상 정한 여객열차에서의 금지행위로 옳지 않은 것은?

㉮ 타인에게 전염의 우려가 있는 법정 감염병자가 철도종사자의 허락 없이 여객열차에 타는 행위

㉯ 여객에게 위해를 끼칠 우려가 있는 강아지를 안전조치하여 여객열차에 동승하거나 휴대하는 행위

㉰ 술을 마시거나 약물을 복용하고 다른 사람에게 위해를 주는 행위

㉱ 철도종사자의 허락 없이 여객에게 기부를 부탁하거나 물품을 판매·배부하거나 연설·권유 등을 하여 여객에게 불편을 끼치는 행위

12 철도안전법에서 정한 음주 또는 마약류를 사용한 상태에서 업무를 할 수 없는 철도종사자가 아닌 것은?

㉮ 작업책임자
㉯ 운전업무종사자
㉰ 철도운행안전관리자
㉱ 여객역무원

정답 10 ㉮ 11 ㉯ 12 ㉱

13   철도안전법에서 정한 용어의 정의에 대한 설명으로 옳지 않은 것은?

㉮ 철도차량의 운행선로 또는 그 인근에서 철도시설의 건설 또는 관리와 관련한 작업의 일정을 조정하고 해당 선로를 운행하는 열차의 운행일정을 조정하는 사람을 철도운행안전관리자라 한다.
㉯ 철도시설관리자란 철도시설의 건설 또는 관리에 관한 업무를 수행하는 자를 말한다.
㉰ 여객에게 승무 서비스를 제공하는 사람을 여객승무원이라 한다.
㉱ 열차란 본선을 운행할 목적으로 철도운영자가 편성하여 열차번호를 부여한 철도차량을 말한다.

14   철도차량운전규칙상 철도차량의 적재 제한 등에 대한 설명으로 옳지 않은 것은?

㉮ 차량에 화물을 적재할 경우에는 차량의 구조와 설계강도 등을 고려하여 허용할 수 있는 최대적재량을 초과하지 않도록 하여야 한다.
㉯ 차량에 화물을 적재할 경우에는 중량의 부담이 균등히 되도록 하여야 하며, 운전 중의 흔들림으로 인하여 무너지거나 넘어질 우려가 없도록 하여야 한다.
㉰ 열차의 안전운행에 필요한 조치를 하고 차량한계 및 건축한계를 초과하는 화물을 운송하는 경우에는 건축한계를 초과하여 화물을 운송할 수 있다.
㉱ 철도운영자 등은 특대화물을 운송하고자 하는 경우에는 사전에 해당 구간에 열차운행에 지장을 초래하는 장애물이 있는지의 여부 등을 조사·검토한 후 운송하여야 한다.

15   도시철도운전규칙에서 신호의 설명으로 옳지 않은 것은?

㉮ 신호가 필요한 장소에 신호가 없을 때 또는 그 신호가 분명하지 아니할 때는 정지신호가 있는 것으로 본다.
㉯ 상설신호기 또는 임시신호기의 신호와 수신호가 각각 다를 때에는 임시신호기의 신호를 따른다.
㉰ 상설신호기 또는 임시신호기의 신호와 수신호가 각각 다를 때 사전에 통보가 있었을 때에는 통보된 신호에 따른다.
㉱ 상설신호기는 일정한 장소에서 색등 또는 등열에 의하여 열차 등의 운전조건을 지시하는 신호기를 말한다.

정답 13 ㉱ 14 ㉰ 15 ㉯

16 다음 〈보기〉는 철도차량운전규칙상 임시신호기의 신호방식이다. 빈칸에 들어갈 말로 옳은 것은?

〈보기〉
임시신호기 표지의 배면과 배면광은 (　　)으로 하고, 서행신호기에는 (　　)를 표시하여야 한다.

㉮ 흑색, 서행속도　　㉯ 백색, 서행속도
㉰ 흑색, 지정속도　　㉱ 백색, 지정속도

17 다음 중 광역철도운전취급세칙 용어의 정의에서 지시속도의 정의로 옳은 것은?

㉮ 지시속도란 ATC 차내신호에 의해 허용하는 최고 허용속도를 말한다.
㉯ 지시속도란 ATC 차내신호에 의해 지시하는 최대 허용속도를 말한다.
㉰ 지시속도란 ATC 차내신호에 의해 허용하는 최대 지정속도를 말한다.
㉱ 지시속도란 ATC 차내신호에 의해 지시하는 최고 지정속도를 말한다.

18 철도차량운전규칙에서 차내신호의 종류로 옳지 않은 것은?

㉮ 정지신호　　㉯ 지령신호
㉰ 15신호　　㉱ 야드신호

19 광역철도운전취급세칙상 진로개통표시기에 대한 설명으로 옳지 않은 것은?

㉮ 상시 로컬 취급역을 포함한 진로개통표시기는 관제사가 취급하여야 하며 운전취급담당자가 로컬 취급하는 경우에는 관제사의 지시에 의해 취급하고 사유 소멸 시 보고 후 CTC로 전환하여야 한다.
㉯ 차내신호폐색식 구간(기지구 내 제외)에서 선로전환기 진로 및 개통방향을 표시할 때는 진로개통표시기에 의한다.
㉰ 진로개통표시기는 진로개통이 되지 않았을 경우에는 정지신호를 정위로 한다.
㉱ 진로개통표시기는 진로가 개통되었을 경우 화살표로 표시한다.

정답　16 ㉱　17 ㉯　18 ㉯　19 ㉱

20 철도안전법상 운전적성검사 기준에 대한 설명으로 옳지 않은 것은?

㉮ 검사에 불합격한 사람 : 검사일 다음 날부터 3개월, 부정행위를 한 사람 : 검사일 다음 날부터 1년

㉯ 검사에 불합격한 사람 : 검사일부터 3개월, 부정행위를 한 사람 : 검사일 다음 날부터 1년

㉰ 검사에 불합격한 사람 : 검사일 다음 날부터 3개월, 부정행위를 한 사람 : 검사일부터 1년

㉱ 검사에 불합격한 사람 : 검사일부터 3개월, 부정행위를 한 사람 : 검사일부터 1년

정답 20 ㉱

2021년 11월 CBT 제2종 철도차량운전면허 기출문제(철도관련법)

01 도시철도운전규칙상 전력설비에 대한 설명으로 옳지 않은 것은?

㉮ 전차선로는 매일 한 번 이상 순회점검을 해야 한다.
㉯ 경미한 정도의 개조, 수리를 한 경우는 시험운전을 하지 않아도 된다.
㉰ 전력설비의 각 부분은 국토교통부장관이 정하는 주기에 따라 검사를 하고 안전운전에 지장이 없도록 정비하여야 한다.
㉱ 전력설비는 열차 등이 지정속도로 안전하게 운전할 수 있는 상태로 보전하여야 한다.

02 다음 중 도시철도운전규칙에서 신호의 방식에 대한 설명으로 옳지 않은 것은?

㉮ 차내신호방식에서의 신호방식은 주간방식에 따른다.
㉯ 일출부터 일몰까지의 사이에 기상상태로 인하여 상당한 거리로부터 주간방식에 따른 신호를 확인하기 곤란할 때에는 야간방식에 따른다.
㉰ 지하구간에서의 신호는 야간방식에 따른다.
㉱ 하나의 신호는 하나의 선로에서 하나의 목적으로 사용되어야 한다. 다만, 진로표시기를 부설한 신호기는 그러하지 아니하다.

03 철도안전법상 변경승인을 받지 않고 안전관리체계를 변경한 경우 처분기준으로 옳은 것은?

㉮ 1차 위반 : 업무정지(업무제한) 15일
㉯ 2차 위반 : 업무정지(업무제한) 30일
㉰ 3차 위반 : 업무정지(업무제한) 40일
㉱ 4차 위반 : 업무정지(업무제한) 60일

정답 01 ㉰ 02 ㉮ 03 ㉰

04 철도안전법에서 철도교량 등 국토교통부령으로 정하는 시설 또는 구역에 국토교통부령으로 정하는 폭발물 또는 인화성이 높은 물건 등을 쌓아 놓는 행위를 할 때의 벌칙은?

㉮ 1년 이하의 징역 또는 1천만원 이하의 벌금
㉯ 2년 이하의 징역 또는 2천만원 이하의 벌금
㉰ 3년 이하의 징역 또는 3천만원 이하의 벌금
㉱ 5년 이하의 징역 또는 5천만원 이하의 벌금

05 광역철도운전취급세칙에서 아래 안전표지의 설명으로 옳은 것은?

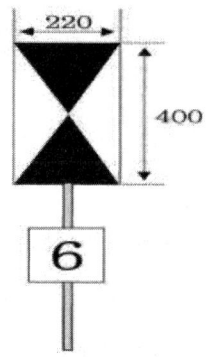

㉮ 속도제한 표지(분기기용)
㉯ 속도제한 해제 표지(분기기용)
㉰ 속도제한 해제 표지(선로전환기용)
㉱ 속도제한 표지(선로전환기용)

06 철도차량운전규칙상 다음 〈보기〉 빈칸에 들어갈 말로 옳은 것은?

〈보기〉
(   )이라 함은 정거장 내 또는 차량기지 내에서(   )에 의하여 열차 또는 차량을 운전하는 것을 말한다.

㉮ 구내운전, 입환신호   ㉯ 구내운전, 입환전호
㉰ 입환운전, 무선신호   ㉱ 입환운전, 무선전호

정답 04 ㉰ 05 ㉯ 06 ㉮

07 다음 중 철도차량운전규칙상 신호의 정위로 옳은 것은?

㉮ 원방신호기 - 주의신호
㉯ 유도신호기 - 주의신호
㉰ 단선구간 자동폐색신호기 - 진행신호
㉱ 엄호신호기 - 주의신호

08 철도차량운전규칙상 상용폐색의 종류로 옳은 것은?

㉮ 통표폐색식, 지도통신식
㉯ 통신식, 연동폐색식
㉰ 연동폐색식, 통표폐색식
㉱ 지도식, 지도통신식

09 다음 중 도시철도운전규칙에서 신호의 방식에 대한 설명으로 옳지 않은 것은?

㉮ 주간과 야간의 신호방식을 달리하는 경우에는 일출부터 일몰까지는 주간의 방식, 일몰부터 다음날 일출까지는 야간방식에 따라야 한다.
㉯ 차내신호방식 및 지하구간에서의 신호방식은 야간방식에 따른다.
㉰ 신호가 필요한 장소에 신호가 없을 때 또는 그 신호가 분명하지 아니할 때에는 정지신호가 있는 것으로 본다.
㉱ 상설신호기 또는 임시신호기의 신호와 수신호가 각각 다를 때에는 열차 등에 가장 적은 제한을 붙인 신호에 따라야 한다.

10 철도안전법상 철도운영자 등이 철도안전에 관한 교육을 실시해야 하는데 다음 중 교육대상에 포함되지 않는 사람은?

㉮ 여객승무원
㉯ 여객역무원
㉰ 철도사고 등이 발생한 현장에서 조사, 수습, 복구 등의 업무를 수행하는 사람
㉱ 철도에 공급되는 전력의 원격제어장치를 운영하는 사람

정답 07 ㉮ 08 ㉰ 09 ㉱ 10 ㉰

11 철도안전법상 운전면허 취소 또는 효력정지 처분의 세부기준으로 옳지 않은 것은?

㉮ 철도차량 운전 중 고의 또는 중과실로 사망자가 발생한 경우 – 1차 위반 : 취소
㉯ 운전면허효력정지 기간 중 철도차량을 운전한 경우 – 1차 위반 : 취소
㉰ 철도차량 운전 중 고의 또는 중과실로 부상자가 3명 이상 발생한 경우 – 3차 위반 : 취소
㉱ 철도차량 운전 중 고의 또는 중과실로 1천만원 이상 물적 피해가 발생한 경우 – 3차 위반 : 취소

12 철도안전법상 운전면허 취득을 위한 신체검사 중 눈에 대한 내용이다. 불합격기준에 해당되는 것은?

㉮ 나안 시력 한쪽이 0.4 다른 한 쪽이 0.6인 경우
㉯ 나안 시력 한쪽이 0.3 다른 한 쪽이 0.7인 경우
㉰ 나안 시력 한쪽이 0.9 다른 한 쪽이 0.9인 경우
㉱ 교정 시력 한쪽이 0.5 다른 한 쪽이 1.0인 경우

13 철도안전법상 철도운영자 등은 사상자가 많은 사고 등 대통령령으로 정하는 철도사고 등을 제외한 철도사고 등이 발생하였을 때에는 국토교통부령으로 정하는 바에 따라 사고 내용을 조사하여 그 결과를 국토교통부장관에게 보고하여야 하는데 그 내용 중 틀린 것은?

㉮ 초기보고 : 사고발생현황 등
㉯ 중간보고 : 사고수습·복구상황 등
㉰ 종결보고 : 사고수습·복구결과 등
㉱ 최종보고 : 사고의 피해상황 과 복구결과 등

정답 11 ㉰ 12 ㉮ 13 ㉱

14 다음의 철도안전법 내용 중 옳은 것은?

   ㉮ 일반 응시자가 디젤차량운전면허를 취득하기 위해서는 410시간의 교육을 받아야 한다.
   ㉯ 선로를 시속 300 킬로미터 이상의 최고운행 속도로 주행할 수 있는 철도차량을 고속철도차량으로 구분한다.
   ㉰ 시야의 협착이 1/3 이상인 경우 운전면허 신체검사 기준에 불합격이다.
   ㉱ 동력장치가 집중 되어 있는 차량을 동차, 동력장치가 분산되어 있는 차량을 기관차로 구분한다.

15 철도안전법에서 국토교통부령으로 정한 운행장애의 범위로 옳지 않은 것은?

   ㉮ 고속열차의 20분 이상 운행지연
   ㉯ 전동열차의 30분 이상 운행지연
   ㉰ 일반여객열차의 30분 이상 운행지연
   ㉱ 화물열차 및 기타 열차의 60분 이상 운행지연

16 철도안전법상 철도안전종합계획에 대한 설명으로 옳지 않은 것은?

   ㉮ 국토교통부장관은 5년마다 철도안전에 관한 종합계획을 수립하여야 한다.
   ㉯ 철도안전종합계획에는 철도차량의 정비 및 점검 등에 관한 사항이 포함된다.
   ㉰ 철도안전종합계획 중 시행계획의 수립 및 시행절차 등에 관하여는 국토교통부령으로 정한다.
   ㉱ 철도안전 종합계획에서 정한 총사업비를 원래 계획의 10/100 이내에서 변경하는 경우 경미한 변경사항에 포함된다.

17 철도안전법상 철도운영자 등이 실시하여야 하는 철도안전교육의 내용으로 옳지 않은 것은?

   ㉮ 철도안전법령 및 안전관련 규정
   ㉯ 안전관리 중요성 등 정신교육
   ㉰ 근로자의 건강관리 등 안전·보건관리에 관한 사항
   ㉱ 철도사고 시 현장 대피 교육

정답 14 ㉰ 15 ㉯ 16 ㉰ 17 ㉱

18 도시철도운전규칙에서 정한 내용 중 옳지 않은 것은?

㉮ 주간과 야간의 신호방식을 달리 하는 경우에는 일출부터 일몰까지는 주간의 방식에 따른다.
㉯ 차내신호방식 및 지하구간에서의 신호방식은 야간방식에 따른다.
㉰ 열차의 비상제동거리는 600미터 이하로 하여야 한다.
㉱ 열차 등이 있는 폐색구간에 다른 열차를 운전시킬 때는 그 열차에 대하여 지령식을 시행한다.

19 철도안전법상 다음 중 여객열차에서의 금지행위로 옳지 않은 것은?

㉮ 정당한 사유 없이 방송실에 출입하는 행위
㉯ 여객열차에서 돌을 던지는 행위
㉰ 술을 마시거나 약물을 복용하고 다른 사람에게 위해를 주는 행위
㉱ 흡연하는 행위

20 광역철도운전취급세칙상 다음 〈보기〉의 빈칸에 들어갈 말로 옳은 것은?

〈보기〉
인상선에서 출발선으로 이동하는 경우에 기관사는 (   ) 현시조건을 확인하고 운전취급담당자의 (   )에 따른다.

㉮ 입환신호기, 유선전호
㉯ 입환신호기, 무선전호
㉰ 출발반응표지, 무선전호
㉱ 출발반응표지, 무선전호

정답 18 ㉱ 19 ㉯ 20 ㉯

기출문제(철도관련법)

2021년 12월 CBT 제2종 철도차량운전면허

01. 2020년 10월 8일 기관사 A씨는 휴대폰 사용하다 적발되어서 벌금을 냈다. 2021년 12월 15일 재차 적발되었을 때의 철도안전법상 과태료는 얼마인가?
   ㉮ 90만원
   ㉯ 150만원
   ㉰ 300만원
   ㉱ 450만원

02. 다음 보기의 대화를 보고 철도안전법상 고속철도차량 운전면허를 받을 수 있는 자격으로 옳지 않은 것을 고르시오.

   〈보기〉
   A : 너 이제 고속철도 면허를 받을 수 있게 되었다며?
   B : 응, 나 (   ) 경력으로 받을 수 있어!

   ㉮ 디젤차량 운전업무 2년, 제1종 전기차량 운전업무 2년
   ㉯ 철도장비 운전업무 3년, 제2종 전기차량 운전업무 2년
   ㉰ 디젤차량 운전업무 4년
   ㉱ 제2종 전기차량 운전업무 5년

03. 철도안전법상 관제자격증명을 받지 아니하거나 실무수습을 이수하지 아니한 사람을 관제업무에 종사하게 한 철도운영자 등의 벌칙으로 옳은 것은?
   ㉮ 3년 이하의 징역 또는 3천만원 이하의 벌금
   ㉯ 2년 이하의 징역 또는 2천만원 이하의 벌금
   ㉰ 1년 이하의 징역 또는 1천만원 이하의 벌금
   ㉱ 500만원 이하의 벌금

정답 01 ㉰ 02 ㉯ 03 ㉰

04 철도안전법상 국토교통부령으로 정하는 출입금지 철도시설 중 옳지 않는 것은?

㉮ 신호·통신기기 설치장소

㉯ 전력기기·관제설비 설치장소

㉰ 철도운전용 급유시설물이 있는 장소

㉱ 화물을 적하하거나 보관하는 장소

05 광역철도운전취급세칙에서 분기기에 부대하지 않는 곡선속도가 60km/h일 때 곡선반경으로 옳은 것은?

㉮ 300~349[m]

㉯ 350~399[m]

㉰ 200~249[m]

㉱ 135~139[m]

06 다음 중 철도차량운전규칙에서 입환작업계획서에 포함되지 않는 사항은?

㉮ 작업내용

㉯ 입환 시 사용할 유선 채널의 지정

㉰ 작업자별 역할

㉱ 입환작업 순서

07 철도안전법상 운전면허 취득을 위한 신체검사 불합격 기준으로 옳지 않은 것은?

㉮ 업무수행에 지장이 있는 발작성 빈맥(분당 150회 이상)

㉯ 신체 각 장기 및 각 부위의 악성종양

㉰ 중증인 고혈압증(수축기 180mmHg 이상, 110mmHg 이하인 사람)

㉱ 만선폐쇄성 폐질환

정답 04 ㉱ 05 ㉮ 06 ㉯ 07 ㉰

08 철도안전법상 대통령령으로 정하는 철도사고 중에서 국토교통부장관에게 즉시 보고하여야 하는 철도사고가 아닌 것은?

㉮ 철도사고 등이 발생하였을 때의 사상자 구호, 여객 수송 및 철도시설 복구 등에 필요한 사항은 국토교통부령으로 정한다.
㉯ 열차의 충돌이나 탈선사고
㉰ 철도차량이나 열차의 운행과 관련하여 5천만원 이상의 재산피해가 발생한 사고
㉱ 철도차량이나 열차의 운행과 관련하여 3명 이상 사상자가 발생한 사고

09 다음 보기는 철도안전법상 안전관리체계 관련 과징의 부과 및 납부에 관한 내용이다. 괄호에 들어갈 말로 옳은 것은?

〈보기〉
통지를 받은 자는 (   ) 이내에 국토교통부장관이 정하는 수납기관에 과징금을 내야 한다. 다만, 천재지변이나 그 밖의 부득이한 사유로 그 기간에 과징금을 낼 수 없는 경우에는 그 (   )에 내야 한다.

㉮ 통지를 받은 날부터 20일, 사유가 없어진 날부터 7일 이내
㉯ 통지를 받은 날의 다음 날부터 20일, 사유가 없어진 날부터 7일 이내
㉰ 통지를 받은 날부터 15일, 사유가 없어진 날부터 7일 이내
㉱ 통지를 받은 날의 다음 날부터 15일, 사유가 없어진 날부터 7일 이내

10 다음의 철도안전법상 용어 정의 중 옳지 않은 것은?

㉮ 여객에게 승무서비스를 제공하는 사람을 '여객승무원'이라 한다.
㉯ '열차'란 철도운영자가 편성하여 편성번호를 부여한 차량을 말한다.
㉰ 철도차량의 운행선로 또는 그 인근에서 철도시설의 건설 또는 관리와 관련한 직업의 일정을 조정하고 해당 선로를 운행하는 열차의 운행일정을 조정하는 사람을 '철도운행안전관리자'라 한다.
㉱ "철도차량"이라 함은 선로를 운행할 목적으로 제작된 동력차·객차·화차 및 특수차를 말한다.

정답 08 ㉮ 09 ㉮ 10 ㉯

11 철도차량운전규칙상 신호에 대한 설명으로 옳지 않은 것은?

㉮ 기둥 하나에 같은 종류의 신호 2 이상을 현시할 때 맨 위에 있는 것을 맨 왼쪽의 선로에 대한 것으로 한다.
㉯ 상치신호기는 일정한 장소에서 색등 또는 등열에 의하여 열차 또는 차량의 운전조건을 지시하는 신호기를 말한다.
㉰ 신호부속기 종류에는 진로표시기, 진로예고표시기, 진로개통표시기가 있다.
㉱ 중계신호기는 장내신호기, 출발신호기, 폐색신호기에 종속되어 있다.

12 다음 중 도시철도운전규칙의 내용으로 옳지 않은 것은?

㉮ 전차선로는 매일 한 번 이상 순회점검을 해야 한다.
㉯ 통신설비의 각 부분은 일정한 주기에 따라 검사 하여야 한다.
㉰ 차량의 각 부분은 일정한 주기 또는 주행거리를 기준으로 하여 그 상태와 작용에 대한 검사와 분해검사를 하여야 한다.
㉱ 도시철도운영자는 안전운전과 이용 승객의 편의 증진을 위하여 장기·단기 운전안전계획을 수립하여야 한다.

13 다음 중 철도안전법상 안전관리체계에 대한 처분기준으로 옳지 않은 것은?

㉮ 국토교통부장관은 안전관리체계를 거짓으로 부정 승인을 받은 경우에 6개월 업무정지 또는 취소를 할 수 있다.
㉯ 변경승인을 받지 않고 안전관리체계를 변경한 경우 1차 위반 시 업무정지 10일을 처분한다.
㉰ 변경신고를 하지 않고 안전관리체계를 변경한 경우 1차 위반 시 경고에 처한다.
㉱ 시정조치명령을 정당한 사유없이 이행하지 않은 경우 1차 위반 시 업무정지 20일 처분한다.

정답 11 ㉰ 12 ㉱ 13 ㉮

14 다음 중 철도안전법상 운전면허의 갱신에 관한 내용으로 옳은 것은?.

㉮ 운전면허 갱신에서 대통령령으로 정하는 기간이란 3개월을 말한다.
㉯ 국토교통부령으로 정하는 철도차량의 운전업무에 종사한 경력이란 운전면허의 유효기간 내에 3개월 이상 해당 철도차량을 운전한 경력을 말한다.
㉰ 국토교통부장관은 운전면허 취득자에게 그 운전면허의 유효기간이 만료되기 전에 대통령령으로 정하는 바에 따라 운전면허의 갱신에 관한 내용을 통지하여야 한다.
㉱ 운전면허의 효력이 실효된 사람이 운전면허가 실효된 날부터 3년 이내에 실효된 운전면허와 동일한 운전면허를 취득하려는 경우에는 운전면허 취득절차의 일부를 면제한다.

15 운전적성검사기관 및 관제적성검사기관의 지정취소 및 업무정지 기준에서 3차 위반 시 지정취소로 옳은 것은?

㉮ 거짓이나 그 밖의 부정한 방법으로 지정을 받은 경우
㉯ 업무정지 명령을 위반하여 그 정지기간 중 운전적성검사업무 또는 관제적성검사업무를 한 경우
㉰ 정당한 사유 없이 운전적성검사어부 또는 관제적성검사업무를 거부한 경우
㉱ 거짓이나 그 밖의 부정한 방법으로 운전적성검사 판정서 또는 관제적성검사 판정서를 발급한 경우

16 다음 중 철도차량운전규칙의 전령법에 대한 설명 중 옳은 것은?

㉮ 단선에서는 사용할 수 없다.
㉯ 전령자는 빨간 바탕에 흰 글씨로 된 완장을 착용한다.
㉰ 시계운전에 의한 방식이다.
㉱ 열차 또는 차량이 정차되어 있는 곳을 넘어서 열차 또는 차량을 운전할 수 있다.

정답 14 ㉰ 15 ㉱ 16 ㉰

17 도시철도운전규칙에서 속도를 제한하여야 하는 경우 옳은 것은?

㉮ 차량을 결합·해제하거나 차선을 바꾸지 않는 경우
㉯ 차내신호의 '15' 신호가 있은 후 진행하는 경우
㉰ 통신식으로 운전하는 경우
㉱ 지도통신식, 지도식으로 운전하는 경우

18 도시철도운전규칙에서 전호에 대한 설명 중 옳은 것은?

㉮ 야간 정지신호는 적색등을 현시하고, 부득이하다면 녹색등 이외의 것을 급격히 흔드는 것으로 대신할 수 있다.
㉯ 야간 접근 전호는 녹색등을 현시한다.
㉰ 야간 퇴거 전호는 명멸하는 녹색등을 현시한다.
㉱ 야간 정지신호는 적색등을 흔든다.

19 철도안전법상 운전교육훈련기관의 세부지정 기준 중 모의운전연습기에 관한 설명 중 틀린 것은?

㉮ "보유"란 교육훈련을 위하여 설비나 장비를 필수적으로 갖추어야 하는 것을 말한다.
㉯ "권장"이란 원활한 교육의 진행을 위하여 설비나 장비가 필요한 것을 말한다.
㉰ "전기능 모의운전연습기"란 철도차량의 운전실과 유사하게 제작한 장비를 말한다.
㉱ 기본기능 모의운전연습기는 5대 이상 보유해야 한다.

20 다음 중 광역철도운전취급세칙에서 곧바로 사용을 정지하고 차내신호의 고장 있는 경우의 취급을 하여야 하는 경우는?

㉮ 적색 원형램프의 소등 또는 2등 이상 점등된 경우
㉯ "STOP" 신호는 고장이나 경보에 이상이 없고 "15" 신호가 점등된 경우
㉰ 디지털속도계는 고장이나 암버속도그래프에 이상이 없는 경우
㉱ 야드구간에서 "YARD" 신호는 소등되었으나 "25" 신호가 점등된 경우

정답 17 ㉰ 18 ㉱ 19 ㉯ 20 ㉮

서울고시각
수험서의 NO.1

편저자약력

선우영호
- 교통대학 공학석사
- 영주철도전문학원장
- 경북전문대학 철도전기 기관사과 겸임교수
- 저서 : 기계일반, 열원동기, 철도운송산업기사 외 다수

철도관련법

인쇄일 2022년 1월 5일
발행일 2022년 1월 10일

편저자 선우영호
발행인 김용관
발행처 ㈜서울고시각
주 소 서울시 영등포구 양평로 157 투웨니퍼스트밸리 10층 1008호
대표전화 02.706.2261
상담전화 02.706.2262~6 | FAX 02.711.9921
인터넷서점·동영상강의 www.edu-market.co.kr
E-mail gosigak@gosigak.co.kr
표지디자인 이세정
편집디자인 하림
편집·교정 최규오

ISBN 978-89-526-4062-8
정 가 32,000원

저자와의
협의하에
인지생략

• 이 책에 실린 내용에 대한 저작권은 서울고시각에 있으므로 함부로 복사·복제할 수 없습니다.